LA CLEF
DE
LA SCIENCE
OU
LES PHÉNOMÈNES DE LA NATURE

EXPLIQUÉS

PAR le Dr E. C. BREWER

CINQUIÈME ÉDITION,
revue, transformée et considérablement augmentée

PAR M. l'abbé **MOIGNO**
CHANOINE DE SAINT-DENIS, CHEVALIER DE LA LÉGION D'HONNEUR

> Si quas res in vita videmus parvas, usitatas, quotidianas, earum meminisse non solemus.
> CICÉRON.

PARIS
LIBRAIRIE RENOUARD, RUE DE TOURNON, 6.
HENRI LOONES, SUCCESSEUR
—
1876

PARIS. — IMPRIMERIE JULES LE CLERE ET Cie, RUE CASSETTE, 29.

LA CLEF

DE

LA SCIENCE

EXTRAIT DU CATALOGUE

Quatrième édition. **GUIDE DE L'AMATEUR DE FAIENCES ET PORCELAINES.** Terres cuites, poteries de toute espèce, émaux sur métaux, peintures sur lave, verres, cristaux, vitraux, pierres précieuses et dents artificielles, mosaïques et peintures sur cristal; par Auguste DEMMIN. — 3 vol. grand in-18 anglais de 1,600 pages, illustrés de 300 reproductions de poteries, de 3,000 marques et monogrammes dans le texte, et terminés par trois tables de plus de 9,000 articles, dont deux des marques et monogrammes, par ordre générique et alphabétique. 24 fr.

Deuxième édition. **GRAMMAIRE DES ARTS DU DESSIN.** Architecture. — Sculpture. — Peinture. — Jardins. — Gravure en pierres fines. — Gravure en médailles. — Gravure en taille-douce. — Eau-forte. — Manière noire. — Aqua-tinte. — Gravure en bois. — Camaïeu. — Gravure en couleurs. — Lithographie, par M. Charles BLANC, membre de l'Institut; 1 vol. grand in-8 jésus, de 750 pages, revue, corrigée et augmentée d'une table analytique, orné de 292 gravures dans le texte. 20 fr.
Demi-reliure chagrin. 24 fr.
Reliure d'amateur. 27 fr.

INGRES, SA VIE, SES OUVRAGES, par Charles BLANC, membre de l'Institut, directeur des Beaux-Arts. 1 beau vol. gr. in-8, orné d'un portrait du maître et de 12 gravures sur acier, un fac-simile d'autographe et une gravure sur bois. 25 fr.

GUIDE DES AMATEURS D'ARMES ET ARMURES ANCIENNES, par ordre chronologique, depuis les époques les plus reculées jusqu'à nos jours. Un fort volume in-18 anglais de 625 pages, avec 200 Marques et Monogrammes d'Armuriers, et 1700 redroductions d'Armes et Armures dessinées d'après nature. Il contient en outre une liste complète d'Armuriers, avec signatures, Initiales et Monogrammes, ainsi que deux Tables de plus de 1600 articles. 16 fr.

ENSEIGNEMENT COLLECTIF DU DESSIN PAR DÉMONSTRATIONS ORALES ET GRAPHIQUES. Guide de la nouvelle méthode dont le manuscrit a obtenu une médaille à l'exposition universelle de 1867, par Frédéric GILLET, professeur. 1 vol. petit in-folio, orné de 40 planches lithographiques. 15 fr.

PHYSIOGNOMONIE (DE LA). — Texte, — Dessin, — Gravure, — par J.-B. DELESTRE, artiste peintre. 1 vol. grand in-8 orné de 539 fig. dans le texte. 10 fr.

PENSÉES SUR LE CHRISTIANISME, preuves de sa vérité; suivies des Aveux d'un philosophe chrétien, par J. DROZ. *Edition diamant*, sur papier superfin glacé. 1 vol. in-32 jésus. 1 fr. 25

LE MÊME. Edition populaire stéréotype. 1 vol. in-32. 50 c.

ESSAI SUR L'ART D'ÊTRE HEUREUX, par J. DROZ; suivi de l'éloge de MONTAIGNE. 8e *édition*. 1 vol. in-18 anglais. 3 fr. 50

HISTOIRE DU RÈGNE DE LOUIS XVI pendant les années où l'on pouvait prévenir ou diriger la Révolution française, par DROZ. Ouvrage adopté par l'Université; 3 vol. in-18 angl. 10 fr. 50

PRÉFACE

DE LA CINQUIÈME ÉDITION

La Clef de la science, telle que je l'avais faite dans la quatrième édition, était, j'ai osé le dire, un *bon*, un *très-bon* livre. Il a eu le succès que j'espérais : il est devenu populaire; je l'ai retrouvé partout, dans le havre-sac de nos officiers comme entre les mains de nos enfants. Les directeurs de l'enseignement de la ville de Paris lui ont donné une consécration à laquelle j'étais loin de m'attendre ; ils l'ont distribué en prix dans les écoles, à un très-grand nombre d'exemplaires.

Il laissait cependant encore à désirer; ce n'était pas à proprement parler la clef de la science, mais la *clef de quelques sciences*. L'auteur anglais, en effet, avait laissé de côté la mécanique, l'astronomie, l'histoire naturelle, etc., etc., c'est-à-dire qu'il faisait son jeune lecteur comme étranger au plus grand nombre des phénomènes de la nature.

Cet oubli, peut-être volontaire, m'inquiétait ; il

fallait ou le réparer, ou renoncer à un titre par trop ambitieux et faux.

Combler le vide n'était pas chose facile, il fallait augmenter de près d'un tiers le nombre des feuilles du volume.

J'aurais pu gagner de la place en supprimant certaines questions posées par le docteur Brewer, qui a fait au calorique dans la *Clef de la science* une part peut-être trop grande. Mais on ne se familiarise bien avec les principes, qu'en les appliquant aux détails des faits les plus petits en apparence, et cette fois encore j'ai fait grâce à toutes les questions de l'édition anglaise.

L'éditeur français, qui aime son livre comme je l'aime, ne s'est pas trop effrayé du surcroît de dépenses auquel je le condamnais. Je le remercie de son courage éclairé.

C'est pour moi une grande satisfaction que de pouvoir offrir cette fois à la France intelligente une encyclopédie petite mais complète, la plus avancée et la plus utile des encyclopédies. Il y a dans ce volume plus de science assimilable, plus de progrès accessibles qu'on ne saurait l'imaginer. Pour avoir une idée de sa plénitude il suffit de parcourir la table alphabétique par ordre de matières, qui remplit trente-trois pages et m'a coûté près d'un mois de travail.

Et qui sait si ce livre élémentaire ne va pas devenir le point de départ d'une restauration intellectuelle de notre France, d'un enseignement universel auquel nul ne puisse échapper?

J'ai résolu d'organiser immédiatement une collection de photographies sur verre, à l'aide desquelles on puisse montrer par projection lumineuse à un auditoire plus ou moins nombreux tous les instruments, tous les phénomènes, tous les objets principaux de la mécanique, de l'astronomie, de l'acoustique, de la chaleur, de l'optique, de l'électricité, du magnétisme, de l'électro-magnétisme, de la météorologie, de la chimie, de la minéralogie, de la géologie, de la paléontologie, de la botanique, de la zoologie de l'hygiène...

Avec la *Clef de la science* pour texte, les boîtes de photographies, un carnet de légendes explicatives des tableaux, on pourra organiser partout, sans peine et sans de grandes dépenses, l'enseignement illustré des sciences nécessaires ou utiles à tous, et le grand but de ma vie sera atteint.

Il le sera mieux encore si, à l'exemple de l'apôtre anglais de l'enseignement des classes populaires, M. Thomas Twining, de Twickenham, on crée dans chaque grand centre de population des musées économiques où tous les appareils et tous les êtres de LA CLEF DE LA SCIENCE soient représentés en nature, ou par des modèles bien faits, que l'on puisse montrer, faire toucher et expliquer à tous, pour compléter l'initiation par les tableaux de projection.

Je présente mon œuvre avec joie et avec un certain orgueil, parce que je la sais bonne et saine. La science dont je me suis fait l'interprète est la science vraie et vivifiante, qui rattache la nature à son auteur, l'homme à Dieu son Créateur.

Le progrès dont je me suis fait l'écho est le progrès réel et bienfaisant dont j'avais arboré si courageusement le drapeau dans ma Salle du Progrès, en le définissant une marche ascendante et incessante vers tout ce qui est VRAI, BON et BEAU.

Paris, le 8 janvier 1874.

F. MOIGNO.

TABLE DES MATIÈRES

PREMIÈRE PARTIE.

MÉCANIQUE.

DEUXIÈME PARTIE.

ASTRONOMIE.

TROISIÈME PARTIE.

ACOUSTIQUE.

QUATRIÈME PARTIE.

CHALEUR.

CINQUIÈME PARTIE.

OPTIQUE.

SIXIÈME PARTIE.

MAGNÉTISME ET ÉLECTRICITÉ.

Section I. — *Magnétisme.*

Section II. — *Électricité.*

SEPTIÈME PARTIE.

MÉTÉOROLOGIE.

HUITIÈME PARTIE.

CHIMIE.

Section I. — *Chimie minérale ou inorganique.*

Section II. — *Chimie organique*

Avec des applications à la Physiologie.

NEUVIÈME PARTIE.

HISTOIRE NATURELLE.

Section I. — *Minéralogie et Géologie.*

FIN DE LA TABLE.

LA

CLEF DE LA SCIENCE

PREMIÈRE PARTIE

MÉCANIQUE

CHAPITRE PREMIER

Notions générales.

1. *Qu'est-ce que le* MOUVEMENT? — Tout corps occupe dans l'espace un certain lieu. Tant qu'un corps se maintient dans un même lieu, il est en repos; s'il passe d'un lieu à un autre, pendant que ce changement s'opère il est en mouvement.

2. *Qu'y a-t-il à* CONSIDÉRER *dans tout mouvement?* — Sa direction et sa vitesse. La *direction* du mouvement d'un point matériel est la ligne qui résulterait de la trace de ce point. Selon que cette ligne est droite ou courbe, le mouvement est dit *rectiligne* ou

curviligne. S'il s'agit d'un corps, c'est-à-dire d'un ensemble de points matériels, la direction de son mouvement est indiquée par l'axe des faisceaux des lignes que formeraient les traces de tous ses points. — La *vitesse* d'un corps en mouvement est le rapport de l'espace parcouru au temps employé à le parcourir, ou, si l'on veut, l'espace parcouru pendant l'unité de temps. Si les espaces parcourus en des temps égaux sont égaux, la vitesse est *constante* et le mouvement *uniforme;* si les espaces parcourus en des temps égaux sont inégaux, la vitesse est *variable* et le mouvement *varié*. Si la vitesse va croissant, le mouvement est dit *accéléré;* si elle va diminuant, le mouvement est dit *retardé*.

3. *D'où* RÉSULTE *le mouvement?* — Un corps ne peut, de lui-même, ni passer de l'état de repos à celui de mouvement, ni revenir de l'état de mouvement à celui de repos; il ne peut même changer ni la direction ni la vitesse de son mouvement, en un mot, le modifier en quoi que ce soit. Cette impuissance des corps pour tout ce qui concerne le mouvement tient à une propriété générale de la matière, qu'on appelle l'*inertie*. Toute cause qui produit ou modifie le mouvement se nomme *force*.

4. *Quelles sont les* PRINCIPALES FORCES *que nous connaissons?* — Laissant de côté les forces purement atomiques, comme l'action de la lumière, l'affinité chimique, etc., et nous bornant à celles qui produisent des actions mécaniques, nous signalons : 1° l'action *musculaire* des hommes et des animaux; 2° les mouvements dont certaines substances sont animées dans la nature, par exemple, les *vents*, les *cours d'eau*, etc.;

3° l'*électricité* et le *magnétisme* ; 4° la *chaleur* ; 5° l'*élasticité*; 6° la *pesanteur* ou *attraction universelle*; 7° la *force centrifuge* ; 8° l'*inertie*.

5. *Comment la* CHALEUR *peut-elle produire une action* MÉCANIQUE ? — En donnant lieu à la formation de vapeurs, et en leur communiquant une force expansive qui s'accroît à mesure que leur température s'élève ; en communiquant aussi une grande force expansive à tous les corps liquides ou gazeux que l'on chauffe ; en déterminant des explosions, où des gaz se produisent à de hautes températures, qui leur communiquent une très-grande énergie, etc.

6. *Qu'est-ce que l'*ÉLASTICITÉ ? — Cette propriété ne se manifeste que dans les corps gazeux et dans les solides. Dans les corps gazeux (gaz proprement dits, ou vapeurs), c'est la tendance qu'ont ces corps, lorsqu'ils ont été comprimés, à reprendre leur volume primitif. Cette propriété dépend de la température, et par conséquent n'est pas distincte de la force expansive que la chaleur développe dans ces corps et dont nous venons de parler. Dans les solides, l'élasticité est la propriété qu'ont plusieurs de ces corps, lorsqu'on a altéré leur forme par un effort quelconque, de la reprendre plus ou moins complétement ; c'est ainsi qu'un *ressort* d'acier qu'on a infléchi ou enroulé tend à se redresser. L'élasticité d'un solide provient de la résistance que ses molécules apportent à tout effort qui tend à changer leurs positions relatives ; voilà pourquoi elle est amoindrie ou même détruite, lorsque la chaleur diminue jusqu'à un certain point la cohésion des molécules.

7. *Qu'est-ce que la* PESANTEUR ? — C'est la propriété en vertu de laquelle deux corps quelconques s'attirent en raison directe du produit de leurs masses, et en raison inverse des carrés des distances. Mais le mot *pesanteur* est plus spécialement employé pour désigner l'attraction que la terre exerce sur les corps peu éloignés de sa surface ; quand il s'agit de l'action qu'exercent les uns sur les autres les grands corps qui peuplent l'espace, on emploie plutôt les expressions d'*attraction universelle* ou de *gravitation.*

8. *Qu'est-ce que le* POIDS *d'un corps?* — C'est la pression qu'il exerce en vertu de l'attraction de la terre. Le poids d'un corps dépend de sa *masse,* c'est-à-dire de la quantité de matière dont il est formé, et aussi de l'intensité de la pesanteur dans le lieu où il se trouve.

9. *Qu'est ce que le* POIDS SPÉCIFIQUE *d'un corps?* — C'est le rapport de son poids à son volume, en d'autres termes, son poids sous l'unité de volume, lequel dépend évidemment du rapprochement plus ou moins grand de ses molécules, c'est-à-dire de sa *densité;* aussi emploie-t-on cette dernière expression comme équivalant à celle de poids spécifique.

10. *Qu'est-ce que la force* CENTRIFUGE ? — C'est une force qui se développe dans tout mouvement curviligne, et qui tend sans cesse à faire que le corps en mouvement s'échappe par une droite tangente à la courbe dans le point où se trouve ledit corps. Un exemple de force centrifuge que tout le monde connaît, c'est celui de la fronde, dont le mouvement circulaire développe la force qui fait que la pierre réagit contre

le bras, et s'échappe violemment aussitôt qu'elle n'est plus retenue.

11. *Peut-on dire que l'*INERTIE *soit une cause de mouvement?* — Quand un corps en mouvement rencontre un autre corps et que cette rencontre lui fait perdre son mouvement en tout ou en partie, son inertie fait que le mouvement qu'il perd passe dans l'autre corps. Ainsi c'est par suite de l'inertie qu'a lieu la transmission du mouvement, phénomène si important qu'Ampère substituait au mot *inertie* la dénomination de *force épiméique*, qui signifie force *par excellence.*

12. *Qu'appelle-t-on* QUANTITÉ *de mouvement?* — La *quantité* de mouvement, dans un corps, dépend de l'intensité de la force motrice, et s'évalue en multipliant la vitesse du mouvement par la masse du corps. Par contre, la vitesse est égale au quotient de la quantité de mouvement par la masse du corps.

13. *Les différentes forces ont-elles des* RELATIONS *entre elles?* — Elles ont des relations si intimes, qu'elles se transforment sans cesse les unes dans les autres, et toujours en quantité bien déterminées. Ainsi, lorsque la chaleur engendre un mouvement mécanique, on sait qu'une *calorie*, c'est-à-dire la quantité de chaleur qui élève d'un degré la température d'un kilogramme d'eau, donne naissance à une force capable d'élever en une seconde 427 kilogrammes à un mètre de hauteur. Réciproquement, si une force physique quelconque correspondant à cet effort mécanique se transforme en chaleur, elle produira une calorie; tout cela, bien entendu, déduction

faite des pertes ; par exemple, de celles que les forces mécaniques éprouvent par l'effet du frottement, la chaleur, l'effet du rayonnement, etc.

14. *Il n'est donc pas vrai de dire qu'*AUCUNE FORCE NE SE PERD? — Rien n'est plus vrai, si l'on prend les mots *se perdre* dans leur sens rigoureux : ce qui arrive presque toujours, c'est que l'action d'une force se divise, s'éparpille et par conséquent ne concourt pas tout entière à l'effet principal, qui se trouve amoindri d'autant ; mais chaque fraction de la force ainsi divisée produit son effet et ne peut être considérée comme perdue, si ce n'est en vue du but principal, auquel elle ne concourt point.

15. *A quoi tient l'absurdité de la recherche du* MOUVEMENT PERPÉTUEL *ou d'autres prétendues merveilles mécaniques?* — A ce qu'on ne tient pas compte de ce fait évident que l'action de toute force se trouvant sans cesse amoindrie par des obstacles ou des forces contraires, a par conséquent besoin d'être entretenue, alimentée, ni plus ni moins que la vie organique. D'un tonneau où l'on a mis un hectolitre de vin, on ne peut retirer qu'un hectolitre de vin, diminué de ce qui aura été enlevé par l'évaporation, par l'imbibition du bois, etc. Ainsi donc, prétendre qu'en répétant indéfiniment l'opération, on devrait retirer à chaque fois la quantité primitive de liquide, serait une inconcevable absurdité. De prétendus inventeurs poussent l'absurdité plus loin encore : d'une machine dans laquelle ils ont fait entrer une certaine force, par exemple celle d'un homme, non-seulement ils prétendent retirer une force égale, sans tenir compte des pertes inévitables, mais encore en retirer beaucoup

plus; trop souvent des dépenses considérables sont faites pour courir après de pareilles chimères; ce qui supposerait une véritable démence, si l'ignorance absolue des premiers principes de la science ne suffisait pour expliquer de pareilles aberrations.

16. *Que signifie ce qu'on dit souvent que* LA RÉACTION EST ÉGALE A L'ACTION? — Cet axiome résume ce que nous avons dit tout à l'heure, que, lorsque deux forces se transforment l'une en l'autre, elles sont équivalentes et produisent, sauf les pertes inévitables, des quantités de mouvements égales. Le sauvage bande son arc avec effort, et la flèche part avec une rapidité que la main n'aurait pas pu lui communiquer directement : c'est que l'arc, en se débandant tout à coup, rend en un instant le travail dépensé pendant plusieurs instants successifs. Au contraire, un ressort de montre rend successivement et avec une utile lenteur le travail dépensé en quelques instants pour le tendre ou le monter.

17. *Comment* S'APPELLE *la science des forces, et comment la* DIVISE-T-ON ? — La science des forces s'appelle la *mécanique*, et elle se divise en deux parties : la *statique*, qui traite de l'équilibre, c'est-à-dire de l'état d'un corps sous l'action de forces qui se neutralisent ou se contre-balancent, et la *dynamique*, qui traite du mouvement. La statique et la dynamique, considérées dans les corps fluides, sont appelées *hydrostatique* et *hydrodynamique*.

CHAPITRE II

Statique.

§ 1er. — PRINCIPES GÉNÉRAUX DE LA STATIQUE.

18. *Qu'entend-on par la* RÉSULTANTE *de deux ou de plusieurs forces?* — Quand un corps est sollicité par deux ou plusieurs forces qui ne se neutralisent pas mutuellement, il ne peut, en définitive, qu'être tiré ou poussé dans une seule direction et avec une énergie déterminée; cette traction ou cette impulsion peut être attribuée à une force unique, qui est ce qu'on appelle la *résultante* de toutes les forces primitives, et il est évident qu'une force égale et opposée qui ferait équilibre à cette résultante, neutraliserait toutes les forces que cette résultante remplace.

19. *Quelle est la résultante de deux forces agissant suivant* UNE MÊME DROITE? — Cette résultante est évidemment une force agissant suivant la même droite que les forces primitives et égale à leur somme ou à leur différence, suivant que ces deux forces agissent dans le même sens ou en sens opposés. Il est aisé d'étendre cette solution aux cas où, au lieu de deux forces seulement, il y en aurait plusieurs.

20. *Quelle est la résultante de deux forces agissant sur un même point dans des directions* OBLIQUES *l'une à l'autre?* — Cette résultante est représentée en direc-

tion et en grandeur par la diagonale du parallélogramme construit sur les deux forces données. Il est aisé de passer de proche en proche de la résultante de deux forces à celle d'un nombre quelconque de forces agissant sur un même point.

21. *Quelle est la résultante de* DEUX FORCES PARALLÈLES *agissant dans un même sens sur deux points d'un même corps?* — Substituons au corps en question une droite inflexible menée entre les points d'application des deux forces; la résultante cherchée sera une force parallèle aux deux forces données, agissant dans le même sens qu'elles, égale à leur somme, et s'appliquant à la droite en un point tel que le produit de chaque force par sa distance à ce point soit le même. On passe sans peine du cas de deux forces parallèles à celui d'un nombre quelconque; or ce cas est celui de la *pesanteur*, exerçant des actions parallèles sur chaque molécule ou atome d'un corps. La résultante de ces actions n'est autre chose que le *poids* du corps, et son point d'application est ce qu'on appelle le *centre de gravité* de ce corps. On peut considérer un corps pesant quelconque comme si la pesanteur n'agissait que sur son centre de gravité; d'où il résulte que, quand le centre de gravité est soutenu, le corps ne fait plus effort pour descendre: il est en équilibre.

22. *Que présente de particulier l'équilibre considéré uniquement comme la* NEUTRALISATION DE L'ACTION DE LA PESANTEUR? — Pour produire l'équilibre à ce point de vue, il suffit d'appliquer au corps une force égale à son poids, et agissant de bas en haut suivant une droite passant par le centre de gravité. Mais, dans la pratique, au lieu d'opposer ainsi à la pesanteur une

autre force, on lui oppose une résistance consistant en un appui ou en un moyen de suspension. Or, à quelque procédé qu'on ait recours, il peut se présenter trois cas : 1° Si le moyen d'équilibre est appliqué au-dessus du centre de gravité, on aura ce qu'on appelle un équilibre *stable*, parce que le centre de gravité, tendant invinciblement à descendre, ne s'écarte pas de la verticale, direction dans laquelle il se trouve plus bas que dans toute autre, et, si quelque cause l'en écarte, il fera effort pour y revenir aussitôt; 2° si, le moyen d'équilibre est appliqué au-dessous du centre de gravité, celui-ci, tendant à descendre, profitera de la plus faible inclinaison dans un sens ou dans l'autre, pour faire chavirer tout le système; on a alors ce qu'on appelle un équilibre *instable;* 3° si le moyen d'équilibre s'applique au centre de gravité lui-même, l'action de la pesanteur se trouvant complétement neutralisée, le corps ne fera aucun effort ni pour s'écarter de sa position ni pour y revenir si on l'en écarte; on pourra donc le tourner n'importe dans quel sens, il demeurera comme on l'aura disposé; on aura alors ce qu'on appelle un équilibre *indifférent.*

§ 2. — DES PRINCIPALES MACHINES SIMPLES.

23. *Qu'appelle-t-on* MACHINES? — On appelle machines des systèmes au moyen desquels se transmet ou s'exerce l'action des forces, de manière à produire des effets impossibles à obtenir sans l'emploi de ces intermédiaires. Les mécanismes même les plus compliqués peuvent toujours être ramenés à un certain nombre de machines élémentaires, que nous allons étudier successivement.

1° Le levier, la balance, etc.

24. *En quoi consiste le* LEVIER? — Le *levier*, machine essentiellement élémentaire, à laquelle presque toutes les autres peuvent être ramenées, consiste en une tige inflexible, dans laquelle on distingue trois points : le point d'appui, celui où s'applique la force, et celui où s'applique la résistance. Généralement la force s'applique à une extrémité, la résistance, à l'autre, et le point d'appui se trouve entre les deux, divisant le levier en deux bras, ordinairement inégaux. Supposons que le petit bras n'ait qu'un décimètre et que le grand bras ait un mètre ; une force équivalente à un kilogramme, étant appliquée à l'extrémité du grand bras, fera équilibre à une résistance de 10 kilogrammes, appliquée à l'extrémité du petit bras. La raison de cet effet, surprenant au premier abord, c'est que tout mouvement de la force appliquée au grand bras se fait avec une vitesse décuple de celle des mouvements exécutés par la résistance ; par conséquent, pour que la réaction soit égale à l'action, ou, en d'autres termes, pour que la quantité de mouvement soit la même des deux côtés, la masse appliquée au petit bras doit être décuple de celle qui agit sur le grand bras. Quelquefois le point d'appui est à une extrémité ; alors, la force étant appliquée à l'autre extrémité et la résistance à un point intermédiaire, le grand bras est représenté par la tige entière, le petit bras par la distance entre le point d'appui et le point d'application de la résistance.

25. *Le levier ne forme-t-il pas quelques appareils* TRÈS-USUELS? — La *pince*, barre de fer légèrement re-

courbée près d'une de ses extrémités, et servant à soulever de grosses pierres ou d'autres objets très-lourds, est un levier dans toute sa simplicité. La *balance ordinaire* et la balance *romaine*, qui servent à déterminer les poids, sont aussi des leviers; dans la première les deux bras sont égaux, dans la seconde ils sont inégaux.

26. *Y a-t-il un moyen aisé de reconnaître si les deux bras d'une balance sont bien exactement de* MÊME LONGUEUR? — Il suffit, après avoir chargé les deux bassins de manière que la balance soit parfaitement en équilibre, de permuter les charges. Si les deux bras ne sont pas parfaitement égaux, l'équilibre ne subsistera plus.

27. *Lorsqu'on a reconnu qu'une balance est* DÉFECTUEUSE, *peut-on néanmoins s'en servir* UTILEMENT? — On le peut, en employant la méthode de la *double pesée*. Pour cela, on met dans un des bassins l'objet qu'il s'agit de peser, et on lui fait équilibre au moyen de plomb en grenailles, de sable ou d'une autre matière quelconque. Cela fait, on remplace l'objet par des poids gradués, et, quand l'équilibre est ainsi établi de nouveau, on est certain que les poids gradués, placés dans les mêmes conditions que l'objet qu'ils ont remplacé, en indiquent exactement le poids.

28. *Sur quel principe repose la* BALANCE ROMAINE? — Sur ce principe qu'un poids mobile, à mesure qu'on l'éloigne du point d'appui, fait équilibre à des poids de plus en plus considérables.

2° La poulie, les moufles.

29. *Qu'est-ce qu'une* POULIE ? — C'est un anneau circulaire avec une gorge sur laquelle passe un cordon aux extrémités duquel sont appliquées la puissance et la résistance. Si l'axe de la poulie est *fixe*, la puissance et la résistance, pour se faire équilibre, doivent être égales. Une poulie de cette espèce ne laisse pas que d'être utile, d'abord en diminuant le frottement, et puis en permettant à la personne qui veut soulever un poids d'agir de haut en bas sans agir directement sur la résistance, ce qui est le mode d'action le plus favorable. Quand la poulie est *mobile*, c'est-à-dire quand elle monte avec le poids, la puissance peut n'être que la moitié de la résistance.

30. *Qu'appelle-t-on* MOUFLES? — On appelle moufles des assemblages de poulies mobiles juxta ou superposées. Avec ces appareils, on peut enlever des poids beaucoup plus considérables, mais aux dépens de la vitesse.

3° Le treuil, le cabestan, etc.

31. *Qu'est-ce que le* TREUIL? — Le treuil est un cylindre horizontal qui tourne autour d'un axe fixe, et sur lequel est fixé perpendiculairement à l'axe un cercle de rayon plus grand que le rayon du cylindre. La puissance étant appliquée à la circonférence du cercle et la résistance à la circonférence du cylindre, il résulte de la théorie du levier que la puissance pourra être deux fois, trois fois etc. moindre que la

résistance, si le rayon du cercle est dans ces proportions par rapport à celui du cylindre.

32. *Le treuil ne prend-il pas* DIVERSES FORMES, *regardées comme autant de machines différentes?* — Le *cabestan* n'est qu'un treuil à axe vertical. La roue *à chevilles* et la roue *à tambour* sont aussi des treuils à rayons constants. On ramène encore au treuil la *courroie sans fin,* qui permet de vaincre avec une puissance donnée une résistance beaucoup plus grande, si la poulie ou le tambour qui représente la puissance est de plus grand diamètre que l'autre.

4° Les roues dentées, le cric.

33. *En quoi consistent les* ROUES DENTÉES? — Les roues dentées, qui jouent un si grand rôle dans toutes sortes de mécanismes, sont des espèces de treuils dans chacun desquels la grande roue, ou cercle, et le cylindre, ou pignon, sont armés de dents permettant de former des engrenages, au moyen desquels on transmet le mouvement en augmentant à volonté, soit la force aux dépens de la vitesse, soit la vitesse aux dépens de la force.

34. *Qu'est-ce que le* CRIC? — Dans le *cric*, appareil destiné à soutenir ou à soulever des objets d'un grand poids, la résistance est appliquée au sommet d'une barre armée de dents, avec lesquelles engrènent les dents d'un premier pignon fixé à l'axe d'une roue dentée. L'axe de la manivelle porte un second pignon, dont les dents engrènent avec celles de la roue dentée. Dans le cric *simple,* le pignon de la manivelle engrène immédiatement avec les dents de la barre.

5° La chèvre, la grue.

35. *Qu'est-ce que la machine appelée* CHÈVRE? — La *chèvre*, dont on se sert pour élever des matériaux ou des fardeaux, est une combinaison du treuil, de la poulie et souvent des roues dentées, quand on veut accroître la puissance.

36. *Qu'est-ce que la* GRUE? — La *grue* est une chèvre dont les montants peuvent tourner autour d'un axe vertical, de telle sorte que le fardeau, une fois soulevé, puisse se mouvoir horizontalement et être ainsi amené au-dessus du point où il doit être déposé. La puissance des chèvres et des grues est, pour ainsi dire, indéfinie.

6° Le plan incliné, le haquet, la vis, le coin.

37. *A quoi sert le* PLAN INCLINÉ? — A faire monter ou descendre un poids plus facilement ou plus sûrement, en neutralisant en partie l'action de la pesanteur. Le *haquet*, qui sert au transport et au déchargement des pièces de vin, est une combinaison du plan incliné et du treuil.

38. *Quel rapport y a-t-il entre la* VIS, *le* COIN *et le* PLAN INCLINÉ? — La *vis* est une combinaison du plan incliné et du treuil. Le filet de l'hélice fait fonction de plan incliné; la résistance, appliquée perpendiculairement à l'écrou, remonte le long de ce plan; la puissance s'exerce à l'extrémité d'un bras de levier perpendiculaire à l'axe de l'hélice, et qui remplace la roue du treuil. Le *coin* est une espèce de plan incliné

double, qui parvient à se glisser entre deux surfaces très-difficiles à écarter l'une de l'autre.

CHAPITRE III

Dynamique.

39. *Quels sont les* DIVERS MOUVEMENTS *dont peut être animé un solide?* — On les ramène aux quatre suivants: 1° mouvement de *translation;* 2° mouvement de *glissement* sur une surface; 3° mouvement de *rotation;* 4° mouvement *composé,* ayant pour éléments un mouvement de translation ou de glissement et un mouvement de rotation.

40. *D'où résulte le mouvement de rotation qui se produit dans une* ROUE OU UNE BOULE AVANÇANT *sur une surface?* — De la résistance que la surface oppose aux parties qui se trouvent en contact avec elle; ce qui fait que ces parties ne peuvent suivre le mouvement de l'axe de la roue ou du centre de la boule.

41. *Pourquoi la rotation des roues* FACILITE-T-ELLE *la marche de la voiture?* — Parce que, sans cette rotation, la voiture n'avancerait qu'à la manière d'un traîneau, qui glisse aisément sur la glace ou la neige, mais dont le frottement contre le sol absorberait une force considérable, comme on le voit lorsque, pour ralentir le mouvement d'une voiture dans une descente, on enraye les roues.

42. *Pourquoi un* BALLON *qu'on a lancé en le frappant, exécute-t-il le plus souvent un mouvement de* ROTATION? — Parce que généralement l'impulsion n'est pas dirigée dans le sens du centre de gravité du ballon; d'où il résulte que la partie qui a reçu cette impulsion est animée d'une vitesse plus grande que celle du centre de gravité, ce qui produit la rotation.

43. *Pourquoi le choc résultant d'une chute est-il d'autant plus* VIOLENT *que le corps est tombé de plus* HAUT ? — Parce que, lorsqu'un corps descend par l'effet de la pesanteur, cette force exerce sur lui, pendant toute la durée de sa chute, une action continue, de manière à lui imprimer à chaque instant une vitesse nouvelle, qui va s'ajoutant à celle qu'il avait acquise pendant les instants précédents; d'où il résulte que, *lorsqu'un corps tombe, sa vitesse s'accroît proportionnellement au temps*. Cette loi, exacte dans le vide, est modifiée dans l'air par la résistance que celui-ci oppose; mais l'altération est peu considérable lorsque le corps a une grande densité.

44. *Qu'arrive-t-il à un corps lancé de* BAS EN HAUT *dans une direction exactement* VERTICALE? — Il s'élèverait à une hauteur telle qu'en retombant il pût acquérir une vitesse égale à celle que lui avait communiquée l'impulsion primitive. Ainsi, une balle lancée verticalement de bas en haut par une arme à feu aurait, en arrivant de nouveau à terre, la même vitesse et par conséquent la même force qu'à sa sortie de l'arme.

45. *Qu'arrive-t-il quand un corps est lancé dans une direction* OBLIQUE A L'HORIZON? — Dans ce cas, qui est

celui d'une bombe lancée par un mortier, le projectile décrit une courbe appelée parabole, s'élevant d'abord jusqu'à une certaine hauteur, et descendant ensuite suivant un arc parabolique parfaitement égal et symétrique à celui qu'il a parcouru en montant.

46. *Comment se produisent en général les mouvements* CURVILIGNES? — D'une manière analogue à ce que nous venons de voir pour la bombe; c'est-à-dire par l'action simultanée d'une force d'impulsion qui, seule, produirait un mouvement rectiligne, et d'une force d'attraction qui, à chaque instant, oblige le mobile à changer de direction, ce qui constitue le mouvement curviligne. C'est ainsi que s'expliquent les mouvements des planètes autour du soleil et toutes les révolutions des corps célestes.

47. *De quoi dépend la* VITESSE *d'un corps tombant dans le* VIDE? — Uniquement de l'intensité de la pesanteur, et nullement de la nature de ce corps, de sa densité, de sa masse, etc.; un morceau de gaze ou un brin de duvet tombent, dans le vide, avec la même vitesse qu'une balle de plomb ou de platine.

48. *De quoi dépend* L'INTENSITÉ *de la* PESANTEUR? — Surtout de la latitude du lieu où on se trouve. A l'équateur, l'intensité de la pesanteur est à son minimum, d'abord parce que, à cause du renflement de la terre, on y est plus loin du centre de gravité du globe; mais surtout à cause de la force centrifuge, qui est là à son maximum. Pour déterminer l'intensité de la pesanteur à Paris, nous dirons qu'un corps, dans le vide, y parcourt, durant la première seconde de sa chute, $9^{m},908$.

49. *Comment se produisent les oscillations du* PENDULE? — Lorsqu'on a écarté un pendule de la verticale, la pesanteur l'y ramène aussitôt; mais, pendant sa descente, il acquiert une vitesse qui lui fera parcourir, au delà de la verticale, un arc égal à celui qu'il a parcouru depuis son point de départ. Arrivé à l'extrémité de ce second arc, il est contraint par la pesanteur de redescendre, et, sans le frottement, qui peut être adouci mais non entièment supprimé, ces oscillations, dans le vide, dureraient indéfiniment. Dans l'air, la résistance de ce gaz vient s'ajouter aux effets du frottement pour éteindre peu à peu le mouvement de l'appareil.

50. *Qu'y a-t-il à remarquer sur la* DURÉE DES OSCILLATIONS *du pendule?* — Étant donné un pendule d'une longueur déterminée, les petites oscillations, qu'elles aient 1, 2 ou 3 degrés, ou même un peu plus, sont *isochrones*, c'est-à-dire de même temps ou durée. Mais, quand la longueur du pendule varie, la durée des oscillations varie aussi, et ces durées sont en raison inverse des racines carrées des longueurs. Il va sans dire que la durée des oscillations du pendule dépend avant tout de l'intensité de la pesanteur, et par conséquent de la latitude. A Paris, la longueur du pendule qui bat les secondes est de $0^m,994$. Ce qu'on appelle la longueur d'un pendule, c'est la distance entre le point de suspension et le centre de gravité.

51. *A-t-on fait quelques* APPLICATIONS *du pendule?* — Un pendule d'une longueur connue sert, comme nous venons de le voir, à mesurer le temps. Une autre application du pendule, qui se rattache à celle-là, c'est l'usage qu'on en fait pour régulariser la marche des

horloges. Le pendule employé en horlogerie s'appelle balancier. Une des plus curieuses applications du pendule est celle qu'en a faite M. Léon Foucault à la démonstration expérimentale du mouvement de rotation de la terre. Il est certain que, lorsqu'un pendule oscille, son plan d'oscillation reste fixe dans l'espace. Néanmoins, en faisant osciller un pendule convenablement suspendu et d'une longueur suffisante, M. Foucault reconnut que son plan d'oscillation changeait sans cesse d'orientation par rapport aux objets environnants, comme s'il eût tourné d'orient en occident. Ce mouvement apparent ne pouvait être que le mouvement réel de la terre tournant sur son axe d'occident en orient.

CHAPITRE IV

Hydrostatique et hydrodynamique.

§ 1er. — NIVEAU DES LIQUIDES.

52. *En quoi consiste le* NIVEAU *d'un* LIQUIDE? — En ce que la surface supérieure d'un liquide en repos est un plan horizontal; ce qui tient à ce que la grande mobilité des molécules d'un liquide oblige toutes ses parties à se rapprocher le plus possible de la terre. Mais cette même raison exige, lorsqu'il s'agit d'une surface liquide de quelque étendue, que sa surface soit, non plus une surface plane, mais une surface sphéroïdale représentant exactement la forme de la terre;

en effet, les forces qui agissent sur le liquide en question sont celles-là mêmes qui auraient déterminé la forme du sphéroïde terrestre supposé primitivement liquide. Cette forme sphéroïdale de la surface des liquides est constatée par les observations que font chaque jour les navigateurs; si sur une petite surface on ne remarque pas cette forme, c'est parce qu'une très-petite partie d'une surface courbe de grand rayon est sensiblement un plan.

53. *Comment se dispose un liquide homogène dans deux* TUBES COMMUNIQUANTS? — Le liquide s'élève à la même hauteur dans les deux tubes ; en effet, les deux colonnes doivent se comporter comme si, au lieu d'être enfermées dans deux tubes distincts, elles faisaient partie d'une même masse liquide.

54. *Cette loi a-t-elle quelques* APPLICATIONS *dignes d'intérêt?* — Elle en présente surtout une très-importante dans les *puits artésiens*, où l'eau ne s'élève que pour atteindre le niveau de quelque bassin avec lequel elle communique par des conduits souterrains. C'est en vertu de cette même loi que, pour faire monter l'eau à certaines hauteurs, notamment aux différents étages des maisons d'une ville, on établit à une hauteur convenable un réservoir que l'on met en communication par des conduits en partie souterrains avec les points où on veut amener l'eau. C'est encore par suite de cette même loi que l'eau qui forme un jet d'eau s'élance pour essayer d'atteindre le niveau du réservoir d'où elle vient.

55. *Qu'arrive-t-il quand deux tubes communiquants contiennent deux liquides* DE DENSITÉS DIFFÉRENTES, *dont*

une cause quelconque empêche le mélange ? — La condition d'équilibre, dans ce cas, est que les hauteurs verticales des niveaux des deux liquides soient en raison inverse des densités.

56. *Cette loi a-t-elle des* APPLICATIONS? — Cette loi, qui est vraie pour tous les *fluides*, c'est-à-dire pour l'air et les autres gaz aussi bien que pour les liquides, s'applique surtout à des appareils dans lesquels se font équilibre, d'un côté un liquide enfermé dans un tube, de l'autre la pression de l'atmosphère. Les principaux de ces appareils sont la *pompe aspirante* et le *baromètre*, que nous expliquerons (voir nos 89 et suiv.).

§ 2. — PRESSION DES LIQUIDES ET DES GAZ.

57. *Comment s'évalue la pression qu'un liquide, en vertu de la pesanteur, exerce* SUR LE FOND *du vase où il est contenu ?* — Cette pression est exprimée par le produit de trois nombres indiquant : le poids spécifique du liquide, la hauteur qu'il atteint dans le vase, et l'étendue superficielle de la base de celui-ci.

58. *Cette pression n'est donc pas égale au* POIDS *du liquide?* — Elle est égale au poids du liquide lorsque le vase est un cylindre ou un prisme vertical; mais la pression que le liquide exerce dans ce cas demeure invariable, quoique le vase se rétrécisse de manière à contenir beaucoup moins de liquide, ou s'évase de manière à en contenir beaucoup plus. Quelque forme qu'ait le vase, on détermine la hauteur du liquide en cherchant la distance verticale entre la partie infé-

rieure du vase et le niveau le plus élevé du liquide, lors même que cette partie de la surface du liquide ne correspondrait pas à la partie la plus basse du vase.

59. *La pression d'un liquide ne s'exerce-t-elle* QUE SUR LE FOND DU VASE ? — Elle s'exerce aussi sur toute la surface intérieure de ce vase et même sur la surface des corps immergés. Cette pression est toujours perpendiculaire à la portion de surface sur laquelle elle s'exerce, et proportionnelle à l'étendue de cette surface, ainsi qu'à la hauteur du liquide au-dessus d'elle. On comprend que, pour que la hauteur du liquide puisse être sensiblement la même pour toute la portion de surface que l'on considère, cette portion doit être très-petite. Mais un liquide ne presse pas seulement de haut en bas ou latéralement; il presse aussi de bas en haut sur les parties rentrantes des parois du vase et sur les faces inférieures des corps immergés, et cette pression, toujours perpendiculaire à la portion de surface que l'on considère, est proportionnelle à son étendue ainsi qu'à la hauteur du liquide au-dessus d'elle. Pour se rendre compte de cette dernière circonstance, il n'y a qu'à considérer la colonne liquide qui presse de bas en haut comme contenue dans un tube qui communiquerait avec un autre tube s'élevant jusqu'au niveau supérieur du liquide.

60. *Un liquide ne transmet-il que la* PRESSION *résultant de sa* PESANTEUR? — Il transmet de la même manière toute pression qui lui est imprimée par n'importe quel moyen. Cet ensemble de particularités qui tiennent toutes à la grande mobilité des molécules des liquides, constitue le fait capital de l'*égalité de pression dans tous les sens.*

61. *Cette propriété* N'APPARTIENT-ELLE QU'AUX LIQUIDES? — Elle appartient également aux gaz ; mais elle est moins aisée à étudier dans ces corps, à cause de la complication qui résulte de leur grande compressibilité.

62. *Cette propriété a-t-elle des* APPLICATIONS? — Elle en a surtout une très-importante, qui constitue la *presse hydraulique*. Cet appareil se compose d'un grand cylindre à parois très-résistantes, dans lequel glisse un piston à frottement très-exact, de manière à ne pas laisser échapper l'eau qui remplit le cylindre. Cette eau communique avec celle que renferme un cylindre plus petit, et que l'on presse au moyen d'un levier. Supposons que la pression exercée sur le petit piston soit équivalente à 10 kilogrammes, et que la superficie du grand piston soit 1000 fois celle du petit ; le grand piston exercera une pression égale à 10 000 kilogrammes. On comprend quels effets énormes peut produire cette machine au moyen d'une force motrice insignifiante.

§ 3. — DES CORPS SOLIDES PLONGÉS DANS UN FLUIDE.

63. *Qu'arrive-t-il lorsqu'un corps solide est plongé dans un liquide qui, à égalité de valeur, pèse* MOINS *que lui?* — Le solide perd de son poids une partie égale au poids du liquide déplacé, et il descend en vertu de la partie de son poids qui n'est pas ainsi neutralisée : c'est là ce qu'on appelle le *principe d'Archimède*.

64. *Qu'arrive-t-il lorsqu'un corps solide est plongé dans un liquide qui, à égalité de volume, pèse juste* AU-

TANT *que lui?* — Son poids se trouve exactement neutralisé; il ne tend donc ni à descendre ni à monter.

65. *Qu'arrive-t-il lorsqu'un corps solide est plongé dans un liquide qui, à égalité de volume, pèse* PLUS *que lui?* — Il est poussé de bas en haut par une force verticale équivalente à la différence entre le poids du liquide déplacé et celui du solide. Arrivé à la surface du liquide, il émerge jusqu'à ce que la quantité de liquide qu'il déplace n'ait qu'un poids juste égal à la totalité de son propre poids. Il se trouve alors en équilibre ; mais, pour que cet équilibre soit stable, il faut que le centre de gravité du solide se trouve dans la partie immergée.

66. *La théorie précédente a-t-elle des* APPLICATIONS? — Elle s'applique surtout à la *navigation*, à l'*aérostation* et à l'*aréométrie*.

67. *Lequel des trois principes ci-dessus s'applique à la* NAVIGATION? — Le troisième ; en effet, un objet creux, fût-il d'une matière beaucoup plus lourde qu'un liquide donné, pourra, avec l'air qu'il contient, former un tout spécifiquement plus léger que le liquide, et dans les conditions voulues pour surnager. C'est ainsi qu'un navire, même en fer, se soutient sur l'eau ; mais, afin qu'il ne soit pas trop aisé à renverser, surtout à cause de la prise que sa voilure donne au vent, il faut que, par l'effet du lest, son centre de gravité soit le plus bas possible.

68. *Comment les principes ci-dessus s'appliquent-ils à l'*AÉROSTATION? — Un aérostat, malgré le poids qu'il entraîne, forme un tout plus léger qu'un volume égal

d'air; il monte donc dans l'atmosphère, en vertu du troisième des principes en question. Mais l'air, à cause de sa grande compressibilité, est plus dense près de la terre, où il supporte le poids d'une masse atmosphérique plus considérable; en conséquence, à mesure qu'on s'élève, sa densité diminue, et l'aérostat arrive bientôt dans une couche où le poids de l'air, à égalité de volume, est égal au sien. Alors, en vertu du second principe, il se trouve en équilibre avec l'air. Pour le faire monter davantage, il faut diminuer son poids, en jetant du lest, et, pour le faire descendre, laisser échapper du gaz, ce qui diminue son volume, en ne lui ôtant qu'une fraction insignifiante de son poids.

69. *Qu'est-ce que l'*ARÉOMÉTRIE? — C'est la détermination des poids spécifiques, au moyen d'appareils compris sous la dénomination générale d'*aéromètres,* de deux mots grecs signifiant, l'un *mesure*, et l'autre, *iar*, milieu *rare*, *peu dense*. Les aréomètres présentent de nombreuses variétés, depuis la balance hydrostatique, fort employée dans certaines études scientifiques, jusqu'aux *pèse liqueurs*, *pèse-acides*, etc., qui servent uniquement pour le commerce et l'industrie. Mais toutes les opérations qu'on peut faire avec ces divers instruments sont des applications du principe d'Archimède.

CHAPITRE V

Détails sur les principaux moteurs.

§ 1er. — LES MOTEURS ANIMÉS.

70. *Quelle comparaison peut-on établir entre les principaux moteurs* ANIMÉS? — L'homme est de beaucoup supérieur à tous les autres, non pas par la force, mais par l'intelligence qui le dirige, et aussi par l'admirable conformation de ses membres, surtout des mains, instruments incomparables. Le plus utile auxiliaire de l'homme est le cheval, qui à la force joint la vitesse. Mais il ne faut pas regarder comme exprimant la force du cheval l'unité désignée par le nom de *cheval-vapeur*. Cette force est celle qui, en une seconde, élève de 1 mètre 75 kilogrammes; or il paraît qu'en moyenne le travail que produit un cheval n'est que de 42 kilogrammes. Le travail mécanique de l'homme est en moyenne un neuvième de celui du cheval. Le bœuf a à peu près autant de force que le cheval; mais, à cause de sa lenteur, il produit moitié moins de travail; l'âne en produit à peu près le quart. Outre le cheval-vapeur, on emploie comme unité de force le *kilogrammètre*, qui est la force nécessaire pour élever en une seconde un poids d'un kilogramme à une hauteur d'un mètre.

§ 2. — MOTEURS HYDRAULIQUES ET AÉRIENS.

71. *Quelle est la force motrice de l'*EAU? — Afin de tirer plus de parti de la force motrice d'un cours d'eau, on y ménage des *chutes*, au moyen de *barrages*; la force qu'on obtient ainsi s'évalue en multipliant le poids de l'eau dépensée en une seconde par la hauteur de la chute.

72. *Quelle est la force d'un* MOULIN A VENT? — Cette force, exprimée en kilogrammètres, est à peu près égale au cube de la vitesse du vent multiplié par les 13 centièmes de la surface des ailes. Le travail annuel est le tiers environ de ce qu'il serait si le moulin marchait constamment sous l'action d'un vent de 6 à 7 mètres par seconde.

73. *Comment estime-t-on la force d'un navire* A VOILES? — On admet généralement, dans la marine marchande, que chaque tonneau de fret exige environ 1 mètre carré de voiture. Le tonneau métrique, en termes de navire, signifie un poids de 1000 kilogrammes.

§ 3. — LA VAPEUR.

74. *De quoi se compose essentiellement la* MACHINE A VAPEUR? — D'une *chaudière*, ou générateur de la vapeur; d'un *cylindre à piston moteur*; d'un *balancier* pour transmettre le mouvement; d'un *volant*, pour le régulariser.

75. *Quelles sont les principales* VARIÉTÉS *de la ma-*

chine à vapeur? — On distingue la machine *sans détente* et *sans condensation*, dans laquelle la vapeur, après avoir agi à pleine pression pendant toute la course du piston, se dégage librement dans l'atmosphère; et la machine *sans détente et à condensation*, dans laquelle la vapeur, après avoir agi à pleine pression pendant toute la course du piston, est condensée de manière à laisser derrière le piston un vide plus ou moins parfait. Une machine, soit à condensation, soit sans condensation, peut être *à détente*, lorsque la vapeur, après avoir agi à pleine pression pendant une partie de la course du piston, agit en se détendant pendant le reste de la course, avant de se dégager ou d'être condensée. Une autre distinction essentielle, est celle des machines à simple effet et des machines à double effet. Dans la machine *à double effet*, la vapeur agit alternativement sur les deux bases du piston; dans la machine à *simple effet*, la vapeur n'agit que sur une des bases du piston; la course inverse du piston s'opère par l'effet de la pression atmosphérique, qui agit sur l'autre base lorsque, par le dégagement ou la condensation de la vapeur, le vide s'est formé du côté de la première base. On distingue encore les machines à *basse*, à *moyenne* et à haute *pression*, selon que la pression dans la chaudière est inférieure à deux ou quatre atmosphères, ou qu'elle dépasse cette dernière limite.

DEUXIÈME PARTIE

ASTRONOMIE

CHAPITRE PREMIER

Notions générales.

76. *Qu'est-ce que l'*ASTRONOMIE? — C'est l'étude des corps répandus dans l'immensité de l'espace, comme les étoiles, le soleil, les planètes, les comètes, etc.

La terre, étant une planète, fait partie du domaine de l'Astronomie ; mais seulement pour celles de ses propriétés que l'on pourrait étudier à distance, comme sa forme, ses dimensions, ses mouvements. Quant aux particularités qui ne peuvent être observées que par ses habitants, elles sont l'objet d'autres sciences, notamment de la *géographie physique*.

77. *Qu'appelle-t-on* COSMOGRAPHIE? — Par ce mot, qui, d'après son étymologie grecque, signifie *description de l'univers,* on désigne une astronomie restreinte aux notions élémentaires, celles surtout qu'il faut connaître pour se rendre compte des phénomènes les plus habituels.

78. *Le* CIEL *est-il, conformément à l'apparence qu'il présente, une* VOUTE *bleue à laquelle sont attachés les astres ?* — Ce qu'on appelle la voûte céleste est une pure apparence; et la couleur bleue que nous percevons au-dessus de nous est simplement le résultat de la

décomposition des rayons du soleil par l'atmosphère.

Si on s'élevait dans l'atmosphère de manière à n'avoir plus au-dessus de soi qu'une couche d'air insuffisante pour produire cet effet optique, les espaces célestes entre les astres nous paraîtraient noirs, parce que ces espaces, ne renfermant aucune substance qui puisse nous renvoyer des rayons lumineux, devraient nous faire éprouver la sensation qui résulte pour notre vue de l'absence totale de lumière, c'est-à-dire la sensation du noir.

79. *Mais d'où vient que tous les astres nous paraissent attachés à une surface* SPHÉRIQUE? — Bien que les astres soient séparés de nous par des distances qui diffèrent prodigieusement les unes des autres, notre vue, n'ayant aucun moyen d'apprécier ces différences, suppose toutes ces distances égales. En conséquence, tous les astres doivent nous sembler attachés à la surface d'une demi-sphère creuse dont nous occupons le centre.

80. *Puisque les astres sont* ISOLÉS *dans l'espace, pourquoi ne* TOMBENT-ILS PAS? — Les corps que nous voyons tomber sur la terre ne font qu'obéir à l'attraction qu'elle exerce sur eux ; mais les astres sont généralement beaucoup trop éloignés de la terre pour que son attraction puisse exercer sur eux un effet appréciable.

Le soleil et les planètes qui tournent autour de lui ne sont pas tellement éloignés, que l'action de la terre sur eux soit absolument nulle. Mais la masse du soleil est trop supérieure à celle de la terre pour que l'action de celle-ci ne soit pas insignifiante, et par rapport au soleil et par rapport à la plupart des planètes, sur qui l'action du soleil est trop prépondérante. L'effet de l'attraction terrestre sur les planètes les plus voisines se borne à quelques légères perturbations. La lune seule, par l'infériorité de sa masse relativement à celle de la terre et par son peu d'éloignement de cette planète, serait dans le cas de tomber sur elle, si une impulsion qu'elle a primitivement reçue, et dont l'effet, toujours subsistant en vertu de l'inertie, la sollicite sans cesse à s'échapper en ligne droite, ne contre-balançait l'action de la pesanteur. Si l'on considère l'action de ces deux forces pendant des instants infiniment petits, les diagonales qui, à chaque instant, représenteront leur résultante, formeront, en se joignant bout à bout, une courbe qui sera l'orbite décrite par la lune.

81. *Quelle est, en conséquence, l'idée qu'on doit se faire de la manière dont les corps célestes se* SOUTIENNENT *dans l'espace?* — Tous les corps célestes, sous l'action de deux forces analogues à celles que nous venons de signaler à propos de la lune, décrivent des courbes autour d'un autre corps ou, plus exactement, autour du centre de gravité d'un système de corps.

Si pourtant il existait, chose très-peu probable, quelque portion de matière parfaitement en repos, il suffirait, pour expliquer cette immobilité, de supposer que cette matière n'aurait reçu aucune impulsion, et serait trop éloignée de tout autre corps pour être soumise à aucune attraction ; son état de repos serait alors simplement une conséquence de l'inertie de la matière.

82. *Si la voûte céleste n'est que l'effet d'une illusion d'optique, comment se fait-il que nous la voyions exécuter, toutes les vingt-quatre heures, une* RÉVOLUTION *complète* SUR ELLE-MÊME? — Cette révolution de la voûte céleste est une pure apparence, résultant du mouvement de rotation que la terre exécute sur elle-même toutes les vingt-quatre heures. Cette rotation de la terre ayant lieu de l'ouest à l'est, la révolution apparente de la voûte céleste a lieu de l'est à l'ouest. Nous reviendrons sur ce point dans le chapitre consacré à l'étude de la terre.

Les objets célestes dont nous allons nous occuper successivement sont : 1° les nébuleuses et les étoiles ; 2° le soleil ; 3° la terre ; 4° la lune ; 5° les autres planètes ; 6° les comètes, les bolides et les étoiles filantes.

CHAPITRE II

Les étoiles et les nébuleuses.

§ 1. — LES ÉTOILES.

83. *Qu'appelle-t-on* ÉTOILES? — On distingue par ce nom des astres qui se montrent dans le ciel comme des points lumineux et dont les positions relatives ne changent pas d'une manière appréciable. Les étoiles sont évidemment des corps lumineux par eux-mêmes, comme le soleil, qui n'est qu'une étoile beaucoup moins éloignée de nous que les autres.

84. *Que peut-on dire touchant les* DISTANCES *qui nous séparent des étoiles?* — L'étoile la plus voisine de la terre (l'étoile *Alpha* de la constellation du Centaure), est éloignée de nous par une distance d'environ 15 000 000 000 de lieues, distance que la lumière, avec sa vitesse de 70 000 lieues par seconde, mettrait quatre ans à franchir; et il existe des étoiles dont l'éloignement est des milliers et peut-être des millions de fois plus grand.

85. *Quelles sont les* DIMENSIONS *des étoiles?* — On l'ignore absolument. Mais, pour qu'elles puissent être aperçues à de si énormes distances, il faut que leur volume soit lui-même énorme.

86. *Qu'appelle-t-on étoiles de* PREMIÈRE GRANDEUR,

de SECONDE GRANDEUR, etc. ? — Ce classement des étoiles par grandeur ne présuppose rien sur les dimensions de ces astres, et repose seulement sur leur éclat, l'intensité de leur lumière, intensité qui dépend de leur distance et d'autres causes, tout autant que de leurs dimensions.

87. *Le* NOMBRE *des étoiles est-il considérable ?* — Le nombre des étoiles visibles à l'œil nu varie de 4 000 à 6 000, suivant que l'observateur est doué d'une vue plus ou moins perçante. Avec les instruments dont dispose la science moderne, on en découvre des quantités innombrables ; le chiffre de celles qu'on a notées dépasse 150 millions, et ce n'est là très-probablement qu'une petite partie de celles que le Créateur a semées dans l'immensité des espaces célestes.

88. *Qu'appelle-t-on étoiles* VARIABLES ? — On appelle ainsi des étoiles dont l'éclat augmente ou diminue ; en sorte qu'après avoir appartenu à l'une des classes que nous venons de mentionner, elles doivent être rangées dans une autre classe. On a même vu des étoiles disparaître complétement, et d'autres qu'on n'avait jamais aperçues, apparaître tout à coup. Il y a enfin des étoiles dont les variations d'éclat sont périodiques.

89. *Les étoiles ont-elles toutes la même* COULEUR ? — La lumière des étoiles est généralement blanche ; quelques-unes pourtant émettent une lumière rouge, jaune, bleue ou d'autres couleurs. Parmi les étoiles variables, il en est dont la couleur ou la nuance varie en même temps que l'intensité de leur lumière.

90. *Qu'entend-on par étoiles* DOUBLES ? — Quelques

étoiles qui, vues à l'œil nu ou avec des lunettes d'un grossissement insuffisant, paraissent simples, se dédoublent si on les observe avec des instruments plus puissants, et on remarque toujours que la plus petite décrit une orbite autour de la principale.

Quelques étoiles, au lieu d'être formées seulement de deux composantes, sont le résultat de trois, de quatre ou même d'un plus grand nombre, et alors la révolution s'opère autour du centre de gravité du système. Assez souvent les composantes d'une étoile double ou multiple ont des couleurs différentes, dont la combinaison forme la nuance de l'astre total.

91. *Qu'appelle-t-on* CONSTELLATIONS? — Pour aider la mémoire et faciliter l'étude du ciel, on a partagé les étoiles en un certain nombre de groupes appelés *constellations* ou *astérismes*, et caractérisés par des figures de personnages, d'animaux ou d'autres objets, le plus souvent d'après des idées mythologiques. Ainsi on a les constellations d'*Hercule*, de la *Vierge*, de la *Grande-Ourse*, du *Lion*, de la *Lyre*, etc.

A la constellation de la *Petite-Ourse* appartient l'étoile *polaire*, qui, étant très-voisine du pôle, c'est-à-dire du point autour duquel s'opère toutes les vingt-quatre heures la révolution de la sphère céleste, ne décrit qu'un cercle extrêmement petit, et semble parfaitement immobile. Toutes les étoiles paraissent tourner autour de la polaire, et celles qui en sont peu distantes ne descendent jamais au-dessous de l'horizon de Paris; telles sont les constellations de la *Grande-Ourse*, de *Cassiopée*, du *Cygne*, du *Dragon*, de la *Chèvre*, etc. Mentionnons en outre les constellations *radicales*, dont nous parlerons un peu plus loin.

92. *Pendant le* JOUR *y a-t-il des* ÉTOILES *au-dessus de notre tête?* — Sans aucun doute; si nous ne les voyons pas, c'est parce que la lumière du soleil nous impressionne trop vivement pour que nous puissions être affectés d'une manière sensible par celle des étoiles.

Mais on voit les étoiles lorsque le soleil vient à s'éclipser. Les astronomes les observent aussi à toute heure du jour au moyen d'instruments qui, appliqués à l'œil, empêchent la lumière solaire d'y arriver. On n'a même pas besoin, pour apercevoir les étoiles en plein jour, d'instruments astronomiques ; il suffit d'appliquer à l'œil un tube assez long et noirci à l'intérieur, afin que les rayons qui y pénétreraient soient amortis.

§ 2. — LES NÉBULEUSES.

93. *Qu'appelle-t-on* NÉBULEUSES? — On désigne par ce mot des taches lumineuses répandues dans toutes les régions du ciel. Plusieurs de ces taches sont des amas d'étoiles qu'on ne parvient à distinguer les unes des autres qu'au moyen du télescope.

Quelques astronomes ont pensé que, si un grand nombre de nébuleuses sont encore irréductibles, c'est faute d'instruments assez puissantes ; mais l'analyse spectrale semble prouver que quelques-unes au moins ne sont que des amas de matière diffuse, cosmique, on pourrait dire élémentaire. Diverses observations ont même rendu assez probable l'existence, dans plusieurs nébuleuses, d'un mouvement continu de concentration, d'où résulterait à la longue leur transformation en étoiles.

94. *Connaît-on beaucoup de* NÉBULEUSES? — On en connaît plus de cinq mille ; mais un petit nombre seulement sont visibles à l'œil nu.

95. *Y a-t-il au sujet des nébuleuses quelques* PARTICULARITÉS *à signaler?* — On a remarqué des nébuleuses arrondies et ayant à leur centre une étoile ; on les a en conséquence appelées nébuleuses *stellaires*. Parmi les nébuleuses de cette espèce observées par les astronomes, il en est dont la nébulosité a disparu, peut-être en se condensant autour de l'étoile centrale. On regarde comme assez probable que notre soleil est une étoile à enveloppe nébuleuse, ce qui expliquerait

le phénomène connu sous le nom de *lumière zodiacale*.

Il est des nébuleuses stellaires qui, au lieu d'être rondes et d'avoir une étoile au centre, sont elliptiques et ont deux étoiles vers les extrémités du grand axe. Parmi les nébuleuses circulaires ou elliptiques, il en est qui présentent en outre cette particularité d'être perforées ou annulaires. On a encore observé parmi les nébuleuses quelques autres formes à peu près régulières, par exemple celle d'un triangle équilatéral, avec une étoile vers chaque sommet ; mais le plus grand nombre sont d'une irrégularité qui ne permet pas de les rapporter à aucune forme déterminée.

96. *Qu'est-ce que la* VOIE LACTÉE ? — C'est une nébuleuse extrêmement remarquable par son éclat et surtout par son étendue. Elle forme une bande qui correspond à peu près à un grand cercle de la sphère, et dont la largeur présente de grandes inégalités. La plus grande partie de cette immense nébuleuse est réductible en étoiles, et W. Herschell estime que celles qu'il est parvenu à distinguer s'élèvent jusqu'au chiffre de 18 millions.

97. *Quelle* IDÉE *les astronomes se font-ils de la voie lactée ?* — Ils la considèrent généralement comme ayant la forme d'une sorte de disque d'un diamètre si prodigieux, que le temps nécessaire à la lumière pour le parcourir serait d'environ dix mille années. Son épaisseur, quoique beaucoup moins considérable, dépasse pourtant les limites de la vue simple. Or, notre soleil, avec son système planétaire, se trouvant situé vers le centre de la nébuleuse en question, il en résulte que toutes les étoiles que nous apercevons à l'œil nu en font aussi partie.

Quand notre rayon visuel est dirigé dans le sens du diamètre du disque, il rencontre des files pour ainsi dire indéfinies d'étoiles, qui par l'effet de la perspective, paraissent se toucher, et dont la lumière, en se confondant, produit l'aspect laiteux de la bande stellaire. Si, au contraire, l'œil regarde dans des directions de plus en plus inclinées sur le plan principal, le rayon visuel traverse des couches de moins en moins épaisses. Enfin, dans le sens de l'épaisseur de la couche, les étoiles doivent paraître dispersées, et d'autant plus écartées les unes des autres, qu'on se trouve plus rapproché des régions que traversait l'axe du disque ; or c'est ce que l'observation confirme de tout point. Ainsi la nébuleuse que nous appelons la voie lactée serait un immense groupe renfermant notre soleil, toutes les étoiles visibles à l'œil nu et une multitude d'autres qui ne peuvent être distinguées qu'à l'aide du télescope. Quant aux nébuleuses que l'on aperçoit en dehors de la voie lactée, la plupart sont d'autres ensembles d'étoiles, dont quelques-uns peut-être surpassent celui dont nous venons de donner un aperçu. Enfin il est probable que parmi les nébuleuses quelques-unes sont simplement des amas de matière cosmique non encore condensée en étoiles.

CHAPITRE III

Le Soleil.

98. *Qu'est-ce que le* SOLEIL ? — Le soleil est cet astre radieux et puissant qui dissipe les ténèbres de la nuit, nous inonde de chaleur, de lumière et de vie, en même temps que, par son attraction mystérieuse, il retient autour de lui le système des planètes, contribuant ainsi d'une manière active à maintenir l'ordre dans la Création. Tout lumineux qu'il soit, et peut-être parce qu'il est trop lumineux, le soleil reste pour la science un profond mystère. Peut-être cependant sommes-nous à la veille de lui arracher son secret. Les progrès incessants de l'optique, les tours de force

de la photographie et de l'analyse spectrale, la découverte si brillante de la dissociation, la théorie mécanique de la chaleur, etc., ont déjà soulevé bien des voiles. Les enveloppes du soleil, son atmosphère, sa photosphère, sa chromosphère se sont déjà révélées à nos regards éblouis.

99. *Quelle est la constitution intime du soleil?* — Le soleil est très-probablement une masse gazeuse contenant à l'état de vapeurs incandescentes la plupart des substances qui font partie de notre globe, le fer, le magnésium, l'aluminium, etc., et animée de mouvements tourbillonnaires incessants qui amènent à la surface les gaz de l'intérieur. Ces gaz, en se refroidissant et se condensant, font naître un grand nombre de phénomènes.

100. *Comment se* MONTRE *à nous le soleil?* — Vu à l'œil nu, le soleil est un disque lumineux, soustendant un angle de trente-deux minutes. Sa surface, vue dans une lunette grossissante, loin d'être calme et uniforme, présente une apparence irrégulière ou ondulée, comme une mer agitée par la tempête, couverte de *rides* et d'anfractuosités, parsemée souvent de *taches* plus ou moins noires et de *facules* plus ou moins brillantes; percée d'une multitude de petits points lumineux ou *pores*, appelés *grains de riz* ou *feuilles de saule*, suivant leurs dimensions, de formes très-différentes et dont l'ensemble forme la *photosphère* du soleil.

101. *Que sont les* TACHES. — Les taches sont simplement des solutions de continuité dans la photosphère solaire, des cavités ou creux occupés par des

nuages de vapeurs métalliques plus ou moins condensées, encore à une température très-élevée, lumineuses par elles-mêmes, mais moins brillantes que la photosphère. Il existe dans l'apparition des taches une périodicité très-évidente; des *maxima* et des *minima* très-prononcés se succèdent à des intervalles de dix à onze ans. L'histoire a même conservé le souvenir de plusieurs *offuscations* ou affaiblissements considérables causés par l'immense quantité des taches.

102. *Quelle est la* TEMPÉRATURE *du soleil?* — Elle s'élève suivant les uns à plusieurs millions de degrés, suivant les autres à 5 ou 6000 degrés seulement. Elle résulte probablement de l'exercice de la gravitation, de la chute de la matière qui constituait la nébuleuse primitive qui, en se concentrant, a donné naissance au soleil et aux planètes. Quoique le soleil perde continuellement des quantités énormes de chaleur, l'abaissement de sa température est extrêmement faible : il ne dépasse pas 1 degré en quatre mille ans.

103. *Quelle est la puissance de la* RADIATION CALORIFIQUE *du soleil?* — Elle est capable de faire fondre en une année, à la surface de la terre, une couche de glace de 40 mètres d'épaisseur. Evaluée en puissance dynamique, en force, elle pourrait engendrer 470 quintillions de chevaux-vapeur.

104. *Quel est le* ROLE *du soleil dans l'univers?* — Son activité extérieure se manifeste de deux manières. Par la gravitation ou l'attraction qu'il exerce, il est le premier moteur d'où dépendent tous les mouvements du système planétaire. Par ses radiations il produit tous les phénomènes physiques ou physiologiques qui s'ac-

complissent à la surface des planètes ou dans leur intérieur. Sur la terre, en particulier, les mouvements atmosphériques, la formation et l'écoulement des eaux, le développement de la végétation, la production de force qui résulte des combustions et de la nutrition des animaux et des plantes, etc., sont dus à l'influence des radiations solaires.

105. *En quoi consistent les* RADIATIONS *solaires?* — Elles sont de trois sortes : les premières, optiques, exercent une action éclairante limitée à l'organe de la vue; le pouvoir éclairant du soleil est énorme. Les secondes, thermiques, échauffent et dilatent indistinctement tous les corps; les troisièmes, chimiques, déterminent des phénomènes de combinaison et de désagrégation moléculaires. Le soleil exerce aussi une influence appréciable sur les phénomènes électriques et magnétiques qui se manifestent sur le globe terrestre.

106. *Le soleil est-il une* ÉTOILE? — Le soleil n'est en réalité que l'une des nombreuses étoiles qui peuplent les espaces célestes. S'il se trouvait transporté à la distance des étoiles les plus voisines de nous, c'est à peine si nous pourrions l'apercevoir, à l'œil nu, comme une étoile de cinquième ou de sixième grandeur.

107. *Le soleil a-t-il une* ATMOSPHÈRE? Le soleil a une atmosphère très-vaste; elle s'étend à une distance au moins égale au quart du rayon solaire. Elle a une forme elliptique.

108. *Quelle est la* DISTANCE *du soleil à la terre?* — Cette distance, qui, suivant les époques de l'année,

peut varier de près d'un million de lieues, est en moyenne d'un peu plus de trente-huit millions de lieues. La lumière, dont la vitesse est de 77,000 lieues par seconde, met huit minutes, seize secondes à franchir cette distance, qui pourtant n'est pas la deux cent millième partie de celle qui nous sépare de l'étoile la plus voisine de la terre.

109. *Le soleil est-il en* REPOS? — Les taches dont nous avons parlé tout à l'heure ont donné le moyen de constater que cet astre est animé d'un mouvement de rotation, qu'il accomplit d'occident en orient, en vingt-cinq jours et demi. On a en outre reconnu que le soleil se déplace peu à peu, de manière à décrire une immense orbite dans un espace de temps qu'on n'a pas encore pu déterminer avec précision, mais qui paraît devoir approcher de quatre cent mille ans. Les autres mouvements qu'on a cru observer dans le soleil, ne sont que des apparences résultant de mouvements réellement exécutés par la terre.

110. *Quels sont ces mouvements* APPARENTS *du soleil?* — Ce sont : 1° le mouvement d'orient en occident qu'il semble effectuer en vingt-quatre heures avec toute la sphère céleste, et qui détermine la division du temps appelée *jour*. Voilà pourquoi le mouvement en question est appelé révolution *diurne*, du mot latin *dies* (jour); 2° une autre révolution qui détermine la durée de l'année et la variété des saisons. Cette révolution, dite en conséquence *annuelle*, se fait d'occident en orient dans un plan appelé *écliptique*, terme que nous expliquerons plus loin, aussi bien que ceux de *solstices* et d'*équinoxes*, par lesquels on désigne quatre points remarquables de l'écliptique;

3° une légère déviation qui donne lieu à la précession des équinoxes, révolution d'une extrême lenteur qui, pour être complète, a besoin de vingt-cinq mille huit cent soixante-huit ans.

111. *Comment* S'EXPLIQUENT *ces différents mouvements?* — Cette explication découlera tout naturellement des détails que nous donnerons un peu plus loin sur les mouvements réels de la terre, dont les mouvements apparents du soleil sont la conséquence.

Nous allons pourtant montrer ici comment le soleil peut effectuer à la fois un mouvement diurne d'orient en occident et un mouvement annuel d'occident en orient. Pour cela, prenons un de ces globes qui représentent le monde stellaire, sur lesquels est tracée une ligne indiquant la position du plan de l'écliptique, et supposons qu'une fourmi placée sur cette ligne la parcourt avec une extrême lenteur d'occident en orient, tandis que nous faisons tourner le globe sur son axe d'orient en occident. Si les mouvements étaient combinés de telle sorte que le globe exécutât trois cent soixante-cinq révolutions pendant que la fourmi parcourrait en entier le cercle sur lequel elle marche, nous aurions là une représentation assez exacte du mouvement exécuté en un an par le soleil d'occident en orient, tandis que, chaque jour, il effectue avec toute la sphère céleste une révolution d'orient en occident.

CHAPITRE IV

La Terre.

DONNÉES GÉNÉRALES.

112. *Quelles sont la* FORME *et les* DIMENSIONS *de la terre?* — La terre est un sphéroïde dont le diamètre

moyen est d'environ 13,733 kilomètres. Les diamètres qui s'écartent le plus de ce chiffre en plus ou en moins n'en diffèrent que d'environ 20 kilomètres, d'où il résulte que le sphéroïde terrestre diffère à peine d'une sphère. Sa circonférence moyenne est d'environ 40,037 kilomètres, et sa superficie de 510 millions de kilomètres carrés, ou 51 milliards d'hectares, dont les trois cinquièmes environ sont couverts par la mer.

113. *De quels* MOUVEMENTS *la terre est-elle animée?* — Elle est surtout animée de deux mouvements très-importants à étudier : le mouvement de *rotation*, qu'elle exécute sur son axe, et le mouvement de *translation* qu'elle effectue dans son orbite autour du soleil.

§ 1. — MOUVEMENT DE ROTATION DE LA TERRE.

114. *Qu'y a-t-il à remarquer touchant le mouvement de* ROTATION *de la terre?* — Ce mouvement a lieu d'occident en orient, et sa durée est de vingt-quatre heures, ou plus exactement, ainsi que nous l'expliquerons bientôt, de vingt-trois heures, cinquante-six minutes et quatre secondes. L'axe autour duquel s'effectue ce mouvement n'est, on le conçoit, qu'une ligne idéale; les deux points de la surface de la terre où elle aboutit sont les *pôles* terrestres, et, si on la suppose coupée à angle droit par un plan passant par le centre de la terre, l'intersection de ce plan avec la surface du globe forme l'*équateur* terrestre.

La vitesse avec laquelle se meut un point quelconque de l'équateur terrestre en vertu de la rotation de la terre est, par seconde, d'un peu moins d'un demi-kilomètre; plus exactement, de 469 mètres, ce qui fait, par heure, 1688 kilomètres 400 mètres. Les autres points de la surface du globe se meuvent plus lentement à mesure qu'ils sont plus distants de l'équateur.

115. *Comment se fait-il que* NOUS NE NOUS APERCEVIONS PAS *de la rotation de la terre?* — Lorsque nous nous trouvons sur un objet qui se meut, comme une voiture, un bateau, un navire, etc., nous sommes avertis du mouvement de cet objet par deux indices, savoir: 1° par des secousses, ou du moins par une certaine agitation que nous fait éprouver la moindre irrégularité survenue dans ce mouvement; 2° par notre changement de position relativement aux objets qui ne participent pas audit mouvement. Nous sommes si accoutumés à trouver ces deux indices réunis que, si le premier manque, en sorte que nous observions seulement le second, c'est-à-dire un changement de position d'un certain nombre d'objets par rapport à nous, nous attribuons instinctivement ce changement à un mouvement réel de ces objets, et nous croyons être nous-mêmes à l'état de repos. C'est ce qui arrive à un enfant assis dans une barque qu'entraîne doucement le courant d'une rivière. Or la terre se meut avec une régularité parfaite, sans éprouver aucune secousse, aucun frottement, pas même contre l'air, qui, lié à elle par la pesanteur, la suit dans son mouvement, comme étant une des couches dont le globe est formé. Nous ne sommes donc avertis du mouvement de rotation de la terre que par la révolution apparente de la voûte céleste; et par conséquent, d'après les considérations précédentes, nous sommes invinciblement portés à regarder comme réel le mouvement de la voûte céleste et à supposer la terre immobile. Il n'a fallu rien moins que les preuves les plus irrécusables pour changer sur ce point les idées de toute personne quelque peu éclairée.

Si on laisse tomber d'une hauteur considérable un objet lourd, par exemple un morceau de plomb, et que cet objet emploie deux ou trois secondes à arriver à terre, le point auquel il correspondait au moment où on l'a laissé tomber se sera avancé vers l'est de deux ou trois fois 469 mètres; cet objet devra donc rencontrer la terre en un point RECULÉ *d'autant* VERS L'OUEST. — Si, sur un navire marchant rapidement, un matelot laisse tomber du haut d'un mât un objet lourd, cet objet, au moment où il a été lâché, participait au mouvement horizontal du matelot et du navire : sous la double action de cette force horizontale et de l'effet vertical de la pesanteur, il suivra la diagonale du parallélogramme, et un observateur placé en dehors du navire le verrait descendre obliquement, de manière à arriver au pied du mât, tandis que les personnes qui se trouvent à bord du navire croient le voir tomber verticalement. C'est là ce qui arrive lorsqu'un objet lourd tombe sur la terre d'une hauteur quelconque.

Ce n'est pas tout : si l'objet en question tombe d'une grande hauteur, il est animé, au moment de sa chute, d'une vitesse horizontale vers l'est plus grande que celle des points de la surface terrestre situés plus bas, puisqu'il se trouve sur un point qui parcourt une circonférence d'un plus grand rayon ; par conséquent, il devrait rencontrer la terre un peu à l'est du point situé verticalement au-dessous de celui d'où il est parti. Or, on a effectivement reconnu dans des puits de mines que, pour une chute de 158 mètres, la déviation orientale dépasse un peu 28 millimètres. Ainsi l'objection à laquelle nous venons de répondre s'est tournée en preuve.

116. *Mais si la terre tourne sur son axe, nous devons avoir à certains moments,* LES PIEDS EN HAUT *et* LA TÊTE EN BAS ? — Le *haut* et le *bas* n'ont rien d'absolu. Le bas, pour un habitant de la terre, c'est la direction qui, du point qu'il occupe, va vers le centre de la terre, et le haut, c'est la direction opposée. Par conséquent, dans quelque sens que la terre se trouve, dès

lors que nous avons les pieds vers le centre du globe et la tête dans la direction opposée, nous avons les pieds en bas et la tête en haut, et deux hommes placés aux antipodes l'un de l'autre, en sorte que l'un a les pieds dans le sens où l'autre a la tête, ont, aussi bien l'un que l'autre, la tête en haut et les pieds en bas.

Les difficultés relatives au mouvement de rotation de la terre peuvent aussi être opposées en partie au mouvement de translation, et les réponses, dans ce cas, sont les mêmes ; nous n'aurons donc pas à revenir sur ce sujet.

117. *Quel est le principal* EFFET *du mouvement de rotation de la terre?* — C'est d'amener les alternatives du jour et de la nuit, et en général le lever et le coucher du soleil et des autres astres.

118. *Y a-t-il quelque relation entre la* FORME *de la terre et son mouvement de* ROTATION ? — Si la terre a été primitivement à l'état fluide, elle a dû, en vertu de l'attraction mutuelle de ses molécules, prendre la forme sphérique, qu'elle a conservée lorsque, par l'effet de la condensation, sa surface s'est solidifiée. Dans ce cas, la force centrifuge développée par le mouvement de rotation a dû occasionner un renflement de la région équatoriale et un aplatissement des régions polaires. De fait, la terre n'est pas exactement une sphère, mais un sphéroïde, qui du reste, comme nous l'avons vu, en diffère très-peu.

§ 2. — MOUVEMENT DE TRANSLATION DE LA TERRE.

119. *Comment s'effectue le mouvement de* TRANSLATION *de la terre?* — La terre parcourt, de l'ouest à l'est,

une orbite elliptique dont le soleil occupe un des foyers. La distance moyenne de la terre au soleil est de 38,230,496 lieues, et les différences entre l'aphélie et le périhélie, différences résultant de l'excentricité de l'orbite, sont de près d'un million de lieues. Ce mouvement de translation, dans lequel l'axe de la terre demeure sensiblement parallèle à lui-même, s'effectue dans un plan dit de l'écliptique et incliné sur celui de l'équateur de vingt-trois degrés et demi, plus exactement de vingt-trois degrés, vingt-sept minutes, cinquante-six secondes, cinq dixièmes. La durée de la révolution est de trois cent soixante-cinq jours, cinq heures, quarante-huit minutes, cinquante et une secondes, six dixièmes, et la vitesse de la translation de près de 30 kilomètres 1/2 par seconde (30 kilom., 4).

120. *Que résulte-t-il de ce fait que l'*AXE *de la terre demeure toujours* PARALLÈLE *à lui-même?* — Il en résulte qu'on peut considérer ses deux extrémités comme étant toujours dirigées vers les mêmes points du ciel; car les distances qui peuvent séparer les unes des autres les différentes positions de l'axe de la terre doivent être regardées comme zéro par rapport à l'éloignement des étoiles. En conséquence le prolongement de l'axe de la terre détermine dans le ciel deux pôles, qui, malgré le mouvement de la terre dans son orbite, correspondent toujours aux pôles de cette planète. L'un des pôles célestes, se trouvant dans le voisinage de la constellation de la Grande-Ourse, plus encore de celle de la Petite-Ourse, a été appelé pôle *arctique*, d'un mot grec qui signifie *ourse*. L'autre, à cause de sa position opposée à celle du premier, est dit *antarctique*. Le pôle arctique est aussi appelé pôle *nord*, pôle *septentrional*, pôle *boréal*, et le pôle

antarctique, pôle *sud*, pôle *méridional*, pôle *austral*.

121. *Qu'appelle-t-on* ÉQUATEUR CÉLESTE? — Nous avons vu que l'équateur terrestre est un plan passant par le centre de la terre et coupant l'axe à angle droit; quand la terre se trouve placée de telle sorte que ce plan passe par le soleil, le prolongement de ce plan dans l'espace forme *l'équateur céleste*. De ce que l'axe de la terre est toujours parallèle à lui-même, il résulte évidemment que l'équateur terrestre est toujours parallèle à l'équateur céleste; mais ces deux cercles ne se confondent qu'à deux moments de l'année; savoir, lorsque la terre se trouve dans un des points où l'écliptique coupe l'équateur céleste, points que l'on appelle *nœuds de l'écliptique*.

122. *L'*OBLIQUITÉ *de l'écliptique présente-t-elle quelque* AVANTAGE? — Tout dans l'univers est combiné avec une si admirable sagesse que telle particularité qui, au premier abord, pouvait paraître insignifiante ou même défectueuse, a souvent des résultats du plus haut intérêt. C'est ainsi que l'obliquité de l'écliptique, au lieu de nuire, comme on pourrait le croire, à la régularité de l'univers, y établit une merveilleuse harmonie, en donnant lieu à la variété des saisons.

123. *Comment l'obliquité de l'écliptique donne-t-elle lieu à la* VARIÉTÉ *des saisons?* — Afin de simplifier la question, bornons-nous à examiner une région, comme la France, située à peu près à égale distance de l'équateur et du pôle nord. En même temps, rappelons-nous que la différence des saisons tient surtout à deux causes : 1° à la longueur relative des jours et des nuits; 2° à la direction plus ou moins oblique des

rayons solaires. On comprend, en effet, que des rayons qui viennent obliquement soient affaiblis par le long trajet qu'ils font dans l'atmosphère, et que, de plus, un même faisceau de rayons est obligé de couvrir une surface beaucoup plus étendue, lorsqu'il tombe sur elle plus obliquement.

Ces principes posés, considérons la terre dans un des nœuds de l'écliptique. Les rayons solaires tombent alors perpendiculairement sur sa région équatoriale, et par conséquent échauffent également l'hémisphère nord et l'hémisphère sud. Quant à la durée du jour, on la détermine en joignant par une droite le centre du soleil et le centre de la terre, et en faisant passer par ce dernier point, un plan perpendiculaire à la droite en question. Ce plan, appelé cercle d'illumination, divise la surface du globe en deux parties égales, l'une éclairée, l'autre obscure, et il est aisé de voir que, dans les vingt-quatre heures, chaque point de la surface terrestre passe autant de temps dans la partie éclairée que dans la partie obscure ; par conséquent, lorsque la terre se trouve dans un des nœuds, la durée du jour, pour tous les points de sa surface, est égale à celle de la nuit. Voilà pourquoi les deux époques de l'année où la terre se trouve dans un des nœuds de l'écliptique sont appelées *équinoxes* : l'équinoxe situé entre notre hiver et notre été est pour nous l'équinoxe de *printemps ;* celui qui se trouve entre notre été et notre hiver est appelé équinoxe d'*automne*.

Si le nœud où nous avons considéré la terre est celui qui correspond à l'équinoxe de printemps, la terre, à partir de ce point, marchera de telle manière qu'une droite menée de son centre au soleil percerait chaque jour sa surface en des points de plus en plus septentrionaux ; mais, après quatre-vingt-douze jours, vingt et une heures, cinquante minutes, arrivée à l'extrémité du grand axe de son orbite, elle commencera au contraire à marcher de telle manière que la droite allant de son centre au soleil percerait chaque jour sa surface en des points moins éloignés de l'équateur. Ce point, où la terre éprouve ainsi comme un moment d'arrêt, parce que la courbure de son orbite l'oblige à changer de direction, ce point s'appelle *solstice* (arrêt du soleil), parce que, si l'on considère le mouvement apparent du soleil, on le voit s'arrêter alors dans sa marche vers le nord pour retourner vers le sud. En conséquence, d'après un mot grec qui signifie *tourner*, on a appelé *tropique* un cercle mené parallèlement à l'équateur par le point du solstice. Lorsque la terre se trouve à ce point, si l'on divise sa surface par ce que nous avons appelé le cercle d'illumination, on verra que tous les points situés au nord de l'équateur accomplissent plus de la moitié de leur révolution de vingt-quatre heures dans la partie éclairée ; et la différence s'accroît à mesure qu'on s'avance vers le pôle nord. Si même on arrive jusqu'à vingt-trois degrés et demi de ce pôle, on remarquera toute une circonférence de cercle comprise dans la partie éclairée ; ainsi, pour les lieux par où passe cette circonférence, il y a alors un jour de vingt-quatre heures. C'est cette circonférence qu'on appelle le *cercle polaire arctique*. Les points situés au delà ont des jours de plus en plus longs, et enfin, au pôle même, on a un jour qui dure de l'équinoxe de printemps à celui d'automne, c'est-à-dire environ six mois.

Si maintenant nous considérons ce que doit être, au moment de l'équinoxe, l'état astronomique de la France, notamment de Paris, nous trouverons que la durée du jour y est de près de seize heures, et par conséquent la nuit de huit heures seulement ; ce qui, joint au peu d'obliquité des rayons solaires, qui tombent perpendiculairement sur le tropique le plus rapproché de nous, doit élever considérablement la température. A partir de ce moment, les jours commenceront à décroître et les rayons solaires à devenir plus obliques ; mais, à cause de la chaleur acquise pendant les trois mois précédents, les trois mois qui commencent au moment du solstice sont les plus chauds de l'année ; on regarde en conséquence l'été comme occupant cet intervalle, qui est de quatre-vingt-treize jours, treize heures, quarante-quatre minutes.

Pendant que les choses se passent ainsi dans notre hémisphère, les habitants de l'hémisphère méridional ont leur hiver, qui fait place pour eux au printemps quand commence pour nous l'automne, et le solstice suivant, qui sera pour nous le commencement de l'hiver, inaugurera pour eux l'été. Ces deux dernières saisons durent, l'une quatre-vingt-neuf jours, seize heures quarante-quatre minutes ; l'autre quatre-vingt-neuf jours, une heure trente-trois minutes. Ainsi la terre emploie pour aller de l'équinoxe d'automne à l'équinoxe de printemps, sept jours et quelques heures de moins que pour aller de l'équinoxe de printemps à l'équinoxe d'automne.

124. *Pourquoi cette* DIFFÉRENCE *dans la* VITESSE *de la terre?* — Parce que c'est à notre solstice d'hiver que la terre se trouve le plus près du soleil ; par conséquent, d'après les lois de Képler dont nous nous occuperons un peu plus loin, la vitesse de la terre doit être

alors plus grande que dans l'autre partie de son orbite.

125. *N'est-il pas étrange que nous nous trouvions* PLUS PRÈS DU SOLEIL PENDANT L'HIVER *que pendant l'été?* — Les habitants de l'autre hémisphère sont au contraire plus éloignés du soleil pendant leur hiver. Il doit résulter de cet état de choses un peu plus de froid pour eux pendant l'hiver et un peu plus de chaleur pendant l'été; tandis que pour nous, les causes de chaleur pendant l'été et les causes de froid pendant l'hiver sont un peu contrebalancées par les distances qui nous séparent du soleil pendant ces deux saisons. Mais cet effet des distances est très-loin de neutraliser l'effet des deux circonstances que nous avons signalées comme exerçant sur les saisons la principale influence, c'est-à-dire de la durée des jours, et de la direction plus ou moins oblique des rayons solaires.

126. *Qu'entend-on par les mots* HORIZON, ZÉNITH, NADIR, MÉRIDIEN, LONGITUDE, LATITUDE, ZONES? — La verticale d'un lieu, indéfiniment prolongée, détermine dans l'hémisphère céleste supérieur un point appelé le *zénith* du lieu en question, et dans l'hémisphère inférieur, un autre point appelé le *nadir* du même lieu. Un plan passant par le centre de la terre et perpendiculaire à la verticale d'un lieu, détermine l'*horizon* rationel ou astronomique de ce lieu. Un plan passant par un lieu et par les deux pôles constitue le *méridien* de ce lieu. Le mot méridien, formé d'un mot latin qui signifie *midi*, indique qu'il est midi pour un lieu quand le soleil se trouve dans son méridien; mais quand le soleil se trouve dans la partie du même plan située de l'autre côté de l'horizon du lieu en

question, il est minuit pour le même lieu. On appelle *longitude* d'un lieu la distance angulaire du méridien de ce lieu à un méridien qu'on est convenu de prendre pour point de départ, et qu'on appelle en conséquence *premier méridien*. Le premier méridien adopté aujourd'hui en France est celui de l'Observatoire de Paris. On appelle *latitude* d'un lieu la distance angulaire de ce lieu à l'équateur. Tous les points qui appartiennent à la circonférence d'un même cercle parallèle à l'équateur ont la même latitude; mais, quand on indique la latitude d'un lieu, il faut dire s'il s'agit d'une latitude septentrionale ou méridionale, c'est-à-dire si le lieu se trouve dans l'hémisphère boréal ou dans l'hémisphère austral. Parmi les parallèles nous avons signalé les deux tropiques et les deux cercles polaires : ces deux derniers ne sont distingués l'un de l'autre que par les épithètes de *boréal* et d'*austral;* quant aux tropiques, celui qui est dans l'hémisphère boréal est appelé tropique du *cancer*, et celui qui se trouve dans l'hémisphère austral, tropique du *capricorne*, à cause de deux constellations auxquelles correspondent les deux solstices. La partie de la surface terrestre comprise entre les deux tropiques forme ce qu'on appelle la *zone torride*, du verbe latin *torrere*, qui signifie *brûler*. Entre le tropique du cancer et le cercle polaire boréal, se trouve la zone *tempérée septentrionale*, et entre le tropique du capricorne et le cercle polaire austral, la zone *tempérée méridionale;* enfin, les deux calottes sphériques déterminées par les deux cercles polaires forment les zones *glaciales*, l'une *boréale*, l'autre *australe*.

127. *Qu'entend-on par les mots* CERCLE HORAIRE, ASCENSION DROITE, DÉCLINAISON? — Le *cercle horaire*,

pour un astre, est ce que, pour un point terrestre, on appelle méridien. L'*ascension droite* d'un astre est ce que, pour un point terrestre, on appelle longitude, c'est-à-dire la distance angulaire à un cercle horaire pris pour point de départ. Le cercle horaire adopté à cet effet est celui de l'équinoxe de printemps; l'ascension droite se mesure par l'arc de l'équateur compris entre ce cercle et celui du point dont on étudie la position; et on compte toujours de l'ouest à l'est, depuis zéro degré jusqu'à trois cent soixante degrés. Les ascensions droites s'expriment aussi, ce qui est préférable, en heures, minutes et secondes, de zéro à vingt-quatre heures. La *déclinaison*, pour un astre, est ce que, pour un point terrestre, on appelle latitude, c'est-à-dire la distance angulaire de l'équateur, distance que l'on compte sur le cercle horaire de l'astre. Il est superflu de faire observer que, par l'indication de l'ascension droite et de la déclinaison, la position d'un astre est parfaitement déterminée, comme celle d'un point terrestre, par la longitude et la latitude.

128. *En quoi consiste la* PRÉCESSION DES ÉQUINOXES? — En ce que les points équinoxiaux se déplacent constamment en allant avec une extrême lenteur de l'est à l'ouest; d'où il résulte que le soleil arrive chaque année à l'équinoxe de printemps avant d'avoir parcouru en entier l'écliptique. Le déplacement annuel d'un équinoxe est de cinquante secondes quatre dixièmes, distance que le soleil, ou, pour mieux dire, la terre parcourt en vingt minutes. Ce déplacement des points équinoxiaux provient de ce que l'équateur terrestre, à cause de son renflement, est plus fortement attiré par le soleil que les autres régions de la surface du sphéroïde; cette faible inclinaison imprimée au plan

de l'équateur déplace naturellement les points d'intersection de ce plan avec celui de l'écliptique. Elle dérange aussi nécessairement, mais d'une manière presque inappréciable, le parallélisme de l'axe de la terre. Il résulte de là que les pôles décrivent dans le ciel un tout petit cercle qui, comme la révolution des points équinoxiaux, exige vingt-cinq mille deux cent soixante-huit ans.

129. *Qu'appelle-t-on signes du* ZODIAQUE? — Les anciens astronomes avaient divisé la route apparente du soleil dans l'écliptique en douze parties égales, à chacune desquelles ils avaient donné le nom d'une constellation qui se trouvait dans cette partie du ciel. Ces constellations étaient, à partir de l'équinoxe de printemps et en allant de l'ouest à l'est : le *Bélier*, le *Taureau*, les *Gémeaux*, le *Cancer*, le *Lion*, la *Vierge*, la *Balance*, le *Scorpion*, le *Sagittaire*, le *Capricorne*, le *Verseau*, les *Poissons*. Pour aider la mémoire, on a réuni les noms de ces constellations dans deux vers latins :

Sunt : Aries, Taurus, Gemini, Cancer, Leo, Virgo,
Libraque, Scorpius, Arcitenens, Caper, Amphora, Pisces.

Par le fait de la précession des équinoxes, le soleil, au commencement du printemps, n'entre plus dans l'espace occupé par la constellation du Bélier, mais dans celui qui correspond à la constellation des Poissons. On a néanmoins conservé aux trente degrés de l'écliptique qui commencent à l'équinoxe de printemps la dénomination de *signe du bélier*, et on a procédé de même pour les autres signes, qui, par conséquent, ne correspondent plus à la place occupée par les constellations dont ils portent le nom.

§ 3. — DIVISIONS DU TEMPS DÉTERMINÉES PAR LES MOUVEMENTS DE LA TERRE.

130. *Quelles relations y a-t-il entre les* MOUVEMENTS *de la terre et les* DIVISIONS DU TEMPS? — Le temps formant un tout parfaitement continu et homogène, sans aucune distinction de parties, on n'a pu y établir des divisions qu'au moyen de mouvements réguliers, comme ceux que les hommes ne tardèrent pas à observer dans la marche apparente des astres. Ainsi furent adoptées les deux divisions les plus usuelles, savoir le jour et l'année, quoi que celle-ci ait présenté bien des difficultés et donné lieu à bien des tâtonnements. Plus tard on a reconnu que ces deux périodes répondent à deux mouvements réels du globe terrestre, et ce que nous savons de ces deux mouvements nous donnera le moyen de comprendre sans peine les différences du jour *sidéral* et du jour *solaire*, de l'année *sidérale* et de l'année *tropique*.

131. *Qu'appelle-t-on jour* SIDÉRAL *et jour* SOLAIRE? — Le temps qui sépare deux passages consécutifs d'une étoile au méridien constitue le jour *sidéral*, et l'intervalle entre deux passages consécutifs du soleil au méridien s'appelle jour *solaire*. Le jour solaire est un peu plus long que le jour sidéral, parce que, si le soleil est passé aujourd'hui au méridien en même temps qu'une certaine étoile, demain, à cause de son mouvement vers l'est, mouvement apparent qui résulte du mouvement réel de la terre dans son orbite, il n'arrivera au méridien que quatre minutes environ après le passage de cette même étoile.

Le jour sidéral, qui est absolument invariable, détermine exactement la durée d'une révolution de la terre sur son axe. Le jour solaire n'a pas la même invariabilité, parce que le déplacement du soleil vers l'est, d'où résulte la différence entre le jour sidéral et le jour solaire, varie un peu dans le courant de l'année, le mouvement de la terre dans son orbite n'étant pas, comme nous l'avons vu, parfaitement uniforme. On a en conséquence calculé la durée moyenne des jours solaires, et cette durée a été divisée en vingt-quatre heures, l'heure en soixante minutes et la minute en soixante secondes. Ces heures, minutes et secondes solaires moyennes sont les seules en usage ; la durée du jour sidéral, exprimée au moyen de ces unités, est de vingt-trois heures, cinquante-six minutes, quatre secondes.

132. *Qu'appelle-t-on année* SIDÉRALE *et année* TROPIQUE ? — L'année *sidérale* est le temps que met le soleil ou, pour parler plus exactement, la terre à faire une révolution entière dans son orbite, de manière à revenir vis-à-vis l'étoile, le point invariable du ciel qui avait correspondu à son point de départ. L'année *tropique* est le temps qui s'écoule entre deux passages consécutifs du soleil à l'équinoxe de printemps; et nous avons vu que, par l'effet de la précession des équinoxes, le soleil, chaque année, arrive à l'équinoxe de printemps vingt minutes avant de se retrouver vis-à-vis le point du ciel auquel correspondit le commencement de sa révolution. Il résulte de là que l'année tropique est plus courte d'environ vingt minutes que l'année sidérale. Voici la valeur de l'une et de l'autre en jours solaires moyens : année sidérale, trois cent soixante-cinq jours, six heures, neuf minutes, dix secondes, quatre dixièmes; année tropique, trois cent soixante-cinq jours, quarante-huit minutes, cinquante et une secondes, six dixièmes.

133. *Sur quoi est basée l'année* CIVILE? — Les phénomènes les plus frappants qui résultent du mouve-

ment de la terre dans son orbite sont sans contredit ceux dont l'ensemble constitue la variété et la succession des saisons. Par conséquent, l'année tropique, qui est exactement en rapport avec ces phénomènes, devait naturellement servir de base à l'année civile. Malheureusement l'année tropique ne se compose pas d'un nombre exact de jours; son expression est trop compliquée de fractions pour pouvoir devenir usuelle, et elle a surtout l'inconvénient de commencer chaque fois à des heures différentes. On comprend, d'après ces difficultés, que la détermination de l'année usuelle dut présenter d'abord de graves imperfections. Jules César, comprenant qu'une réforme était devenue indispensable, en chargea un astronome égyptien nommé Sosigène, et puis la fit adopter dans tout le monde romain.

134. *En quoi consiste la réforme* JULIENNE? — Supposant que l'année tropique était composée de trois cent soixante-cinq jours, six heures, on décida que les années ordinaires auraient trois cent soixante-cinq jours, et que, pour tenir compte des six heures négligées, on ajouterait un jour tous les quatre ans.

Ces années de trois cent soixante-six jours furent appelées *bissextiles*, parce que, dans le calendrier romain, le sixième jour avant les calendes de mars (*sexto calendas martii*), était alors redoublé, nous dirions *bissé*, en sorte que ce jour était ainsi désigné: *bis sexto calendas martii.* Ce sixième des calendes de mars correspondait au 23 février; on l'a reporté depuis à la fin du même mois, qui, lorsque l'année est bissextile, compte vingt-neuf jours au lieu de vingt-huit.

135. *N'y a-t-il pas eu une* AUTRE RÉFORME *du calendrier?* — En supposant l'année tropique composée de trois cent soixante cinq jours, six heures, on la faisait

trop longue de onze minutes, huit secondes, $\frac{4}{10}$. Or cette différence, accumulée pendant plusieurs siècles, avait fini par produire un désaccord notable entre le calendrier et les phénomènes célestes. Ce fut ce qui décida le pape Grégoire XIII à entreprendre la réforme qui porte son nom. En vertu d'un décret de ce pape, auquel tous les pays catholiques se conformèrent immédiatement, le lendemain du 4 octobre 1582 fut compté comme étant, non le 5, mais le 15 du même mois; en sorte que dix jours se trouvaient supprimés. En même temps, afin de prévenir le retour du désaccord que cette première mesure venait de faire disparaître, il était établi que le calendrier Grégorien aurait quelques années bissextiles de moins que le calendrier Julien.

Dans le calendrier Julien, toute année dont le millésime pouvait se diviser exactement par 4 était bissextile ; par conséquent la catégorie des années bissextiles comprenait toutes les années séculaires. Or le décret de Grégoire XIII effaçait du nombre des années bissextiles les années séculaires dans le millésime desquelles le nombre exprimé par des chiffres significatifs n'est pas divisible par 4. En conséquence les années 1 700, 1 800, 1 900, ne devaient pas être bissextiles ; tandis que les années bissextiles 1 600 et 2 000 étaient conservées. Le calendrier ainsi établi suit de si près les phénomènes célestes, qu'il ne se produira pas en 4,000 ans un écart de plus d'un jour.

136. *Le calendrier* GRÉGORIEN *est-il en usage dans toute l'*EUROPE ? — Les pays protestants éprouvèrent quelque répugnance à adopter une réforme établie par un pape, et l'Angleterre ne s'y décida qu'en 1752. Quant aux Grecs et aux Russes, ils se servent encore du calendrier Julien, qui est actuellement en retard de douze jours sur le nôtre.

Quand il s'agit de ces derniers pays, on écrit ordinairement, au-dessous de la date indiquée d'après leur calendrier, ou, comme on dit, de la date *vieux style*, la date d'après notre calendrier, ou *nouveau style*. Ainsi leur 18 mai, qui est pour nous le 30, s'écrit 18/30 mai ; leur 29 mai, qui est pour nous le 10 juin, s'écrit 29 mai / 10 juin.

CHAPITRE V

La Lune.

§ 1. — DONNÉES GÉNÉRALES.

137. *Qu'y a-t-il à dire touchant la* FORME *de la* LUNE, *ses* DIMENSIONS, *l'état de sa* SURFACE, *son pouvoir* RÉFLÉCHISSANT, *etc.?* — La lune est un corps opaque, et sensiblement sphérique, dont la comparaison avec notre globe donne les fractions suivantes : pour le diamètre, $\frac{1}{4}$; pour sa surface, $\frac{1}{13}$; pour le volume, $\frac{1}{49}$; pour la masse, $\frac{1}{88}$; pour la densité, un peu plus des $\frac{3}{5}$ (0,615). La surface de la lune présente des taches grisâtres, parmi lesquelles plusieurs sont les ombres de montagnes, dont quelques-unes ont jusqu'à 7,000 mètres de hauteur. L'aspect de la lune est analogue à celui des contrées volcaniques : on y voit beaucoup de cirques présentant toutes les apparences d'anciens cratères, et du centre généralement fort déprimé de ces cirques s'élèvent souvent des pics très-considérables. Les rayons du soleil réfléchis par la lune n'ont point d'action sensible sur le thermomètre, et l'intensité de leur lumière n'est en moyenne que $\frac{1}{300000}$ par rapport à celle des rayons que nous recevons directement du soleil. Aucune observation n'a indiqué autour

de la lune une enveloppe gazeuse; d'où on peut déduire qu'il n'y a sur sa surface ni eau, ni aucun liquide susceptible de se transformer en vapeur, et par suite que la vie, du moins dans les conditions que nous connaissons, n'existe point sur la lune.

138. *Comment* SE MEUT *la lune?* — La lune, liée à la terre par l'attraction que celle-ci exerce sur elle en vertu de la supériorité de sa masse, est, pour notre planète, ce qu'on appelle un satellite. Elle décrit, de l'ouest à l'est autour de la terre, une orbite dont l'excentricité est plus que triple de celle de l'orbite terrestre. La distance moyenne de la lune à la terre est de 96,640 lieues, environ trente fois le diamètre de notre globe. Pour parcourir complétement son orbite, de manière à revenir vis-à-vis le point du ciel où elle était en commençant sa révolution, elle emploie vingt-sept jours, sept heures, quarante-trois minutes, onze secondes, cinq dixièmes; c'est là ce qu'on appelle sa révolution sidérale. Mais, pendant qu'elle effectue cette révolution, le soleil, en vertu du mouvement de la terre, s'avance vers l'est d'au moins vingt-sept degrés, distance que la lune ne peut franchir qu'en deux jours, et comme, pendant qu'elle fait ce trajet, le soleil continue d'avancer, il lui faut, pour le rejoindre et se trouver vis-à-vis de lui, deux jours, quatre heures, trois minutes, cinquante et une secondes, quatre dixièmes. En ajoutant ce nombre à celui qui exprime la durée de la révolution sidérale de la lune, nous avons, pour la durée de ce qu'on appelle sa révolution *synodique*, vingt-neuf jours, douze heures, quatorze minutes, deux secondes, neuf dixièmes.

C'est évidemment cette période qui a donné l'idée du *mois*; mais la difficulté de mettre cette division du temps en harmonie avec l'année solaire a fait naître dans la chronologie une grande confusion, surtout par le fait de l'année lunaire, que plusieurs peuples adoptèrent, mais dont la détermination a singulièrement varié. C'est une année lunaire qu'emploient encore les musulmans. Dans notre calendrier on a fixé la durée des mois d'après d'anciens usages, sans se préoccuper beaucoup des lunaisons.

139. *La lune n'a-t-elle pas aussi un mouvement de* ROTATION? — Oui, et elle exécute ce mouvement dans le même temps que sa révolution sidérale; d'où il résulte qu'elle présente toujours à la terre le même côté de sa surface.

Une personne qui tournerait autour d'une autre en la regardant constamment, exécuterait un mouvement de rotation sur elle-même, dans le même temps qu'un mouvement de translation autour de l'autre personne. Cette comparaison donne une idée assez juste du double mouvement que la lune effectue simultanément dans son orbite et sur son axe.

§ 2. — PHASES DE LA LUNE.

140. *Que sont les* PHASES *de la lune?* — On appelle ainsi les variations d'aspect que la lune présente périodiquement, et qui vont depuis l'illumination complète de l'hémisphère qu'elle montre à la terre jusqu'à sa complète obscurité.

141. *Comment s'expliquent ces* VARIATIONS? — Elles s'expliquent aisément par les différents rapports qu'ont entre elles, dans le courant de chaque révolution synodique, les positions de la terre, de la lune et du soleil.

Considérons d'abord la lune au moment où elle se trouve entre la terre et le soleil, position appelée *conjonction*, parce que, relativement à nous, la lune est alors dans la même direction que le soleil. Dans cette position, l'hémisphère de la lune tourné vers la terre ne peut recevoir les rayons du soleil ; la lune est donc, ce jour-là, invisible pour nous ; mais nous savons qu'étant en conjonction avec cet astre, elle doit se lever et se coucher à peu près en même temps que lui.

Quant à la dénomination de *nouvelle* lune, par laquelle on désigne cette phase, elle vient de ce que bientôt après la lune commence à se montrer de nouveau, comme si elle venait de renaître. En effet, dès le lendemain, la lune, qui, dans son mouvement propre vers l'est, a une vitesse angulaire au moins douze fois plus grande que celle du soleil, se trouve assez écartée de la ligne de conjonction pour qu'une petite partie de l'hémisphère qu'elle montre à la terre reçoive la lumière solaire. Cette partie éclairée nous présente l'aspect d'un croissant ayant ses pointes tournées à l'opposé du soleil, c'est-à-dire vers l'est. Un autre résultat du chemin que la lune a fait vers l'est, c'est qu'elle se couche environ trois quarts d'heure après le soleil. Chacun des jours suivants, le coucher de la lune va se retardant d'environ trois quarts d'heure, et en même temps la partie de sa surface visible pour nous va sans cesse s'élargissant. Lorsque la lune a effectué le quart de sa révolution synodique, on dit qu'elle est en *quadrature* avec le soleil, parce que deux droites menées de la terre à la lune et au soleil feraient ensemble un angle droit. Ce jour-là, au moment où le soleil se couche, la lune est au méridien, et la moitié de son hémisphère visible pour nous se trouve éclairée. Cette phase s'appelle le *premier quartier*.

Les jours suivants, la lune, en avançant toujours vers l'est, se sépare de plus en plus du soleil et finit par se trouver en opposition avec lui ; c'est-à-dire que l'observateur terrestre verra la lune et le soleil vers les extrémités opposées d'un même diamètre de la sphère. Alors l'hémisphère éclairé par le soleil sera celui qui est tourné vers la terre ; on sera donc arrivé à la phase appelée *pleine lune*. Ce jour-là le lever de la lune correspondra au coucher du soleil, et réciproquement.

La lune, en parcourant la seconde moitié de son orbite, présentera, dans un ordre inverse les mêmes phénomènes que dans la première ; le demi-cercle éclairé au moment du *troisième quartier* sera celui qui était demeuré obscur lors du premier quartier, et le croissant qui se dessinera les jours suivants devant avoir ses pointes à l'opposé du soleil, les tournera vers l'ouest, car c'est par son bord oriental que la lune abordera le méridien du soleil au moment de la conjonction qui, la révolution synodique terminée, commencera une autre lunaison.

142. *La lune exerce-t-elle* CERTAINES INFLUENCES *à la surface de la terre ?* — La lune joue certainement

un grand rôle dans la production du phénomène des marées. Elle produit aussi sans doute des marées atmosphériques et des variations de pression barométrique. On lui attribue une grande influence sur les changements du temps : le maréchal Bugeaud avait la plus grande confiance dans la règle suivante : Le temps se comporte *onze* fois sur *douze*, pendant toute la durée de la lune, comme il s'est comporté au cinquième jour de lune, si le sixième jour est resté le même que le cinquième ; et *neuf* fois sur douze comme le quatrième jour, si le sixième jour ressemble au quatrième. M. Harrisson considère comme absolument certain que la lune a le pouvoir de dissoudre les nuages ; que ce pouvoir commence au quatrième jour et dure même après la pleine lune. Ce pouvoir est dû à la radiation calorifique de la lune, radiation absorbée presque tout entière par la couche nuageuse de l'atmosphère et qui n'arrive à la terre que très-affaiblie. La lune a encore une influence manifeste sur le magnétisme terrestre, influence qui se traduit par une *variation magnétique* lunaire. Comme la lune a aussi sa radiation actinique ou chimique, il n'est nullement impossible qu'elle ait une influence sensible sur la végétation. On cite enfin plusieurs exemples de personnes qui, ayant dormi sur le pont d'un navire exposées aux rayons de la lune, se sont trouvées aveugles à leur réveil.

143. *Qu'appelle-t-on* LUNE ROUSSE, *et quelle est son influence?* — La lune rousse est celle qui, commençant en avril, devient pleine, soit à la fin de ce mois, soit plus ordinairement dans le courant de mai. Il n'est pas vrai qu'elle exerce une action directe de refroidissement ou de congélation des bourgeons des

plantes. Les effets observés peuvent s'expliquer d'une manière simple et rationnelle. « Dans les nuits d'avril et de mai la température de l'atmosphère n'est souvent que de 4, 5 ou 6 degrés au-dessus de zéro. Quand cela arrive, les plantes exposées à la lumière de la lune, c'est-à-dire à un ciel serein, cèdent par rayonnement leur chaleur aux espaces célestes, et peuvent se geler, en dépit des indications du thermomètre. Si la lune au contraire ne brille pas, si le ciel est couvert, la température des plantes ne descendant pas au froid, il n'y aura pas de gelée. La lune n'est donc ici que le témoin d'une atmosphère sereine; la pureté du ciel et le rayon nocturne sont seuls causes de la congélation des plantes.

144. *Qu'appelle-t-on* LUNE DES MOISSONS? — On appelle en Angleterre lune des moissons, *harvest-Mond*, la lune la plus voisine du 21 septembre, parce que chaque nuit après qu'elle a été pleine, cette lune se lève presque aussitôt après le coucher du soleil, de manière à favoriser les travaux du soir ou la rentrée des moissons.

145. *Qu'appelle-t-on* LUNE DU CHASSEUR? — La lune la plus voisine du 21 mars, parce qu'elle se lève très-tard, et que la longueur du jour n'est pas alors prolongée par la lune après le coucher du soleil.

§ 3. — ÉCLIPSES DE SOLEIL ET DE LUNE.

146. *Comment s'explique le phénomène des* ÉCLIPSES? — Supposons qu'à un moment de conjonction le centre de la lune et celui du soleil se trouvent à peu

près en ligne droite avec celui de la terre; la lune, ainsi placée, devra dérober au moins en partie la vue du soleil à certaines régions de la terre; il y aura donc éclipse de soleil, phénomène qui, d'après ce que nous venons de dire, ne peut se produire qu'à une époque de nouvelle lune. Si c'est à un moment d'opposition que le centre de la lune et celui du soleil se trouvent à peu près en ligne droite avec celui de la terre, celle-ci interceptera, au moins en partie, les rayons solaires qui vont dans la direction de la lune, et il y aura éclipse de lune, phénomène qui ne peut donc se produire que lorsque la lune est dans son plein.

Dans une éclipse de soleil, l'ombre de la lune se projette sur la surface de la terre, et les points sur lesquels elle tombe sont momentanément privés de la vue du soleil ; dans une éclipse de lune, c'est l'ombre de la terre qui se projette sur son satellite. Dans tous les cas, la condition indispensable pour qu'il y ait éclipse, c'est qu'à un moment de conjonction ou d'opposition la lune soit dans le plan de l'écliptique, c'est-à-dire à un des points où l'écliptique coupe l'orbite lunaire, points que l'on appelle *les nœuds de la lune*. Or ces nœuds se meuvent de manière à parcourir l'écliptique en dix-huit ans 2/3; ce mouvement des nœuds de la lune se fait de l'est à l'ouest comme celui des équinoxes et, sauf au point de vue de la durée, il y a la plus grande analogie entre les deux révolutions et entre les causes qui les produisent; le mouvement des équinoxes, en effet, provient, comme nous l'avons vu, de l'attraction que le soleil exerce sur le renflement de l'équateur terrestre, et celui des nœuds de la lune est produit par l'attraction que ce satellite exerce aussi de son côté sur ce même équateur terrestre. Le faible balancement qu'imprime à la terre cette action de la lune est appelé *nutation*.

147. *N'y a-t-il pas entre les éclipses de soleil et celles de lune des* DIFFÉRENCES *essentielles à signaler ?* — Quand la lune s'éclipse, sa surface devient réellement obscure en tout ou en partie; par conséquent, de tous les points de la terre qui voient alors la lune, on la voit éclipsée. Au contraire, quand le soleil s'éclipse, il

n'éprouve aucun changement réel; seulement il y a certains points de la terre qui se trouvent momentanément privés de sa lumière, et l'éclipse n'existe que pour ces points-là. Ajoutons qu'à cause du mouvement de la lune dans son orbite, son ombre, et par conséquent l'éclipse, se déplace dans le sens de ce mouvement, c'est-à-dire de l'ouest à l'est, de manière à parcourir une zone quelquefois très-longue, mais toujours très-étroite. Une autre différence importante c'est que quand une éclipse de lune est totale, elle l'est pour tous les points d'où l'on peut voir cet astre; mais quand une éclipse de soleil est totale pour une bande de la surface terrestre, cette bande se trouve comprise entre deux autres bandes où l'éclipse n'est que partielle.

Ces deux autres bandes sont celles sur lesquelles se projette la pénombre de la lune, et la bande où l'éclipse est totale est celle que parcourt l'ombre proprement dite. Les points plongés dans l'ombre de la lune ne voient aucune partie du disque solaire ; tandis que ceux qui ne sont que dans la pénombre reçoivent les rayons d'une partie de l'astre. Quelquefois une éclipse partielle de soleil prend la forme remarquable d'éclipse annulaire ; cela a lieu lorsque, les centres des trois corps étant exactement ou presque exactement en ligne droite, la lune se trouve trop éloignée de la terre pour que son cône d'ombre puisse arriver jusqu'à elle. Dans la partie de la surface terrestre qu'atteint sa pénombre, il y a des points qui ne voient du soleil que le contour, formant un anneau étincelant autour d'un cercle noir.

148. *Comment les anciens étaient-ils parvenus à* PRÉDIRE *les éclipses?* — Parce qu'ils avaient remarqué que chacune revient après une période de dix-huit ans, onze jours, et présente à peu près les mêmes circonstances.

149. L'OBSCURITÉ PENDANT LES ÉCLIPSES DE SOLEIL *est-elle très-grande?* — Elle n'est pas à beaucoup près

aussi complète qu'on pourrait le croire; on voit très-bien pour se diriger, et le nombre d'étoiles visibles à l'œil nu est très-petit, cinq ou six au plus.

150. *Quels sont les* PHÉNOMÈNES *principaux des éclipses de soleil?* — *L'obscurité,* la coloration plus ou moins grande des objets; les *impressions* produites sur les animaux et sur les plantes; les *grains de chapelet,* les *ombres* ou bandes mobiles parallèles; la *couronne*, les *protubérances.*

151. *La coloration de l'atmosphère et des objets pendant les éclipses a-t-elle quelque chose de mystérieux?* - Pendant l'éclipse, le ciel semble s'empourprer quelquefois et les objets paraissent teintés d'un rouge vineux; mais ces changements de nuance s'expliquent par des réflexions secondaires, sans qu'on soit forcé de supposer que le soleil n'a pas la même couleur dans toutes les parties de son disque.

152. *Quel* EFFET *le passage du jour à la nuit dans les éclipses fait-il sur les hommes, les animaux et les plantes?* — Cet effet est pour les hommes et les animaux un sentiment de terreur. « Lorsque le soleil, dit François Arago, réduit à un étroit filet lumineux, n'a plus jeté sur l'horizon qu'une lumière très-affaiblie, une sorte d'inquiétude s'empara de tout le monde; chacun éprouvait le besoin de communiquer ses impressions à ceux dont il était entouré, de là un mugissement sourd semblable à celui d'une mer lointaine après la tempête... Des transports de joie, des applaudissements frénétiques saluèrent les premiers rayons solaires. » L'effet produit sur les animaux et les plantes est celui de la nuit : les chauves-souris sortent de leur

retraite et voltigent; les poules et les pigeons reviennent au perchoir; les petits oiseaux se taisent et mettent leur tête sous leur aile; les bêtes de somme et de labour s'arrêtent. Les plantes ferment leur corolle, plient ou abaissent leurs feuilles comme pendant leur sommeil. »

153. *Que sont les* GRAINS DE CHAPELET? — Au moment où le bord occidental de la lune commence à se détacher du bord occidental du soleil, il paraît dentelé comme une scie; ces dents, qui sont les *grains de chapelet,* augmentent incontinent de grandeur et d'espacement, et leur nombre diminue. Le même phénomène se reproduit au contact des bords orientaux : le limbe de la lune est comme un chapelet composé de grains irréguliers, noirs et lumineux.

154. *Que sont les ombres ou bandes parallèles?* — Au moment où l'éclipse commence ou cesse de devenir totale, on voit courir les uns après les autres sur les surfaces horizontales ou verticales des ombres ou bandes lumineuses, quelque peu semblables aux ombres produites par de petits nuages qui passent successivement sur le soleil.

155. *Qu'est-ce que c'est que la* COURONNE? — Dès que le soleil est entièrement éclipsé, on voit la lune environnée d'une auréole ou couronne de lumière blanche, d'environ trois minutes de largeur, ou d'une largeur égale au douzième du diamètre du soleil, de laquelle partent de très-longs rayons divergents, quelquefois régulièrement espacés. M. Janssen a reconnu le premier que la couronne était un phéno-

mène objectif, appartenant au soleil ou résultant de l'illumination de l'atmosphère solaire.

156. *Que sont les protubérances rouges?* — Ce sont des lumières rougeâtres de formes très-diverses, quelquefois détachées, qui apparaissent sur divers points du contour de la lune pendant les éclipses; on les a quelquefois désignées du nom de proéminences, de flammes, de nuages, de montagnes. On sait aujourd'hui qu'elles sont dues à des émissions d'hydrogène enflammé qui s'échappent de la *chromosphère*, couche gazeuse rougeâtre, d'une température très-élevée, qui flotte au bas de l'atmosphère transparente du soleil. M. Janssen a appris le premier à voir les protubérances en dehors des éclipses avec l'aide d'un spectroscope, de telle sorte qu'aujourd'hui les astronomes peuvent les observer chaque jour et dessiner leurs formes très-irrégulières et très-changeantes.

CHAPITRE VI

Les planètes.

157. *Qu'appelle-t-on* PLANÈTES ? — Des astres opaques comme la terre, et décrivant comme elle, de l'ouest à l'est, autour du soleil, des orbites elliptiques. Ainsi la terre est, sous tous les rapports, une véritable planète.

158. *Quel aspect présentent les* PLANÈTES? — Celles

qui sont visibles à l'œil nu ont à peu près le même aspect que des étoiles; mais leur lumière est plus tranquille. Au télescope, les planètes prennent un diamètre sensible, tandis que les étoiles ne se montrent jamais que comme de simples points lumineux.

Une autre particularité que présentent les planètes et qui leur a fait donner leur nom, dont le sens est : *astres errants*, c'est que chacune d'elles a des mouvements propres, en apparence très-irréguliers, mais qui s'expliquent très-aisément.

159. COMBIEN *de planètes connaissons-nous?* — Voici leurs noms, en commençant par la plus voisine du Soleil : Mercure, Vénus, la Terre, Mars, Jupiter, Saturne, Uranus, Neptune. Cinq de ces planètes, savoir : la Terre, Jupiter, Saturne, Uranus et Neptune ont des satellites. Enfin, entre Mars et Jupiter, circulent de petites planètes, dont le nombre connu au 1er janvier 1873 était de cent dix.

160. *Qu'appelle-t-on planètes* INFÉRIEURES? — On appelle ainsi les deux planètes plus voisines du Soleil que la Terre, c'est-à-dire, Mercure et Vénus.

Mercure est très-difficile à apercevoir à cause du voisinage du soleil, d'autant plus que son volume n'est guère qu'un seizième de celui de la terre. — *Vénus* a des dimensions à peu près égales à celles de notre globe et, se trouvant assez éloignée du soleil pour n'être pas noyée dans ses rayons et assez rapprochée de lui pour en recevoir une très-vive lumière, elle surpasse en éclat les plus belles étoiles. Sa révolution autour du soleil est d'environ sept mois et demi; pendant à peu près trois mois elle paraît à l'orient avant le lever du soleil et est alors appelée *l'étoile du matin;* puis elle est quelques jours invisible, et se montre ensuite à l'occident, où on la voit pendant environ trois mois après le coucher du soleil. On l'appelle alors vulgairement *l'étoile du soir*, ou *l'étoile du berger.* On a reconnu que Vénus a une atmosphère, et qu'elle présente des phases, qui s'expliquent à peu près comme celles de la lune, dont elles diffèrent pourtant en ce que Vénus a deux conjonctions, l'une supérieure lorsqu'elle est au delà du soleil, et l'autre inférieure lorsqu'elle se trouve en deçà ; mais qu'il n'y a pas pour elle d'opposition, la terre ne se trouvant jamais entre elle et le soleil.

161. *Qu'y a-t-il à remarquer au sujet des planètes* SUPÉRIEURES? — *Mars*, notablement plus petit que la Terre, présente des phases; les autres planètes sont trop éloignées du soleil et de la terre pour que ce phénomène, puisse avoir lieu. Non-seulement on a reconnu que Mars a une atmosphère, mais encore on pense que des taches blanches que l'on observe à certaines époques vers ses pôles sont des amas de neige, qui se forment et disparaissent suivant les saisons de la planète.

Jupiter, la plus grande des planètes, a environ quatorze cents fois le volume de la terre. Il tourne néanmoins sur lui-même en dix heures, et cette rotation si rapide explique l'aplatissement considérable de ses pôles. Son année est d'environ douze ans, et il a quatre satellites, tous plus grands que la lune. Il est remarquable par son atmosphère, ses taches et les bandes obscures, parallèles entre elles et au plan de l'ecliptique, qui font le tour entier de la planète.

Saturne, qui a un mouvement de rotation presque aussi rapide que celui de Jupiter, met près de trente ans à parcourir son orbite, qui à la vérité est immense, environ dix-huit cent millions de lieues. Il a huit satellites; mais ce qui le rend singulièrement remarquable, c'est une sorte de réflecteur qui l'entoure et qui a la forme d'un anneau assez mince, large d'environ 12,000 lieues et distant de la planète d'environ 7,000 lieues. On a même reconnu qu'il est formé de deux anneaux concentriques, séparés par un intervalle de 700 lieues. Saturne est sept cent trente-cinq fois plus gros que la Terre; Uranus, quatre-vingt-deux fois, et Neptune, cent onze fois. Uranus a huit satellites comme Saturne; mais, par une exception unique, dans tous les mouvements planétaires observés jusqu'à ce jour, ils se meuvent de l'est à l'ouest. On n'a trouvé jusqu'ici à Neptune qu'un seul satellite.

162. *Qu'y a-t-il à remarquer touchant les* PETITES PLANÈTES? — D'après une loi dite de *Titius* ou de *Bode*, qui indique à peu près la progression des distances des planètes au Soleil, il manquait une planète entre Mars et Jupiter. Les petites planètes, dont la première, *Cérès*, fut découverte à Palerme par Piazzi, le 1er janvier 1801, semblent destinées à remplir cette lacune. Ces planètes, dont on ne connaît pas encore le nombre définitif, puisque de temps en temps on en découvre de nouvelles, sont plus petites que la lune et semblent avoir pour la plupart des formes assez irrégulières, en sorte qu'on serait tenté de les regarder comme des fragments d'une grande planète qui aurait éclaté. Leurs révolutions ne diffèrent pas beaucoup les unes des autres; très-peu vont au delà de deux mille jours, et aucune ne descend jusqu'à onze cents.

CHAPITRE VII

Comètes, aérolithes, étoiles filantes, bolides.

§ 1. — COMÈTES.

163. *Qu'appelle-t-on* COMÈTES? — Des astres étranges composés surtout de matière en apparence

nébuleuse, dont une partie forme ordinairement autour du noyau ou tête de l'astre une espèce d'auréole, de chevelure ; de là leur nom, qui, d'après son étymologie grecque et latine, signifie *chevelure*.

Ordinairement la principale partie de la nébulosité d'une comète forme une longue traînée, ayant, suivant sa position, l'aspect d'une barbe ou d'une queue.

164. *Comment* SE MEUVENT *les comètes?* — Quelques-unes décrivent des ellipses prodigieusement allongées, dont le soleil occupe un des foyers. Par conséquent, d'après une des lois formulées par Képler, elles doivent se mouvoir avec une grande rapidité dans le voisinage de ce foyer, et avec une certaine lenteur dans le reste de leur orbite. Il est possible et même probable que d'autres décrivent des paraboles ou des hyperboles, et celles-là ne reparaissent plus, à moins qu'elles ne soient ramenées par l'attraction de quelques corps du système solaire.

La loi de Képler à laquelle nous venons de faire allusion peut être ainsi formulée : Si l'on mène, du foyer occupé par le soleil à deux points quelconques de l'orbite, des droites appelées *rayons recteurs*, et que l'on mesure l'aire comprise entre ces deux droites et l'arc qui joint leurs extrémités, la planète devra toujours, en des temps égaux à celui qu'elle a mis à parcourir l'arc en question, décrire des arcs correspondant à des aires égales. On comprend d'après cela l'extrême rapidité du mouvement d'une comète dans le voisinage du soleil et sa lenteur dans les autres parties de son orbite.

165. *Y a-t-il beaucoup de comètes dont on ait pu calculer* LE RETOUR? — Il n'y en a guère que cinquante-six ; et pour six seulement la périodicité est hors de doute, parce qu'elles sont en effet revenues.

166. *La frayeur qu'a souvent causée dans le public la possibilité de la* RENCONTRE *d'une* COMÈTE *avec la* TERRE

a-t-elle quelque fondement? — Il est extrêmement probable qu'une pareille rencontre n'aura jamais lieu. Ajoutons que, dans l'opinion reçue, cette rencontre serait sans aucun danger, la matière des comètes ayant si peu de densité que très-probablement nous la traverserions sans nous en apercevoir.

167. *A quel point de vue surtout les comètes sont-elles des* ASTRES MYSTÉRIEUX? — Au point de vue de leur développement et de leur marche. La comète observée par Newton en 1680 déploya en quinze jours une queue de 90 millions de kilomètres de longueur. La comète de 1843 a lancé en un seul jour une queue qui occupait 100 degrés sur le ciel. Cette énorme étendue de matière est supposée avoir été engendrée par la tête de la comète, et projetée en arrière par une certaine force mystérieuse de répulsion exercée par le soleil. Comment, sans se diviser, peut-elle être animée d'un mouvement si énorme autour du soleil?

168. *Quelle peut être la* CONSTITUTION INTIME *d'une comète.* — M. Tyndall est tenté de la considérer comme une vapeur décomposable par la lumière solaire. La tête visible et la queue seraient un nuage actinique résultant de la décomposition de la vapeur. La queue, dans cette opinion, n'est pas de la matière projetée, lancée, mais de la matière précipitée et illuminée par le passage du rayon solaire. Pendant que la comète tourne, la queue n'est pas composée partout et toujours de la même matière, mais de matière nouvelle sans cesse précipitée. L'énorme mouvement de rotation de la queue s'explique donc sans qu'on ait besoin d'invoquer un mouvement de translation impossible.

Dans l'opinion de MM. Tait et Thomson, les comètes

seraient de simples agrégats de petits corps dont les chocs mutuels engendreraient la lumière propre de l'astre observée par Huygens. La queue ne serait qu'une partie, rendue momentanément visible, de la traînée de petits corps qui accompagne le noyau.

169. *Qu'appelle-t-on* AÉROLITHES? — Les pierres ou fers météoriques, qui tombent à la surface de la terre. Quoique la sainte Bible fasse mention d'une chute de grosses pierres après la bataille de Gabaon livrée par Josué (Livre de JOSUÉ, ch. X, v. 12), ce n'est que fort tard dans ce siècle que la science a admis la possibilité et la réalité de ces chutes mystérieuses. La densité moyenne des aérolithes est égale à 3, ce qui les ferait appartenir au groupe des petites planètes comprises entre Mars et Jupiter. Ils tombent plus fréquemment en juin et juillet, alors que la terre est à son aphélie, qu'en décembre et janvier époque du périhélie. La croûte noire fondue de la surface des aérolithes et leur température élevée au moment où ils atteignent le sol s'expliquent par la vitesse excessive avec laquelle ils traversent l'atmosphère. Les aérolithes sont formés de matières extrêmement variées : carbone, silicium, fer, nickel, etc. Leur chute est le plus souvent accompagnée de violentes explosions.

170. *Qu'appelle-t-on* BOLIDES? — Des globes de feu qui apparaissent subitement dans l'atmosphère et disparaissent après avoir répandu une brillante lumière pendant quelques secondes, en laissant souvent une traînée lumineuse. De leur hauteur déduite d'observations simultanées on conclut que leur incandescence subite se produit bien au delà des limites assignées à l'atmosphère terrestre. Les aérolithes ne sont

très-probablement que des bolides entrés dans la sphère d'attraction de la terre.

171. *Qu'appelle-t-on* ÉTOILES FILANTES ? — Les points lumineux qui brillent tout à coup dans la hauteur de l'atmosphère, et s'éteignent après avoir parcouru une certaine distance. Leur hauteur variable oscille entre 2 et 300 lieues ; leur vitesse de translation atteint de 3 à 8 lieues par seconde. Leurs variations de couleurs, de toutes nuances, et les formes des traînées qu'elles laissent quelquefois derrière elles, accusent de grandes différences dans leur composition chimique. Il n'est pas de nuit sans étoiles filantes. Quelquefois, par exemple dans les nuits du 10 au 11 août, du 13 au 14 novembre, vers la fin d'avril ou d'octobre, elles se montrent si nombreuses, et dans tant de régions du ciel en même temps qu'il devient impossible de les compter ; ce sont de véritables pluies d'étoiles filantes, ayant des centres assez fixes où elles rayonnent. Ces nuées d'étoiles peuvent traverser l'atmosphère pendant le jour et rester invisibles. Quelquefois aussi elles ne sont visibles que pour des points restreints de la surface de la terre.

172. *Existe-t-il quelque* RAPPORT *entre* LES COMÈTES *et* LES ÉTOILES *filantes ?* — Oui : M. Schiaparelli a fait cette très-grande découverte que les étoiles filantes du 10 août suivent presque exactement l'orbite de la comète de Tempel, de 1862. Il a été démontré plus tard que l'essaim d'étoiles filantes du 13 novembre suit l'orbite de la comète découverte aussi par Tempel en 1855 ; l'essaim du mois d'avril, l'orbite de la comète de 1861 ; l'essaim du 27 octobre 1872, l'orbite de la comète de Biela.

173. *Qu'est-ce enfin que la* LUMIÈRE *zodiacale ?* Une grande lueur fixe que l'on observe le soir à l'endroit même où le soleil vient de se coucher. Elle nous apparaît comme un long fer de lance ou un demi-fuseau dont la base s'appuie sur le soleil, et dont la pointe s'élance à une grande distance dans le ciel ; sa lumière est blanchâtre et variable d'un jour à l'autre. Le temps le plus favorable pour l'observer dans nos contrées est l'équinoxe de printemps vers le mois de février ou de mars, et l'équinoxe d'automne vers le mois de septembre, avant le lever du soleil. M. Olinsted croit que la lumière zodiacale est une masse de matière nébuleuse ou cométaire, animée d'un mouvement de révolution propre autour du soleil, inégalement condensée sur plusieurs points.

TROISIÈME PARTIE

ACOUSTIQUE

CHAPITRE UNIQUE

Le son.

§ 1. — NATURE ET PROPAGATION DU SON.

174. *Qu'est-ce que le* SON? — En lui-même ou *objectivement*, le son est un *mouvement vibratoire rapide* et *sensible* excité au sein des corps; dans celui qui l'entend, ou *subjectivement*, le son est cette sensation spéciale perçue par l'oreille sous l'influence du mouvement vibratoire moléculaire transmis jusqu'à elle.

175. *Quel est l'*AGENT PRINCIPAL *de la* TRANSMISSION *du* SON? — L'air atmosphérique, qui entre lui-même en vibration au contact du corps dont les molécules, en vibrant, ont engendré le son, et fait sentir ses vibrations à notre oreille.

176. *Avec quelle* VITESSE *le son se propage-t-il dans l'air?* — Le son parcourt 340 mètres environ par seconde dans l'air, à la température de 16 degrés, et sous la pression de 76 centimètres.

177. *Si aucun obstacle ne l'arrête, comment se propage le son et suivant quelle loi?* — Si aucun obstacle n'arrête le son, il se propage en tous sens et sphériquement, c'est-à-dire que pour tous les points à égale distance de l'ébranlement du corps sonore, l'intensité du son est la même. Cette intensité, en outre, varie en raison inverse du carré des distances, c'est-à-dire qu'à une distance double, triple, etc., l'intensité du son est quatre fois, neuf fois, etc., plus faible.

178. *Quelles sont les circonstances qui influent sur la vitesse de propagation du son dans l'air?* — Elle augmente si l'air devient plus dense; elle diminue si l'air devient moins dense; elle est plus grande, à densité égale de l'air, si la température est plus élevée; le vent l'augmente ou la diminue aussi dans une certaine proportion, suivant qu'il souffle dans le sens de la propagation ou en sens contraire.

179. *Le vent a-t-il aussi une influence sur l'*INTENSITÉ *du son?* — Oui : par certains vents, ou lorsqu'ils sont aidés par le vent, des sons qu'on n'entend pas ordinairement, comme le son d'une cloche lointaine, ou du sifflet d'un chemin de fer, s'entendent très-distinctement; c'est même à ce signe qu'on reconnaît que la direction du vent n'est plus la même, et qu'on peut, jusqu'à un certain point, prévoir les changements de temps.

180. *Pourquoi, lorsque le vent souffle, entend-on des sons, les sons d'une cloche lointaine, par exemple, ou du sifflet d'un chemin de fer, qu'on n'entend pas ordinairement quand le temps est calme, ou quand le vent souffle dans d'autres directions?* — Parce que le vent,

qui modifie peu la vitesse de propagation du son, modifie considérablement, au contraire, la forme de ce qu'on appelle l'*onde sonore*, ou de la surface formée de tous les points où l'intensité du son propagé est la même à un instant donné. Si l'atmosphère est calme, le son se propage sphériquement, c'est-à-dire que l'onde sonore est une sphère; si, au contraire, le vent souffle, l'onde sonore prendra une forme irrégulière, très-allongée dans la direction suivant laquelle le vent souffle. Cette explication est, au reste, très-incomplète. Le phénomène dont il est ici question reste entouré de mystère.

181. *Pourquoi les* SONS *sont-ils très-*FAIBLES *sur le sommet d'une haute* MONTAGNE? — Parce que 1° l'*air y est très-raréfié,* et que le son perd rapidement de son intensité à mesure qu'il se propage dans un milieu plus raréfié; 2° il y a absence de corps solides, dont la *résonnance* puisse augmenter le son.

182. *Pourquoi les sons les plus* FAIBLES *sont-ils* INTENSES *et quelquefois même pénibles sous une* CLOCHE A PLONGEUR? — Parce que : 1° l'*air y est très-condensé* à cause de la pression qu'exerce la colonne d'eau sur l'air de la cloche; 2° la *résonnance* des parois de la cloche augmente à un haut degré l'intensité du son.

183. *Comment peut-on* SAVOIR *que l'air* RARÉFIÉ *est un* MAUVAIS *transmetteur du son?* — Si, sous le récipient de la machine pneumatique, on dépose sur un coussinet de laine un mouvement d'horlogerie à détente, muni d'un timbre, et que l'on fasse le vide, on *n'entend plus rien*, quoique le marteau frappe le timbre; au contraire, le son devient de plus en

plus intense à mesure qu'on laisse rentrer l'air.

L'expérience se fait plus simplement avec un ballon, au goulot duquel on attache, au moyen d'une ficelle, une clochette qui pend dans l'intérieur : si le ballon est plein d'air et qu'on l'agite, la clochette fait entendre des sons. Si, au contraire, le ballon est vide d'air, on a beau l'agiter, la cloche ne rend plus aucun son.

184. *Pourquoi entend-on plus distinctement en* HIVER *qu'en été les horloges et les cloches éloignées?* — Parce que l'*air en hiver est plus dense*, et que le son est d'autant plus *intense* que l'air est plus *condensé*.

185. *Pourquoi entend-on plus distinctement les sons quand il* GÈLE *que pendant le dégel?* — Parce que l'*air est plus dense quand il gèle.*

186. *Pourquoi entend-on dans les régions* POLAIRES *la voix humaine à une distance d'un ou deux kilomètres?* — Parce que 1° l'air y est très-*condensé* par le froid; 2° il est très-*tranquille*, et par conséquent les ondes sonores ne rencontrent que très-peu d'obstacles; 3° la surface du sol, *durci par la gelée*, éteint moins le son et contribue à le propager.

Le capitaine Ross a entendu dans les régions polaires la voix de quelques hommes à la distance d'environ 2 kilomètres. Le lieutenant Forster eut des entretiens avec un homme à travers le havre de Port-Bowen, dans la mer glacée du Nord, à une distance de 1 kilomètre et demi.

187. *Pourquoi entend-on les sons plus distinctement pendant la* NUIT *que pendant le jour?* — Parce que, pendant la nuit, l'*air est* 1° *plus dense,* puisqu'il se refroidit après le coucher du soleil; 2° moins agité par des *courants accidentels,* ou plus *calme*.

188. *Comment un* CORNET ACOUSTIQUE *fait-il entendre un* SOURD? — Parce que le cornet, par son large pavillon, *recueille* ou *rassemble* un plus grand nombre de vibrations sonores, et les conduit de plus en plus *condensées* dans leur passage à travers son *tube conique*, jusqu'au tympan de l'oreille; lorsqu'il est ainsi renfermé dans un tube, l'air perd beaucoup moins de son mouvement vibratoire. Le cornet acoustique est, par rapport au son, ce qu'une lentille est par rapport à la lumière.

189. *Qu'est-ce qu'un* PORTE-VOIX? — Un tuyau conique, largement évasé, dans lequel on parle en plaçant la petite extrémité contre la bouche.

190. *Pourquoi la voix se fait-elle entendre au* LOIN *lorsqu'on se sert d'un* PORTE-VOIX? — Parce que 1° l'air contenu dans un tuyau est plus facilement et plus fortement ébranlé; 2° les parois du porte-voix empêchent les rayons sonores de diverger, et les réfléchissent de telle manière qu'ils sortent réunis en un faisceau unique parallèle à l'axe de l'instrument.

Souvent on substitue au tube évasé du porte-voix un tube simplement cylindrique, dans lequel le son se propage sans perte sensible; on l'arme de deux pavillons à ses extrémités; celui qui parle applique la bouche à l'un des pavillons, celui qui écoute applique son oreille à l'autre; on communique ainsi sans peine, d'un appartement à l'autre; en le rendant flexible ou élastique, le tube peut suivre tous les détours de l'édifice.

191. *La* VITESSE DE PROPAGATION *est-elle sensiblement la même pour* TOUS *les sons?* — Oui: les sons

forts ne se propagent pas sensiblement plus vite que les sons *faibles*, ni les sons *aigus* plus vite que les sons *graves*.

192. *Comment s'assure-t-on que les sons forts ne se propagent pas plus* VITE *que les sons faibles, ni les sons aigus plus vite que les sons graves?* — En remarquant que l'ordre des différentes notes d'un concert est parfaitement conservé, à quelque distance qu'on soit de la musique : un air de flûte restait exactement le même quand on l'entendait à l'autre extrémité d'un tube de plusieurs kilomètres; les sons faibles ou forts, aigus ou graves, se produisaient dans le même ordre, aux mêmes intervalles et avec des intensités proportionnelles.

193. *Comment peut-on se servir de la vitesse du son pour* MESURER *approximativement les distances?* — Comme le son ne parcourt que 340 mètres par seconde, tandis que la lumière ne demande pas de temps appréciable pour traverser un espace égal, on peut mesurer approximativement la distance d'un objet éloigné, si l'on observe la différence de temps qui s'écoule entre l'apparition de la lumière et la perception du bruit d'un pistolet tiré près de cet objet.

194. *Donnez un exemple.* — Si un vaisseau en mer tire un coup de canon, et qu'il s'écoule 10 secondes entre *la lumière et le bruit*, l'observateur *placé sur le rivage* peut conclure que le vaisseau est à une distance de 3 400 mètres. C'est en comparant le nombre de secondes qui s'écoulent entre l'apparition de l'éclair et le retentissement du tonnerre qu'on estime la distance des nuages orageux.

La lumière du canon arrive instantanément, elle ferait 80 fois le tour du globe, qui a environ 36 000 kilomètres de circonférence, dans l'espace de temps que le son met à franchir cette distance de 3 400 mètres.

195. *Lorsqu'on est entièrement* PLONGÉ *dans l'eau, pourquoi entend-on les bruits qui se produisent sur le* RIVAGE? — Parce que le son se transmet de l'air à l'eau et se propage à travers l'eau comme à travers l'air; la propagation dans l'eau est même plus rapide que la propagation dans l'air, de sorte que l'observateur plongé dans l'eau percevrait un bruit produit à distance plus tôt que l'observateur placé sur le rivage.

La vitesse moyenne du son dans l'air est de 340 mètres par seconde; dans l'eau, elle est de 1 455 mètres environ.

196. *Si l'on frappe, sous l'eau, deux* PIERRES *l'une contre l'autre, pourquoi une personne placée sur le* RIVAGE *peut-elle entendre le choc?* — Parce que le son se transmet facilement de l'eau dans l'air, de même que de l'air dans l'eau.

197. *Prouvez que les corps* SOLIDES *transmettent le son?* — 1° Un son un peu fort pénètre dans un appartement, *quelque bien fermé qu'il soit;* 2° une *cloison* transmet le faible son de la voix; 3° un coup donné sur le mur le plus épais s'entend de l'*autre côté;* 4° une poutre très-longue transmet d'un bout à l'autre le bruit léger produit par le frottement d'une *épingle.*

198. *Pourquoi la* LAINE, *le* COTON, *une couche de* TAN *ou de* SCIURE DE BOIS, *etc.*, AMORTISSENT-*ils le son?* — Parce que ces substances sont composées de particules très-divisées et séparées les unes des autres; le son, pour la transmission de ses vibrations, exige avant tout un milieu continu; les vibrations sonores sont vite éteintes lorsqu'elles rencontrent des corps mous et excessivement divisés. Un verre, très-sonore lorsqu'il est plein d'air ou d'eau, ne rend presque plus de son quand il est rempli de champagne mousseux ; le son s'éteint en se transmettant à travers le mélange de liquide et de gaz acide carbonique.

199. *Comment doit-on faire les* CLOISONS *pour empêcher le son de se propager d'un appartement dans un autre?* — On doit mettre dans l'épaisseur des cloisons une *couche de tan ou de sciure de bois, ou mieux, d'algues marines incombustibles*, etc.; aucun son ordinaire ne peut alors se transmettre d'un appartement dans un autre.

200. *Pourquoi entend-on très-bien une* MONTRE, *même lorsqu'on se* BOUCHE *les* OREILLES, *pourvu qu'on l'applique sur une partie quelconque de la tête ou contre les dents?* — Parce que les solides du corps humain sont *bons conducteurs du son.*

201. *Pourquoi le* BATTEMENT *d'une montre se fait-il entendre plus* FORT *lorsqu'on la place sur une* TABLE *que lorsqu'on la met dans la poche ou lorsqu'on la suspend isolée?* — Parce que le bruit des battements de la montre, réfléchi et renforcé par la résonnance de la table qui vibre à l'unisson, prend une intensité plus grande.

202. *Les solides transmettent-ils les sons plus* RAPIDEMENT *que l'air?* — Oui : un coup de pistolet tiré à l'extrémité d'un long tuyau de métal est presque *immédiatement* perçu par l'oreille en contact avec le métal à l'autre extrémité du tube, tandis que le son transmis par l'*air* n'arrive que peu après.

§ 2. — LE SON MUSICAL.

203. *Qu'est-ce que le son* MUSICAL? — Une *série de vibrations identiques, regulières ou isochrones*, se succédant assez rapidement pour que la sensation perçue par l'oreille soit continue.

204. *Que faut-il* DISTINGUER *dans un* SON? — Son *ton*, son *intensité* et son *timbre*; le *ton*, ce qui fait que le son est grave ou aigu, dépend du nombre plus ou moins grand de vibrations dans un temps donné : le son est d'autant plus grave que le nombre de ses vibrations est plus petit, d'autant plus aigu que le nombre de ses vibrations est plus grand. L'*intensité*, qui fait que le son est fort ou faible, dépend de la vigueur des vibrations, ou de l'amplitude plus ou moins grande des excursions des molécules vibrantes. Le *timbre* est une qualité particulière communiquée au son par l'instrument ou l'appareil qui le rend, et par laquelle on distingue l'un de l'autre deux sons de même ton et de même intensité.

205. *Comment les sons musicaux se distinguent-ils les uns des autres, et quel nom donne-t-on à la série de ces sons?* — Les sons musicaux se distinguent par leurs nombres relatifs de vibrations par seconde, et leur série forme plusieurs gammes successives.

206. *De combien de sons principaux se compose chaque gamme?* — De sept : *ut* ou *do*, *ré*, *mi*, *fa*, *sol*, *la*, *si*.

Les nombres relatifs de vibrations dans la gamme d'ut_1 sont :

	UT	RÉ	MI	FA	SOL	LA	SI	UT *octave*.
	1	9/8	5/4	4/3	3/2	5/3	15/8	2
ou :	24	27	30	32	36	40	45	48 en nombres entiers.

Les nombres absolus de vibrations dans la gamme d'*ut* pour l'octave qui contient le *la* du diapason de l'Opéra de Paris, et qui s'appelle ut_3, sont :

UT$_3$	RÉ$_3$	MI$_3$	FA$_3$	SOL$_3$	LA$_3$	SI$_3$	UT$_4$
528	594	660	704	792	880	990	1056
fondamental		tierce	quarte	quinte			octave.

La moitié de ces nombres donne l'octave au-dessous, ut_2

UT$_2$	RÉ$_2$	MI$_2$	FA$_2$	SOL$_2$	LA$_2$	SI$_2$	UT$_3$ *octave.*
264	297	330	352	396	440	495	528

L'*ut* le plus grave du violoncelle, qui est en même temps celui d'un piano à six octaves, fait soixante-six vibrations par seconde ; par conséquent, il est ut_1. Voici les nombres de cette gamme :

UT$_0$	RÉ$_0$	MI$_0$	FA$_0$	SOL$_0$	LA$_0$	SI$_0$	UT$_1$ *octave.*
66	74	82	88	99	110	124	132

La moitié d'une octave quelconque donne les nombres de vibrations de l'octave *au-dessous*, tandis que le double donne les nombres de vibrations par seconde de l'octave *au-dessus*. L'*ut* le plus aigu d'un piano à six octaves fait 2 112 vibrations par seconde ; par conséquent il est ut_5.

L'oreille humaine peut percevoir des sons dont les nombres de vibrations varient de 16 à 48 000 par seconde.

Il suffit de multiplier le nombre de vibrations d'une note naturelle par 25/24 pour diéser un son, et par 24/25 pour le bémoliser. Ainsi, si une note naturelle fait 24 vibrations par seconde, le dièse en fait 25 ; au contraire, si une note naturelle fait 25 vibrations par seconde, le bémol n'en fait que 24.

207. *Pourquoi un* VIOLON *est-il trop* BAS *quand les cordes ne sont pas tendues suffisamment ?* — En général, le son rendu par une corde vibrante est d'autant plus grave qu'elle est plus grosse, plus longue et moins tendue ; d'autant plus aigu qu'elle est plus mince, plus courte et plus tendue. Voilà pourquoi les sons du violon sont trop bas quand les cordes sont lâches.

208. *Pourquoi les sons du violon deviennent-ils trop* HAUTS *dans une salle* REMPLIE *de monde ?* — Parce que les vapeurs humides et chaudes de la salle, s'insinuant entre les fibrilles des cordes, les grossissent et augmentent leur tension : le son rendu est alors plus élevé.

209. *Pourquoi rend-on une note plus* AIGUË *en* TENDANT *plus fortement la corde?* — Parce qu'on rend ainsi plus *rapides* les vibrations de la corde, et que plus le nombre des vibrations est rapide, plus le son de la corde est aigu.

Les nombres de vibrations d'une corde sont proportionnels aux racines carrées des poids qui la tendent, c'est-à-dire que, si l'on représente par 1 le nombre de vibrations d'une corde qui est tendue par un poids 1, ce nombre de vibrations, dans le même temps, deviendra 2, 3, 4, etc., quand on tendra la même corde par des poids 4, 9, 16.

210. *Pourquoi certaines cordes d'une harpe ou d'un piano sont-elles plus* COURTES *que certaines autres?* — Parce qu'il s'agit d'obtenir à la fois des sons graves et des sons aigus. Les cordes les plus longues donnent les sons graves, les cordes les plus courtes donnent les sons plus aigus.

Le nombre des vibrations d'une corde est en raison inverse de sa longueur, c'est-à-dire que, si une corde de 1 mètre de long fait un nombre de vibrations représenté par 1, lorsqu'on fera vibrer seulement la moitié de sa longueur, elle fera des vibrations dont le nombre sera représenté par 2 ; lorsqu'on fera vibrer un tiers de sa longueur, elle fera, dans le même temps, des vibrations dont le nombre sera représenté par 3, etc.

211. *Pourquoi un violoniste* DÉMANCHE-*t-il continuellement?* — Le violoniste démanche pour faire rendre à son instrument, en raccourcissant les cordes, des sons plus aigus que ceux qu'il obtient quand ses doigts pressent les cordes sur le manche ; il augmente ainsi la portée, ou la gamme naturelle de son violon.

212. *Pourquoi certaines cordes d'une harpe, d'un*

piano, d'un violon, etc., sont-elles plus GROSSES *que certaines autres?* — Parce qu'il est plus facile d'obtenir des sons graves avec une corde d'un diamètre plus gros, que de les obtenir en donnant à la corde plus mince une longueur démesurée.

Si l'on prend deux cordes, dont l'une ait une épaisseur double de l'autre, qu'on les tende par un *même poids* et qu'on leur donne une *longueur égale*, la plus mince fera dans le même temps *deux fois* plus de vibrations que la plus grosse.

213. *Pourquoi les cordes de harpe et de violon se* ROMPENT-*elles souvent lorsqu'il fait* MAUVAIS *temps?* — Parce que l'humidité de l'air, en augmentant le diamètre des cordes et les raccourcissant, augmente aussi leur tension; elles se rompent alors comme si on les tendait trop en agissant sur les chevilles ou sur les clefs.

214. *Pourquoi la résonnance simultanée de certains sons* PLAÎT-*elle à l'oreille, tandis que la résonnance simultanée de certains autres sons produit une sensation désagréable?* — La consonnance qui plaît à l'oreille se compose de sons dont les vibrations coïncident *à de très-courts intervalles,* ou dont les nombres de vibrations sont entre eux dans un rapport simple. Au contraire, on éprouve une sensation désagréable lorsqu'on entend deux sons simultanés dont les vibrations ne coïncident *jamais* ou coïncident rarement, parce que leurs nombres de vibrations sont dans un rapport compliqué.

On peut comparer la consonnance à la marche régulière d'une armée, où le bruit des pas est simultané. Au contraire, une dissonance ressemble au bruit confus d'une foule désordonnée.

215. *Quelles sont les* CONSONNANCES *les plus* PARFAITES? — Celle de l'*unisson*, puis celle de l'*octave*. Dans

le premier cas, les vibrations vont toujours ensemble; dans l'accord d'octave, les nombres de vibrations sont entre eux comme 1 est à 2, les vibrations se rencontrent de deux en deux, l'oreille les unit sans peine.

216. *Quelles sont les consonnances les plus agréables après celle de l'octave?* — 1° La *quinte* à l'*octave*, ut_1 et sol_2, dont les nombres de vibrations sont entre eux comme 1 est à 3, et se rencontrent de trois en trois; 2° la *quinte ut-sol*, dont les nombres de vibrations sont comme 2 est à 3; 3° la *quarte*, *ut-fa*, dont les nombres de vibrations sont comme 3 est à 4; 4° enfin la *tierce*, *ut-mi*, dont les nombres de vibrations sont comme 4, est à 5. Au delà de ces rapports simples il n'y a plus consonnance, il y a plus ou moins dissonance, et les dissonances ne peuvent être acceptées que comme transition pour préparer l'oreille à un accord.

217. *Qu'appelle-t-on* ACCORD PARFAIT? — La résonnance simultanée du son fondamental, la tierce, la quinte et l'octave, *ut-mi-sol-ut, fa-la-ut-fa*, dont les nombres de vibrations sont entre eux comme les nombres simples 4, 5, 6, 8.

218. *Pourquoi certaines substances sont-elles* SONORES, *tandis que d'autres ne rendent aucun son?* — Parce qu'il est des corps dont les molécules entrent plus ou moins facilement en vibrations. En général, les substances sonores sont *dures et élastiques*, comme le cuivre et le fer; les substances *molles et non élastiques*, comme le plomb, ne sont que très-peu sonores.

219. *De quoi se compose le métal des cloches?* — De *cuivre et d'étain*, dans les proportions suivantes:

4 parties de cuivre contre 1 partie d'étain. Ce mélange est beaucoup plus sonore que les métaux purs.

Certaines cloches contiennent un peu de zinc, et certaines autres une quantité plus ou moins grande d'argent, etc.

220. *De quoi* DÉPEND *le* SON *d'*UNE *cloche ou quelle est la* RAISON *de sa grande* SONORITÉ ? — Le son de la cloche dépend à la fois : 1° de la nature de l'alliage qui a servi à la fondre et qui est sonore par lui-même; 2° de sa forme. La cloche vibre moléculairement ou dans ses molécules, et dans son ensemble. Dans le choc du battant, elle perd sa forme sphérique; le diamètre s'allonge dans le sens de la percussion et se raccourcit dans le sens perpendiculaire; puis, en vertu de l'élasticité du métal, elle revient à sa position d'équilibre et la dépasse : le diamètre allongé devient le diamètre raccourci ; les oscillations de masse se continuent tant qu'on met la cloche en branle, en même temps que les vibrations moléculaires, et il en résulte pour l'air un mouvement vibratoire intense et un grand retentissement.

221. *Pourquoi* EMPÊCHE-*t-on le son d'une sonnette en la touchant avec le* DOIGT ? — Parce que la pression du doigt devient un obstacle à la continuation du mouvement vibratoire.

222. *Pourquoi une* CLOCHE FÊLÉE *rend-elle un son désagréable?* — Parce que le mouvement oscillatoire de masse est contrarié et interrompu par les fentes ou fêlures ; il n'a donc plus la régularité, condition essentielle de la consonnance.

223. *Comment les* CORDES *d'un piano, d'un violon,*

d'une harpe, etc., produisent-elles des sons lorsqu'on les TOUCHE, *ou qu'on les frotte avec l'archet?* — Pincées par les doigts, frappées par les touches ou frottées par l'archet, les cordes se déplacent et s'allongent; elles reviennent ensuite à leur position d'équilibre, se raccourcissent et se déplacent en sens contraire; il y a pour elles, comme pour la cloche, double mouvement, vibrations des molécules et oscillation de la masse, qui se communique à l'air et produit le son. Les sons des cordes seraient par eux-mêmes assez faibles; mais ils sont renforcés par les tables d'harmonie ou les caisses de l'instrument, piano, violon, harpe, guitare, etc., qui vibrent à leur tour; les sons prennent alors un grand développement.

224. *D'où vient le* FRÉMISSEMENT *que font entendre les vitres des fenêtres au-dessous desquelles passent des voitures?* — Ce frémissement est dû aux *vibrations* que l'air et les murs du bâtiment communiquent aux vitres, sonores par elles-mêmes.

225. *A quoi sont dus les sons des instruments* A VENT, *tels que la flûte, le flageolet, etc.?* — Les sons des instruments à vent sont dus aux *vibrations de la colonne d'air que les tuyaux renferment,* et non aux tuyaux eux-mêmes; ces instruments, par conséquent, donnent toujours la même note si leurs dimensions restent les mêmes, qu'ils soient en buis, en ébène ou en cristal, etc.; le timbre seul est plus ou moins modifié.

226. *Lorsqu'on touche une* SONNETTE *avec le doigt on en arrête sur-le-champ les vibrations: pourquoi, en touchant une* FLUTE, *n'empêche-t-on pas les sons qu'elle rend?* — Parce que les sons de la flûte ne sont pas dus

aux vibrations de l'*instrument même,* comme ceux d'une cloche ou d'une sonnette, mais aux vibrations de la *colonne d'air* que la flûte renferme.

227. *Comment établit-on des* VIBRATIONS *dans la colonne d'*AIR *contenue dans un instrument à vent?* — L'air insufflé dans l'anche ou l'embouchure, et introduit dans l'instrument, à un certain état de compression, condense, fait vibrer et déplace la colonne d'air; cette colonne, en vertu de son élasticité, se dilate ensuite et revient à sa position première; une nouvelle insufflation reproduit ce double mouvement oscillatoire et vibratoire; ces oscillations et ces vibrations, ces condensations et ces dilatations répétées et successives produisent le son.

228. *Pourquoi débouche-t-on successivement les* TROUS *d'une* FLUTE *pour obtenir les notes successives?* — Pour faire que la colonne d'air se partage en un plus ou moins grand nombre de colonnes partielles vibrant d'ensemble, et produisant un son plus grave si le nombre des colonnes a diminué, un son plus aigu si le nombre des colonnes a augmenté; le son rendu par une colonne d'air est d'autant plus grave qu'elle est plus longue, d'autant plus aigu que la colonne est plus courte.

229. *Pourquoi place-t-on sa* MAIN *dans le pavillon d'un* COR? — Pour *modifier les sons*. La main gêne un peu le mouvement vibratoire de la colonne d'air et rend plus grave la note produite.

230. *Pourquoi les* POÊLES *font-ils entendre quelquefois un son?* — Parce que l'air appelé par le tirage du

poêle est forcé de pénétrer à travers les jointures étroites des portes, qui font l'effet d'une anche ou d'une embouchure, tandis que le poêle lui-même fait l'office de tuyau et rend ainsi un son en général assez grave.

231. *Pourquoi le* VENT *produit-il un son aigu lorsqu'il siffle entre les* FENTES *d'une* PORTE *ou d'une* FENÊTRE ? — Par la même raison : les fentes font à leur tour fonction d'embouchure ou d'anche ; l'air que le vent chasse par elles sort comprimé et met en vibration la masse d'air située de l'autre côté, lorsqu'elle remplit certaines conditions. Les sons ainsi produits naturellement par le vent s'appellent *éoliens*. En déposant convenablement sur le passage du vent des fentes ou des fils tendus, on obtient ce qu'on appelle des *harpes éoliennes*. Les fils du télégraphe électrique rendent souvent des sons mystérieux qui s'expliquent facilement par ce qui précède.

232. *Expliquez comment se produit le* SIFFLEMENT *avec la bouche ou par les doigts.* — Les lèvres serrées ou les fentes des doigts sont de véritables embouchures.

233. *Expliquez comment les tuyaux d'*ORGUE *produisent des sons.* — Ces tuyaux présentent une *languette* qui ne laisse à l'air qu'un passage fort étroit. Quand le vent du soufflet entre dans le tuyau, cette lame flexible, pressée de dedans en dehors, vient fermer l'ouverture, et le courant d'air est ainsi suspendu un instant. La languette, par son élasticité, revient à sa position première et laisse encore le passage libre. Ces mouvements, qui se succèdent avec grande rapidité, impriment à la *colonne d'air* des vibrations

sonores. Dans les tuyaux dits tuyaux de flûte, l'anche est remplacée par un tranchant en talus. La longueur plus ou moins grande des tuyaux fait le reste, c'est-à-dire qu'elle détermine la gravité et l'acuïté des sons : les longs tuyaux donnent les sons graves, les tuyaux courts donnent les sons aigus.

234. *Qu'est-ce que la voix humaine ou le chant des oiseaux?* — Un son produit par un véritable instrument à vent, dans lequel le *larynx* remplit la fonction de tuyau, la *glotte* et les cordes vocales la fonction d'anche, le *pharynx*, la *bouche*, etc., la fonction de caisse d'harmonie ou de tuyau renforçant. L'élasticité merveilleuse des membranes qui forment les parois des tubes producteurs du son supplée à la longueur, et ils peuvent rendre des sons beaucoup plus graves que les sons théoriques. L'élasticité et les dimensions des organes, en outre, varient avec le sexe et avec l'âge, et l'on comprend ainsi comment la voix des enfants et des femmes peut être plus aiguë que celle des hommes.

235. *Pourquoi les* ENFANTS *et les* FEMMES *ont-ils la voix plus* AIGUË *que les* HOMMES? — Parce que les *organes vocaux* des enfants et des femmes sont, en général, *plus petits* que ceux des hommes.

L'étendue de la voix d'homme est en général de deux octaves, de sol_2 à sol_4. Les nombres de vibrations correspondants sont 396 (sol_2) et 1 584 (sol_4).

La voix de femme monte du $ré_3$ à l'ut_5, notes auxquelles correspondent 594 ($ré_3$) et 2 122 (ut_5) vibrations.

§ 3. — L'ÉCHO.

236. *Qu'est-ce que l'*ÉCHO? — L'écho n'est que le résultat de le *réflexion du son* lorsqu'il rencontre un obstacle fixe assez éloigné.

237. *La* VITESSE *du son répété est-elle la même que celle du son direct?* — Oui, la vitesse du son reste la même, parce que le milieu dans lequel il se propage ne change pas.

238. *A quelle* DISTANCE *doit se trouver l'*OBSTACLE *pour qu'il fasse* ÉCHO? — Au moins à 17 mètres, afin qu'entre le son envoyé et le son revenu il y ait un dixième de seconde, durée minimum de l'intervalle qui sépare deux syllabes.

239. *Quel* TEMPS *s'écoule entre la* PRODUCTION *du son et sa* RÉPÉTITION? — Ce temps dépend de la distance de l'obstacle : il sera de deux secondes, si l'obstacle est à 340 mètres : une seconde pour l'aller, une seconde pour le retour.

240. *Quels sont les obstacles les plus* PROPICES *à la production d un écho?* — Les parois des cavernes et des grottes, des passages longs et tortueux, les nefs et les voûtes des cathédrales, les murs, les rochers, les montagnes et les bancs de glace.

La réflexion du son peut se faire contre un massif de feuillage, contre les voiles des navires, et même contre les nuages et contre les courants de l'air. Il est très-probable que le roulement qui suit un coup de canon, comme celui du tonnerre, provient en partie de la réflexion du son sur les nuées, car on a remarqué que ce roulement ne s'entendait que lorsqu'il y avait quelques nuages.

241. *Pourquoi les* CLOISONS *d'un appartement ne produisent elles pas un écho?* — Parce que leur distance est trop petite; le son réfléchi *se confond sensiblement avec le son émis*, et le prolonge sans le répéter.

242. *Pourquoi les parois des nefs et des voûtes des cathédrales produisent-elles des échos?* — Parce que, dans ces vastes édifices, les parois sont à des distances assez grandes pour répéter distinctement les sons. Ces échos sont souvent un inconvénient assez grave, car ils empêchent que les orateurs puissent se faire bien entendre, ou s'entendent distinctement eux-mêmes.

243. *Pourquoi certains* ÉCHOS *rendent-ils une* SEULE *syllabe, tandis que d'autres en renvoient deux ou* PLUSIEURS? — Si la surface qui fait écho est *près de celui qui parle*, elle renverra *seulement une syllabe;* si, au contraire, la surface réfléchissante est *très-éloignée*, on en entendra *deux ou plusieurs*. A la distance de 340 mètres, un écho pourra répéter sept ou huit syllabes.

Il y a près de Nancy un écho qui redit un vers alexandrin tout entier.

244. *Pourquoi entend on quelquefois des échos* MULTIPLES? — Parce que *deux ou plusieurs obstacles* sont placés de telle sorte que le son se réfléchisse de l'un à l'autre.

Les échos multiples sont quelquefois très-remarquables :

1° A 12 kilomètres de Verdun, il y avait deux grosses tours éloignées l'une de l'autre de 60 mètres : lorsqu'on poussait un cri un peu fort dans la ligne qui les joignait, il se répétait douze ou treize fois, toujours en s'affaiblissant. Il est évident que les deux tours se renvoyaient le son alternativement.

2° A la distance de 24 kilomètres de Glascow, en Écosse, près d'un château nommé Rosneat, était un écho très-remarquable, qui maintenant est perdu. Si une trompette sonnait un air simple, l'écho le répétait parfaitement. Lorsque le premier écho avait fini, un second le redisait, puis un autre ; le second écho était seulement plus faible que le premier, et le dernier que le second.

3° Au lac de Killarney, en Irlande, il y a un écho qui fait la seconde partie d'un air simple que l'on sonne sur un cornet à piston.

245. *Pourquoi l'*ÉCHO *répète-t-il mieux les sons la nuit que le* JOUR? Parce que 1° la chaleur du soleil produit une inégalité de température qui détermine, pendant le jour, une foule de *courants ascendants* et *descendants* qui rompent les ondes sonores; 2° l'air atmosphérique est moins *dense* pendant le jour que pendant la nuit.

L'écho de Woodstock, en Angleterre, répète jusqu'à dix-sept syllabes pendant le jour et vingt pendant la nuit.

246. *Pourquoi certains* ÉCHOS *font-ils en* MÊME TEMPS *l'effet de* PORTE-VOIX ? — Parce qu'en raison de sa forme particulière l'obstacle conduit le son dans une direction *déterminée*, sans lui *laisser perdre* de son intensité ou même en le renforçant. Il arrive alors que deux personnes, placées sur des points déterminés, se parlent et s'entendent sans que les personnes situées dans le voisinage puissent prendre part à la conversation. C'est ce qui arrive, par exemple, dans une des salles carrées du Conservatoire, où le son est conduit d'un angle à l'angle opposé par l'arête creuse des voûtes, sans aucune déperdition. Les sons produits dans deux renfoncements des caveaux de Sainte-Geneviève sont tellement renforcés, que des coups de baguette sur des pans de redingote produisent un bruit formidable; deux personnes placées aux extrémités des renfoncements s'entendent très-bien, même en parlant à voix basse.

QUATRIÈME PARTIE

CHALEUR

NOTIONS PRÉLIMINAIRES

247. *Qu'est-ce que la* CHALEUR ? — *Objectivement*, ou en elle-même, la chaleur est un mouvement moléculaire ou atomique excité au sein des corps ou de l'éther. *Subjectivement*, ou dans celui qui la perçoit, la chaleur est cette sensation *sui generis* ou spéciale, perçue par l'organe du tact général, par la peau, au contact ou à l'approche d'un corps chaud.

248. *Comment cette* SENSATION *est-elle* PRODUITE ? — Par un rayonnement *subtil et invisible*, qui s'échappe des corps *plus chauds* que le nôtre.

249. *Quel est le* NOM *donné à ce rayonnement subtil et invisible ?* — On le nomme *calorique*. En conséquence, le calorique est la cause de la sensation de la chaleur, l'agent qui la produit, et qui donne en outre naissance à beaucoup d'autres phénomènes ou effets.

250. *Quelles sont les* SOURCES *de la chaleur ?* — Le soleil, l'action chimique et l'action mécanique. Il faut y joindre l'électricité, dont nous nous occuperons dans une autre partie de cet ouvrage.

251. *Quels sont les* EFFETS *principaux de la chaleur?* — L'expansion ou dilatation, la liquéfaction, l'évaporation et l'ignition.

CHAPITRE PREMIER

Le Soleil, source principale de la chaleur.

252. *Quelle est la* GRANDE *source naturelle du calorique ou de la chaleur?* — LE SOLEIL.

253. *La chaleur solaire est-elle identique à la chaleur terrestre, ou du feu?* — Ces deux chaleurs ne sont pas absolument identiques, et ne diffèrent pas non plus essentiellement; elles ont des propriétés physiques et chimiques analogues à la fois et différentes, non-seulement en quantité, mais en qualité.

254. *Comment amener au maximum d'évidence les propriétés calorifiques des rayons solaires?* — En les faisant converger au foyer d'une loupe ou verre ardent, qui devient alors un foyer de lumière vive en même temps que de chaleur intense.

255. *Qu'est-ce qu'une* LOUPE, *ou verre ardent?* — C'est un verre dont l'une au moins des surfaces est convexe, c'est-à-dire bombée, de forme sphérique ou cylindrique, qui a la propriété de faire converger vers un point ou foyer les rayons lumineux ou calorifiques

qui tombent sur sa surface, et dont on se sert aussi pour grossir les objets. (*Voyez l'*OPTIQUE.)

« Convexe » veut dire courbé et arrondi à l'extérieur.

256. *Comment une* LOUPE, *ou verre ardent, peut-elle* ENFLAMMER *les matières combustibles ?* — Parce qu'elle fait converger, c'est-à-dire se rencontrer en un point presque unique, les rayons du soleil, d'abord parallèles et séparés, qui tombent sur sa surface et la traversent. Réunis et condensés dans un espace infiniment petit, qu'on appelle foyer, ces rayons produisent un effet d'ensemble beaucoup plus considérable, proportionnel à leur nombre ou à leur somme.

257. *Pourquoi, quand on y fait attention, voit-on autour du foyer une petite image* COLORÉE? — Parce que la lentille, ou loupe, n'est pas achromatique, c'est-à-dire qu'elle ne fait pas converger vers un point rigoureusement unique tous les rayons diversement colorés ou de réfrangibilités différentes, dont se compose la lumière solaire.

258. *Qu'est-ce qu'un* MIROIR ARDENT? — C'est un miroir concave, de forme sphérique ou parabolique, en métal ou en verre étamé ou argenté, qui a, comme la lentille ou la loupe, la propriété de faire converger ou se rencontrer en un point presque unique les rayons parallèles, lumineux ou calorifiques, qui tombent sur sa surface.

259. *Comment un* MIROIR ARDENT *peut-il mettre le* FEU *aux matières combustibles?* — Par la même raison qu'une loupe, c'est-à-dire parce qu'il condense en un petit espace l'ensemble des rayons de chaleur que re-

çoit sa surface lorsqu'on l'expose directement aux rayons du soleil.

En faisant tomber sur un même point les rayons réfléchis par un grand nombre de petits miroirs plans, Buffon enflammait du bois à plus de 80 mètres ; à 16 mètres, il mettait l'argent en fusion ; la réunion des petits miroirs plans faisait l'effet d'un miroir concave de très-grand diamètre. Il répétait ainsi l'expérience d'Archimède.

260. *Les rayons du* SOLEIL *peuvent-ils* D'EUX-MÊMES ENFLAMMER *les substances naturelles, sans l'intervention d'une loupe ou d'un miroir ardent?* — En eux-mêmes, les rayons du soleil ne sont pas assez chauds pour enflammer les substances naturelles ; mais il n'est pas impossible qu'ils puissent être concentrés ou condensés accidentellement, sans moyens artificiels, en assez grand nombre pour mettre le feu à certaines substances très-sèches. Il n'est pas démontré que des incendies survenus en été n'ont pas pu avoir pour cause efficiente la chaleur solaire.

261. *Pourquoi la lumière de la lune, réunie au foyer d'une forte lentille, n'élève-t-elle pas sensiblement le thermomètre?* — Parce que la lumière de la lune, qui est la lumière du soleil réfléchie par le globe lunaire, est beaucoup moins riche en rayons calorifiques que la lumière du soleil, et que la faible chaleur des rayons lunaires est en outre absorbée presque en totalité par l'atmosphère de la terre. Les expériences de Melloni et les expériences plus récentes de M. Piazzi Smyth, au sommet du pic de Ténériffe, à une grande hauteur au-dessus de la mer, hors de l'influence, par conséquent, d'une portion notable et la plus dense de l'atmosphère terrestre, ont cependant mis en évidence d'une manière certaine la réalité d'une action calorifique exercée par la lumière de la lune.

262. *De quoi se compose, dans son ensemble, la radiation solaire, ou de combien de sortes de rayons est-elle formée?*

Nous avons déjà dit que la radiation solaire contient :

1° Des rayons CALORIFIQUES, auxquels elle doit la propriété d'échauffer ;

2° Des rayons LUMINEUX, auxquels elle doit la propriété d'éclairer, et qui, séparés par le prisme, se montrent diversement colorés ;

3° Des rayons CHIMIQUES ou ACTNIQUES (du grec ἀκτίς, pointe), capables de combiner ou de décomposer les corps.

Les premiers rayons sont *moins déviés par le prisme* que les seconds, et ceux-ci moins que les troisièmes.

Le rayon *violet* fait moins monter le thermomètre que les autres rayons; mais il est de tous celui qui a le plus d'*action chimique;* il a aussi la propriété de développer la matière *verte des plantes.*

Le rayon *jaune* est le plus lumineux.

Le rayon *rouge* échauffe plus que les autres rayons du spectre.

En dehors du spectre visible, au delà des rayons violets et en deçà des rayons rouges, il existe des rayons invisibles; les premiers ont plus de puissance chimique que les rayons violets; les seconds sont plus chauds que les rayons rouges.

263. *Est-il vrai qu'un feu exposé aux rayons du soleil* BRULE *difficilement ?* — Le préjugé populaire qui règne à cet égard est en partie une illusion. En présence de la lumière plus vive du soleil, le feu semble moins ardent. Toute lumière pâlit nécessairement et paraît s'éteindre quand elle est comme éclipsée par une lumière beaucoup plus vive. Auprès de la lumière

électrique, la lumière d'une lampe-modérateur n'est plus qu'une ombre noire. Toutefois, échauffé par les rayons du soleil, l'air ambiant est moins dense et moins apte, par conséquent, à activer le feu, qui languit.

CHAPITRE II

L'action chimique, autre source de chaleur.

§ 1er. — DÉVELOPPEMENT DE LA CHALEUR PAR L'ACTION CHIMIQUE.

264. *Expliquez de quelle manière l'exercice de l'action ou de l'affinité chimique est une source de chaleur.* — L'exercice de l'action chimique est une combinaison entre deux ou plusieurs substances; qui dit combinaison dit rapprochement intime et comme pénétration des molécules qui se combinent. Or c'est ce rapprochement intime qui fait naître ou dégage de la chaleur.

265. *Comment ce rapprochement intime fait-il naître de la chaleur?* — Le rapprochement intime équivaut à une diminution de volume; or dans la nature, en général, toute diminution de volume est accompagnée de dégagement de chaleur comme toute augmentation de volume ou dilatation est accompagnée d'une production du froid.

266. *D'où vient ce rapport intime entre les augmen-*

tations ou les diminutions de volume d'un corps et le calorique? — Puisque c'est le calorique qui maintient les molécules dans l'écartement qui constitue leur volume actuel, une diminution de volume, c'est de la chaleur abandonnée par le corps et devenue libre, c'est, par suite, une élévation de température; tandis qu'une augmentation de volume, c'est de la chaleur empruntée ou soutirée aux corps environnants, avec production, par conséquent, de froid.

267. *Donnez une autre raison de la production de la chaleur par l'exercice de l'action chimique?* — La combinaison chimique est en réalité un choc de molécules entraînées les unes vers les autres par leurs affinités mutuelles; or, la nature de ce choc est d'engendrer les mouvements moléculaires ou atomiques qui constituent la chaleur et la lumière.

On peut dire aussi que, dans toute combinaison chimique, c'est une molécule électrisée positivement qui s'unit à une molécule électrisée négativement, de l'électricité positive qui se combine avec l'électricité négative; or la combinaison de deux électricités est naturellement accompagnée d'un dégagement de chaleur, et même d'un dégagement de lumière. Ajoutons que dans les combinaisons chimiques, la chaleur se dégage en proportion définie; comme si dans les molécules qui s'unissent un équivalent de chaleur était remplacé par un équivalent de matière pondérable.

268. *Pourquoi une grande chaleur s'échappe-t-elle lorsqu'on verse de l'*EAU FROIDE *sur de la* CHAUX VIVE? — Parce que l'eau se combine avec la chaux et devient *solide;* or toutes les fois qu'un liquide se change en une substance *solide,* toute la chaleur qui était né-

cessaire pour le retenir à l'état fluide se dégage.

L'élévation de la température qui a lieu pendant la combinaison de l'eau avec la chaux vive est souvent assez considérable pour déterminer l'inflammation de la poudre.

269. *D'où* VIENT *la chaleur qui s'échappe de l'eau et de la chaux dans cette opération?* — Elle existait déjà dans ces substances, mais à l'*état latent.*

§ 2. — CALORIQUE LATENT.

270. *Qu'est-ce que le* CALORIQUE *à l'état* LATENT *dans un corps?* — La chaleur, ou le calorique dont le *thermomètre n'accuse pas la moindre partie*, ou qui est absolument insensible à notre toucher.

Latent du latin *latere* (être caché).

271. *Expliquez de quelle manière la chaleur peut être* LATENTE? — La chaleur, comme toute autre force, ne peut pas produire, à la fois, plusieurs effets; si donc elle est employée, et comme dépensée ou épuisée à maintenir ou à amener à une certaine distance les molécules des corps, elle ne peut pas en même temps agir sur les corps environnants, sur le thermomètre, par exemple, ou l'organe du tact; elle sera donc insensible, ou latente. Voilà pourquoi la grande quantité de chaleur absorbée par un corps dans son passage de l'état solide à l'état liquide, ou de l'état liquide à l'état gazeux, n'élève pas sa température et n'est pas mise en évidence par le thermomètre.

272. *Comment* SAIT-ON *que ce calorique existe, s'il n'est point sensible même au* THERMOMÈTRE? — Parce

que l'on sait, d'une part, qu'il a été absorbé par le corps ; de l'autre, qu'il n'apparaît pas au thermomètre. Ainsi, par exemple : 1° 1 kilogramme de *glace* à la température de *zéro*, et 1 kilogramme d'*eau* à la température de 75 degrés, donnent, après leur mélange et après la fusion complète de la glace, 2 kilogrammes d'eau à *zéro* : les 75 degrés de chaleur du kilogramme d'eau chaude sont donc à l'état latent dans les deux kilogrammes d'eau à zéro; ils ont servi à écarter les molécules de la glace pour la faire passer à l'état liquide; ils sont dépensés, épuisés, dissimulés dans le maintien de cet écart, et n'affectent pas, par conséquent, le thermomètre ; ils sont, mais n'apparaissent pas; 2° 1 kilogramme de vapeur à 100 degrés, en revenant à l'état liquide, élève d'un degré la température de 643 kilogrammes d'eau ; donc, pour faire passer 1 kilogramme d'eau à 100 degrés à l'état de kilogramme de vapeur, aussi à 100 degrés, il faut lui absorber la chaleur nécessaire pour élever d'un degré la température de 643 kilogrammes d'eau, ou 643 fois la chaleur nécessaire pour élever d'un degré la température d'un kilogramme d'eau. En appelant *unité* de chaleur, ou *calorie*, la chaleur qui élève d'un degré la température d'un kilogramme d'eau, il faut 75 calories latentes pour faire passer un kilogramme de glace de l'état solide à l'état liquide, 643 calories latentes pour le faire passer de l'état liquide à l'état gazeux, et 718 calories, par conséquent, pour le faire passer de l'état solide à l'état gazeux à 100 degrés.

273. *Y a-t-il de la chaleur même dans la* GLACE *et dans la* NEIGE? — Oui : tous les corps contiennent une certaine chaleur, la *glace* la plus froide aussi bien que le *feu* le plus ardent : la chaleur est ce qui maintient

les molécules des corps à distance; donc partout où il y a distance des molécules, ou volume, il y a chaleur.

274. *La chaleur est-elle quelque chose d'absolu ou de relatif?* — En elle-même, ou en tant que force employée à maintenir à distance les molécules des corps, la chaleur est quelque chose d'absolu; mais dans ses manifestations extérieures, résultats d'échanges incessants entre les corps plus chauds et les corps plus froids, la chaleur n'est évidemment qu'un phénomène relatif; ce qui naturellement semble froid peut, si l'on se place dans d'autres conditions, sembler chaud. Ainsi, par exemple, la neige, en elle-même très-froide, peut être rendue sensiblement chaude.

275. *De quelle manière peut-on relativement rendre chaude la glace ou la* NEIGE? — Dans un litre de neige mettez un demi-litre de sel; si alors vous plongez vos mains dans ce mélange, vous sentirez un *froid si intense*, que la neige elle-même vous semblera *chaude* en comparaison.

276. *Un mélange de neige et de sel est-il réellement plus* FROID *que la glace?* — Oui, de 4 à 5 degrés. Cette production de froid est due à une *absorption de la chaleur de la neige*, produite par la désagrégation du sel, qui, en se dissolvant, passe de l'*état solide* à l'état liquide, et rend latente, par conséquent, une certaine quantité de chaleur. Il est vrai que la dissolution du sel dans l'eau est une sorte de combinaison ou d'hydratation qui devrait engendrer un peu de chaleur; mais le refroidissement dû à la liquéfaction l'emporte, et, si cette liquéfaction est très-rapide, si, par exemple, au sel marin on substitue un sel plus soluble, le chlo-

rhydrate d'ammoniaque, la température du mélange réfrigérant sera beaucoup plus basse encore. Dans ses charmantes glacières artificielles à rotation, comme aussi dans ses appareils réfrigérants ou frappe-boissons, M. Toselli fait usage d'un mélange de carbonate de soude et de nitrate d'ammoniaque.

277. *Pourquoi la* VAPEUR *fait-elle une* BRULURE *plus forte que celle de l'eau bouillante?* — A masse égale, c'est-à-dire que si deux poids égaux, l'un d'eau bouillante, l'autre de vapeur à 100 degrés, venaient en contact avec la peau, la brûlure produite par la vapeur serait plus forte, parce qu'elle renferme plus de calories; mais comme, en raison de sa faible densité, la masse de vapeur en contact avec la peau est toujours beaucoup plus petite, la brûlure à l'eau chaude est plus redoutable. La vapeur saturée ou aqueuse, que l'on reconnaît à sa teinte blanche, cède facilement son calorique et brûle énergiquement; la vapeur sèche et surchauffée qui se montre bleue cède difficilement son calorique, et brûle peu ou beaucoup moins.

§ 3. — COMBUSTION.

278. *Qu'est-ce que la* COMBUSTION? — La combustion, dans l'acception la plus générale du mot, est une combinaison chimique, accompagnée de chaleur et de lumière. Dans un sens plus restreint, ou dans son acception vulgaire, on limite le mot *combustion* aux combinaisons chimiques avec lumière et chaleur dont l'air atmosphérique, ou plutôt l'oxygène de l'air, est le principal agent.

279. *Quelle est dans la combustion la source réelle de la chaleur et de la lumière?* — La chaleur de la combustion est engendrée par l'action chimique; la lumière de la combustion a son origine dans l'intensité de la chaleur. Dans toute combustion, il y a donc une substance qui brûle et une substance qui fait brûler; la substance qui brûle s'appelle *combustible*, la substance qui fait brûler s'appelle *comburant*.

280. *Quels sont les éléments principaux ou essentiels de la combustion ordinaire?* — Dans les matières que nous brûlons habituellement, les éléments combustibles principaux sont le carbone et l'hydrogène; l'élément comburant est l'oxygène de l'air.

281. *Quels sont les* ÉLÉMENTS *de l'*AIR *atmosphérique?* — L'air atmosphérique est essentiellement un mélange d'oxygène et d'azote, à peu près dans les proportions de 4 volumes d'azote pour un volume d'oxygène.

L'air renferme, de plus, une très-petite quantité d'acide carbonique et une quantité variable de vapeur d'eau.

282. *Quels sont les matières employées généralement pour faire un feu ordinaire?* — Toutes les matières riches en carbone et en hydrogène; le charbon de bois ou de terre, le bois, la paille, le gaz d'éclairage, etc. Le plus agréable de tous les feux est, sans contredit, le feu obtenu avec le gaz d'éclairage ou même avec le gaz hydrogène pur; il dégage une chaleur considérable; on peut lui donner toutes les formes possibles; on l'allume ou on l'éteint à son gré; il ne donne aucune fumée, etc.

283. *Comment détermine-t-on et comment s'opère la combustion?* — On détermine la combustion en élevant d'abord la température du combustible, ou en y mettant une première fois le feu à l'aide d'une allumette ou autrement, pour qu'une fois allumé il continue à brûler par lui-même. Sous l'influence de l'élévation de température, les éléments combustibles, l'hydrogène et le carbone, se combinent avec l'oxygène, et la combustion continue tant que le combustible n'est pas épuisé.

284. *Quels sont les principaux résidus de la combustion?* — L'eau ou la vapeur d'eau née de la combinaison de l'hydrogène avec l'oxygène ou de la combustion de l'hydrogène, l'acide carbonique, né de la combinaison du carbone avec l'oxygène ou de la combustion du carbone, les cendres provenant des matières minérales fixes que contiennent toujours le bois et le charbon.

285. *Qu'est-ce que le* FEU? — Le feu, à proprement parler, n'est pas autre chose que la combustion personnifiée en quelque sorte; le composé de chaleur et de lumière qui constitue la combustion. Feu signifie aussi l'amas de bois ou de charbon qui brûle dans nos foyers.

286. *Pourquoi un* FEU *de charbon qui a brûlé longtemps est-il* ROUGE? — Il est rouge, parce qu'il est en pleine activité; que la masse entière du charbon est à une température assez élevée pour que sa combinaison avec l'oxygène soit très-active. Après le rouge, il y a cependant le rouge blanc et le blanc, qui supposent une combustion plus ardente encore.

287. *Pourquoi la surface* INFÉRIEURE *des combustibles est-elle quelquefois* ROUGE, *tandis que la surface* SUPÉRIEURE *a une couleur* NOIRE ? — Parce qu'à sa surface inférieure le combustible est à une plus haute température, et peut par conséquent brûler, tandis qu'à sa surface supérieure il est encore relativement froid, et ne brûle pas.

288. *Lequel se consume plus* VITE, *d'un feu* FLAMBANT *ou d'un feu* ROUGE ? — Le feu flambant est celui dans lequel l'hydrogène et le carbone du combustible se combinent à la fois avec l'oxygène en brûlant ensemble, il y a donc alors double consommation ; dans le feu rouge, c'est le carbone seul qui se combine ou qui brûle, la consommation est une.

289. *Pourquoi la houille qui jette de la* FLAMME *se* CONSUME*-t-elle plus vite que celle qui est rougie au feu?* — Par la raison qu'on vient de donner ; parce qu'elle perd à la fois de l'hydrogène et du carbone.

290. *Pourquoi la houille d'un feu* CLAIR *et* VIF *se consume-t-elle plus* LENTEMENT *que celle qui jette de la flamme?* — Parce que la première ne perd que du carbone; que la seconde perd à la fois du carbone et de l'hydrogène.

291. *Pourquoi y a-t-il* PLUS *de* FUMÉE *quand le feu s'allume qu'après que les charbons sont devenus rouges?* — Parce qu'au début la température n'est pas encore assez élevée pour que toutes les matières volatiles dégagées puissent se combiner avec l'oxygène et brûler; la fumée est le résultat d'une combustion imparfaite, un mélange d'eau, de vapeur d'eau et de

charbon divisé, etc., qui a échappé à la combustion.

292. *Pourquoi les feux très-rouges ne produisent-ils que très-peu de fumée?* — Parce que rien, ou presque rien, n échappe à la combustion, que toute la matière combustible se transforme, soit en vapeur d'eau, soit en acide carbonique, l'un et l'autre invisibles.

293. *Pourquoi, même au sein d'un feu vif de charbon de terre, voit-on certaines parties* NOIRES, *tandis que les autres sont* ÉBLOUISSANTES? — Parce qu'il est presque impossible que la température et la combustion soient parfaitement égales et également intenses sur tous les points; les parties noires sont celles où la température est plus basse, où la combustion est ralentie.

294. *Pourquoi l'*INTENSITÉ *de la combustion est-elle si* INÉGALE? — Parce que l'air qui apporte le principe comburant, ou l'oxygène, entre inégalement dans son intérieur.

295. *Quelle est l'origine des formes bizarres de toutes sortes qui apparaissent au sein d'un feu très-ardent?* — Les inégalités de la combustion, qui, suivant son intensité, colore les charbons enflammés de nuances différentes. Ces flammes si diverses, rouges, jaunes, blanches, parsemées çà et là d'espaces noirs, peuvent faire naître des images singulières et fantastiques.

296. *Pourquoi le* PAPIER *brûle-t-il plus promptement que le bois?* — Parce que son hydrogène et son carbone sont plus accessibles à l'oxygène de l'air, ou qu'il est moins compacte.

297. *Pourquoi le* BOIS *brûle-t-il plus promptement que le charbon de terre?* — Par la raison qui fait que le papier brûle mieux que le bois. Un bois très-sec et très-divisé est presque aussi combustible que le papier.

298. *Pourquoi met-on du* PAPIER SOUS *les autres combustibles, toutes les fois qu'on allume un feu de bois ou de charbon?* — Parce qu'il prend feu très-facilement et que sa combustion, facile et prompte, est très-apte à déterminer celle des autres combustibles.

299. *Pourquoi, quand pour allumer le feu on se sert à la fois de papier et de bois, met-on le bois sur le papier?* — Pour que la flamme née de la combustion du papier, et qui tend à monter, atteigne le bois, l'enveloppe et l'amène à brûler à son tour.

300. *Pourquoi le* PAPIER *ne serait-il pas* SUFFISANT *sans le bois?* — Parce qu'il se *consume trop rapidement* et que la flamme qu'il donne n'est pas assez intense pour déterminer la combustion du charbon.

301. *Pourquoi le* BOIS *n'allumerait-il pas le feu* SANS *papier, copeaux ou boules chimiques?* — Parce que la substance du bois est trop *compacte*, ou que sa masse est trop forte pour que la petite flamme d'une *allumette* puisse l'embraser.

302. *Pourquoi le feu ne s'allumerait-il pas si l'on mettait le* PAPIER SUR *le charbon?* — Parce que la flamme tend toujours à *s'élever*; par conséquent, si le papier était mis *sur les charbons*, il n'y aurait *aucune flamme pour les allumer*.

303. *Pourquoi faut-il mettre le* CHARBON AU-DESSUS *du bois?* — Afin que la flamme du bois puisse s'élever *au travers* des charbons, ce qui n'arriverait pas si on les arrangeait autrement. Quoi de plus naturel que de ranger les diverses substances, d'une part, dans l'ordre de leur combustibilité, de l'autre, dans le sens suivant lequel la combustion tend à se propager, papier d'abord et en dessous, bois ensuite et au-dessus du papier, charbon enfin et au-dessus du bois ?

304. *Pourquoi* ALLUME-*t-on toujours un feu par le* BAS? — Afin que la flamme, qui tend à monter, puisse échauffer *tous les combustibles.*

305. *Pourquoi la flamme tend-elle toujours à monter?* — Parce qu'elle est formée de gaz combustibles, plus légers que l'air, soit en eux-mêmes comme l'hydrogène, soit en raison de leur température très-élevée.

306. *Pourquoi le* COKE *et les* BRAISES *rougissent-ils plus vite au feu que le charbon?* — La braise de boulanger s'allume plus vite que le charbon de bois parce qu'elle est moins compacte, et surtout parce que, si elle a été conservée avec soin, elle contient beaucoup moins d'eau ou de vapeur d'eau ; mais il est faux que le coke, quoique plus léger, s'allume plus vite que le charbon de terre : il brûle au contraire à une température plus élevée et donne beaucoup moins de flamme. Le coke n'est que du charbon privé du gaz hydrogène et des composés hydrogénés qu'il renferme, ou réduit autant que possible à l'état de carbone pur.

307. *Pourquoi le* COKE *et les* BRAISES *sont ils plus*

LÉGERS *que le charbon?* — Parce qu'ils sont pleins de petites *ouvertures* ou *pores*, d'où la combustion première a déjà chassé le gaz et les autres matières volatiles.

308. *Pourquoi des combustibles* HUMIDES *n'allumeraient-ils pas un feu?* — Parce qu'ils ne s'allumeraient pas eux-mêmes.

309. *Pourquoi ne s'allumeraient-ils pas eux-mêmes?* — Parce que, tant qu'ils seront humides, la chaleur qu'on leur fournit sera d'abord dépensée à réduire en vapeur l'eau dont ils sont pénétrés; la réduction de l'eau en vapeur ne se fait pas, comme on l'a vu, sans beaucoup de chaleur; la température du combustible humide s'élèvera donc très-difficilement, on aura peine à lui faire prendre feu.

310. *Pourquoi le bois* SEC *brûle-t-il mieux que le bois vert?* — Parce que dans le bois sec il n'y a plus d'eau à réduire préalablement en vapeur; que ses pores, au contraire, contiennent de l'air sec qui active la combustion.

311. *Pourquoi* DEUX *morceaux de bois brûlent-ils mieux qu'un seul?* — Parce que l'un des morceaux placé à côté ou au-dessus de l'autre fait, par rapport à celui-ci, l'office incessant d'allumeur; il hâte sa combustion, et reçoit à son tour l'influence de cette combustion hâtée. Il est tout naturel que l'intensité du feu soit proportionnelle à la quantité de combustible, pourvu que la circulation de l'air soit facile et suffisante.

312. *Pourquoi le bois ou le papier* NE BRULERONT-*ils*

pas s'ils ont été trempés dans une dissolution de POTASSE, *de phosphate de chaux ou d'ammoniaque?* — Parce que la potasse, la chaux, l'ammoniaque sont des substances incombustibles, des sortes de cendres, résultat d'une combustion antérieure; et que, par conséquent, en trempant le bois dans une dissolution de ces alcalis ou terres, on remplace en réalité une surface combustible par une surface incombustible. On ne doit donc recourir à ces substances qu'alors précisément qu'il s'agit de rendre incombustibles des matériaux par eux-mêmes trop disposés à brûler, les planches et les papiers des coulisses de théâtre, les rideaux d'avant-scène, etc., etc. Le meilleur agent d'incombustibilité est le tungstate de soude.

313. *Pourquoi un* JET DE FLAMME *s'élance-t-il quelquefois dans la chambre à travers les barres d'une grille de fer?* — Parce que dans ses progrès le feu a atteint certaines cavités de la houille ou du bois remplies d'hydrogène carboné, ou d'une matière facile à être transformée par la chaleur en hydrogène carboné; c'est ce gaz allumé qui donne naissance, en brûlant, au jet de flamme plus ou moins blanche, suivant qu'il est plus ou moins carboné.

314. *Pourquoi une* FLAMME BLEUATRE *voltige-t-elle quelquefois sur la surface d'un feu de charbon?* — Parce qu'une combustion imparfaite dans les couches inférieures peut faire naître de l'oxyde de carbone qui monte entre les couches supérieures et brûle avec une flamme bleue ou bleuâtre, en se transformant en acide carbonique, dernier terme de la combustion du carbone.

L'*oxyde* de carbone et l'*acide* carbonique se produisent presque toujours simultanément dans la combustion du carbone. Le premier contient moitié moins d'oxygène que le dernier, comme on peut le voir par les formules suivantes :

1° L'*oxyde* de carbone = CO (une molécule de carbone et une molécule d'oxygène) ;

L'*acide* carbonique = CO^2 (une molécule de carbone et deux molécules d'oxygène).

2° L'OXYDE de carbone n'altère aucunement les couleurs bleues végétales ; l'ACIDE carbonique *rougit* la teinture bleue de tournesol.

3° L'OXYDE de carbone est un *peu* plus léger que l'air atmosphérique ; l'ACIDE carbonique a une densité *beaucoup* plus grande que celle de l'air.

4° L'OXYDE de carbone brûle avec une *flamme* bleue ; l'ACIDE carbonique est incombustible.

Lorsque le charbon brûle *librement* dans l'air, il se change en *acide* carbonique ; mais, toutes les fois que la combustion du charbon se fait sous l'influence d'une quantité insuffisante d'oxygène, il se forme plus ou moins d'*oxyde* de carbone.

315. *Pourquoi la lumière du feu est-elle plus* INTENSE *en certains moments qu'en certains autres?* — Parce que la combustion, en raison de l'accès plus ou moins facile de l'air et de sa richesse en oxygène, est plus ou moins parfaite. Si la combustion est aussi parfaite qu'elle peut l'être, si elle se fait à la température la plus élevée que le feu puisse atteindre, le charbon enflammé est blanc, et l'intensité de sa lumière est la plus grande possible. Si la combustion se ralentit sur la masse entière ou sur certains points, le charbon descend au rouge blanc, au rouge cerise, au rouge obscur, et l'intensité de sa lumière diminue de plus en plus.

316. *Pourquoi le* COKE *ne* FLAMBE-*t-il pas comme la houille?* — Parce que, d'une part, comme on l'a dit plus haut, le coke est du carbone dépouillé par une première combustion de ses gaz hydrogène et hydrogène carboné ; parce que, d'autre part, le coke brûle à

une température très-élevée, à laquelle il ne se forme plus d'oxyde de carbone brûlant avec flamme bleue, mais uniquement de l'acide carbonique sans production de flamme.

317. *A quel* GAZ *est due la* FLAMME *de la houille?* — Aux gaz hydrogène et hydrogène carboné d'une part, à l'oxyde de carbone de l'autre, quelquefois aussi à un peu de vapeur de soufre qui brûle en se transformant en acide sulfureux. Les flammes de l'hydrogène, de l'oxyde de carbone, de la vapeur de soufre, sont bleues; celles des hydrogènes carbonés, plus ou moins blanches, suivant qu'elles sont plus ou moins riches en carbone.

318. *Pourquoi le feu ne flambe-t-il pas aussi longtemps lorsqu'il* GÈLE, *c'est-à-dire quand il fait froid, que lorsqu'il ne gèle pas?* — Parce que, quand il fait froid, l'air est dense, et amène une grande quantité d'oxygène au foyer; la température est plus élevée, la combustion plus active; le bois ou la houille se distillent plus vite ou perdent plus vite les gaz hydrogène et hydrogène carboné qu'ils contenaient, et qui faisaient flamber le feu.

319. *Pourquoi le feu brûle-t-il plus ardemment en* HIVER *qu'en été?* — Parce que le *tirage est beaucoup plus fort* quand l'air est froid et dense.

320. *Pourquoi le* TIRAGE *est-il plus fort quand l'air est* FROID *et dense?* — Parce qu'il y a *plus de différence* entre le *poids* de l'air chaud ascendant et celui de la colonne d'air froid qui détermine l'ascension: par conséquent, l'air échauffé se trouve soulevé et chassé plus rapidement en haut par l'air qui presse à l'orifice

inférieur de la cheminée; le tirage est plus actif.

321. *Pourquoi le feu brûle-t-il moins ardemment en* ÉTÉ *qu'en hiver ?* — 1° Parce que l'air, raréfié, contient moins d'oxygène à volume égal, et active moins la combustion ; 2° parce que le tirage est moins actif, en ce sens que la différence de poids de l'air chaud ascendant et de l'air inférieur affluent est moins grande. Il arrive donc, dans un temps donné, moins d'air au sein du feu, cet air contient moins d'oxygène, et il est fourni en moins grande abondance au feu.

322. *Pourquoi le feu brûle-t-il moins ardemment sur les hautes* MONTAGNES? — Parce que sur une haute montagne l'air est très-raréfié ; on peut dès lors appliquer à cet air raréfié, en raison de la pression moindre de l'atmosphère, ce que l'on vient de dire de l'air raréfié par la chaleur de l'été ; le tirage est moindre et l'air est moins oxygéné.

323. *Pourquoi le feu au* GRAND AIR *brûle-t-il plus ardemment qu'un feu dans une chambre?* — Parce que 1° l'air extérieur est *plus dense* que celui d'un appartement chaud ; — 2° l'air peut *arriver plus facilement au feu* pour remplacer celui qui a servi à la combustion.

324. *Pourquoi le feu ne brûle-t-il pas aussi bien pendant le* DÉGEL *que pendant qu'il gelait?* — Parce qu'en temps de dégel l'air qui alimente le feu est chargé d'humidité, et qu'une partie de la chaleur est employée à réduire cette humidité en vapeur, aux dépens de la combustion ; l'air chargé de vapeurs humides est, en outre, moins dense que l'air sec.

325. *Pourquoi un feu ne brûle-t-il pas si ardemment quand l'air est moins dense?* — Parce qu'il y a moins de tirage pour appeler dans le foyer l'air nécessaire à la combustion, et pour entraîner l'acide carbonique né de la combustion, gaz qui la ralentirait s'il n'était pas entraîné.

326. *Pourquoi un feu brûle-t-il très-ardemment lorsqu'il fait du* VENT ? — Parce que le renouvellement *rapide* de l'air, mettant plus d'oxygène en contact avec le feu, lui fournit ainsi une alimentation plus abondante.

327. *Pourquoi un* SOUFFLET *rallume-t-il un feu languissant?* — Parce qu'il fait passer sur le feu une grande quantité d'air plus dense, et augmente beaucoup le tirage.

328. *Pourquoi, quand on abaisse le tablier mobile d'une cheminée, rallume-t-il un feu languissant?* — Parce que la tablette de la cheminée, suivant qu'elle est plus ou moins abaissée, fait plus ou moins, par aspiration, ce que le soufflet fait par impulsion : elle active le tirage et contraint l'air à passer à travers du feu.

329. *Pourquoi au sein d'un poêle la combustion est-elle beaucoup plus ardente que dans une grille ordinaire?* — Parce que, dans un poêle, l'appel de l'air est plus actif et le tirage plus fort.

330. *Qu'est-ce qui cause le grand* BRUIT *que produit quelquefois le feu d'un poêle?* — L'activité de l'appel et du tirage; l'air qui rase, rapide, les fentes de la porte du poêle, entre en vibration et produit un bruit plus ou moins intense; ces fentes font, par rapport à l'air,

l'effet de l'embouchure d'un instrument à vent.

331. *Pourquoi ce bruit est-il beaucoup moins grand lorsqu'on* OUVRE *la* PORTE *du poêle?* — Parce que le tirage est moindre et le courant d'air moins rapide, les fentes ne sont plus là pour faire l'office d'embouchure et mettre l'air en vibration.

332. *Quel* GAZ *est engendré par la combustion du charbon?* — L'*acide carbonique*, gaz formé par la combinaison du carbone des combustibles avec l'oxygène de l'air.

333. *Pourquoi un morceau de* PAPIER *étendu sur la surface d'un feu de charbon sans flamme ne s'enflamme-t-il pas, mais brûle en charbonnant?* — Parce qu'au-dessus du charbon enflammé, entre le charbon et le papier, il n'y a plus d'air oxygéné, mais de l'acide carbonique impropre à le combustion et qui la rend impossible.

334. *Si l'on* OUVRE *subitement* LA PORTE *de la chambre, ou si l'on* SOUFFLE *sur le papier, celui-ci s'enflammera immédiatement. Pourquoi cela?* — Parce que le courant d'air *dissipe* l'acide carbonique, et met le papier en contact avec de l'air oxygéné propre à la combustion.

335. *Comment les* CENDRES *qu'on met sur le feu le conservent-elles longtemps?* — Les cendres empêchent l'oxygène de l'air de parvenir *librement* au feu, mais ne l'excluent pas *entièrement;* par conséquent, les combustibles brûlent très-lentement et longtemps sans être consumés.

336. *Pourquoi l'*EAU ÉTEINT*-elle le feu?* — Parce que : 1° elle forme autour du combustible une enveloppe qui *empêche l'air d'y parvenir;* — 2° sa conversion en vapeur exigeant une certaine quantité de chaleur, la température du combustible diminue, sa combustion devient moins active; il peut même s'éteindre, d'autant plus que la vapeur d'eau est impropre à la combustion tant qu'elle n'est pas décomposée.

337. *Un* PEU *d'eau rend un feu* ARDENT, *mais une* GRANDE *quantité l'*ÉTEINT. *Comment expliquez-vous cela?* — Lorsque la quantité d'eau est petite, la petite quantité de vapeur qui en naît peut être décomposée par les charbons ardents et se transformer en oxygène et en hydrogène, deux gaz qui activent la combustion, l'un en brûlant lui-même, l'autre en faisant brûler; le feu, après cette réaction, peut donc devenir plus ardent. Il n'en est plus ainsi lorsque la quantité d'eau projetée sur le feu est très-grande : sa température ou son ardeur diminuent trop pour qu'il puisse décomposer alors la masse de vapeur formée.

338. *Quand les* CHARBONS *de terre sont très petits et presque réduits en poussière, pourquoi les* ARROSE*-t-on quelquefois?* — Pour former une masse unique sur laquelle la chaleur ait plus de prise, et parce qu'au contact intime des particules de charbon enflammées, la vapeur née des molécules d'eau très-divisées peut facilement se décomposer en gaz oxygène et hydrogène qui active sa combustion.

339. *Lorsqu'une maison est en feu, une* TROP PETITE *quantité d'eau est-elle plus* NUISIBLE *que l'*ABSENCE *totale*

d'eau? — Certainement : à moins que l'eau ne soit fournie assez abondamment pour *éteindre les flammes*, sa vapeur augmentera l'*intensité* du feu.

340. *Dans quelle* CONDITION *l'eau* ÉTEINDRA-*t-elle un feu?* — Quand la quantité en sera assez abondante pour que le feu, après avoir réduit l'eau en vapeur, ne puisse pas décomposer cette vapeur en gaz oxygène et hydrogène.

341. *Un* PEU *d'eau ne* RALENTIRA-*t-il pas la chaleur d'un feu?* — Oui, jusqu'à ce qu'elle *soit convertie en vapeur*, et à la condition que cette vapeur ne sera pas décomposée, car, décomposée, la vapeur active la combustion.

342. *Qu'est-ce qui* ÉTEINDRA *un feu* MIEUX *que l'eau?* — De la *fleur de soufre* ou du soufre en poudre.

343. *Pourquoi la fleur de* SOUFRE *éteindra-t-elle un feu plus sûrement que l'eau?* — Parce qu'elle se convertit en acide sulfureux, qui ne se décompose pas, comme la vapeur d'eau, en gaz capable d'activer la combustion. Le gaz sulfureux, au contraire, s'il se produit en quantité suffisante, forme autour du feu une atmosphère dense et blanche qui le défend de tout contact avec l'oxygène, et l'éteint ou l'étouffe.

L'acide sulfureux, liquide à des températures très-basses et sous une très-forte pression, est gazeux à la température ordinaire ; il est formé d'un atome de soufre et de deux atomes d'oxygène.

Il est toujours bon d'avoir sous la main dans chaque ménage une certaine quantité, un kilogramme, par exemple, de soufre en poudre pour s'en servir au besoin. Lorsqu'on s'aperçoit que le feu a pris dans un tuyau de cheminée, on étend sur l'âtre le bois allumé, ainsi que la braise, et on y jette, le plus également possible, trois ou quatre poignées de *soufre en poudre.* L'on bouche immédiatement après le devant de la cheminée, en y plaçant une table ou une porte, ou un drap bien mouillé, qu'on a soin de tendre fortement à la partie supérieure et sur les côtés.

344. *Pourquoi avec de la* PAILLE *ou du* FOIN HACHÉ *éteindra-t-on un feu de charbon?* — Parce que la paille humide ou le foin haché humide refroidissent le charbon, et empêchent l'oxygène de l'air de parvenir au feu, qui s'éteint faute d'alimentation.

345. *Du* BOIS *ne peut-il pas s'allumer sans le contact du feu?* — Oui, si l'on tient trop *près du feu,* pendant quelque temps, un morceau de bois, il s'allumera, quoiqu'il *ne touche* pas le feu.

346. *Pourquoi le bois* S'ALLUMERA-*t-il, quoiqu'il ne touche pas le feu?* — Parce que la chaleur du feu fait sortir du bois l' *hydrogène bicarbonné,* qui se trouve en contact, d'une part avec le bois, de l'autre avec les charbons rouges, ce gaz s'allume et met le feu au bois.

L'hydrogène bicarbonné se compose de 1 volume de carbone et de 2 volumes d'hydrogène (C^2H^4).

347. *Pourquoi un* BATIMENT VOISIN *d'une maison qui brûle peut-il prendre feu, quoiqu'il ne soit pas touché par les flammes?* — Parce que la chaleur de la masse brûlante dégage l'*hydrogène bicarbonné* de la charpente du bâtiment voisin; et ce gaz est allumé par les flammes ou les parois ardentes de la maison en feu.

348. *De quoi l'*INTENSITÉ *d'un feu dépend-elle?* — L'intensité d'un feu est toujours proportionnée, d'une part à la masse de combustible, de l'autre à la *quantité d'oxygène* qu'on lui fournit.

349. *Pourquoi un* FEU *languissant se* RAVIVE-*t-il si l'on balaye le foyer, les chenets, les barres de la grille, etc.?* — Parce que l'air, qui avant était arrêté par la poussière et les cendres éparses, retrouve un accès *libre* à travers le feu aussitôt que ces obstacles ont disparu.

350. *Pourquoi un* FEU *de charbon languissant se ravive-t-il s'il est* REMUÉ ? — Parce que la barre métallique, ou tisonnier, rompt les charbons agglomérés et ouvre un *passage* à *l'air* au *sein même du feu.*

Un feu de charbon de terre doit être remué dans le bas, non à la surface.

351. *Pourquoi le tisonnier, ou la barre métallique, mise en travers au-dessus d'un feu languissant, le* RAVIVE-*t-elle ?* — Parce qu'en s'échauffant et rougissant elle augmente la température du foyer, en même temps qu'elle appelle l'air à sa surface, hâte son écoulement et active le tirage.

352. *Pourquoi un feu languissant se ravive-t-il si l'on plante le* TISONNIER *au* MILIEU *de ce feu?* — Par les raisons qu'on vient de donner. Le tisonnier ouvre un passage à l'air à travers les charbons, lui sert en quelque sorte de conducteur et hâte sa circulation; en rougissant, il augmente en outre la température, et active la combustion des charbons qui l'entourent.

353. *Pourquoi les* FEUX *sont-ils faits au niveau ou un peu au dessus du* PLANCHER *de la chambre?* — Pour que le courant d'air qui constitue l'appel ou le tirage soit mieux établi; l'air chaud nécessairement moins dense tendant à s'élever, l'appel se fait de bas en haut; l'air

froid qui alimentera la combustion, doit donc se trouver en bas. En outre, un feu bas réchauffe plus vite et mieux l'air de l'appartement.

354. *Pourquoi un feu bas réchauffe-t-il mieux l'air de l'appartement?* — Parce que l'échauffement d'une masse d'air, mauvais conducteur du calorique, ne peut se faire que par déplacement de bas en haut, en ce sens que les portions basses, devenues chaudes, s'élèvent et cèdent leur place aux portions élevées plus froides, qui descendent, s'échauffent à leur tour et, s'élèvent. Si le foyer était au sommet de la masse d'air, les couches inférieures ne s'échaufferaient pas ou s'échaufferaient avec une lenteur excessive.

355. *Pourquoi sentons-nous quelquefois nos* PIEDS *se* REFROIDIR, *quoique nous soyons assis près d'un bon feu?* — Parce que l'air froid entre dans la chambre par les fentes des portes et des fenêtres pour remplacer l'air échauffé par le feu, et que ces courants d'air froid, *passant continuellement sur nos pieds*, les privent de chaleur.

§ 4. — FUMÉE ET SUIE.

356. *Qu'est-ce que la* SUIE? — Le dépôt que laisse contre les parois d'une cheminée la fumée d'un feu de bois ou de charbon. C'est une matière noire, d'une odeur désagréable, d'une saveur amère, composée principalement de charbon, d'huile empyreumatique, d'acide acétique, etc.

357. *Qu'est-ce que la* FUMÉE? — Un mélange de

vapeurs aqueuses et de particules de charbon ou autres matières combustibles qui ont échappé à la combustion, et sont entraînées par le courant d'air du foyer.

358. *Pourquoi la* FUMÉE MONTE-*t-elle dans la cheminée?* — Parce que ce mélange de vapeurs d'eau, d'air chaud et de particules solides très-divisées est plus léger que l'air ambiant. Mais à mesure qu'elle commence à se refroidir au sein de la cheminée, la fumée laisse déposer des particules solides et donne naissance à la suie.

359. *Qu'est-ce qui détermine la* RAPIDITÉ *ou la force du* TIRAGE *d'une cheminée?* — La différence entre le poids de la colonne d'air chaud *ascendante*, et celui de la colonne d'air froid qui passe à *l'orifice inférieur de la cheminée.*

360. *Pourquoi la* FUMÉE TOURBILLONNE-*t-elle en montant?* — Parce que les courants d'air la poussent en tous sens.

361. *Que sont les* FLOCONS *de fumée?* — Des particules de charbon agglomérées, ou du noir de fumée qui tombe à terre par son propre poids.

362. *Pourquoi n'y a-t-il jamais de flocons noirs lancés par le tuyau de la machine à* VAPEUR *d'une* LOCOMOTIVE? — Parce qu'il ne s'échappe pas de fumée de la cheminée de la locomotive, mais seulement de la vapeur d'eau qui se dissout dans l'atmosphère.

363. *Pourquoi ne sort-il pas de* FUMÉE *d'une ma-*

chine à VAPEUR? — Parce que le tirage est si fort et si continu que les particules solides *se consument entièrement,* et le courant d'air n'entraîne plus que la vapeur d'eau. Mais cette vapeur peut être salie dans son passage à travers la cheminée, et donner naissance à un dépôt noir dont les voyageurs se plaignent quelquefois. On sait que, pour activer le tirage, on fait passer dans la cheminée des locomotives un courant de vapeur d'eau.

364. *Pourquoi la vapeur qui sort de la cheminée des locomotives* TOURBILLONNE-*t-elle très-vite ?* — Parce que les courants d'air produits par la marche du *train,* par la *chaleur* qui sort de la machine, et par le passage de la *vapeur* elle-même, ajoutés au *vent* et aux *courants aériens ordinaires,* poussent la vapeur en tous sens et la font ondoyer avec une grande rapidité.

365. *Pourquoi quelques* CHEMINÉES *renvoient-elles la* FUMÉE *dans les appartements?* — 1° Il arrive quelquefois que les courants d'air extérieurs ou le vent, en passant sur l'ouverture de la cheminée, l'obstruent en quelque sorte, ou s'opposent au libre passage de l'air chaud et de la fumée qui en sortent; la fumée est forcée alors de refluer dans la cheminée et dans l'appartement; les coups de vent l'y font rentrer par bouffées. 2° Lorsque plusieurs cheminées débouchent dans un corps ou tuyau, la fumée trop abondante de l'une ou plusieurs d'entre elles peut obstruer l'ouverture des autres et faire refluer encore la fumée. 3° Enfin, lorsque le tirage ne se fait pas, qu'il n'y a pas d'appel, ou d'appel suffisant, l'air chaud et la fumée encombrent la cheminée et sont forcés encore de refluer; c'est ce qui survient surtout lorsqu'il n'arrive pas au

foyer assez d'air froid. M. Mousseron a si bien combiné son *foyer à courant descendant*, qu'il peut n'avoir pour toutes les cheminées d'un édifice qu'un seul tuyau, appelé par lui *tuyau unitaire*, s'élevant à peine de deux mètres au-dessus du toit.

366. *Quelles sont les causes qui empêchent l'accès au foyer d'air froid en quantité suffisante?* — Le plus souvent une fermeture par trop hermétique, des bourrelets cloués aux portes et aux fenêtres, des rideaux trop épais, des portières trop compactes, tous les moyens trop excessifs par lesquels on s'oppose à l'entrée de l'air dans l'appartement.

367. *Que faut-il faire dans ce cas?* — Ouvrir la porte ou la fenêtre. En général cependant on n'est sûr d'obtenir un bon tirage, surtout dans un appartement trop petit, qu'autant que, au moyen de ventouse, on puise, à l'extérieur, par des prises convenablement ménagées, l'air froid qui doit alimenter la combustion. Il est presque impossible, sans ce moyen, de chauffer un petit appartement; car, s'il est hermétiquement fermé, la cheminée fume; si on laisse accès aux courants d'air extérieur, l'air intérieur est toujours froid, car à mesure qu'elle s'échauffe un peu, la masse d'air intérieure est entraînée dans la cheminée et remplacée par de l'air froid attiré du dehors.

368. *Pourquoi les* CHEMINÉES *s'élèvent-elles, en général, au-dessus du toit?* — Afin qu'elles *ne fument pas*. Il faut, pour la sûreté du tirage, une certaine hauteur, ni trop petite ni trop grande.

369. *Pourquoi, si le tuyau est trop évasé, la chemi-*

née fumera-t-elle? — Si la cheminée est par trop large, le courant d'air chaud s'établit mal; il se refroidit au contraire, sa force d'ascension n'a pas le temps de se développer ou d'acquérir une vitesse suffisante pour entraîner la fumée; il se mêle trop facilement à l'air extérieur froid.

370. *Pourquoi une cheminée trop* LONGUE *fume-t-elle quelquefois?* — Parce que : 1° le *frottement* prolongé de l'air contre les parois de la cheminée ralentit l'ascension de la fumée; — 2° l'air ascendant *devient froid* avant d'atteindre le sommet du tuyau.

371. *Pourquoi les cheminées des* FABRIQUES *sont-elles toujours très-élevées?* — Afin : 1° d'augmenter le tirage du feu, qui dans une usine est toujours très-intense, et demande, par conséquent, une longueur de cheminée proportionnée; — 2° d'obvier à l'*incommodité* causée par la fumée des fabriques aux habitations voisines : en portant à une plus grande hauteur dans l'atmosphère la fumée et les émanations sulfureuses et autres, on peut espérer qu'elles se perdront mieux dans l'air.

372. *Pourquoi l'*INTENSITÉ *d'un* FEU *est-elle plus grande si le tuyau est long?* — Parce que, dans un tuyau plus long, le courant d'air chaud qui doit entraîner la fumée et faire appel à l'air froid qui environne le foyer s'établit mieux, le tirage est plus fort; on peut brûler plus de combustible et obtenir, par conséquent, un feu plus intense. La longueur du tuyau ne doit cependant pas dépasser de justes limites.

373. *Pourquoi la fumée se répandra-t-elle dans l'appartement si le tuyau est trop* LARGE? — Parce que le feu

qu'on fait ordinairement n'est pas assez grand pour échauffer tout l'air qui se trouve dans un tuyau très-large ; par conséquent l'air froid du tuyau refroidit le courant ascendant et empêche le tirage.

On ne doit pas donner, même aux grandes cheminées, plus de trois ou quatre décimètres carrés de section.

374. *Dans quels tuyaux le tirage est-il le plus fort ?* — Le tirage est plus fort dans les tuyaux de *fonte* que dans ceux de tôle ; il est plus fort dans les tuyaux de tôle que dans ceux de brique ou de pierre. Les tuyaux de fonte ou de tôle s'échauffent plus vite ou prennent plus vite la température du courant d'air ascendant, le tirage s'établit sans peine et se continue parfaitement. Il n'en est pas de même dans les tuyaux en brique ou en pierre, qui commencent par refroidir le courant ascendant, de sorte que le tirage est plus lent à s'établir.

375. *Les* COUDES *et les* INFLEXIONS *d'une cheminée diminuent-ils la vitesse du courant dans le tuyau ?* — Un peu ; parce que : 1° ils allongent le tuyau sans augmenter la longueur verticale de la colonne ascendante d'air chaud ; — 2° le frottement de l'air ascendant contre les parois est un peu plus grand.

376. *Pourquoi les tuyaux* CIRCULAIRES *sont-ils préférables à tous les autres ?* — Parce qu'ils présentent le *plus de surface*, à égalité de contour ; le courant d'air s'y établit mieux.

377. *Si une cheminée basse ne peut pas être haussée, que faut-il faire pour empêcher la fumée de se répandre*

dans l'appartement? — Il faut rétrécir l'*ouverture* du foyer.

378. *Pourquoi un foyer* A OUVERTURE MOINS LARGE *empêchera-t-il la cheminée de fumer?* — Parce que l'air, passant plus *près du feu*, sera plus échauffé et s'élèvera plus vite par le tuyau ; de cette manière, l'accroissement de chaleur du courant ascendant compensera la trop petite longueur du tuyau.

379. *Pourquoi la fumée se répand-elle souvent dans un appartement où l'*OUVERTURE *du foyer est trop* LARGE *et trop* HAUTE? — Parce qu'une grande quantité d'air s'y engage sans *passer par le feu;* cet air froid, se mêlant avec la colonne ascendante, en réduit tellement la température, qu'il n'y a que très-peu de tirage.

Le défaut ordinaire de nos cheminées est d'avoir une ouverture beaucoup trop large, et surtout trop élevée au-dessus du foyer.

380. *Pourquoi la fumée se répand-elle quelquefois dans l'appartement s'il y a* DEUX *feux?* — Parce que le feu le plus ardent appelle ou aspire l'air du feu le plus faible, et fait rentrer sa fumée dans la chambre.

Cette incommodité n'arrivera pas si la chambre est assez grande pour fournir assez d'air aux deux feux, et si les foyers sont placés convenablement.

381. *Pourquoi la fumée se répand-elle souvent dans un appartement quand on ouvre la porte de communication entre deux chambres voisines?* — Parce qu'en ouvrant la porte on fait une sorte de vide qui aspire, dans une des chambres, l'air de la cheminée de l'autre chambre et fait refluer la fumée. Si l'une des chambres est plus chaude, l'air y sera plus raréfié, ce sera encore

comme une sorte de vide vers lequel se précipitera l'air d'alimentation de la chambre la plus froide, entraînant avec lui la fumée qui descendra de la cheminée.

382. *Que doit-on faire pour* EMPÊCHER *cet inconvénient?* — Il faut assurer aux deux cheminées une alimentation d'air indépendante, et, autant que possible, par de l'air pris au dehors, amené dans le foyer par des canaux établis sous le parquet.

383. *Pourquoi les cheminées des maisons situées dans une* VALLÉE *fument-elles très-souvent?* — Parce que le vent, frappant contre les collines d'alentour, *se rabat sur les cheminées* et arrête le tirage. Dans les vallées aussi, l'air, à une certaine hauteur au-dessus du sol, est plus humide, plus froid, plus dense, et devient ainsi un obstacle à la sortie de la fumée.

384. *Que fait-on ordinairement pour* REMÉDIER *au premier de ces inconvénients?* — On fixe sur la cheminée un chaperon ou une mitre, ou un tuyau en T, qui tourne avec la girouette. Pour remédier au second, il faudrait, avant d'allumer le combustible ordinaire, faire dans la cheminée un feu clair et vif avec du menu bois ou de la paille, pour établir le plus vite possible le courant d'air chaud.

385. *Mentionnez une disposition bien préférable aux chaperons, aux mitres, etc.* — Elle consiste à fermer l'ouverture supérieure de la cheminée, et à y établir latéralement des ouvertures dirigées en bas, comme des espèces de jalousies.

386. *A quoi servent les chaperons, les mitres et les*

tuyaux en T ? — A empêcher le vent de s'engouffrer dans la cheminée, en ménageant à la fumée un essor par une ouverture sur laquelle le vent n'ait pas de prise.

387. *Quel* MAL *le vent ferait-il en s'engouffrant dans la cheminée?* — 1° Il empêcherait la *fumée de sortir;* — 2° il introduirait dans la cheminée de l'air froid qui descendrait par le tuyau, chassant devant lui dans l'appartement la fumée ascendante.

388. *Pourquoi une cheminée fumera-t-elle quelquefois si la* PORTE *et le* FOYER *se trouvent du même côté de l'appartement ?* — Parce qu'en ouvrant ou fermant la porte, on déterminera des courants d'air par impulsion ou par aspiration qui agiront sur le courant d'air chaud de la cheminée et empêcheront son jeu naturel.

389. *Lorsqu'on ouvre la* FENÊTRE *d'une* CUISINE, *pourquoi la fumée du fourneau se répand-elle souvent dans l'appartement?* — Parce que l'air froid venu de la fenêtre, en soufflant au-dessus du fourneau, chasse devant lui le courant d'air chaud qui devait continuer l'ascension de la fumée ; celle-ci alors se répand dans la cuisine.

390. *Quand la* PORTE *et la* FENÊTRE *d'une petite cuisine sont ouvertes en même temps, pourquoi le fourneau fume-t-il quelquefois ?* — Par la même raison que précédemment, c'est-à-dire par l'action perturbatrice que les courants venus de la porte et de la fenêtre exercent sur le courant d'air chaud.

391. *Lorsqu'on* SOUFFLE *tout à coup sur des* BRAISES

ardentes, pourquoi s'en élève-t-il quelquefois un nuage de poussière blanche? — Parce que le souffle détache des braises les poussières minérales et combustibles qui forment la *cendre*, et les chasse en l'air.

Les parties *incombustibles* que l'on rencontre dans les êtres organisés sont la potasse, la soude, la chaux, la magnésie, l'alumine, les oxydes de fer et de manganèse ; de plus, certains acides minéraux, comme l'acide carbonique, l'acide phosphorique, l'acide sulfurique et l'acide silicique. On trouve en outre des chlorures de potassium, de sodium, de calcium et de magnésium : ces substances incombustibles se retrouvent dans les cendres que laissent les corps organisés après leur combustion.

392. *Pourquoi une cheminée fumera-t-elle si elle a besoin d'être* RAMONÉE ? — Parce que la suie, en s'accumulant, *arrête le passage de la fumée* et gêne le tirage.

393. *Pourquoi une cheminée en* MAUVAIS ÉTAT *fume-t-elle?* — Parce que 1° les briques d'où s'est détaché le ciment forment des saillies qui gênent l'ascension de la fumée; — 2° les courants d'air qui se glissent au travers des crevasses de la cheminée refroidissent la colonne d'air chaud ascendante ; cet air alors, au lieu de monter, reflue avec la fumée.

394. *Pourquoi les* POÊLES *fument-ils si les jointures des tuyaux ne sont pas parfaites?* — Parce que les courants d'air qui se glissent à travers les jointures refroidissent la colonne d'air chaud et en arrêtent l'ascension.

395. *Pourquoi presque toutes les cheminées fument-elles par un temps d'*ORAGE *ou par une bourrasque?* — Parce que l'action du vent, plus impétueux et plus froid, suspend ou arrête le courant d'air chaud et fait refluer la fumée.

Il faut que la fumée sorte avec une vitesse de deux mètres par seconde, pour n'être pas refoulée pas les vents ordinaires.

396. *Quel est l'effet du tube additionnel sur une cheminée?* — 1° Il augmente la force du tirage ; — 2° il élève une cheminée lorsqu'elle est dominée par quelque édifice.

397. *Comment le tube additionnel augmente-t-il le tirage?* — 1° En rétrécissant son ouverture, il empêche l'air froid et la pluie de *pénétrer* dans le tuyau ; 2° il sert à *accélérer la sortie* de la fumée en concentrant et régularisant le courant d'air chaud ; — 3° en *allongeant* la cheminée il en augmente le tirage.

Le tirage a pour effet d'appeler dans le foyer l'air nécessaire à la combustion, d'emporter la fumee et les gaz que la combustion développe.

398. *Pourquoi un* SALON *a-t-il quelquefois, en été, une odeur de* FUMÉE *ou de suie ?* — Parce que l'air de la cheminée, étant *plus froid* que celui de l'appartement, descend dans le *salon* et y apporte une odeur de fumée ou de suie.

399. *Pourquoi un* FEU *de coke ou de charbon répand-il quelquefois une odeur de* SOUFRE ? — Parce que ces combustibles, coke ou charbon, contiennent du soufre ; et, toutes les fois que le tirage n'est pas assez fort pour emporter le soufre dans le tuyau, l'odeur s'en répand dans la chambre.

400. *Pourquoi les* PLAFONDS *des bureaux publics sont-ils souvent* NOIRS *de* FUMÉE ? — Parce que l'air échauffé en s'élevant emporte avec lui la *poussière* et la *suie fine*, qui alors se déposent sur le plafond.

401. *Pourquoi* QUELQUES *parties du plafond sont-elles plus noires et plus sales que d'autres?* — Parce que le

plâtre du plafond offre, en certains endroits, des rugosités et des saillies sur lesquelles les courants d'air déposent de préférence la poussière et la suie.

402. *Qu'est-ce que la* FUMÉE *d'une* LAMPE *ou d'une* CHANDELLE ? — Un mélange d'air chaud, de vapeur d'eau et de molécules de charbon très-divisé, qu'une combustion imparfaite a laissé échapper sans qu'elles fussent converties en acide carbonique. Le dépôt de ce charbon très-divisé est ce qu'on nomme *noir de fumée.*

403. *Pourquoi une chandelle fume-t-elle lorsqu'elle a besoin d'être mouchée?* — Parce que 1° la longueur de la mèche charge la flamme de *plus de carbone* qu'elle n'en peut *consumer ;* — 2° elle diminue la *chaleur* de la flamme et rend la combustion imparfaite.

404. *Pourquoi une* BOUGIE *fume-t-elle un peu ?* — Parce que l'*enveloppe extérieure* de la flamme prive de l'accès de l'air les parties *intérieures* de la mèche, et qu'ainsi des particules de charbon échappent à la combustion.

405. *Les lampes* FUMENT-*elles quelquefois ?* — Oui, les lampes fument lorsque la mèche est trop élevée, qu'elle a été coupée inégalement, ou que l'air n'arrive pas à la mèche en quantité suffisante.

406. *Pourquoi une lampe fume-t-elle lorsque la* MÈCHE *est coupée* INÉGALEMENT ? — Parce que 1° les *dents formées sur le bord de la mèche*, s'en séparant très-facilement, *chargent la flamme* de plus de carbone qu'elle n'en peut *consumer ;* — 2° parce que, si l'ensemble de la mèche est à la hauteur convenable, les

dentelures qui font saillie sont trop hautes et brûlent incomplétement.

407. *Pourquoi une lampe fume-t-elle lorsqu'on* LÈVE TROP *la mèche?* — Parce qu'alors la portion carbonisée de la mèche est trop considérable pour qu'elle puisse être entièrement brûlée. En outre, une grande hauteur de mèche diminue la température de l'huile qui monte à son bord supérieur, et la combustion, par conséquent, devient imparfaite.

408. *Pourquoi une lampe fume-t-elle si l'air n'arrive pas à la mèche en quantité suffisante?* — Parce qu'une quantité suffisante d'air est une condition essentielle de combustion parfaite, puisque la combustion n'est pas autre chose que la combinaison des hydrogènes et du carbone de l'huile avec l'oxygène de l'air.

409. *Pourquoi les* LAMPES *modernes et en particulier les lampes d'Argand ou les lampes Modérateur ne fument-elles pas?* — Parce qu'elles sont à double courant d'air intérieur et extérieur; que, d'une part, l'alimentation en air ne laisse rien à désirer, que de l'autre l'alimentation en huile est aussi assurée par le mécanisme intérieur de la lampe.

410. *Pourquoi un* VERRE *de lampe* DIMINUE*-t-il la* FUMÉE *d'une lampe?* — Parce que 1° il augmente la provision d'*oxygène* de la lampe en produisant un tirage meilleur; — 2° il *concentre* et *réfléchit* la chaleur de la flamme; or une température élevée est encore une des conditions d'une combustion parfaite; — 3° il défend la flamme des courants d'air extérieurs qui troubleraient l'ascension régulière de l'air chaud.

§ 5. — FLAMME.

411. *Qu'est-ce que la* FLAMME ? — La lumière émise par un gaz ou une vapeur qui, après avoir été élevés à une très-haute température, sont en combustion ou qui brûlent.

Il faut que la température de la matière gazeuse atteigne au moins 600 degrés du thermomètre centigrade, puisque c'est toujours à ce degré de chaleur que la lumière se manifeste.

412. *Pourquoi* CERTAINES *substances en brûlant donnent-elles toujours une* FLAMME, *tandis que d'autres substances n'en donnent jamais?* — Tout corps solide qui *n'est pas susceptible* de se réduire *en gaz* ou *en vapeur* devient *rouge* par l'action du feu, mais ne *produit pas de flamme;* tout corps combustible, au contraire, qui est *gazeux*, ou qui peut se réduire en gaz ou en vapeur combustible, *brûle toujours avec flamme*

413. *Décrivez la* STRUCTURE *de la* FLAMME *d'une chandelle.*

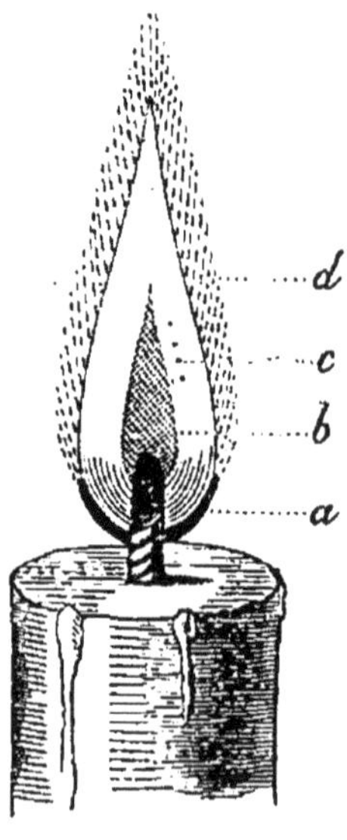

Elle a quatre parties :

1° La BASE, dans laquelle on remarque un petit calice d'un *bleu foncé* (*a*) ;

2° Le CENTRE, qui est un espace obscur qu'on aperçoit aisément à travers l'enveloppe brillante (*b*) ;

3° La PARTIE BRILLANTE, ou la *flamme* proprement dite, qui *entoure l'espace central* (*c*) ;

4° La DERNIÈRE ENVELOPPE, peu lumineuse, dans laquelle la combustion des gaz s'achève, et où la *chaleur* est la plus intense (*d*).

414. *Pourquoi la partie* INTÉRIEURE *de la flamme est-elle d'un* BLEU *foncé?* — Parce que 1° c'est la partie la plus *chargée* de vapeurs et de gaz; — 2° la température n'y peut jamais s'élever beaucoup, à cause de la *volatilisation abondante du suif, de la cire ou de l'huile,* etc., qui se fait dans cette portion de la flamme; — 3° elle contient fort peu de *carbone incandescent,* qui donne la couleur blanche à la flamme.

415. *Qu'est-ce que l'*INCANDESCENCE ? — L'état d'un corps solide dont la chaleur est portée jusqu'au *blanc.*

La chaleur *rouge* commence à la température de 525 degrés centigrade; la chaleur *blanche,* à 1 300. La plus grande que l'on ait observée est de 13 941 degrés centigrade.

416. *Pourquoi le* CENTRE *de la flamme est-il obscur?* — Parce qu'il renferme une certaine quantité de gaz hydrogènes carbonés provenant de la distillation de la matière grasse, et qui échappent à la combustion, ainsi que des molécules de charbon provenant de la mèche.

417. *Pourquoi les gaz, dans le* CENTRE *de la flamme, échappent-ils à la* COMBUSTION? — Parce qu'ils sont *hors du contact de l'air,* et que l'air est absolument nécessaire à la combustion.

418. *Pourquoi la flamme proprement dite, qui* ENTOURE *l'espace central, est-elle la plus* LUMINEUSE? — Parce que c'est là que brûle, à la faveur de l'oxygène de l'air, la majeure partie des gaz nés de la distillation, et que cet espace renferme en outre du carbone très-divisé,

qui devient *incandescent*, et qui donne à la flamme une plus grande clarté.

419. *Pourquoi l'enveloppe* EXTÉRIEURE *de la flamme est-elle moins* LUMINEUSE *que le cône intermédiaire?* — Parce que le carbone incandescent s'y combine *trop vite avec l'oxygène* de l'air, et se transforme en acide carbonique, avec gain de chaleur, mais avec perte de lumière pour cette troisième zone.

420. *Pourquoi le* BOUT *d'une mèche, lorsque celle-ci est longue ou recourbée, est-il rouge, tandis que le reste est noir?* — Parce que le bout de la mèche, sorti du cône obscur et arrivé au contact de l'air, brûle seul comme un corps solide avec lumière, mais sans flamme, tandis que le reste charbonne seulement.

421. *La partie la plus* CHAUDE *de la flamme n'est-elle pas aussi la plus* LUMINEUSE? — Non; la seconde zone, celle qui entoure le cône obscur, est la plus *lumineuse;* mais la troisième zone, ou l'*extérieur* de la flamme, donne la *chaleur* la plus intense.

La *chaleur* de la flamme n'est pas toujours en rapport avec l'intensité de sa *lumière*. Par exemple, la flamme de l'hydrogène bicarboné est bien plus dense et plus *brillante* que celle de l'hydrogène pur; et cependant cette dernière répand plus de *chaleur* que la première. La flamme qui produit la plus *haute température* est celle qui résulte de l'inflammation du mélange d'un volume d'oxygène et de deux volumes d'hydrogène, et cependant cette flamme est à peine *visible* à la lumière du jour.

422. *Qu'est-ce que la* LUMIÈRE? — Objectivement ou en elle-même, et suivant la théorie la plus accréditée, la lumière est un mouvement ondulatoire de l'éther ou milieu éthéré; subjectivement la lumière est la sensation spéciale, *sui generis*, que nous percevons par

l'organe de la vue. Les corps lumineux, le soleil, les étoiles, les flammes, etc., sont les corps qui jouissent de la propriété de mettre en vibration l'éther ou fluide lumineux. Il est tout à fait improbable que les phénomènes de la lumière puissent s'expliquer, comme le veulent M. Seguin, M. Grove et d'autres physiciens distingués, par des atomes matériels semblables à ceux qui, unis et cohérents, forment la matière pondérable, mais libres dans l'espace et animés de vitesses énormes, sans qu'il soit nécessaire d'admettre l'existence d'un milieu spécial ou fluide éthéré qui n'est encore qu'un fluide hypothétique.

423. *Comment les* VIBRATIONS *ondulatoires de l'éther lumineux peuvent-elles produire la sensation de la* LUMIÈRE ? — De même que le *son* naît des vibrations ondulatoires de l'*air atmosphérique* frappant les oreilles, la lumière peut naître des vibrations ondulatoires de l'*éther lumineux* frappant les yeux.

424. *Qu'est-ce que l'*ÉTHER LUMINEUX *dans l'idée de ceux qui admettent son existence comme réelle?* — Un fluide impondérable d'une densité presque nulle, d'une élasticité presque infinie, qui remplirait tout l'espace et pénétrerait tous les corps.

425. *Pourquoi l'huile d'une lampe ou le suif d'une* CHANDELLE *allumés brûlent-ils?* — Parce que la chaleur de la mèche allumée distille la matière grasse, la décompose et la transforme en gaz combustibles qui s'unissent avec l'oxygène de l'air.

426. *En* QUELS GAZ *la cire, l'huile ou le suif se transforment-ils par l'effet de la chaleur?* — En hydrogène

et en hydrogènes carbonés. 1° L'*hydrogène* de la chandelle, se combinant avec l'oxygène de l'air, se transforme en *vapeur d'eau;* 2° le *carbone* de la chandelle, se combinant avec l'oxygène de l'air, se transforme forme en *acide carbonique.*

427. *Où la cire, l'huile et le suif se décomposent-ils?* — Dans la *mèche* qui, par sa combustion et la température très-élevée que cette combustion développe, détermine la distillation et la décomposition de ces matières grasses.

428. *De quelle manière la cire, l'huile et le suif* S'ÉLÈVENT-*ils dans la mèche et jusque dans la flamme?* — Par l'action capillaire des filaments de la mèche, action qui détermine incessamment l'ascension de la matière grasse liquéfiée.

429. *A quels caractères reconnaît-on qu'une lampe ou une bougie brûlent très-bien?* — 1° A l'absence complète de fumée; 2° à la blancheur de la flamme. La lumière de nos lampes, de nos bougies et du gaz est cependant toujours un peu jaune, c'est-à-dire que les rayons jaunes y sont toujours en plus grande proportion que les autres rayons du spectre; on s'en aperçoit quand on les compare à la lumière du soleil, de la lune ou de la lampe électrique.

430. *Pourquoi la lumière est-elle d'autant plus blanche que la combustion est plus parfaite?* — Parce que, quand la combustion est parfaite, les particules enflammées de charbon brûlent blanc ou sont incandescentes, tandis que dans une combustion imparfaite ou quand leur température n'a pas atteint son maxi-

mum, elles sont plus ou mains rouges ou jaunes.

431. *Pourquoi la* FLAMME *est-elle* CHAUDE? — Parce qu'elle est le résultat d'une combustion à une température très-élevée.

432. *Pourquoi la* FLAMME *a-t-elle une direction* ASCENDANTE? — Parce qu'elle échauffe autour d'elle l'*air* qui, par conséquent, s'élève rapidement sous forme de cylindre et entraîne la flamme avec lui.

433. *Pourquoi la* FLAMME *est-elle* POINTUE *vers le sommet?* — Parce que le cylindre *des vapeurs*, en s'élevant, est *consumé de plus en plus; l'étendue de la flamme* diminue dans la même proportion, èt de cylindrique elle devient conique; on peut dire aussi que c'est au-dessus de la flamme que l'air est plus chaud, plus dilaté, qu'il s'y forme, par conséquent, une sorte de vide vers lequel convergent les vapeurs enflammées.

434. *Pourquoi la* FLAMME *d'une chandelle* HUMECTE-*t-elle une* CLOCHE *tenue au-dessus?* — Parce que l'hydrogène de la matière grasse, en se combinant avec l'oxygène de l'air, ou en brûlant, donne naissance à de la vapeur d'eau, et que cette vapeur est condensée par le verre froid tenu au-dessus de la flamme.

435. *Pourquoi la* MAIN *tenue au-*DESSUS *de la flamme d'une bougie sent-elle plus de chaleur que lorsqu'on la tient en* DESSOUS *ou à* CÔTÉ? — Parce que l'*air échauffé ascendant* vient en contact avec la main tenue au-*dessus* de la flamme, tandis que, si la main est tenue au-*dessous* de la flamme ou à côté, on ne sent que la chaleur *rayonnante*.

Le rayonnement est l'*émission de rayons*. La flamme d'une bougie envoie de tous côtés des rayons de chaleur ; mais quand la main est tenue au-*dessus* de la flamme, elle sent non-seulement la chaleur de ces *rayons*, mais aussi celle du courant ascendant de l'*air échauffé*.

436. *Pourquoi la* FLAMME *d'une chandelle ou d'une lampe jette-t elle des* ÉCLATS DE LUMIÈRE *toutes les fois que le suif ou l'huile sont presque consumés?* — Parce que la mèche n'est plus alimentée d'une matière continue par les gaz ou vapeurs combustibles; la lumière par là même devient intermittente; la flamme apparaît quand les vapeurs arrivent à la mèche, elle disparaît quand celles-ci manquent.

437. *Pourquoi un* SOUFFLE ÉTEINT-*il la flamme d'une* BOUGIE, *et ne l'augmente-t-il pas comme il ravive le* FEU? — Parce que la masse d'air insufflée est très-considérable par rapport à la matière en combustion dans la flamme, et qu'elle abaisse dans une proportion trop forte la température de la mèche. Au reste, on éteint aussi un feu de coke qui, pour brûler, demande une température très-élevée, en soufflant dessus, même avec un soufflet.

438. *Pourquoi une* MÈCHE *encore* ROUGE *peut-elle quelquefois se* RALLUMER *lorsqu'on* SOUFFLE *dessus?* — Parce que le souffle apporte à la mèche, encore enflammée, de l'oxygène qui active ou ranime la combustion; mais il la ranimera à la condition qu'il sera modéré, car s'il est violent, il refroidira la mèche, en détachera les particules enflammées et l'éteindra.

439. *Pourquoi la mèche rouge n'est-elle pas rallumée par l'*AIR *sans qu'on* SOUFFLE *dessus?* — Parce que l'*oxygène* n'est pas fourni en assez *grande abondance* par

l'air ambiant; l'air du souffle a plus de densité, et est, par conséquent, plus efficace.

440. *Pourquoi cette expérience réussira-t-elle plus probablement dans un temps de* GELÉE? — Si le fait existe, on pourra l'expliquer en disant que l'air froid est plus dense et contient plus d'oxygène sous un volume donné.

441. *Pourquoi une bougie qu'on vient d'éteindre se* RALLUME-*t-elle toujours très-aisément?* — Parce qu'elle est déjà *chaude,* et qu'il faut moins de chaleur pour la rallumer que pour l'allumer une première fois.

442. *Pourquoi un peu de chaleur additionnelle* RAVIVE-*t-elle la flamme qu'on vient d'éteindre?* — Parce qu'elle lui rend la température nécessaire à la distillation et à la décomposition des matières grasses.

443. *Pourquoi une* VEILLEUSE *s'éteint-elle plus vite qu'une lampe avec une mèche en* COTON? — Parce que sa flamme est plus petite, que la quantité de matière en combustion est moindre, et qu'il faut, par conséquent, moins d'air froid pour abaisser la température de la mèche.

444. *Pourquoi est-il plus difficile d'éteindre en soufflant la flamme d'une mèche en* COTON *que celle d'une veilleuse?* — Parce qu'avec une mèche de coton la quantité de matière en combustion est plus grande, que la combustion est plus active.

445. *Qu'est-ce que le gaz employé à l'*ÉCLAIRAGE? —

Le gaz employé à l'éclairage est l'hydrogène bicarboné, ou bicarbure d'hydrogène.

446. *Qu'est-ce que le gaz* HYDROGÈNE BICARBONÉ? — Le gaz que l'on obtient en distillant et décomposant à la chaleur rouge des huiles grasses, de l'alcool, du charbon de terre, ou du bois, etc.

L'*hydrogène pur* brûle au contact de l'air avec une flamme bleue *très-peu brillante*, mais produisant beaucoup de chaleur.

L'*hydrogène protocarboné* se produit constamment pendant la décomposition spontanée des matières organiques, et dans leur distillation à feu nu. Il brûle avec une lumière *jaunâtre* assez faible, et se compose de 1 volume de carbone et de 2 volumes d'hydrogène (CH^2).

L'*hydrogène bicarboné* se forme dans la distillation en vase clos des matières grasses, huileuses et bitumineuses ; il brûle avec une flamme *blanche* très-lumineuse. Un volume d'hydrogène bicarboné se compose de 2 volumes de carbone et de 2 volumes d'hydrogène (C^2H^2).

447. *Pourquoi le* GAZ *hydrogène bicarboné est-il très-*LUMINEUX? — Parce qu'à la lumière de l'hdryogène, qui en brûlant donne beaucoup de chaleur, s'ajoute celle des molécules incandescentes du charbon qui entre dans la composition de l'hydrogène bicarboné; l'hydrogène protocarboné, qui contient moins de charbon, donne moins de lumière.

448. *Pourquoi la partie* INFÉRIEURE *d'un jet de* GAZ *allumé est-elle d'un* BLEU *sombre?* — Parce que le courant continuel de gaz frais *refroidit* cette partie de la flamme, dont la chaleur n'est pas suffisante pour le décomposer et pour brûler le carbone qui y est contenu.

La conversion des deux éléments du gaz ne se fait pas en même temps : l'hydrogène brûle le premier, et abandonne le carbone, qui, déposé momentanément dans l'intérieur de la flamme, parvient à la température du *rouge blanc*, et concourt alors à donner à la flamme sa blancheur éclatante.

449. *Pourquoi un jet de* GAZ *s'éteint-il plus facilement quand le conduit est à demi fermé que lorsque le gaz sort à plein tuyau?* — Parce que plus la quantité de matière en combustion est petite, plus la flamme est facile à éteindre.

450. *L'intensité de la lumière du gaz est-elle toujours proportionnelle à la quantité de combustible?* — Oui, si toutes les conditions d'une combustion parfaite sont remplies, si le bec n'a pas trop de masse, si la quantité d'air affluent est suffisante, etc., etc.

451. *Pourquoi un* ÉTEIGNOIR *éteint-il une chandelle?* — Parce qu'il soustrait la flamme à l'influence de l'oxygène, soutien de la combustion ou nécessaire à la combustion; la petite quantité d'air contenu dans l'éteignoir est bientôt privée de son oxygène, et la flamme s'éteint.

452. *Pourquoi la flamme d'une chandelle ne met-elle pas en feu un morceau de* PAPIER *tortillé en forme d'éteignoir et employé à cet usage?* — Parce que la flamme 1° consume aussitôt l'oxygène contenu dans l'éteignoir de papier; — 2° revêt l'intérieur du papier d'*acide carbonique*, qui l'empêche de prendre feu.

453. *Quelle est la cause qui fait courber une* LONGUE MÈCHE *de chandelle?* — C'est son propre *poids*.

454. *D'où vient, au sommet de la mèche, le champignon connu sous le nom vulgaire de voleur?* — De l'accumulation du noir de fumée ou des particules charbonnées du coton, qui ne sont pas entièrement sépa-

rées de la mèche, mais pendent légèrement sur le sommet.

455. *Pourquoi le champignon n'est-il pas consumé par la flamme?* — Parce que la longueur et l'épaisseur de la mèche diminuent tellement la *chaleur* de la flamme, qu'il n'y en a pas assez pour consumer les particules charbonnées.

456. *Pourquoi les* CHANDELLES *ont-elles besoin d'être* MOUCHÉES *continuellement?* — Parce que le suif, qui fond à une température plus basse que la cire ou l'acide stéarique des bougies, distille plus vite que la mèche n'est consumée, d'autant plus que celle-ci n'est pas au contact immédiat de l'air; la mèche va donc en s'allongeant de plus en plus, la combustion devient moins active, et force est de moucher pour la ranimer.

457. *Pourquoi les* BOUGIES *n'ont-elles* JAMAIS *besoin d'être* MOUCHÉES? — 1° Parce que la cire ou l'acide gras de la bougie se fond et se distille moins vite; — 2° parce que la mèche tressée ou tordue se détord au fur et à mesure que la cire se fond; la mèche alors se recourbe, et son extrémité, arrivant au contrct de l'air dans l'enveloppe lumineuse, brûle; elle ne s'allonge donc plus progressivement et la combustion n'est plus ralentie.

Cette précaution de *tresser* les mèches ne *suffit* pas ; car la faible quantité de *chaux* que retient toujours l'acide gras engorgerait les mèches et diminuerait leur capillarité, ainsi que leur combustibilité, si l'on ne prenait pas la précaution de les plonger dans une dissolution d'*acide borique*, qui forme, avec la chaux, un *borate* qui reste fluide et se convertit en une perle qu'on voit briller à l'*extrémité de la mèche* après sa complète combustion.

458. *Pourquoi rend-on plus intense la lumière d'une bougie lorsqu'on* RECOURBE *un peu la* MÈCHE ? — Parce qu'on diminue la longueur de la mèche qui était un obstacle à la combustion; parce qu'en amenant son extrémité au contact de l'air, où elle se brûle, on produit le même effet que si on l'avait mouchée.

459. *Pourquoi les* MÈCHES *des* CHANDELLES *ne sont-elles pas* TRESSÉES ? — Parce que la chaleur de la mèche recourbée *liquéfierait* trop rapidement le suif du côté où elle serait inclinée, et ferait *couler* la chandelle. Il existe cependant dans le commerce des chandelles-bougies en suif dont la mèche est tressée, en même temps que préparée d'une certaine manière et qu'on est dispensé de moucher.

460. *Pourquoi la chaleur de la mèche rougie par la flamme ne fait-elle pas couler une* BOUGIE ? — Parce que la cire ou la stéarine d'une bougie ne fond pas à une *température* aussi basse que le suif.

Le suif fond à 38 degrés centigrades ; la stéarine pure ne fond qu'à 62 ; les cires ne fondent généralement qu'à 64.

STÉARINE. — La graisse animale contient deux principes : l'un *solide* qui a été nommé *stéarine*, du grec στέαρ (suif) ; et l'autre, *liquide*, qui a reçu le nom d'*oléine*, du latin *oleum*, qui signifie *huile*.

461. *Quand on souffle une* CHANDELLE, *d'où vient la mauvaise* ODEUR *de la* MÈCHE *fumante ?* — Le suif chaud de la mèche dégage une *huile volatile*, qui a reçu le nom d'ACRYLE, dont l'odeur est nauséabonde, mais que l'on ne sentait pas lorsqu'elle était complétement brûlée.

L'*acryle* est la base hypothétique du produit de la distillation de la glycérine (le *principe doux des huiles*). L'acryle se compose de 6 volumes de carbone et de 3 volumes d'hydrogène (C^6H^3).

462. *A quoi est due l'*ODEUR *désagréable de la* GRAISSE *répandue et brûlée sur la sole échauffée d'un* FOUR? — A une *huile volatile* dont la vapeur irrite fortement les yeux, et qui enflamme les voies respiratoires. Cette huile a reçu le nom d'*acroléine*.

L'*acroléine* est un oxyde d'acryle hydraté.

463. *A quoi est due l'*ODEUR *désagréable de la* FRITURE? — Elle est due à l'huile volatile, nommée *acroléine*.

464. *Quelle est la cause de l'*ODEUR *désagréable d'une cuisine, après que les rôtis ont été servis?* — Le gras des viandes, maintenu en ébullition, se décompose au contact de l'air et dégage l'huile volatile nommée *acroléine*.

CHAPITRE III

L'action mécanique, autre source de chaleur.

465. *Comment peut-on* PRODUIRE *la* CHALEUR *au moyen de l'*ACTION MÉCANIQUE? — 1° Par la percussion; — 2° par le frottement; — 3° par la condensation ou la compression.

§ 1. — PERCUSSION.

466. *Que signifie le mot* PERCUSSION? — La percus-

sion est l'action par laquelle *un corps est frappé*, — comme lorsqu'un forgeron bat avec son marteau un morceau de fer sur une enclume.

467. *Pourquoi le* FER *devient-il* CHAUD *lorsqu'on le* BAT? — Parce que la force mécanique, éteinte par la résistance et l'aplatissement du métal, est remplacée par de la chaleur : toute force qui disparaît sous une forme reparaît sous une autre ; le mouvement visible ou de translation, empêché ou éteint, se change en mouvement moléculaire qui constitue la chaleur et a pour effet l'élévation de température.

468. *De quelle manière les* FORGERONS *allumaient-ils jadis leurs* ALLUMETTES? — Ils avaient coutume de mettre sur une enclume un clou de *fer doux* et de le battre vivement avec un marteau ; la pointe alors devenait assez chaude pour *embraser une allumette soufrée.*

469. *Pourquoi produit-on une* ÉTINCELLE *en frappant un* CAILLOU *contre un morceau de* FER? — Parce que la percussion dégage assez de chaleur pour enflammer les petites particules de fer détachées par l'action mutuelle de la pierre dure et du fer.

470. *Pourquoi les* CHEVAUX *font-ils quelquefois voler du* FEU *avec leurs* PIEDS? — Parce que les *fers* des chevaux, frappant contre les pavés, font l'effet du briquet sur la pierre à feu.

§ 2. — FROTTEMENT.

471. *Que signifie le terme* FROTTEMENT? — Le mou-

vement avec pression plus ou moins grande de deux surfaces l'une contre l'autre.

472. *Comment les sauvages produisent-ils du* FEU *par le* FROTTEMENT *de deux morceaux de* BOIS? — Ils affilent en pointe un morceau de bois sec, qu'ils frottent rapidement, à plusieurs reprises, sur un autre morceau plat de bois *dur;* en peu de temps les parcelles de bois *prennent feu.*

Les meilleurs bois pour cette expérience sont le *mûrier* frotté contre le *buis*, ou le *laurier* contre le *lierre.*

473. *Pourquoi ces parcelles de bois prennent-elles* FEU *par le* FROTTEMENT? — Parce que le frottement développe assez de chaleur pour allumer le bois.

474. *Pourquoi les* MOYEUX *des roues de voiture prennent-ils* FEU *quelquefois?* — Parce que les essieux trop secs ou trop serrés frottent trop contre les parois des boîtes.

475. *Pourquoi les roues prennent-elles* FEU *si elles ne sont pas graissées, si leur essieu est trop serré dans la boîte, si leur mouvement de rotation est trop rapide?* — Parce que, dans ces conditions, l'essieu frotte considérablement contre les parois de la boîte, et que ce frottement dégage une grande quantité de chaleur.

476. *A quoi sert la* GRAISSE *dont on entoure tous les axes de rotation?* — A diminuer le frottement, ou du moins à faire que le frottement n'ait pas lieu entre deux corps durs, mais entre un corps dur et une substance semi-fluide, et que la chaleur dégagée soit par conséquent beaucoup moindre.

477. *Pourquoi, en hiver, se* FROTTE-*t-on les mains, se* FRAPPE-*t-on le corps avec les bras, et* BAT-ON LA SEMELLE? — Pour se réchauffer : le frottement et la percussion font naître de la chaleur, et rendent plus active la circulation du sang.

478. *Pourquoi* FROTTE-*t-on*, MASSE-*t-on ou* FRAPPE-*t-on le corps des noyés?* — Pour aider au retour de la chaleur animale et de la circulation du sang.

479. *Comment expliquez-vous que deux morceaux de glace* FONDENT *quand on les fait frotter l'un contre l'autre?* — Le frottement de deux morceaux de glace, comme tous les frottements, dégage de la chaleur, et la chaleur fait fondre la glace.

Partout où il y a frottement, grippement, percussion, etc., il y a de la force mécanique dépensée, et la force mécanique dépensée, dissimulée, mais non anéantie, reparaît sous forme de chaleur sensible, ou se convertit en chaleur. Prenez une petite bande de caoutchouc, tenez-la par ses deux extrémités sans la tendre, appliquez son milieu contre les lèvres, vous la trouverez froide ou fraîche. Éloignez-la, tendez-la en écartant avec force les deux extrémités, rapprochez-la des lèvres, vous la trouverez chaude relativement; la force dépensée dans la traction a fait naître de la chaleur. Laissez-la revenir à son état primitif, appliquez-la une troisième fois contre les lèvres, vous constaterez qu'elle est redevenue froide.

480. *Est-il vrai que par de* GRANDS VENTS *et un* TEMPS TRÈS-SEC *le feu puisse prendre aux arbres d'une forêt?* — Nous ne le pensons pas ; mais, si le fait était vrai, on pourrait essayer de l'expliquer par la chaleur

dégagée dans le frottement des branches des arbres les unes contre les autres, sous l'action d'un vent violent.

481. *Pourquoi l'action de la* VRILLE, *du* FORET, *de la* SCIE, *de la* LIME, *du* MARTEAU, *etc.*, ÉCHAUFFE-*t-elle les corps sur lesquels elle s'exerce, et d'autant plus qu'elle est plus intense?* — Toujours par la même raison ; parce que cette action est un frottement, et qu'elle est accompagnée d'une dépense plus ou moins considérable de force mécanique convertie en chaleur.

482. *Lorsqu'on* FORE *un canon, pourquoi la tarière s'échauffe-t-elle au point de brûler la main qui la toucherait?* — Parce que, dans le forage du canon, il y a frottement énergique et disparition considérable de force mécanique avec conversion en chaleur.

483. *Pourquoi les* BOULETS *de canon s'*ÉCHAUFFENT-*ils quand on les* LANCE? — Par la compression des gaz subitement dégagés; par le frottement contre les parois du canon et contre l'air.

484. *Pourrait-on* UTILISER *le* FROTTEMENT *pour engendrer de la* CHALEUR *et même* DE LA VAPEUR? — Oui ; dans l'appareil THERMO-GÉNÉRATEUR de M. Baumont, le frottement d'un cône en bois, recouvert de filasse lubrifiée, contre les parois d'une surface conique de métal entourée d'eau, dégage assez de chaleur pour vaporiser l'eau, de manière à satisfaire aux besoins des diverses industries qui exigent une température élevée. Quatre-vingts pour cent de la force mécanique employée à faire tourner le cône en bois sont convertis en chaleur, de sorte que l'effet utile de la machine est très-considérable.

§ 3. — COMPRESSION ET CONDENSATION.

485. *Qu'est-ce que la* COMPRESSION? — La réduction à un volume moindre par des moyens *mécaniques*.

486. *Qu'est-ce que la* CONDENSATION? — La réduction à un volume moindre *sans* moyens mécaniques.

La réduction de volume par une force *externe* reçoit généralement le nom de COMPRESSION; la réduction de volume par une force *interne* (comme le refroidissement) s'appelle CONDENSATION.

487. *Donnez un* EXEMPLE *de* COMPRESSION. — Les parties inférieures d'un édifice sont *comprimées* par le poids des parties supérieures : il en résulte une diminution de hauteur qui est connue sous le nom de *tassement*, et qui est très-visible dans les *voûtes*.

488. *Donnez un exemple de* CONDENSATION. — Si, après que dans un encrier-pompe on a amené l'encre à effleurer les bords de l'entonnoir, la température de l'appartement vient à baisser suffisamment, le niveau de l'encre baissera, et l'encre même pourra ne plus être accessible dans l'entonnoir, parce que l'air refroidi du corps de pompe s'est condensé et occupe un espace moindre.

489. *Quel est l'*EFFET *immédiat résultant de la* COMPRESSION? Un dégagement de chaleur d'autant plus grand, que la compression est plus grande, et qui est la conséquence de la force mécanique dépensée pour l'opérer.

490. *Citez une expérience qui* METTE CETTE VÉRITÉ EN ÉVIDENCE. — On prend un cylindre de verre bien calibré, et un piston qui s'adapte parfaitement au cylindre; on met un morceau d'amadou au fond du cylindre, ou mieux dans la base creusée du piston; on engage le piston dans le cylindre, et, en le poussant vivement, on le fait descendre jusqu'au fond; l'air contenu dans le cylindre est violemment comprimé et dégage assez de chaleur pour allumer l'amadou. L'appareil, tel qu'on vient de le décrire, s'appelle *briquet à air*.

491. *Si l'on* TRITURE *rapidement dans un mortier un mélange de* SOUFRE *et de* CHLORATE DE POTASSE, *pourquoi ce mélange produit-il des* DÉTONATIONS *successives?* — Parce que : 1° l'action du pilon mêle intimement les deux substances, et en fait une véritable poudre détonante; 2° parce que la chaleur née du frottement suffit à faire détoner la poudre ainsi formée sur place.

492. *Pourquoi les* POUDRES *détonantes* S'EMBRASENT-*elles par la trituration ou par la percussion?* — Parce que 1° la percussion, la compression ou le frottement, en rendant plus intime le contact des molécules des diverses substances qui entrent dans la composition des poudres, détermine leurs réactions et leurs décompositions mutuelles; 2° ces réactions et ces décompositions sont en outre aidées par la chaleur que la percussion ou le frottement font naître. Certaines poudres détonantes, comme l'iodure d'azote, sont des combinaisons tellement instables, que le plus petit frottement, même sans chaleur sensible dégagée, suffit à leur faire faire explosion.

493. *Pourquoi le* PASSAGE *d'un corps de l'*ÉTAT LIQUIDE *à l'*ÉTAT SOLIDE *est il toujours accompagné de chaleur?* — Parce que le calorique, à l'état latent ou dissimulé, lorsqu'il était employé à maintenir à une distance plus grande les molécules du liquide, devient libre ou sensible lorsque, le corps ayant passé à l'état solide, il n'y a plus d'écartement plus grand à maintenir.

494. *Pourquoi, quand dans le* BRIQUET A AIR *on remplace l'air par de l'*OXYGÈNE, *voit-on un* JET DE LUMIÈRE ILLUMINER *le fond du cylindre au moment de la* COMPRESSION? — Probablement parce que au contact de l'oxygène très-comprimé et élevé à une haute température par la compression, les huiles ou matières grasses dont le piston est imbibé prennent feu ou s'allument.

495. *Est-il vrai qu'en exerçant à la surface de l'eau un* CHOC BRUSQUE *ou* VIOLENT, *on en fasse jaillir de la lumière?* — Comme l'eau est incompressible, elle fait, lorsqu'on la frappe vivement et violemment, l'effet d'un corps très-dur; elle éteint dans un instant très-court la force mécanique qui a produit le choc, avec dégagement d'une grande chaleur; cette chaleur, à son tour, peut engendrer de la lumière ou devenir lumineuse. Le fait de la lumière née de l'eau frappée n'est cependant rien moins que certain.

CHAPITRE IV

Changement de volume par la chaleur.

§ I. — DILATATION DES GAZ ET DES LIQUIDES.

496. *Quel effet* MÉCANIQUE *la chaleur produit-elle généralement?* — Elle produit une *expansion* ou une dilatation de la substance échauffée.

Il n'y a qu'un petit nombre de corps qui fassent exception. Le plus connu est l'*argile :* le pyromètre de Wedgewood est fondé sur ce retrait de l'argile, c'est-à-dire sur la propriété qu'a cette substance de diminuer de volume à mesure que la température s'élève, et de *conserver* cette *diminution* après le refroidissement.

Ce retrait de l'argile paraît dû à une déshydratation ou perte d'eau, et à un commencement de *fusion*, d'où résulte un *tassement plus complet des molécules.*

L'*eau* offre aussi une exception à la même règle. Supposons un thermomètre rempli d'eau pure : si le niveau est en M à la température de zéro, il *descendra,* à mesure qu'on échauffera le liquide, jusqu'à 4 degrés, où l'eau sera à son maximum de densité, et, à partir de ce point, il y aura toujours dilatation tant qu'on élèvera la température.

497. *Prouvez que la chaleur* DILATE *le volume de l'*AIR. — Si une vessie, remplie *partiellement* d'air, est liée au col, et *posée devant le feu,* l'air se dilatera jusqu'à ce que la vessie *se rompe.*

498. *Pourquoi l'*AIR *se* DILATERA-*t-il si l'on met la vessie devant le feu?* — Parce que la chaleur du feu fera écarter les molécules de l'air *les unes des autres*, et, de la sorte, leur fera occuper plus d'espace qu'aupa-

ravant. C'est, comme nous l'avons dit, une propriété essentielle de la chaleur que de tenir à distance les molécules des corps, et d'autant plus qu'elle est plus abondante.

499. *Pourquoi les* MARRONS *non fendus* ÉCLATENT-*ils avec un grand bruit lorsqu'on les fait cuire dans les cendres?* — Parce qu'ils contiennent une certaine quantité d'*air* qui se *dilate par la chaleur*, et qui, ne pouvant s'échapper, fait éclater l'enveloppe avec explosion.

500. *Qu'est-ce qui donne lieu à l'*ÉCLAT *et à l'explosion du marron?* — La *rupture soudaine* de l'écorce par l'air qui sort du marron, sous une forte pression causée par la dilatation dans un espace fermé.

Ces deux actions mécaniques agitent violemment l'air environnant; or, l'agitation violente de l'air est une cause naturelle de bruit. Du bois ou du verre qui se brisent brusquement, la balle d'étoupe qui sort avec violence de la canonnière des enfants, etc., etc., sont autant de causes de bruit.

501. *Pourquoi un marron n'éclatera-t-il pas s'il est* FENDU *d'abord?* — Parce que l'air échauffé peut alors trouver une issue facile à travers la *fente* faite à la peau.

502. *Pourquoi une* POMME *se fend-elle et* CRACHE-*t-elle lorsqu'elle est devant le feu?* — 1° En partie à cause de la *dilatation* de l'air intérieur par la chaleur du feu; — 2° surtout parce que le *jus* aqueux de la pomme se convertit en *vapeur*.

503. *Comment le* JUS *d'une pomme est-il* CONTENU *dans le fruit?* — Il est placé dans de *nombreuses petites cellules*, comme celles d'une ruche à miel. Quand le jus se convertit en vapeur, il s'élance hors de ces cellules, et chasse les parties qui lui résistent *à travers les fissures* de la peau.

504. *Lorsqu'une pomme est devant le feu, pourquoi* S'AMOLLIT-*elle du côté du feu, tandis que tout le reste continue à être dur?* — Parce que la *pulpe* de la partie tournée vers le feu est cuite par la vapeur du jus échauffé : les cellules se rompent, l'air et la vapeur s'en élancent, beaucoup de jus en sort, et, conséquemment, la pomme s'*amollit* et s'*affaisse* du côté du feu.

505. *Pourquoi des* BUCHES *mises au* FEU *lancent-elles quelquefois des bouquets d'*ÉTINCELLES *qui s'échappent en pétillant?* — Parce que : 1° l'*air*, *dilaté* par la chaleur, s'élance à travers les *pores du bois*, projetant en même temps ce qui le *recouvrait* et résistait à son passage; — 2° la conversion en gaz combustible de la *fibre ligneuse* de l'intérieur du bois contribue aussi au même phénomène.

506. *Que sont les* PORES *du bois?* Ce sont des *ouvertures* presque *imperceptibles* du bois, par lesquelles la séve se répand dans tout l'arbre.

507. *Que sont les* ÉTINCELLES *qui s'élancent du bois mis au feu?* — De fort petits morceaux de bois enflammés, que l'air chaud sépare de la bûche en s'échappant par les pores.

508. *Pourquoi un* MORCEAU *de* SAPIN *craque-t-il et*

jette-t-il plus d'étincelles que tout autre bois? Parce que les *pores* du sapin sont *très-grands* et contiennent plus d'*air* que ceux d'un bois dont le grain est plus fin.

509. *Pourquoi le bois* VERT *craque-t-il* MOINS *et jette-t-il* MOINS *d'*ÉTINCELLES *que le bois sec?* — Parce que les pores du bois vert sont remplis de séve, et contiennent, par conséquent, *moins d'air* que ceux du bois sec.

510. *Pourquoi le bois* SEC BRULE-*t-il plus facilement que le bois vert ou le bois humide?* — Parce que les *pores* du bois sec sont remplis d'*air*, qui alimente la combustion; au contraire, les pores du bois vert ou du bois mouillé sont remplis d'*humidité*, qui *éteint* le feu.

511. *Pourquoi l'*HUMIDIDITÉ ÉTEINT-*elle le feu?* — 1° Parce que cette humidité doit, avant tout, se réduire en vapeur, et que la réduction de l'eau en vapeur est un obstacle à la combustion par la chaleur qu'elle exige et l'abaissement de température qu'elle détermine; 2° le carbone et l'hydrogène des particules combustibles, nageant dans une atmosphère de vapeur aqueuse, sont comme soustraites à l'action de l'oxygène de l'air, et ne peuvent, par conséquent, pas brûler.

512. *Pourquoi les* PIERRES *se brisent-elles et sautent-elles dans la chambre toutes les fois qu'elles sont dans le feu?* — Parce que les pierres contiennent soit de l'air emprisonné dans leurs vides, soit de l'eau d'imbibition ou de cristallisation; cet air se dilate, cette eau se réduit en vapeur, tous deux tendent à sortir;

la pression qu'ils exercent fait éclater la pierre.

513. *Lorsqu'on met une bouteille de* BIÈRE *devant le feu, pourquoi le* BOUCHON SAUTE-*t-il quelquefois dans la chambre?* — Parce que l'*acide carbonique* de la liqueur se dilate *par la chaleur* et lance le bouchon hors du goulot de la bouteille.

Toutes les liqueurs fermentées contiennent plus ou moins d'acide carbonique. La *bière*, mise en *bouteilles*, en contient une grande quantité.

514. *Pourquoi la* BIÈRE *mousse-t-elle* DAVANTAGE *toutes les fois qu'on la met devant le* FEU? — Parce que la chaleur du feu dégage l'acide carbonique en telle abondance, que ce gaz soulève la surface du liquide et y forme les bulles qu'on appelle mousse ou écume.

515. *Comment* CHAUFFE-*t-on les* MAISONS *par l'*AIR CHAUD? — On allume dans un calorifère placé à la *cave* du feu qui échauffe l'air qui remplit la *chambre à air;* celui-ci, en s'élevant, pénètre par des conduits dans les appartements de la maison, et y apporte de la chaleur.

516. *Qu'est-ce que la* CHAMBRE *à* AIR? — Un espace enclos de maçonnerie, entourant un fourneau, et dans lequel l'air froid vient s'échauffer, après être venu remplacer l'air chaud *ascendant.* — L'air froid entre par des tuyaux ou des ventouses pratiquées à la partie inférieure de la maçonnerie.

517. *Lorsqu'un enfant fait une montgolfière de papier, qu'il met le feu à l'*ÉPONGE *trempée dans l'*ESPRIT-DE-VIN *et placée au-dessous, pourquoi le ballon* S'ENFLE-*t-il?*
Parce que l'air du ballon *est dilaté* par la flamme;

il occupe un volume de plus en plus grand, le ballon se gonfle, son enveloppe en papier se tend de plus en plus.

518. *Pourquoi le* BALLON MONTE-*t-il?* — Parce que la chaleur triple et quadruple le volume de l'air du ballon, qui, par conséquent, devient, malgré l'addition du papier, du coton, de l'éponge, etc., plus *léger* que l'air extérieur.

Lorsqu'une quantité donnée d'air est amenée à occuper un espace deux fois, trois fois plus grand que l'espace qu'elle occupe naturellement, elle devient deux fois, trois fois moins lourde ou plus légère. Elle deviendrait, au contraire, deux fois, trois fois plus lourde, si par la compression on lui faisait occuper un espace deux fois, trois fois plus petit.

Le ballon est poussé par la pression de l'air froid qui vient d'en bas, de la même manière que la fumée dans le conduit d'une cheminée ; il s'élève jusqu'à ce qu'il rencontre une couche d'air aussi légère à volume égal.

519. *Pourquoi a-t-on généralement de la peine à* ENLEVER *un* BOUCHON *de cristal, si on l'a mis* HUMIDE *sur une carafe ou sur un flacon?* — Ce fait se produit surtout lorsque le flacon a été bouché dans un lieu chaud, et voici comment on l'explique : 1° L'humidité du bouchon fait que la fermeture est hermétique, ou qu'il n'y a plus aucune communication entre l'air extérieur et l'air intérieur du flacon ; 2° l'air intérieur du flacon, qui était plus chaud et plus dilaté, se refroidit et occupe un espace moindre ; il y a donc, dans le goulot du flacon, comme une sorte de vide, la pression intérieure est moins grande que la pression de l'air extérieur et c'est cet excès de pression de l'air extérieur qui s'oppose à l'enlèvement du bouchon.

520. *Pourquoi le* BOUCHON *de cristal d'un* FLACON *à odeurs tient-il souvent au goulot?* — Parce que le flacon à odeurs est, le plus souvent, dans la condition d'un flacon bouché en lieu chaud, avec un bouchon humide, et dans lequel la pression de l'air intérieur est moins grande que la pression de l'air extérieur.

521. *Quels sont les corps qui se* DILATENT *le* PLUS *par la chaleur des solides, des liquides ou des gaz?* — Ce sont les *gaz* qui, sous la même pression et à la même température, prennent des accroissements de volume sensiblement égaux. On a cru d'abord que tous les gaz se dilataient rigoureusement de la même quantité, et l'on a longtemps cherché leur coefficient commun de dilatation. Gay-Lussac le faisait égal à 0,00375, c'est-à-dire qu'il supposait que tous les gaz, pour chaque élévation de température égale à un degré, se dilataient de 375 cent millièmes de leur volume primitif. Il était tout naturel cependant de penser que la nature physique propre de chaque gaz devait influer sur la quantité plus ou moins grande dont il se dilate; c'est ce que les physiciens modernes ont en effet reconnu. Comparés à un certain gaz théorique ou abstrait, certains gaz se dilatent ou se contractent trop, d'autres se dilatent ou se contractent trop peu, quand la température augmente ou diminue.

Le coefficient de dilatation de l'*air* atmosphérique ou la fraction dont il se dilate pour chaque degré du thermomètre est 0,00367.

522. *Quelle relation existe-t-il entre la* DENSITÉ *et la* TEMPÉRATURE *de l'air et de tous les gaz?* — Pour un même gaz, la densité est toujours en *raison inverse* de la température : - par exemple, la *densité* de l'air de-

vient *moitié moindre* quand la chaleur augmente son *volume du double*.

523. *Qu'est-ce que la* POUDRE *à* CANON? — C'est un mélange de *salpêtre*, nitre ou nitrate de potasse bien pur, de fleur de *soufre*, et de *charbon* léger peu calciné et très-divisé.

Les proportions de ces trois substances varient suivant les pays et suivant les usages auxquels la poudre est destinée. Par exemple :

	Nitre.	Charbon.	Soufre.	
Poudre de chasse (française)	78	12	10	= 100
— guerre —	75	12 1/2	12 1/2	= 100
— mine —	65	15	20	= 100
— dite *anglaise* —	76	15	9	= 100

524. *Qu'est-ce qui produit la* DÉTONATION *de la* POUDRE *à canon?* — La commotion violente imprimée à l'air par le passage de la poudre de l'état solide à l'état gazeux, par la dilatation subite des gaz dans lesquels la poudre se transforme. Quand on met le feu à la poudre, le salpêtre se décompose en donnant naissance à de l'oxygène et à de l'azote, le soufre et le carbone en brûlant se transforment en acide sulfureux et en acide carbonique; au lieu d'un corps solide, on a donc trois ou plusieurs gaz nés à une température très-élevée, qui se dilatent brusquement et tendent à occuper un volume incomparablement plus considérable. Telle est la cause de l'explosion produite par l'inflammation de la poudre, quand on oppose à l'expansion des gaz un obstacle contre lequel ils sont forcés de lutter et qu'ils peuvent surmonter.

525. *Pourquoi donne-t-on à la poudre la forme de grains?* — La forme des grains est un intermédiaire

très-convenable entre une masse unique qui s'allumerait difficilement, lentement, et un amas de poussière très-fine qui prendrait feu trop vite et sans produire assez d'effet. Dans la poudre en grains, la présence de l'air et la circulation de la flamme des premiers grains enflammés régularisent l'explosion, qui n'est, dans ce cas, ni trop lente, ni trop rapide; l'effet produit est alors aussi beaucoup plus grand.

526. *Qu'est-ce qui donne à la* POUDRE *l'*ODEUR *qu'elle répand?* — Le sulfure de carbone.

527. *Qu'est-ce que le* RÉSIDU *solide de la poudre qui reste dans l'*ARME *après la projection de la charge ?* — Ce résidu est du *sulfure de potassium.*

528. *Pourquoi la* POUDRE *peut-elle* LANCER *des* BALLES *métalliques et d'autres corps pesants ?* — Parce que les produits gazeux, par leur *expansion* subite, exercent sur ces projectiles une grande *pression* qui les lance avec une force considérable.

529. *Pourquoi la poudre peut-elle faire* SAUTER *des blocs de* PIERRE ? — Lorsqu'on met le feu à la poudre versée dans le trou de mine et recouverte de fragments de pierre ou de sable, les gaz dégagés subitement, ne trouvant pas d'issue, pressent fortement les parois du trou, font éclater le bloc et projettent au loin ses fragments.

Le volume de la poudre est à celui des gaz élastiques qu'elle développe pendant sa combustion, comme 1 est à 4 000.

530. *Pourquoi les* PAROIS *de l'*ARME *sont-elles souvent* BRISÉES *par la poudre ?* — Parce que la réaction

de la poudre au moment de son explosion est si violente et si brusque, que la *cohésion des parois métalliques* ne peut pas y résister.

531. *Comment les* BONBONS CHINOIS *sont-ils confectionnés?* — Avec le *fulminate d'argent* ou de *mercure*. On colle une parcelle de cette poudre avec quelques grains de *verre pilé* ou de sable entre deux bandes étroites de parchemin, qui peuvent glisser avec frottement l'une sur l'autre quand on les tire en sens opposé.

532. *Pourquoi les* BONBONS CHINOIS *produisent-ils une* DÉTONATION *lorsqu'on en tire les bandes en sens contraire?* — La chaleur née du frottement des bandes de parchemin suffit à enflammer le fulminate d'argent ou de mercure et à le faire détonner.

533. *Comment les* CARTES *et les* PÉTARDS *fulminants sont-ils préparés?* — De la même manière que les bonbons chinois. Lorsqu'on *jette avec force* ces jouets par terre ou qu'on les *frappe avec le pied*, ils font explosion.

534. *Existe-t-il d'autres* AGENTS EXPLOSIFS *que la poudre?* — Oui, dans ces dernières années on a découvert et employé avec avantage deux agents explosifs nouveaux : la NITROGLYCÉRINE et la DYNAMITE.

535. *Qu'est-ce que la nitroglycérine?* — Un liquide visqueux obtenu en traitant la glycérine (un des composants des acides gras) par l'acide nitrique; composé très-instable de carbonne, d'azote et d'oxygène, qui détone avec une violence extrême par une élévation de température, par le choc, ou mieux par la détonation

d'une capsule fulminante. La nitroglycérine est le plus énergique des agents explosifs ; employée en quantité suffisante, elle disloque les montagnes, déchire et brise le fer, projette des masses gigantesques, etc., etc. Sa violence excessive rend son emploi direct presque impossible; on ne peut guère la manier sans danger.

536. *Qu'est-ce que la* DYNAMITE? — Un mélange de nitroglycérine avec des poussières minérales, de la silice, du sable fin, de l'alumine en poudre, etc. Ce mélange, imaginé par M. Nobel, a pour but de conjurer les dangers de l'explosion de la nitroglycérine, tout en utilisant sa puissance d'action. La dynamite, facilement transportable, est aujourd'hui le plus précieux des agents explosifs ; elle a sur la poudre l'immense avantage de n'avoir pas besoin pour agir d'être renfermée dans un espace clos, d'exercer au contraire toute son énergie à ciel ouvert. Il suffit en effet d'en verser une petite quantité sur un bloc de bois, de pierre, ou de fer, au pied d'un arbre, au bas d'une palissade, et d'y mettre le feu au moyen d'une mèche ou d'une capsule fulminante, pour tout briser ou renverser sans danger.

§ 2. — DILATATION DES SOLIDES.

537. *Les* MÉTAUX *se* DILATENT-*ils?* Oui, les métaux se dilatent par la chaleur ; mais beaucoup moins que les gaz et les liquides, et beaucoup plus inégalement ; c'est-à-dire que la quantité dont le métal se dilate varie beaucoup plus d'un métal à l'autre.

Placés dans les mêmes circonstances, l'*étain* est plus dilatable par la chaleur que le cuivre, et le *cuivre* plus que le fer.

538. *Pourquoi les* MÉTAUX *se* DILATENT-*t-ils moins que les gaz ou les liquides?* — Les molécules des solides sont fortement liées entre elles par la cohésion : la cohésion est déjà presque nulle pour les liquides; au lieu de tendre à rester unies, les molécules des gaz tendent au contraire à se séparer, elles sont même dans un état d'agitation perpétuelle, animées de vitesses relativement très-grandes; il est très-naturel dès lors que l'action d'écartement de la chaleur produise plus d'effet sur les gaz et sur les liquides que sur les solides.

539. *Parmi les métaux en est-il un qui soit liquide à la température ordinaire, et qui se dilate comme les liquides?* — Oui, le mercure, qui pour chaque élévation de température d'un degré et jusqu'à 100 degrés se dilate d'un cinq millième environ de son volume.

540. *A quels usages cette propriété du* MERCURE *le rend-elle très-propre?* — A la construction des instruments de physique et de chimie, tels que le thermomètre, le baromètre, etc.

541. *Pourquoi le mercure du* THERMOMÈTRE S'ÉLÈVE-*t-il toutes les fois que le temps est* CHAUD? — Parce que la chaleur *dilate* le mercure, qui occupe alors *plus d'espace;* et, comme il ne peut pas s'étendre *par en bas* ou *de côté*, il s'élève dans le tube du thermomètre.

542. *Pourrait-on utiliser la dilatation des liquides pour produire une force motrice continue?* — Oui. M. le marquis Tommasi a conçu l'idée d'un HYDROMOTEUR, dans lequel la dilatation et la circulation de l'huile ou

d'un autre liquide produirait l'effet de la vapeur dans les moteurs ordinaires avec des avantages considérables : diminution très-grande du volume du moteur, économie considérable de la chaleur, parce que le liquide moteur ne change pas d'état en rendant latente une quantité de calorique, etc., etc.

543. *Pourquoi un rasoir coupe-t-il mieux quand on le plonge dans l'eau avant de se raser ?* — Ce bon effet est d'autant plus sensible, que l'eau est très-chaude, assez chaude, pour ne pas mouiller le rasoir. Il s'explique de la manière suivante : un rasoir ne coupe que par un effet de scie très-fine, à dents excessivement rapprochées ; or la chaleur de l'eau, en dilatant davantage les petites parties saillantes du tranchant qu'elle pénètre mieux, augmente l'effet de scie, et le tranchant devient plus aigu ; en dilatant la peau, la chaleur du rasoir la rend moins sensible en même temps qu'elle ramollit les poils de la barbe. On peut dire aussi que la chaleur, en dilatant le bord mince du rasoir, l'effile davantage et le rend plus tranchant.

544. *Pourquoi un* TONNELIER ÉCHAUFFE-*t-il ses* CERCEAUX *en fer lorsqu'il les met autour d'une cuve ?* — 1° Comme le fer se *dilate* par la chaleur, les *cerceaux* rougis au feu *seront agrandis*, et *glisseront* alors *plus facilement sur la cuve ;* — 2° comme le fer se *contracte* par le refroidissement, les cerceaux, en se refroidissant, *serreront la cuve plus étroitement.*

545. *Pourquoi le* CHARRON *fait-il rougir au feu la* BANDE *de fer qu'il fixe autour du moyeu d'une roue ?* — Afin : 1° qu'élargie par la chaleur, la bande glisse plus

facilement sur le moyeu ; — 2° que contractée par le refroidissement elle le serre plus étroitement.

546. *Pourquoi avait-on eu soin de laisser de petits* INTERVALLES *entre les pièces de bronze qui formaient l'hélice de la colonne de la place Vendôme ?* — Pour laisser un jeu libre aux dilatations et aux contractions successives des portions d'hélice ; afin que, dans les dilatations qui ont lieu dans les temps très-chauds, il n'y eût aucune tendance à la dislocation ou à la déformation. Les dilatations extrêmes des diverses portions ajoutées ensemble feraient une longueur de 20 à 25 centimètres ; or ce déplacement suffirait jusqu'à un certain point pour déformer la colonne.

547. *Pourquoi les* HORLOGES RETARDENT-*elles quand il fait chaud ?* — Parce que le *pendule* qui règle l'horloge, s'*allongeant* par la chaleur, oscille plus lentement et en retarde ainsi la marche.

548. *Que doit-on faire si l'*HORLOGE *marche trop* LENTEMENT ? — On doit *raccourcir le pendule* en remontant la lentille au moyen de la vis qui est à l'extrémité.

549. *Existe-t-il des pendules métalliques qui conservent sensiblement la même longueur par toutes les températures ?* — Oui, ce sont les pendules appelés compensateurs.

550. *Pourquoi a-t-on composé de divers métaux les pendules appelés compensateurs ?* — Afin que les dilatations des tiges des divers métaux, dilatations inégales, et qui s'exercent dans des directions opposées, de bas

en haut et de haut en bas, se compensent mutuellement, de telle sorte que la longueur du pendule demeure invariable.

551. *Existe-t-il une matière avec laquelle on puisse construire des pendules d'horloge qui ne s'allongent pas sensiblement par la chaleur et ne se raccourcissent pas par le froid?* — Oui, une tige en bois debout, non hygrométrique ou très-peu hygrométrique, comme le bois de sapin desséché par une très-longue exposition à l'air, constitue à elle seule un pendule régulateur, ou dont les variations de longueur sont presque insensibles.

552. *L'emploi dans les grandes horloges ordinaires des pendules régulateurs est-il nécessaire ou du moins efficace à un certain degré?* — Non. Il est bien d'autres causes d'irrégularités dans la marche des grandes horloges, telles que les frottements des diverses pièces, l'épaississement des huiles, etc., etc., auprès desquelles les irrégularités causées par les variations de longueur des pendules sont presque insensibles et négligeables. Même pour les horloges astronomiques l'emploi d'un pendule en bois debout serait préférable, d'autant plus que le prix des pendules compensateurs est très-élevé.

553. *Ce qui arrive aux pendules métalliques des horloges arrive-t-il aux spirales des chronomètres ou montres marines?* — Oui, les spirales se dilatent par la chaleur ou se contractent par le froid et font retarder ou avancer le chronomètre; et, comme pour un chronomètre il faut une régularité presque absolue, le recours aux spirales composées ou formées de di-

vers métaux dont les dilatations se compensent devient nécessaire.

554. *Lorsqu'on établit un fourneau, un poêle, etc., pourquoi laisse-t-on du* JEU *à la porte ?* — Parce que le métal se *dilate* par la chaleur, et se *contracte* en se refroidissant; par conséquent, sans un jeu convenable, la porte, qui fermerait bien à un moment, pourrait ne plus se fermer à un autre, ou tendrait à démantibuler le poêle.

555. *Pourquoi un* POÊLE CRAQUE-*t-il toutes les fois que le feu est très-*ARDENT ? — Parce qu'il se *dilate* par la chaleur, et que ses diverses parties *frottent l'une contre l'autre*, en se séparant brusquement.

556. *Pourquoi le* POÊLE CRAQUE-*t-il toutes les fois que le feu* S'ÉTEINT *après avoir été très-ardent ?* — Parce que les parties diverses du poêle se *refroidissent* de nouveau, et que, en se contractant brusquement, elles *frottent l'une contre l'autre.*

557. *Pourquoi le* PLATRE *se* FEND-*il autour du tablier des cheminées ou des grilles à l'anglaise, et* TOMBE-*t-il quelquefois?* — Parce que 1° le *fer se dilate* par la chaleur du feu *plus que le plâtre,* qui est comme repoussé : quand le feu s'éteint, le métal se *contracte* de nouveau, et laisse derrière lui le plâtre, qui tombe par son propre poids; — 2° comme la chaleur du feu *varie* perpétuellement, le *volume du métal* varie de même; ces dilatations et ces contractions successives ébranlent le plâtre et toute la maçonnerie.

558. *Si l'on verse de l'eau froide dans le réservoir*

ou bassine en fonte d'un fourneau de cuisine quand le feu est rouge, pourquoi le métal se FEND-*il?* — Parce que la partie du métal dilaté que touche l'eau froide se *contracte* subitement, avant que le changement de température *puisse s'étendre jusqu'aux parties supérieures* du réservoir ; il en résulte que les deux parties tendent à se séparer et pourront se séparer effectivement l'une de l'autre.

559. *Pourquoi le* VERRE *d'un tableau se* CASSE-*t-il quelquefois quand la chambre est très-*CHAUDE? — Le verre, se dilatant plus que le bois, presse contre les rainures du cadre si on ne lui a pas laissé assez de jeu ; et cette pression, qui ne s'exerce pas parfaitement dans le sens de la surface du verre, laquelle d'ailleurs n'est jamais parfaitement plane, est de nature à le faire éclater.

La dilatation du verre est plus grande que celle du bois, ou même que celle des métaux.

560. *Pourquoi un* VERRE *se* BRISE-*t-il lorsqu'on y verse de l'eau* BOUILLANTE? — Parce que la partie du verre touchée par l'eau chaude se *dilate plus* que les autres parties ; par conséquent, le diamètre de la partie *inférieure* du verre devenant plus grand que celui de la partie *supérieure*, il en résulte une tension ou pression qui peut très-bien briser le verre ou le faire éclater.

561. *Pourquoi la partie* SUPÉRIEURE *du verre ne se dilate-t-elle pas autant que la partie* INFÉRIEURE? — Parce que, le verre étant un corps mauvais conducteur du calorique, la chaleur exige un certain temps pour être transmise de la partie inférieure à la partie

supérieure. Or, avant que ce temps se soit écoulé, la tension née de la différence de température a très-bien pu faire briser le verre.

562. *Pourquoi une* TASSE *de* PORCELAINE *se* CASSE-*t-elle si l'on y verse de l'eau* BOUILLANTE ? — Par la même raison que le verre, la porcelaine est aussi un corps mauvais conducteur. Pour éviter tout accident, il faut verser d'abord une petite quantité d'eau chaude dans le vase en verre ou en porcelaine, puis incliner le verre dans divers sens pour mettre l'eau chaude en contact successif avec toutes les parties de sa surface; quand toutes seront également échauffées, on pourra verser sans crainte une grande quantité d'eau très-chaude.

563. *Si l'on met un* VERRE *à boire sur le feu ou devant des braises ardentes, pourquoi le* FOND *peut-il se détacher?* — Le verre étant un *mauvais conducteur* de la chaleur, la partie la plus proche du feu se *dilate plus* que le reste, et de cette inégalité de dilatation naît une pression ou tension qui peut faire briser le verre en séparant le fond.

564. *Pourquoi les* BALLONS *et les* CORNUES *en verre se cassent-elles souvent ?* — Par suite des dilatations inégales et brusques causées par des coups de feu.

565. *Lorsqu'on a de la peine à* ENLEVER *d'un flacon un* BOUCHON *de cristal, que doit-on faire?* — On doit échauffer le goulot du flacon, soit avec des *charbons ardents*, soit avec une *serviette trempée dans l'eau bouillante*, soit en le frottant vivement avec une *ficelle ;* le bouchon sortira ensuite sans peine.

566. *Pourquoi le* BOUCHON *de cristal sortira-t-il, si l'on* ÉCHAUFFE *le* GOULOT *du flacon?* — Parce que la chaleur *dilate le goulot,* sans dilater le bouchon, qu'elle n'atteindrait que plus tard.

567. *Pourquoi un* VERRE ÉPAIS CASSE-*t-il plus facilement au feu qu'un verre mince?* — Parce que les dilatations d'un *verre épais* ne peuvent pas se faire d'une manière aussi *uniforme* que celles d'un verre mince; il s'établit facilement dans un verre épais des efforts antagonistes qui font briser le verre.

568. *Pourquoi la* CHALEUR *du feu et du soleil fait-elle* COURBER *une feuille de* PAPIER? — Parce que 1° la chaleur, *en desséchant le côté exposé au feu* ou *au soleil,* le force à se contracter; 2° le côté séché, devant avoir une surface moindre, doit devenir concave ou enveloppé, tandis que le côté non chauffé devient convexe ou enveloppant.

569. *Pourquoi le* PAPIER *que la chaleur a courbé se* REDRESSE-*t-il de nouveau lorsqu'on l'a retiré du feu?* — Parce que la surface sèche reprend l'humidité qu'elle avait perdue et revient à son étendue primitive.

570. *Pourquoi en humectant un des côtés de la feuille de papier, la fait-on se courber?* — Parce que le côté mouillé se dilate, et que ce côté mouillé dilaté, pour avoir une surface plus grande, doit devenir convexe ou enveloppant, tandis que le côté sec devient concave ou enveloppé.

571. *Pourquoi l'humidité produit-elle, au sens près de la courbure, le même effet que la chaleur?* — Parce

que l'humidité, comme la chaleur ou la sécheresse, détermine une inégalité d'étendue entre les deux surfaces, et que cette *inégalité d'étendue* entre les deux surfaces détermine la COURBURE de la feuille.

572. *A-t-on tiré quelque parti utile de ces* COURBURES *par* INÉGALITÉ *de* CONTRACTION *et de* DILATATION ? — Oui, M. Bréguet a fait une curieuse et utile application de ces inégalités de contraction ou de dilatation à la construction du thermomètre métallique qui porte son nom. Il roule en hélice un ruban ou lame formée de trois couches superposées, argent à l'intérieur, or au milieu, platine à l'extérieur ; la couche d'or sert à souder les deux autres. L'argent se dilate et se contracte beaucoup plus que le platine ; si donc la température s'élève, la surface intérieure sera plus grande, l'hélice se détordra, l'aiguille qu'elle porte à son extrémité marchera de gauche à droite ; si, au contraire, la température baisse, la surface extérieure sera plus grande, l'hélice se tordra, l'aiguille qu'elle porte marchera de droite à gauche ; l'hélice indiquera donc et mesurera les variations de température.

573. *Pourquoi fait-on* FRISER *une bande de* PAPIER *en la* GRATTANT *avec un couteau ?* — Parce que le couteau, *comprimant* et chauffant le côté du papier sur lequel il agit, le force à se contracter, et par conséquent à se courber.

574. *Pourquoi le* BOIS *se courbe-t-il du côté exposé au* SOLEIL ? — Par la même raison que le papier. C'est à l'aide du feu ou de la chaleur qu'on fait courber les douves de tonneaux, les brancards de cabriolet, les manches de charrue, les balustres d'un escalier, les

ais des toits, les membrures des vaisseaux, etc. C'est aussi à l'aide de la chaleur appliquée en sens contraire qu'on redresse les bois courbés.

575. *Pourquoi réussit-on à faire* FRISER *ou* BOUCLER LES CHEVEUX *à l'aide d'*UN FER CHAUD? — Parce que la chaleur, en desséchant le côté de la mèche de cheveux que le fer touche, la force à se contracter ; la mèche de cheveux alors se contourne comme le papier et le bois dont il a été question plus haut.

576. *Pourquoi la* CIRE *fondue devient-elle* DURE *et* SOLIDE *lorsqu'elle se refroidit?* — Parce que ses molécules séparées par la chaleur venant à se rapprocher, l'attraction qu'elles exercent naturellement les unes sur les autres entre de nouveau en jeu et fait renaître la cohésion.

577. *Pourquoi le* FER ROUGE *est-il plus* SOUPLE *que le fer froid?* — Parce que la chaleur, en *écartant les molécules*, diminue tellement leur cohésion, qu'on peut les faire mouvoir plus facilement les unes sur les autres.

Une chaleur encore plus grande écartera les molécules si loin les unes des autres, que le fer solide se liquéfiera. — Dans cet état, les molécules rouleront presque *sans résistance* les unes autour des autres.

578. *Pourquoi certaines substances sont-elles* SOLIDES, *certaines autres* LIQUIDES, *et d'autres* GAZEUSES? — Parce que les molécules des diverses substances de la nature sont plus ou moins rapprochées, plus ou moins liées par la cohésion, ou plus ou moins indépendantes les unes des autres. Les substances dont les molécules sont très-serrées et liées par la cohésion sont solides ;

celles dont les molécules ne s'attirent plus et manifestent même comme un commencement de répulsion ou sont en état d'agitation perpétuelle sont des gaz ; les autres, dans lesquelles les molécules demeurent à peu près indifférentes à la séparation, sont des liquides plus ou moins visqueux, plus ou moins fluides.

579. *Quelle est la différence entre une* VAPEUR *et un gaz proprement dit?* — Les gaz proprement dits restent gaz à toutes les températures et à toutes les pressions que l'on rencontre dans la nature, ou à moins qu'on ne les soumette à des températures très-basses et à des pressions très-énergiques; c'est pour cela qu'on les appelle *gaz permanents*. Les vapeurs, au contraire, nées de substances que l'on trouve dans la nature à l'état solide ou liquide, reprennent l'état liquide, à des températures et à des pressions comprises dans les limites de l'échelle naturelle; elles ne sont gaz que par accident ou exceptionnellement. La vapeur d'eau, par exemple, née de l'eau amenée à l'ébullition, se condense de nouveau en eau dès que sa température descend au-dessous de 100 degrés.

580. *Que deviennent les gaz à une température très-*BASSE? — Tous les gaz soumis à une température extrêmement basse se condenseraient probablement *en liquides*; néanmoins le froid le plus intense produit jusqu'à présent, avec l'aide de la physique et de la chimie, uni aux pressions les plus énergiques, n'a pas suffi pour amener à l'état liquide certains gaz, l'oxygène, par exemple, l'hydrogène et l'air atmosphérique. D'autres gaz, au contraire, comme l'acide carbonique, ont été amenés successivement à l'état liquide et à l'état solide. Ce qu'il y a de vraiment remarquable,

c'est qu'en engendrant l'acide carbonique au sein d'un espace hermétiquement fermé par l'action de l'acide sulfurique sur le carbonate de soude, on ait pu faire naître, en même temps, une pression intérieure assez grande pour liquéfier le gaz produit. Ce qui est plus extraordinaire encore, c'est qu'en ouvrant une issue à l'acide carbonique liquide, il ait produit, en se dilatant subitement, un froid assez grand pour qu'une autre partie de l'acide se soit congelée et soit apparue solide, à l'état de neige, parce que l'absorption de chaleur des particules qui passent à l'état gazeux est, pour d'autres particules voisines, une soustraction de chaleur tellement grande, qu'elles se congèlent et se solidifient.

581. *Peut-on utiliser la compression que les gaz exercent sur eux-mêmes dans l'acte de leur génération chimique?* — Oui, par exemple, la génération de l'acide carbonique par l'action de l'acide sulfurique sur le carbonate ou le bicarbonate de soude peut très-bien fournir des réservoirs de gaz comprimé à de très-hautes prévisions et dont l'écoulement régularisé pourrait engendrer de la force motrice pour les usages domestiques, machines à coudre, tours, etc.

582. *Pourquoi la* VAPEUR *qui s'échappe par la soupape d'une chaudière à haute pression est-elle à peine* TIÈDE *à quelque distance de l'ouverture, tandis que, à la même distance, un jet de vapeur d'une machine à* BASSE *pression est encore brûlant?* — Parce que : 1° la vapeur surchauffée, ou à haute pression, est moins dense et cède moins facilement sa chaleur ; 2° la vapeur ordinaire, saturée ou à basse pression, est beaucoup plus dense et cède plus facilement la chaleur qu'elle con-

tient. La première vapeur est bleuâtre et participe de la nature des gaz ; la seconde est blanchâtre, et contient beaucoup d'eau à une température élevée ; on comprend dès lors qu'elle brûle davantage.

583. *Pourquoi la* CHALEUR *change-t-elle un* SOLIDE, *comme la glace, en* LIQUIDE *d'abord, et ensuite en* GAZ ? — Parce que la chaleur écarte les molécules *les unes des autres :* par conséquent, une certaine quantité de chaleur convertit la *glace* solide en *eau*, et une *plus grande quantité* convertit cette eau en *vapeur.*

584. *Comment expliquez-vous que la chaleur, qui fond et liquéfie certaines substances, comme le suif, coagule et solidifie d'autres substances comme le blanc et le jaune d'œuf?* — En admettant que la chaleur change ou modifie la composition chimique ou l'arrangement moléculaire intime de ces substances, comme elle le fait pour l'œuf ; tandis que, pour les liquides simples, elle ne fait qu'écarter leurs molécules. On comprend encore que la chaleur puisse solidifier d'abord certaines substances, en leurs enlevant l'eau ou les liquides vaporisables qui les rendent fluides.

§ 2. — ÉVAPORATION.

585. *Qu'est-ce que l'évaporation?* — Le passage d'une substance de l'état liquide à l'état gazeux. Si ce passage a lieu à l'air libre et à la température ambiante, il constitue l'évaporation proprement dite ; s'il est le résultat de l'application d'une chaleur additionnelle, on l'appelle *vaporisation.*

586. *Quelles circonstances favorisent l'évaporation ou la vaporisation ?* — 1° L'étendue de la surface recouverte par le liquide, qui se vaporise à la fois, ou simultanément, sur d'autant plus de points que cette surface est plus grande ; 2° l'élévation de la température, ou l'action du feu, puisque la chaleur est la cause directe du passage de l'état liquide à l'état solide ; 3° la sécheresse de l'air, puisqu'il est apte à se charger d'autant plus de vapeurs nouvelles qu'il en contient moins ; 4° le renouvellement de l'air, puisqu'au lieu d'un air saturé il amène de nouvel air qui ne l'est pas ; 5° enfin la raréfaction de l'air, car la pression de l'air extérieur, qui tend à rapprocher les molécules, fait antagonisme à la chaleur qui tend à les séparer, en réduisant le liquide en vapeur.

587. *Pourquoi du thé ou du café se* REFROIDISSENT-*ils plus promptement dans une* SOUCOUPE *que dans une tasse ?* — Parce que la surface de la soucoupe est, en général, plus grande que celle de la tasse, et qu'en étendant la surface on favorise l'évaporation, qui est une cause de refroidissement ; parce que la quantité plus petite de liquide de la soucoupe lui cède plus facilement sa chaleur.

588. *Pourquoi le* SOLEIL *ardent dessèche-t-il les* PLANTES, *la* TERRE *et tout ce qu'il frappe ?* — Parce que la chaleur de ses rayons hâte l'évaporation des liquides qui y sont contenus.

589. *Pourquoi le* VENT, *quand il n'est pas lui-même humide,* SÈCHE-*t-il les linges* MOUILLÉS ? — Parce qu'il *balaye la vapeur* déjà formée, de sorte que les surfaces mouillées se trouvent toujours en contact avec de l'air

à peu près sec, ce qui hâte la vaporisation et par conséquent le séchage.

590. *Pourquoi les* LINGES *exposés à l'air se* SÈCHENT-*ils plus lentement lorsqu'il n'y a pas de* VENT ? — Parce que le même air, restant plus longtemps en contact avec le linge mouillé, se sature bientôt de vapeur et n'en absorbe plus ; la vaporisation alors est très-lente.

591. *Pourquoi ne ferme-t-on qu'avec des* JALOUSIES *les* SÉCHOIRS *des blanchisseries ?* — Afin que l'air s'y *renouvelle* continuellement, et balaye la surface humide du linge qu'on y a étendu.

592. *Pourquoi les* LINGES *exposés au dehors sèchent-ils plus promptement que si on les étend dans une chambre fermée ?* — Parce qu'au dehors l'air se renouvelle plus facilement, et qu'il y a presque toujours un peu de vent qui hâte la vaporisation ; tandis qu'au contraire l'air de la chambre est bientôt saturé et ne se renouvelle pas.

593. *Pourquoi l'*ÉVAPORATION *se fait-elle plus rapidement sur les* MONTAGNES ? — Parce que l'air des montagnes est mieux renouvelé, plus *raréfié*, par conséquent plus *léger* que celui des plaines ; l'*évaporation* augmente avec le *renouvellement* de l'air et la diminution de *pression*.

594. *Pourquoi l'*HERBE *reste-t-elle* FRAICHE *sous les* ARBRES *d'une forêt, tandis qu'elle est déjà desséchée dans les plaines ou sur les montagnes découvertes ?* — Parce que le *feuillage épais* : 1° arrête les *rayons du soleil*, qui auraient hâté l'évaporation des liquides des plantes ;

2° limite un espace où l'air se renouvelle à peine, et où il est presque toujours *saturé* d'humidité.

595. *Pourquoi les* VALLÉES *profondes, les* CAVES, *etc., sont-elles toujours humides?* — Parce que : 1° les *rayons de soleil n'y pénètrent* pas ; — 2° l'*air* ne s'y *renouvelant* que très-difficilement, la vapeur dont il est saturé ne peut se dissiper ; il reste donc humide.

596. *Pourquoi le* SOL *est-il* HUMIDE *sous les* CLOCHES *que les jardiniers mettent sur les plantes, tandis que le sol qui les entoure est sec et poudreux?* — Parce que la cloche empêche de s'échapper la vapeur fournie par l'*évaporation* du sol, et surtout par la *transpiration* des plantes qui s'y trouvent.

597. *Pourquoi les* RÉSERVOIRS *d'eau se* DESSÈCHENT-*ils souvent en été?* — Parce que l'évaporation en est favorisée : 1° par la *chaleur des rayons du soleil;* 2° par la *raréfaction* de l'air qui en est la suite.

598. *Pourquoi les* MARAIS, *les étangs, les ruisseaux, etc., sont-ils souvent* DESSÉCHÉS *pendant l'*ÉTÉ? — Parce que l'eau s'en *évapore,* sans être renouvelée par la *pluie.*

599. *Quel effet l'*ÉVAPORATION *produit-elle sur le liquide qui se vaporise?* — La portion vaporisée *absorbe* une certaine quantité de la chaleur du liquide qui *fournit la vapeur*, et le refroidit par conséquent.

600. *Si l'on* MOUILLE *son* DOIGT *avec la bouche, et si on le tient en l'air, pourquoi ressent-on une sensation de* FROID? — Parce que la salive *s'évapore* assez prompte-

ment, et que la vapeur, en se formant, absorbe une portion de la *chaleur du doigt*, ce qui produit la sensation du froid. Si l'air est absolument calme et qu'il n'y ait pas de vent, la sensation de froid sera la même sur tout le doigt; si, au contraire, il fait du vent, la sensation sera plus vive du côté d'où le vent souffle, puisque l'évaporation, cause de cette sensation, est plus grande sous l'action du vent; cette expérience, très-simple, fait donc reconnaître le côté d'où souffle le vent ou sa direction, sinon générale et réelle, du moins locale; en plein air ou en rase campagne, ce moyen est assez sûr et donne réellement la direction du vent; il la donne moins, ou il ne la donne qu'approximativement, à côté d'édifices ou d'arbres qui modifient ou changent cette direction générale.

601. *Pourquoi ressent-on une sensation intense de* FROID, *lorsqu'on verse de l'*ÉTHER *sur la main?* — Parce que l'éther se *vaporise très-promptement*, et absorbe beaucoup de chaleur; ce qui produit la sensation de froid.

602. *Pourquoi l'*ÉTHER *est-il meilleur que l'eau pour le soulagement d'une inflammation?* — Parce que, étant plus volatil, il absorbe ou soustrait une plus grande quantité de chaleur.

603. *Pourquoi l'*ÉTHER *soulage-t-il la douleur d'une* BRULURE? — Parce qu'il se *vaporise très-promptement*, et que l'évaporation emporte la chaleur de la brûlure.

604. *Pourquoi sentons-nous le* FROID *quand nos* PIEDS *ou nos* VÊTEMENTS *sont* HUMIDES? — Parce que

l'humidité des chaussures ou des vêtements en *s'évaporant* soustrait une certaine quantité de la chaleur de notre corps, ce qui donne la sensation de froid.

605. *Pourquoi* S'ENRHUME-*t-on après avoir eu les pieds ou les vêtements* HUMIDES? — Parce que l'évaporation absorbe *assez de chaleur* de la surface du corps pour que la température de ce dernier s'abaisse au-dessous du *degré normal;* ce qui suffit pour causer un rhume ou quelque autre indisposition.

606. *Pourquoi s'enrhume-t-on quelquefois quand on s'endort sur sa chaise pendant le jour sans avoir pris soin de se couvrir la tête ou le corps?* — Parce que dans le sommeil, la respiration étant moins active, la température du corps diminue, et l'on se refroidit.

607. *Pourquoi est-il dangereux de dormir dans des* DRAPS HUMIDES, *ou de mettre du linge humide?* — Parce que l'humidité des draps ou du linge, pour se convertir en vapeur, enlève continuellement de la chaleur au corps : la chaleur animale s'abaisse donc au-dessous du degré normal.

608. *Pourquoi la* SANTÉ *est-elle* COMPROMISE *quand la température de notre corps s'abaisse au-dessous du degré normal?* — Parce que, l'*équilibre de la circulation étant détruit,* le sang chassé par le froid de la surface extérieure de notre corps reflue vers les *organes intérieurs*, ce qui peut déterminer une congestion ou une irritation des muqueuses.

Il serait, peut-être, plus exact de dire que le sang afflue vers les parties froides par un effet de capillarité ou de réaction, et que cet afflux du sang détermine l'irritation des membranes muqueuses du nez, de la poitrine, des entrailles? Qui ne sait que, si on s'est lavé les mains avec de la neige, ou qu'on les ait laissées exposées à l'air froid, jusqu'au point de sentir ce qu'on appelle l'*onglée*, elles se réchauffent ensuite spontanément? Quand la terre est très-froide, l'eau intérieure accourt vers la surface et s'y gèle, on la fait apparaître liquide en piétinant.

609. *Pourquoi n'éprouve-t-on pas la même sensation de froid si l'on met un* MACKINTOSH *ou paletot imperméable sur les vêtements humides?* — Parce que le paletot imperméable *empêche l'évaporation;* l'humidité des vêtements ne peut pas se vaporiser, et la chaleur du corps ne se perd pas.

610. *Pourquoi avec un pardessus ou des chaussures en caoutchouc, sue-t-on au point que le corps ou les pieds semblent nager dans l'eau?* — Parce que le caoutchouc, étant un corps très-mauvais conducteur, ne permet pas à la chaleur animale de se dissiper à mesure qu'elle se produit, ou de se mettre en équilibre avec la température extérieure, elle s'accumule donc, et vaporise en grande quantité les fluides animaux. En outre le caoutchouc imperméable empêche la sueur de se dissiper et de sécher.

611. *Pourquoi les* MATELOTS *ne* S'ENRHUMENT-*ils pas, eux qui se trouvent souvent mouillés tout le jour par l'eau de mer?* — Parce que : 1° le *sel* de l'eau de mer *retarde l'évaporation*, et que le refroidissement, par conséquent, n'est pas aussi grand quand on est mouillé par l'eau de mer : tout le monde sait que l'eau de mer ne sèche pas, ou sèche très-difficilement,

ce qui prouve que son évaporation est excessivement lente ; 2° parce que le sel de la mer agit comme un stimulant, en entretenant la circulation du sang dans la peau ; 3° parce que l'habitude devient une seconde nature.

612. *Si l'on* ARROSE *une* CHAMBRE *chaude avec de l'eau, pourquoi devient-elle plus* FRAÎCHE? — Parce que la chaleur vaporise promptement l'eau qu'on y a jetée, et que l'*évaporation*, en absorbant le *calorique* de la chambre, la rafraîchit.

613. *Pourquoi arrose-t-on les rues pendant l'été?* — Pour diminuer la réverbération du sol devenu trop ardent et abattre la poussière. En été, le pavé est sec, blanc et beaucoup plus chaud que l'air, il rayonne à la fois beaucoup de lumière et beaucoup de chaleur ; en l'arrosant, on diminue ce double rayonnement, la couleur du pavé s'assombrit et l'évaporation de l'eau le rafraîchit ; mais on remarque que les premières bouffées de vapeurs humides qui s'élèvent du pavé ardent sont très-chaudes et un peu nauséabondes, de sorte que le premier effet de l'arrosement est assez désagréable.

614. *Pourquoi une grande* PLUIE RAFRAÎCHIT-*elle l'*AIR *en été?* — Parce que le sol perd son excès de chaleur en faisant évaporer l'eau qui l'humecte, et qu'après s'être rafraîchi il rafraîchit l'air en contact avec lui.

615. *Pourquoi les* MAINS *se* REFROIDISSENT-*elles après qu'on les a lavées dans de l'eau chaude?* — Parce que l'eau chaude restée à la surface des mains se

vaporise très-promptement, et enlève à la peau beaucoup de chaleur.

616. *Pourquoi, pendant l'été et l'automne, recouvre-t-on d'une toile* MOUILLÉE *le* BEURRE *exposé en vente?* — Parce que : 1° la toile mouillée empêche les *rayons du soleil* de faire *fondre* le beurre; 2° l'*évaporation* de la toile mouillée conserve le beurre frais et compacte.

617. *Pourquoi les marchands de poisson couvrent-ils d'une* TOILE MOUILLÉE *la corbeille qui contient leur poisson?* — Parce que : 1° la toile humide empêche les *rayons directs du soleil* de tomber sur les poissons et de les dessécher; 2° l'*évaporation* de la toile humide les maintient frais.

618. *Pourquoi un* HIVER FROID *succède-t-il, en général, à un* ÉTÉ PLUVIEUX? — On pourrait dire que la grande évaporation, qui a lieu pendant un été pluvieux, *abaisse* beaucoup la *température du sol;* et que la surface froide du sol refroidit ensuite l'air; mais l'été est trop distant de l'hiver, pour que la température de l'un puisse réagir efficacement sur l'autre.

619. *Dans l'Inde, pourquoi les appartements sont-ils souvent séparés les uns des autres par des* TOILES *ou des tapisseries qu'on* ARROSE *constamment d'eau froide?* — Parce que : 1° les toiles ou les tapisseries sont de *mauvais conducteurs* de la chaleur, et s'échauffent moins que des cloisons ou des murs; 2° l'*évaporation* rapide de l'eau dont on les mouille abaisse la température des appartements de 10 ou 15 degrés.

620. *Pourquoi l'*ANGLETERRE *est-elle plus* CHAUDE

maintenant qu'elle ne l'était jadis, quand les FIÈVRES *y étaient très-communes?* — Parce qu'elle est mieux *desséchée* et mieux *cultivée.*

621. *Pourquoi la* CHALEUR *d'un pays augmente-t-elle lorsqu'on* DESSÈCHE *le* SOL? — Parce que le dessèchement du sol diminue l'évaporation, et qu'alors sa température ne s'abaisse pas par la *réduction en vapeur de l'humidité surabondante.*

622. *Pourquoi la* CULTURE *augmente-t-elle la* CHALEUR *d'un pays?* — Parce que : 1° les *haies* et les *rangées d'arbres* se multiplient; — 2° le *sol* est mieux desséché; — 3° les vastes *forêts* sont *abattues.*

623. *Pourquoi les* HAIES *et les rangées d'*ARBRES *augmentent-elles la* CHALEUR *d'un pays?* — Parce qu'elles *abritent* le pays contre les vents, et *retardent l'évaporation.*

624. *Si les haies et les rangées d'arbres augmentent la chaleur d'un pays, pourquoi les* FORÊTS *augmentent-elles le* FROID? — Parce que : 1° les forêts arrêtent et condensent les *nuages* qui se résolvent en eau; 2° elles empêchent l'accès du *soleil et du vent*; 3° le sol des forêts se couvre toujours d'*herbes longues et humides,* de *feuilles en décomposition* et de *broussailles* épaisses; 4° les vastes forêts abondent toujours en creux profonds et en terrains marécageux.

625. *Pourquoi les longues* HERBES *et les* FEUILLES *en décomposition augmentent-elles le* FROID *d'un pays?* — Parce qu'elles sont toujours *humides,* et donnent nais-

sance à une *évaporation continuelle* qui emporte la chaleur du sol.

626. *Pourquoi la* FRANCE *et l'*ALLEMAGNE *sont-elles plus* CHAUDES *maintenant qu'elles ne l'étaient jadis, quand le* RAISIN *n'y mûrissait jamais?* — Parce que : 1° leurs vastes *forêts* ont été *abattues;* — 2° le sol y est mieux *desséché* et mieux *cultivé.*

627. *Pourquoi* MOUILLE-*t-on constamment avec de l'eau froide les* ORGANES *de certaines* MACHINES? — Afin que *l'évaporation* puisse abaisser la chaleur *produite* par leur mouvement rapide.

628. *Comment peut-on faire* GELER *de l'eau par l'*ÉVAPORATION? — Par plusieurs moyens : par exemple, si l'on enveloppe une bouteille dans du coton qu'on humecte continuellement avec de l'*éther*, l'eau contenue dans la bouteille se gèlera en peu de temps.

629. *Pourquoi l'*EAU *se* GÈLERA-*t-elle si l'on humecte constamment avec de l'éther la* BOUTEILLE *qui la contient, surtout si elle est* MÉTALLIQUE*?* — Parce que l'*évaporation* emportera la chaleur de l'eau et en abaissera la température au point de la faire congeler.

630. *Pourquoi l'*EAU *placée sous le* RÉCIPIENT *d'une machine pneumatique se* GÈLERA-*t-elle s'il se trouve de l'*ÉTHER *au sein de la même cloche, et si l'on y épuise l'air?* — Parce que l'*évaporation* augmente beaucoup quand la *pression de l'air diminue :* comme l'éther s'y vaporise très-promptement, sa *vapeur absorbe assez de chaleur* pour faire geler l'eau.

En faisant le vide au sein d'un serpentin en métal qui entoure un grand vase rempli d'eau, et faisant circuler sans cesse dans le serpentin de l'éther qui se vaporise presque instantanément dans le vide, on est parvenu à obtenir d'assez grandes quantités de glace pour en faire dans les pays très-chauds un objet de commerce.

631. *Pourquoi le même effet se produit-il, lorsqu'à l'éther on substitue un vase plein d'acide sulfurique concentré et placé au-dessous de la capsule qui contient l'eau qu'il s'agit de faire congeler?* — Parce que l'acide sulfurique, qui a une très-grande affinité pour l'eau, absorbe les vapeurs d'eau aussitôt qu'elles se produisent dans l'air raréfié du récipient; cet air est donc sans cesse dégagé de la vapeur qu'il reçoit, et toujours prêt à en recevoir une nouvelle quantité; l'évaporation est ainsi grandement accrue, et bientôt l'eau est assez refroidie pour passer à l'état solide. M. Carré a tiré un excellent parti de cette vieille expérience de physique : il construit des machines à faire la glace d'un mouvement facile et qui rendront service dans les ménages aisés.

632. *Pourquoi de l'eau exposée dans un* LIEU DÉCOUVERT *se gèlera-t-elle plus promptement que dans un endroit renfermé?* — Parce que : 1° l'eau dans un lieu découvert se *vaporise* plus promptement, et l'évaporation *emporte beaucoup de la chaleur* de la masse générale; — 2° une couverture quelconque fait *rayonner* sur l'eau une portion de sa chaleur, ce qui l'empêche de se congeler.

La chaleur, comme la lumière, rayonne en tous sens à travers l'air, et cette propriété de rayonner appartient aussi bien à la chaleur *obscure* qu'à celle qui est perceptible au sens de la vue.

633. *Dans l'Inde, comment se pourvoit-on de* GLACE *quand la* CHALEUR *est* EXTRÊME? — On fait dans la terre

un trou d'environ 1 mètre de profondeur sur 10 mètres carrés de large; le fond en est couvert de *chaume* ou de *cannes à sucre*. Quand le soleil se couche, on met sur le chaume des *terrines peu profondes* remplies d'*eau qu'on a fait bouillir*, mais qui est refroidie. — Le lendemain matin, l'eau se trouve *gelée* à la surface; on enlève la couche mince de glace et on la jette dans la glacière.

634. *Pourquoi cette* EAU *se trouve-t-elle* GELÉE? — Parce que la radiation très-intense vers les espaces célestes abaisse la température de l'eau à un degré suffisant pour que sa surface au moins soit congelée. Les espaces célestes sont très-froids; la terre, beaucoup plus chaude, rayonne donc vers eux du calorique. Elle tend à se mettre avec eux en équilibre de température, et se refroidit dans une proportion considérable. On croit assez communément que l'évaporation est pour quelque chose dans cette congélation de l'eau; il n'en est rien; et, en effet, la première condition de succès, c'est que la paille soit très-sèche, et le ciel très-serein : c'est le rayonnement nocturne qui fait tout.

635. *Comment M. Carre fait-il de la glace avec le feu?* — En réduisant en vapeur une solution saturée d'ammoniaque dans un premier récipient, et forçant l'ammoniaque gazeuse de s'accumuler dans un second récipient entouré d'eau froide. Quand le feu est éteint, l'ammoniaque,pour repasser à l'état liquide,emprunte une énorme quantité de chaleur à l'eau, et la congèle.

636. *Pourquoi la surface du* SOL *se* DURCIT-*t-elle par la chaleur du* SOLEIL? — Parce que l'*humidité* de la sur-

face s'évapore; par conséquent, ses particules se contractent et toute la masse se durcit.

637. *Pourquoi le* PAIN *devient-il* DUR *lorsqu'il a été conservé pendant quelques jours?* — Parce que l'eau qu'il contenait s'étant évaporée, ses particules solides se sont rapprochées et contractées : ce qui rend le pain mou, c'est l'humidité qu'il renferme.

638. *Pourquoi le* PAIN RASSIS *se* RAMOLLIT-*il dans les premiers moments de son exposition au* FEU, *lorsqu'on en fait des rôties?* — Parce que la petite quantité d'eau qu'il renfermait encore se vaporise et l'humecte de nouveau. Un peu d'eau en vapeur fait momentanément l'effet de beaucoup d'eau.

639. *Pourquoi la* VAPEUR *de la* MER *n'est-elle pas* SALÉE? — Parce que, dans la vaporisation de l'eau de mer, mélange d'eau et de sel, l'eau seule s'évapore et le sel reste.

640. *Qu'est-ce que l'*INCRUSTATION BLANCHE *qui se manifeste, dans les temps chauds, sur les* VÊTEMENTS *qui ont été mouillés par l'eau de* MER? — C'est le *sel* laissé sur les vêtements par l'eau vaporisée.

641. *Pourquoi cette incrustation blanche* DISPARAÎT-*elle toujours quand il fait* HUMIDE? — Parce que l'air humide redissout le sel, qui disparaît de nouveau.

642. *Pourquoi les personnes qui prennent un* EXERCICE VIOLENT *ne doivent-elles pas porter des vêtements trop* ÉPAIS? — Parce que des vêtements trop épais ont le double inconvénient d'augmenter la transpiration

et de l'empêcher de se dissiper; la sueur non évaporée se refroidit sur le corps, ce qui est toujours dangereux.

643. *Pourquoi les personnes qui portent des paletots imperméables trouvent-elles souvent tout trempés leurs vêtements de dessous?* — Parce que la *sueur*, ne pouvant pas passer *à travers le paletot*, se *condense* à sa surface intérieure, coule le long des vêtements de dessous et les rend tout humides.

644. *Pourquoi les* ALLUMETTES *chimiques ne s'*EMFLAMMENT*-elles pas si elles sont* HUMIDES? — Parce que l'humidité, par les raisons déjà souvent données, est un obstacle à l'inflammation et à la combustion.

645. *Pourquoi la* PEINTURE *forme-t-elle quelquefois de petites* AMPOULES *à la chaleur du soleil ou du foyer?* — Parce que la chaleur, pénétrant la peinture, convertit *en vapeur l'humidité du bois*; la vapeur formée repousse la peinture et forme ces petites protubérances pour s'y loger.

§ 3. — ÉBULLITION.

646. *Qu'est-ce que l'*ÉBULLITION? — Le *bouillonnement* qui se produit dans un liquide lorsque des bulles de vapeur se forment au sein de sa masse.

647. *De quelle* MANIÈRE *ces bulles se forment-elles et s'*ÉLÈVENT*-elles au sein de la masse liquide?* — Elles se forment sur les parois *échauffées* du vase, s'élèvent en vertu de leur légèreté, et viennent éclater à la surface.

648. *Les bulles de vapeur* CROISSENT*-elles en sélevant*

au milieu de la masse liquide? — Dans les premiers instants, ou lorsque l'ébullition commence, les bulles formées au fond, au lieu de grossir, se condensent, au contraire, en eau et disparaissent; plus tard elles s'élèvent sans se condenser; plus tard encore, leur température étant beaucoup plus élevée, elles vaporisent l'eau qu'elles rencontrent et augmentent beaucoup de volume.

649. *Quelle* TEMPÉRATURE *est nécessaire pour faire* BOUILLIR L'EAU? — Au niveau de la mer, sous la pression barométrique ordinaire, l'eau bout à 100 degrés; sous une pression barométrique moindre, comme, par exemple, à une hauteur plus ou moins grande au-dessus du niveau des mers, ou dans une atmosphère raréfiée par divers moyens, l'eau bout à des températures d'autant plus au-dessous de 100 degrés que la pression est moindre. Dans le vide absolu, ou lorsque la pression qu'elle supporte est nulle, l'eau bout, même à la température *zéro*. Généralement, l'ébullition commence aussitôt que la force élastique de la vapeur qui se forme peut vaincre la pression que l'eau supporte.

650. *Pourquoi l'*EAU *bouillante est-elle* MOINS CHAUDE *sur les hautes* MONTAGNES *que dans les plaines?* — Parce que, sur les montagnes, la pression atmosphérique étant moindre, l'eau bout à une température plus basse. On a construit une espèce de thermomètre, appelé *hypsomètre,* à l'aide duquel on mesure la hauteur des montagnes par l'observation de la température à laquelle l'eau bout à leur sommet.

Dans l'hospice du Saint-Gothard, *sur les Alpes*, l'eau bout à 92 degrés centigrades; — dans la métairie d'Antisana, *sur les Andes*, elle bout à 84 degrés.

651. *Pourquoi l'*EAU *bouillante est-elle plus* CHAUDE *dans des lieux très-*PROFONDS? — Parce que, dans les lieux très-profonds, la pression atmosphérique est beaucoup plus forte; et que, par conséquent, l'eau ne bout qu'à une température plus élevée.

Si, à la profondeur de 10 mètres, dans une cloche à plongeur, on faisait bouillir de l'eau, elle aurait une température de 120 degrés environ.

652. *Pourquoi l'eau* BOUT-*elle plus* TARD *dans un vase très-*PROFOND? — Parce que la *pression* de l'eau supportée par les couches inférieures est assez *grande* pour retarder sensiblement l'ébullition.

653. *Pourquoi l'eau* BOUT-*elle plus* PROMPTEMENT *dans un vose de* MÉTAL *que dans des vases de terre ou de verre?* — Parce que le métal est un meilleur conducteur du calorique que la terre ou le verre, et qu'il transmet plus vite, par conséquent, à l'eau la chaleur nécessaire à son ébullition.

654. *Pourquoi se* GARDE-*t-on de* POLIR L'INTÉRIEUR *des bouilloires?* — Pour que l'ébullition soit plus prompte.

655. *Pourquoi l'eau* BOUT-*elle plus vite dans un vase dont l'intérieur n'est pas* POLI? — Parce que les aspérités de l'intérieur du vase, formant l'effet de pointes, laissent mieux passer la chaleur, où la cèdent plus facilement à l'eau.

656. *Pourquoi le* FOND *d'un vase dans lequel on fait bouillir de l'eau est-il à* UNE TEMPÉRATURE RELATIVEMENT *basse, de telle sorte qu'on puisse le* TOUCHER *impunément?* — Parce que la chaleur que reçoit le fond du vase est

emportée par la vapeur d'eau qui se forme; le fond cède donc la chaleur sans la garder pour lui; il s'échauffera d'ailleurs d'autant moins qu'il sera plus mince.

657. *Est-il vrai qu'on puisse faire* BOUILLIR *de l'eau sur une flamme dans* UN VASE DE PAPIER *sans que ce vase prenne* FEU? — Oui, si le papier est très-mince, et par la raison qui précède : la vapeur d'eau emporte la chaleur, et la température du papier ne s'élève pas assez pour qu'il puisse s'enflammer. Les Arabes de l'Afrique font bouillir chaque jour leur lait dans des vases en jonc ou en nattes de jonc sans qu'ils s'enflamment.

658. *Tous les* LIQUIDES *bouillent-ils à la* MÊME TEMPÉRATURE? — Non; le point d'ébullition varie avec la *nature* du liquide, avec sa *fluidité* plus ou moins grande, et, par conséquent aussi, avec son état plus ou moins grand de pureté.

TABLE DES POINTS D'ÉBULLITION.

Éther (*chlorhydrique*)	11 degrés.
Esprit de bois	66
Alcool	79
EAU	100
Eau saturée d'acétate de plomb	102
— de nitrate de soude	121
— de carbonate de potasse	135
— de nitrate de chaux	151
— d'acétate de potasse	169
— de nitrate d'ammoniaque	180
Camphre	204
Huile de lin	316

659. *L'eau bouillante s'échauffe-t-elle de* PLUS EN PLUS *en restant sur le feu?* — Non; l'eau ne peut pas

s'échauffer au-dessus de son *point d'ébullition*, si la *vapeur peut se former et s'échapper*.

660. *Pourquoi l'eau contenue dans un vase ouvert ne peut-elle pas s'échauffer au-dessus du point d'*ÉBULLITION? — Parce que la vapeur *emporte toute chaleur additionnelle*. C'est un principe général que la température d'un corps reste constante pendant qu'il change d'état, qu'il passe de l'état solide à l'état fluide, et de l'état fluide à l'état gazeux.

Un physicien français, nommé *Papin*, fit construire une machine pour chauffer l'eau au delà du point d'ébullition. Son appareil consiste en un vase de cuivre très-épais, dont le couvercle est maintenu par la pression d'une forte vis, et porte une soupape de sûreté. La température de l'eau, dans ce vase *fermé*, n'est plus bornée à 100 degrés, parce qu'il n'y a plus de vapeur qui emporte la chaleur fournie incessamment par le feu, parce qu'au contraire la température de la vapeur emprisonnée s'élève indéfiniment et se communique à l'eau. L'étain, le plomb, etc., peuvent s'y fondre. Si l'on y met des os, le liquide se trouve chargé de gélatine en peu d'instants ; les os sont alors blancs et friables, comme s'ils avaient été calcinés. Cette marmite ingénieuse a reçu le nom de *marmite de Papin*. Lorqu'on ouvre subitement la marmite de Papin, longtemps chauffée, il en sort des torrents de vapeur brûlante.

661. *Pourquoi l'*EAU FRÉMIT-*elle avant de bouillir?* — Parce que les particules de l'eau qui sont les plus rapprochées du feu, se réduisant en vapeur et devenant plus légères, *s'élèvent*, mais *se condensent* de nouveau en rencontrant d'autres portions d'eau moins échauffées; ces petites condensations successives, d'où résultent des séries de petits espaces vides que l'eau environnante vient remplir, produisent les *vibrations du liquide* qui constituent le frémissement. Ce frémissement se communique à la bouilloire, et l'on dit alors qu'elle chante.

662. *Pourquoi le frémissement* CESSE-*t-il* QUAND *l'eau est en* PLEINE ÉBULLITION? — Parce qu'alors il n'y a plus de condensations successives; les bulles de vapeur qui montent du fond vaporisent l'eau qu'elles rencontrent, au lieu de se condenser; loin de disparaître, elles augmentent considérablement de volume.

663. *En quelles circonstances une* BOUILLOIRE CHANTE-*t-elle le* PLUS? — Lorsqu'on la met *devant le feu* au lieu de la mettre *sur le feu* pour la faire bouillir.

664. —*Pourquoi une* BOUILLOIRE CHANTE-*t-elle* PLUS LONGTEMPS *lorsqu'on la met* DEVANT *le feu que lorsqu'on la met dessus?* — Parce que l'eau du vase entre plus lentement en pleine ébullition lorsqu'on l'attaque par le côté que lorsqu'on l'attaque par le fond. Les liquides, comme les gaz, sont de mauvais conducteurs du calorique; ils ne s'échauffent que par déplacement de bas en haut; les parties les plus chaudes du fond montent à la surface et cèdent leur place aux parties situées au-dessus, qui sont plus froides et plus lourdes.

665. *Pourquoi peut-on faire* BRULER *de l'huile ou de l'alcool à la surface d'un liquide sans qu'il* ENTRE EN ÉBULLITION *ou même sans qu'il* S'ÉCHAUFFE *sensiblement?* — Parce que le liquide est mauvais conducteur du calorique, et ne s'échauffe que par déplacement de bas en haut.

666. — *Pourquoi l'*EAU BOUILLANTE AUGMENTE-*t-elle de volume?* — Parce que, comme tous les corps, elle

se dilate par la chaleur, et qu'en outre les bulles de vapeur occupent un espace beaucoup plus grand que l'eau qui leur a donné naissance.

667. *Qu'est-ce qui cause l'*AGITATION *de l'eau bouillante?* — Le déplacement incessant des parties chaudes qui montent à la surface, des parties froides qui tombent au fond, et plus encore l'ascension plus ou moins tumultueuse des bulles de vapeur.

668. *Pourquoi une bouilloire* DÉBORDE-*t-elle quelquefois, même alors qu'elle n'est pas pleine?* — Parce que l'eau bouillante, et plus encore le mélange de vapeur et d'eau, occupent un volume beaucoup plus considérable que l'eau froide.

669. *Pourquoi du* LAIT, *etc.,* DÉBORDE-*t-il plus facilement que l'eau?* — Parce qu'il se forme à la surface du lait chauffé une pellicule qui, s'opposant au libre dégagement de la vapeur aqueuse, détermine bientôt la tuméfaction de la masse; celle-ci se gonfle donc, monte subitement, et tend à se répandre hors du vase.

670. *Pourquoi une* BOUILLOIRE *qui se trouvait* TOUT A FAIT PLEINE *tandis que l'eau bouillait,* NE *l'est-elle* PLUS *lorsqu'elle est retirée du feu?* — Parce que l'eau, dilatée par la chaleur et gonflée par les bulles de vapeur, est revenue à son volume primitif, beaucoup plus petit.

671. *Pourquoi, dans une bouilloire munie d'un* COUVERCLE *et armée d'un* BEC, *l'eau bouillante* S'ÉCOULE-*t-elle par le* BEC? — Parce que la vapeur, arrêtée par le

couvercle, presse à la surface de l'eau bouillante; cette eau, par elle-même incompressible, et qui d'ailleurs trouve une issue, monte dans le bec et s'écoule au dehors.

672. *Quelle est la cause du* BRUIT *que produit le* COUVERCLE *d'un chaudron ou d'une chaudière qui contient un liquide en ébullition?* — La vapeur, pour s'échapper, *soulève le couvercle*, celui-ci retombe de *son propre poids;* ces soulèvements et ces chutes, répétés *plusieurs fois* très-rapidement, produisent le bruit que l'on entend.

673. *Si la vapeur ne pouvait pas* SOULEVER *le* COUVERCLE *du chaudron, etc., qu'arriverait-il?* — Elle finirait par faire éclater le chaudron.

674. *Pourquoi les* MACHINES A VAPEUR ÉCLATENT-*elles quelquefois?* — Parce qu'il arrive qu'elles se remplissent subitement de vapeur, qui, ne trouvant pas d'issue, exerce contre les parois une pression énorme qu'elles sont incapables de supporter.

675. *Quand la vapeur sort du bec d'une bouilloire, pourquoi ne l'aperçoit-on qu'à* UN DEUX CENTIMÈTRES *de ce bec?* — Parce que la vapeur pure ou l'eau passée tout entière à l'état de gaz est invisible; or, très-près du bec ou de l'ouverture de la bouilloire, l'eau est tout entière à l'état de gaz.

676. *Pourquoi la* VAPEUR *d'eau n'est-elle pas* TOUJOURS INVISIBLE *comme à sa sortie de la bouilloire?* — Parce qu'elle n'est pas toujours à l'état de gaz ou de vapeur pure; dès qu'une portion de la vapeur s'est

condensée ou est revenue à l'état liquide, elle redevient visible. C'est ainsi que se forment les nuages auxquels donne naissance la vapeur sortie des cheminées des locomotives.

677. *Pourquoi, la vapeur devenue* VISIBLE, *les* NUAGES, *par exemple, que fait naître la vapeur sortie des locomotives,* DISPARAISSENT-*ils quelquefois si promptement?* — Parce que cette vapeur visible a la propriété de se dissoudre dans l'air, et qu'à l'état de dissolution dans l'air elle redevient invisible. En montant dans l'atmosphère, elle peut redevenir visible de nouveau et donner naissance à ce qu'on appelle proprement nuage.

678. *Pourquoi un vase rempli d'*EAU *ne bouillira-t-il jamais placé dans un autre vase rempli du* MÊME *liquide?* — 1° Parce que l'eau contenue dans le premier vase, supposé ouvert, ne peut pas s'élever à plus de 100 degrés. — 2° Parce que le second vase arrête et retient une portion de la chaleur que l'eau qu'il contient pourrait recevoir de l'eau environnante; cette eau intérieure est nécessairement moins chaude que l'eau extérieure, elle n'est donc pas à 100 degrés et ne peut pas bouillir. En d'autres termes, pour porter à 100 degrés la température de l'ensemble du vase intérieur et de l'eau qu'il contient, il faut plus de chaleur que pour l'eau qui remplirait le même espace : or cet excédant de chaleur ne peut pas être fourni par l'eau ambiante, qui ne dépasse jamais 100 degrés. Chauffer ainsi un liquide en plongeant le vase qui le contient dans un second vase rempli d'eau, s'appelle *chauffer au bain-marie.*

679. *Pourquoi du sucre ou du sel, etc., dissous dans*

de l'eau, en retardent-ils l'ébullition? — Parce qu'ils augmentent la *densité* de l'eau, et que tout ce qui augmente la *densité d'un liquide* en retarde l'*ébullition*. L'affinité ou l'attraction exercée sur les molécules de l'eau dissolvante par les molécules du sucre dissous combat jusqu'à un certain point l'action du calorique, et les molécules d'eau salée ou sucrée exigent, pour se réduire en vapeur, une température plus élevée.

680. *Si l'on veut faire bouillir de l'eau au bain-marie, sans* CONTACT *avec une chaudière* MÉTALLIQUE, *de quelle manière faut-il s'y prendre?* — Il faut plonger le vase qui contient l'eau qu'on veut faire bouillir dans une *forte saumure*, c'est-à-dire une eau fortement chargée de sel, ou dans un autre liquide qui ne bout qu'à une température plus élevée que l'eau, et plus élevée d'une quantité suffisante. C'est ce qu'on fait pour les conserves alimentaires, qui ont besoin d'être chauffées à plus de 100 degrés.

681. *Pourquoi le vase* INTÉRIEUR *bouillira-t-il si la chaudière contient une forte* SAUMURE? — Parce que la saumure bout à une température plus élevée de 8 degrés environ que celle à laquelle bout l'eau pure; que la saumure bouillante est par conséquent à 108 degrés, ce qui suffit pour que l'ensemble du vase intérieur et de l'eau qu'il contient puisse dépasser 100 degrés, température de l'ébulition de l'eau pure.

§ 4. — VAPORISATION.

682. *Que signifie le mot* VAPORISATION? — La con-

version en *gaz* d'un solide ou d'un liquide sous l'action du calorique.

683. *Qu'est-ce qu'une* VAPEUR? — Le gaz non permanent qui résulte de la vaporisation d'un solide ou d'un liquide, ou le nouvel état passager que prennent les corps liquides et solides sous l'action d'une chaleur suffisamment intense. Quand elles sont soustraites à l'influence de cette chaleur intense, les vapeurs se liquéfient ou se solidifient de nouveau, et c'est en cela qu'elles diffèrent accidentellement des gaz que nous nommons permanents, parce que, comme l'oxygène, l'hydrogène, l'azote, l'air atmosphérique, ils restent gaz aux températures même les plus bases dont nous puissions disposer. Déjà néanmoins, beaucoup de gaz que nous croyions permanents ont été amenés à l'état liquide ou solide, et ne sont en réalité que des vapeurs.

Il n'est pas nécessaire qu'un liquide *bouille* pour être capable de se gazéifier. Tous les liquides, en effet, à toute température, ont une tendance à se réduire en gaz ; et c'est à ces gaz que l'on donne le nom *de vapeur*, pour les distinguer des gaz *permanents*, tels que l'oxygène, l'hydrogène, l'azote, etc., etc.

684. *La vaporisation* SUPPOSE-*t-elle nécessairement l'*ÉBULLITION, *ou un corps ne se* VAPORISE-*t-il qu'autant qu'on l'a amené à* BOUILLIR? — Non, la vaporisation ne suppose pas l'ébullition. Tous les liquides et même tous les solides tendent à se réduire et se réduisent en vapeur, mais avec une lenteur excessive, à la température ordinaire, et même à toute température. Ainsi qu'on l'a déjà dit, les corps ne sont jamais soustraits à l'action de la chaleur; même alors qu'ils nous semblent le plus froids, il s'en échappe incessamment une radiation calorifique qui peut emporter et emporte avec

elle des particules infiniment petites de ces corps.

685. *Pourquoi de l'*EAU *versée sur des braises ardentes, des charbons ardents projetés dans une bouilloire, ou un morceau de* FER *rouge plongé dans l'*EAU *froide produisent-ils un* SIFFLEMENT? — Parce que les dilatations et les condensations qui accompagnent la réduction subite de l'eau en vapeur et le refroidissement subit des braises et du fer sont des causes naturelles de bruit, ou sont naturellement aptes à faire vibrer l'air et les vases qui renferment l'eau réduite en vapeur.

686. *Pourquoi le* SEL *de cuisine crépite-t-il lorsqu'on le jette sur des charbons incandescents?* — Parce que : 1° l'eau qui est, en petite quantité, interposée entre les lamelles cristallines du sel ou son eau de cristallisation, se réduisant brusquement en vapeur, produit une série de petits bruits; — 2° la conductibilité du sel est si faible, que la chaleur du feu produit une foule de petites ruptures dans chaque cristal salin.

687. *Pourquoi un morceau de* CAMPHRE *mis à l'air* DISPARAÎT-*il bientôt?* — Parce qu'il se *volatilise* dans les conditions ordinaires de température.

688. *Pourquoi la* GLACE, *dans les plus grands froids,* DIMINUE-*t-elle toujours?* — Parce qu'elle se *vaporise*, même avant de *fondre*.

689. *Tous les corps se* VOLATILISENT-*ils?* — Oui, presque tous les métaux se volatilisent lorsqu'on les *chauffe*.

Le *mercure* se volatilise à la température ordinaire. Le plomb, le zinc, l'argent, l'or, etc., se volatilisent à la *chaleur blanche*. Les corps se volatilisent infiniment peu à des températures basses, entièrement si la température est suffisamment élevée. En employant la chaleur produite par une énorme pile de Bunsen de 600 éléments, M. Despretz a pu volatiliser tous les corps, le charbon lui-même et le diamant.

690. *A-t-on tiré quelque parti de la propriété qu'ont les corps de se volatiliser?* — Oui, pour les purifier à l'aide de l'opération qui a reçu le nom de distillation. C'est ainsi qu'on obtient du zinc, du mercure ou de l'eau parfaitement purs. S'il s'agit du zinc ou d'un amalgame de mercure, on les place dans une cornue de grès ou de fonte qu'on chauffe au rouge blanc; le métal se vaporise; les vapeurs sont condensées dans le col de la cornue entouré de linges mouillés ou autre appareil réfrigérant, et le métal coule goutte à goutte. S'il s'agit de l'eau, on la verse dans un alambic; par l'application de la chaleur, l'eau pure se réduit en vapeurs; on condense ces vapeurs dans un réfrigérant ou en la faisant circuler dans un serpentin entouré d'eau froide, et l'on obtient l'eau purifiée ou distillée; les impuretés restent dans l'alambic.

691. *Pourquoi l'eau projetée en* GOUTTES TRÈS-FINES *sur du fer ou autre métal* SUFFISAMMENT CHAUD S'ARRONDIT-*elle en* GLOBULES? — Parce que la goutte d'eau ne mouille pas les corps dont la température est suffisamment élevée, de 142 degrés environ; cédant à leurs attractions mutuelles, les molécules de la goutte prennent leur figure naturelle d'équilibre ou s'arrondissent en sphérules; on dit alors que l'eau est à l'*état sphéroïdal.*

692. *Pourquoi l'eau ne* MOUILLE-*t-elle pas le fer ou le métal suffisamment échauffé?* — Parce qu'il s'échappe

du métal chaud un effluve de chaleur qui soulève la goutte d'eau, en la supposant assez petite, et la maintient à distance.

693. *Pourquoi l'eau à l'*ÉTAT SPHÉROÏDAL *est-elle* AGITÉE *de* MOUVEMENTS *plus ou moins rapides, ou* ROULE-*t-elle sur le fer échauffé?* — Parce qu'elle est entraînée par la vapeur qui se dégage à sa surface, et qui, comme tous les gaz chauds, est extrêmement mobile.

694. *Pourquoi l'eau à l'état sphéroïdal se vaporise-t-elle si lentement,* BEAUCOUP PLUS LENTEMENT *que si le métal était moins chaud et que la goutte le mouillât?* — Parce que sa température est au-dessous de son point d'ébullition, de 96 degrés environ au lieu de 100 degrés.

695. *Pourquoi la température de l'eau à l'état sphéroïdal est-elle* INFÉRIEURE *à la température de son point d'ébullition?* — Parce que 1° l'eau est un mauvais conducteur du calorique; 2° que la goutte sphérique, tenue à distance de la surface chaude, ne donne point passage au calorique à travers sa substance; 3° la goutte se vaporise néanmoins, quoique très-lentement, à sa surface extérieure, et la vapeur, en se dégageant à 100 degrés, abaisse un peu au-dessous de 100 degrés la température de la goutte d'eau.

C'est un fait général de théorie et d'expérience que la température des liquides à l'état sphéroïdal est au-dessous de leur point d'ébullition. Si le liquide est de l'acide sulfureux, la température de la goutte sera au-dessous de — 10 degrés; donc de l'eau introduite au sein de la goutte se congèlera subitement. Si le liquide est un mélange d'acide carbonique solide et d'éther, la température de la goutte sera au-dessous de — 50 degrés; donc, si l'on introduit du mercure au sein de la goutte, il se congèlera. C'est ainsi que MM. Boutigny et Faraday ont pu faire congeler de l'eau et du mercure au sein d'un creuset incandescent. L'expérience réussit même d'autant mieux que la température du creuset est plus élevée, puisque c'est alors seulement que des masses de liquide un peu considérables peuvent exister à l'état spéroïdal. Quand la température est basse, cet état n'est possible que pour de très-petites gouttes.

696. *Pourquoi, lorsque la surface sur laquelle le liquide est à l'état sphéroïdal vient à se refroidir, ce liquide, à un instant donné, se réduit-il subitement en vapeur?* — Parce que, dès que la température de la plaque est descendue au-dessous de 142 degrés, l'eau arrive en contact avec elle, la mouille, et se trouve dans les conditions ordinaires de sa vaporisation. C'est ainsi que peuvent et doivent s'expliquer certaines explosions de générateurs à vapeur. Lorsque pendant un intervalle de repos, par exemple, on a cessé d'alimenter suffisamment d'eau le générateur, ou lorsque la vapeur n'a pas une issue suffisante, le fond et les parois du générateur se surchauffent considérablement, l'eau qu'il renferme passe à l'état sphéroïdal; si alors on recommence l'alimentation ou si l'on donne issue à la vapeur surchauffée, la température du fond et des parois diminue; l'eau cesse d'exister à l'état sphéroïdal; elle mouille les parois et se réduit subitement en vapeur; il en résulte une pression énorme et soudaine qui fait éclater le générateur.

697. *Pourquoi une* BLANCHISSEUSE *jette-t-elle un peu de salive sur son fer à repasser pour savoir s'il est assez*

CHAUD? — Ce fait s'explique sans peine par ce qui vient d'être dit; si la salive mouille le fer, c'est que sa température est au-dessous de 142 degrés; si au contraire elle ne mouille pas et s'arrondit en globules, la température du fer dépasse 142 degrés. Le fer devant réduire rapidement en vapeur l'eau du linge qu'on repasse, sa température doit dépasser notablement 100 degrés.

§ 5. — FUSION ET LIQUÉFACTION.

698. *Qu'entend-on par* FUSION *ou* LIQUÉFACTION? — Le changement d'état d'un corps qui, de *solide*, devient *fluide* ou *liquide* par la seule action de la *chaleur*.

On dit en général la FUSION des *métaux* et la LIQUÉFACTION de la glace, de la cire, de la résine, du suif.

699. *Lorsqu'on chauffe un morceau de* PLOMB, *pourquoi le voit-on s'*AMOLLIR *par degrés, puis enfin se* LIQUÉFIER? — Parce que la chaleur écarte de plus en plus ses molécules, jusqu'au point de les désunir en détruisant leur cohésion; le plomb alors devient liquide.

700. *Chaque substance se* FOND-*elle à* UNE *température spéciale et toujours invariable?* — Oui, de quelque manière qu'on *applique* la chaleur; mais les substances diverses fondent à des températures diverses.

Par exemple, la glace se fond à zéro; — la cire blanche, à 68 degrés centigrades; — le plomb, à 334 degrés; — le fer martelé (anglais), à 1 600 degrés.

701. *A-t-on utilisé cette propriété qu'ont les divers corps de* FONDRE A DIVERSES TEMPÉRATURES? — Oui, par

exemple, pour séparer les divers métaux qui entrent dans la composition d'un alliage; les métaux les plus fusibles se séparent d'abord de la masse, et on peut ainsi les en extraire.

702. *Citez quelques autres* APPLICATIONS *grandement utiles de la* FUSION ? — On a fait avec des alliages très-fusibles des rondelles que l'on applique sur les soupapes des générateurs à vapeur; lorsque la température de ces générateurs s'élève trop, qu'ils se remplissent de vapeur trop surchauffée, la rondelle fond et ouvre un passage à la vapeur. On a fait aussi des alliages qui fondent à toutes les températures, depuis 100 jusqu'à 1500 degrés, et qui peuvent ainsi servir de moyen pyrométrique pour estimer la chaleur dans les diverses opérations de l'industrie.

703. *Les corps passent-ils tous* SANS INTERMÉDIAIRE *de l'état liquide à l'état solide?* — Non ; quelques-uns, comme la cire, se ramollissent d'abord ou passent par un état de viscosité intermédiaire entre l'état solide et l'état liquide.

704. *Pourquoi certains corps* FONDENT-*ils d'abord* A LA SURFACE, *tandis que d'autres fondent presque en même temps* A LA SURFACE ET AU CENTRE? — Parce qu'il est des corps qui conduisent difficilement la chaleur, comme les corps gras, le suif, etc., et que la chaleur pénètre très-difficilement, tandis que d'autres corps, comme les métaux, sont très-pénétrables à la chaleur; les premiers fondent d'abord à leur surface; les seconds fondent presque à la fois à la surface et au centre.

705. *Pourquoi le* BOIS *ne se fond-il pas comme les métaux?* — Parce que, déjà à 140 degrés, le bois se dé-

compose en gaz combustibles et en charbon, qui brûle en laissant pour résidu des cendres.

706. *Pourquoi, si l'on fait cuire des légumes* SECS *dans une casserole en étain, la chaleur du feu* FONDRA-*t-elle le métal?* — Parce que l'étain fond à une *température* peu élevée, et que la chaleur qui est nécessaire pour faire *cuire les légumes secs* suffit aussi à le faire *fondre*. Ainsi placés, les légumes secs peuvent s'échauffer au point de brûler; or la température qui les fait brûler fait d'abord fondre l'étain.

707. *Si l'on fait bouillir des corps* GRAS *dans une casserole en étain, pourquoi le métal* NE *se fondra-t-il pas?* — Si le corps gras est volatil à une température inférieure au point de fusion de l'étain, celui-ci ne fondra pas; mais si le corps gras est fixe ou ne se volatilise qu'à une température supérieure à celle de l'étain, l'étain se fondra certainement.

708. *Pourquoi les* VASES *en* ÉTAIN *dans lesquels on fait bouillir de l'eau ne fondent-ils pas, quoique placés sur le feu?* — Parce que 1° la température de l'eau ne s'élève pas au delà de 100 degrés; — 2° que la vapeur d'eau produite enlève la chaleur excédante que le feu communique à chaque instant au vase et à l'eau; le métal reste donc sensiblement à la température de 100 degrés ou même au-dessous.

709. *Pourquoi fait-on les grandes marmites en* FER *ou en* CUIVRE *au lieu d'étain?* — Parce que le fer et le cuivre ne se fondent qu'à une température très-supérieure à celle de l'étain.

Le fer doux (français) se fond à 1 600 degrés; — le cuivre, à 1 010 degrés; — l'étain, à 230 degrés.

CHAPITRE VI

Propagation de la chaleur.

§ 1. — CONDUCTIBILITÉ.

710. *Qu'entend-on par* CONDUCTIBILITÉ? — La propriété qu'ont certains corps de donner passage à la chaleur à travers leur substance, de la conduire, en quelque sorte, d'une molécule à l'autre.

711. *La* CONDUCTIBILITÉ *de* TOUTES *les substances est-elle* ÉGALE ? — Non ; les différents corps diffèrent beaucoup sous le rapport de la conductibilité : quelques-uns sont excellents conducteurs, d'autres bons conducteurs, d'autres conducteurs imparfaits, d'autres mauvais conducteurs.

712. *Quels sont les* MEILLEURS *conducteurs de la chaleur?* — En général, les corps solides, denses ou lourds, et surtout les métaux.

713. *Quels sont les* MÉTAUX *qui conduisent le mieux la chaleur?* — Au premier rang : l'or, — le platine, — l'argent — et le cuivre ; — au second rang : le fer, — le zinc — et l'étain ; — au troisième rang : le plomb, etc.

Si l'on suppose la conductibilité de l'or égale à 1 000, les conductibilités des autres substances seront :

1. Or	= 1 000	5. Fer	= 374	9. Marbre	= 24
2. Platine	= 981	6. Zinc	= 363	10. Porcelaine	= 12
3. Argent	= 973	7. Étain	= 303	11. Poterie	= 11
4. Cuivre	= 898	8. Plomb	= 180	12. Charbon	= 10.

714. *Quels sont les plus mauvais conducteurs?* — 1° Les corps les plus *légers* et les plus *poreux;* 2° les liquides et les gaz.

Les plus *mauvais* conducteurs de la chaleur sont : 1° le poil de lièvre et l'édredon ; 2° la fourrure du castor et la soie écrue ; 3° le bois et le noir de fumée ; 4° le coton et le lin ; 5° le charbon et les cendres de bois, etc.

Toutes les substances végétales et animales, en général, conduisent mal la chaleur.

715. *Pourquoi peut-on tenir* SANS *se* BRULER *un morceau de* BOIS *très court dont une extrémité est* ENFLAMMÉE? — Parce que le bois *conduit si difficilement* la chaleur, que les molécules d'une extrémité peuvent rougir et brûler avant que la chaleur parvienne à l'*autre* extrémité.

716. *Pourquoi peut-on tenir dans la flamme d'une chandelle,* SANS *se* BRULER, *un petit morceau de* CHARBON *jusqu'à ce qu'il devienne rouge?* — Par la même raison que pour le bois.

717. *Pourquoi un morceau de* VIANDE BRULE-*t-il quelquefois d'un côté pendant qu'il est encore* FROID *de l'autre?* — Parce qu'il est mauvais conducteur.

718. *Pourquoi un tube de* VERRE *peut-il être* FONDU *à un bout sans qu'il soit chaud à quelques centimètres plus loin?* — Parce qu'il est mauvais conducteur.

719. *Lorsqu'on* CACHETTE *une* LETTRE, *pourquoi peut-on tenir, sans se brûler, un petit morceau de* CIRE *dont une extrémité est* ENFLAMMÉE? — Parce que la cire ne conduit pas.

720. *Lorsqu'on allume une* BOUGIE *ou une* CHANDELLE, *pourquoi la chaleur de la flamme ne se propage-t-elle pas dans toute sa longueur et ne fait-elle pas* FONDRE *sur-le-champ toute la cire ou tout le suif?* — Parce que la cire et le suif sont mauvais conducteurs.

721. *Pourquoi ne peut-on pas saisir impunément une barre de* FER *dont un bout est* ROUGI *au feu?* — Parce que le fer est *bon conducteur,* et que, lorsqu'on le chauffe par une extrémité, la chaleur se propage très-rapidement *dans toute sa masse.*

722. *Si l'on se place devant le feu, pourquoi l'*ARGENT *qu'on a dans la poche semble-t-il très-*CHAUD *au toucher?* — Parce que l'argent, *bon conducteur* de la chaleur, s'est laissé *pénétrer facilement et abondamment* par elle.

723. *Pourquoi répand-on dans le fond des* OMNIBUS *ou des diligences de la* PAILLE *ou de la sciure de bois en* HIVER? — Parce que la paille et la sciure de bois, *mauvais conducteurs*, empêchent les pieds des voyageurs de se *refroidir.*

724. *Pourquoi met-on un* TAPIS *sur le plancher en* HIVER? — Parce que la laine, *mauvais conducteur*, empêche la chaleur des pieds de se perdre, ou ne la soutire pas.

725. *Pourquoi* RETIRE-*t-on les* TAPIS *en été?* — Parce qu'ils ne sont plus utiles, qu'ils seraient plutôt incommodes; le plancher ou les briques sont plus frais, ils perdent plus vite que les tapis la chaleur qu'ils ont absorbée.

726. *Pourquoi couvre-t-on de* PAILLE *l'intérieur des* GLACIÈRES *et les* BLANCHIT-*on à la chaux à l'intérieur?* — Parce que 1° la paille est *mauvais conducteur* et empêche la *chaleur du dehors* d'atteindre la glace; — 2° la *couleur blanche* de la chaux diminue dans une proportion considérable le pouvoir absorbant des murs de la glacière; blanchie, elle s'échauffe donc beaucoup moins.

727. *Pourquoi le* FOND *d'une bouilloire est-il presque* FROID *au toucher, même quand l'*EAU *qu'elle contient est* BOUILLANTE? — Par la raison déjà donnée : la chaleur ne fait que traverser le fond sans l'échauffer; l'eau l'emporte à la surface, et la vapeur l'emporte dans l'air.

728. *Pourquoi le* COUVERCLE *d'une bouilloire est-il très-*CHAUD *au toucher quand l'eau bout?* — Parce qu'il est en contact avec l'eau bouillante ou de la vapeur à 100 degrés et plus, et que rien n'empêche qu'il ne se mette en équilibre de température.

729. *Pourquoi confectionne-t-on les chauffe-pieds, moines ou chancelières en étain poli?* — On fait les moines en métal, parce que le métal prend sans peine la température de l'eau intérieure; on les fait en métal poli, parce que les métaux polis ont peu de pouvoir émissif et rayonnent ou cèdent peu la chaleur à l'air environnant.

730. *Pourquoi enveloppe-t-on de* FLANELLE *une chaufferette d'étain?* — La flanelle a le double avantage de protéger le poli de l'étain, et de conserver la chaleur en sa qualité de mauvais conducteur; en perdant son

poli, l'étain rayonnerait mieux ou céderait facilement sa chaleur.

731. *Pourquoi une* BRIQUE ENVELOPPÉE *de* FLANELLE *forme-t-elle un très-bon chauffe-pieds?* — Parce que la brique chauffée, corps très-mauvais conducteur, conserve longtemps sa chaleur, et que la flanelle aide à cette conservation, en même temps qu'elle défend les pieds de la trop grande chaleur de la brique.

732. *Quelle est sans contredit la* MEILLEURE *de toutes les* CHANCELIÈRES? — La chancelière Larcher en caoutchouc, enfermée dans une chemise de drap ou de velours : elle conserve sa chaleur plus longtemps que toute autre, et le caoutchouc, ramolli par l'eau chaude, forme comme un coussin moelleux de chaleur.

733. *Pourquoi fait-on en* BRIQUES *poreuses les fourneaux et les poêles dans lesquels on doit dégager beaucoup de* CHALEUR? — Parce que les briques poreuses sont de *mauvais conducteurs* et empêchent la perte de la chaleur.

Dans les contrées du Nord, on a de grands poêles en briques ou en pierres, qu'on allume seulement le matin pendant une ou deux heures ; cette masse prend ainsi une provision de chaleur qu'elle cède ensuite peu à peu, de sorte que l'appartement reste à 15 ou 16 degrés pendant vingt-quatre heures, lors même qu'au dehors la température est de 15 ou 20 degrés au-dessous de zéro.

734. *Pourquoi couvre-t-on d'une pâte d'*ARGILE *et de* SABLE *la* PORTE *des fourneaux où l'on dégage une grande chaleur?* — Parce que la conductibilité très-faible du mortier s'oppose efficacement à la déperdition de la chaleur.

735. *Pourquoi, dans la construction des fourneaux, interpose-t-on quelquefois entre deux couches de briques une couche de charbon en poudre?* — Parce que le charbon, le corps le plus mauvais conducteur, rend encore moindre la déperdition de chaleur.

736. *Lorsqu'on* RETIRE *du feu un vase de* MÉTAL, *pourquoi l'ébullition* CESSE-*t-elle immédiatement?*—Parce que le métal, bon conducteur, et qui était à 100 degrés, descend rapidement au-dessous de cette température au contact de l'air; il n'y a donc aucune raison pour que l'ébullition continue.

737. *Pourquoi l'*EAU *bouillante contenue dans un vase de* TERRE CHANTE-*t-elle quelquefois après qu'on l'a* RETIRÉE *du feu?* — Le vase de terre, plus mauvais conducteur que le vase de métal, était pendant l'ébullition bien au-dessus de 100 degrés; en se refroidissant lentement au contact de l'air, il peut donc pendant quelque temps fournir à l'eau la chaleur nécessaire à son ébullition, et, comme l'eau s'est en même temps refroidie à la surface, on se retrouve dans les conditions d'une ébullition qui commence, et la bouilloire peut chanter.

738. *Si l'on met un* POÊLE *dans le* MILIEU *d'une chambre, doit-il être en* FER *ou en porcelaine?* — Le poêle en fer s'échauffe très-facilement et cède plus rapidement sa chaleur à l'air ambiant; mais il se refroidit aussi beaucoup plus vite; il a en outre l'inconvénient de s'échauffer trop, de rougir quelquefois; il brûle alors l'air de la chambre en lui enlevant presque tout son oxygène et le rendant très-dangereux ou asphyxiant. Le poêle de faïence s'échauffe plus difficile-

ment, cède plus lentement sa chaleur à l'air; mais il se refroidit beaucoup moins vite, ne rougit pas et ne donne pas d'odeur de brûlé. Tout comparé, le poêle de faïence semble préférable.

739. *Pourquoi les tables d'une poissonnerie et d'une laiterie doivent-elles être en* MARBRE *et non pas en bois?* — Le marbre est le plus frais ; il ne se laisse pas pénétrer par les liquides animaux ; il se nettoie beaucoup plus facilement ; il n'est pas sujet à décomposition ; il n'en est pas ainsi du bois, qui possède plutôt les qualités contraires.

740. *Pourquoi l'eau, le thé, le café* BOUILLANTS ECHAUFFENT-*ils une cuiller d'*ARGENT *plus qu'une cuiller en métaux inférieurs, l'aluminium, le nickel, l'étain, ou en alliages, le maillechor, l'oréide,* etc.*?* — Parce que l'argent est un *meilleur conducteur* de la chaleur que les métaux inférieurs ou les alliages.

741. *Pourquoi une* CUILLER *de métal laissée dans une casserole* RETARDE-*t-elle l'ébullition?* — Parce que le métal s'échauffe aux dépens de l'eau, et qu'en sa qualité de corps bon conducteur, il cède facilement à l'air la chaleur qu'il reçoit à chaque instant de l'eau; c'est donc autant de chaleur perdue et un retard apporté à l'ébullition.

742. *Pourquoi la* PEINTURE CONSERVE-*t-elle le* BOIS? — Parce que : 1° en couvrant sa surface, elle empêche l'*air*, l'*humidité* et les *insectes* de pénétrer dans ses pores ; 2° la peinture, surtout la peinture blanche, *peu conductrice* de la chaleur, maintient le bois à une température plus égale.

743. *Si l'on se couvre de* SABLE *la paume de la main, pourquoi peut-on y tenir impunément une* BALLE *de fer* ROUGIE *au feu?* — Parce que le sable est un *mauvais conducteur* et empêche la chaleur d'arriver à la main.

744. *Lorsqu'on veut transporter sur le champ de bataille des* BOULETS *de canon* ROUGIS *au feu, pourquoi les met-on dans une brouette sur une* COUCHE DE SABLE? — Parce que le sable est un *mauvais conducteur* et empêche les boulets de perdre leur chaleur.

745. *Pourquoi la* TEMPÉRATURE *de l'intérieur du* CORPS *humain reste-t-elle toujours à 37 degrés environ, quand la surface et les extrémités sont à peu près à la température de l'*AIR *ambiant?* — Parce que la peau, le tissu cellulaire et la graisse conduisent *très-mal la chaleur;* par conséquent l'intérieur du corps est à peine affecté par l'air extérieur.

746. *Pourquoi peut-on* ENTRER *impunément dans un* FOUR *où le thermomètre marque une température plus élevée que celle de l'eau* BOUILLANTE? — Parce que, 1° la peau, le tissu cellulaire et la graisse conduisent *très-mal la chaleur* et s'échauffent difficilement; — 2° parce que l'air chaud et sec cède très-lentemunt sa chaleur, alors même qu'il est à une température très-élevée. Dans les fabriques de chaux ou de plâtre, les ouvriers entrent dans les fours où le thermomètre marque 200 degrés, et la chaleur de leurs corps ne s'élève que de 1 ou 2 degrés.

Quoi qu'il en soit, les ouvriers doivent prendre le soin de n'avoir sur eux aucun *morceau de métal.*

Un homme portant des *lunettes* entra dans un four d'air chaud. En peu de temps, la soudure de la monture de ses lunettes fondit, et lui brûla cruellement le *nez*, sans qu'il éprouvât aucun autre mal.

747. *Est-il vrai et comment expliquez-vous qu'on puisse,* SANS SE BRULER, *couper avec le doigt un jet de fonte, plonger le doigt ou la main dans une poche pleine de fonte incandescente, passer la langue sur du fer incandescent, le prendre avec la main, courir nu-pieds sur des gueuses qu'on vient de couler, remuer du plomb fondu avec le doigt, plonger la main dans du goudron bouillant, etc.?* — Oui; ce sont là des faits incontestables qui, à l'éveil donné par M. Boutigny, ont été l'objet d'expériences publiques récentes. On les explique en admettaut que l'humidité extérieure du doigt, de la main ou du pied, passe à l'état sphéroïdal, et qu'elle est repoussée et tenue à distance par le flux calorifique sortant du corps incandescent; que, par conséquent, il n'y a pas contact entre l'organe et le foyer de chaleur, qui n'agit sur lui que par rayonnement; or ce rayonnement, qui n'a lieu que pendant un temps très-court, est impuissant à produire une brûlure ou une sensation douloureuse. Cette répulsion du foyer de chaleur pour le liquide environnant peut être mise en évidence par une expérience très-remarquable. On prend un gros œuf en argent ou en platine du poids d'environ 200 grammes, muni d'un anneau; on le fait rougir, puis on le fait plonger, en le tenant suspendu par l'anneau à un fil de fer, dans un vase plein d'eau; on voit que d'abord l'eau laisse un intervalle vide autour de l'œuf; mais au bout de quelque temps un sifflement se fait entendre, l'eau bout avec violence et se réduit en vapeur.

748. *Si la peau, le tissu cellulaire de la graisse sont de mauvais conducteurs, comment le corps devient-il plus chaud dans le voisinage du feu?* — Les corps mauvais conducteurs s'échauffent plus lentement, mais ils

s'échauffent; l'action bienfaisante du feu extérieur augmente aussi la vitalité intérieure, et le corps, stimulé par le feu, contribue de son côté à élever sa température.

749. *Montrez la* SAGESSE *et la* BONTÉ *du Créateur lorsqu'il a fait la* PEAU, *les* TISSUS, *etc. peu conducteurs.* — Si la peau, le tissu cellulaire et la graisse étaient de *bons conducteurs*, le froid de l'hiver *paralyserait* les fonctions du corps, et la chaleur de l'été le ferait périr.

750. *Pourquoi la sensation que nous éprouvons au contact des divers corps est-elle si* DIFFÉRENTE? *pourquoi quelques-uns semblent-ils beaucoup plus* FROIDS *que les autres?* — Cette différence tient, toutes choses égales d'ailleurs, à la différence de conductibilité. Les corps bons conducteurs soutirent plus rapidement la chaleur de la main et produisent une sensation de froid; les corps mauvais conducteurs soutirent moins de chaleur et la sensation de froid est moindre.

751. *Pourquoi, à la même température, les* MÉTAUX *nous paraissent-ils bien plus* FROIDS *que le bois, la paille, la laine, etc?* — Parce que les métaux bons conducteurs enlèvent plus de chaleur à la main que le bois, la paille, la laine, mauvais conducteurs.

752. *Pourquoi le* VERRE *et le* MARBRE *paraissent-ils aussi* FROIDS *que les métaux, quoiqu'ils ne conduisent pas si bien la chaleur?* — Parce que, pour le métal, le verre et en général pour les surfaces polies, l'effet du poli supplée à l'absence de conductibilité. Quand la surface est polie, le nombre des molécules en contact avec la main est beaucoup plus grand; chacune soutire moins

de chaleur que la molécule métallique, mais en raison de leur nombre l'effet résultant est le même.

753. *Lorsqu'on plonge la main dans un bain de mercure, pourquoi ressent-on une forte impression de froid?* — Parce que le mercure est *très-bon conducteur* du calorique; il absorbe rapidement la chaleur de la main qu'il entoure de tous côtés, et la refroidit subitement.

754. *Pourquoi, à température égale, les* MÉTAUX *paraissent-ils bien plus* CHAUDS *que la laine?* — Parce que les métaux ont plus de pouvoir émissif ou cèdent plus facilement la chaleur dont ils sont pénétrés.

755. *Pourquoi le* GARDE-FEU, *devant une cheminée sans feu, est-il bien plus* FROID *au toucher que le tapis du foyer?* — Parce que le garde-feu est bon conducteur et le tapis mauvais conducteur.

756. *Pourquoi le* TISONNIER, *les* PINCETTES *et la* PELLE S'ÉCHAUFFENT-*ils excessivement toutes les fois qu'ils sont posés* CONTRE *le poêle ou le foyer ardent?* — Parce qu'ils sont *bons conducteurs*.

757. *Pourquoi la* MANIVELLE *en fer d'une* POMPE *est-elle si* FROIDE *au toucher en hiver?* — Parce qu'elle est *bon conducteur*.

758. *La* MANIVELLE *en fer de la pompe est-elle vraiment plus* FROIDE *que le corps de* POMPE *en bois?* — Non; dans une même enceinte ou dans une même atmosphère, tous les corps inanimés ou qui n'ont pas de source propre de chaleur se mettent en équilibre de température.

759. *Pourquoi un* ATRE *de* MARBRE *ou de pierre est-il bien plus* FROID *au toucher que le tapis près du foyer?* — Parce que, quoique plus mauvais conducteur que la laine, en raison de son poli, il touche la main par un plus grand nombre de points et la refroidit davantage.

760. *Pourquoi un* ATRE *de* MARBRE *ou de pierre* REFROIDIT-*il nos pieds?* — Parce qu'il est plus froid que le corps et s'échauffe à ses dépens.

761. *Le* TAPIS *est-il à la même température que nos pieds?* — Non ; mais il enlève si lentement leur chaleur que le refroidissement est presque insensible.

762. *Pourquoi le* TAPIS *enlève-t-il si entement la chaleur de nos pieds?* — Parce qu'il est mauvais conducteur et que le poli ne supplée pas à son défaut de conductibilité.

763. L'ATRE *de marbre et le* TAPIS *ont-ils vraiment la même température?* — Oui ; *tout* ce qui n'a point de vie est, dans une même chambre, à *la même* température.

764. *Combien de temps l'*ATRE *de marbre paraîtra-t-il être* FROID *à nos pieds?* — Jusqu'à ce que le marbre se soit mis en *équilibre* avec notre *température.*

765. *Pourquoi un corps, même bon conducteur,* NE *paraîtra-t-il pas froid au toucher s'il est à la* MÊME *température que notre corps?* — Parce que, en raison de l'équilibre de température, le corps conducteur n'enlève rien et ne cède rien à notre corps. C'est une loi générale que l'échange de calorique entre deux corps est proportionnel à la différence entre leurs températures;

l'échange est donc nul si la différence est nulle.

766. *Pourquoi fait-on en* BOIS *ou recouvre-t-on d'*OSIER *les* ANSES *des ustensiles de cuisine, des théières, des cafetières, etc., fabriqués en* MÉTAL? — Parce que le bois, mauvais conducteur du calorique, reste à une température beaucoup plus base que le métal, et qu'on ne court plus risque de se brûler. En l'absence d'anse en bois, on recouvre l'anse en métal de papier ou d'étoffe de soie ou de laine; on saisit alors sans danger l'anse qui aurait douloureusement impressionné la main. Le bois, la natte d'osier, le papier, l'étoffe, n'atteindraient que très-lentement une température trés-élevée, et même à une température égale ils produiraient une sensation moins pénible.

767. *L'air est-il* BON *ou* MAUVAIS *conducteur de la chaleur?* — L'air est un mauvais conducteur de la chaleur.

768. *Si l'*AIR *est un mauvais conducteur, pourquoi n'avons-nous pas aussi chaud* SANS VÊTEMENTS *que lorsque nous sommes enveloppés de laine et de fourrure?* — Dans un air parfaitement calme et sec, quoique froid, le corps se refroidirait à peine; mais l'air est toujours en mouvement, et le seul contact du corps chaud suffit à y faire naître des courants ascendants, en ce sens que les molécules d'air chauffées deviennent plus légères, s'élèvent et font place à des moléules d'air froid. Chaque molécule d'air enlèverait donc au corps une petite quantité de calorique, et la petitesse de l'emprunt, compensée par le nombre immense de molécules, causerait un refroidissement très-appréciable.

769. *Pourquoi avons-nous plus* FROID *lorsqu'il fait du* VENT *que quand l'air est calme?* — Par la raison qui précède : les molécules d'air, en se succédant et passant successivement au contact du corps, le refroidissent promptement. Dans les régions hyperboréennes, alors que le thermomètre était descendu à 40 degrés au-dessous de zéro, des voyageurs ne souffraient pas quand l'air était parfaitement calme; il leur aurait été impossible de supporter un aussi grand froid dans un air agité.

770. *Un coussin imperméable rempli d'*AIR *remplacerait-il avec avantage les* COUSSINS D'ÉDREDON? — Sans aucun doute : il serait très-léger et défendrait parfaitement du froid.

771. *Pourquoi des bas à demi tirés et avec lesquels on se couche tiennent-ils les pieds plus chauds que des bas restés tirés sur la jambe?* — Parce que l'air contenu dans le pied du bas à demi tiré forme autour des doigts comme un coussin ou matelas d'air qui ne donne pas passage à la chaleur naturelle du corps. L'air est plus mauvais conducteur que le fil ou la laine des bas, toujours d'ailleurs un peu humides.

772. *Pour savoir si un œuf est* FRAIS *ou* VIEUX, *certaines personnes appliquent le* GROS BOUT *de l'œuf sur leur langue : si elles éprouvent une sensation de chaleur, alors elles jugent que l'œuf est frais; elles le rejetteraient comme vieux si elles éprouvaient une sensation de fraîcheur. Quelle est la raison de cette pratique singulière?* — Un œuf est frais tant qu'il est entièrement plein ; dès qu'il commence à devenir vieux, il contient plus ou moins d'air qui s'amasse au gros bout; or les li-

quides de l'œuf sont meilleurs conducteurs de la chaleur que l'air; si donc on applique sur la langue le gros bout, elle se refroidira plus quand l'œuf ne contiendra que des liquides, ou sera frais, que lorsqu'il contiendra de l'air, ou sera déjà vieux.

773. *Pourquoi une chambre est-elle plus chaude lorsqu'on* TIRE *les* RIDEAUX ? — Parce que : 1° l'air calme et mauvais conducteur compris entre les rideaux et la fenêtre empêche la chaleur de la chambre de se transmettre aux vitres, qui la céderaient à l'air extérieur, sans cesse renouvelé; — 2° les rideaux ferment un accès direct aux petits courants d'air froid qui pénètrent à travers les fentes de la fenêtre.

774. *Pourquoi les appartements sont-ils beaucoup plus* CHAUDS *lorsqu'on y met de* DOUBLES *portes et de doubles fenêtres?* — Parce que l'air, *mauvais conducteur*, renfermé entre les doubles portes et les doubles fenêtres, est un obstacle efficace au refroidissement de l'air intérieur de la chambre, mieux défendue en outre des courants d'air froid extérieur.

775. *Montrez combien* SAGE *et* BON *a été le Créateur en faisant l'*AIR *un* MAUVAIS *conducteur de la chaleur.* — Si l'air était un bon conducteur comme les métaux, il enlèverait très-rapidement la chaleur de notre corps, le froid de l'hiver ferait *périr* les hommes, les bêtes et toute la création végétale.

776. *Pourquoi fait-on usage de* LAINE *et de* FOURRURES *en hiver?* — Parce que la *conductibilité* de ces substances *est très-faible;* que, par conséquent, elles empêchent l'écoulement de la chaleur de notre corps.

777. *Les laines et les fourrures ne* COMMUNIQUENT-*elles pas une certaine* CHALEUR *au corps?* — Non; les vêtements par eux-mêmes *ne communiquent aucune chaleur;* seulement ils conservent celle qui se développe en nous par l'action de la vie.

778. *Quels vêtements sont les plus* CHAUDS? — 1° Les vêtements amples, bien fermés au cou ou à la ceinture, qui laissent autour du corps comme une sorte d'enveloppe d'air à travers laquelle la chaleur du corps se dissipe très-peu; 2° les vêtements formés de substances qui conduisent le plus mal la chaleur, comme la laine, les fourrures, les étoffes ouatées, etc.; 3° les vêtements blancs, dont le pouvoir émissif est plus faible, ou qui cèdent moins de la chaleur qui les pénètre.

779. *Quels sont les vêtements les plus frais?* — 1° Les vêtements serrés contre le corps; 2° les vêtements faits avec des étoffes qui conduisent le moins mal la chaleur; 3° les vêtements blancs, doués d'un très-faible pouvoir absorbant ou se laissant moins pénétrer par la chaleur extérieure.

780. *La* SOIE *est-elle un bon conducteur de la chaleur?* — Non; la conductibilité de la soie est *très-faible;* la *soie apprêtée* laisse échapper la chaleur du corps plus promptement que la laine; mais la *soie écrue* la retient mieux que cette dernière.

Le comte de Rumford trouva que si, dans l'air atmosphérique, il fallait 575 secondes de temps pour que le thermomètre s'abaissât d'un degré, il s'abaisserait de la même quantité dans :

917 secondes,	entouré de	soie apprêtée ;
1046	—	coton brut ;
1118	—	laine ;
1284	—	soie écrue ;
1303	—	édredon.

781. *Pourquoi un mouchoir en batiste, des chemises et des draps en tissu de lin semblent-ils plus frais que des mouchoirs, des chemises et des draps en tissu de coton?* — Les tissus de lin sont plus mauvais conducteurs que les tissus de coton; ils semblent donc plus froids ou plus frais au toucher; ils absorbent mieux aussi la transpiration de la peau, ce qui contribue encore à augmenter la sensation de fraîcheur.

782. *Pourquoi les* BÊTES *sont-elles couvertes de* POIL, *de* FOURRURE *ou de* LAINE? — Parce que le poil, la fourrure et la laine sont de *mauvais conducteurs;* et, comme les bêtes ne peuvent se vêtir, le Créateur leur a donné un *vêtement de poil*, etc., pour conserver leur chaleur.

783. *Pourquoi, à l'approche de l'*HIVER, *divers animaux prennent-ils leur* GROS *poil, c'est-à-dire une fourrure plus épaisse et plus longue?* — Cette fourrure, qui est un effet naturel de la diminution de la transpiration, est évidemment aussi l'effet d'une disposition providentielle, puisqu'elle défend mieux les animaux du froid.

784. *La coutume de tondre ou de raser les chevaux et même les bœufs de travail, est-elle une coutume essentiellement barbare?* — Non, si l'absence de fourrure épaisse est compensée par des étables plus chaudes et des soins plus assidus. L'animal tondu, si on le bouchonne bien lorsqu'il est couvert de sueur, est moins exposé aux refroidissements ou aux accidents nés d'une transpiration brusquement suspendue.

785. *Pourquoi les* OISEAUX *sont-ils couverts de* PLUMES

ou de DUVET? — Parce que les plumes et le duvet sont de *mauvais conducteurs*; le Créateur leur a donné ce *vêtement* naturel pour conserver leur chaleur.

786. *Montrez comment la* SAGESSE *et la* BONTÉ *du Créateur se manifestent, même dans la robe des oiseaux et des bêtes.* — Les *petits* oiseaux, qui sont les plus *délicats*, ont un plumage *plus épais* que les oiseaux plus gros et plus forts; de même, les bêtes qui demeurent dans les *régions froides* des zones glaciales ont un poil plus *épais* et plus *chaud* que celles qui habitent près des tropiques.

787. *Pourquoi la conductibilité du* POIL, *de la* FOURRURE, *des* PLUMES *et de la* LAINE *est-elle si faible?* — Parce que les poils emprisonnent une *grande quantité d'air,* et que l'air est très-peu conducteur de la chaleur.

788. *Pourquoi les Lapons portent-ils les peaux d'animaux avec la* FOURRURE *en* DEDANS? — Afin que : 1° la surface lisse des peaux fasse glisser en quelque sorte le vent et l'empêche de *pénétrer* jusqu'au corps; — 2° l'*air* retenu entre les poils de la fourrure *s'échauffe* promptement par la chaleur du corps; le Lapon alors est revêtu d'un fourreau d'air chaud *imperméable au vent et au froid.*

789. *Quels vêtements sont les plus* CHAUDS, *de ceux qui sont faits avec du drap* FIN *ou de ceux qui sont faits avec du drap* GROSSIER? — Plus la *laine est fine*, plus les *vêtements sont chauds*, parce que la conductibilité de la laine fine est plus faible que celle de la laine grossière.

790. *La* TERRE *est-elle un bon conducteur de la chaleur?* — Non; la conductilité du sol est *très-faible.*

A une profondeur d'un mètre, la température du sol *reste la même jour et nuit;* à 8 mètres, la *différence entre l'été et l'hiver* va tout au plus à 1°,5. — Cela montre avec quelle lenteur la chaleur pénètre dans la terre.

791. *Pourquoi le* SOL, *au-dessous de la surface de la terre, est-il plus* CHAUD *en hiver que la superficie ?* — Parce que le sol est *très-peu conducteur* de la chaleur : le froid le plus intense ne pénètre jamais qu'à quelques mètres.

792. *Pourquoi le* SOL, *au-dessous de la surface, est-il plus* FRAIS *en été que la surface même de la terre?* — Parce que le sol est *très-peu conducteur:* la chaleur, comme le froid, ne pénètre dans la terre qu'à quelques mètres.

793. *Pourquoi l'eau de* FONTAINE OU DE SOURCE *est-elle* FROIDE *même en été?* — Parce que l'eau de fontaine ou de source vient d'une profondeur à laquelle la chaleur de l'été ne pénètre pas ou pénètre à peine.

794. *Pourquoi l'eau de* FONTAINE OU DE SOURCE *ne* GÈLE-*t-elle jamais en hiver?* — Parce que l'eau de fontaine ou de source, venant d'une profondeur à laquelle le froid de l'hiver ne pénètre pas ou pénètre à peine, arrive à la surface à une température assez élevée, et ne se refroidit pas assez pour se congeler.

La température du sol augmente à mesure qu'on pénètre plus profondément dans son sein, et d'un degré environ pour chaque 30 mètres de profondeur. Si donc l'eau vient de couches de plus en plus profondes, sa température sera de plus en plus élevée. L'eau du puits artésien de Grenelle, dont la profondeur est de 500 mètres, est à plus de 27 degrés au-dessus de zéro, même en hiver.

795. *Pourquoi l'*AIR *est-il toujours* FROID *à l'ombre d'un* ARBRE *très-touffu?* — Parce que, au-dessous de l'arbre, l'air n'est échauffé ni par les rayons directs du soleil, arrêtés par le feuillage, ni par le contact du sol, qui reste froid : sous un arbre, aussi, l'air est toujours humide ; or, l'air humide est plus froid que l'air sec, parce qu'il conduit mieux la chaleur.

796. *Montrez la* SAGESSE *et la* BONTÉ *du Créateur quand il a fait le sol très-peu conducteur.* — Si le sol était un bon conducteur comme les métaux, la chaleur de l'été sécherait les fontaines, les ruisseaux, les rivières, les racines des plantes, etc.; le froid de l'hiver, à son tour, frapperait les arbres dans leurs racines, tuerait le germe des semences, etc.

797. *L'*EAU *est-elle un bon conducteur de la chaleur?* — Non ; la conductibilité des liquides est *très-faible*.

Si l'on suppose la conductibilité de l'or égale à 1 000, celle de l'eau est seulement égale à 9.

798. *Pourquoi la conductibilité des* LIQUIDES *est-elle si* FAIBLE? — Parce que la distance entre leurs molécules, indépendantes en quelque sorte les unes des autres, est plus grande que dans les solides.

Le *mercure*, quoiqu'il soit liquide, est un bon conducteur, parce que ses molécules sont aussi rapprochées que celles des métaux, ou qu'il est très-dense.

799. *Comment sait-on que la conductibilité de l'eau*

est très-faible? — Parce qu'on peut l'échauffer à sa surface, soit en plaçant au-dessus, à une très-petite distance, une plaque de fer rouge; soit, comme l'a fait M. Despretz, en la faisant lécher par un courant d'eau bouillante toujours renouvelée, sans qu'à une certaine profondeur l'eau devienne sensiblement chaude, sans que des morceaux de glace placés à quelques centimètres au-dessous de la surface entrent en liquéfaction.

800. *Lorsqu'un* FORGERON *plonge dans un réservoir d'eau un fer à cheval rougi au feu, pourquoi en sort il de la vapeur, tandis que le reste de l'eau reste à peu près* FROID? — Parce que la *conductibilité* de l'eau est si *faible*, que la partie en contact avec le fer rouge se *vaporise* avant que l'eau du réservoir puisse se mettre en équilibre de température dans toutes ses parties.

801. *Pourquoi les changements de température n'ont-ils aucun effet à 5 ou 6 mètres au-dessous de la surface des* MERS *et des* LACS? — Parce que : 1° les liquides sont *mauvais conducteurs* de la chaleur; 2° l'eau a, en outre un maximum de densité, c'est-à-dire que, vers 4 degrés environ, elle est plus lourde à volume égal; par conséquent, dès que l'eau des mers ou des rivières profondes est descendue à 4 degrés, les parties refroidies ou les glaçons de la surface ne peuvent plus descendre; ils restent suspendus à une petite profondeur, et le froid ne pénètre pas plus avant.

802. *Lorsqu'on plonge la main dans de l'eau, pourquoi ressent-on une impression de froid?* — Parce que, quoique mauvais conducteur, l'eau, qui d'ailleurs est plus froide que la main et qui est avec elle en contact

continu, soutire une portion de sa chaleur, et une portion plus grande que ne le ferait l'air, moins dense et plus mauvais conducteur.

803. *Quand la température de l'air descend au-dessous de zéro, pourquoi trouve-t-on que la* TERRE *couverte de* NEIGE *est moins* FROIDE *que le sol nu?* — Parce que la *neige* est une substance *peu conductrice*, et qu'en sa qualité de corps blanc, elle jouit d'un pouvoir émissif très-faible ou cède peu, proportionnellement, de la chaleur qu'elle reçoit du sol; voilà comment la neige contribue à défendre les semences et les plantes contre un froid trop rigoureux.

804. *Pourquoi le Psalmiste* COMPARE-*t-il la* NEIGE *à la* LAINE (*Qui dat nivem sicut lanam*)? — Parce que la neige tombe en flocons, et qu'elle est pour la terre comme un vêtement protecteur.

805. *Pourquoi la* GLACE *se* CONSERVE-*t-elle très-longtemps dans les glacières, quoique la* CHALEUR *du dehors soit excessive?* — Parce que : 1° la *glace* est une substance *peu conductrice;* 2° les glacières sont construites de façon que la *chaleur du dehors* ne puisse les *pénétrer*.

806. *Lorsqu'on* TRANSPORTE *de la* GLACE, *pourquoi en sépare-t-on les blocs par une couche épaisse de* TAN, *de* SCIURE DE BOIS *ou de* PAILLE? — Parce que le tan, la sciure de bois et la paille sont de *très-mauvais conducteurs,* et empêchent la chaleur de l'air de pénétrer jusqu'à la glace.

On transporte souvent dans l'Inde de la glace prise aux États-Unis, sans autre abri que de la sciure de bois, au sein de navires qui passent sous la ligne où l'air et l'eau sont brûlants, et c'est à peine si l'on en perd par la fusion quelques kilogrammes.

807. *Pourquoi un peu d'*HUILE *étendue à la surface de l'eau l'*EMPÊCHERA*-t-elle de* GELER? — Parce que l'huile est *si peu conductrice*, qu'elle empêche l'eau située au-dessous de se refroidir assez pour devenir solide.

808. *Montrez la* SAGESSE *et la* BONTÉ *du Créateur lorsqu'il a fait l'*EAU *un mauvais conducteur.* — 1° Si l'eau était un bon conducteur comme les métaux, la *chaleur* de l'été et la *gelée* de l'hiver feraient *périr tous les poissons;* 2° de plus, les fontaines, les rivières et les mers deviendraient en hiver d'immenses *glaciers* que la chaleur de l'été ne ferait plus fondre; en été, elles se convertiraient en vapeur et couvriraient d'un immense brouillard la surface de la terre.

809. *Montrez la* SAGESSE *et la* BONTÉ *du Créateur lorsqu'il a fait la neige* MAUVAIS CONDUCTEUR ET BLANCHE. — Ainsi constituée, la neige est pour les semences et les jeunes plantes un abri bienfaisant, et même un engrais, parce qu'elle contient de l'azote et de l'ammoniaque.

§ 2. — COMMENT S'ÉCHAUFFENT LES LIQUIDES ET LES GAZ.

810. *Si les liquides et les gaz sont de si* MAUVAIS CONDUCTEURS, *comment* S'ÉCHAUFFENT*-ils?* — Par déplacement, ou par des courants ascendants ou descendants. Les molécules chaudes du fond montent à la surface, et les molécules froides de la surface descendent au fond pour s'échauffer à leur tour. Ce déplace-

ment et ces courants sont rendus visibles dans l'eau au moyen de sciure de bois très-fine : dans une cloche renversée qu'on chauffe lentement par le bas, on voit les courants ascendants s'établir au centre, et les courants descendants suivre les parois.

Au mot *déplacement* les Anglais substituent le mot *convection*, formé du latin *cum vectus*, et qui exprime assez bien que les particules échauffées *emportent avec* elles la chaleur qui détermine leur ascension.

811. *Expliquez de quelle manière un* FOYER CHAUFFE *un* APPARTEMENT. — L'air le plus *proche du feu* s'échauffe et s'élève; l'air *froid* descend, s'échauffe et s'élève à son tour ; ce mouvement successif continue jusqu'à ce que tout l'air de l'appartement soit chauffé *également*.

812. *Quand on tient à la main un morceau de fer, la barre, par exemple, avec laquelle on remue le charbon, ou le tisonnier rouge à* SON EXTRÉMITÉ INFÉRIEURE, *pourquoi sent-on une* CHALEUR BEAUCOUP PLUS VIVE *que si l'extrémité rouge est en haut?* — Parce que l'air, devenu brûlant au contact de l'extrémité rouge inférieure, monte le long de la barre, atteint la main et l'impressionne. Le même effet ne se produit pas, évidemment, quand l'extrémité rouge est au-dessus de la main.

813. *Les rayons du* SOLEIL *élèvent-ils d'une manière sensible la température de l'air qu'ils traversent?* — Non; les rayons du soleil, en traversant l'air, ne le chauffent pas d'une *manière sensible*. L'air sur les hautes montagnes, dit Tyndall, peut être excessivement froid quoique le soleil darde ses rayons brûlants. Les rayons solaires, qui dans leur contact avec la peau humaine sont presque douloureux, restent impuissants à échauffer l'air d'une manière sensible; il suffit

de se mettre parfaitement à l'ombre pour sentir le froid très-vif de l'atmosphère.

814. *Si les rayons du soleil* N'ÉLÈVENT PAS LA TEMPÉRATURE *de l'air, comment l'atmosphère devient-elle si* CHAUDE *en été?* — Parce que, au contact de la terre, qui, elle, absorbe et retient la chaleur solaire, les couches d'air inférieures s'échauffent à leur tour, s'élèvent, et sont remplacées par de nouvelles couches qui se mettent elles-mêmes en équilibre de température; l'atmosphère alors, au moins jusqu'à une certaine hauteur, devient très-chaude.

815. *Pourquoi les* SOMMETS *de certaines* MONTAGNES *sont-ils toujours couverts de* NEIGE, *même en été?* — 1° La température de l'atmosphère diminue, et dans une proportion sensible, à mesure qu'on s'élève à une plus grande hauteur, parce que l'air devient de plus en plus léger et mauvais conducteur; 2° les masses qui forment les sommets des montagnes, après s'être grandement refroidies pendant l'hiver, réagissant longtemps sur la surface du sol et l'air tempéré qui les enveloppe, les maintiennent à une température assez basse pour que les masses de neige ne puissent pas fondre, même pendant les chaleurs prolongées de l'été.

Sur les Alpes, la limite des neiges éternelles est à 2,670 mètres; la neige ne fond jamais ou presque jamais à cette hauteur, quoique la température moyenne de l'année soit de 4 degrés.

816. *Si l'air est un mauvais conducteur de la chaleur, pourquoi le* FER ROUGI *au feu se* REFROIDIT-*il lors-*

qu'on l'expose à l'air? — L'air en contact avec le métal rougi s'échauffe, *s'élève* rapidement, emportant la chaleur qu'il a absorbée ; d'autre air le remplace, absorbe une nouvelle quantité de chaleur, s'élève à son tour, et ainsi de suite, jusqu'à ce que *toute la chaleur* du fer ait été emportée.

817. *Comment le* POTAGE *chaud exposé à l'air se* REFROIDIT-*il?* — Par l'évaporation d'une part, et par les courants d'air chaud qui s'établissent à sa surface, comme pour le fer.

818. *Pourquoi le thé, le café, le potage, etc., se* REFROIDISSENT-*ils plus promptement si on les* REMUE? — Parce que l'agitation : 1° renouvelle plus promptement l'air à la surface du liquide chaud et le met successivement en contact avec un plus grand nombre de molécules d'air; 2° aide au remplacement des molécules de liquide refroidies par des molécules chaudes qui se refroidiront à leur tour.

819. *Pourquoi les liquides ou, en général, les aliments chauds, se* REFROIDISSENT-*ils plus promptement si on* SOUFFLE *dessus?* — Parce que le souffle, faisant l'effet de l'agitation, rend l'évaporation et le refroidissement par déplacement plus rapides.

Voyez plusieurs autres questions relatives à l'eau bouillante dans le chapitre *Ébullition* (pages 198 et suiv.).

820. *Pourquoi applique-t-on la* CHALEUR *au* FOND *des vases qui renferment le liquide qu'on veut faire bouillir?* — Parce que les liquides ne s'échauffent que par déplacement, ou par des courants allant du fond plus chaud à la surface plus froide.

821. *Lorsqu'on fait cuire des* POMMES *de terre, pourquoi celles qui sont en* DESSUS *sont-elles cuites plus tôt que celles qui sont les plus rapprochées du feu?* — Parce que : 1° en vertu du mode d'échauffement des liquides, la partie supérieure est la plus chaude; 2° la vapeur qui se trouve entre le couvercle et la surface de l'eau s'échauffe au delà de 100 degrés et contribue à rendre plus active la cuisson des légumes en contact avec elle.

822. *Pourquoi la* SOUPE GRASSE *reste-t-elle* CHAUDE *plus longtemps que l'eau bouillante?* — Parce que sa surface est couverte de matière grasse qui, conduisant très-mal la chaleur et ne s'évaporant pas, se refroidit lentement elle-même, et empêche les portions plus aqueuses qu'elle recouvre de se refroidir.

823. *Quel moyen prendre pour conserver le plus longtemps possible* SA CHALEUR *à l'eau bouillante contenue dans un vase?* — 1° Il faut envelopper le vase d'un corps mauvais conducteur, comme de la flanelle ou du drap; 2° enlever à l'eau sa trop grande mobilité ou empêcher les courants de particules chaudes et froides de s'établir en lui ajoutant, lorsqu'elle est encore bouillante, une petite quantité d'amidon ou d'empois.

824. *Citez un fait vulgaire qui met parfaitement en évidence l'*EXISTENCE DES COURANTS *dans l'air soumis à l'influence de la chaleur.* — Lorsqu'un rayon de soleil pénètre dans une chambre par une petite ouverture, il trace sa marche en ligne droite en éclairant les atomes de poussière ou les débris animaux et végétaux qui flottent dans l'air; or l'on remarque que ces atomes devenus lumineux sont agités de mouvements

très-rapides, conséquence et symptôme de l'agitation de l'air.

§ 3. — RAYONNEMENT DE LA CHALEUR.

825. *Qu'entend-on par* RAYONNEMENT *de la chaleur?* — La propriété qu'a la chaleur, sous une de ses formes, d'échauffer les corps à distance, à travers d'autres substances ou milieux qui, eux-mêmes, ne s'échauffent pas ou s'échauffent très-peu. Cette forme particulière de la chaleur s'appelle *chaleur rayonnante* ou *calorique rayonnant;* et l'on dit *rayons calorifiques*, *rayons de chaleur*, comme on dit rayons lumineux, rayons de lumière.

Le calorique traverse les milieux avec une grande vitesse, comme la lumière traverse les espaces célestes, et cela sans s'y arrêter, sans les rendre chauds, à peu près encore comme la lumière passe dans le verre sans s'y éteindre et sans le rendre lumineux.

826. *Donnez des exemples du* RAYONNEMENT *de la chaleur.* — La chaleur solaire n'arrive à la terre qu'en traversant l'atmosphère ou qu'en rayonnant à travers l'atmosphère, qui s'échauffe beaucoup moins que le sol. Le feu d'un foyer nous réchauffe à distance sans presque échauffer l'air intermédiaire, très-mauvais conducteur.

827. *Si l'on suspend dans l'air un* BOULET ROUGI *au feu, pourquoi sent-on tout autour une impression de chaleur?* — Parce que la chaleur du boulet *rayonne en tous sens* à travers l'air, comme la lumière d'une bougie.

On ne peut pas supposer que cet effet soit dû à l'*air échauffé ;* car l'air échauffé *monte*, tandis que la chaleur du boulet rouge se fait sentir en *dessous* et de *tous les côtés.*

828. *Lorsqu'on remplit un vase d'*EAU BOUILLANTE, *pourquoi sent-on tout autour une impression de* CHALEUR? — Parce que la chaleur de l'eau bouillante *rayonne* en tous sens à travers les parois du vase.

829. *Pourquoi le* VISAGE *est-il* INCOMMODÉ *de la chaleur du feu lorsqu'on se place devant le* FOYER? — Parce que la chaleur du feu *rayonne* sur le visage, qui, étant à nu, ressent immédiatement l'effet du rayonnement.

830. *Pourquoi la chaleur du feu* BRULE-*t-elle le* VISAGE *et les* MAINS *plus que le reste du corps?* — Parce que le *reste* du corps est *couvert*, et que les vêtements, *mauvais conducteurs*, empêchent la transmission *rapide* et *soudaine* de la chaleur à la peau.

831. *Quelles sont les conditions nécessaires de l'existence de la chaleur rayonnante?* — Elle suppose essentiellement : 1° que le corps qui émet la chaleur est doué d'un certain *pouvoir rayonnant ou émissif*; 2° que le corps qui s'échauffe est doué à son tour d'un certain *pouvoir absorbant.*

832. *Tous les corps sont-ils doués du pouvoir émissif?* — Oui; tous les corps sont plus ou moins, pour la chaleur, ce que la flamme d'une bougie est par rapport à la lumière. De même que de tous les points de la flamme partent des rayons lumineux qui se répandent au loin dans l'espace; de même de tous les points d'un corps quelconque partent sans cesse des rayons de chaleur qui traversent l'air et se propagent

librement jusqu'à ce qu'ils rencontrent quelque corps qui les arrête ou les absorbe.

833. *La chaleur* RAYONNE-*t-elle* ÉGALEMENT *de* TOUTES *les substances?* — Non ; la chaleur rayonne, en général, en plus grande quantité des substances les plus *noires* et les plus *ternes*; les substances *blanches*, *polies* et *brillantes*, au contraire, en général, n'émettent la chaleur que difficilement.

Les nombres suivants expriment le pouvoir rayonnant relatif de plusieurs substances :

Noir de fumée	100	Colle de poisson	91
Carbonate de plomb	100	Verre	85
Papier blanc	98	Gomme laque	72

Une surface métallique 12 à 15, suivant le poli.

Le *carbonate de plomb*, qui est d'une *blancheur* parfaite, émet autant de chaleur que le *noir* de fumée ; le *papier* aussi rayonne beaucoup. Néanmoins le rayonnement d'une substance de couleur *foncée* et *terne* est généralement plus grand que celui d'une substance *blanche et polie*.

834. *Pourquoi un poêle, noirci avec une couche de* NOIR DE FUMÉE, *émettra-t-il beaucoup* PLUS *de chaleur qu'un poêle de porcelaine blanche?* — Parce que le noir de fumée *augmente* considérablement le *pouvoir rayonnant* des surfaces qu'il recouvre; de sorte que, si le pouvoir rayonnant d'un poêle blanc et poli est 12 ou 15, une couche très-mince de *noir de fumée* suffira pour le porter à 100.

Pour la même raison, on doit *noircir* avec de la *mine de plomb* les *tuyaux* d'un poêle, si l'on veut répandre plus de chaleur dans la chambre.

835. *Pourquoi la* NEIGE *tombée au pied d'un* FOSSÉ *ou d'un* MUR FOND-*elle plus promptement que celle qui se trouve en rase campagne?* — Parce que : 1° le fossé ou le mur renvoient les rayons du soleil sur la neige par

réflexion; 2° ils lui envoient beaucoup de chaleur par rayonnement.

836. *Comment le* FER ROUGE *se* REFROIDIT-*il?* — Par le rayonnement et par le renouvellement incessant de l'air à sa surface.

837. *Pourquoi dans une* THÉIÈRE *en* MÉTAL POLI *et brillant le thé est-il meilleur que dans une théière en poterie noire?* — Parce que la théière en métal poli et brillant conserve plus longtemps une température élevée, et que le thé s'infuse d'autant mieux que l'eau reste plus longtemps chaude.

838. *Pourquoi la* SECONDE *infusion faite dans une théière métallique est-elle très-*FAIBLE? — Parce que la première infusion faite à une température élevée a enlevé au thé presque toute sa portion soluble. Dans une théière en porcelaine, dont la température s'abaisse davantage par rayonnement, la première infusion est moins forte, et la seconde moins faible. Dans une théière noire et terne qui se refroidit encore plus vite, l'eau épuise encore moins le thé, et l'on peut faire plusieurs infusions successives.

839. *Les parties d'une bouilloire, etc., qui ne touchent pas les braises ardentes, doivent-elles toujours être le plus* PROPRES *et le plus* POLIES *possible?* — Oui, pour qu'il ne se perde pas de chaleur par rayonnement. Si la surface était sale ou terne, il faudrait un peu plus de temps pour déterminer l'ébullition.

840. *Pourquoi fait-on de métal uni et brillant les réchauds qui portent les plats sur la table et les cloches*

qui les recouvrent? — Toujours par la même raison, c'est-à-dire parce que les surfaces métalliques et brillantes sont celles qui perdent le moins de chaleur par rayonnement.

841. *Pourquoi les* VIANDES *exposées au* CLAIR *de* LUNE *se* CORROMPENT-*elles très-promptement?* — Si le fait est vrai, en voici l'explication. Lorsque la lune brille, le ciel est serein, les corps et la surface de la terre se refroidissent; ils se couvrent de rosée ou d'humidité; or la viande et toute substance animale humide se putréfient plus facilement qu'une substance animale sèche; la lune n'est pour rien dans cet effet de putréfaction; elle est seulement l'indice d'un ciel serein. Il est possible aussi que le dépôt de la rosée soit accompagné de la transformation en ozone d'une certaine quantité d'oxygène de l'air; or l'ozone, ou l'oxygène électrisé, joint à l'humidité, est un agent actif de décomposition. Enfin la rosée peut entraîner avec elle des miasmes ou ferments en suspension dans l'atmosphère et qui détermineraient la putréfaction de la viande.

842. *Est-il* VRAI *que les plantes poussent plus rapidement par un* BEAU CLAIR DE LUNE? — Cela peut être : 1° parce que la lumière contribue efficacement à la végétation des plantes; 2° parce que, lorsque la lune brille ou que le ciel est serein, la rosée est beaucoup plus abondante, et que l'eau de la rosée, sucée par les racines des plantes, hâte leur développement.

843. *Pourquoi le sol et les couches* INFÉRIEURES *de l'air sont-ils plus* FROIDS *que les couches supérieures après le* COUCHER *du soleil?* — Parce que : 1° le sol, rayonnant beaucoup plus que l'air, se refroidit plus vite et da-

vantage; 2° ce refroidissement se fait sentir d'abord aux couches intérieures de l'atmosphère; parce que l'air des couches supérieures refroidi devient plus lourd et tombe dans les couches inférieures.

844. *Pourquoi les* ARBRISSEAUX *souffrent-ils* PLUS *des gelées de printemps que les* ARBRES *plus élevés?* — Parce que le sol et les couches inférieures de l'atmosphère sont plus froids que les couches supérieures de l'atmosphère.

§ 4. — RÉFLEXION DE LA CHALEUR.

845. *Qu'est-ce que la* RÉFLEXION *de la chaleur?* — C'est le renvoi de la chaleur par les surfaces des corps qui l'ont reçue ou qu'elle a frappés. La chaleur renvoyée s'appelle *chaleur réfléchie*, et la chaleur reçue *chaleur incidente*. La faculté de renvoyer la chaleur, faculté que les différents corps possédèrent à divers degrés, s'appelle *pouvoir réfléchissant*.

846. *Quels corps sont les* MEILLEURS *réflecteurs de la chaleur ou sont doués* DU PLUS GRAND *pouvoir réfléchissant?* — Les corps à surface unie et brillante, de couleur blanche ou claire.

847. *Les corps bons réflecteurs* ABSORBENT-*ils aussi beaucoup la chaleur?* — Non; le pouvoir réfléchissant est en *raison inverse* du pouvoir absorbant: ainsi les *meilleurs* réflecteurs absorbent très-mal la chaleur, tandis que les plus *mauvais* l'absorbent facilement.

848. *Pourquoi les corps qui* RÉFLÉCHISSENT BEAU-

COUP *ne peuvent-ils pas aussi* ABSORBER BEAUCOUP *la chaleur?* — La somme des chaleurs réfléchie et absorbée est nécessairement équivalente à la chaleur primitive ou incidente reçue par le corps : si donc il y a beaucoup de chaleur réfléchie, il y aura peu de chaleur absorbée; réciproquement, s'il y a peu de chaleur réfléchie, il y aura beaucoup de chaleur absorbée.

849. *Comment met-on en évidence le fait de la réflexion de la chaleur?* — On prend deux miroirs concaves, métalliques, argentés à leur surface et de même longueur focale; on les place en face l'un de l'autre, de manière que leurs centres soient sur une même ligne horizontale : au foyer de l'un on place, dans un vase en fil de fer, un boulet rougi au feu; au foyer de l'autre, un thermomètre; et bientôt on voit le thermomètre monter très-rapidement sous l'action des rayons calorifiques partis du boulet, réfléchis une première fois et horizontalement par le miroir du boulet, une seconde fois par le miroir conjugué, qui, en les réfléchissant, les fait converger sur la boule du thermomètre. Si à la place du boulet on mettait de la glace, le thermomètre baisserait au foyer du second miroir, l'échange des températures et les réflexions se faisant en sens contraires.

850. *Si les métaux sont de bons* CONDUCTEURS, *comment peuvent-ils* RENVOYER *la chaleur qui tombe sur leur surface?* — Les métaux conduisent très-bien la chaleur lorsqu'ils la reçoivent au *contact;* mais il n'en est pas ainsi de la chaleur qu'ils reçoivent par rayonnement; ils la renvoient presque en totalité si leur surface est brillante et polie, et s'échauffent très-peu sous son action. La chaleur transmise de molécule en molécule

par les corps et la chaleur qui rayonne dans l'espace diffèrent l'une de l'autre par des caractères essentiels : elles sont toutes deux des mouvements vibratoires, mais dans des milieux différents.

851. *A quoi sert le* RÉFLECTEUR *d'étain ou de fer-blanc qu'on pose quelquefois devant le feu lorsqu'on fait* RÔTIR *des viandes?* — 1° Il accélère la *cuisson*, en *réfléchissant* la chaleur du feu *sur les viandes;* 2° il *tient plus fraîche* la cuisine, en empêchant la chaleur de s'y répandre.

852. *Pourquoi un réflecteur en bois* PEINT *ne servirait-il pas au même but?* — Parce qu'il absorberait plus de chaleur et en réfléchirait moins.

853. *Pourquoi l'eau bouillirait-elle moins vite si le fond de la bouilloire était* POLI *et* LUISANT *que s'il était tout* SALI *de noir de fumée?* — Parce que le fond poli et brillant absorberait moins de chaleur et en réfléchirait une certaine quantité.

854. *Pourquoi porte-t-on des vêtements blancs en* ÉTÉ? — Parce que les vêtements blancs ont l'avantage de réfléchir plus de chaleur et d'en absorber moins, de sorte qu'en réalité ils sont moins chauds.

855. *Les vêtements* BLANCS *seraient-ils également* AVANTAGEUX EN HIVER? — Oui, parce que le pouvoir émissif est en raison inverse du pouvoir réfléchissant; les vêtements blancs rayonneraient moins et céderaient moins de la chaleur du corps à l'air ambiant; ils seraient donc plus chauds.

856. *Pourquoi les* SOULIERS CIRÉS *sont-ils plus*

CHAUDS *lorsqu'ils sont couverts de* POUSSIÈRE? — Parce qu'ils absorbent plus alors la chaleur du *soleil*, du *sol* et de l'*air*, que les souliers luisants, qui la repoussent en vertu de la *réflexion*.

857. *Pourquoi les* SOULIERS *et les* CHAPEAUX NOIRS *sont-ils plus* CHAUDS *que les souliers ou chapeaux blancs ou gris?* — Parce que la couleur *noire* absorbe un peu plus la chaleur du *soleil*, du *sol* ou de l'*air* que le blanc ou le gris.

§ 5. — ABSORPTION DE LA CHALEUR.

858. *Qu'est-ce que l'*ABSORPTION *de la chaleur?* Le pouvoir réfléchissant n'est jamais tel que le corps renvoie toute la chaleur incidente et reste froid; il s'échauffe plus ou moins; on exprime cet effet en disant que le corps absorbe une portion de la chaleur incidente, ou qu'il y a absorption d'une portion de cette chaleur. On désigne sous le nom de *pouvoir absorbant* la faculté qu'ont les corps de s'échauffer plus ou moins sous l'influence de la chaleur rayonnante. La chaleur est un mouvement; lorsque le mouvement qui constitue la chaleur rayonnante atteint la surface d'un second milieu, il revient en partie dans le premier milieu et il se transmet en partie dans le second milieu; on exprime ce partage en disant qu'il y a à la fois réflexion et absorption.

Le pouvoir *absorbant* est toujours *complémentaire* du pouvoir *réfléchissant*, c'est-à-dire que la *somme* des quantités de chaleur absorbées et réfléchies reproduit exactement la *totalité de la chaleur incidente.*

859. *Quelle est la différence entre la chaleur* CON-

DUITE *et la chaleur* ABSORBÉE? — Nulle. La chaleur absorbée devient de la chaleur conduite et pénètre dans tout le corps s'il est bon conducteur; s'il est mauvais conducteur, la chaleur absorbée reste à la surface.

860. *Les bons* CONDUCTEURS *absorbent-ils aussi la chaleur?* — Oui, pourvu que leur surface ne soit pas brillante et polie. La conductibilité n'est nullement un obstacle à l'absorption, elle la faciliterait au contraire.

861. *De quelles* CIRCONSTANCES *dépend le pouvoir* ABSORBANT *d'un corps?* — De l'*état* de sa *surface*. Plus la surface est polie et brillante, moins l'absorption est considérable.

862. *Les substances qui* ABSORBENT *la chaleur la perdent-elles aussi par* RAYONNEMENT? — Oui, le pouvoir absorbant et le pouvoir rayonnant vont toujours ensemble. Les nombres qui représentent les pouvoirs rayonnants expriment aussi les pouvoirs absorbants.

863. *Le* FER *absorbe-t-il bien la chaleur?* — Oui, si sa surface est terne et rugueuse; non, si sa surface est brillante et polie.

864. *Pourquoi le tisonnier, la pelle et les pincettes restent-ils* FROIDS *sur le* GARDE-*feu, quoiqu'ils soient devant un foyer ardent?* — Parce que leur surface est brillante et polie et que, par conséquent, ils absorbent peu la chaleur.

865. *Pourquoi les rayons du soleil, réunis au foyer d'une loupe, enflammeront-ils un morceau de papier* GRIS *plutôt qu'un morceau de papier* BLANC? — Parce que le

papier gris réfléchit moins la chaleur et en absorbe plus.

866. *Les rayons directs du soleil* PEUVENT-ILS METTRE LE FEU *à une forêt?* — Peut-être. La sécheresse, la couleur foncée du bois ou des herbes, le frottement des branches, peuvent déterminer cet accident.

867. *Peut-on admettre que les rayons du soleil aient* ENFLAMMÉ SPONTANÉMENT *des résidus de coton ou de laine imprégnés d'huile, ou même des sacs pleins de sucre noir en fermentation?* — Oui, très-probablement, et il faut se tenir en garde contre ces accidents.

868. *Si l'on veut avoir* CHAUD, *pourquoi doit-on porter des vêtements* NOIRS *sur du linge* BLANC? — Parce que la couleur *noire* du drap *absorbe* mieux la chaleur solaire que les couleurs plus claires, et que le linge *blanc* enlève moins de chaleur au corps.

869. *Prouvez que les* COULEURS *les plus* FONCÉES *absorbent mieux la chaleur solaire que les couleurs claires.* — Un morceau de drap *noir* mis au soleil sur la *neige* en fait fondre bien plus qu'un morceau de drap *blanc.*

La table suivante représente l'ordre des diverses couleurs selon leur pouvoir absorbant :

1. Couleur noire, la plus *chaude.*		5. Couleur verte.
2. — violette.		6. — rouge.
3. — indigo.		7. — jaune.
4. — bleue foncée.		8. — blanche la plus *froide.*

870. *Pourquoi les* GANTS *de peau* NOIRS *nous incommodent-ils en été par leur* CHALEUR? — Parce que la couleur *noire absorbe* abondamment la chaleur extérieure.

871. *Pourquoi les* GANTS BLANCS *de* FIL *de lin ou de*

soie sont-ils agréables à porter en été? — Parce que : 1° ils *absorbent peu* la chaleur extérieure ; 2° la capillarité des fils *pompe la transpiration* de la peau.

La *capillarité* est le pouvoir d'*absorber* ou de *pomper* un liquide, que possèdent les *tubes* et les *fibres* très-tenus. Le mot est emprunté du latin *capillaris* (semblable à un cheveu).

872. *Pourquoi la* GELÉE BLANCHE *reste-t-elle sur les* TOMBES BLANCHES, *etc., longtemps après qu'elle est fondue sur l'*HERBE *et les allées* SABLÉES *d'un cimetière?* — Parce que les tombes *blanches absorbent moins* la chaleur solaire que l'*herbe* et le *gravier;* elles restent plus *froides,* et la glace persiste à leur surface.

873. *Si la couleur* NOIRE *absorbe plus la chaleur solaire, pourquoi les habitants des climats les plus chauds ont-ils la* PEAU NOIRE *et non pas blanche, couleur moins absorbante?* — Il paraît certain que la peau noire est un effet du climat ou de la chaleur excessive. En tout cas, cette coloration de la peau en noir a certainement son côté providentiel ; nous pourrions ne pas l'apercevoir, il n'en serait pas moins réel. La peau noire absorbe plus de chaleur, mais elle transmet et elle rend aussi plus facilement la chaleur absorbée ; il y a accord entre les deux facultés ou fonctions d'absoption et de rayonnement ; elles s'exercent tour à tour sans causer de déchirements, de gerçures, d'ampoules. La peau noire est ainsi moins sensible aux coups de soleil et moins sujette aux érésipèles que les Européens ont tant à redouter quand le soleil est ardent, parce que leur peau blanche transmet et cède moins facilement par absorption et rayonnement la *chaleur* reçue.

874. *Pourquoi, en été, se rafraîchit-on le visage avec l'*ÉVENTAIL? — Parce que l'éventail *met l'air en*

mouvement et le fait passer plus rapidement sur le visage : comme la température de l'air est plus basse que celle de notre corps, chaque bouffée d'air emporte par absorption et par conductibilité une portion de la chaleur du visage.

875. *Pourquoi le* VENT *paraît-il presque toujours* FROID? — Parce qu'il renouvelle sans cesse l'air en contact avec le visage, et que chaque molécule d'air renouvelé emporte avec elle une petite quantité de chaleur dérobée au visage par absorption et par conductibilité.

876. *Si l'air* ÉTAIT *plus* CHAUD *que notre* CORPS, *le vent paraîtrait-il* FRAIS? — Non ; si l'air était plus chaud que notre corps, le vent nous apporterait de la chaleur au lieu de l'enlever.

877. *L'*AIR *n'est-il* JAMAIS *aussi* CHAUD *que le corps humain?* — L'air de France, pendant les jours d'été *les plus chauds*, est toujours au moins de 10 ou 12 degrés *au-dessous* de la température du corps humain.

878. *Pourquoi la température des* ILES *est-elle plus* ÉGALE *que celle des continents?* — 1° Parce que la mer s'échauffe moins en été et tempère la chaleur par l'évaporation de ses eaux; 2° parce que la mer se refroidit moins en hiver, ou reste relativement plus chaude que le sol.

879. *Pourquoi les* ILES *sont-elles plus* CHAUDES *en* HIVER *que les continents?* — Parce que la *mer*, à moins qu'elle ne soit *prise*, ce qui arrive très-rarement, est plus *chaude* que la *terre*, et que sa chaleur relative *adoucit le froid intense* des îles. Les mers aussi sont

presque toujours sillonnées par des courants d'eau chaude.

880. *Pourquoi les* ILES *sont-elles plus* FRAICHES *en* ÉTÉ *que les continents?* — Parce que : 1° la *mer* s'échauffe moins que le sol; 2° le mouvement des *ondes* et les *brises* de mer concourent à diminuer la chaleur de l'air.

881. *Pourquoi l'eau, en été, reste-t-elle plus* FRAICHE *dans un vase d'*ÉTAIN BRILLANT *que dans un vase de terre?* — Parce qu'un métal blanc et luisant n'absorbe pas la chaleur extérieure autant qu'un vase de terre.

882. *Le climat des îles et des côtes* EST DONC RÉELLEMENT DIFFÉRENT *de celui des continents?* — Oui, il est beaucoup plus doux; et les climats marins comme les climats de Nice ou de Brest, peut-être aussi en raison des particules très-divisées de chlorure de sodium en suspension dans l'air, semblent très-bienfaisants.

883. *Les changements survenus dans les conditions relatives des terres et des mers peuvent donc* MODIFIER *considérablement le climat d'un pays?* — Incontestablement. Le climat de la France, de la Belgique, de l'Angleterre était autrefois beaucoup plus doux ou tempéré qu'il ne l'est aujourd'hui. La faune de ces régions comprenait à la fois et les animaux que l'on ne trouve plus aujourd'hui que dans les régions méridionales, l'éléphant, le rhinocéros, l'hippopotame, etc., et les animaux qui n'habitent aujourd'hui que les régions polaires, comme le renne. Or, cette différence de climat doit être attribuée principalement à des changements dans la disposition géographique et l'étendue relative des terres et des mers

CINQUIÈME PARTIE

OPTIQUE

CHAPITRE PREMIER

Nature et propagation de la lumière.

884. *Qu'est-ce que la lumière? Objectivement*, ou en elle-même, la lumière est, suivant les uns, un fluide très-subtil émis ou lancé par certains corps appelés lumineux; suivant les autres, un mouvement ondulatoire excité au sein des corps lumineux, et transmis par un milieu appelé éther. *Subjectivement*, ou dans celui qu'elle éclaire, la lumière est cette sensation particulière ou *sui generis* perçue par l'œil et que l'on désigne sous le nom de vision.

885. *Quelles sont les principales sources de lumière?* — Les corps célestes ou lumineux, la combustion, la chaleur, l'électricité, l'affinité chimique, etc.

886. *La lumière peut-elle exister sans chaleur?* — Non, partout où il y a lumière il y a aussi chaleur; mais l'intensité calorifique est loin d'être toujours proportionnelle à l'intensité lumineuse; certains corps sont très-lumineux, et n'émettent que très-peu de chaleur; tels sont la lune, les substances phosphorescentes, les vers luisants.

887. *La* CHALEUR *peut-elle exister* SANS *lumière?* — Oui, des corps peuvent être très-chauds sans être lumineux; on peut dépouiller les rayons solaires de presque toute leur lumière sans leur enlever leur chaleur. En faisant passer un rayon convergent de lumière solaire ou électrique à travers une dissolution d'iode dans du bisulfure de carbone, M. Tyndall a complétement éteint l'éclat de la lumière de ce rayon: lorsqu'il le faisait tomber sur la rétine, il ne produisait aucune sensation de lumière, et cependant il brûlait du papier, enflammait des allumettes, rendait le platine incandescent et le faisait même fondre. L'Évangile ne disait donc rien de contraire à la science quand il associait un feu intense à des ténèbres profondes. On est parvenu à communiquer à des gaz chauffés en vase clos une chaleur énorme quoique obscurcie, capable de fondre les métaux placés sur le passage du courant d'air chaud.

888. *Comment se* PROPAGE *la lumière?* — La lumière se propage en ligne droite: si l'on fait entrer un rayon de lumière solaire dans une chambre par un petit trou, on le voit dessiner sa route dans l'air en ligne droite, en éclairant les poussières qui flottent dans l'air; les poussières situées en dehors de cette ligne droite restent sombres et invisibles. On ne voit pas la lumière que l'on regarde à travers un tube recourbé une ou plusieurs fois à angle droit.

889. *Si aucun obstacle ne l'arrête, comment se propage la lumière?* — En tous sens et sphériquement, c'est-à-dire que tous les points à égale distance de la source lumineuse sont également éclairés, et d'autant plus qu'ils sont plus voisins de la source.

890. *Suivant quelle* LOI *l'intensité de la lumière* DIMINUE-*t-elle avec la distance?* — En raison inverse du carré des distances, c'est-à-dire qu'à une distance double, triple, etc., l'intensité de l'éclairement est quatre fois, neuf fois, etc., plus faible.

891. *Comment les divers corps se* COMPORTENT-*ils par rapport à la lumière qui tend à les traverser?* — Les uns, appelés transparents, comme l'eau et le verre, la laissent passer sans presque l'affaiblir ou l'éteindre; on voit très-bien à travers leur substance. Les seconds, appelés *translucides*, comme le papier mince ou huilé et le verre dépoli, laissent passer la lumière, mais on ne voit plus, du moins à distance, à travers leur substance. Les troisièmes enfin, appelés *opaques*, ne laissent point passer la lumière; ils l'arrêtent au contraire ou l'éteignent.

892. *Pourquoi peut-on regarder impunément le soleil* COUCHANT *et le soleil* LEVANT, *tandis que l'éclat de cet astre à midi éblouit les yeux?* — Parce que les rayons du soleil, quand cet astre est près de l'horizon, ont à traverser une couche d'air *beaucoup plus épaisse* et moins pure, ou chargée de vapeurs à l'état de brouillard, qui l'affaiblissent ou l'éteignent en partie.

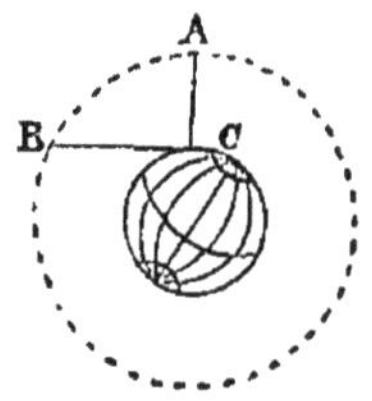

La ligne CB, qui représente l'épaisseur d'atmosphère traversée par les rayons du soleil à l'horizon, est plus longue que la ligne AC qui représente l'épaisseur traversée par les rayons venus du zénith.

893. *En arrêtant la lumière, à quels phénomènes les corps opaques donnent-ils naissance?* — *Au phénomène des ombres.* Si du point lumineux on mène des lignes

droites à tous les points du contour des corps opaques, l'espace compris dans l'intérieur du cône formé par ces lignes, derrière le corps opaque, ne sera pas éclairé, parce que la lumière, qui se propage en ligne droite, ne pourra pas y pénétrer : on dit alors qu'il est dans l'ombre. Ces mêmes lignes, en rencontrant un plan quelconque, le sol ou un mur, dessinent en noir sur le plan une image obscure du corps, qu'on appelle son *ombre*.

894. *Pourquoi le* SOLEIL *et la* LUNE *paraissent-ils beaucoup plus* GRANDS *à leur coucher et à leur lever qu'au zénith?* — Parce qu'à l'horizon nous jugeons le soleil et la lune plus éloignés de nous qu'au zénith ; et que c'est une tendance invincible de notre esprit de faire plus gros les corps que nous jugeons être plus distants, et réciproquement de faire plus distants les corps que nous savons être plus gros.

895. *Pourquoi jugeons-nous le soleil et la lune plus* DISTANTS *lorsqu'ils sont à l'horizon que lorsqu'ils sont au zénith?* — Lorsque nous regardons les astres à l'horizon, nous les comparons instinctivement aux objets terrestres plus voisins que nous voyons en même temps, et leur distance nous frappe. Au zénith, au contraire, nous les voyons seuls, les termes de comparaison nous manquent, et nous n'avons aucune raison de les juger très-distants. A l'horizon aussi, ces astres perdent de leur clarté, et nous avons une propension invincible à accroître dans nos jugements les dimensions des objets que nous voyons dans un demi-jour.

896. *Pourquoi le soleil et la lune, qui sont des* SPHÈRES, *paraissent-ils avoir une surface* PLANE? —

Parce qu'au delà d'une certaine distance nous n'avons plus la sensation du relief; les différences entre les distances à l'œil des divers points de l'objet sont trop petites pour qu'on puisse les apprécier.

897. *Avec quelle* VITESSE *la lumière se propage-t-elle?* — Avec une vitesse d'environ 300,000 kilomètres par seconde; c'est-à-dire que la lumière, en une seconde, ferait huit fois le tour de notre globe.

Un boulet, qui conserverait sa vitesse première de 390 mètres par seconde, emploierait dix-sept ans à venir du soleil, tandis que la lumière de cet astre arrive à notre globe en 8 minutes 13 secondes.

898. *Pourquoi* PLUSIEURS *personnes peuvent-elles voir simultanément le même objet?* — Parce que, comme on l'a dit, la lumière se propage en tous sens.

899. *Pourquoi l'observateur installé sur le sommet d'une montagne voit-il beaucoup plus d'étoiles?* — Parce qu'il n'y a plus entre lui et les étoiles qu'une atmosphère très-pure et très-transparente; la lumière n'est plus affaiblie ou éteinte, comme elle l'était, dans la plaine, par les couches inférieures de l'atmosphère.

900. *Pourquoi la* DISTANCE *rend-elle un objet* INVISIBLE? — Parce que, lorsque l'objet est très-distant, son image est trop petite, la lumière qu'il émet trop affaiblie pour que nous ayons la sensation de sa présence. Un objet disparaît, en général, lorsque l'angle qu'il sous-tend, ou l'angle formé par les deux lignes menées du centre de l'œil aux extrémités de sa plus grande largeur, n'est plus que d'une minute.

901. *Pourquoi les* TÉLESCOPES *et les lunettes ren-*

dent-ils visibles des objets qu'on ne peut voir à l'œil nu? — Parce que le miroir ou l'objectif de ces instruments, en réunissant et faisant converger vers leur foyer une plus grande portion de la lumière émise par l'objet, donnent à ce foyer une image très-éclairée que l'oculaire grossit ensuite et place dans des conditions excellentes de vision distincte : le télescope et la lunette, comme aussi le microscope, rapprochent considérablement l'objet et font que nous le voyons sous un angle beaucoup plus grand.

902. *Pourquoi les* VERS LUISANTS *et les mouches à feu ne brillent-ils que pendant la* NUIT? — Parce que la faible lueur qu'ils émettent est éclipsée ou rendue insensible par la lumière beaucoup plus intense du jour. En général, lorsque l'intensité d'une lumière n'est que la soixantième partie de l'intensité d'une autre lumière qui frappe l'œil en même temps, la première lumière n'est pas perçue. En fait de lumière, un soixantième est la limite de la perception. Par un beau clair de pleine lune, on voit très-peu d'étoiles.

903. *Pourquoi ne peut-on pas voir les* ÉTOILES *en* PLEIN JOUR? — Parce que la lumière du soleil éclipse leur lueur plus faible et les rend invisibles.

904. *Pourquoi peut-on voir les étoiles, même à midi, si l'on se place au fond d'un* PUITS *profond?* — Parce que, pour l'observateur placé au fond du puits, la lumière de l'étoile a conservé tout son éclat, tandis que la lumière du jour qui y pénètre à peine est devenue beaucoup plus faible; la première lumière ne sera donc plus éclipsée, et on verra l'étoile qui l'émet. Une lunette suffisamment grossissante produit, et beau-

coup mieux, l'effet du puits; elle affaiblit la lumière de l'atmosphère d'autant plus qu'elle grossit davantage, et laisse constante la lumière de l'étoile, qui apparaît ainsi en plein jour.

905. *Pourquoi le papier et la toile deviennent-ils plus transparents lorsqu'on les* HUILE? — Parce que l'huile dilate les pores du papier et s'y loge; un liquide transparent a donc pris la place des molécules translucides du papier.

906. *Pourquoi le verre, lorsqu'on le* DÉPOLIT, DEVIENT-*il* TRANSLUCIDE, *de diaphane qu'il était?* — Parce que, le poli du verre étant une condition essentielle de sa transparence, s'il n'existe plus, le verre de transparent devient translucide. Mais si on mouille, ou recouvre d'un vernis blanc le verre dépoli, il reprend sa transparence.

CHAPITRE II

Réflexion et réfraction de la lumière.

§ 1. — RÉFLEXION DE LA LUMIÈRE.

907. *Qu'est-ce que la* RÉFLEXION *de la lumière?* — Le rebondissement de la lumière à la surface des corps qu'elle a frappés, ou son retour sur elle-même. Le rayon de lumière propagé dans un premier milieu et qui rencontre la surface d'un second milieu se réfléchit totalement ou partiellement, et revient ainsi en tout ou en partie dans le premier milieu.

908. *La lumière se réfléchit-elle* ÉGALEMENT *à la surface de tous les corps?* — Non; certains corps, comme les corps transparents, se laissent pénétrer par plus de lumière qu'ils n'en réfléchissent; d'autres corps appelés *miroirs* la réfléchissent presque entièrement.

909. COMMENT *se* FAIT *la réflexion de la lumière?* — Comme tous les corps élastiques, la lumière se réfléchit sous un angle de réflexion égal à l'angle d'incidence. Si dans une chambre on fait entrer, par un petit trou percé dans le volet fermé, un rayon de soleil oblique, puis qu'on le reçoive sur un miroir, on le verra rebondir de l'autre côté sous l'angle qu'il faisait en tombant. En agitant au-dessus du miroir un linge plein de poussière, on rendra sensible la marche du rayon avant et après la réflexion, et on constatera l'égalité des deux angles.

Soit SS le miroir, AN la normale ou la perpendiculaire à sa surface au point A; si IA est le rayon lumineux qui arrive ou *incident*, AR faisant avec AN un angle RAN égal à IAN sera le rayon *réfléchi*, IAN est l'angle d'incidence, RAN l'angle de réflexion, et ces deux angles sont toujours égaux.

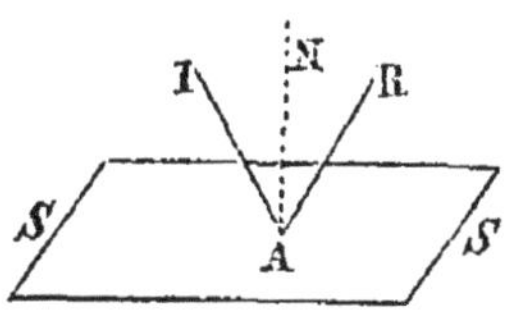

910. *Où voit-on dans le miroir l'*IMAGE *réfléchie d'un point lumineux?* — Derrière le miroir et à la même distance sur la perpendiculaire, menée par ce point au miroir. Si l'on considère en effet deux des rayons réfléchis AB, AC, qui viennent de ce point à l'œil et qui donnent la sensation de l'image de ce point; par cela seul que l'angle d'incidence est toujours égal à l'angle de réflexion, ces deux rayons réfléchis prolongés se rencontreront en *a*, à la même distance du miroir que A, et l'œil qui voit l'image sur le prolongement de ces rayons la verra en *a*.

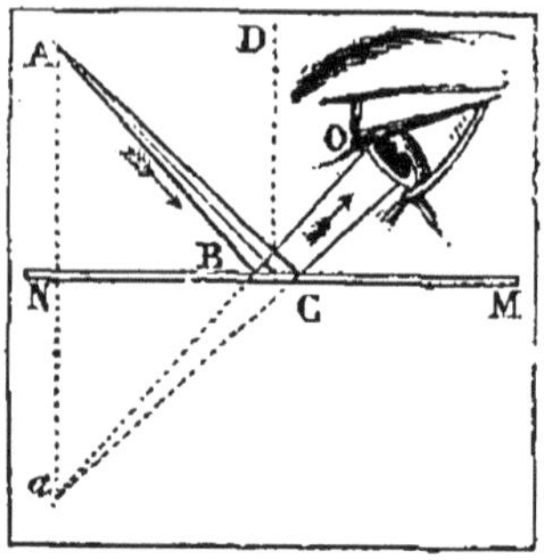

911. *Quels* RAPPORTS *y a-t-il entre un objet et son image* RÉFLÉCHIE *par un miroir?* — L'image réfléchie par le miroir a la même forme que l'objet, et se trouve placée symétriquement derrière le miroir, à une distance égale. En effet, l'image de l'objet se compose de l'ensemble des images de tous ses points; et pour obtenir chacune de ces images, il faut mener par chacun des points une ligne perpendiculaire à la surface plane du miroir et la prolonger d'une quantité égale; or, évidemment, les extrémités de toutes ces perpendiculaires, derrière le miroir, dessinent la même forme que les extrémités en avant du miroir ; l'image est donc tout à fait semblable à l'objet; la droite seulement devient la gauche si le miroir est vertical ; le haut devient le bas si le miroir est horizontal.

912. *Quand nous posons devant un miroir, pourquoi notre image s'*APPROCHE*-t-elle de nous quand nous nous* APPROCHONS *et s'*ÉLOIGNE*-t-elle quand nous nous* ÉLOIGNONS? — Par la raison toute simple que notre image est toujours à la même distance que nous du miroir, plus près par conséquent si nous sommes plus près, plus loin si nous sommes plus loin.

913. *Quelle* GRANDEUR *doit avoir un miroir pour*

que nous y voyions notre visage TOUT ENTIER? — Une construction fort simple prouve qu'il suffit que les dimensions du miroir soient la moitié de celles du visage.

914. *Pourquoi l'image d'un objet vu par réflexion* DANS *l'*EAU *est-elle toujours* RENVERSÉE? — Par cette même raison que l'image est à la même distance du miroir. L'image de la pointe de la flèche, comme l'image de nos pieds, sera plus près de la surface de l'eau que l'image des barbes de la flèche ou de notre tête; la flèche aura donc la pointe en haut et nous aurons la tête en bas.

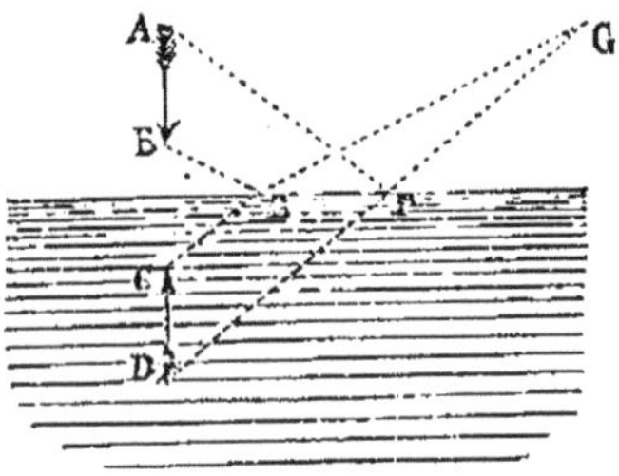

915. *Pourquoi les vitres des fenêtres paraissent-elles en* FEU *au coucher et au lever du soleil?* — Parce qu'elles réfléchissent et renvoient en très-grande abondance à notre œil les rayons qu'elles reçoivent du soleil.

916. *Pourquoi le même effet ne se* PRODUIT-*il pas à* MIDI? — Parce que les rayons réfléchis du soleil de midi ne peuvent pas atteindre notre œil, comme l'atteignent les rayons réfléchis du soleil levant ou couchant, à moins que nous ne soyons dans une position exceptionnelle.

917. *Comment dans un wagon de chemin de fer voyons-nous au dehors l'image de la lanterne allumée au sommet du wagon, et celles des personnes assises?* — Par réflexion sur les glaces des fenêtres, lesquelles, quoique non étamées, font fonction de miroir.

918. *Pourquoi ces images n'apparaissent-elles très-visibles que le soir ou pendant la nuit?* — Parce qu'elles sont très-faibles, précisément parce que la glace est un miroir imparfait, et qu'elles sont éclipsées pendant le jour par la lumière plus vive du dehors.

919. *Pourquoi le soleil* RÉFLÉCHI *dans l'eau n'est-il* ÉBLOUISSANT *que dans une direction déterminée, tandis que sur tout le reste de sa surface l'eau est sombre et sans éclat?* — Parce que nous ne voyons le soleil réfléchi que dans une seule direction, sous un angle égal à l'angle d'incidence; dans les autres directions le soleil, pour nous, n'est pas réfléchi et nous ne voyons l'eau éclairée que par la lumière diffuse.

920. *Pourquoi les déserts éblouissent-ils quand le soleil les* ÉCLAIRE? — Parce que chaque grain de sable réfléchit le soleil comme un miroir. Cette réverbération du sol fortement éclairé est aussi très-pénible sur les pavés et sur le sol sec et blanc des rues ou des campagnes.

921. *Pourquoi* CERTAINES SUBSTANCES, *comme le verre et l'émail, ont-elles beaucoup d'éclat, tandis que d'autres substances restent ternes?* — Les substances qui ont de l'éclat sont celles qui dispersent ou diffusent la lumière dans une grande proportion; les substances ternes sont celles qui absorbent la lumière ou ne la diffusent pas.

Il importe de remarquer que lorsqu'un rayon lumineux tombe sur une surface ou sur un corps quelconque et l'éclaire, cette surface ou ce corps, devenus lumineux à leur tour, donnent naissance à deux sortes de rayons : les uns régulièrement réfléchis et qui ne sont visibles que sous l'angle de réflexion égal à l'angle d'incidence; les autres dispersés ou diffusés dans tous les plans et sous tous les angles autour du point d'incidence. Les rayons réfléchis régulièrement ne montrent pas le corps réfléchissant, mais le corps qui a émis les rayons, et dont ils portent l'image dans l'œil ou sur l'écran; ce sont les rayons diffusés qui montrent le corps réfléchissant. Un corps très-réfléchissant, un véritable miroir peut apparaître sombre, lorsque l'œil n'est pas dans la direction des rayons réfléchis à sa surface. Dans les images daguerriennes, c'est l'argent métallique qui représente les noirs ou les ombres pour l'œil qui n'est pas dans la direction des rayons régulièrement réfléchis.

922. *Pourquoi les images des becs de gaz réfléchis par la rivière ne se montrent-ils pas sous forme de becs lumineux, mais sous forme de colonne de lumière?* — Parce que l'eau de la rivière est en mouvement : si elle était en repos, elle ferait tout simplement l'effet d'un miroir, et donnerait une image de la même forme que le bec; mais parce qu'elle court, et que sa vitesse varie de la surface au fond, elle se partage en nappes superposées et distinctes, qui donnent chacune une image du bec de gaz; l'ensemble de toutes ces images situées sur une même verticale produit l'effet d'une colonne de lumière.

§ 2. — RÉFRACTION DE LA LUMIÈRE.

923. *Qu'est-ce que la* RÉFRACTION *de la lumière ?* — La direction ou le changement de direction que subit un rayon de lumière lorsqu'il passe d'un milieu dans

un autre, de l'air, par exemple, dans l'eau ou dans le verre. Si un rayon dans l'air a suivi la direction A B, et qu'il pénètre ensuite dans l'eau ou dans le verre, il ne continuera pas à se mouvoir dans la direction AB, mais il s'infléchira et suivra une direction nouvelle BC, qui fait un angle avec la première. Réciproquement, si le rayon, après avoir suivi dans l'eau la direction CB, repasse dans l'air, il ne continuera pas à suivre la ligne CB, mais il s'infléchira et prendra la direction BA.

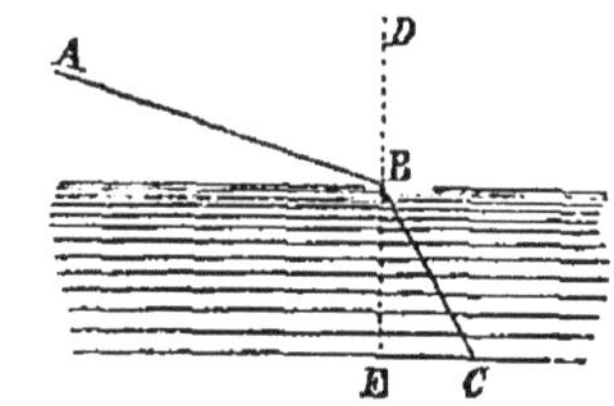

924. *De quoi dépend essentiellement la réfraction ou le changement de directiou du rayon, et dans quel sens s'effectue-t-il?* — Du rapport des vitesses de la lumière dans le premier et dans le second milieu. Le changement de direction se fait de telle sorte, que la lumière aille dans le plus court temps possible du point A dans le premier milieu au point C dans le second. Si la vitesse est plus grande dans le premier milieu que dans le second, le rayon réfracté BC se rapprochera de la *normale* ou de la perpendiculaire DBE à la surface de séparation des deux milieux. L'*angle de réfraction* EBC sera plus petit que l'*angle d'incidence* ABD. Si, au contraire, la vitesse dans le premier milieu est plus petite que la vitesse dans le second, le rayon réfracté AB s'éloignera de la normale BD, l'angle de réfraction ABD sera plus grand que l'angle d'incidence EBC. Comme, en général, la lumière va plus vite dans un milieu moins dense, moins vite dans un milieu plus dense, on voit aussi qu'en général la lumière en passant d'un milieu moins dense dans un milieu plus dense se rapproche de la normale

à la surface de séparation, et s'en éloigne en passant d'un milieu plus dense dans un milieu moins dense.

925. *Pourquoi une cuiller placée dans un verre rempli d'eau paraît-elle rompue?* — Les rayons partis de la portion de la cuiller qui plonge dans l'eau se réfractent en passant dans l'air, s'écartent de la normale BF et prennent la direction BD au lieu de la direction CB. Comme nous reportons invinciblement les objets sur le prolongement des rayons parvenus à notre œil, nous verrons la portion plongée, non pas en BC, mais en BD, sur le prolongement de BE, ou relevée : les deux portions de la cuiller, telles que notre œil les voit, AB, BD, feront donc entre elles un angle ABD, et la cuiller semblera brisée en B.

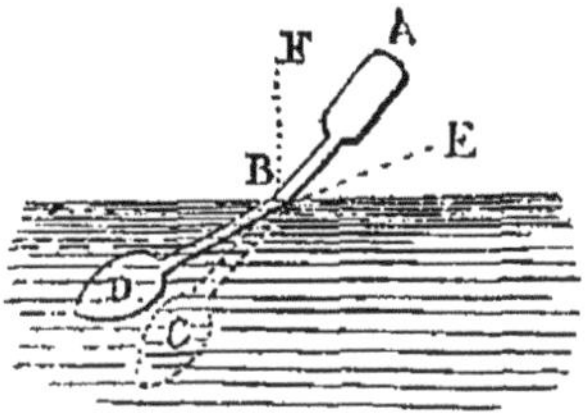

926. *Pourquoi un bâton ou une rame plongés en partie dans l'eau paraissent-ils* ROMPUS? — Par la même raison que la cuiller, parce que la portion plongée paraît relevée ou soulevée.

927. *Pourquoi une* RIVIÈRE *paraît-elle toujours* MOINS PROFONDE *qu'elle ne l'est réellement?* — Par la raison qui fait que la cuiller paraît brisée. Les rayons qui montrent le fond se réfractent, s'éloignent de la normale, et, comme on place le fond sur leur prolongement, on le verra à fond soulevé.

Mettez une pièce de monnaie au fond d'un vase; au moment où, en abaissant votre regard, et lui faisant raser les bords du vase, vous commencez à ne plus voir la monnaie à cause de l'opacité des parois, il suffira de remplir d'eau le vase pour la rendre visible; la pièce de monnaie et le fond paraîtront donc s'être *relevés*.

928. *Lorsqu'on descend dans un* BAIN, *pourquoi est-on souvent surpris de le trouver plus* PROFOND *qu'on ne s'y attendait?* — Parce que le fond, vu par réfraction, paraissant soulevé, la profondeur apparente est plus petite que la profondeur réelle, et que le passage de l'illusion à la réalité cause naturellement une surprise plus ou moins grande.

929. *De combien sont* PLUS PROFONDS *qu'ils ne le paraissent un bain et une rivière?* — D'à peu près un tiers; par conséquent, si une rivière paraît avoir trois mètres de profondeur, elle en a réellement quatre.

N'oubliez pas qu'une rivière est presque *un tiers plus profonde* qu'elle ne le paraît. Cette illusion est pour les baigneurs la cause de nombreux accidents.

930. *Pourquoi les* POISSONS *paraissent-ils toujours plus* PRÈS *de la surface de l'eau qu'ils ne le sont réellement?* — Par la raison déjà donnée.

On doit avoir égard à cet exhausssement apparent des poissons nageant sous l'eau, lorqu'on veut les atteindre d'un coup de fusil.

931. *Pourquoi les objets paraissent-ils* GROSSIS *lorsqu'ils sont dans un bocal contenant de l'*EAU? — Parce que l'angle visuel ou l'angle sous-tendu par l'objet vu dans l'eau est plus grand que l'angle sous-tendu par le même objet dans l'air.

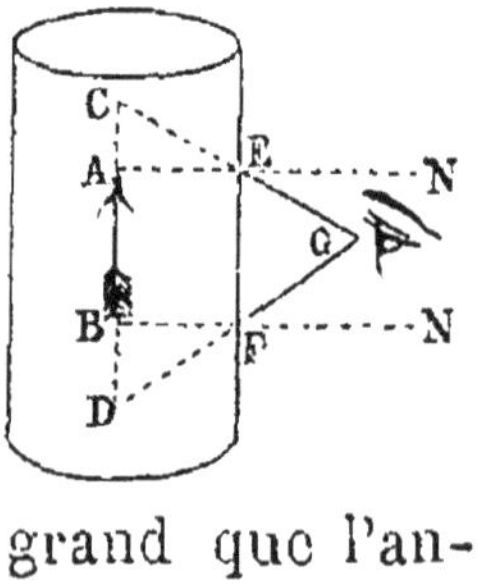

Les rayons AE, BF, partis des extrémités de la flèche AB, s'écartent des normales EN, FN, et prennent les directions EG, FG; le point A sera donc vu en C, et le point B en D; la flèche sous-tendra l'angle CGD plus grand que l'angle AGB qu'elle aurait sous-tendu si elle avait été vue dans l'air; elle paraîtra donc agrandie.

Les poissons, dans l'eau, paraissent toujours plus grands que lorsqu'on les en a tirés.

932. *Pourquoi les* ASTRES *paraissent-ils plus* ÉLEVÉS *qu'ils ne le sont réellement?* — En passant du vide des espaces célestes dans l'atmosphère, les rayons émis par l'étoile et qui la montrent à nos regards se réfractent en se rapprochant du zénith; cette réfraction et ce rapprochement augmentent à mesure que les rayons pénètrent dans les couches inférieures de plus en plus denses; l'astre donc en définitive paraîtra plus près du zénith ou relevé : tandis qu'il est en réalité en A, on le verra relevé en B.

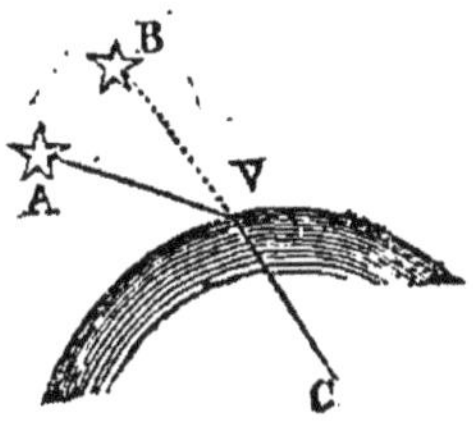

933. *Quels sont les appareils que l'on fixe ordinairement sur le chemin des rayons lumineux pour les réfracter?* — Des LENTILLES.

934. *Qu'est-ce qu'une lentille?* — Un verre transparent, taillé de manière à rassembler ou à écarter, à faire converger ou diverger les rayons lumineux qui le traversent. Sa forme est presque toujours celle d'un *disque circulaire*, dont une au moins des faces est une surface courbe, concave ou convexe; l'autre face peut être une surface plane ou une surface courbe. Les surfaces courbes qui terminent la lentille sont, en général, des sphères dont les rayons sont convenablement choisis pour produire l'effet désiré de parallélisme, de convergence ou de divergence des rayons, et pour donner un faisceau convergent, parallèle ou divergent.

935. *Comment les lentilles sphériques se divisent-elles?* — En deux classes : 1° lentilles convergentes, ou qui font converger les rayons; 2° lentilles divergentes, ou qui font diverger les rayons.

936. *Comment les lentilles* CONVERGENTES *se subdivisent-elles?* En trois genres, d'après la combinaison des courbures :

1° Lentille bi-convexe, dont les deux faces sont convexes;

2° Lentille plan-convexe, dont l'une des faces est plane, l'autre convexe;

3° Ménisque convergent, dont l'une des faces est convexe, l'autre concave, le rayon de la surface concave étant plus grand que celui de la surface convexe.

Convexe veut dire courbé et arrondi à l'extérieur.
Concave arrondi intérieurement; il est opposé à convexe.
Ménisque, du grec μηνίσκος (*un croissant*).

937. *Comment les lentilles* DIVERGENTES *se subdivisent-elles?* — En trois genres, d'après la combinaison des courbures.

1° Lentille bi-concave, dont les deux faces sont concaves;

2° Lentille plan-concave, dont l'une des faces est plane;

3° Ménisque divergent, dont l'une des faces est convexe, l'autre concave, le rayon de la surface concave étant plus petit que celui de la surface convexe.

938. *A quel caractère reconnaît-on les lentilles* CONVERGENTES? — 1° Elles *grossissent* les objets qu'on regarde à travers elles; 2° elles sont plus épaisses au *milieu* que vers les bords.

939. *A quels caractères reconnaît-on les lentilles* DIVERGENTES? — 1° Elles font paraître *plus petits* les objets qu'on regarde à travers elles; 2° elles sont plus épaisses au *bord* qu'au milieu.

§ 3. — DISPERSION, RAIES, DOUBLE RÉFRACTION, POLARISATION, INTERFÉRENCES ET DIFRACTION DE LA LUMIÈRE.

940. *Qu'est-ce que la* DISPERSION? — C'est la séparation ou l'étalement, au moyen de la réfraction convenablement opérée, des rayons nombreux et diversement colorés dont tout rayon de lumière blanche, solaire ou autre est composé.

941. *Comment prouvez-vous cette composition et opérez-vous la dispersion?* — A l'aide d'*un prisme ou d'un morceau de verre à faces planes non parallèles.*

Si l'on fait tomber sur la première face d'un prisme un faisceau lumineux composé de rayons parallèles et blancs, on le verra sortir par la seconde surface sous forme de faisceau divergent, épanoui comme un éventail; les rayons divers

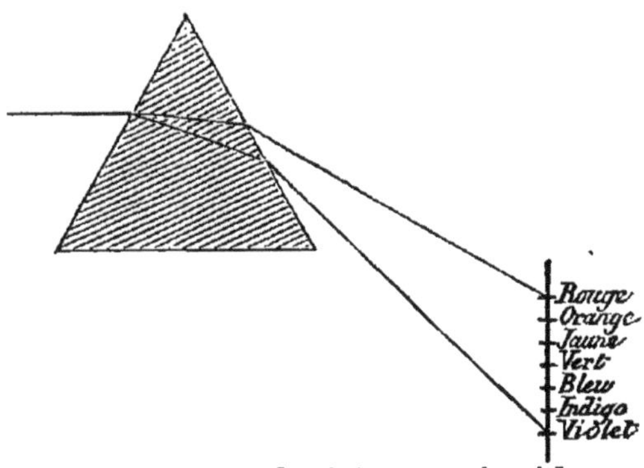

qui composaient le faisceau incident parallèle ont tous

été déviés vers la base du prisme, mais déviés de quantités inégales; et dans sa déviation chacun s'est revêtu d'une couleur propre; le plus dévié est violet, le moins dévié est rouge : l'ensemble de ces rayons colorés et épanouis s'appelle *spectre solaire.*

942. *De* COMBIEN *de rayons colorés se compose le faisceau dispersé ou le spectre solaire?* — D'un nombre indéfini; mais dans ce nombre indéfini on distingue sept rayons principaux, ou sept couleurs principales, qui se succèdent dans l'ordre indiqué par le vers suivant :

VIOLET, INDIGO, BLEU, VERT, JAUNE, ORANGÉ, ROUGE.

Trois de ces rayons ou mieux trois de ces couleurs ont reçu le nom de couleurs *élémentaires fondamentales* ou *cardinales* : ce sont le rouge, le jaune, le bleu, qui par leur mélange deux à deux peuvent jusqu'à un certain point reproduire toutes les autres. L'orangé peut être considéré comme un mélange de rouge et de jaune, le vert comme un mélange de jaune et de bleu, l'indigo comme un mélange de vert et de bleu, le violet comme un mélange de rouge et de bleu.

943. *Pourquoi ces diverses couleurs se séparent-elles dans leur passage à travers le prisme?* — Parce que leurs réfrangibilités ou leurs vitesses de propagation dans les deux milieux sont inégales, et que, comme on l'a vu, la déviation produite par la réfraction dépend du rapport des vitesses dans les deux milieux.

944. *Pourquoi les* CRISTAUX *des lustres jettent-ils des feux très-diversement colorés?* — Parce que chaque morceau de verre ou cristal est taillé de manière à agir comme un *prisme;* il décompose les faisceaux de lumière, et disperse dans différentes directions les rayons colorés dont ces faisceaux étaient formés.

945. *Qu'appelle-t-on* RAIES DU SPECTRE? — Des lignes lumineuses ou sombres qui sillonnent transversalement ou perpendiculairement à sa longueur le spectre, bien étalé et bien mis à la distance de la vision distincte, du corps lumineux par lui-même ou enflammé. Chaque lumière ou chaque flamme, émise par un objet céleste ou terrestre, a sa lumière et ses raies propres. Les raies du spectre solaire sont noires et en nombre immense. Les raies des métaux en combustion sont brillantes, colorées et plus ou moins nombreuses.

946. *Qu'appelle-t-on* SPECTROSCOPE? — L'instrument à l'aide duquel on rend visibles les raies du spectre. Il se compose essentiellement : 1° d'une fente qui laisse passer le rayon de lumière; 2° d'un ou de plusieurs prismes qui dispersent, étalent le rayon lumineux, et le transforment en spectre ou série de bandes diversement colorées; 3° enfin d'une ou plusieurs lentilles formant lunette et rendant très-distincte la vision du spectre avec ses raies. Le spectroscope est à vision directe lorsque l'ensemble des prismes et des lentilles forme une petite lunette droite. M. Hofmann construit de charmants spectroscopes de poche ou de gousset, d'un usage excellent.

947. *Qu'appelle-t-on* ANALYSE SPECTRALE? — Une nouvelle branche de l'optique qui apprend à connaître la nature chimique ou intime des objets terrestres ou célestes, par l'observation des raies du spectre de la lumière qu'ils émettent, soit naturellement, soit artificiellement, lorsqu'ils sont rendus incandescents. C'est un des arts les plus merveilleux inventés par le génie de l'homme. Quel tour de force, en effet, que d'être parvenu à reconnaître la constitution intime des

astres les plus éloignés et les plus mystérieux, les étoiles, les comètes, les nébuleuses, par un seul regard armé d'un tout petit instrument : c'est ainsi que nous sommes arrivés à reconnaître que le soleil et les étoiles ont à peu près la même composition que notre terre, renferment les mêmes substances, oxygène, hydrogène, carbone, métaux, fer, or, magnésium, etc., etc.

948. *Qu'entend-on par la* DOUBLE RÉFRACTION *de la lumière?* — Le partage en deux rayons distincts, dans l'acte de la réfraction, d'un rayon incident simple. Certaines substances, comme le quartz, ou cristal de roche, et surtout le spath d'Islande, dédoublent en le réfractant, le rayon lumineux qui les traverse. Si on place un morceau de spath d'Islande sur une ligne noire tracée sur une feuille de papier et qu'on regarde à travers le spath, on verra deux lignes noires.

949. *Qu'entend-on par* POLARISATION *de la lumière?* — Un certain état du rayon lumineux qui fait qu'il s'éteint lorsqu'il est réfléchi ou réfracté dans des conditions où le rayon de lumière ordinaire, ou non polarisé, n'est pas éteint. Si on regarde à travers une plaque de tourmaline taillée suivant la longueur du cristal, la lumière bleue du ciel, on voit cette lumière changer d'intensité quand on fait tourner la plaque sur elle-même, et s'éteindre presque tout à fait dans deux positions de la plaque : la lumière bleue du ciel est donc en partie polarisée; la lumière blanche des nuées, au contraire, ne s'éteint pas même partiellement, quelle que soit la position que prenne la plaque de tourmaline dans sa rotation. Disons en passant qu'un ciel très-bleu, de lumière très-polarisée, est un indice certain de pluie prochaine.

950. *Qu'entend-on par* INTERFÉRENCE *de la lumière?* — Le phénomène de l'extinction plus ou moins complète de deux rayons de lumière, par le fait même de leur concours en un même point. Lorsque deux rayons lumineux, issus d'une même source, se rencontrent sous un angle très-aigu, il arrive ou qu'ils ajoutent leurs lumières, ou, au contraire, qu'ils s'éteignent par leur action mutuelle, de telle sorte qu'alors, réellement, de la lumière superposée à de la lumière produit de l'obscurité. Les bandes alternativement brillantes et obscures qui résultent de cette rencontre s'appellent *bandes d'interférence.* Lorsque les rayons qui se rencontrent sont des rayons blancs, il peut arriver que les rayons d'une seule couleur, les rayons rouges, par exemple, interfèrent seuls et s'éteignent, tandis que les autres rayons s'ajoutent; il restera ainsi, après l'interférence, du blanc moins le rouge ou du vert; les interférences donnent donc naissance à une véritable dispersion, à une apparition de couleur semblable à celle produite par la réfraction, et à des spectres lumineux.

Si l'on regarde la flamme d'une bougie à travers un réseau formé d'une série de raies tour à tour opaques et transparentes, suffisamment rapprochées, à travers un verre, par exemple, sur lequel, avec une pointe de diamant, on a gravé des traits séparés par une distance égale à un centième de millimètre, on apercevra une suite de petits spectres ayant le rouge en dehors et le bleu en dedans. Le même effet se produira, si on remplace le réseau par un de ces boutons métalliques, appelés *boutons de Barton,* sur lequel on a tracé en creux, dans une ou plusieurs directions, des séries de stries parallèles et très-rapprochées, et qu'on regarde par réflexion.

Les interférences jouent un très-grand rôle dans la nature; les couleurs de la nacre, celle des bulles de savon à pellicule très-mince, les couleurs des plumes de plusieurs oiseaux, et celles mêmes de l'arc-en-ciel, en grande partie du moins, sont des effets d'interférence.

951. *Qu'est-ce que la* DIFFRACTION? — L'inflexion, le plus souvent avec dispersion ou décomposition, que subit la lumière en rasant les bords des corps placés sur son passage. Si on regarde avec soin l'ombre géométrique d'un écran dont un rayon lumineux a rasé les bords, on voit que la lumière a pénétré dans cette ombre jusqu'à une certaine profondeur. De plus, en dehors de l'ombre géométrique, dans la portion qui devrait être complétement éclairée, comme aussi en dedans, dans la portion qui devrait être complétement obscure, tout près des limites de cette ombre, on apercevra des franges alternativement claires et obscures, parallèles à ces limites. La largeur des franges varie avec la couleur de la lumière, et, si le rayon éclairant est un rayon composé, la superposition des franges fait naître des couleurs, comme dans le cas des interférences.

CHAPITRE III

Œil, vision.

952. *En quoi notre* ŒIL DIFFÈRE-*t-il des* LENTILLES *des physiciens?* — Par l'admirable propriété qu'il pos-

sède de s'accommoder aux distances, ou de donner des images nettes d'objets placés à des distances très-différentes, quoique la rétine ou le tableau sur lequel se dessine l'image de l'objet reste toujours à la même place.

953. *Comment se fait cette* ACCOMMODATION *de l'œil?* — On ne le sait pas encore d'une manière certaine; il suffit de dire, en général, que l'œil est armé d'un appareil musculaire qui, sous l'action de la volonté ou de l'instinct, fait avancer ou reculer le cristallin, resserre ou dilate la pupille, de manière à assurer la netteté de l'image pour les diverses distances de l'objet.

954. *Qu'est-ce qui remplit dans l'*OEIL *les mêmes fonctions que la lentille dans un instrument d'optique?* — Le *cristallin*, qui est une des trois humeurs de l'œil, et est situé précisément derrière la pupille.

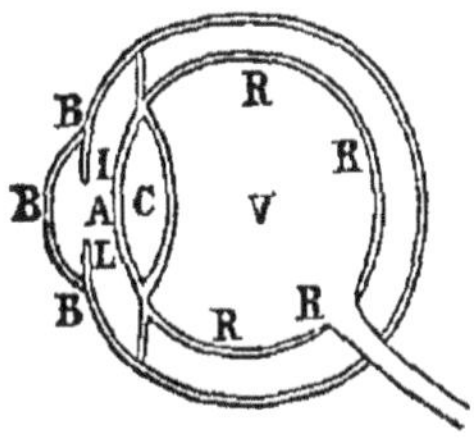

Les trois humeurs de l'œil sont :

1° L'humeur aqueuse A, liquide très-peu différent de l'eau, et qui remplit l'espace entre la cornée BBB et l'iris IAL ;

2° Le corps vitré V, ressemblant à du verre fondu, et qui remplit la cavité postérieure de l'œil ;

3° Le cristallin C, dont l'opacité constitue la maladie connue sous le nom de *cataracte*.

955. *Sur quelle partie de l'œil se peint l'image des objets que nous voyons?* — Sur la *rétine* RRRR, membrane formée par l'expansion du nerf optique, qui s'étend sur tout le corps vitré, et tapisse le fond de l'œil.

956. *Qu'est-ce que la* PUPILLE *de l'œil?* — La pu-

pille est une petite ouverture A, ou *trou* percé au centre de l'iris.

957. *Qu'est-ce que la* CORNÉE *de l'œil?* — La partie, *convexe en avant*, formée par une membrane épaisse d'une transparence parfaite.

BBB est la cornée; RRRR la rétine; la partie entre I A L est l'iris où se trouve le point noir appelé pupille ou prunelle.

958. *Pourquoi les* VIEILLARDS *ne peuvent-ils plus voir nettement les objets* RAPPROCHÉS? — Parce que l'œil *perd de sa plénitude* à mesure qu'on avance en âge; par conséquent, la *convexité* de la cornée et du cristallin diminue, et l'image n'est pas parfaite quand elle atteint la rétine.

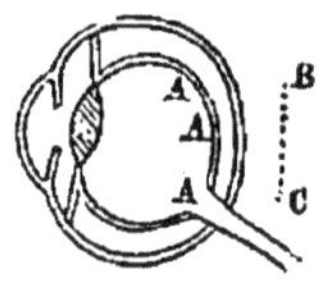

Si la cornée et le cristallin sont trop plats, l'image parfaite se forme en BC, et non sur la rétine AAA. Cette vision se nomme *presbytisme* (du grec πρέσβυς, *vieillard*). On l'observe quelquefois dans la jeunesse par défaut de conformation.

959. *Pourquoi les vieillards, pour pouvoir lire, sont-ils obligés d'*ÉLOIGNER *beaucoup leur livre?* — Pour obtenir que l'image nette des lettres tombe sur la rétine, et non au delà. Des rayons partis de plus loin divergent moins, et un appareil convergent de puissance moindre, comme celui des vieillards, peut alors les faire converger plus tôt, ou sur la rétine.

960. *Quelles* LUNETTES *les* VIEILLARDS *doivent-ils porter pour remédier au défaut de l'œil qui se nomme presbytisme?* — Des lunettes *convergentes*, qui, suppléant au défaut de convergence de leurs yeux, permettent de placer l'objet à la *distance ordinaire de la*

vision distincte, et le font de la *grandeur* qu'il a réellement.

961. *Pourquoi certaines personnes sont-elles obligées de tenir les objets tout* PRÈS *de l'œil pour les voir distinctement?* — Parce que la cornée de leurs yeux est si *convexe*, que les rayons provenant des objets un peu éloignés sont rassemblés ou convergent *avant de rencontrer la rétine;* par conséquent, pour eux, les objets éloignés ne donnent que des images confuses.

L'image se forme en BB, avant de rencontrer la rétine AAA.

On appelle ce défaut de la vision *myopisme*, (du grec μύειν ὤψ, *fermer l'œil*), parce que les myopes rétrécissent leurs yeux pour voir les objets plus nettement. Ce défaut, très-commun chez les jeunes gens, diminue en général avec l'âge.

962. *Quelles* LUNETTES *les* MYOPES *doivent-ils porter?* — Des lunettes *concaves* ou divergentes, qui compensent l'excès de convergence de leurs yeux.

963. *Pourquoi un objet devient-il de moins en moins visible à mesure qu'il s'éloigne de l'œil?* — Parce que son image sur la rétine devient de plus en plus petite et de plus en plus faible; l'étendue de cette image est proportionnelle à l'angle que font entre elles les deux lignes menées du centre de l'œil aux points extrêmes de l'objet, ou aux points les plus éloignés du centre; un objet disparaît lorsque l'angle qu'il sous-tend n'est plus que d'une minute. Les objets de forme très-allongée font exception; ils disparaissent plus tard, ils sont encore visibles lorsque l'angle qu'ils sous-tendent n'est plus que de six secondes ou un dixième de minute.

964. *Expliquez pourquoi, lorsqu'on regarde une bougie en* CLIGNANT *les yeux, on voit des traits de lumière s'élancer à de grandes distances, et toujours perpendiculairement aux* BORDS *des paupières?* — Ce phénomène est dû à ce que le liquide qui lubrifie la cornée forme dans le sillon des paupières une espèce de milieu dispersif et divergent qui étale les rayons perpendiculairement en haut et en bas. La réflexion sur les cils des paupières contribue aussi à la production de ce phénomène.

Ce phénomène est plus marqué lorsque les yeux sont humectés de larmes.

965. *Comment voyons-nous les objets?* — *Hors de nous*, quoique leur image soit sur la rétine. Les aveugles-nés auxquels on rend la vue à l'âge adulte disent d'abord que les objets leur *touchent les yeux;* puis, peu à peu, ils acquièrent le sentiment de la distance.

966. *Pourquoi voyons-nous les objets dans leur* POSITION RÉELLE, *quoique leur image sur la rétine soit renversée?* — Parce que nous voyons, non pas l'*image sur la rétine*, mais les objets *hors de nous;* par conséquent, quoique l'image sur la rétine soit renversée, nous voyons l'objet comme il est. Nous voyons chaque point sur le prolongement du rayon, qui nous donne la sensation de sa présence ; si le rayon a monté, son prolongement descendra; un point élevé de l'image nous fera donc voir un point abaissé dans l'objet, et réciproquement; le renversement de l'image est ainsi corrigé, et nous voyons tous les points de l'objet à leur véritable place.

967. *Comment peut-on apprécier le relief et les*

DISTANCES *à l'inspection seule des objets?* — Ce qui nous fait surtout apprécier le relief, comme aussi les distances, c'est la vision simultanée des deux yeux. Avec nos deux yeux nous sommes comme un géomètre qui, en traçant avec son compas, dont l'une des pointes est placée tour à tour aux extrémités d'une base, décrit des cercles qui par leur intersection déterminent les positions des différents points du plan. La base est la ligne qui unit les centres de nos deux yeux; les branches du compas sont nos deux axes optiques, ou les lignes qui vont des centres des yeux à un même point de l'objet; ces deux axes ou ces deux lignes font entre elles un certain angle, angle au sommet du triangle dont la base est la distance des deux yeux. Cet angle au sommet est plus grand si le point de l'objet est plus près, plus petit si le point de l'objet est plus éloigné; et c'est la perception de cet angle, plus ou moins grand, plus ou moins petit, qui nous fait juger que le point correspondant est plus rapproché ou plus éloigné, qui nous donne en un mot la sensation du relief et de la distance. Un borgne joue très-mal aux boules, parce qu'il apprécie mal les distances; il est presque impossible d'enfiler une aiguille en ne regardant que d'un œil, la main ne rencontre plus le trou, parce que l'œil ne juge plus exactement de la distance. Chez les borgnes cependant, comme chez les personnes qui ont deux yeux, l'habitude et l'exercice suppléent, jusqu'à un certain point, à l'action combinée des deux yeux, de sorte qu'avec un œil on apprécie, à un certain degré, le relief et les distances. La clarté inégale, les clairs, les clairs-obscurs, les ombres des diverses portions des objets rapprochés ou lointains, comme aussi la présence des objets intermédiaires, contribuent à rendre plus précise l'appréciation du relief et des distances.

La vision avec un seul œil s'appelle *vision monoculaire;* la vision avec les deux yeux, *vision binoculaire.*

968. *Chacune de ces deux visions a-t-elle ses* INCONVÉNIENTS *et ses* AVANTAGES? — Oui : s'il s'agit d'apprécier la distance et le relief des objets, la vision binoculaire est absolument nécessaire, ou du moins grandement utile. Mais, s'il s'agit de regarder un tableau, un dessin, une photographie, la vision binoculaire a des inconvénients graves, et la vision monoculaire est beaucoup plus avantageuse. En effet, si l'on regarde avec les deux yeux une reproduction plate et bien fidèle d'un objet; comme tous les points du plan sont sensiblement à la même distance des yeux, les angles aux sommets des triangles dont la distance des deux yeux est la base, ou les angles des deux axes optiques sont sensiblement les mêmes pour tous les points de l'objet; nous prononçons donc que tous ces points sont à la même distance de l'œil, nous voulons comme forcément qu'ils le soient, nous détruisons ainsi l'effet de perspective et de relief que le peintre ou le dessinateur avaient cherché à imiter, ou que la nature a reproduit dans toute sa vérité, en imprimant elle-même photographiquement l'image de l'objet ou de la scène de la nature; alors l'illusion disparaît presque totalement. Si, au contraire, on regarde cette même reproduction plate avec un seul œil, il n'y a plus deux axes optiques fixant, par leur rencontre, la position du point dans l'espace; il n'y a plus qu'une ligne indéfinie sur laquelle ce point peut se trouver, plus près ou plus loin; l'effet de perspective naturelle ou artistique peut s'exercer librement et mettre chaque point à sa véritable place; l'illusion alors peut naître; la reproduction cesse d'être plate, elle donne la sensa-

tion d'un objet distant ou en relief. On s'assurera de la vérité de ces principes en regardant tour à tour avec un seul œil ou avec les deux yeux un bon et beau portrait photographique : avec un seul œil et en regardant à travers la main arrondie en tube, on verra les lèvres et le nez saillir comme par enchantement, les yeux s'enfoncer et briller d'un éclat merveilleux, la cornée apparaître transparente comme dans la nature.

969. *En entrant dans un musée de tableaux on* DEVRAIT *donc se* COUVRIR *un œil?* — Oui, et regarder à travers un tube de carton, ou à travers un tuyau de lorgnette muni d'un verre grossissant faiblement, ou grossissant de une fois et demie à trois fois; on verrait alors les tableaux incomparablement plus en relief, et l'on jugerait beaucoup mieux du mérite relatif des artistes.

970. *Qu'est-ce que le stéréoscope?* — Un instrument charmant inventé par M. Wheatstone, et qui nous donne la sensation du relief des objets par la vision simultanée de deux représentations plates de ces objets. On dessine l'objet tour à tour tel qu'il est vu de l'œil droit ou de l'œil gauche ; ou mieux, car ce serait impossible, on prend à la chambre obscure, installée tour à tour à droite et à gauche, deux images photographiques de l'objet ou du paysage. On place ces deux images à côté l'une de l'autre, et on les regarde à travers deux prismes, de telle sorte que le prisme de droite reportant à gauche l'image de droite, et le prisme de gauche reportant à droite l'image de gauche, l'ensemble des deux prismes fasse coïncider les images ou les superpose : on a alors la sensation du

relief et des distances, comme si on regardait l'objet ou le paysage avec les deux yeux.

971. *Comment peut-on comprendre que le stéréoscope donne la sensation du relief des objets?* — Si, sur les deux dessins juxtaposés, on mesure avec un compas la distance des deux images des divers points, on constatera que cette distance varie d'un point à l'autre, qu'elle est plus grande pour les objets plus voisins, plus petite pour les objets plus éloignés; les différences de distance dans l'espace et le relief sont donc représentées et accusées sur l'ensemble des deux dessins. Si maintenant on considère les deux lignes qui, du point de rencontre des deux axes optiques, lorsque la superposition a eu lieu, vont aux deux images d'un même, point, ces deux lignes feront entre elles un angle plus grand si le point est plus rapproché, un angle plus petit si le point est plus éloigné, et la perception de ces angles plus grands ou plus petits donnera la sensation du relief et des distances, comme, dans la vision avec les deux yeux, cette sensation était donnée par la perception des angles au sommet du triangle dont la distance des yeux était la base.

972. *Pourquoi jugeons-nous bien mieux les distances dans une* VILLE *ou dans la campagne que sur la* MER *ou dans le ciel?* — Parce que dans une ville ou dans la campagne les objets *intermédiaires* font pour nous l'office de jalons, tandis qu'aucun objet ne s'interpose, en général, quand nous regardons un objet *sur la mer ou dans le ciel.*

973. *Pourquoi la* VOUTE *céleste* NOUS PARAÎT-ELLE SURBAISSÉE? — Parce qu'à l'horizon la présence des

objets intermédiaires nous la fait juger plus distante, tandis que, au zénith, l'absence d'objets intermédiaires nous la fait juger plus proche; elle paraîtra donc moins haute que large, ou surbaissée.

974. *Pourquoi un charbon* ROUGE *agité rapidement produit-il à nos yeux l'apparence d'un* RUBAN *de feu ou d'un* CERCLE *lumineux entier?* — Parce que la *sensation de la lumière persiste* un certain temps après que la cause de la sensation a cessé. Nous voyons ainsi le charbon à la fois dans ses diverses positions successives, il semble aller pour nous de l'une à l'autre d'un mouvement continu et par sauts. Quand le charbon nous fait voir un *cercle* lumineux entier, c'est que son mouvement est si rapide, que la durée de la sensation d'un point quelconque est *égale au temps de sa révolution.*

La durée des impressions sur la rétine est d'un tiers de seconde, terme moyen.

975. *Lorsqu'on fait tourner vite un* CERCLE *divisé en secteurs alternativement noirs et blancs, pourquoi ne voit-on plus qu'une teinte* GRISE *uniforme?* — Parce que les impressions dues aux secteurs blancs *n'ont pas le temps de devenir complètes,* quand la sensation du *noir commence,* et *vice versa;* on voit donc à la fois du noir et du blanc, c'est-à-dire du gris.

976. *Si un* CARTON *porte des figures dont* UNE *moitié soit à la partie* SUPÉRIEURE *et l'*AUTRE *moitié à la partie* INFÉRIEURE, *pourquoi verra-t-on les deux moitiés* ENSEMBLE, *lorsqu'on fera tourner rapidement le carton entre les doigts à l'aide d'un axe dressé sur son bord?* — Parce que la sensation d'*une moitié dure* encore au moment

où celle de l'*autre commence*, les deux moitiés se juxtaposent comme si elles n'étaient pas séparées.

Le *thaumatrope*, appareil inventé par le docteur Paris, est fondé sur la persistance ou la durée de la sensation lumineuse.

Thaumatrope, du grec θαῦμα, *merveille*; τρέπειν, *tourner*.

Le phénakisticope, inventé par M. Plateau, est un instrument du même genre. On fixe sur le contour d'un carton des images, en nombre suffisant, des diverses phases d'un mouvement, par exemple, d'un cheval qui va sauter à travers un cerceau; en faisant tourner rapidement le carton, et regardant les images qu'il porte sur son bord à travers une fente, on voit le mouvement s'exécuter d'une manière continue.

977. *Pourquoi ne peut-on pas* COMPTER *les* BARREAUX *d'une grille, les* PIEUX *d'une haie, etc., devant lesquels on passe rapidement en voiture?* — Parce que l'image d'un barreau ou d'un pieu persiste encore sur l'œil au moment où celle du suivant commence. Si l'on connaît la distance du grillage à l'œil, et la distance des barreaux entre eux, on peut calculer *a priori* la vitesse que doit avoir la voiture ou le wagon pour que l'on ne distingue plus les barreaux. Lorsque l'on fait tourner assez rapidement devant l'œil une roue avec des jantes ou des rayons, on ne voit plus les jantes ou les rayons si la roue tourne assez vite; on aura seulement la sensation d'un rideau transparent à travers lequel on distingue les objets.

978. *Pourquoi une lumière* SOUDAINE *fait-elle mal aux* YEUX? — Parce que le nerf optique est frappé par trop de rayons avant que la pupille ait eu le *temps de se contracter*, et qu'il est ainsi péniblement impressionné.

979. *Pourquoi une* BOUGIE *allumée apportée subitement dans notre chambre à coucher pendant la* NUIT *nous fait-elle mal aux yeux?* — La pupille se *dilate* beau-

coup dans les tenèbres; si donc on dresse subitement une bougie devant nos yeux, les pupilles dilatées reçoivent *trop de lumière,* et nous sommes douloureusement affectés.

980. *Pourquoi pouvons-nous* SUPPORTER *la lumière de la bougie après quelques instants?* — Parce que les pupilles se *contractent* presque instantanément, et s'accommodent à la quantité de lumière qui tombe sur l'œil.

981. *Pourquoi une* FORTE *lumière fait-elle* CONTRACTER *la pupille des yeux?* — La pupille de l'œil est une petite ouverture dans le milieu d'une membrane mobile, qui se nomme l'*iris:* quand trop de lumière tombe au fond de l'œil sur la rétine, elle l'*irrite* et cette irritation se communique à l'*iris,* qui se contracte alors.

982. *Pourquoi ne peut-on pas voir dans la* RUE *quand les* BOUGIES *sont* ALLUMÉES *dans l'appartement où l'on se trouve?* — Parce que la pupille, conctractée sous l'influence de la lumière, est *trop petite* pour réunir assez de rayons diffus provenant des objets qui se trouvent dans la rue; ces objets, par là même, restent presque invisibles; au contraire, on voit très-bien de la rue dans l'appartement.

983. *Pourquoi ne pouvons-nous* RIEN *voir quand nous quittons un salon bien éclairé pendant le nuit?* — Parce que la pupille, qui s'est contractée dans le salon éclairé, ne se dilate pas *sur-le-champ,* et qu'ainsi elle est *trop petite* pour réunir dans l'obscurité assez de rayons pour nous permettre de voir les objets qui nous entourent.

984. *Pourquoi voyons-nous* MIEUX *peu d'instants après?* — Parce que la pupille se *dilate* peu à peu, et permet alors à un plus grand nombre de rayons épars de passer à travers son ouverture.

985. *Si nous regardons le* SOLEIL *brillant ou un feu intense pendant quelques instants, pourquoi tous les objets nous paraissent-ils* SOMBRES *et* FONCÉS? — Parce que la prunelle de l'œil se *contracte* tant à la lumière brillante du soleil, qu'elle ne laisse plus passer assez de rayons pour nous permettre de distinguer la couleur des objets *moins éclairés.*

986. *Pourquoi les tigres, les* CHATS, *les hiboux, etc., peuvent-ils voir dans les* TÉNÈBRES? — Parce que leurs yeux ont reçu une organisation spéciale en rapport avec leur destination. Tous les animaux noctiluques ont la faculté d'*élargir* assez la pupille de leurs yeux pour qu'elle puisse rassembler en grande abondance les rayons épars de lumière. Aussi une vive lumière les fatigue, les éblouit et leur fait cligner sans cesse les yeux; ils dorment une grande partie du jour, et cherchent leur proie pendant la nuit, qui n'a pas pour eux de ténèbres; ils distinguent nettement des objets que nous n'apercevons pas.

987. *A quoi servent* DEUX *yeux, puisqu'ils ne nous montrent qu'un seul objet, et que nous voyons très-bien avec un seul œil?* — 1° A augmenter le champ de la vision : nous voyons plus des objets donnés avec les deux yeux qu'avec un seul œil : 2° à augmenter la clarté des objets ou à rendre la vision plus nette, plus distincte; en regardant tour à tour un papier blanc d'abord avec un seul œil, puis avec les deux yeux, on

constate que dans le second cas la vision est beaucoup plus claire ou lumineuse : 3° et surtout à nous donner la sensation du relief et des distances, sensation que nous n'aurions qu'imparfaitement avec un seul œil : 4° enfin à diminuer les chances de cécité ; si nous perdons un œil, l'autre au moins nous reste.

988. *Pourquoi avec* DEUX *yeux ne voyons-nous qu'un* SEUL *objet?* — Parce que, suivant les uns, les points homologues ou les points symétriquement placés sur les deux rétines correspondent à un même filet nerveux cérébral, bifurqué à l'entre-croisement des nerfs optiques; 2° parce que, suivant les autres, l'habitude que nous acquérons de rapporter à un même objet les impressions simultanées produites sur les deux rétines determine l'unité de sensation; 3° et, fondamentalement, parce que nous n'avons à chaque instant la vision distincte que d'un seul point de l'objet du point sur lequel nous dirigeons actuellement nos deux axes optiques, et à la distance duquel notre œil s'accommode : dirigés ensemble sur un même point, les deux axes optiques ne peuvent nous donner que la sensation de ce même point, et non pas de deux points; la vision est donc simple, et non pas double. C'est parce que les axes de nos deux yeux, doués d'une mobilité excessive, passent dans un temps infiniment court, et sans que nous en ayons la conscience, d'un point à l'autre de l'objet, que nous croyons voir à la fois nettement tout l'objet. « Si nous croyons voir un objet tout entier, disait Euclide, cité par François Arago, cela provient de la rapidité extrême avec laquelle notre vue en parcourt d'un mouvement continu les diverses parties sans en oublier aucune. » Quelques louches voient double , parce que leurs axes optiques ne peu-

vent pas converger à la fois sur un même point de l'objet; il suffit, par le déplacement du globe de l'un de nos yeux, d'empêcher que les axes optiques convergent sur un même point des objets, pour que l'on voie les objets doubles.

989. *Pourquoi une* AVENUE *d'arbres ou une rue longue et droite paraît-elle se* RÉTRÉCIR *de plus en plus dans le lointain, jusqu'à ce que les deux côtés semblent se rencontrer?* — Parce que l'angle que forment les

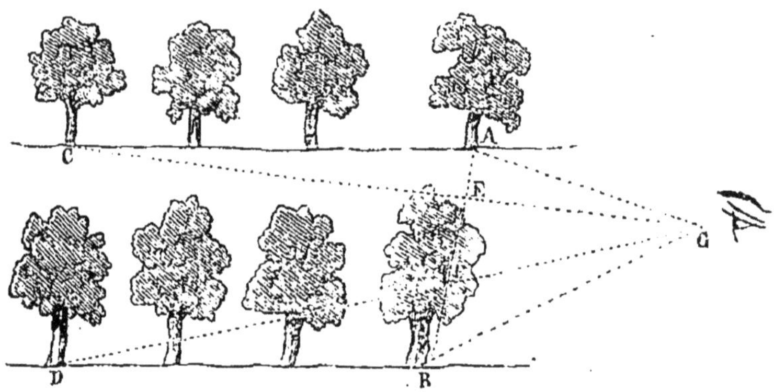

deux lignes menées de l'œil à deux arbres ou à deux points situés en face l'un de l'autre, angle par lequel nous apprécions ou nous mesurons la distance de ces arbres ou de ces points, va sans cesse en diminuant à mesure que nous considérons deux arbres ou deux points de plus en plus éloignés; la distance des deux arbres ou des deux points paraît donc aller sans cesse en diminuant, c'est-à-dire qu'ils semblent se rapprocher de plus en plus.

La distance entre les deux arbres A et B paraît au spectateur G être égale à la ligne AB, tandis que la distance entre les arbres C et D apparaît égale à la ligne EF.

990. *Pourquoi les bâtiments d'une rue droite, ou les arbres plantés le long d'une avenue, semblent ils* DIMINUER *de hauteur à mesure qu'ils s'éloignent?* — Parce que l'angle sous-tendu par l'arbre, ou l'angle des deux lignes menées du centre de l'œil au pied et au sommet de l'arbre ou de la maison, diminue de plus en plus à mesure que l'arbre ou la maison sont plus éloignés.

L'arbre AB paraît au spectateur G égal à la ligne AB, tandis que l'arbre CD n'excède pas la petite ligne EF.

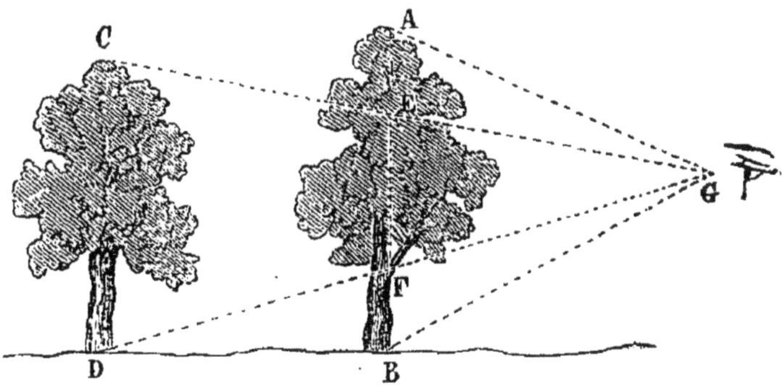

991. *Pourquoi un* HOMME *vu du sommet d'une* MONTAGNE *ou d'un clocher élevé ne paraît-il pas plus gros qu'un* CORBEAU *vu de près?* — Parce que l'angle sous-tendu par l'homme vu d'une très-grande hauteur ou d'une très-grande distance n'est pas plus grand que l'angle sous-tendu par un corbeau vu de près. C'est sur ce principe qu'est fondée la construction des instruments ou lunettes appelés télémètres, à l'aide desquels on déduit la distance inconnue des objets de leur grandeur connue, ou la grandeur inconnue de la distance connue.

Soient AB un homme éloigné et CD un corbeau tout près du spectateur G. L'homme paraît n'avoir que la hauteur CD, qui est aussi la hauteur apparente du corbeau.

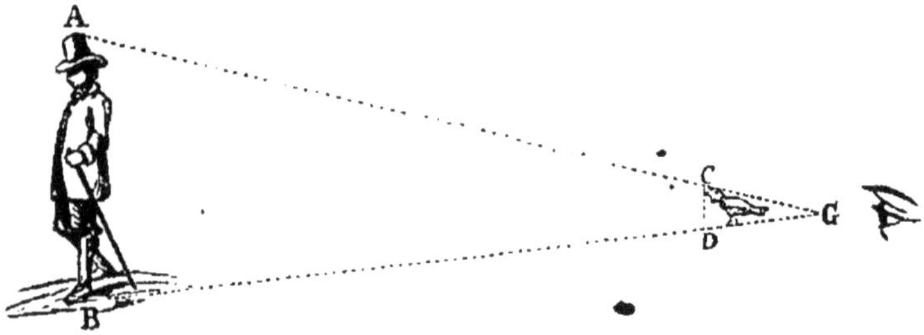

992. *Pourquoi la* LUNE *paraît-elle beaucoup plus* GRANDE *que les étoiles, tandis qu'en réalité elle est beaucoup plus petite?* — Parce que, en raison de sa grande proximité, l'angle sous-tendu par la lune est très-grand naturellement, tandis que pour les étoiles, situées à une distance incommensurable, l'angle sous-tendu est infiniment petit, ce qui fait qu'elles apparaissent comme des points. Le soleil et la lune paraissent à peu près de même grandeur, quoique le soleil soit incomparablement plus gros, parce que le soleil est en même temps beaucoup plus éloigné.

Soient AB une étoile, et CD la lune : quoique AB soit beaucoup plus grand

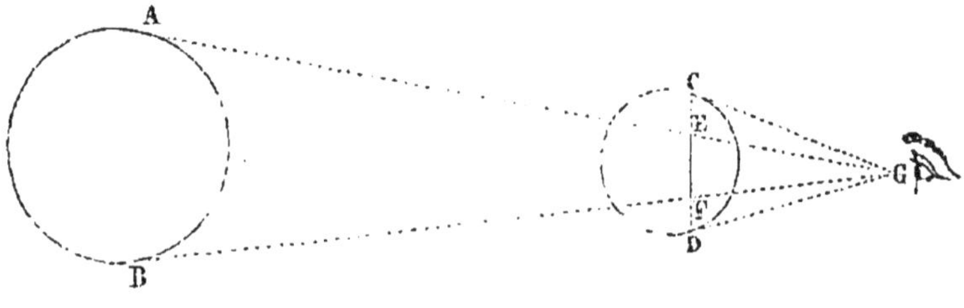

il ne paraît néanmoins que la hauteur de la petite ligne EF, tandis que la lune paraît aussi grande que la ligne CD.

993. *Pourquoi un* MICROSCOPE *grossit-il à la vue les objets?* — Parce qu'il rapproche les objets d'autant

plus qu'il est plus puissant; qu'en rapprochant les objets il fait que l'angle qu'ils sous-tendent est plus grand, et que, par conséquent, ils nous paraissent agrandis ou grossis dans le rapport direct du rapprochement ou de la puissance de microscope.

994. *Si l'ombre d'un objet est projetée sur une muraille, pourquoi la grandeur de cette ombre* AUGMENTE-*t-elle de plus en plus à mesure qu'on* RAPPROCHE *l'objet de la bougie allumée?* — Parce que plus le corps opaque est voisin de la source de lumière, plus l'angle au sommet du cône formé par les lignes droites qui vont du centre lumineux au contour de l'objet est grand, plus l'aire de la surface d'intersection de ce cône avec la muraille est large : or, cette aire est précisément l'ombre de l'objet.

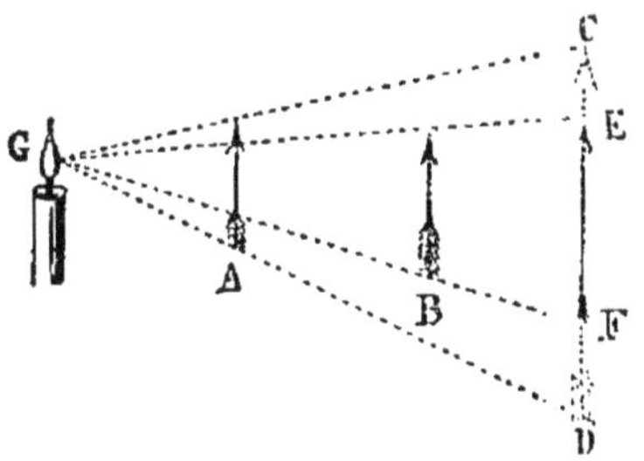

La flèche A, dressée près de la bougie, donnera, sur une muraille la grande ombre CD, tandis que la même flèche, dressée en B, ne ferait que la petite ombre EF.

995. *Quand un navire approche de la côte, pourquoi peut on voir d'abord les parties les plus* PETITES *comme les flammes ou le sommet des mâts, etc., avant de voir le corps du navire?* — Parce que le *globe terrestre est sphérique*, et que la courbure de la mer cache à la vue le corps du navire, quand les parties les plus élevées sont devenues visibles.

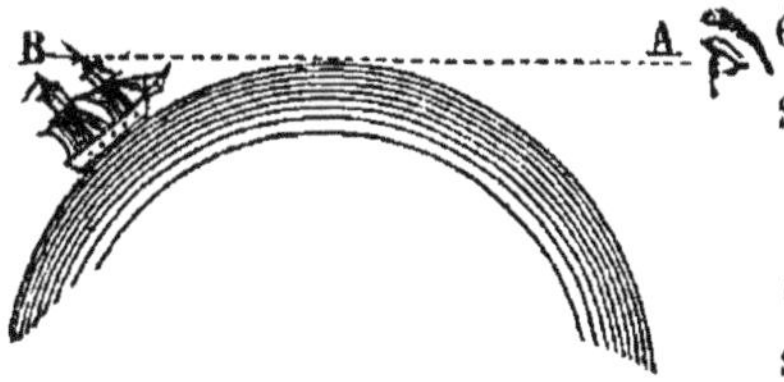

Les parties du navire au-dessus de la ligne AB seront visibles au spectateur A, tandis que la courbure de la mer dérobe à sa vue les parties qui sont au-dessous de cette ligne.

CHAPITRE IV

Couleurs.

§ 1. — COULEURS EN ELLES-MÊMES ET DANS LES CORPS.

996. *Qu'est-ce que la* COULEUR? — Une certaine qualité du rayon lumineux qui la rend apte à produire la sensation particulière que l'on désigne sous le nom de *couleurs*. Les rayons lumineux, comme les rayons sonores, diffèrent entre eux par le *ton* ou la *nuance* qui dépend du nombre des vibrations des molécules lumineuses, et l'*intensité* ou l'*éclat* qui dépend de l'énergie du mouvement vibratoire.

997. *Qu'appelle-t-on couleurs* SIMPLES? — Les couleurs qui résultent d'un seul et même mouvement lumineux, que l'on ne peut plus séparer en d'autres rayons colorés de nuances différentes. Les couleurs élementaires du spectre solaire sont simples.

998. *Qu'appelle-t-on couleurs* COMPOSÉES? — Celles qui résultent de la superposition de plusieurs mouvements lumineux et que l'on peut séparer en rayons de nuances différentes.

999. *Qu'entend-on par couleurs* COMPLÉMENTAIRES? — Deux couleurs qui, par leur fusion, donnent du blanc.

1000. *Existe-t-il des couleurs* COMPLÉMENTAIRES ? — Oui ; si, sur le trajet du faisceau lumineux qui va projeter sur un écran le spectre solaire, on interpose un corps opaque, un crayon qui arrête une des couleurs, le rouge, par exemple, l'ensemble des couleurs restantes sera la couleur complémentaire de celle qu'on a supprimée ou du rouge, puisque c'est du blanc sans le rouge, ou qu'ajouté au rouge il donnerait du blanc.

1001. *Quelles couleurs sont* COMPLÉMENTAIRES ? — Le rouge est complémentaire du vert, l'orangé du bleu, le jaune du violet, et réciproquement.

1002. *Pourquoi appelle-t-on les couleurs complémentaires* COULEURS AMIES ? — Parce qu'elles s'accordent très-bien, que leur juxtaposition est très-harmonieuse à l'œil. Si certaines fleurs sont si agréables à la vue, la rose, par exemple, c'est que le vert des feuilles est à très-peu près complémentaire du rose des fleurs.

1003. *Comment expliquer la* COULEUR PROPRE *des corps ?* — Suivant Newton, les couleurs des corps sont celles des lames minces, des bulles de savon ; elles sont le résultat d'une véritable décomposition et d'interférences en rapport avec l'épaisseur de leurs molécules, et les distances mutuelles de ces molécules, comme les couleurs d'une bulle de savon, dépendent de l'épaisseur de la couche liquide et de sa surface.

Suivant d'autres physiciens, tous les corps sur lesquels tombe un rayon de lumière blanche absorbent une partie des rayons de cette lumière et réfléchissent l'autre ; vus par transmission, ils auraient la couleur qui correspond à l'ensemble des rayons absorbés ;

vus par réflexion, ils auraient la couleur correspondante à l'ensemble des rayons réfléchis; une objection insoluble contre cette explication très-simple, en apparence, c'est qu'il y a des corps qui manifestent la même couleur, qu'ils soient vus par transmission ou par réflexion.

Suivant Euler enfin, les particules éthérées contenues dans les corps frappés par la lumière sont mises à leur tour en mouvement; la nature de ce mouvement dépend naturellement de leur distribution dans le corps ou de sa nature, et varie, par conséquent, d'un corps à l'autre; la sensation de ce mouvement, transmis à l'éther en dehors du corps, et perçu par notre œil, est la couleur propre du corps vu, soit par réflexion ou diffusion, soit par réfraction ou transmission.

Quelle que soit celle de ces hypothèses que l'on adopte, il n'y a pas lieu de demander pourquoi tel corps présente telle couleur; pourquoi la mer est verte ou bleue, le lis blanc, la rose rouge, la primevère jaune, le charbon noir, la violette bleue, etc La question de la couleur des corps est une des plus mystérieuses de la physique moderne.

1004. *A quoi doit-on attribuer cette* DIFFÉRENCE *de coloration des différents corps, ou la propriété qu'ils possèdent d'affecter différemment la lumière qui les frappe?* — Quelquefois à leur composition chimique, quelquefois à leur structure fibreuse ou en réseau, qui fait intervenir des phénomènes d'interférence ou de diffraction; quelquefois enfin, à la présence dans leurs tissus d'un pigment ou matière colorante toute formée.

1005. *A quoi faut-il attribuer la couleur des* PLUM

DES OISEAUX? — En partie, très-probablement, à des phénomènes de réseaux, mais en partie aussi à la présence d'un pigment que l'on a réussi récemment à mettre en évidence et à isoler.

1006. *A quoi faut-il attribuer la* COULEUR VERTE *des plantes?* — A la présence d'une matière colorante d'un beau vert appelée chlorophylle.

1007. *Pourquoi le* VERT *des feuilles sortant du bourgeon ou des feuilles au printemps est-il* PALE? — Parce que la chlorophylle n'est pas encore toute formée.

1008. *Pourquoi les feuilles jaunissent elles ou rougissent-elles à l'automne?* — Parce que la chlorophylle, formée au printemps ou dans l'été, s'est décomposée sous l'action de la lumière et de la chaleur, et n'est pas remplacée par de la chlorophylle nouvelle.

1009. *Pourquoi les plantes qui croissent dans l'obscurité sont-elles* INCOLORES *ou* BLANCHES? — Parce que la présence de la lumière est nécessaire, aussi bien que celle de l'oxygène, au développement de la chlorophylle. La chicorée cultivée dans une cave ou dans un lieu obscur donne des jets longs, grêles et blancs, connus sous le nom de barbe de capucin. Les feuilles intérieures des salades, que l'on cache à la lumière en les liant, blanchissent, parce que la chlorophylle est décomposée et ne se reforme plus.

1010. *Pourquoi les pommes de terre qui sont en partie hors de terre deviennent-elles* VERTES *à leur surface extérieure, tandis que celles qui sont en terre gardent leur couleur naturelle?* — La portion exposée à la lumière et à l'air devient verte, parce qu'il se forme de la chlorophylle. Au sein du sol, à l'abri de la lumière et de l'air, il ne s'en forme pas : la couleur naturelle propre persiste.

1011. *Pourquoi les couleurs artificielles, celles surtout des papiers de tenture ou d'étoffes, se fanent-elles ou pâlissent-elles avec le temps?* — Parce que, sous l'influence de l'oxygène de l'air, de l'humidité, de la lumière, les principes colorants de ces étoffes et de ces papiers s'oxydent ou se décomposent.

§ 2. — COULEURS SUBJECTIVES OU ACCIDENTELLES.

1012. *Pourquoi, à la lumière d'une bougie ou d'une lampe, les étoffes* BLEUES *paraissent-elles vertes?* — Parce que la lumière jaunâtre de la bougie ou de la lampe, venant s'ajouter à la lumière bleue de l'étoffe, l'influence la modifie, et donne la sensation du vert, qui, comme on l'a vu, peut être reproduit par un mélange de jaune et de bleu.

1013. *Il y a donc des couleurs qui ne sont pas* RÉELLES *ou qui sont une* ILLUSION? — Oui, il est une classe entière de couleurs qu'on a appelées *accidentelles* ou *subjectives*, parce qu'elles ne sont pas dans l'objet, mais bien plutôt dans le sujet, ou qu'elles n'ont de réalité que dans celui qui les perçoit, qu'elles sont comme produites par l'œil ou par une réaction de l'œil.

1014. *Citez quelques exemples de couleurs subjectives.* — 1° Si, après avoir fixé attentivment la couverture jaune très-éclairée d'une brochure, vous l'ouvrez rapidement, les pages blanches paraîtront inondées de lumière bleue ; si la couverture avait été d'un vert brillant, les pages blanches seraient apparues roses ; les couleurs subjectives qui naissent ainsi de la contemplation de couleurs objectives sont complémentaires de ces couleurs ; 2° si on regarde fixement un objet coloré posé sur un fond blanc, un pain à cacheter rouge éclatant, par exemple, sur une feuille de papier blanc, on verra se manifester extérieurement, et tout autour du pain à cacheter rouge, une auréole de lumière verte complémentaire du rouge ; 3° si on éclaire un papier avec une lumière colorée, que sur ce papier on dresse un corps quelconque éclairé par la lumière blanche, l'ombre projetée par ce corps sera fortement colorée de la couleur complémentaire de celle qui éclaire le papier : l'expérience réussit très-bien avec la lumière d'une bougie, qui est jaunâtre, et la lumière diffuse du jour, l'ombre apparaît très-bleue : c'est le phénomène bien connu des ombres colorées qu'on observe souvent dans la nature ; 4° enfin, deux couleurs très-voisines s'influencent et se modifient mutuellement d'une manière très-sensible, en produisant ce qu'on appelle un *effet de contraste.*

1015. *Rappelez une expérience célèbre qui mette complétement en évidence la réaction de l'œil.* — Boyle, après avoir regardé un instant le soleil, rentra dans l'obscurité, et constata, non sans quelque surprise, que sa vue était comme animée d'un mouvement oscillatoire intense, qui lui faisait apercevoir tour à tour et successivement une image brillante du soleil, puis une image sombre : cette succession d'images brillantes et sombres dura plusieurs jours. Il semble donc : 1° que la rétine écartée de son état normal par la présence d'un objet coloré, puis abandonnée à elle-même, revient d'abord à la position de repos, la dépasse ensuite en sens contraire, et oscille ainsi pendant un certain temps ; 2° que ces oscillations en sens contraire donnent l'impression des teintes complémentaires, les ténèbres succédant à la lumière, le vert au rouge, le bleu au jaune, etc.

1016. *Résumez l'ensemble des faits relatifs aux* COULEURS SUBJECTIVES. — Ces couleurs, qui jouent un rôle important dans la nature, semblent être de trois ordres différents : le premier a sa cause dans les vibrations successives de la rétine ; le second s'explique par l'irradiation ou le partage de la rétine en plusieurs portions vibrant simultanément sous l'impression d'une première excitation ; le troisième a sa raison d'être dans le contraste ou l'élimination des couleurs communes aux deux rayons qui agissent à la fois sur l'organe de la vision.

1017. *Y a-t-il des personnes dont les yeux sont* INCAPABLES *de* DISTINGUER *les* COULEURS ? — Oui, et cette infirmité, assez commune, au moins dans un faible degré, a reçu le nom de *daltonisme*, parce que le célèbre physicien *Dalton* en était affecté.

1018. *Comment s'explique cette* IMPUISSANCE ? — Par une insensibilité anomale de la rétine qui lui enlève la faculté de vibrer à l'unisson de tel ou tel rayon lumineux. Tous les yeux distinguent le jaune, aucune rétine n'est donc insensible pour la lumière jaune, et ce fait s'explique par la coloration normale de la rétine en jaune. L'œil qui est insensible à une couleur est aussi insensible à la couleur complémentaire, ce qui est tout à fait d'accord avec le fait observé de la succession des impressions dans les couleurs subjectives.

1019. *Faites ressortir les analogies et les différences entre la lumière et le son.* — La lumière et le son sont tous deux le résultat de mouvements vibratoires. Le milieu vibrant et transmettant pour le son est l'air; le milieu vibrant et transmettant pour la lumière est l'éther. Les vibrations des molécules aériennes ou les vibrations sonores ont lieu dans le sens même de la propagation du mouvement, ou en sens contraire, mais suivant la même ligne; les vibrations des molécules éthérées ou les vibrations lumineuses ont lieu perpendiculairement à la direction de propagation du mouvement. Les vibrations sonores se comptent par centaines ou par milliers; les vibrations lumineuses, incomparablement plus nombreuses, se comptent par millions. Le mouvement sonore, comme le mouvement lumineux, se réfléchit, se réfracte, se polarise, se disperse, se diffracte, interfère, etc.; les corps vibrent dans un certain unisson avec l'air en mouvement qui les frappe et rendent un son propre; les corps aussi vibrent dans un certain unisson avec le mouvement lumineux qui les frappe et brillent de leurs couleurs propres. Le mouvement vibratoire persiste un certain temps dans les corps frappés par l'air en mouvement; l'impression produite sur l'œil par le mouvement lumineux persiste aussi pendant un temps plus ou moins long, etc., etc.

CHAPITRE V

Phénomènes d'optique naturelle, ou optique météorologique.

§ 1. — ARC-EN-CIEL.

1020. *Qu'est-ce que l'*ARC-EN-CIEL? — Une bande à peu près semi-circulaire, plus ou moins étendue, formée de sept arcs concentriques principaux présentant successivement les couleurs du spectre solaire, depuis le violet en bas ou à l'intérieur, jusqu'au rouge en haut, ou à l'extérieur, qu'on aperçoit ordinairement dans les nuées, quand le *soleil luit* en même temps qu'il pleut.

1021. *Quelle est la* CAUSE *de l'arc-en-ciel?* — La décomposition de la lumière du soleil par les gouttes de pluie.

1022. *Quelles sont les* CONDITIONS *nécessaires pour que l'on voie l'arc-en-ciel?* — Il faut : 1° que l'on regarde du côté *opposé au soleil;* 2° qu'une nuée obscure se trouve derrière les gouttes de pluie qui décomposent et dispersent les rayons; 3° que le soleil ne soit pas trop élevé au-dessus de l'horizon.

1023. *Comment a-t-on été conduit à admettre que l'arc-en-ciel résulte de la décomposition de la lumière par des gouttes de pluie?* — Par ce double fait : 1° que les cascades, les jets d'eau, les gouttes de pluie dispersées sur l'herbe ou sur des toiles d'araignée produisent le même phénomène; 2° qu'en partant de cette supposition, et mettant en outre en jeu les interférences de la lumière, on est arrivé à rendre compte de toutes les particularités du phénomène de l'arc-en-ciel.

1024. *Montrez comment peut s'opérer cette décomposition.* — On conçoit sans peine : 1° qu'un rayon solaire SA, qui rencontre une goutte d'eau en A, se réfracte, arrive en B, se réfléchisse presque totalement en B sur la surface limite de la goutte d'eau, vienne en C, et sorte en se réfractant de nouveau

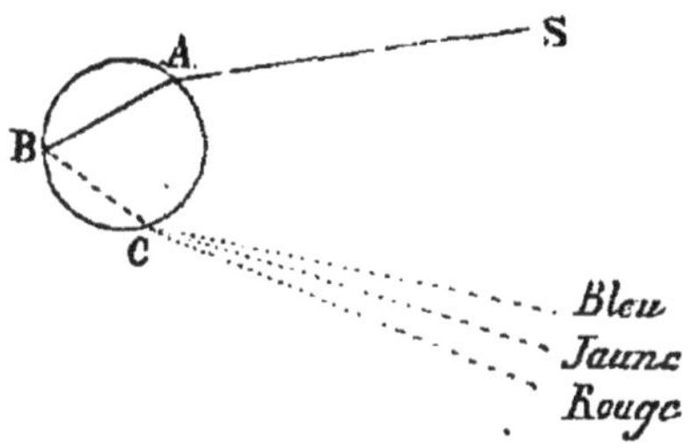

en C; 2° que cette réfraction double disperse les rayons composants ou les sépare dans l'ordre de leur réfrangibilité, rouge, jaune, bleu.

1025. *Les mêmes gouttes produisent elles la même couleur pour chaque personne?* — Non, et chaque spectateur voit son arc-en-ciel particulier.

1026. *L'arc-en-ciel est-il toujours* SIMPLE? — Non; très-souvent on voit à la fois deux arcs, l'un intérieur, dont les couleurs sont plus vives; l'autre extérieur, plus pâle, et dans lequel l'ordre des couleurs est renversé. Dans l'arc intérieur ou principal, le rouge est en bas, le violet en haut; dans l arc secondaire, extérieur, le violet est en bas, le rouge en haut.

1027. *Comment expliquez-vous la formation du se-*

cond arc-en-ciel? — Toujours par la décomposition de la lumière par les gouttes de pluie. On conçoit: 1° qu'un rayon blanc SA, pénétrant dans la goutte d'eau, non plus par le haut, mais par le bas, se réfracte en A, se réfléchisse d'abord en D, puis en C, se réfracte de nouveau et sorte en B; 2° que cette réflexion double et cette réfraction double dispersent les rayons composants dans l'ordre de leur réfrangibilité, bleu, jaune, rouge.

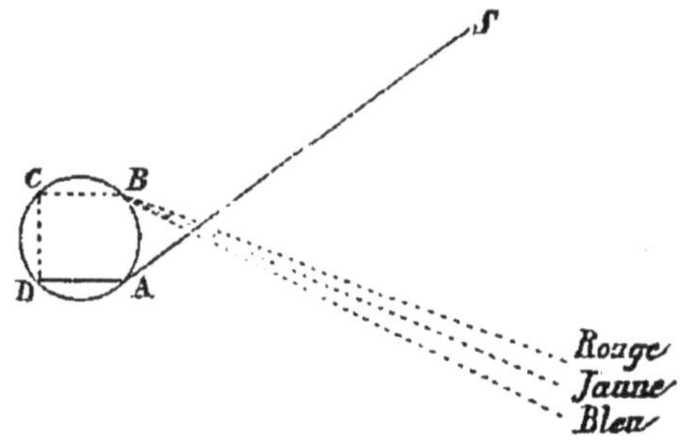

1028. *Pourquoi les couleurs de l'arc-en-ciel inférieur sont-elles plus* VIVES, *celles de l'arc-en-ciel supérieur moins* VIVES? — Parce que les rayons qui donnent le premier arc n'ont subi qu'une réflexion, tandis que les rayons qui donnent le second arc en ont subi deux, et que la réflexion affaiblit toujours un peu la lumière.

1029. *Le nombre des arcs est-il borné toujours à* DEUX? — Non; on en a vu quelquefois jusqu'à trois; la théorie indique qu'il peut y en avoir un plus grand nombre; mais leur lumière est si faible, qu'on ne les aperçoit presque jamais. On voit plus souvent près du violet de l'arc inférieur ou principal des arcs appelés *surnuméraires*, formés chacun d'une bande pourpre et d'une bande verdâtre, et qui proviennent des interférences des rayons voisins de ceux qui produisent l'arc-en-ciel principal.

1030. *Qu'est-ce que l'arc-en-ciel blanc et à quoi faut-*

il l'attribuer? — C'est l'arc-en-ciel qui se forme sur un brouillard au lieu de se former sur un nuage pluvieux. L'absence de couleurs tient uniquement à la petitesse excessive des gouttes. En tenant compte de la grosseur des gouttes ou de leur diamètre, on voit par la théorie comment, à mesure que ce diamètre diminue, l'apparence lumineuse formée par la réfraction, la dispersion et les interférences, passe de l'arc-en-ciel ordinaire aux arcs surnuméraires, aux couronnes, et arrive enfin à l'arc-en-ciel blanc.

§ 2. — LUMIÈRE DIFFUSE, AURORE ET CRÉPUSCULE.

1031. *Qu'est-ce que la lumière* DIFFUSE *ou la lumière* DU JOUR? — La lumière du soleil réfléchie, répercutée, transmise par les innombrables molécules de l'atmosphère aérienne. Si l'atmosphère n'existait pas, la surface terrestre ne recevrait de lumière que celle qui lui arriverait directement du soleil; si on cessait de regarder cet astre ou les objets directement frappés par ses rayons, on se trouverait aussitôt dans les ténèbres. Grâce à l'atmosphère, au contraire, il n'est pas de lieu si retiré, pourvu que l'air puisse s'y introduire, qui ne soit éclairé, alors même que les rayons du soleil n'y arrivent pas directement.

1032. *Qu'est-ce que l'*AURORE? — La clarté qui précède le lever du soleil, la lumière qui nous arrive du soleil par la réflexion et la diffusion dans l'atmosphère de ses rayons, alors qu'il est encore à 17 ou 18 degrés au-dessous de l'horizon.

1033. *Qu'est-ce que le* CRÉPUSCULE? — La clarté

qui suit le coucher du soleil, la lumière qui nous arrive du soleil par la réfraction et la diffusion dans l'atmosphère, alors qu'il est à moins de 18 degrés au-dessous de l'horizon. Le crépuscule est l'aurore du soir, ou mieux l'aurore est le crépuscule du matin. Si l'atmosphère n'existait pas, le jour succéderait à la nuit et la nuit au jour instantanément. Grâce à l'atmosphère, au contraire, nous ne passons que peu à peu, et par une gradation insensible, du jour à l'obscurité, de l'obscurité au jour.

1034. *Qu'appelle-t-on* COURBE ANTICRÉPUSCULAIRE? — La courbe limite de la projection dans l'atmosphère de l'ombre de la terre éclairée par les rayons du crépuscule du matin ou du soir.

Lorsque le soleil est sous l'horizon, le cône lumineux formé par les rayons qui rasent tangentiellement la terre, prolongé à travers toute l'atmosphère supposée sphérique, et modifié par les réfractions qu'il subit, trace en sortant des dernières couches un cercle qui sépare les régions aériennes directement illuminées de celles qui ne le sont qu'indirectement; cette courbe limite est la courbe anticrépusculaire. Elle se montre vers l'horizon oriental quand le soleil se couche, et vers l'horizon occidental quand il se lève.

1035. *Qu'appelle-t-on les* TEINTES *de l'aurore ou du crépuscule?* — Les teintes de la courbe crépusculaire. Cette courbe n'est pas une ligne tranchée, mais un secteur ou une surface circulaire d'une certaine étendue, nuancée de diverses teintes se succédant de bas en haut dans l'ordre suivant : rouge, orangé, jaune, vert, pourpre rosâtre, bleu grisâtre, rougeâtre.

1036. *Qu'appelle-t-on* RAYONS CRÉPUSCULAIRES? — Les faisceaux lumineux blancs ou colorés qui pénètrent dans l'atmosphère à travers les échancrures des nuages, le plus souvent des *cumulo-stratus*, interposés entre le soleil couchant et l'œil de l'observateur. Quelquefois ces arcs lumineux semblent rayonner du soleil et former une sorte de gloire de saint à larges rayons divergents. Quelquefois, au contraire, ils se dessinent sur le ciel comme de grands cercles convergents qui vont se couper au point du ciel diamétralement opposé au soleil. Cette divergence et cette convergence ne sont qu'apparentes; en réalité, les rayons sont parallèles; cette illusion a la même cause que celle qui nous montre convergentes les deux rangées parallèles d'arbres qui bornent une avenue.

1037. *Qu'appelle-t-on* BANDES POLAIRES? — Une distribution particulière de lumière qui dessine sur une couche de nuages un arc en apparence circulaire, quelque peu semblable, par sa forme et son orientation, aux arcs des aurores boréales.

§ 3. — RÉFRACTION EXTRAORDINAIRE ET MIRAGE.

1038. *Qu'appelle-t-on* RÉFRACTION ASTRONOMIQUE? — La déviation que la lumière venue des astres subit dans son passage à travers les couches successives de l'atmosphère terrestre, et qui nous fait voir ces astres plus élevés au dessous de l'horizon qu'ils ne le sont réellement. Elle est rigoureusement nulle quand l'astre est au zénith; elle croît à mesure que l'astre descend vers l'horizon.

Par suite de la réfraction, le soleil et la lune, dont le

diamètre apparent n'est que de 32 minutes, angle moindre que la déviation produite par la réfraction, peuvent apparaître en entier au-dessus de l'horizon, alors qu'ils sont en entier au-dessous; la lune a pu se montrer éclipsée avant son coucher, pendant que le soleil brillait vers l'orient. Le bord inférieur du disque solaire ou lunaire est plus relevé que le bord supérieur, et les deux astres paraissent aplatis dans le sens vertical.

1039. *Qu'appelle-t-on* RÉFRACTION TERRESTRE? — La déviation que la lumière venue des objets terrestres subit dans son passage à travers les couches qui séparent ces objets de l'œil, et qui a aussi pour effet de les montrer à une plus grande hauteur.

1040. *Qu'appelle-t-on* RÉFRACTION ANOMALE *ou* EXTRAORDINAIRE? — L'exagération ou le renversement de la réfraction atmosphérique.

Par suite des réfractions exagérées causées par des températures très-basses ou une densité excessive de l'air, on a vu le soleil, dans les régions polaires, se lever jusqu'à dix-sept jours plus tôt que ne l'annonçait le calcul. Cette même exagération fait que, dans certaines circonstances, on aperçoit à des distances énormes, trente ou quarante lieues, des montagnes ou autres objets ordinairement invisibles.

Lorsque le sol est très-échauffé par les rayons du soleil, les couches plus basses sont les moins denses; la déviation des rayons, causée par la réfraction, se fait en sens contraire, les objets paraissent abaissés au lieu de paraître élevés. Ainsi, 1° lorsque la mer est plus chaude que l'air, l'horizon paraît beaucoup plus abaissé qu'il ne devrait l'être relativement à la hauteur d'où l'on observe. 2° Si, au contraire, la mer est beaucoup plus froide que l'air, l'horizon apparent s'élève à une grande hauteur, comme si l'observateur était dans un bas-fond. 3° Des arbres hauts de 20 mètres et plus deviennent quelquefois invisibles et semblent être descendus au-dessous de l'horizon. 4° Par des journées très-chaudes, des clochers très-élevés disparaissent aussi sous l'horizon, tandis que lorsque le soir l'atmosphère s'est rafraîchie, on voit non-seulement le clocher, mais l'église et le sol environnant en apparence soulevés.

1041. *Qu'appelle-t-on* MIRAGE? — Des effets de réfraction extraordinaire qui font apparaître au-dessus du sol ou dans l'atmosphère l'image renversée des objets éloignés. Le mirage peut se produire soit verticalement, soit latéralement.

1042. *Quelle est la cause et quels sont les effets du* MIRAGE VERTICAL? — Dans les cas de réfraction extraordinaire, par exemple, lorsque les couches inférieures de l'air sont très-chaudes et très-raréfiées, les rayons lumineux venant d'un objet, du palmier A, par

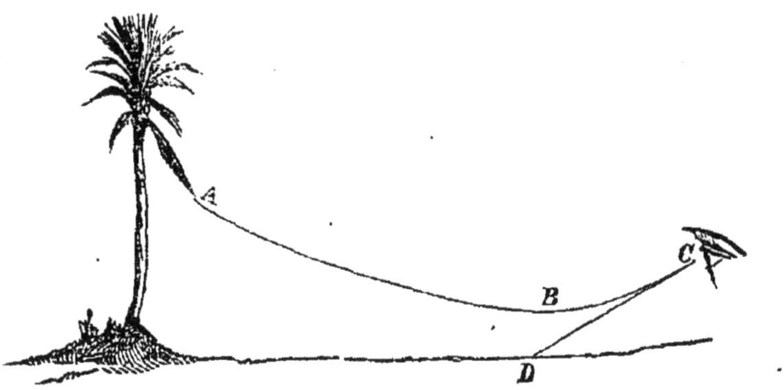

exemple, et passant sans cesse d'une couche plus dense

dans une couche moins dense, se courbent de plus en plus, arrivent aux diverses couches sous des incidences de plus en plus petites, et il peut arriver qu'ils atteignent une couche limite B sous une inclinaison telle, qu'au lieu d'y pénétrer ils se réfléchissent totalement et reviennent dans le milieu plus dense en suivant une seconde courbe convexe BC. L'œil alors placé en C pourra voir et l'objet A directement à travers les couches de densité sensiblement uniformes, et l'image renversée de cet objet dans le prolongement CD de la tangente à la courbe BC.

De même, lorsque, aux couches les plus basses, beaucoup plus denses que dans l'état normal, par leur contact, par exemple, avec l'eau plus froide de la surface des mers, sont superposées des couches moins denses, les rayons lumineux émis par le navire AA' s'éloignent

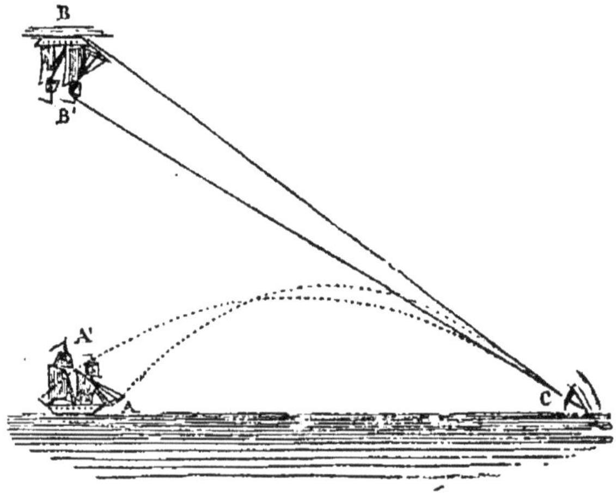

de plus en plus de la verticale, arrivent aux couches plus élevées sous des incidences de plus en plus petites, atteignent sous l'angle de réflexion totale une certaine couche limite, se réfléchissent, rentrent dans le milieu plus dense, et arrivent à l'œil en C; on peut, dans ce cas, voir et le navire AA' directement, et son image renversée BB', située non plus au-dessous, mais au-dessus. Cette première image, faisant à son tour fonction d'objet, peut donner naissance à une seconde image située au-dessus d'elle, renversée par rapport à elle, mais droite relativement au navire.

Le premier cas de mirage horizontal est très-fréquent dans les plaines de la Basse-Égypte, échauffée par les ardeurs d'un soleil de feu. Le second cas est très-souvent observé dans les mers du Groënland.

1043. *Quelle est l'*ORIGINE *et quels sont les* EFFETS *du mirage latéral?* — Il a lieu lorsque, par une cause quelconque, des couches d'air très-chaudes, très-dilatées, par leur contact, par exemple, avec une paroi verticale que les rayons du soleil frappent, sont en contact avec des couches d'air plus froides et plus denses. Pour se rendre compte de ces effets, il suffit de faire tourner de 90 degrés les deux figures qui précèdent, de manière à rendre verticales les surfaces de séparation des couches; les images sont produites de la même manière, droites, ou renversées, par suite de la réflexion totale sur une couche limite, latéralement au lieu de verticalement.

1044. *Les phénomènes du mirage sont-ils si* RARES *qu'il faille les classer parmi les phénomènes extraordinaires?* — Non, les phénomènes de mirage horizontal ou latéral sont au contraire très-fréquents et très-communs. Si un œil patient et perçant s'exerçait à les retrouver dans l'atmosphère, il les verrait partout où il y a des surfaces horizontales ou verticales longtemps exposées à un soleil d'été. En se couchant à plat ventre sur le sol revêtu de bitume de la place de la Concorde, par un jour très-chaud, on peut voir le mirage horizontal dans des conditions d'éclat et d'illusion tout à fait remarquables. On constatera la réalité du mirage latéral en faisant raser à son œil une longue muraille située au midi, et que le soleil a échauffée pendant quelques heures. L'histoire a conservé le souvenir d'un pilote de Bourbon ou de Cayenne qui annonçait à coup sûr l'arrivée des vaisseaux, alors qu'ils étaient encore au-dessous de l'horizon de l'île; son secret était très-probablement l'observation assidue du mirage; et les vaisseaux A ne lui apparaissaient sans doute pas autrement que dans leurs images B, projetées sur le ciel par l'effet des réfractions extraordinaires, comme le montre la figure ci-jointe.

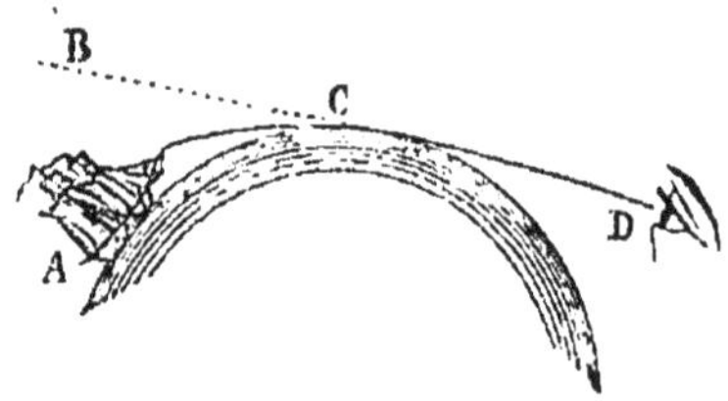

1045. *En outre des mirages réguliers dont il vient d'être question, existe-t-il un* MIRAGE IRRÉGULIER? — Oui. Les couches très-basses de l'atmosphère, dans les journées de l'été, par suite de la réverbération intense de la surface des mers et du sol, sont animées de mouvements très-irréguliers. Si on braque alors une lunette vers l'horizon, la vision n'aura plus rien de distinct; réfractés et déviés tantôt dans un sens, tantôt dans un autre, les rayons lumineux ne forment plus d'images constantes et continues, certains points de l'objet sont invisibles; d'autres apparaissent et disparaissent tour à tour; les contours de l'image sont d'une mobilité excessive, les objets sont considérablement déformés. Les apparences magiques des *Fata-Morgana* du détroit de Messine sont dues en partie au mirage, en partie aux réverbérations du sol et de la mer.

§ 4. — COURONNES, HALOS, PARHÉLIE.

1046. *Qu'appelle-t-on* COURONNES? — Des cercles colorés concentriques au soleil et à la lune, plus ou moins nombreux, dont les diamètres varient comme les nombres 1, 2, 3, 4, et qui sont nuancés de rouge à l'extérieur, de violet à l'intérieur.

1047. COMMENT *sont produites les couronnes?* — Par la diffraction des rayons lumineux dans leur passage à travers une masse de globules ou petites sphères d'eau liquéfiées, d'une grosseur sensiblement uniforme. Si l'on regarde le soleil, la lune ou la flamme d'une bougie au travers d'un verre couvert de poussière de lycopode, on aperçoit de superbes couronnes concentriques qui rappellent tout à fait celles de la nature.

1048. *Qu'est-ce que l'*ANTHÉLIE? — Une sorte d'auréole ou de gloire, d'une lumière plus ou moins vive, qui apparaît quelquefois autour de la tête d'un observateur placé en face d'un nuage ou d'un amas de poussière fine, et qui est due à la réflexion ou à une illumination rétrograde de la lumière.

1049. *Que sont les* HALOS PROPREMENT DITS? — Des cercles colorés de grand diamètre, qui ont le soleil ou la lune pour centre, nuancés de rouge à l'intérieur, de violet à l'extérieur, et qui sont dus à la réfraction des rayons lumineux par des prismes de glace d'un angle de 60 degrés, flottant dans l'atmosphère, avec leur arête horizontale. Le rayon du premier halo ordinaire est d'environ 22 degrés, le rayon du deuxième halo extraordinaire est d'environ 46 degrés; on en voit quelquefois un troisième distant du soleil de 90 degrés, dans lequel le violet est à l'intérieur et le rouge à l'extérieur.

1050. *Qu'est-ce que le* CERCLE PARHÉLIQUE? — Un grand cercle blanc parallèle à l'horizon, dont la circonférence passe par le soleil ou par la lune, et dont la largeur est la même que celle de l'astre illuminant. Il est aussi dû à la réfraction de la lumière par des prismes de glace flottant dans l'atmosphère, mais par des prismes orientés autrement que ceux qui donnent le halo. Le cercle parhélique est quelquefois accompagné de deux autres cercles blancs passant par le soleil, et se coupant sous un angle de 60 degrés.

1051. *Que sont les* PARHÉLIES? — Des images colorées du soleil qui apparaissent à l'intersection des cercles parhéliques avec d'autres cercles analogues appelés cercles circumzénithaux, ou tangents, parce qu'ils ont le zénith pour centre, et qu'ils sont tangents aux halos proprement dits. Les parhélies ont les couleurs du halo, et souvent une sorte de queue ou prolongement dans la direction du cercle parhélique; ils sont dus aussi à la réfraction par des prismes de glace.

1052. *Qu'appelle-t-on communément* HALO? — Un phénomène lumineux très-compliqué résultant de l'apparition simultanée des halos proprement dits, du cercle parhélique, de cercles tangents, de cercles verticaux, d'un plus ou moins grand nombre de parhélies, d'autres cercles encore passant par les parhélies, etc., et qui a toujours pour cause la réflexion des cristaux de glace orientés plus ou moins régulièrement.

1053. *Que sont les traînées lumineuses verticale et horizontale qui, dans les régions polaires, accompagnent quelquefois le soleil à son lever?* — Très-probablement des phénomènes de diffraction ou de réseaux, car on les imite ou on les reproduit en regardant le soleil à travers une toile métallique ou une surface de verre rayée. Les deux traînées réunies forment quelquefois une croix.

§ 5. — SCINTILLATION.

1054. *Qu'est-ce que la scintillation des étoiles?* — L'agitation, le mouvement de trépidation dont les étoiles semblent animées, avec changement d'éclat et de couleurs, avec altération du diamètre apparent des rayons divergents qui jaillissent du centre de l'étoile.

1055. *Quelle est la* CAUSE *de la scintillation?* — Suivant François Arago, la scintillation a pour cause unique les interférences des rayons stellaires par suite de leur passage à travers des portions de l'atmosphère plus ou moins denses, plus ou moins humides, inégalement réfringentes, et qui, par conséquent, augmentent ou diminuent inégalement leurs vitesses. Ces interférences, en supprimant certains rayons, tantôt les uns, tantôt les autres, en éteignant même quelquefois totalement ou presque totalement la lumière émise, donneraient une explication assez naturelle de l'agitation de l'image de l'étoile, de ses changements d'éclat et de couleur.

Mais il semble qu'on peut se rendre très-bien compte de ce singulier phénomène sans recourir aux interférences par la seule dispersion de la lumière des étoiles, ou par ce double fait : 1° que la lumière des étoiles est dispersée par l'atmosphère, que les étoiles par conséquent étalent en quelque sorte, devant le regard, un rideau de lumière dispersée ou de couleurs actuellement séparées; 2° que cette dispersion, en quelque sorte élémentaire et très-faible, peut devenir sensible par l'agitation de l'air, par des réflexions totales de certains rayons à la surface des ondes atmosphériques, par l'hétérogénéité et les inégalités du milieu traversé, etc., etc.

Le refroidissement du sol par le rayonnement vers les espaces célestes dans les nuits sereines produit des courants ascendants et descendants qui sont intenses, qui agitent et troublent l'atmosphère surtout vers l'horizon, mais qui se font sentir à une assez grande hauteur, qui suffisent à rendre mobiles à l'excès les images des étoiles, et à faire ressortir tantôt l'une, tantôt l'autre des couleurs séparées par la dispersion.

1056. *Pourquoi la scintillation est-elle* BEAUCOUP PLUS FORTE *à l'horizon?* — Parce que c'est surtout à l'horizon que sont actives et puissantes les causes de la scintillation, la dispersion, l'agitation de l'air, la présence d'ondes atmosphériques, les irrégularités de transparence, etc., etc.

1057. *Pourquoi les planètes ne scintillent-elles pas ?* — Elles scintillent quelquefois, mais elles scintillent moins que les étoiles, parce qu'elles ont un diamètre apparent, parce que ce n'est plus un rayon très-délié, mais un large faisceau de lumière qu'elles envoient à l'œil, et que, dans ces conditions, il y a évidemment moins de chance pour que l'extinction ou l'élimination complète d'une des couleurs puisse se produire.

SIXIÈME PARTIE

MAGNETISME ET ÉLECTRICITÉ

SECTION I. — *MAGNÉTISME.*

CHAPITRE UNIQUE

Propriétés et usages des aimants.

1058. *Quelles sont les principales propriétés des* AIMANTS? — 1° Un aimant attire certaines substances, que l'on appelle en conséquence *magnétiques*. Ces substances sont : d'abord, le *fer*, et puis, à des degrés inférieurs, le *nickel*, le *cobalt* et quelques autres. — 2° Dans tout aimant se trouvent, vers deux extrémités opposées, deux points dans lesquels semble surtout concentrée la puissance magnétique, comme on peut s'en assurer en recouvrant un aimant de limaille de fer. Aussitôt, des parcelles de limaille s'attachant à l'aimant, d'autres parcelles se collant aux premières, et ainsi de suite, l'aimant se trouve enveloppé de filaments métalliques qui se disposent de manière à former comme deux houppes, ayant chacune pour centre un des deux points que nous avons signalés et qui s'appellent *pôles*. Les filaments qui composent ces houppes sont moins longs à mesure que leurs points d'attache se trouvent moins rapprochés des pôles, et, vers le milieu de l'aimant, on remarque une ligne où n'adhère aucune parcelle de limaille, et qu'on appelle en conséquence la ligne *neutre*. — 3° Si un aimant se trouve suspendu ou soutenu par sa partie moyenne de manière à pouvoir se tourner de n'importe quel côté, un de ses pôles, et toujours le même, se dirigera à peu près vers le nord, l'autre vers le sud. Ce fait établit une distinction importante entre les pôles des aimants, ceux qui se dirigent vers le nord étant considérés comme semblables entre eux, et les autres étant censés opposés aux premiers, ou, comme on dit, de *noms contraires*. — 4° Si on met deux aimants en présence l'un de l'autre, on verra les pôles de noms contraires s'attirer mutuellement, et les pôles de même nom se repousser. C'est là une loi fondamentale, dont tous les phénomènes magnétiques sont la continuelle application.

1059. *Comment* EXPLIQUE-T-ON *les phénomènes magnétiques?* — On a recours à l'hypothèse de deux fluides dont chacun agirait par répulsion sur lui-même et par attraction sur l'autre fluide. Combinés, ils forment du fluide neutre; mais, lorsqu'une force plus grande que leur attraction mutuelle vient à les séparer, ils agissent dans deux directions opposées, et les deux pôles des aimants sont les points où s'appliquent les résultantes de ces deux actions. Cette hypothèse des deux fluides se prête parfaitement à l'explication de tous les phénomènes; il est pourtant très-probable que ces phénomènes tiennent à une autre cause, que nous indiquerons en traitant de l'électro-magnétisme.

1060. *Combien distingue-t-on* D'ESPÈCES *d'aimants?*

— On distingue : les aimants *naturels*, fragments d'un minerai appelé fer oxydulé magnétique, et les aimants *artificiels*, morceaux d'acier trempés auxquels les propriétés magnétiques ont été communiquées par l'aimantation.

1061. *Comment s'opère l'*AIMANTATION? — Pour aimanter un barreau d'acier trempé, on fait porter une de ses extrémités sur un des pôles d'un barreau aimanté et l'autre extrémité sur le pôle contraire d'un autre barreau. Mais, comme ce moyen d'aimantation serait insuffisant ou du moins très-lent, on a recours en outre à des passes ou frictions que l'on opère soit avec un seul aimant d'un bout à l'autre du barreau que l'on veut aimanter, soit avec les pôles contraires de deux aimants, en allant du milieu du barreau aux deux extrémités.

1062. *En quoi les* AIMANTS *diffèrent-ils des substances purement* MAGNÉTIQUES? — En ce que, dans les aimants, les fluides ne peuvent se mouvoir que très-difficilement, soit pour se séparer, soit pour se réunir de nouveau, ce qu'on exprime en disant que les substances dont sont formés les aimants sont douées d'une très-grande force coercitive; tandis que, dans les substances simplement magnétiques, comme le fer doux, la force coercitive est à peu près nulle; d'où il résulte que, sous l'influence d'un aimant, ces substances s'aimantent à l'instant, et que, cette influence cessant, elles retournent tout aussitôt à l'état actuel. La transformation momentanée du fer doux en aimant sous l'influence d'un aimant, explique les filaments de limaille de fer que nous avons vus se former au contact d'un aimant.

1063. *Quelle* FORME *donne-t-on le plus souvent aux aimants* ARTIFICIELS? — La forme d'un fer à cheval. Un aimant étant ainsi disposé, on le suspend par sa ligne neutre, et aux deux extrémités, qui se trouvent en bas sur une même ligne horizontale, on applique une lame de fer doux appelée *armature*. Cette lame ayant ses deux extrémités sous l'influence des deux pôles du barreau aimanté, s'aimante elle-même et adhère fortement à l'aimant, de manière à pouvoir supporter un poids, qui augmente, à mesure que la force de l'aimant s'accroît.

1064. *Comment peut-on se rendre compte de l'*ACTION DU GLOBE TERRESTRE *sur les aimants?* — En considérant le globe terrestre comme un immense aimant, ayant ses pôles magnétiques peu distants des pôles astronomiques, et sa ligne neutre, appelée aussi l'*équateur magnétique,* inclinée d'un petit nombre de degrés sur l'équateur proprement dit, qu'elle coupe en deux points. D'après ce qui précède, on conçoit qu'un aimant libre de se tourner dans toutes les directions doit toujours se placer de manière à avoir un de ses pôles dirigé vers le pôle magnétique boréal de la terre, et l'autre vers son pôle magnétique austral; que le premier sera le pôle austral de l'aimant, le second son pôle boréal, puisque chacun d'eux doit porter un nom contraire à celui du pôle terrestre vers lequel il se dirige.

1065. *Qu'est-ce que la* DÉCLINAISON *de l'aiguille aimantée?* — C'est l'angle que fait, dans un lieu donné, la direction de l'aiguille aimantée avec le méridien.

1066. *La déclinaison, pour un même lieu, est-elle*

toujours LA MÊME? — Elle varie constamment. A Paris, en 1580, elle était de 11°30′ vers l'est; à partir de cette époque, elle alla diminuant jusqu à devenir nulle; puis elle devint occidentale, et s'accrut dans cette direction jusqu'en 1814, qu'elle atteignit le chiffre de 22°34′. Depuis cette époque, elle a diminué constamment, et, le 9 avril 1871, elle n'était que de 17°56′.

1067. *La connaissance de la déclinaison magnétique est-elle de quelque* UTILITÉ PRATIQUE? — Oui! Elle est d'une importance capitale pour les navigateurs, qui seraient fort souvent induits en erreur par la boussole, s'ils ne savaient de combien, sur chaque point du globe, elle dévie de la méridienne.

1068. *Qu'est-ce que l'*INCLINAISON *de l'aiguille aimantée?* — C'est l'angle que fait avec l'horizon une aiguille aimantée, suspendue par son centre de gravité, de manière à pouvoir tourner librement dans un plan vertical. Sous l'équateur magnétique, les deux extrémités de l'aiguille aimantée étant également attirées par les deux pôles magnétiques de la terre, l'inclinaison est nulle; mais, à mesure qu'on s'approche d'un des pôles magnétiques, l'attraction qu'il exerce sur le pôle contraire de l'aiguille augmente, et en même temps l'attraction exercée par l'autre pôle magnétique de la terre sur l'autre pôle de l'aiguille diminue; d'où il résulte que l'inclinaison devient de plus en plus grande. Au pôle même, l'aiguille prend une position verticale. L'inclinaison, comme la déclinaison, varie sans cesse dans un même lieu : à Paris, elle était, en 1671, de 75°; le 1er janvier 1867, elle n'était que de 65°,48′.

SECTION II. — *ÉLECTRICITÉ.*

NOTIONS PRÉLIMINAIRES

1069. *Qu'est-ce que l'*ÉLECTRICITÉ ? — L'*électricité* est un agent puissant, qui donne lieu à des phénomènes : *mécaniques*, d'attraction, de répulsion, de transport, etc.; *physiques*, de bruit, de lumière, de chaleur, etc.; *chimiques*, de combinaison, de décomposition, etc.; *physiologiques*, de commotion, de contraction, etc., et qui produit beaucoup d'autres effets.

1070. *Pourquoi a-t-on donné à cet agent le nom d'*ÉLECTRICITÉ, *qui rappelle celui du* SUCCIN *ou* AMBRE *jaune (en grec* ELECTRON)? — Parce que l'ambre est la première substance que l'on ait vue acquérir par le frottement la propriété d'attirer les corps légers, tels que des brins de paille, de la sciure de bois, de la moelle de sureau, des barbes de plume, etc., etc.

Thalès découvrit cette propriété vers l'an 600 avant Jésus-Christ.

1071. *L'électricité ne se présente-t-elle pas dans différents* ÉTATS? — On l'a observée à l'état de repos et à celui de mouvement; dans le premier cas, on l'appelle électricité *statique;* dans le second, électricité *dynamique.*

CHAPITRE PREMIER

Électricité statique.

§ 1. — PHÉNOMÈNES GÉNÉRAUX DE L'ÉLECTRICITÉ STATIQUE.

1072. *Combien distingue-t-on d'*ESPÈCES DIFFÉRENTES *d'électricité?* — Il y a deux espèces d'électricité : l'électricité *vitrée* et l'électricité *résineuse*. Cette distinction est plutôt nominale et explicative que réelle et théorique.

1073. *D'où vient la dénomination d'électricité* VITRÉE? — De ce que cette électricité a d'abord été mise en évidence en frottant un bâton ou une surface de *verre poli* (*vitre*).

1074. *D'où vient la dénomination d'électricité* RÉSINEUSE? — De ce que cette électricité s'est montrée d'abord sur un bâton ou surface de *résine* frottés avec de la laine. L'ambre est lui-même une sorte de résine.

1075. *Y a-t-il d'*AUTRES NOMS *par lesquels les deux électricités soient désignées?* — Oui : l'électricité vitrée s'appelle aussi *positive*, et l'électricité résineuse *négative*.

1076. *Pourquoi ces noms d'électricité* POSITIVE *et d'électricité* NÉGATIVE? — 1° Parce que dans une des hypothèses que l'on a faites sur la nature de l'électricité, on admettait que les phénomènes électriques étaient dus à un excès ou à un déficit d'un fluide impondérable, appelé *fluide électrique*. L'*excès* du fluide constituait l'*électricité positive* ou l'*état électrique positif*; le déficit, l'*électricité négative* ou l'*état électrique négatif*; 2° parce que les deux électricités semblent produire des phénomènes contraires ou opposés, l'une attirant ce que l'autre repousse, et réciproquement.

Unies ou combinées en quantités égales dans un même corps, les deux électricités se neutralisent et dissimulent leurs propriétés; le corps est alors à l'état neutre, c'est-à-dire que le fluide électrique dont il est pénétré est à l'état de fluide neutre.

1077. *Quelle est la* LOI GÉNÉRALE *qui régit les phénomènes électriques?* — Les molécules des deux fluides s'attirent mutuellement, et les molécules d'un même fluide se repoussent.

1078. *Comment se divisent les corps au point de vue de la* TRANSMISSION *de l'électricité?* — On distingue les corps *bons conducteurs* et les corps *mauvais conducteurs*, ou *isolants*. Parmi les bons conducteurs, se trouvent d'abord les métaux ; les corps des animaux et celui de l'homme sont des conducteurs médiocres; les végétaux sont encore au-dessous. Les corps mauvais conducteurs sont : la résine, le caoutchouc, la gutta-percha, la soie, le verre, etc.

1079. *Quand un corps est électrisé, comment s'y* DISPOSE LE FLUIDE? — S'il s'agit d'un corps mauvais conducteur, l'électricité ne manifeste sa présence que sur les points de sa surface où elle a été développée ou appliquée; s'il s'agit d'un bon conducteur, l'électricité, bien que développée ou appliquée en un seul point, manifeste sa présence sur toute la surface, du moins dans ses parties planes ou convexes; mais rien ne révèle sa présence dans l'intérieur du corps ou dans les parties intimes de sa surface. Ajoutons que l'electricité s'accumule principalement sur les parties courbes et avec d'autant plus d'abondance que le rayon de courbure est plus petit. Une pointe pouvant être considérée comme une courbe d'un rayon extrêmement petit, il résulte de ce que nous venons de dire que, si quelque partie d'un corps conducteur se termine en pointe, l'électricité y affluera de toutes les parties de la surface.

1080. *Comment se fait-il que chacun des deux fluides électriques* S'ACCUMULE *sur un corps, malgré la* RÉPULSION *mutuelle de ses molécules?* — Parce qu'il ne peut se séparer du corps sans vaincre la résistance de l'air, qui est un très-mauvais conducteur. Mais, lorsqu'un corps est armé d'une pointe, le fluide électrique, par son accumulation sur la pointe, se trouve dans d'excellentes conditions pour s'ouvrir un passage à travers l'atmosphère; d'où il résulte qu'un corps conducteur armé d'une pointe perd à l'instant l'électricité qui lui est communiquée, et par conséquent ne parvient jamais à être chargé avec quelque énergie.

1081. *Par quels* MOYENS *électrise-t-on un corps?* — Par le frottement, par la pression, par la chaleur, par le contact d'un corps électrisé, qui lui communique une partie de son fluide; par le simple rapprochement d'un corps électrisé dont l'influence décompose son fluide neutre, etc.

1082. *Pourquoi le* FROTTEMENT *produit-il l'électricité?* — Dans l'état actuel de la science, on admet que la force mécanique exercée et dépensée dans le frottement peut se transformer sous certaines conditions en électricité ou force électrique, comme sous d'autres conditions elle se transforme en chaleur et en lumière. Dans l'ancienne hypothèse on admettait que le frottement séparait les deux électricités unies à l'état neutre, et que, suivant la nature du corps frotté, c'était tantôt l'électricité positive, tantôt l'électricité négative qui devenait prédominante à sa surface, l'électricité contraire étant emportée par le corps frottant.

1083. *Pourquoi un morceau de papier devient-il* ADHÉRENT *à la table, lorsqu'on le frotte avec de la* GOMME ÉLASTIQUE? — Parce que le frottement développe dans le papier l'*électricité*, laquelle lui communique la propriété d'attirer la table, ou mieux d'être attirée par elle, et d'y adhérer. L'attraction est toujours réciproque ou mutuelle, mais c'est celui des deux corps qui a le moins de masse qui cède à l'attraction.

1084. *Si l'on sèche au feu un morceau de gros* PAPIER GRIS, *et qu'on le frotte en le tirant deux ou trois fois entre les genoux serrés, il pourra* ADHÉRER *au* MUR : *pourquoi cela?* — Parce que par le frottement il devient électrique, attirant et attiré, apte par conséquent à adhérer aux corps qui l'avoisinent.

1085. *Quand un vitrier raccommode une vitre et la nettoie avec sa* BROSSE, *pourquoi les parcelles de* MASTIC *éparses sur les châssis dansent-elles de haut en bas?* — Parce que le frottement électrise le verre et lui communique la propriété d'attirer des corps légers, tels que des parcelles de mastic. En touchant la partie électrisée de la vitre, ces parcelles se *chargent d'électricité* de même nom, et sont repoussées; elles *retombent* sur le châssis, lorsqu'elles ont perdu leur électricité, reçoivent une *charge nouvelle*, s'élèvent encore pour retomber ensuite, etc.

1086. *Pourquoi, après s'être fortement brossé la tête, y éprouve-t-on des démangeaisons?* — Ces démangeaisons peuvent être le résultat, soit d'une irritation mécanique, soit de l'état électrique des cheveux déterminé par le frottement.

1087. *Pourquoi la* PEAU *de la* FIGURE *nous démange-t-elle quelquefois à l'approche de la pluie?* — Lorsque la pluie a pour cause l'orage ou l'état électrique de l'atmosphère, il est assez naturel que l'électricité de l'air impressionne la peau plus sensible du visage.

1088. *Pourquoi voyons-nous les* CHIENS *et les* CHATS *se* FROTTER *les* OREILLES *quand il va pleuvoir?* — La peau du chat, vivant ou mort, et aussi, mais plus faiblement, la peau du chien, est facilement électrisable; frottée vivement, elle s'électrise jusqu'à donner des étincelles. Il est donc assez naturel que l'électricité de l'air, cause de la pluie d'orage, agace la peau des chats et détermine une démangeaison qu'ils combattent en se grattant.

1089. *Comment l'*ÉLECTRICITÉ DE L'AIR *peut-elle produire une sensation de* PICOTEMENT *sur la peau?* — Les poils chargés d'électricité ne restent pas *couchés*; ils ont une tendance à se redresser, et cette tendance produit une sorte de chatouillement, comme si la peau était couverte de *toiles d'araignées*.

1090. *Pourquoi ces animaux (les chiens et les chats) se* LÈCHENT-*ils si* SOUVENT *alors?* — Pour mouiller, désélectriser et coucher leurs poils, afin de faire cesser la sensation qui les irrite.

1091. *L'électricité se* MANIFESTE *t-elle de quelque* MANIÈRE *ostensible?* — En lui-même le fluide électrique est invisible, comme la chaleur; mais l'électricité dans un grand nombre de cas engendre de la lumière et se manifeste sous forme d'étincelle, d'aigrette, d'éclair, de nappe de feu, etc.

1092. *Quelque* ODEUR *accompagne-t-elle l'électricité?* — En elle-même l'électricité n'a pas d'odeur; mais, auprès d'une forte machine électrique en marche, comme dans l'air par les temps très-orageux, on sent une odeur particulière, *sui generis*, qui rappelle un peu celle du soufre et du phosphore, et qui est propre à l'oxygène de l'air électrisé, désigné sous le nom d'ozone.

1093. *Pourquoi la secousse électrique est-elle ressentie plus fortement aux articulations?* — Probablement parce qu'aux articulations la conductibilité est moindre et qu'il y a saut d'un os à l'autre.

§ 2. — DE QUELQUES APPAREILS ÉLECTRIQUES.

1094. *Qu'est-ce que la* MACHINE ÉLECTRIQUE? — La machine électrique se compose essentiellement d'un disque de verre que l'on fait tourner au moyen d'une manivelle entre deux montants garnis de coussinets. En frottant contre ces coussinets, le verre s'électrise positivement, et les coussinets négativement. Au moyen de conducteurs métalliques, on fait écouler le fluide négatif des coussinets, qui, moyennant certaines dispositions particulières, peut être utilisé; quant au disque de verre, il soutire le fluide négatif de conducteurs auxquels sont adaptées des pointes métalliques qui regardent le disque et qui en sont très-voisines. Le disque se trouve ainsi de nouveau pourvu de fluide neutre, et les conducteurs, privés de leur fluide négatif, se trouvent par là même chargés de fluide positif, au moyen duquel on peut faire de nombreuses expériences. Il va sans dire que les conducteurs en question doivent être isolés.

La machine électrique à frottement est aujourd'hui abandonnée ; on a généralement adopté une machine électrique aussi à plateau de verre, mais dans laquelle l'électrisation par frottement fait place à l'électrisation par induction ou par influence d'une surface primitivement électrisée. Une fois amorcée, la machine en rotation devient une source abondante et continue d'électricité. Mais c'est en réalité le travail dépensé dans la rotation qui se change en électricité. Lorsque la machine n'a pas été amorcée et qu'elle n'engendre pas d'électricité, il ne faut presque aucun effort pour tourner les plateaux. Au contraire lorsqu'elle est amorcée et qu'elle produit de l'électricité, on ne peut plus la faire tourner sans effort. Cette remarque capitale a été faite par M. Ruhmkorff, le plus habile constructeur de ce genre de machines.

1095. *Qu'est-ce que le* TABOURET *électrique?* — C'est

un tabouret à pieds de verre, qui a pour objet d'isoler la personne qui se place dessus. Si cette personne se met en communication avec une source d'électricité, elle deviendra un conducteur électrisé, dont on pourra tirer des étincelles. On pourra aussi électriser la personne isolée et tirer d'elle des étincelles, en la frappant avec une peau de chat, qui a la propriété de s'électriser beaucoup par le frottement, et par là même d'électriser en sens contraire l'objet contre lequel on la frotte.

1096. *Qu'est-ce que l'*ÉLECTROPHORE? — L'*électrophore*, la plus simple des machines électriques, se compose d'un gâteau de résine coulé sur un disque de bois, et d'un plateau métallique ou du moins recouvert d'une feuille de métal. En battant fortement le plateau de résine avec une peau de chat, on l'électrise négativement. Posant ensuite le plateau métallique sur la résine, celle-ci, qui est très-mauvais conducteur, conserve son électricité négative ; mais sous son influence, l'électricité neutre du plateau se décompose, le fluide positif venant se placer sur la face en contact avec la résine, et le fluide négatif, sur la face opposée. Touchant alors cette face opposée avec le doigt, on enlève le fluide négatif, et le plateau, soulevé au moyen du manche de verre, donne des étincelles, et peut fournir de l'électricité positive comme le conducteur de la machine électrique. Mais si on enlevait le plateau sans avoir touché sa face supérieure pour lui enlever le fluide négatif, les deux fluides se recomposeraient et le plateau cesserait d'être électrisé. Dans un air sec, le gâteau de résine peut conserver son électricité pendant des mois entiers.

1097. *Qu'appelle-t-on* CONDENSATEUR *électrique?* —

On appelle ainsi un appareil dans lequel on accumule sur un petit plateau métallique une grande quantité de fluide électrique, en le faisant communiquer avec une source d'électricité, et en le mettant en présence d'un autre plateau métallique, séparé de lui seulement par une couche isolante et communiquant avec le sol. A mesure que le premier plateau reçoit du fluide de la source d'électricité, le second reçoit du sol une quantité correspondante de fluide contraire. L'attraction mutuelle des deux fluides l'emportant sur la tendance qu'ont les molécules de chacun d'eux à se fuir, on arrive ainsi à une très-grande tension électrique, et la réunion des deux fluides ainsi accumulés produit des effets énergiques. Pour opérer cette réunion sans danger, on n'aura qu'à mettre les deux plateaux en contact avec les deux extrémités d'un arc métallique; l'électricité suit toujours les métaux de préférence au corps humain, qui est beaucoup moins bon conducteur. Pour plus grande sécurité, on peut se servir d'un conducteur muni de manches de verre.

1098. *Qu'est-ce que la* BOUTEILLE DE LEYDE? — Cet appareil, ainsi nommé de la ville où il fut inventé, se compose d'un flacon de verre mince, sur lequel se trouve collée extérieurement, jusqu'à une certaine hauteur, une feuille métallique, et dont l'intérieur est rempli de feuilles métalliques dans lesquelles plonge un conducteur métallique soutenu par le bouchon de la bouteille, et terminé extérieurement par une boule. Si, tenant la bouteille avec la main, on met la boule du conducteur en contact avec une source d'électricité, l'armature intérieure se chargera de cette électricité dont l'influence, s'exerçant à travers le verre, obligera l'armature extérieure à se charger du fluide contraire, l'autre fluide étant repoussé dans le sol par l'intermédiaire de la personne qui tient la bouteille. La bouteille de Leyde est un véritable condensateur, au moyen duquel on obtient des effets énergiques, en déterminant la réunion des deux fluides. Ces effets deviennent bien autrement puissants au moyen d'une *batterie*, c'est-à-dire d'un ensemble de bouteilles communiquant entre elles par leurs armatures intérieures et par leurs armatures extérieures. Pour donner à cet appareil plus de force en augmentant la surface électrisée, on emploie, au lieu de flacons, de grandes jarres dont l'ouverture est assez grande pour qu'on puisse coller à l'intérieur des feuilles d'étain, en sorte que la garniture intérieure soit de la même matière que la garniture extérieure.

§ 3. PRINCIPAUX EFFETS DE L'ÉLECTRICITÉ STATIQUE.

1099. *Quels sont les principaux* EFFETS *de l'électricité* STATIQUE? — Elle produit des effets lumineux, calorifiques, mécaniques, chimiques et physiologiques.

1100. *Quels sont les effets* LUMINEUX *de l'électricité?* — Il suffit de citer l'étincelle électrique, qui se produit lorsqu'on approche d'un conducteur électrisé un autre conducteur chargé du fluide contraire ou à l'état neutre. Dans ce dernier cas, le fluide neutre se décompose sous l'influence du conducteur électrisé, et l'électricité de celui-ci se réunit avec le fluide contraire de l'autre, en produisant une étincelle.

1101. *Quels sont les effets* CALORIQUES *de l'électricité?* — Une simple étincelle électrique allume de l'esprit de vin et d'autres substances. Quant à l'étincelle produite par une batterie électrique, elle fond des fils d'or ou de platine et brûle des fils d'acier.

1102. *Indiquez quelques effets* MÉCANIQUES *de l'électricité.* — Une forte étincelle produite entre deux pointes métalliques perce une carte et même une plaque de verre placée entre les pointes.

1103. *Indiquez quelques effets* CHIMIQUES *de l'électricité.* — Une série d'étincelles électriques décompose plusieurs substances, notamment l'ammoniaque; et une seule étincelle suffit pour déterminer des combinaisons, par exemple, celles de l'hydrogène avec l'oxygène. Cette expérience se fait dans les laboratoires au moyen d'un eudiomètre, tube de cristal assez fort pour résister à l'explosion occasionnée par la haute température à laquelle les deux gaz montent en se combinant, explosion dont l'effet est d'ailleurs adouci par le soin qu'on a de faire que l'eudiomètre ait une de ses extrémités ouverte et plongée dans de l'eau ou du mercure. Cette expérience se fait aussi par manière de jeu avec le pistolet de Volta, petit flacon métallique dans lequel on introduit de l'hydrogène, qui se mêle à l'air contenu déjà dans le flacon. Par l'effet d'une étincelle électrique qui se produit dans l'intérieur de l'appareil, où deux petits conducteurs se trouvent vis-à-vis l'un de l'autre, les deux gaz se combinent avec une explosion, qui est le principal but de l'expérience.

1104. *Quels sont les effets* PHYSIOLOGIQUES *de l'électricité?* — Si, au lieu d'employer un arc métallique pour réunir les deux fluides d'une bouteille de Leyde ou de tout autre condensateur, on détermine cette réunion en se mettant soi-même en contact avec les deux armatures, on éprouve alors une commotion qui peut être douloureuse. En faisant l'expérience avec une batterie fortement chargée, on peut frapper mortellement des animaux. Au moyen d'une bouteille de Leyde, on peut faire éprouver simultanément une commotion à un grand nombre de personnes formant une chaîne dont une extrémité communique avec l'armature intérieure, et l'autre avec l'armature extérieure de la bouteille.

§ 4. — DE L'ÉLECTRICITÉ D'INDUCTION.

1105. *Qu'appelle-t-on électricité d'induction?* — De l'électricité que fait naître dans un second corps l'influence d'un premier corps électrisé. Par exemple si, prenant ce qu'on appelle une bobine électrique formée de deux circonvolutions superposées de fils isolés, l'une de fils fins, l'autre de gros fils, on fait passer dans la circonvolution de gros fils le courant d'une pile électrique; ce courant, à l'instant de son passage, engendrera dans la circonvolution de fils fins un courant électrique de haute tension capable de produire tous les effets de l'électricité statique.

1106. *Quel est le* CARACTÈRE *distinctif du courant d'*INDUCTION? — C'est qu'il est momentané, que c'est comme une rupture d'équilibre instable qui cesse si le courant inducteur continue son action. Pour rendre continu le courant induit d'électricité à haute tension de la bobine, il faut interrompre à chaque instant le courant envoyé dans le gros fil.

1107. *Qu'appelle-t-on* BOBINE D'INDUCTION? — L'appareil merveilleux construit par M. Ruhmkorff, qui est devenu l'une des sources les plus pratiques d'électricité statique, et avec lequel on produit sans peine en petit ou en grand tous les effets calorifiques, lumineux, chimiques de l'électricité.

§ 5. — MANIFESTATIONS DE L'ÉLECTRICITÉ DANS LA NATURE.

1108. *Quelles sont les principales manifestations de l'électricité dans la nature?* — L'aurore électrique, le feu Saint-Elme, et l'orage, comprenant la foudre, l'éclair et le tonnerre.

1° Les aurores électriques.

1109. *Qu'est-ce que l'aurore électrique?* — Une lueur ou nuée lumineuse qui se montre quelquefois dans le ciel, vers le nord ou vers le sud, près des pôles magnétiques nord et sud de la terre, c'est-à-dire près des points vers lesquels se dirige la pointe de l'aiguille aimantée ou boussole, dans les deux hémisphères. L'aurore électrique s'appelle *aurore boréale*, quand elle apparaît vers le nord; *aurore australe*, quand elle apparaît vers le sud; ces deux aurores sont souvent simultanées.

Dans nos contrées, les aurores boréales sont assez rares; dans le *Nord*, elles sont très-communes; et, sous le 70e degré de latitude, il est rare qu'une nuit claire se passe sans qu'il y en ait au moins quelques lueurs.

1110. *Sous quels* ASPECTS *différents les aurores élec-*

triques se présentent-elles? — Sous *deux* aspects : celui d'*arc* ou celui de *rayons*.

1111. *Décrivez l'aspect de l'aurore électrique lorsqu'elle se montre sous une forme d'*ARC. — L'arc, séparé de l'horizon par un segment de nuance très-foncée, est d'un *blanc brillant,* passant quelquefois au *bleuâtre* ou au *jaunâtre* nuancé de *vert;* son bord *inférieur* est *nettement dessiné,* son bord *supérieur* se confond avec la lueur qui éclaire tout le ciel.

1112. *Décrivez l'aspect de l'aurore électrique lorsqu'elle se montre sous la forme de grands* RAYONS. — Les rayons sont *blancs* et montent de l'horizon vers le *zénith* sous la forme de *draperies étincelantes* qui paraissent agitées par le vent.

Il se forme quelquefois aussi des *couronnes zénithales* ornées des plus belles couleurs, et d'où les rayons semblent s'élancer.

1113. *Quelle est la* CAUSE *des aurores électriques?* — On croit actuellement que l'aurore *boréale* ou *australe* est essentiellement une manifestation électrique du magnétisme terrestre, une sorte d'orage ou de tempête magnétique. Ce phénomène est cependant loin d'être encore expliqué. Plusieurs causes secondaires peuvent concourir à sa formation et le modifier.

1114. *Quelle est la cause des* COULEURS *si variées des aurores électriques?* — La densité diverse et l'état hygrométrique différent des couches de l'atmosphère à travers lesquelles passe sa lumière, suffisent à lui donner des aspects variés, lesquels peuvent aussi dépendre de particularités encore inconnues, l'intervention des nuages appelés cirrus, les petits corps ou les nuées de poussière qui flottent dans l'atmosphère à de grandes hauteurs, etc., etc.

1115. *Quelque* BRUIT *accompagne-t-il les aurores électriques?* — Quelques observateurs ont cru entendre, pendant les aurores boréales, certains bruits de sifflement, de murmure, de grondement, de craquement; il est probable cependant que ces bruits sont une illusion et qu'en elle-même l'aurore boréale est silencieuse.

1116. *Quel est le phénomène qui a valu communément à l'aurore électrique le nom de* CHÈVRES DANSANTES, *en anglais* MERRY DANCERS? — Les mouvements *ondulatoires* de ses rayons.

1117. *Comment sait-on que les* AURORES *sont un phénomène électrique produit par le magnétisme terrestre?* — Parce qu'elles exercent une grande influence sur l'*aiguille aimantée* et la font dévier de sa direction habituelle; qu'il y a une relation certaine entre les apparitions d'aurores magnétiques et les variations d'intensité du magnétisme terrestre; que les apparitions périodiques *maxima* et *minima* des aurores correspondent aux *maxima* et aux *minima* périodiques de l'intensité du magnétisme. On sait qu'Arago, en observant les agitations de l'aiguille aimantée à l'intérieur de l'Observatoire de Paris, a pu annoncer que des aurores magnétiques avaient dû se montrer tel jour et à telle heure dans l'hémisphère nord. Enfin les aurores agissent visiblement sur les courants de la télégraphie électrique, et troublent les communications.

2° Le feu Saint-Elme.

1118. *Comment nomme-t-on les petites* FLAMMES *qui s'attachent quelquefois aux* MATS *des vaisseaux?* — Elles sont appelées en français *feux Saint-Elme;* les Anglais les appellent *comazants.*

Comazants, du latin *coma* (cheveux), d'où vient aussi le nom des comètes ou astres chevelus.

Quand *une* flamme seule se montre à l'extrémité du mât d'un navire, les matelots anglais l'appellent Hélène ou Helena ; elle annonce que le moment le plus violent de l'orage *n'est pas encore venu.* Mais, quand *deux* globules de feu paraissent à la fois, ils annoncent la *fin prochaine* de l'orage. Horace a fait mention de la joie des matelots lorsque les deux feux appelés par les Romains Castor et Pollux se montraient pendant un orage. (Odes, I, XII.)

« Dicam. . . . . puerosque Ledæ
. . . . . quorum simul alba nautis
Stella refulsit,
Defluit saxis agitatus humor,
Concidunt venti, fugiuntque nubes,
Et minax, sic Dî voluere, ponto
Unda recumbit. »

En 1696, M. de Forbin vit plus de trente feux Saint-Elme sur son vaisseau.

1119. *Les feux Saint-Elme se montrent-ils à la surface de la* TERRE *aussi bien que sur les mers?* — Oui; on les voit assez souvent apparaître aux extrémités de corps métalliques aigus et élevés, tels que les *lances* des soldats; ou quelquefois même à l'extrémité des branches des arbres, des *cheveux*, etc.; sur les bords des chapeaux, des parapluies, etc.; sur les vêtements, sur les portions les plus saillantes des corps terrestres, etc. Quelquefois ces feux ont la forme d'aiguilles; quelquefois ils sont concentrés sous forme de petits globules, sans aucune trace de jets divergents; on croit les avoir entendus quelquefois petiller ou siffler.

Pline l'Ancien, l'auteur célèbre de l'*Histoire naturelle*, fait mention de ce phénomène.

1120. *Quelle est la* CAUSE *des feux Saint-Elme?* — L'électricité de l'atmosphère, dans un état inconnu d'union avec des vapeurs aqueuses, ou avec certaines autres matières subtiles qu'elle rend phosphorescentes. Pendant de grands orages, les gouttes de pluie, des grêlons, des flocons de neige, apparaissent aussi quelquefois lumineux, ou produisent de la lumière soit en arrivant à terre, soit en s'entre-choquant.

1121. *En quel temps ces feux se montrent-ils le plus ordinairement?* — Dans les temps à la fois chauds, orageux et humides, s'il s'agit du feu Saint-Elme ordinaire; dans les temps froids et très-secs, lorsqu'il s'agit de la neige devenue lumineuse.

3° La foudre, l'éclair.

1122. *Qu'est-ce que la* FOUDRE? — La foudre est une décharge *électrique* d'une grande puissance entre deux nuages, ou entre un nuage et la terre. La décharge se fait du nuage ou du corps électrisé positivement au nuage ou au corps électrisé négativement.

1123. *Combien y a-t-il de différentes* ESPÈCES *de foudre?* — La foudre ou décharge électrique est une; mais on peut la distinguer en foudre descendante et foudre ascendante, dans le cas où elle a lieu entre la terre et un nuage, suivant qu'elle vient du nuage à la terre ou va de la terre au nuage.

1124. *Qu'est-ce que l'*ÉCLAIR? — L'éclair est la lumière ou le phénomène lumineux qui accompagne la foudre ou la décharge d'électricité atmosphérique.

1125. *Qu'est-ce que le* TONNERRE? — Le tonnerre est le bruit ou le phénomène acoustique qui accompagne la foudre.

Les mots foudre, éclairs, tonnerre, que l'on confond trop souvent, ont donc une situation différente, nette et précise ; et il importe beaucoup qu'on ne les emploie jamais l'un pour l'autre, surtout dans la description des phénomènes. Arago a fait remarquer que les bons écrivains sont loin d'en faire des synonymes. Un grand prosateur a dit : « Le ciel a plus de tonnerres pour épouvanter qu'il n'a de foudres pour punir. »

1126. *Qu'est-ce que l'*ORAGE? — C'est une tempête électrique, une perturbation plus ou moins violente de l'état électrique de l'atmosphère, qui se manifeste par les phénomènes définis plus haut : la foudre, les éclairs, le tonnerre.

1127. *Quelles sont les* SOURCES *de l'électricité atmosphérique?* — Les changements d'état des corps, l'évaporation, les frottements mutuels de l'air, des eaux et de la terre; les combinaisons et les décompositions chimiques qui surviennent dans la nature; la végétation des plantes qui, dans l'acte de la respiration, émettent de l'oxygène électrisé ou ozone, etc., etc. Lorsque le ciel est serein, cette électricité n'est en général sensible qu'aux électroscopes; c'est en s'accumulant au sein des nuages, ou autrement, que l'électricité atmosphérique peut donner naissance à l'orage.

1128. *A quels* CARACTÈRES *distingue-t-on les nuages orageux?* — On y remarque une sorte de fermentation intérieure; on les voit se gonfler, se terminer par des contours curvilignes brusques; agir, en leur imprimant des mouvement divers, sur d'autres petits nuages blancs nettement circonscrits.

1129. *A quelle* HAUTEUR *de la terre se trouvent les nuages électriques?* — A toutes les hauteurs, de 30 à 10,000 mètres et plus.

1130. *Comment a-t-on vérifié l'*IDENTITÉ *de l'électricité et de la foudre?* — L'abbé Nollet a le premier clairement énoncé la probabilité de cette identité, ou de la nature électrique de la foudre; Franklin a le premier proposé de soutirer l'électricité des nuages orageux à l'aide d'une pointe unie à la terre par un fil conducteur. L'expérience a été faite d'abord à Marly à l'aide d'une barre de fer de 40 pieds de hauteur, isolée et terminée en pointe : électrisée par un nuage orageux, cette barre donna pendant un quart d'heure d'abondantes étincelles électriques.

1131. *Quand l'*ÉCLAIR *est-il simple et rectiligne?* — Quand la distance que parcourt la décharge électrique est trop petite pour qu'elle ait le temps de subir des déviations, ou quand les zigzags sont trop nombreux, trop serrés pour que l'œil puisse les distinguer; elle apparaît alors sous la forme de trait, de sillon de lumière très-resserré, très-mince, très-arrêté sur les bords.

1132. *Pourquoi l'éclair se bifurque-t-il quelquefois à son extrémité?* — Parce que la décharge électrique se partage entre deux ou plusieurs objets qu'elle va frapper, ou prend deux routes différentes, également conductrices.

1133. *Pourquoi les éclairs se dessinent-ils ordinairement sous la forme d'une ligne brisée ou en zigzags?* — L'éclair, comme du reste l'étincelle de nos machines électriques, se dessine sous forme de zigzags, parce que, dans l'intervalle qu'elle doit parcourir, la décharge électrique ne rencontre pas un milieu conducteur homogène; et qu'il est de sa nature de prendre le chemin de meilleure conductibilité. Les portions de conductibilité plus grande étant irrégulièrement réparties les unes à la suite des autres, la décharge, en passant de l'une à l'autre, décrit nécessairement des sinuosités. On sait, en outre, que les masses relativement moins conductrices, placées sur le trajet de la décharge électrique, l'attirent, la font dévier, l'amènent en quelque sorte à caramboler sur elles : c'est donc cette double série d'inflexions pour chercher les portions conductrices, et de carambolages sur les portions non conductrices, qui déterminent la forme en zigzags des éclairs.

1134. *Pourquoi les éclairs sont-ils quelquefois des lueurs qui embrassent une grande partie de l'horizon et le rendent tout* FLAMBOYANT? — 1° Parce qu'il peut arriver que la décharge électrique se fasse d'une manière diffuse autour de la périphérie des nuages, soit parce qu'elle n'a pas assez de tension, soit parce que l'espace intermédiaire et le second nuage vers lequel elle devrait s'élancer ne sont pas d'assez bons conducteurs ;

2° parce qu'en se réfléchissant sur les nuages qui le cachent, et en les illuminant, l'éclair en zigzag se change naturellement en un amas de lumière diffuse.

1135. *Quelle* AUTRE *forme la foudre prend-elle quelquefois?* — La décharge électrique, et par suite la foudre, prend quelquefois une forme arrondie, qu'on désigne à tort du nom de tonnerre en boule, et qu'il faudrait appeler *foudre en boule.* Sous cette forme la foudre n'est plus animée d'une très-grande vitesse; elle chemine, au contraire, lentement, et l'œil peut la suivre pendant plusieurs secondes. Voici comment on peut concevoir la formation de la foudre en boule. Si une décharge électrique intense, qui a suivi d'abord un corps bon conducteur se trouve arrêtée tout à coup, par exemple parce que le conducteur se replie à angle droit ou aigu, elle se condense; les atomes dont elle est formée et qui, comme tous les atomes de matière, s'attirent en raison inverse du carré de la distance, devenus alors très-rapprochés et pressés l'un contre l'autre, peuvent céder à leurs attractions mutuelles, et prendre momentanément la forme sphérique — qui est la forme naturelle d'équilibre, — en même temps que leur vitesse de translation se ralentit. Mais, en raison de la faible masse de ces atomes, cet équilibre sera très-instable; associés un instant, les éléments de la foudre en boule sont prêts à se séparer en éclatant; et c'est ce qui arrive en effet dans la nature. M. le docteur Noath, qui avait à sa disposition l'effrayante décharge de l'énorme machine du « Panopticon » de Londres, la forçait à se former en boule en la faisant jaillir par une sphère de trop petit diamètre; on l'a vue descendre lentement dans un tube de six mètres de longueur, où l'on avait fait un vide partiel.

1136. *Pourquoi la foudre produit-elle de la lumière et du bruit en traversant l'air?* — L'air n'est pas un bon conducteur; la décharge électrique le traverse donc avec une certaine résistance; et l'on comprend très-bien que l'effort produit pour vaincre cette résistance puisse mettre en mouvement soit l'éther ou fluide lumineux contenu dans l'air, de manière à faire jaillir la lumière ou l'éclair, soit les molécules d'air elles-mêmes, en faisant naître un bruit ou le tonnerre.

1137. *La foudre ne produit-elle ni lumière ni bruit lorsqu'elle traverse un bon conducteur?* — Non, le fluide électrique passe par un bon conducteur *sans bruit et sans être vu.*

1138. *Pourquoi l'éclair est-il en général suivi d'une* AVERSE? — Parce qu'il est de la nature d'une décharge électrique, ainsi que l'a démontré M. l'abbé Laborde, de condenser les vapeurs au sein desquelles elle arrive, et de produire en même temps un refroidissement sensible. Les livres saints disent en plusieurs endroits que Dieu a transformé la foudre en pluie, ou qu'il a produit de la pluie avec la foudre : *fecit fulgura in aquas.* Le vieux proverbe dit aussi : *Après gros tonnerre, force eau sur la terre.*

1139. *Pourquoi l'éclair est-il en général suivi d'un* COUP de VENT? — Par cela même que la décharge électrique produit un refroidissement et condense les vapeurs, elle peut faire naître un vent d'aspiration : en tant que puissance mécanique, elle est aussi apte à faire naître le vent par impulsion.

1140. *Quels sont les éclairs connus sous le nom d'É-*

CLAIRS DE CHALEUR? — Des éclairs *sans tonnerre*, qu'on observe souvent à l'horizon, dans les beaux soirs d'été.

Pourquoi ne pas donner à ces éclairs le nom populaire d'*épars* qu'ils reçoivent dans diverses contrées? cette dénomination les caractériserait très-bien. Les Anglais les appellent éclairs d'été, ou éclairs en nappe, *Sommer lightning* ; *Flash lightning*.

1141. *Pourquoi ne tonne-t-il pas lorsqu'il fait des éclairs de chaleur?* — Parce qu'ils ne sont que le *reflet* des éclairs d'orages *situés très-loin au-dessous de notre horizon*, et que le bruit du tonnerre est perdu avant d'arriver jusqu'à nos oreilles. Il ne nous semble pas impossible cependant qu'au sein de nuages très-dilatés, ou lorsqu'elle a lieu entre deux nuages très-rapprochés, une décharge électrique de faible tension puisse rester silencieuse, et qu'il y ait par conséquent de véritables *éclairs sans tonnerre*. Il peut arriver de même, s'il n'y avait pas d'écoulement vers la périphérie ou de décharge, que les attractions et les répulsions électriques exercées au sein du nuage ne donnent lieu qu'à des effets sonores, et qu'il y ait par conséquent *des tonnerres sans éclairs*.

1142. *Qu'appelle-t-on choc en retour?* — Une décharge électrique, consécutive ou indirecte, laquelle a lieu lorsque l'électricité, excitée par influence ou par la présence à distance d'électricité contraire, devient tout à coup libre par la soustraction subite de l'électricité contraire qui l'avait fait naître et la maintenait comme enchaînée ou suspendue.

1143. *La foudre passe-t-elle aussi de la* TERRE *aux nuages?* — Oui, et la foudre est dite alors ascendante.

1144. *Laquelle des deux électricités s'échappe des nuages?* — L'électricité positive; quand la décharge va du nuage à la terre, le nuage était électrisé positivement et la terre négativement.

1145. *Quelle électricité s'élance de la* TERRE? — L'électricité positive; si la décharge va de la terre au nuage, la terre était électrisée positivement et le nuage négativement.

1146. *Dans quelles saisons de l'année les orages sont-ils le plus* FRÉQUENTS? — Ils sont *le plus* fréquents en *été*, puis en automne, et ils le sont *le moins* au printemps et en hiver.

Si nous désignons par *cent* le nombre total des orages dans l'année, nous aurons la distribution suivante pour les contrées de l'Europe occidentale : été 53, automne, 21; printemps, 17; hiver, 9.

Les orages sont très-communs dans le nord de l'Italie; mais, dans le nord de l'Europe, ils sont très-rares.

1147. *Pourquoi les orages sont-ils plus communs en* ÉTÉ *et en* AUTOMNE *que pendant le printemps ou l'hiver?* — Parce que c'est surtout en été et en automne, de juin en septembre, que les sources de l'électricitéa t-mosphérique sont en pleine activité, et que l'atmosphère est dans des conditions qui se prêtent mieux à l'accumulation de l'électricité. Lorsqu'un orage éclate à la fin de mai ou au commencement de juin, alors que la végétation, une des sources les plus fécondes de l'électricité atmosphérique, est très-active, l'équilibre rompu est très-lent à se rétablir; les orages se succèdent ordinairement pendant huit ou neuf jours, quelquefois pendant un mois et plus; ce qui a donné naissance au dicton relatif à la Saint-Médard, 8 juin.

1148. *Pourquoi un orage suit-il généralement un temps* SEC? — Parce que la siccité de l'air est une des conditions essentielles de l'accumulation de l'électricité au sein des nuages. L'air sec ne soutire pas seulement cette électricité à mesure qu'elle se produit, il contribue à l'engendrer par le frottement de ses particules; la charge électrique des nuages peut alors atteindre les proportions nécessaires à la production de la foudre.

1149. *Pourquoi l'orage survient-il très*-RAREMENT *après un temps* PLUVIEUX? — Parce que l'*air humide* et la pluie *conduisent l'électricité* et ne la font pas naître. Les nuages sont alors déchargés lentement et sans bruit à mesure que l'électricité tend à s'y accumuler.

1150. *La foudre pénètre-t-elle dans l'*ARBRE *qu'elle frappe, ou en suit-elle seulement la surface extérieure?* — Quelquefois la foudre pénètre au sein même de l'arbre et le divise en éclats ou lattes; mais, le plus ordinairement, elle passe *entre le bois et l'écorce* où se trouve l'aubier, là où la *sève est le plus abondante.*

1151. *Pourquoi la foudre passe-t-elle ordinairement entre le* BOIS *et l'*ÉCORCE *d'un arbre?* — Parce qu'elle choisit toujours le *meilleur conducteur*, qui, dans l'arbre, est l'aubier.

1152. *La foudre parcourt-elle la peau d'un* HOMME, *ou pénètre-t-elle dans son corps?* — Elle pénètre dans le corps humain.

1153. *Pourquoi la foudre passe-t-elle à travers le corps humain?* — Parce qu'il est *meilleur conducteur* de l'électricité que la peau : la foudre, conséquemment, passe dans le corps de l'homme et ne court pas seulement à sa surface.

Le corps des animaux et celui de l'homme, en particulier, conduisent assez bien l'électricité.

1154. *Pourquoi un* ARBRE *est-il quelquefois* BRULÉ *par la foudre comme si on y avait mis le feu?* — Parce que l'arbre *opposait* une grande résistance à la décharge électrique, et que, toutes les fois qu'elle rencontre une grande résistance, l'électricité fait naître une *grande chaleur.*

1155. *Pourquoi l'écorce des arbres est-elle quelquefois* ARRACHÉE *par la foudre?* — Parce que la foudre, brisant la résistance que lui opposait l'arbre, en arrache l'écorce par sa violence mécanique.

1156. *Pourquoi la foudre* CASSE-*t-elle les branches des arbres?* — En raison de sa grande puissance mécanique ; les branches des arbres, étant des *conducteurs imparfaits,* se trouvent brisées par la foudre, dans sa lutte contre la résistance qu'elles lui opposent.

1157. *Pourquoi les vieux* CHÊNES *et les troncs desséchés sont-ils brisés par la foudre plus souvent que les autres arbres?* — Parce qu'ils sont secs et pleins de nœuds ; qu'ils sont, par conséquent, plus mauvais conducteurs que les autres arbres.

1158. *Comment la foudre* FAIT-*elle* PÉRIR *les animaux qu'elle frappe?* — Soit en lésant les organes et le système *vasculaire,* soit en paralysant le système nerveux.

1159. *Dans quel cas un homme peut-il être frappé de* MORT *par la foudre?* — Directement, lorsque son corps se trouve sur le trajet de la foudre et que la décharge électrique l'atteint; indirectement, par un effet de choc en retour; il faut, en outre, que la décharge soit forte; une décharge faible blesse et ne tue pas.

1160. *Pourquoi est-il dangereux de se trouver au milieu d'une grande* FOULE *pendant un orage?*— Parce qu'une multitude de personnes offre à la foudre un meilleur conducteur qu'une personne isolée; que la vapeur humide exhalée d'une foule lui ouvre un accès plus facile dans l'atmosphère environnante.

1161. *Pourquoi une* MULTITUDE *de personnes est-elle un meilleur conducteur qu'un seul individu?* — Puisque chaque individu est un conducteur de l'électricité, il s'ensuit qu'un *grand nombre* de personnes fournit un accès plus facile au fluide électrique que ne saurait le faire un seul individu; en d'autres termes, la masse des individus peut attirer la foudre qu'un seul individu n'attirerait pas.

1162. *Pourquoi le danger s'accroît-il par la* VAPEUR *exhalée d'une multitude de personnes?* — Parce que la vapeur est meilleur *conducteur* que l'air sec, et que, par conséquent, plus elle est abondante, plus le danger augmente.

1163. *Pourquoi un* THÉATRE *est-il dangereux pen-*

dant un orage? — Parce que la *multitude* et la *vapeur* qui le remplissent forment un meilleur conducteur du fluide électrique.

1164. *Pourquoi un grand* TROUPEAU *est-il plus en danger que quelques bœufs ou quelques moutons?* — Par la raison déjà indiquée quand il s'agissait d'une foule assemblée.

1165. *Un homme recouvert d'une* ARMURE *de métal est-il en danger d'être foudroyé?* — Il peut être atteint par la foudre, mais celle-ci sera moins redoutable, parce que, l'armure lui donnant un accès plus facile, le corps lui-même sera, jusqu'à un certain point, à l'abri.

1166. *Est-il avantageux, en temps d'orage, d'être couché dans un lit en fer?* — Oui, parce que la foudre choisirait pour conducteur le lit de préférence au corps humain.

1167. *Pourquoi un* MATELAS, *un* LIT *de plume, un* TAPIS *de laine, etc., sont-ils autant de garanties contre les effets de la foudre?* — Parce qu'en leur qualité de *mauvais conducteurs* ils isolent le corps, et qu'alors la décharge électrique cherche une autre voie d'écoulement.

1168. *Pourquoi les* CLEFS, *les* MONTRES, *les* BAGUES, *les* JOYAUX, *une paire de* LUNETTES, *etc., accroissent-ils le danger que l'on court pendant un orage?* — Parce que ces objets en métal s'offrent comme conducteurs de la foudre, sans pouvoir néanmoins la conduire jusqu'à la terre; et qu'après les avoir frappés la foudre n'a d'issue que par le corps humain.

1169. *Quels sont les* ENDROITS *les plus* DANGEREUX *pendant un orage?* — Il est très-dangereux d'être auprès d'un *grand arbre* ou d'un *bâtiment élevé,* ainsi que près d'une *rivière* ou d'une *eau courante.*

1170. *Pourquoi est-il dangereux d'être auprès d'un* ARBRE *ou d'un* BATIMENT ÉLEVÉ *pendant un orage?* — Parce que la présence d'un objet élevé, tel qu'un arbre, etc., facilite l'*explosion* d'un nuage orageux; et que, si quelqu'un s'en trouvait rapproché, la foudre pourrait passer par le corps humain, meilleur conducteur que l'arbre ou l'édifice.

La foudre préfère les conducteurs *métalliques* au corps des animaux, et ces *derniers* aux végétaux.

1171. *Comment un* ARBRE *ou un* CLOCHER *peuvent-ils faciliter l'*EXPLOSION *d'un nuage orageux?* — Parce que, placés à une moindre distance du nuage, ils lui offrent un passage plus facile et s'électrisent davantage par influence, en se chargeant d'électricité contraire, ce qui est comme une préparation à l'explosion.

1172. *Pourquoi la foudre s'*ÉCARTERAIT*-elle d'un* ARBRE *pour venir frapper un* HOMME *qui serait auprès?* — Parce qu'elle cherche toujours les meilleurs conducteurs, et que le corps de l'homme conduit mieux qu'un arbre ou un édifice:

1173. *Pourquoi est-il dangereux d'être auprès d'une* EAU COURANTE *pendant un orage?* — Parce qu'elle est *bon conducteur*, et que la foudre se dirige toujours vers les meilleurs conducteurs.

1174. *Pourquoi le pouvoir conducteur de l'eau rend-*

il dangereux le voisinage d'une rivière pendant un orage? — Parce qu'un homme *diminue l'espace* entre le nuage orageux et le sol, et que, s'il ne se trouve aucun objet plus élevé, le fluide électrique peut prendre l'*homme* pour se guider vers l'eau.

1175. *Dans les campagnes, on sonne les cloches aux approches d'un orage, pour l'écarter et fendre la nuée orageuse. Cette habitude rend-elle les orages moins redoutables?* — Physiquement parlant, non : il est certain que le tonnerre tombe aussi bien sur les clochers où l'on sonne que sur ceux où l'on ne sonne pas ; mais, dans le premier cas, les sonneurs sont plus en danger d'être foudroyés, à cause des cordes qu'ils tiennent dans leurs mains, et qui peuvent conduire la foudre jusqu'à eux.

1176. *Les églises offrent-elles un abri assuré pendant un orage?* — Non : car, 1° les clochers, après avoir attiré la foudre sur eux en raison de leur élévation, sans pouvoir toujours la conduire dans le sol, laissent les églises exposées à son action; — 2° les individus rassemblés forment un amas conducteur sur lequel la foudre se jette de préférence aux objets environnants.

La prudence commande donc, tant que les églises ne seront pas armées de paratonnerres, de ne point s'y rassembler pendant un orage.

1177. *Pourquoi est-il dangereux de s'*APPUYER *contre un* MUR *pendant un orage?* — Parce que la foudre, si elle *parcourait la muraille*, pourrait chercher un passage au travers du corps de l'homme, meilleur conducteur.

1178. *Comment arrive-t-il que la foudre* DÉTRUISE *quelquefois des maisons et des églises?* — En général, c'est le *clocher* ou la *cheminée* qui sont d'abord foudroyés; de là, la foudre se jette sur les *barres* et les *crampons de fer* employés dans la construction, et, en se jetant d'une barre à l'autre, elle brise les briques et les pierres qu'elle rencontre. Sa force mécanique est extrême, parce qu'elle est formée de matière animée d'une vitesse excessive, soit de translation, soit de rotation, soit de vibration.

1179. *Pourquoi la foudre se* JETTE-*t-elle ainsi d'un endroit à un autre, au lieu de se précipiter en ligne droite?* — Parce qu'elle prend toujours dans sa route les *meilleurs conducteurs*, et que, pour les trouver, elle se jette à droite et à gauche.

1180. *Dans* QUELLES PARTIES *d'une maison est-il le plus dangereux de rester pendant l'orage?* — Dans celles qui *se lient avec les cheminées et la toiture* par une suite continue de substances conductrices ne parvenant pas jusqu'au sol, comme le *foyer*, l'intérieur de la cheminée, revêtue de suie, matière conductrice, offre un accès facile à la décharge; mais le foyer l'arrête brusquement.

1181. *Pourquoi le foyer ne peut-il pas conduire la foudre jusqu'au sol?* — Parce que c'est une *dalle de pierre* ou de marbre qui conduit mal l'électricité.

1182. *La foudre sauterait-elle du foyer pour venir frapper quelqu'un qui se trouverait auprès de la cheminée?* — Naturellement, par sa tendance à se porter sur les corps qui la conduisent mieux.

1183. *Pourquoi est-il dangereux de* TIRER *le fil d'une* SONNETTE *pendant l'orage?* — Parce que les *fils d'archal* sont d'*excellents conducteurs*, et que la foudre, en suivant ces fils, pourrait s'écouler en partie par la *main* et la blesser.

1184. *Pourquoi est-il dangereux de toucher à l'*ESPAGNOLETTE *d'une fenêtre pendant un orage?* — Parce que la barre de fer est un *bon conducteur;* le fluide électrique pourrait courir le long de la barre et blesser la personne qui touche à l'espagnolette.

1185. *Pourquoi le* MILIEU *d'une* CHAMBRE *est-il l'endroit le* MOINS *dangereux pendant un orage?* — Parce que la foudre, s'il arrivait qu'elle frappât la maison, descendrait soit par la *cheminée,* soit le long des *murs ;* par conséquent, plus on est éloigné de ces endroits, plus on est en sûreté.

1186. *Un* ÉDIFICE EN FER *est-il dangereux pendant un orage?* — Non : parce que les murs *métalliques* conduiraient naturellement la foudre jusqu'au sol sans causer de dommage.

Le globe terrestre absorbe entièrement, dissipe ou neutralise toute l'électricité développée sur une surface avec laquelle il est en contact. C'est en raison de cette propriété qu'on lui donne le nom de *réservoir commun;* les corps non conducteurs sont *isolants*, en ce sens qu'ils interceptent la communication avec le globe.

1187. *Dans quel endroit est le* MOINS *exposée une personne qui est surprise* HORS *de chez elle par un orage?* — A 6 ou 8 mètres de quelque grand arbre, d'un bâtiment élevé, ou d'une rivière, etc.

1188. *Pourquoi serait-on en sûreté à 6 ou 8 mètres*

d'un grand arbre pendant un orage? — D'une part, parce que la foudre choisit, en général, le grand *arbre* pour conducteur; de l'autre, parce qu'à 8 mètres on n'est pas assez près de l'*arbre* pour que le fluide électrique ait tendance à l'abandonner pour venir vous foudroyer.

1189. *Lequel vaut mieux d'être* MOUILLÉ *ou d'être* SEC *pendant un orage?* — Il vaut mieux être *mouillé*. Si l'on se trouve en plein champ, ce qu'on a de mieux à faire, c'est de se tenir isolé, à environ 6 ou 8 mètres de quelque grand *arbre*, et d'y recevoir la pluie, dût-on être tout *trempé*.

1190. *Pourquoi vaut-il mieux être* MOUILLÉ *que* SEC *pendant l'orage?* — Parce que les vêtements *mouillés* sont meilleurs conducteurs, et qu'il y aurait plus de chances que la foudre s'écoulât à leur surface, pour atteindre le réservoir commun, sans pénétrer dans le corps.

Les vêtements en eux-mêmes sont mauvais conducteurs; mais l'eau, la vapeur et les liquides conduisent mieux le fluide électrique.

Franklin a trouvé qu'il ne pouvait pas tuer un rat *mouillé*, bien qu'il pût tuer un rat *sec* au moyen d'électricité artificielle accumulée.

1191. *S'expose-t-on à être foudroyé quand, pendant l'orage, on reste dans un* COURANT D'AIR, *ou que l'on* COURT? — Tout ce qui amoindrit la densité de l'air diminue sa résistance et tend plus ou moins à y attirer la foudre; or, dans un courant d'air, l'air est moins dense, et l'homme qui court laisse derrière lui un espace où l'air est raréfié; il n'est donc pas impossible que ces deux circonstances produisent quelque effet fatal.

1192. *Quels sont les plus exposés à être frappés de la foudre, des habitants des grandes villes ou des habitants des campagnes?* — La chance est à peu près la même des deux côtés. Dans les campagnes, il y a beaucoup d'arbres ; dans les villes, il y a beaucoup de clochers et de cheminées très-élevées. Cependant, à surface égale, l'espace occupé par une ville est plus exposé à être frappé de la foudre. Il est rare qu'un orage éclate sur une grande ville, sur Paris, par exemple, sans que la foudre tombe sur un ou plusieurs points. François Arago dit « que les considérations théoriques tendraient à confirmer l'opinion commune suivant laquelle on est plus exposé dans les villages et en rase campagne que dans les villes. »

1193. *Les dangers que fait courir la foudre sont-ils assez grands pour qu'on doive s'en préoccuper?* — Le nombre des victimes de la foudre est assez restreint pour qu'on puisse regarder comme faible la chance de périr par le tonnerre. Cependant il y a assez d'exemples de morts dues à cette cause pour qu'on ne doive pas négliger de se mettre à l'abri de pareils accidents par les moyens que la science indique.

Si l'on demande quelle est dans nos climats la quantité de victimes que la foudre fait annuellement, nous dirons qu'une statistique, publiée en 1852, fait monter à soixante-neuf le nombre des personnes tuées annuellement par la foudre. Cette estimation est certainement trop faible.

1194. *Qu'est-ce qu'une personne craintive pourrait faire de* MIEUX *pour échapper à la foudre?* — Placer son lit au milieu de la chambre, se coucher et se confier à la garde de Dieu, se rappelant que Notre-Seigneur a dit : « *Il n'y a pas un cheveu sur votre tête qui ne soit compté.* »

1195. *La foudre est-elle accompagnée de quelque* ODEUR *particulière?* — Oui : en temps d'orage, et même sans que la foudre éclate, on sent dans l'air une odeur particulière due, sans doute, en partie du moins, à la formation de l'ozone ou oxygène électrisé. En outre, presque partout où la foudre éclate, elle répand une odeur de soufre ou de phosphore, quelquefois très-prononcée.

1196. *D'où vient cette odeur de soufre ou de phosphore que la foudre laisse après elle?* — Ce phénomène n'a pas encore été expliqué. En outre de l'ozone, il peut se former dans l'air, en temps d'orage, de l'acide nitreux qui possède une odeur forte et suffoquante; mais cette odeur diffère beaucoup de celle du soufre ou du phosphore. Le soufre est si répandu dans la nature et si volatilisable, qu'il n'y a rien d'extraordinaire à ce que la foudre en rencontre presque toujours sur son passage, l'entraîne avec elle dans son parcours, le vaporise et le laisse là où elle éclate.

1197. *La foudre produit-elle quelque effet* CHIMIQUE *sur l'*AIR *atmosphérique?* — Oui : elle détermine quelquefois la combinaison soit de l'azote et de l'oxygène de l'air, en donnant naissance à l'acide azoteux ou à l'acide azotique; soit de l'hydrogène des vapeurs aqueuses avec l'azote de l'air, en donnant naissance à de très-petites quantités d'ammoniaque. Les pluies d'orage renferment presque toujours des traces, au moins, d'acide nitrique ou d'ammoniaque.

1198. *Pourquoi l'orage* PURIFIE-*t-il l'atmosphère?* — Parce que : 1° la foudre, pendant son passage dans l'air, produit de l'*acide nitrique;* 2° l'agitation *ébranle* l'air et en disperse les *exhalaisons pestilentielles.*

Cette question serait mieux formulée ainsi : L'orage purifie-t-il l'atmosphère? Le fait, bien constaté, pourrait s'expliquer, soit par la formation de l'ozone et de l'acide nitrique, soit par l'effet de la pluie qui accompagne presque toujours l'orage, soit enfin par la simple agitation de l'air.

1199. *Comment l'ozone et l'*ACIDE NITRIQUE *purifieraient-ils l'atmosphère?* — En raison de leur tendance à former avec les matières putrides, toujours riches en hydrogène, du nitrate ou du nitrite d'ammoniaque, qui se dissolvent ensuite dans la vapeur aqueuse de l'atmosphère.

1200. *Pourquoi un orage fait-il* TOURNER *le* LAIT? — Peut-être par la chaleur ou par l'ozone qu'il engendre.

1201. *Pourquoi la* CORRUPTION *des* CHAIRS *est-elle plus prompte par des temps d'*ORAGE *que par des temps ordinaires?* — 1° La chaleur humide qui règne pendant un orage favorise la putréfaction; 2° la putréfaction est souvent une oxydation rendue plus facile par la présence de l'ozone ou de l'oxygène électrisé, qui agit comme l'oxygène à l'état naissant.

1202. *Quand un orage fait-il* TOURNER *la* BIÈRE? — Quand la bière est *nouvelle,* et qu'elle n'a pas fini de fermenter.

1203. *Pourquoi un orage fait-il tourner la* BIÈRE NOUVELLE? — Parce qu'il interrompt le cours de sa fermentation régulière, et que la présence de l'ozone, au lieu d'une fermentation alcoolique, peut déterminer une fermentation acide.

1204. *Pourquoi un orage ne fait-il pas tourner la bière* FORTE *et le* PORTER? — Parce que leur fermentation *complète* ou achevée n'est plus empêchée ou modifiée par l'ozone.

1205. *Pourquoi les* MÉTAUX *sont-ils quelquefois* FONDUS *par la foudre?* — Parce que lorsque la décharge électrique est trop forte, elle ne trouve pas un écoulement assez facile dans le métal qu'elle a frappé; parce qu'en raison de la résistance qu'elle rencontre, elle dégage beaucoup de chaleur, ou que sa puissance mécanique se change en une chaleur intense. On a vu un coup de foudre fondre complétement une chaîne de fer de 40 mètres de long en communication avec la mer par une de ses extrémités, et dont les chaînons avaient 6 millimètres de diamètre.

1206. *Qu'appelle-t-on* FULGURITES? — Des *tubes* formés dans les *sables quartzeux* par l'action de la foudre.

Quartzeux, nature du quartz. QUARTZ est un mot emprunté de l'allemand, qui désigne une roche de la nature du *caillou* ou du cristal de roche, d'où l'on tire du feu avec le briquet.

Le mot *fulgurite* est emprunté du latin *fulgur*, éclair.

1207. *Comment la foudre produit-elle les fulgurites?* — En fondant et vitrifiant quelques portions de la matière siliceuse des sables qu'elle traverse, et en leur donnant la forme de tubes de verre.

Personne ne peut douter que la foudre n'ait la propriété de se frayer un chemin à travers le sable, de l'amener instantanément à l'état de fusion, et de lui donner, jusque sur des longueurs énormes, de 10 à 12 mètres, la forme d'un tube creux vitrifié intérieurement. Sur un grand nombre de pics ou de sommets de montagne, on trouve sur les roches des traces évidentes de fusion, des couches vitreuses qui sont certainement l'effet de la foudre. Avec l'étincelle de la bobine d'induction, on a traversé des verres épais de dix centimètres et plus.

1208. *La foudre a-t-elle quelque effet sur les corps* COMBUSTIBLES? — Oui ; elle enflamme souvent la poudre à canon, le coton-poudre, etc.; elle met quelquefois le feu aux magasins où l'on garde ces produits inflammables.

1209. *La foudre peut-elle opérer des phénomènes de transport?* — Il n'est pas douteux que la foudre ait la faculté de transporter quelquefois au loin des masses d'un grand poids. On l'a vue lancer des pierres à la distance de plus de 50 mètres et emporter des arbres entiers.

1210. *Est-il vrai qu'après avoir frappé un objet, un arbre, un fer à cheval, une pièce de monnaie, etc., la foudre puisse tracer une empreinte plus ou moins fidèle de ces objets sur une surface apte à la recevoir, la surface du corps humain, par exemple?* — Oui ; il est des exemples certains de ce genre d'action de la foudre, quelque extraordinaire qu'il paraisse. On l'explique en admettant que la foudre emporte avec elle des particules brûlées, oxydées, ou du moins très-divisées de l'objet qu'elle a frappé, et dans le même ordre où elle les a rencontrées dans l'objet. On comprend, sans trop de peine, qu'en traversant un objet la foudre se moule en quelque sorte sur lui, prenne sa forme, et devienne comme un cachet, apte à son tour à reproduire cette même forme. La foudre peut, par brûlure ou par dépôt, faire ce que la lumière fait par action chimique dans les phénomènes de la photographie.

1211. *Quels sont les effets* MAGNÉTIQUES *de la foudre?* — 1° Lorsqu'elle atteint les aiguilles des *boussoles,* elle peut les aimanter en sens contraire et renverser leurs pôles, ou diminuer et même détruire leur magnétisme; 2° on l'a vue communiquer une *aimantation* à des barres de fer qui, auparavant, n'en offraient aucune trace; 3° elle altère quelquefois la marche des chronomètres; 4° elle empêche l'ac ion régulière des aiguilles du *télégraphe électrique.*

1212. *De quelle manière la foudre empêche-t-elle la transmission régulière des dépêches par le* TÉLÉGRAPHE ÉLECTRIQUE? — Quelquefois en désaimantant les aiguilles, le plus souvent en faisant naître dans les fils des courants secondaires qui contrarient les courants nés des piles, empêchent les signaux de se produire régulièrement, ou produisent eux-mêmes des mouvements anormaux des aiguilles.

4° Le tonnerre.

1213. *Qu'est-ce que le* TONNERRE? — Le bruit ou le phénomène acoustique qui accompagne la foudre. La décharge électrique, douée, d'une part, d'une grande puissance mécanique, apte, de l'autre, à refroidir une masse de vapeur et à la condenser, comme aussi à la dilater subitement par une élévation de température, formée enfin d'électricité, dont la nature est de déterminer des attractions ou des répulsions successives, possède évidemment en elle-même tout ce qu'il faut pour mettre l'air en mouvement ou en vibration, c'est-à-dire pour engendrer du bruit, et un bruit d'une intensité excessive.

1214. *Quand le tonnerre se fait-il entendre comme un* SEUL FRACAS *ressemblant à la détonation de plusieurs armes à feu?* — Lorsque la décharge électrique est unique ou formée de décharges partielles, arrivant toutes au même instant, et presque d'un même point de l'espace.

1215. *Quand l'éclat du tonnerre se fait-il entendre comme un roulement?* — Lorsque la décharge électrique est multiple, que les décharges partielles éclatent successivement et à des distances de l'oreille suffisamment inégales. La décharge électrique, ou l'éclair, embrasse souvent un arc immense dans le ciel; aussi est-il des cas où le roulement du tonnerre a duré 30, 40 et même 50 secondes.

1216. *Quels sont les bruits qui nous arrivent le* PLUS TÔT? — Ceux évidemment qui se sont produits à une distance moins grande de l'oreille, ou dans les régions plus basses de l'atmosphère. Il peut se faire ainsi que les dernières décharges électriques soient les premières que nous entendions.

1217. *Pourquoi les dernières décharges peuvent-elles être celles que nous entendons les premières?* — Parce que la vitesse de propagation de la décharge énergique et de la lumière dans l'espace est très-grande, par rapport à la vitesse de propagation du son. Les apparitions des éclairs indiquent les points précis où se font les décharges et l'ordre de leur succession : il n'en est pas ainsi du tonnerre et du bruit. Le bruit produit par la première décharge, si l'orage s'est rapproché de l'observateur, doit arriver à son oreille un certain temps après qu'il a perçu le bruit de la dernière décharge; la différence de temps, infiniment petite, est compensée, et bien au delà, par la différence des distances.

1218. *Si la décharge électrique, se propageant dans la direction qui vient du nuage orageux à l'observateur, s'est étendue à une distance de* 1 700 *mètres, combien de temps durera le bruit du tonnerre?* — Cinq secondes, en prenant 340 mètres pour la vitesse de propagation du son; 1 700, divisé par 340, donne en effet 5 pour quotient, et les premiers bruits n'arriveront à l'oreille que cinq secondes après les derniers.

1219. *Comment explique-t-on les renforcements* ou *augmentations du bruit du tonnerre?* — Quand une décharge électrique qui fuyait l'observateur se repliera sur elle-même pour revenir sur ses pas, à la même distance de l'oreille, les deux bruits, partis de distances égales, seront perçus à la fois; il y aura donc augmentation de son; son intensité sera presque doublée; elle sera triple, quadruple, si la décharge dans ses zigzags revient trois, quatre fois, etc., à la même distance de l'oreille.

1220. *D'autres causes locales ou secondaires peuvent-elles influer sur l'intensité du bruit produit par la dé-*

charge électrique, et contribuer aux grondements, aux roulements, aux renforcements? — Évidemment : si la décharge est très-éloignée, le bruit sera sourd et confus, le tonnerre semblera gronder. Dans un pays plat ou en pleine mer, le bruit sera, toutes choses égales d'ailleurs, plus uniforme et plus continu ; dans un pays de montagnes, au contraire, le bruit sera irrégulier, discontinu et plus dur ; la répercussion ou la répétition par les échos prolongera le bruit et déterminera des roulements ou des renforcements, etc., etc.; les éclats de la foudre, en un mot, gagneront en retentissement, en intensité, en durée.

1221. *Pourquoi ne perçoit-on le bruit du tonnerre que plus ou moins longtemps après qu'on a vu l'éclair?* — Parce que la vitesse de la lumière est très-grande, qu'elle franchit la distance comprise entre le nuage le plus éloigné et notre œil dans moins d'un millième de seconde ; que nous voyons l'éclair, par conséquent, au moment où il est né. Au contraire, la vitesse de propagation du son est relativement très-petite, il lui faut un temps relativement considérable pour arriver à l'oreille ; nous ne percevons, par conséquent, le bruit du tonnerre qu'une ou plusieurs secondes après sa production : on a compté jusqu'à 72 secondes entre l'apparition de l'éclair et la perception du bruit. Le son parcourt à peine 340 mètres par seconde, tandis que la lumière, en une seconde, franchit une distance de 80,000 lieues, ou huit fois la circonférence du globe terrestre.

1222. *En mesurant le temps écoulé entre l'arrivée de l'éclair et celle du tonnerre, l'observateur peut-il évaluer approximativement la distance maximum qui le sé-*

paré du point où la décharge électrique a eu lieu? — Évidemment; il lui suffira, pour cela, de multiplier le nombre entier ou fractionnaire de secondes par 340, vitesse du son ; le produit sera la distance maximum cherchée exprimée en mètres. Si, par exemple, le bruit n'arrive que 5 secondes après l'éclair, le nuage sera au plus à 1 700 mètres. Il sera au plus à 340, 168, 135, 65, 34 mètres, si l'intervalle entre les deux phénomènes est de une seconde, une demi-seconde, 4 dixièmes, 3 dixièmes, 2 dixièmes ou 1 dixième de seconde. Si l'on a mesuré ou estimé, en outre, l'angle que fait avec l'horizon le rayon visuel mené à l'extrémité de l'éclair le plus voisin de l'observateur, on pourra calculer sa distance maximum à la terre ou sa hauteur maximum dans l'atmosphère.

1223. *Y a-t-il des lieux où il ne tonne jamais?* — Il n'y a ni tonnerre ni éclair à Lima, au Pérou, pays très-chaud. Il paraît qu'au delà du 75e degré de latitude nord il ne tonne jamais, soit en pleine mer, soit dans les îles.

1224. *Quels sont les lieux où il tonne le plus?* — Tandis qu'en France, en Angleterre, en Allemagne, le nombre moyen annuel des jours de tonnerre s'élève au plus à 20, à Rio-Janeiro ou dans l'Inde il y en a plus de 50. Un observateur placé à l'équateur, s'il était doué d'organes assez sensibles, entendrait chaque jour, ou même constamment, le bruit du tonnerre, car les décharges électriques sont presque continues dans l'atmosphère.

1225. *Des circonstances locales influent-elles sur la fréquence du phénomène?* — Sans aucun doute ; il est même probable qu'il existe une certaine liaison entre la nature géologique des terrains et le nombre ou la force des orages.

1226. *Tonne-t-il aujourd'hui aussi souvent qu'autrefois?* — L'ensemble des observations recueillies donne une certaine probabilité à l'idée que depuis les temps anciens les orages ont diminué d'intensité.

5° Le paratonnerre.

1227. *Qu'est-ce qu'un* PARATONNERRE? — Un paratonnerre est une barre métallique s'élevant au-dessus d'un édifice, en contact métallique avec un conducteur, métallique aussi, qui descend, sans aucune *solution de continuité*, jusque dans l'*eau* d'un puits, ou dans un *sol* humide.

La *tige* du paratonnerre doit se projeter à une certaine hauteur dans l'air, en forme de *baïonnette* ou de pointe conique.

Le paratonnerre a été inventé par Franklin.

1228. *Quel est le meilleur* MÉTAL *pour un paratonnerre?* — Le cuivre rouge.

1229. *Pourquoi le* CUIVRE *est-il meilleur que le fer?* — Parce que : 1° son *pouvoir conducteur* est plus grand que celui du fer; 2° il est moins sujet à *se fondre* par l'action de la foudre; 3° il résiste davantage aux injures du temps.

Les chiffres suivants indiquent la conductibilité de divers métaux : plomb, 1 ; — étain, 2 ; — zinc, 3 ; — fer, 3 1/2 ; — cuivre, 5.

1230. *Quel est l'*EFFET *d'un paratonnerre?* — La pointe métallique qui termine le paratonnerre *soutire* l'électricité en excès dans les nuages qui passent au-dessus, et le conducteur la *transmet à la terre* où elle est dissimulée.

1231. *Jusqu'à quelle* DISTANCE *s'étend le pouvoir protecteur d'un paratonnerre?* — Une tige de paratonnerre protége efficacement contre la foudre un espace circulaire autour d'elle d'un rayon *double* de sa hauteur. Ainsi, un bâtiment long ou carré de vingt mètres n'aurait besoin que d'une seule tige de cinq mètres de hauteur.

1232. *Pourquoi ne voit-on pas* PLUS *de maisons protégées par un paratonnerre?* — Parce qu'il est arrivé beaucoup d'accidents occasionnés par des *imperfections* dans la *construction* de ces appareils, ou par défaut de vigilance nécessaire pour le maintenir toujours en bon état.

1233. *Comment les paratonnerres peuvent-ils causer des* ACCIDENTS? — Si le conducteur métallique est rompu, soit par *vétusté*, soit par tout autre cause, ou si sa communication immédiate avec le sol humide n'existe plus, la foudre, dont le passage se trouve intercepté, peut alors endommager l'édifice.

1234. *Si le conducteur n'est pas* ROMPU, *et que la communication avec le sol humide soit bien* ÉTABLIE, *peut-il arriver des accidents?* — Non, à moins que la décharge électrique ne soit tellement forte qu'elle ne puisse plus être transmise par la tige ou le conducteur. La tige ou le conducteur peuvent être brisés ou fondus, et la foudre alors peut exercer de grands ravages.

1235. *Quelle* GROSSEUR *doit avoir un paratonnerre?* — Le diamètre d'une barre de *cuivre* doit être de 4 centimètres, et celui d'une barre de *fer* d'un peu plus.

1236. *Pourquoi un paratonnerre doit-il se terminer en* POINTE? — Parce que : 1° une *pointe* soutire *imperceptiblement et sans bruit* l'électricité des nuages qui passent au-dessus, tandis qu'une *boule* les déchargerait par petites explosions successives, qui seraient importunes, alors même qu'elles seraient sans danger; 2° les pointes déchargent les nuages *à une distance plus grande* que les boules; ainsi la pointe d'une aiguille tenue à 8 centimètres de la bouteille de Leyde la déchargera sans danger et sans explosion; une boule ne produirait certainement pas le même effet. On décharge presque instantanément et sans danger une batterie électrique en lui présentant l'extrémité d'une corde en paille communiquant avec le sol, en raison des mille aspérités des brins de paille.

Les brins d'herbe, les épis et autres objets terminés en pointe, aident à soutirer l'électricité des nuages.

1237. *Quel est le meilleur système de paratonnerre?* — Celui de sir Snow-Harris, d'abord, qui établit la communication directe avec le sol, non par des chaînes plus ou moins flottantes, mais par des lames de cuivre incrustées dans la toiture et les murs de l'édifice, ou dans les mâts et les vergues des navires, sans que jamais le contact des lames successives puisse être interrompu; le paratonnerre aussi, à pointes effilées et multiples, de M. Perrot, de Rouen, qui protége une zone circulaire de diamètre beaucoup plus grand.

CHAPITRE II

Électricité dynamique.

§ 1er. FAITS PRINCIPAUX DE L'ÉLECTRICITÉ DYNAMIQUE.

1238. *Quel est l'*APPAREIL *au moyen duquel furent d'abord étudiés les phénomènes de l'*ÉLECTRICITÉ DYNAMIQUE? — C'est la pile de Volta. Galvani, professeur d'anatomie à Bologne, pour une expérience célèbre sur des grenouilles mortes, avait, en 1786, appelé l'attention sur une nouvelle catégorie de phénomènes électriques, que l'on réunit encore quelquefois sous la dénomination de *galvanisme*. Volta, professeur de physique à Pavie, construisit, pour expliquer ces phénomènes, un appareil composé de disques de cuivre et de zinc soudés ensemble, qu'il empila les uns sur les autres, en interposant des rondelles de drap imbibées d'eau acidulée. Cette disposition explique la dénomination de *pile*, qui fut donnée à cet appareil et par suite à d'autres de forme très différente, mais ayant le même but, celui de provoquer la séparation des deux fluides électriques, le fluide positif se portant sur les disques de zinc tournés tous d'un même côté, et le fluide négatif sur les disques de cuivre, en sorte qu'au dernier disque de zinc correspond le pôle positif de la pile, et au dernier disque de cuivre, le pôle négatif. Si l'on met en communication les deux pôles en réunissant deux fils métalliques fixés aux deux pôles, il s'établit un courant continu, une véritable circulation, qui caractérise essentiellement l'état dynamique de l'électricité.

1239. *Quelles sont les principales* MODIFICATIONS *qui ont été apportées à la pile primitive de Volta ?* — On remplaça d'abord la pile verticale par une auge horizontale, dans laquelle des couples de cuivre et de zinc étaient disposés comme des cloisons entre lesquelles on mettait de l'eau acidulée. Un peu plus tard, afin de pouvoir ne mettre les couples de cuivre et de zinc en contact avec l'eau acidulée qu'au moment de l'expérience, on remplaça l'auge par des bocaux de verre juxtaposés, qui contenaient l'eau acidulée et dans lesquels, au moment voulu, on plongeait les couples, fixés à une traverse de bois qu'on plaçait plus haut dans l'intervalle des expériences.

1240. *A quelle cause attribue-t-on la* SÉPARATION *des deux fluides dans les différentes piles ?* — On crut d'abord que cette séparation des fluides était produite par le contact des deux métaux ; on pense aujourd'hui qu'elle tient surtout à l'action chimique de l'eau acidulée sur les métaux, dont l'un prend le fluide positif et l'autre, le négatif. En réalité, le contact des métaux commence, l'action chimique continue.

1241. *En quoi consistent les piles* A DEUX LIQUIDES? — Pour donner une idée de ces piles, nous allons prendre comme exemple celle de Bunsen, fort employée aujourd'hui. Chaque élément de cette pile comprend un bocal de faïence ou de verre, que l'on remplit d'eau et d'acide sulfurique. Dans ce bocal plonge une plaque cylindrique de zinc, à laquelle est fixé le conducteur ou électrode positif. En dedans de ce cylindre se trouve un vase poreux de terre de pipe, rempli d'acide azotique et dans lequel plonge un cylindre de charbon préparé de manière à être très-bon conducteur, et auquel est adapté l'électrode négatif. Dès que les deux électrodes sont mis en communication, l'eau acidulée attaque le zinc, qui se charge de fluide positif, et le fluide négatif, qui est repoussé, va, à travers le vase poreux, se porter sur le charbon. Ainsi s'établit le courant électrique, tandis que des réactions chimiques, dont le détail ne saurait trouver place ici, empêchent les deux liquides de s'altérer sensiblement. Il va sans dire que, dans cette pile, comme dans les autres, on emploie, en les faisant communiquer entre eux, un nombre d'éléments proportionné à la puissance des effets que l'on veut obtenir.

§ 2. — APPLICATIONS DE L'ÉLECTRICITÉ DYNAMIQUE.

1242. *Quels sont les principaux* EFFETS *de l'électricité dynamique?* — Un courant électrique, en traversant un corps vivant, y produit des séries de commotions, dont la médecine tire quelquefois un grand parti. Il produit même des mouvements étranges dans un corps mort, pourvu que la mort soit récente. Un courant électrique produit aussi dans certains cas une chaleur d'une grande intensité; mais ce que nous croyons surtout devoir signaler ici, c'est : 1° l'action chimique des courants électriques; 2° la galvanoplastie; 3° la dorure et l'argenture électriques; 4° la lumière électrique.

1° Action chimique des courants électriques.

1243. *En quoi consiste surtout l'*ACTION CHIMIQUE *des courants électriques?* — Le courant électrique est l'agent le plus puissant des décompositions chimiques. En faisant arriver dans un vase contenant de l'eau deux électrodes et les recouvrant de deux petites cloches de verre, on détermine la décomposition de l'eau. L'oxygène se rend sous la cloche où aboutit le conducteur positif, et l'hydrogène dans l'autre, le volume de l'hydrogène étant toujours double de celui de l'oxygène ; en sorte que, par ce procédé si simple, on a, non-seulement l'analyse qualitative, mais encore l'analyse quantitative. C'est aussi par le courant électrique qu'on a décomposé la potasse, la soude, la chaux, etc., et découvert plusieurs métaux dont on ne soupçonnait pas l'existence.

2° Galvanoplastie.

1244. *En quoi consiste la* GALVANOPLASTIE? — La précipitation des métaux de leurs dissolutions salines par l'action de la pile, a fait naître cet art merveilleux, qui permet d'obtenir, sans difficulté, sans travail, des reproductions métalliques parfaitement exactes de sculptures, bas-reliefs, clichés typographiques, planches gravées, etc. On commence par prendre une empreinte de l'objet que l'on veut reproduire. Cette empreinte qui, lorsque l'objet est trop grand, se prend par parties, peut être, suivant les cas, en métal de d'Arcet, en stéarine, en plâtre, en gutta-percha, etc. Quand la substance employée n'est pas conductrice, on enduit de plombagine l'intérieur du moule. Cela fait, si le *fac-simile* doit être en cuivre, on suspend le moule dans une dissolution concentrée de sulfate de cuivre, en l'attachant avec un fil de cuivre qu'on a soin de mettre en contact avec la plombagine et qu'on accroche à un conducteur communiquant avec le pôle négatif d'une pile. Au conducteur qui communique avec le pôle positif, on suspend une plaque de cuivre, destinée à fournir des molécules pour aller remplacer celles qui seront précipitées de la dissolution. Les choses ainsi disposées, c'est à l'électricité de faire le reste, et son travail dure environ quarante-huit heures.

3° Dorure et argenture électriques.

1245. *Comment s'opèrent la* DORURE *et l'*ARGENTURE *électriques?* — Prenons une dissolution de laquelle, sous l'action de la pile, il se précipite de l'or, et suspendons dans ce bain, à l'électrode négative d'une pile, un objet d'argent, de cuivre, de laiton, de bronze ou de maillechort. Les molécules d'or qui se précipiteront par l'effet du courant adhéreront fortement au métal plongé dans le bain, et, quand on jugera que la couche d'or a une épaisseur suffisante, on n'aura plus qu'à brunir. On voit que la dorure électrique tient aux mêmes causes que la galvanoplastie, dont elle ne diffère que par l'adhésion des molécules d'or au métal sur lequel elles se déposent. Du reste, cette adhésion n'aurait pas lieu si on essayait d'opérer sur du fer, de l'acier ou de l'étain. L'argenture s'opère de la même manière, et ne diffère de la dorure que par la composition du bain. Ce qu'on a trouvé de mieux jusqu'ici, c'est : pour la dorure, 1 gramme de chlorure d'or et 10 grammes de cyanure de potassium, dans 200 grammes d'eau; et, pour l'argenture, 1 gramme de cyanure d'argent et 10 grammes de cyanure de potassium dans 250 grammes d'eau.

4° Lumière électrique.

1246. *Quel est le meilleur procédé à adopter pour obtenir au moyen d'un* COURANT *électrique une* VIVE LUMIÈRE? — On fait communiquer les deux pôles d'une forte pile avec deux cônes de charbon de cornue, tenus à une petite distance l'un de l'autre au moyen d'un appareil régulateur qui a pour moteur le courant électrique lui-même. Dès que le courant commence à passer, le charbon négatif s'illumine le premier, mais le charbon positif le dépasse bientôt par son éclat, et on observe que des molécules de ce charbon sont sans cesse emportées sur l'autre. Ces molécules interviennent probablement dans la formation de l'arc éblouissant qui s'établit entre les deux cônes. Cette lumière, la plus vive que l'on connaisse après celle du soleil, dont elle est même une fraction appréciable, a comme elle la propriété d'être décomposée par le prisme et de produire un spectre, de s'appliquer à la photographie, où elle produit de magnifiques. épreuves, enfin de provoquer le développement de la matière verte des végétaux, dont la formation n'avait eu lieu jusqu'ici que sous l'influence de la lumière solaire.

1247. *Puisque la lumière électrique offre tant d'avantages, pourquoi ne la* SUBSTITUE-T-ON PAS AU GAZ? — On trouve que son extrême vivacité la rend fatigante et même dangereuse pour la vue, mais il sera aisé d'obvier à ces inconvénients. Ce qui surtout empêche qu'elle ne soit encore adoptée, c'est l'élévation de son prix de revient. On l'emploie avec grand succès pour les phares.

CHAPITRE III

Électro-magnétisme.

§ 1. — NOTIONS SUR L'ÉLECTRO-MAGNÉTISME.

1248. *Qu'appelle-t-on* ÉLECTRO-MAGNÉTISME ? — L'étude des rapports intimes qui existent entre le magnétisme et l'électricité dynamique.

1249. *Quelle est d'une manière générale la nature de ces* RAPPORTS? — En 1819, M. Œrstedt, professeur de physique à Copenhague, découvrit qu'un courant électrique agissait à distance sur une aiguille aimantée, et tendait à lui faire prendre une direction perpendiculaire à celle du conducteur où passait le courant. On reconnut bientôt après que, réciproquement, un aimant agissait d'une manière analogue sur un conducteur mobile parcouru par un courant, et enfin que deux conducteurs mobiles parcourus par des courants exerçaient l'un sur l'autre des actions fort remarquables, dont l'étude amena notre grand physicien Ampère à émettre comme très-probable l'idée qu'un aimant doit toutes ses propriétés à des courants électriques perpendiculaires à son axe. Le globe lui-même devrait son action sur les aimants à des courants circulant sans cesse autour de lui de l'est à l'ouest, parallèlement à l'équateur magnétique, courants produits par les variations de température qui résultent de l'action successive des rayons solaires sur les différentes parties de la surface terrestre. A l'avantage de rendre très-bien compte des faits, cette remarquable théorie joint celui de faire faire à la science un grand pas vers la simplification, qui doit être le résultat et le caractère de tout vrai progrès.

1250. *Il suffirait donc de produire autour d'une* SUBSTANCE MAGNÉTIQUE *des courants parallèles et de même sens, pour en faire un* AIMANT ? — C'est en effet ce qui a lieu : on enroule en hélice un fil conducteur isolé formé d'une substance non magnétique, par exemple, de cuivre recouvert de soie ou de coton, et, lorsque cet appareil, appelé *solénoïde*, est parcouru par un courant électrique, il présente toutes les propriétés magnétiques et donne lieu aux mêmes phénomènes qu'un aimant.

1251. *Pourrait-on avec un* COURANT *électrique* AIMANTER *un barreau d'acier?*—Il n'y aurait qu'à placer le barreau d'acier dans un solénoïde et à faire passer le courant. En un instant, le barreau serait parfaitement aimanté, et l'aimantation serait durable à cause de la force coercitive de l'acier; tandis qu'un barreau de fer doux ne conserverait les propriétés magnétiques que tant qu'il serait sous l'influence du courant.

1252. *Qu'appelle-t-on* ÉLECTRO-AIMANT ? — Un barreau de fer doux autour duquel est enroulé un fil de cuivre formant un grand nombre de tours, que l'on isole les uns des autres en recouvrant de soie ou de coton le fil de cuivre. Ordinairement, on donne à un électro-aimant la forme d'un fer à cheval, et, quand le fil de cuivre fait un très-grand nombre de tours, la force de cet appareil devient très-grande; mais on comprend qu'elle doit cesser aussitôt que le courant cesse de passer dans le fil conducteur.

1253. *Qu'est-ce que c'est qu'une machine* MAGNÉTO-ÉLECTRIQUE? — Une machine avec laquelle on engendre de l'électricité statique et dynamique à l'aide du magnétisme et du mouvement. Par exemple, si, comme dans la machine de la compagnie *l'Alliance* on fait tourner des bobines ou circonvolutions de fils conducteurs isolés en face et très-près des pôles d'aimants énergiques, on fait naître dans les bobines des courants électriques que l'on peut réunir, condenser en deux pôles et conduire où l'on veut, pour engendrer de la chaleur, de la lumière ou des actions chimiques dans les conditions les plus excellentes d'intensité et d'économie. Avec une machine de la compagnie *l'Alliance* de trente-deux bobines faisant trois cents tours par minute, on obtient sans peine et à très-bon marché la lumière de deux ou trois cents becs Carcel. Appliquée déjà aux phares du Hâvre, cette lumière devrait illuminer tous nos phares. Les machines magnéto-électriques de MM. Wilde, Siemens, Wheastorn, Ladd, Gramme, etc., ont reçu aussi bien des applications heureuses.

1254. *Qu'appelle-t-on* MACHINES ÉLECTRO-MAGNÉTIQUES? — Des machines à l'aide desquelles on transforme d'abord par induction l'électricité en magnétisme; puis le magnétisme en mouvement, en travail, etc., etc., Des merveilles de ce genre sont les moteurs électro-magnétiques de M. Froment. Malheureusement le travail ainsi obtenu coûte trop cher, de sorte que l'électricité ne peut pas remplacer encore la vapeur dans ses applications mécaniques.

§ 2. — APPLICATION DE L'ÉLECTRO-MAGNÉTISME.

1255. *Quelles sont les principales* APPLICATIONS *de l'électro-magnétisme?* — Parmi ces applications, déjà fort nombreuses, on doit surtout en signaler deux : l'*horlogerie* électrique et la *télégraphie* électrique.

1° Horlogerie électrique.

1256. *Quel est le but de l'*HORLOGERIE *électrique?* — De faire que, par l'électro-magnétisme, les mouvements d'une horloge se transmettent à un nombre quelconque d'horloges, par exemple, à toutes les horloges publiques d'une ville, à toutes celles d'une ligne de chemin de fer, etc.

1257. *Comment l'électro-magnétisme peut-il donner lieu à cette* TRANSMISSION DE MOUVEMENT? — Il suffit pour cela que, dans l'horloge-étalon, une roue dentée communiquant avec un des pôles d'une pile, touche, à intervalles égaux, l'extrémité d'un conducteur destiné à transmettre le courant à des électro-aimants disposés dans chacune des horloges qu'il s'agit de faire marcher. Chaque fois que le courant vient ainsi aimanter l'électro-aimant, celui-ci attire une pièce de fer doux, qui, lorsque le courant cesse, est ramenée par un ressort à sa position antérieure. On comprend que ce mouvement de va-et-vient, convenablement transmis et complété, suffit pour faire marcher toutes les horloges parfaitement d'accord avec l'horloge-étalon.

2° Télégraphie électrique.

1258. *Quel est le principe de la* TÉLÉGRAPHIE ÉLECTRIQUE? — La télégraphie électrique repose sur ce principe qu'un courant électrique intermittent, qui part d'une pile fonctionnant dans une station télégraphique et qui entre dans un électro-aimant établi dans une autre station, donne le moyen d'obtenir dans cette dernière station, un mouvement de va-et-vient qui peut servir, soit à faire tourner une aiguille indiquant des lettres disposées sur un cadran, soit à produire un autre mouvement quelconque, suivant le système d'après lequel est établi le télégraphe. On voit que ce principe est le même que celui de l'horlogerie électrique; seulement la roue qui alternativement établit et suspend le courant tourne dans l'horloge-étalon en vertu du mouvement général de cette horloge, tandis que dans la télégraphie c'est un employé qui la fait tourner à l'aide d'une manivelle d'après le signal qu'il veut transmettre. Plus simplement : 1° avec une pile, à la station du départ, qui envoie son courant par un fil conducteur à la station d'arrivée ; 2° avec un électro-aimant et des rouages rendus actifs à la station d'arrivée par le courant, on peut à cette station d'arrivée répéter tous les mouvements produits à la station de départ : montrer ou imprimer une lettre ou signal quelconque.

1259. *Pour établir un courant entre deux stations télégraphiques, ne faudrait-il pas faire communiquer les* DEUX POLES *de la pile fonctionnant dans le bureau de départ avec les* DEUX POLES *de l'électro-aimant établi au bureau d'arrivée?* — On crut d'abord que cette double communication était nécessaire, ce qui faisait que, pour chaque signe, deux fils conducteurs étaient occupés. Mais l'expérience montra bientôt qu'il suffisait de faire communiquer un pôle de la pile avec un pôle de l'électro-aimant, pourvu que l'autre pôle de chacun de ces appareils fût mis en communication avec le sol. La terre, agissant comme réservoir commun, absorbe les fluides qui lui sont ainsi transmis, ce qui suffit pour que le courant se maintienne entre la pile et l'électro-aimant.

1260. *De quoi se compose une* LIGNE TÉLÉGRAPHIQUE? — *A la station de départ :* 1° d'une première pile ou appareil générateur de l'électricité, donc l'un des pôles communique avec la terre ; 2° d'un appareil expéditeur des dépêches ou manipulateur relié au second pôle de la pile; 3° du fil conducteur de la ligne relié par sa dernière extrémité au manipulateur. *A la station d'arrivée :* 1° d'un appareil récepteur des dépêches relié à la seconde extrémité du fil conducteur de la ligne; 2° d'une pile communiquant par l'un de ses pôles avec le récepteur, par l'autre avec la terre.

1261. *Comment se divisent les* TÉLÉGRAPHES AU POINT DE VUE DE LA TRANSMISSION? En télégraphes : 1° *à cadran* montrant sur un cadran les lettres de l'alphabet ; 2° imprimant soit des signaux comme le télégraphe de Morse, soit des lettres latines comme le télégraphe des Hughes; 3° *autographique*, reproduisant mécaniquement ou chimiquement, à la station d'arrivée, la dépêche écrite par le correspondant lui-même; comme les télégraphes de Bain, Caselli, Meyer, Lenoir.

1262. *Comment se divisent les* TÉLÉGRAPHES AU POINT DE VUE DU FIL CONDUCTEUR? — En télégraphes *aériens*, *souterrains* ou *sous-marins* suivant que le conducteur est ou un fil suspendu en l'air sur des poteaux ; ou un fil isolé, caché dans le sein de la terre ; ou un cable ou fil aussi isolé déposé au fond du lit de la mer ou d'un fleuve.

1263. *Quelle est la* VITESSE DE TRANSMISSION DES DÉPÊCHES? — Par le télégraphe Morse, vingt dépêches de vingt mots par heure; par le télégraphe Hughes, quarante dépêches ; par le câble transatlantique, vingt signaux par minute.

1264. *Quelle est l'étendue actuelle des lignes télégraphiques?* — La télégraphie électrique fait aujourd'hui le tour du monde. Londres, et, par Londres, toutes les capitales de l'Europe sont en communication avec la Chine, le Japon, l'Australie, la Nouvelle-Zélande. Une dépêche partie de Pékin arrive à Londres en quatre heures.

1265. *La bobine d'induction de Ruhmkorff a-t-elle reçu des applications physiques ou industrielles?* — Oui ; elle sert : 1° à illuminer les tubes de Geissler, ingénieux instruments dans lesquels on place, sur le passage du courant d'induction, des milieux de gaz très-raréfiés et des liquides fluorescents qu'il illumine de manière à produire les effets de lumière les plus variés et les plus charmants; 2° à déterminer la fluorescence ou la phosphorescence des substances douées de ces mystérieuses propriétés ; 3° à enflammer dans les machines à gaz le mélange de gaz d'éclairage et d'air, en devenant comme l'âme de ces précieux moteurs, qui deviendront d'un usage universel quand on aura complétement réussi à réaliser l'heureuse idée qu'a eue M. Lambrigot, de substituer au gaz l'alcool ou la vapeur d'alcool qu'on trouve partout.

SEPTIÈME PARTIE

MÉTEOROLOGIE

CHAPITRE PREMIER

Pression de l'air.

§ 1. — POMPES ET AÉROSTATS.

1266. *A quelle* HAUTEUR *s'étend l'*AIR ATMOSPHÉRIQUE *au-dessus de la surface de la terre?* — L'air forme autour de la terre une couche d'au moins 80 kilomètres d'épaisseur. La composition chimique de l'air reste la même à toutes les hauteurs, c'est-à-dire qu'il renferme les mêmes proportions d'oxygène, d'azote et d'acide carbonique; mais sa densité est d'autant plus petite et sa pression d'autant plus faible, qu'on s'élève à une plus grande hauteur.

1267. *Pourquoi la densité et la pression des couches* INFÉRIEURES *de l'air sont-elles plus grandes que celles des couches supérieures?* — Par cela même qu'elles supportent le poids des *couches supérieures*, les couches inférieures sont plus condensées et plus tendues.

1268. *Quelle est la cause de l'*ASCENSION *des* AÉROSTATS? — La différence entre le poids de l'aérostat rempli d'un gaz plus léger et le poids du volume d'air plus lourd qu'il déplace. Si le ballon en s'élevant arrive à une couche d'air plus léger, de sorte que son poids soit égal à celui de l'air déplacé, il cessera de monter.

1269. *Quelle est la* VALEUR *ou l'*EXPRESSION NUMÉRIQUE *de la* PRESSION ATMOSPHÉRIQUE? — La pression exercée par la colonne atmosphérique sur une surface d'un centimètre carré est à très-peu près égale à celle que ferait naître un poids d'un kilogramme placé sur cette même surface.

Comme la surface du corps humain est d'environ 12 000 centimètres carrés, la pression de l'air sur le corps d'un homme est d'environ 12 000 kilogrammes. C'est effrayant au premier abord : mais l'intérieur du corps est, en même temps que l'extérieur, accessible à l'air, qui y exerce la même pression ; la pression extérieure est donc combattue et équilibrée par la pression intérieure, de sorte que nous n'avons nullement la sensation de ce poids de 12 000 kilogrammes qui semblait devoir nous écraser. Une bulle de savon supporte aussi une pression ou un poids relativement énorme et proportionnel à sa surface ; mais le gaz ou l'air qu'elle renferme dans son sein est à la même tension que l'air extérieur, et contrebalance sa pression, de sorte que la bulle n'est pas écrasée.

1270. *Quel est l'*AGENT *qui fait* MONTER *l'eau dans les pompes ordinaires?* — La pression atmosphérique. En faisant mouvoir le balancier de la pompe, on soulève le piston ; en soulevant le piston, on augmente l'espace compris entre sa base et la surface de l'eau ; l'air intérieur se dilate pour remplir l'espace devenu libre ; en se dilatant, il diminue de densité et de tension, il presse moins à la surface de l'eau ; l'air extérieur, qui a conservé sa tension première, exerce donc une pression plus grande sur cette même surface de l'eau, et la fait monter à une certaine hauteur, jusqu'à ce que le poids de l'eau, s'ajoutant à la pression de l'air intérieur, fasse équilibre à la pression extérieure.

Si l'on prend un tube en U à moitié plein de mercure, et si l'on fait peser sur les deux surfaces liquides des poids égaux, le mercure restera en équilibre; mais, si l'on enlève *un des poids*, le mercure montera dans la branche d'où le poids aura été enlevé. L'air, par rapport aux pompes, peut être comparé à ces deux poids, car l'air dilaté par le soulèvement du piston équivaut à un air plus léger, et l'air extérieur, comparable à un air plus lourd, fait monter l'eau dans le corps de pompe.

1271. *A quelle* HAUTEUR *la pression atmosphérique peut-elle faire* MONTER *l'eau du puits dans la pompe?* — Théoriquement, et si en soulevant le piston on faisait un vide parfait, l'eau monterait à $10^{m},30$; car la pression de la colonne atmosphérique est égale à celle qu'exercerait le poids d'une colonne d'eau de $10^{m},30$ de hauteur. Dans la pratique, on ne donne jamais au tube d'aspiration une longueur de plus de 8 mètres. Nous disons tube d'aspiration, car, pour ne pas avoir à faire monter un piston à une hauteur de 8 mètres, ce qui serait impraticable, on fait le vide dans un corps de pompe installé au sommet d'un tube qui descend jusqu'au fond du réservoir d'eau et qu'on nomme tube d'aspiration.

La pompe ordinaire dont il a été question jusqu'ici est la pompe simplement aspirante.

1272. *Comment fait-on monter l'eau dans un puits à* PLUS *de dix mètres de* HAUTEUR? — A l'aide d'une pompe à la fois aspirante et foulante. Au bas du corps de pompe, ou au sommet du tuyau d'aspiration, se trouve une soupape s'ouvrant de bas en haut et retombant par son propre poids; quand on fait monter le piston, l'eau s'élève dans le tuyau d'aspiration, soulève la soupape, entre dans le corps de pompe, et la soupape se ferme : jusqu'ici la pompe a fonctionné comme une simple pompe aspirante. Mais le piston est en outre creux, et sa base est munie d'une soupape s'ouvrant aussi de bas en haut; quand donc on descendra le piston, l'eau, déjà arrivée dans le corps de la pompe, soulèvera la seconde soupape, entrera dans le piston, viendra au-dessus de sa surface supérieure; en même temps la seconde soupape se fermera. Si on soulève de nouveau le piston, il emportera avec lui l'eau qui le couvre et la fera monter à une nouvelle hauteur égale à celle dont il s'élève lui-même. En ajoutant au mécanisme que nous venons de décrire des réservoirs d'air convenablement disposés, on rend l'élévation de l'eau continue, d'intermittente qu'elle était; et, comme dans les pompes à incendie, on peut l'élever à de très-grandes hauteurs.

1273. *Qu'est-ce qu'un* SIPHON? — Un tube recourbé en verre ou en métal, dont l'une des branches est plus courte que l'autre et qui sert à transvaser les liquides, à les faire passer par un mouvement continu d'un vase plus élevé ou supérieur dans un vase plus bas ou inférieur.

1274. *Expliquez le* MÉCANISME *du* SIPHON? — On le remplit du liquide qu'il s'agit de transvaser, et, fermant avec les doigts ses deux orifices, on fait plonger l'orifice de la petite branche dans le liquide que contient le vase supérieur, en même temps que l'ouverture de la grande branche débouche au-dessus du vase inférieur; l'écoulement du liquide du vase supérieur dans le vase inférieur commence alors, et se continuera tant que l'ouverture de la petite branche plongera dans le liquide du vase inférieur.

1275. *Pourquoi le liquide s'écoulera-t-il du vase supérieur dans le vase inférieur?* — Parce que la pression atmosphérique est plus grande à l'orifice de la petite branche qu'à l'orifice de la grande. En effet, la pression à l'orifice inférieur ou de la grande branche est combattue et amoindrie par le poids de la colonne de liquide comprise entre les niveaux des deux orifices.

1276. *Pourquoi les* AÉRONAUTES *ressentent-ils des* DOULEURS *aux yeux, aux oreilles et à la poitrine, surtout si leur ballon a monté rapidement à une grande hauteur?* — Parce que l'air des régions supérieures de l'atmosphère est *plus raréfié*, dans les premiers instants du moins, que l'air des poumons et des conduits de l'organisme; il y a donc à l'intérieur un excès de pression qui pousse les liquides du corps vers la surface, avec tendance à la congestion et douleur.

1277. *Pourquoi les personnes qui descendent dans une* CLOCHE *à* PLONGEUR *ressentent-elles des* DOULEURS *aux yeux, aux oreilles et à la poitrine?* — Parce que l'air d'une cloche de plongeur, *comprimé* par le poids de la colonne d'eau, est plus dense que l'air des poumons et des conduits de l'organisme; la pression est donc plus grande à l'extérieur qu'à l'intérieur, les liquides sont refoulés vers les organes intérieurs.

1278. *Pourquoi les* PLONGEURS *sont-ils souvent* SOURDS? — Parce que la pression sur le tympan de leurs oreilles est si forte, qu'elle *rompt* cette *membrane* ou la rend insensible; ce qui cause alors la *surdité*.

1279. *Pourquoi la* RESPIRATION *est-elle souvent très-difficile et pénible sur le sommet d'une* MONTAGNE *très-élevée?* — Parce que l'air est si *raréfié*, que nous avons grand'peine à en *inspirer* une quantité suffisante pour les besoins de la vie.

1280. *Pourquoi nous sentons-nous* ACCABLÉS *quelquefois à l'approche d'un* ORAGE? — Parce que l'air *se raréfie subitement.* C'est en partie la diminution de la pression de l'air qui produit l'*accablement* à l'approche d'un orage. (*Voyez n°* 68.)

1281. *Comment peut-on savoir que la* PRESSION *de l'air* DIMINUE *à l'approche d'un* ORAGE? — Parce que le *mercure du baromètre* baisse alors considérablement.

1282. *Pourquoi les* CORS *aux pieds font-ils* SOUFFRIR *à l'approche d'un* ORAGE *ou de la pluie?* — Parce que l'air *raréfié* ou humide cause une dilatation correspondante dans les tissus des pieds; et comme le *cor*, substance *dure*, ne peut pas se dilater autant que les parties environnantes qui sont *plus molles*, les fibrilles des nerfs en sont irritées et font souffrir.

1283. *Pourquoi les* CAVES *et les* CELLIERS *sont-ils* CHAUDS *en hiver et* FROIDS *en été?* — Parce que les lieux souterrains sont à l'abri des influences dont dépendent les élévations et les abaissements de température, et que l'air s'y renouvelle difficilement. Les caves et les celliers restent à peu près à une *température constante*, qui est d'environ 8 à 11 degrés plus chaude en hiver et plus froide en été que celle du grand air.

A Paris, dans les caves de l'Observatoire, qui sont à 28 mètres de profondeur, la température reste constamment à 11 degrés; mais, même à une profondeur de 24 mètres, la différence des saisons, dans nos climats, devient insensible.

§ 2. — BAROMÈTRE ET THERMOMÈTRE.

1284. *Qu'est-ce que le* BAROMÈTRE? — Un instrument servant à faire connaître la *pesanteur de l'air.*

Le mot *baromètre* se compose de deux mots grecs βάρος, *pesant*, μέτρον, *mesure.*

Cet instrument fut inventé, en 1643, par Toricelli, élève de Galilée.

1285. *Qu'est-ce que le* THERMOMÈTRE? — Un instrument servant à faire connaître les différents degrés de *chaud* et de *froid.*

Le mot *thermomètre* se compose de deux mots grecs θέρμης-μέτρον (*mesure de la chaleur*).

Le thermomètre fut inventé, en 1620, par Corneille Van Drebbel, paysan hollandais.

1286. *Quelle est la différence entre les thermomètres* CENTIGRADE, RÉAUMUR *et* FAHRENHEIT? — Dans le thermomètre centigrade, usité en France, l'échelle est divisée en 100 degrés, de 0 (*zéro*), correspondant à la température de la glace fondante, à 100°, qui correspondent à celle de l'eau bouillante. Dans le thermomètre Réaumur, très-commun en Allemagne et en Russie, la différence entre les deux points fixes est divisée en 80 degrés ; 80 degrés Réaumur valent 100 degrés Fahrenheit, un degré Réaumur est les dix huitièmes ou les cinq quarts d'un degré centigrade ; pour convertir un nombre de degrés Réaumur en degrés centigrades, il faut ajouter à ce nombre son quart. Réciproquement, un degré centigrade est les quatre cinquièmes d'un degré Réaumur ; pour convertir un nombre de degrés centigrades en degrés

Réaumur, il faut retrancher de ce nombre son cinquième. Le thermomètre de Fahrenheit, usité en Angleterre, marque 32° degrés à la glace fondante, et 212° à l'ébullition.

Pour avoir le nombre F de degrés Fahrenheit qui correspond au nombre C de degrés centigrades, il faut multiplier C par 9/8, et ajouter 32.

Pour avoir le nombre C de degrés centigrades qui correspond au nombre F de degrés Fahrenheit, il faut retrancher 32 de F et multiplier le résultat de la soustraction par 5/9 ; c'est-à-dire qu'on a les deux formules : $F = 9/5\ C \times 32$ $C = 5/9\ (F \times 32)$

1287. *Définissez nettement la différence entre le* BAROMÈTRE *et le* THERMOMÈTRE? — Le baromètre sert à mesurer la pression atmosphérique ou la pesanteur de l'air ; le thermomètre sert à mesurer la température, la chaleur et le froid de l'atmosphère. Le baromètre est essentiellement un tube ouvert par en bas, fermé par en haut, et dans lequel l'espace situé au-dessus du mercure est absolument vide. Le thermomètre est un tube fermé par le bas, fermé en général par le haut, mais qui pourrait être ouvert. Le tube en verre du baromètre est d'un assez grand diamètre ; le tube du thermomètre est d'un diamètre très-petit, le plus souvent capillaire, quoiqu'on le fasse quelquefois assez gros, surtout quand le liquide employé est de l'alcool. Le liquide dans le baromètre monte ou descend sous l'action de l'air extérieur qui le presse plus ou moins ; le liquide du thermomètre monte ou descend par l'effet d'une dilatation ou d'une contraction intérieure produite par l'échauffement ou le refroidissement.

1288. *Comment la* CHALEUR *ou le* FROID *agissent-ils sur le* LIQUIDE *du thermomètre, quoiqu'il ne soit pas en* CONTACT IMMÉDIAT *avec l'air?* — La chaleur et le froid agissent à travers le verre qui, quoique conducteur imparfait, s'échauffe cependant ou se refroidit, et transmet au liquide ses variations de température.

1289. *Pourquoi le tube du* BAROMÈTRE *est-il* OUVERT PAR LE BAS? — Afin que l'*air* puisse *presser* sur la surface découverte du mercure, qui s'élève et s'abaisse, selon que cette pression augmente ou diminue.

1290. *Qu'entend-on quand on dit que le baromètre* MONTE *ou* BAISSE? — On dit que le baromètre monte quand le mercure s'élève dans le tube, sa surface est alors convexe ou arrondie; on dit qu'il baisse quand le mercure descend dans le tube, sa surface est alors concave ou creuse.

1291. *Pour quels usages pratiques se sert-on du* BAROMÈTRE? — 1° Pour déterminer la *hauteur des montagnes*; — 2° pour prévoir les *changements de temps*.

1292. *Comment peut-on déterminer la* HAUTEUR *d'une* MONTAGNE *à l'aide du* BAROMÈTRE? — Puisque la pression atmosphérique *diminue* à mesure que l'on s'élève dans l'atmosphère, la hauteur de la colonne barométrique *diminuera aussi*, et d'*autant plus* que l'on sera *monté plus haut*. Il y a ainsi un rapport direct entre la hauteur de la colonne barométrique et l'élévation au-dessus de la mer du lieu où l'on observe; de la hauteur observée, on pourra donc déduire la hauteur du lieu de l'observation, ou l'altitude.

1293. *Existe-t-il un* RAPPORT SIMPLE *entre la hauteur barométrique et l'*ALTITUDE *du lieu d'observation?* — Si la densité de l'air restait la même dans toutes les couches de l'atmosphère, le rapport simple existerait, un abaissement d'un millimètre de la colonne barommétrique correspondrait à un accroissement d'altitude de 10^{mm},446 ; mais comme la densité de l'air varie, et varie suivant une loi assez complexe, ce n'est qu'au moyen d'une formule, ou de tables calculées d'avance, qu'on peut déduire l'altitude de la hauteur barométrique observée.

1294. *Quelle est la hauteur* MOYENNE *du baromètre au* NIVEAU DE LA MER *et à* PARIS? — Au niveau de la mer, la hauteur barométrique moyenne est de 760 millimètres ; à Paris, dont l'altitude ou l'élévation au-dessus du niveau de la mer est de 60 mètres, la hauteur barométrique moyenne est de 757 millimètres.

1295. *La hauteur de la colonne barométrique est-elle toujours* LA MÊME EN UN MÊME LIEU ? — Non : elle varie entre des limites assez grandes, de 720 à 790 millimètres, par exemple, à Paris, de sorte que l'excursion du sommet de la colonne est de 70 millimètres, quantité considérable.

1296. *Quelles sont les* CAUSES *qui font* VARIER *la* PRESSION *atmosphérique, et par conséquent la hauteur barométrique?* — L'humidité ou la quantité de vapeurs aqueuses de l'air, le vent et l'électricité atmosphérique.

1297. *Quel est l'effet de l'*HUMIDITÉ ? — Quoique la vapeur aqueuse soit plus légère que l'air, par cela même qu'elle vient s'ajouter à la colonne atmosphérique, son premier effet doit être d'augmenter la pression de l'air et de faire monter le mercure dans le baromètre. Mais la vapeur aqueuse, en augmentant la tension élastique de l'air, le forcera à se mettre en mouvement, à se déverser, en quelque sorte, à droite et à gauche, et il en résultera, comme second effet, une diminution de pression dans le lieu donné, un abaissement de mercure dans le tube du baromètre. Dans le passage d'un air sec à un air humide, ou d'un air humide à un air sec, la direction et la force du vent restant constantes, les variations de la colonne peuvent atteindre, au maximum, 12 millimètres. Le premier effet, ou l'effet transitoire de l'humidité, est de faire monter le baromètre; son effet définitif est de le faire descendre.

1298. *Quel est l'*EFFET *du vent sur la hauteur barométrique?* — Il la diminue en général, et d'autant plus, toutes choses égales d'ailleurs, qu'il est plus violent. On comprend, en effet, qu'un courant d'air passant sur le lieu d'observation suspende l'action ou le poids des couches d'air situées au-dessus, et diminue par conséquent le poids total ou la pression de l'atmosphère. On peut donc affirmer que souvent les variations de l'intensité et de la vitesse du vent sont accompagnées de variations en sens opposé de la pression atmosphérique. Si, par un temps calme, le baromètre est haut, c'est qu'il n'y a pas de vent violent dans les régions supérieures de l'atmosphère; si, au contraire, il est bas, c'est qu'il règne dans les régions supérieures un vent plus ou moins intense, qui pourra descendre, après un temps plus ou moins long, et arriver à se faire sentir dans les régions basses ou au lieu de l'observation. La hauteur du baromètre est maximum par les vents nord-est; elle est minimum par les vents sud-ouest. Dans le passage de l'une de ces directions à l'autre, la force du vent et l'humidité restant les mêmes, la hauteur du baromètre peut varier de 12 millimètres. Dans le passage du calme aux coups de vent les plus forts, ou des coups de vent les plus forts au calme, la hauteur du baromètre peut diminuer ou augmenter de 50 millimètres ; elle est basse quand le vent est fort, haute quand le vent est faible.

1299. *Quel est l'*EFFET *de l'*ÉLECTRICITÉ *sur la pression atmosphérique?* — L'électricité, en faisant naître une répulsion entre les molécules de l'atmosphère, tend à lui faire occuper un plus grand volume et à la rendre moins pesante ; elle diminuera donc la pression barométrique, et le mercure descendra dans le baromètre. La terre, en outre, est dans un état constant d'électricité négative ; si donc l'air est électrisé positivement, il y aura attraction entre la terre et l'air, et cette attraction contribuera à augmenter la pression barométrique ; si, au contraire, l'air est électrisé négativement, il y aura répulsion et diminution de la pression. Donc, en général, si l'atmosphère est électrisée positivement, le baromètre sera haut ; si elle est électrisée négativement, il sera bas.

1300. *Existe-t-il réellement quelque rapport entre la hauteur barométrique et le* TEMPS QU'IL FAIT, *beau ou mauvais, serein ou nuageux, sec ou humide, calme ou agité par le vent?* — Oui ; mais cette relation n'est ni constante, ni précise, ni certaine. Les moyennes d'un grand nombre d'observations ou d'un grand nombre de rapprochements établis entre la hauteur du baromètre et l'état actuel du temps, ont fait reconnaître qu'on pouvait, avec quelque probabilité, prévoir le temps, à l'aide du baromètre, et écrire sur cet instrument, à côté des diverses divisions ou hauteurs de la colonne barométrique, le temps probable qu'il fera, dans l'ordre suivant, en supposant que l'observateur est au niveau des mers, ou en un lieu qui, comme Paris, est peu élevé au-dessus de ce niveau :

0,730	tempête.
0,740	grande pluie.
0,750	pluie ou vent.
0,759	variable.
0,767	beau temps.
0,775	beau fixe.
0,785	très-sec.

1301. *Comment surtout les* CHANGEMENTS DE TEMPS SONT-ILS INDIQUÉS *par le baromètre ?* — Pour se former une opinion sur le prochain état du temps, il ne suffit pas d'observer la hauteur actuelle du baromètre, il faut surtout examiner la manière dont cette hauteur a varié, le mode de déplacement du niveau du mercure dans le tube. La nature ou le genre de ces mouvements de hausse ou de baisse, pendant les jours ou les heures qui viennent de s'écouler, peut seul faire prévoir les changements qui doivent survenir.

1302. *Énoncez les* PRONOSTICS *un peu sûrs que l'on peut déduire de l'observation du* BAROMÈTRE *relativement au temps ou aux divers* ÉTATS *de l'atmosphère.* — Voici ces divers pronostics :

1° *Beau temps.* Si le mercure monte beaucoup, mais lentement, le beau temps sera de longue durée ; s'il monte au contraire très-rapidement le beau temps sera de courte durée.

2° *Pluie.* Si le mercure descend beaucoup, c'est en général signe de pluie ; elle sera de courte durée ou de longue durée, suivant que le mercure est descendu rapidement ou lentement.

3° *Vent.* La dépression de la colonne barométrique

annonce, en général, du vent, et un vent violent, une tempête, si la dépression est très-grande.

4° *Orage*. Les oscillations de la colonne barométrique, qui monte et descend tour à tour, annoncent l'approche de l'orage; il sera violent si, dans ses oscillations, la colonne descend beaucoup; l'orage touche à sa fin quand elle remonte précipitamment.

5° *Neige*. La neige est ordinairement précédée d'une grande dépression de la colonne barométrique.

6° *Gelée*. Elle est annoncée assez généralement par l'ascension du mercure.

7° *Dégel*. Un peu avant le dégel le mercure descend.

1303. *Les observations du baromètre faites simultanément en plusieurs lieux peuvent-elles servir à la* PRÉDICTION *du* TEMPS? — Oui. Feu l'amiral Fitz-Roy était tellement habile à interpréter les mouvements de la colonne barométrique observés dans les principales stations de l'Europe, et transmis chaque matin par le télégraphe, qu'il osait annoncer vingt-quatre heures à l'avance le temps probable, prédire la direction et la force du vent, signaler les tempêtes, etc., etc. Expédiées chaque jour par le télégraphe électrique aux ports principaux des côtes d'Angleterre et de France, ces indications ou pronostics se sont montrés presque toujours conformes aux faits subséquents. Le temps probable est devenu le plus souvent le temps réel, et les précautions prises dans les ports avertis ont épargné de très-grands désastres. Les savants anglais et français chargés du service météorologique marchent aujourd'hui avec courage et succès sur les traces de l'amiral Fitz-Roy; ils signalent chaque jour le temps probable pour la presque totalité des côtes d'Angleterre, de France, d'Espagne, d'Italie et d'Allemagne. C'est un immense progrès.

1304. *De tous les baromètres à mercure, quel est* CELUI *qu'on* DOIT PRÉFÉRER? — Le modèle que M. Salleron a construit d'après les indications de l'amiral Fitz-Roy et du conseil de l'amirauté française. La plaque métallique porte les indications suivantes, qui rappellent les plus essentiels parmi les pronostics que nous avons énumérés.

LA HAUSSE INDIQUE :	LA BAISSE INDIQUE :
des vents de la partie du N.-E. (du N.-E. à l'Est par le Nord), de la sécheresse;	des vents de la partie du S.-O. (du S.-E. à l'O. par le Sud);
un VENT PLUS *faible*, excepté s'il pleut, avec de fortes brises N.-E.;	de l'humidité et un VENT PLUS FORT, excepté s'il pleut avec de fortes brises du N.-E.;
Mouvements lents, temps durable;	Le commencement de la hausse, après une grande baisse, présage un vent violent.
Mouvements rapides, temps variable.	

1305. *Existe-t-il d'autre* BAROMÈTRE *que le baromètre à mercure?* — Oui. Le baromètre métallique ou anéroïde inventé par un Français, M. Vidi.

Anéroïde vient de deux mots grecs : *ἀνά sans, ῥέω coulé*, et signifie *sans liquide*.

1306. *En quoi consiste le baromètre anéroïde?* — Il est formé d'une boîte ou d'un tube hermétiquement fermé, d'une capacité suffisante, au sein de laquelle on a fait le vide, à parois assez minces pour céder sensiblement aux variations de la pression atmosphérique. Ces variations produisent des oscillations de va et vient que l'on convertit, à l'aide d'un mécanisme approprié, en une force capable de faire mouvoir sur un cadran une aiguille qui indique en millimètres l'état exact de la pression atmosphérique et tout ensemble le temps ou les chances de changement du temps.

1307. *Quels sont les* AVANTAGES *du baromètre anéroïde.* — Son avantage capital est d'être facilement transportable, sans dérangement aucun. Il est aujourd'hui très-répandu : les meilleurs modèles sont ceux de MM. Bréguet, Naudet, Richard, Redier; M. Redier, à lui seul, en vend des quantités considérables. Ajoutons que le baromètre onéroïde se convertit sans peine en manomètre métallique, appareil indicateur très-simple et assez sûr de la pression de la vapeur ou de l'air comprimé.

1308. *En outre des variations* ACCIDENTELLES *dont il vient d'être question, existe-t-il des* VARIATIONS RÉGULIÈRES DIURNES *ou périodiques?* — Oui; l'observation a prouvé que le baromètre monte et descend régulièrement chaque jour et deux fois par jour. Il monte d'abord à sa plus grande hauteur ou son premier maximum de 9 à 10 heures du matin; descend ensuite et atteint sa plus petite hauteur ou son premier minimum entre 3 et 5 heures du soir; il remonte au second maximum entre 10 et 11 heures du soir, et revient au second minimum entre 3 et 4 heures du matin. Il y a donc chaque jour deux sortes de marées atmosphériques mises en évidence par l'élévation et l'abaissement du mercure dans le baromètre : près de l'équateur ces marées sont plus régulières, et l'étendue ou l'amplitude des oscillations diurnes est plus grande.

Cette amplitude va en diminuant à mesure qu'on s'éloigne de l'équateur ou du tropique jusqu'au 54e degré de latitude, où elle disparaît, masquée sans doute par la grandeur, l'irrégularité et l'étendue des variations accidentelles.

1309. *Quelle* RELATION *existe-t-il entre la* TEMPÉRATURE *de l'air, ou les indications du* THERMOMÈTRE *et l'*ORAGE? — Avec l'orage l'air est en général très-chaud et très-lourd, le thermomètre s'élève rapidement. après l'orage l'air se refroidit et le thermomètre descend.

1310. *Qu'indiquent les* VARIATIONS *subites de* TEMPÉRATURE *de l'air ou des indications du* THERMOMÈTRE? — De la pluie qui survient en général dans les vingt-quatre heures.

1311. *Pourquoi* PLEUVRA-*t-il si l'air se* REFROIDIT SUBITEMENT? — Parce que le refroidissement condense les vapeurs que l'air d'abord chaud renfermait en grande quantité.

1312. *Pourquoi pleuvra-t-il si l'air s'*ÉCHAUFFE *subitement pendant le jour?* — Parce que l'air chaud se saturera promptement de vapeurs que la fraîcheur de la nuit condensera et fera retomber en pluie.

1313. *Pourquoi l'*ÉLÉVATION *de* TEMPÉRATURE *fait-elle que l'air soit beaucoup plus* HUMIDE *ou plus* SATURÉ *de* VAPEUR? — Parce que, d'une part, elle hâte l'évaporation; parce que, de l'autre, l'air dissout d'autant plus de vapeur avant de se saturer qu'il est plus chaud. Aussi, en général, l'air est-il plus humide de mars en août, où la température va en augmentant, que d'août en mars, où elle va en diminuant.

§ 3. — DU VENT EN GÉNÉRAL.

1314. *Qu'est-ce que le* VENT? — Un courant d'air établi au sein de l'atmosphère dans une direction déterminée, et avec une certaine vitesse.

1315. *Quelles sont les* CAUSES *qui* DONNENT NAISSANCE *à ces courants d'air ou aux vents?* — L'échauffement ou le refroidissement du sol et de l'atmosphère; la condensation des vapeurs tenues en suspension dans l'atmosphère; une impulsion mécanique comme celle produite par les vapeurs élastiques, ou les mouvements de la mer, l'électricité atmosphérique, etc.

1316. *Comment l'*ÉCHAUFFEMENT *du sol et de l'atmosphère peut-il* ENGENDRER *du* VENT? — Si la température du sol s'élève sur une certaine étendue, l'air en contact avec lui s'échauffe, se dilate, monte et s'écoule vers les régions plus froides. Il y a donc un premier courant d'air ou vent soufflant de la région chaude vers les régions froides. En second lieu, par cette même dilatation, il s'est formé dans les régions chauffées un vide, que l'air froid des régions voisines vient remplir; il y a donc un second courant d'air ou vent soufflant des régions froides vers les régions chaudes.

1317. *Comment le* REFROIDISSEMENT *du sol ou de l'atmosphère peut-il* ENGENDRER *du* VENT? — En déterminant la condensation des vapeurs, il fait naître une sorte de vide. L'air des régions voisines vient remplir ce vide en donnant naissance à un courant d'air qui souffle des régions plus chaudes vers la région refroidie. Il tombe quelquefois jusqu'à 27 millimètres d'eau en une heure sur une étendue considérable de terrain; or, si on calcule le volume qu'occupait dans l'atmosphère cette grande quantité d'eau à l'état de vapeur, on trouvera que sa condensation a déterminé un vide énorme que l'air environnant devra venir remplir.

1318. *Comment l'*ÉLECTRICITÉ *atmosphérique peut-elle* FAIRE NAÎTRE *les* VENTS? — Par son action mécanique d'attraction et de répulsion, capable de déplacer et de mettre en mouvement de grandes masses d'air; par les variations de température; par le refroidissemen surtout qu'elle détermine et qui amène la condensation des masses de vapeur ou des nuages.

1319. *Quelle différence* ESSENTIELLE *existe-t-il entre les* VENTS *produits par des* VARIATIONS *de* TEMPÉRATURE *et les vents produits par des* CAUSES MÉCANIQUES? — Les premiers, produits par aspiration, soufflent dans un sens, de la région froide vers la région chaude, et se propagent, en sens contraire, de la région chaude vers la région froide. Pour les seconds, produits par impulsion, le souffle et la marche progressive se font dans le même sens, le sens de l'action de la cause mécanique.

1320. *Quelles sont les* CAUSES *les plus* FRÉQUENTES *des* VARIATIONS *de température qui donnent naissance au vent?* — La succession des jours et des nuits, la succession des saisons, l'électricité atmosphérique, ainsi qu'on l'a déjà expliqué; les courants d'eau chaude qui sillonnent les mers, les montagnes de glace, etc., etc., la présence contiguë des terres et des mers, des terres cultivées et des forêts, la présence de nuages dans l'atmosphère, etc., etc.

1321. *Comment la* ROTATION *de la terre sur son* AXE *agit-elle sur l'air atmosphérique?* — 1° La terre, en tournant sur son axe, laisse *un peu en arrière* l'air ambiant, qui, pour les personnes placées à la surface du globe, semble avancer *dans une direction tout à fait opposée ;* 2° la terre, en tournant, présente diverses parties de sa surface aux rayons directs du soleil ; les unes s'échauffent pendant que les autres se refroidissent, etc. : le soleil passe tour à tour au méridien des divers lieux ; sa marche est sans cesse accompagnée, au-dessous, d'une colonne d'air chaud ; en arrière, d'une colonne d'air qui va se refroidissant de plus en plus ; en avant d'une colonne d'air qui va s'échauffant de plus en plus. Or ces inégalités de température sont autant de causes de vents.

1322. *Comment la* JUXTAPOSITION *des* TERRES *et des* MERS *peut-elle* ENGENDRER *du vent ?* — Quand le soleil darde à la fois ses rayons sur la mer et sur la terre, la mer s'échauffe moins que la terre ; l'air, au-dessus de la terre, est plus chaud que l'air au-dessus des mers : cette différence fait naturellement naître un vent qui souffle de la mer sur la terre.

1323. *Pourquoi la* MER *S'ÉCHAUFFE-t-elle* MOINS *que la terre sous l'action des rayons solaires ?* — Parce qu'elle est moins dense et toujours agitée ; parce que ses eaux se réduisent en vapeur et que la vaporisation est une cause d'abaissement de température.

1324. *Comment les* NUAGES *peuvent-ils contribuer à faire* NAÎTRE *le vent?* — En s'interposant entre le ciel et le sol, ils l'empêchent de s'échauffer ou de se refroidir, et font naître, par conséquent, des inégalités de température qui sont les causes du vent.

1325. *La* DIRECTION, *la* VITESSE *et la* FORCE *du vent sont-elles variables?* — Elles varient nécessairement avec l'intensité très-variable des causes multiples qui les font naître.

1326. *Comment exprime-t-on la direction du vent?* — On a divisé la circonférence entière de l'horizon en 32 parties, aires ou rhumbs de vent, par 32 rayons qui forment ce que l'on appelle la *rose des vents,* et qui ont reçu chacun un nom qui rappelle leur position relativement aux quatre points cardinaux, *nord, est, sud, ouest,* etc. On donne au vent le nom du rayon de la rose suivant lequel il souffle; ainsi le vent *nord-est* est celui qui souffle suivant le quatrième rayon, à partir du *nord.*

1327. *Comment* ÉVALUE-*t-on la* VITESSE DU VENT? — Par le nombre de mètres qu'il parcourt dans une seconde, nombre qui varie depuis 2 jusqu'à 40 et 50 mètres.

1328. *Comment* ÉVALUE-*t-on la* FORCE *du vent?* — Par la pression qu'il exerce sur un mètre carré, et qui varie depuis 0,5 jusqu'à près de 200 kilogrammes.

1329. *Indiquez la* VITESSE *et la* FORCE *des principaux vents?*

Vent faible.	*Vitesse.*	2 mèt.	*Force.*	0,54 kilog.
Vent frais ou brise. . .	—	6	—	4,87
Bon frais.	—	9	—	10,97
Grand frais (fait serrer les hautes voiles) . . .	—	12	—	10,50
Vent très-fort.	—	15	—	30,47
Tempête.	—	24	—	54,18
Ouragan.	—	36	—	176,95

1330. *Le* MÊME VENT *règne-t-il toujours sur toute la hauteur de l'atmosphère?* — Pas toujours. Ainsi, l'on voit les nuages rester immobiles ou marcher dans une *direction contraire* à celle qu'indique la girouette.

1331. *A l'aide de quel* INSTRUMENT *estime-t-on ou mesure-t-on la* DIRECTION, *la* VITESSE *et la* FORCE *du vent?* — A l'aide de l'anémomètre, qui comprend : 1° une girouette qui indique la direction du vent; 2° un moulinet à ailettes tournant sous l'action du vent, et qui, par le nombre plus ou moins grand de tours qu'il fait dans un temps donné, permet d'évaluer la vitesse et la force du vent.

1332. *A quoi* SERVENT *les* VENTS? — 1° Ils sont très-utiles pour établir l'*équilibre de la température*, et pour *purifier l'air;* 2° ils servent à l'*arrosement* des diverses contrées, en y amenant des nuages et de la pluie; 3° ils transportent le *pollen des fleurs*, et vont au loin semer naturellement les graines; 4° on emploie leur force pour conduire les *navires sur la mer*, pour *tourner les ailes des moulins*, etc.

1333. *Comment le vent sert-il à* PURIFIER *l'air?* —

En *répartissant* dans la masse de l'atmosphère *des exhalaisons* qui ne sont nuisibles que lorsqu'elles restent dans un lieu circonscrit; ainsi il renouvelle l'air des villes, il balaye la fumée et les vapeurs qui s'échappent des usines, etc.

1334. *Pourquoi les vents qui soufflent par-dessus les grands* CONTINENTS *sont-ils généralement* SECS, *tandis que ceux qui traversent les grandes* MERS *amènent des* PLUIES? — Parce que les vents qui soufflent par-dessus les *continents* ne se chargent pas de vapeurs, tandis que ceux qui traversent les *mers* sont souvent très-*saturés* de vapeur d'eau.

1335. *Pourquoi les* MAINS *se* GERCENT-*t-elles lorsqu'il fait du vent sec ou lorsqu'il gèle?* — Parce que le vent sec et le froid suppriment la transpiration cutanée des mains en agissant, le premier par évaporation, le second par abaissement de température.

§ 4. — VENTS RÉGULIERS.

1336. *Qu'entend-on par* VENTS RÉGULIERS *ou* PÉRIODIQUES? — Des vents qui soufflent à des époques, à des jours ou à des heures déterminés, parce qu'ils ont leur cause dans des phénomènes naturels réguliers.

1337. *Existe-t-il des vents réguliers ou périodiques?* — Oui; les plus remarquables sont : 1° les vents *alizés*, qui soufflent pendant toute l'année de l'est à l'ouest, dans les régions tropicales; 2° les *moussons*, qui règnent *chacune* pendant six mois, l'*une* d'avril en octobre, l'*autre* d'octobre en avril dans l'océan Indien ; — 3° les *brises*, qui se manifestent seulement près des *côtes*, etc.

1° Vents alizés.

1338. *Dans quelle* DIRECTION *soufflent les* VENTS ALIZÉS? — Les vents alizés soufflent *nord est* dans l'hémisphère *boréal, sud-est* dans l'hémisphère *austral*, et *est* très-près de l'équateur.

1339. *Quelle est la* CAUSE *des vents* ALIZÉS? — La chaleur excessive du sol dans la zone torride, où le soleil tombe à plomb. L'air, violemment échauffé, monte et se déverse vers les pôles nord et sud, en donnant naissance à deux courants supérieurs. En même temps, l'air plus froid vient des pôles pour remplir le vide causé par la dilatation excessive de l'atmosphère à l'équateur, et donne naissance à deux courants d'air inférieurs qui sont les vents alizés.

1340. *Si les vents alizés viennent des* PÔLES, *pourquoi ne soufflent-ils pas* DIRECTEMENT NORD *dans l'hémisphère* BORÉAL, SUD *dans l'hémisphère austral, mais bien* NORD-EST *et* SUD-EST? — Parce que le mouvement de rotation de la terre de l'ouest vers l'est modifie la direction des courants d'air froid qui viennent des pôles à l'équateur. La vitesse de rotation de la terre et de l'atmosphère entraînée par elle est moindre aux pôles qu'à l'équateur, l'air froid venu des pôles retarde donc sur l'air des régions tropicales, il fait l'effet, par rapport à cet air tropical, d'un courant soufflant de l'est, et voilà comment la direction définitive des vents alizés est nord-est dans l'hémisphère boréal, sud-est dans l'hémisphère austral.

1341. *Les* VENTS *alizés sont donc une* PREUVE *directe du* MOUVEMENT DE ROTATION *de la terre autour de son axe?* — Incontestablement; il est même des physiciens qui voient, dans le mouvement de rotation de la terre, la cause unique ou principale des vents alizés. Il est juste cependant de faire remarquer que la preuve de la rotation de la terre, déduite de l'existence des vents alizés, n'a frappé les esprits que depuis que M. Léon Foucault a prouvé directement cette même rotation, et l'a montrée aux yeux par ses belles expériences du pendule et du gyroscope.

1342. *Les vents alizés* SOUFFLENT-*ils pendant toute l'*ANNÉE? — Oui, on les rencontre dès que l'on atteint le parallèle de 30 degrés des deux côtes de l'équateur; ils approchent d'autant plus de l'est et deviennent d'autant plus faibles, que l'on se rapproche de l'équateur. Dans la bande équatoriale située entre deux degrés de latitude nord et deux degrés de latitude sud, l'air est si chaud et a une puissance ascensionnelle si grande, que les courants horizontaux ou les vents alizés ne peuvent plus se faire sentir; cette bande a, en conséquence, reçu le nom de *région des calmes* : l'équilibre atmosphérique n'y est troublé que par les ouragans, cyclones ou tornados.

1343. *Faites ressortir la* BONTÉ *et la* SAGESSE *du* CRÉATEUR, *par l'existence des vents* ALIZÉS, *ou de cet échange continuel d'air entre l'équateur et les pôles.* — Si l'air de la zone torride n'était pas rafraîchi par les courants froids des pôles, la chaleur y serait si grande, que *personne ne pourrait l'endurer.* Au contraire, si l'air des régions polaires n'était pas adouci par les courants chauds de la zone torride, *le froid y serait* beaucoup moins supportable.

1344. *De quelle autre manière l'échange d'*AIR *entre l'équateur et les pôles agit-il avantageusement?* — Dans les régions situées vers l'équateur et les tropiques, la végétation très-active et très-abondante produit une grande quantité d'*oxygène;* dans les régions tempérées ou froides, les *feux*, les hommes et les *animaux* produisent une grande quantité d'*acide carbonique*. Le mélange de ces deux atmosphères conserve à l'air, dans les diverses zones, sa composition normale, celle qui répond le mieux aux besoins de la respiration et de la végétation.

1345. *Comment le mélange de l'air des régions chaudes avec celui des régions froides conserve-t-il dans chaque zone sa composition normale?* — La végétation active des régions équatoriales exige beaucoup d'*acide carbonique*. La respiration des *animaux* des régions situées plus près des pôles exige une grande quantité d'*oxygène;* les courants d'air qui soufflent des régions polaires portent l'*acide carbonique aux plantes équatoriales*, tandis que les courants d'air de la zone torride portent l'*oxygène aux animaux* qui abondent dans les régions tempérées.

2° Moussons.

1346. *Qu'apelle-t-on* MOUSSONS? — Des vents réguliers et périodiques qui, sur la mer des Indes ou dans l'océan Indien, soufflent du sud-ouest pendant six mois, du 15 avril au 15 octobre, et du nord-est pendant six autres mois, du 15 octobre au 15 avril : ces vents sont dirigés vers les continents dans l'été, en sens contraire, ou vers les mers en hiver.

1347. *Quelle est la* CAUSE *des* MOUSSONS ? — Les moussons, comme tous les vents, ont leur cause principale dans l'échauffement de vastes régions sur lesquelles les rayons du soleil tombent à plomb, ou dans la différence de température des continents et des mers. Mais il est difficile, dans l'état actuel de la science, de préciser les continents et les mers, qui par leur différence de température, sont la cause immédiate des moussons. On a dit, d'une manière vague : 1° d'avril en octobre, lorsque le soleil est au nord de l'équateur, ses rayons tombent à plomb sur les vastes plateaux de l'Asie et raréfient l'air qui les recouvre ; l'air froid qui vient du sud remplit le vide causé par la raréfaction, constitue les moussons sud-ouest. 2° Lorsque, d'octobre en avril, le soleil est au sud de l'équateur, ce sont les immenses plateaux de l'Afrique méridionale qui deviennent brûlants ; l'air froid qui vient du nord, appelé par la raréfaction, constitue la mousson nord-ouest. Mais cette explication est bien loin de rendre compte des particularités essentielles du phénomène des moussons dans les différentes mers.

1348. *Comparez les* AVANTAGES *et les* INCONVÉNIENTS *des vents* ALIZÉS *et des* MOUSSONS. — Au point de vue de la navigation, les moussons, soufflant six mois dans une direction, six mois dans la direction opposée, donnent aux navigateurs faisant voile pour les grandes Indes la faculté de bien régler les époques d'aller et de retour ; mais elles obligent souvent à de longues stations : la constance des vents alizés est quelquefois un bienfait, sans doute, mais elle est le plus souvent un obstacle qui a sa raison d'être et son utilité, mais contre lequel il faut lutter : ils retardent la marche des navires, et, en les entraînant toujours dans la même direction, ils ont empêché qu'on ne découvre plus tôt des îles importantes.

3° Vents étésiens, simoun, sirocco, mistral, brises de mer et de terre.

1349. *Qu'appelle-t-on vents* ÉTÉSIENS? — Des vents ou moussons de la Méditerranée qui pendant l'été soufflent du sud, pendant l'hiver soufflent du nord, et qui ont pour cause le réchauffement très-intense pendant l'été, le refroidissement considérable par radiation ou rayonnement pendant l'hiver du désert si aride du Sahara.

1350. *Qu'appelle-t-on* SIMOUN? — Un vent terrible qui souffle des déserts de l'Asie et de l'Afrique, et qui est caractérisé par sa haute température, par les sables qu'il élève dans l'atmosphère et transporte avec lui.

1351. *Qu'appelle-t-on* SIROCCO, *en Italie et à Alger ;* CHAMSIN, *en Égypte?* — Un vent très-chaud qui, depuis la fin d'avril jusqu'en juin, souffle du grand désert de Sahara.

1352. *Qu'appelle-t-on* MISTRAL? — Un vent de la Méditerranée qui souffle du nord-ouest, très-violent en automne et en hiver, surtout après les pluies d'orage.

1353. *Qu'appelle-t-on* BRISE DE MER *et* BRISE DE TERRE ? — La brise de mer est un vent qui commence à se faire sentir vers neuf heures du matin sur le bord des mers, et souffle de la mer vers la terre. La brise de terre est un vent qui s'élève un peu après le coucher du soleil, et souffle de la terre vers la mer.

1354. *Pourquoi la brise souffle-t-elle de la* MER *vers la* TERRE *pendant le* JOUR ? — Parce que les rayons du soleil échauffent la surface du *sol* plus que celle de la *mer;* les couches d'air en contact avec cette dernière, restées plus froides, se dirigent vers la côté.

1355. *Pourquoi la* BRISE *souffle-t-elle de la* TERRE *vers la* MER *pendant la* NUIT ? — Parce que la surface du sol se *refroidit* plus vite que celle de la *mer* après le coucher du soleil ; les couches d'air qui couvrent le sol, devenues plus froides, se dirigent *vers la mer.*

1356. *Pourquoi la* BRISE DE MER *est-elle* SALUBRE ? — Parce qu'elle passe sur la mer et n'est pas chargée d'*exhalaisons malsaines.*

Il est bon pour la santé de se promener sur les côtes avant midi.

1357. *Pourquoi la* BRISE DE MER *est-elle* FRAÎCHE? — Parce que, le soleil échauffant la surface de la mer moins que celle du sol, l'air en contact avec la mer reste frais.

1358. *Pourquoi la* BRISE DE TERRE *semble-t-elle* FRAÎCHE *aux marins?* — Le sol se *refroidissant* plus vite que la mer après le coucher du soleil, l'air venu de la terre est plus frais que l'air de la mer.

1359. *Pourquoi la* BRISE DE TERRE *est-elle moins* SALUBRE *que la brise de mer?* — Parce qu'elle est *chargée d'exhalaisons malsaines* qui s'échappent des matières en décomposition à la *suface de la terre.*

Par conséquent, il est moins salubre de se promener sur les côtes de la mer après le coucher du soleil qu'avant midi.

§ 5. VENTS DE FRANCE.

1360. *Les vents de France sont-ils* RÉGULIERS? — Non; mais, à Paris, du moins, les vents généralement dominants sont le vent *sud-ouest,* et les vents voisins, *sud* et *ouest.* Au printemps, les vents nord et nord-est sont presque aussi fréquents que les vents opposés; et, en été, les vents d'ouest dominent : ce sont les résultats les plus certains qu'on ait pu déduire de la discussion de quarante années d'observations.

1361. *Pourquoi le* LEVER *du soleil est-il souvent accompagné d'une* BRISE *fraîche pendant l'*ÉTÉ? — Parce que l'air en contact avec le sol frappé par les premiers rayons du soleil s'échauffe et s'élève; des couches d'air *plus froid* se précipitent dans le vide pour rétablir l'équilibre, et donnent naissance à la brise matinale.

1362. *Pourquoi la* BRISE *s'élève-t-elle après le* COUCHER *du soleil pendant l'*ÉTÉ? — Parce que, après le coucher du soleil, la terre perd sa chaleur par le rayonnement, l'*air se refroidit rapidement,* se condense, ou diminue de volume; il en résulte une sorte de vide qui donne naissance à un courant d'air ou à la brise du soir.

1363. *Pourquoi les vents d'*EST *sont-ils en général* FROIDS *et* SECS *à Paris?* — Parce qu'ils traversent les plaines *froides* du nord de l'Europe et ne rencontrent sur leur passage que de très-*petites étendues d'eau.*

1364. *Pourquoi les vents du* NORD *sont-ils* FROIDS *et* SECS *à Paris?* — Parce qu'ils viennent des régions polaires, à travers *des montagnes de neige* et les *mers de glace*, qui leur cèdent peu d'humidité.

1365. *Pourquoi les vents du* SUD *sont-ils chauds en France et amènent-ils souvent la* PLUIE? — Parce que, *échauffés* par les sables brûlants de l'Afrique, ils se chargent, en traversant la mer, de beaucoup de vapeurs humides que le froid de nos climats condense sous forme de pluie.

1366. *Pourquoi les vents d'*OUEST *sont-ils souvent* PLUVIEUX *en France?* — Parce que, traversant l'océan Atlantique et passant sur des courants d'eau chaude, ils sont saturés de vapeurs d'eau que le moindre refroidissement précipite.

1367. *Pourquoi les vents du* SUD-OUEST, *en France, amènent-ils souvent la* PLUIE? — Parce que, comme les vents du sud ou de l'ouest, et par la même raison, ils sont très-chargés de vapeurs.

1368. *Pourquoi les vents de* NORD-EST *n'amènent-ils que rarement la* PLUIE? — Parce qu'ils sont en général froids et secs.

1369. *Pourquoi les vents amènent-ils parfois la* PLUIE *et parfois le* BEAU *temps?* — Si le vent est plus *froid* que les nuages, il les *condense en pluie;* au contraire, s'il est plus *chaud,* il fait passer à l'état de vapeurs dissoutes dans l'air et invisibles, les gouttes d'eau très-fines qui rendaient les nuages visibles; ceux-ci disparaissent et le temps devient serein.

1370. *Pourquoi le* CIEL *se trouble-t-il quelquefois* TOUT A COUP *pendant un beau jour?* — Parce qu'un *changement soudain* dans la température a condensé en nuages visibles les vapeurs dissoutes dans l'air et invisibles.

1371. *Pourquoi les nuages* S'ÉVANOUISSENT-*ils parfois tout à coup?* — Parce qu'un *vent chaud et sec,* soufflant sur les nuages, fait passer l'eau qu'ils contenaient à l'état de vapeur dissoute et invisible.

1372. *Pourquoi les vents de la fin de mars et du commencement d'avril sont-ils* SECS? — Parce qu'ils soufflent en général de l'*est* et du *nord-est.*

1373. *Quels* SERVICES *nous rendent ces vents de* MARS? — Ils *dessèchent le sol,* saturé par la grande quantité d'eau tombée en février; ils brisent les mottes de terre dures, et rendent le sol propre à faire germer les semences qu'on lui confie.

1374. *Que signifie le proverbe : Mars, venu comme un lion, part comme un agneau?* — La France souffle sud-ouest vers la Russie pendant un certain nombre de jours; la Russie à son tour souffle nord-est sur la France, vers la fin de mars et au commencement d'avril; si les commencements de mars ont été très-froids, et que les vents violents du nord-est se soient fait sentir, c'est que le contre-courant de Russie a soufflé plus tôt; on n'a plus rien à redouter pour la fin du mois, qui sera par conséquent plus douce.

1375. *Pourquoi un vieux proverbe français dit-il : Mars hâleux (sec) marie la fille du laboureux?* — Parce qu'un mois de mars *sec* est *favorable à l'agriculture*, tandis que la semence se pourrit s'il pleut beaucoup.

1376. *Pourquoi le proverbe dit-il.*

> *Mars poudreux, avril pluvieux,*
> *Mai joli, gai et venteux,*
> *Présagent un an plantureux* (abondant)?

— Parce qu'un mois de mars sec *empêche la semence de périr*; — les pluies d'avril fournissent aux jeunes germes l'*alimentation*, — et la chaleur, tempérée par le vent d'un beau mois de mai, est favorable aux *boutons et aux bourgeons*.

1377. *Pourquoi le proverbe dit-il :*

> *Bourgeon qui pousse en avril*
> *Met peu de vin en baril ?*

— Parce que les bourgeons qui poussent au commencement d'avril sont exposés à être saisis et détruits par les gelées tardives de la fin de ce mois et des premiers jours de mai.

1378. *Pourquoi le proverbe dit-il : Avril froid pain et vin donne ?* — Parce que, lorsque avril est froid, la végétation ne fait pas de progrès ; les bourgeons, naissant plus tard, n'ont plus à redouter les gelées tardives.

§ 6. — MARÉES, VAGUES.

1379. *Qu'appelle-t-on* MARÉES? — L'élévation et l'abaissement périodique ou quotidien des eaux des mers. L'océan s'élève et s'abaisse deux fois par jour; l'intervalle entre l'élévation et l'abaissement des eaux s'appelle *marée.*

Pendant six heures la mer monte, c'est le *flux* ou *flot*; et, lorsqu'elle a atteint son niveau le plus élevé, on dit que la mer est *haute*. Elle descend ensuite, c'est le *reflux* ou *jusant*; et, lorsqu'elle est arrivée à son point le plus bas, on dit que le mer est *basse*. Chaque jour la haute mer vient quarante-neuf minutes plus tard que le jour précédent.

1380. *Quelle est la* CAUSE *du* SOULÈVEMENT *des* EAUX *de l'Océan ou des* MARÉES? — L'attraction du soleil et de la lune. Lorsqu'un astre attirant passe au-dessus de l'Océan, il attire à lui les eaux plus voisines de lui que la terre et les soulève. Après les avoir soulevées, il les entraîne à sa suite en donnant naissance à une grande vague qui constitue la marée.

1381. *L'astre attirant soulève-t-il* A LA FOIS *les eaux les plus* VOISINES *de lui et les plus* ÉLOIGNÉES, *c'est-à-dire celles placées aux* ANTIPODES? — Oui, les eaux placées aux antipodes, étant moins attirées que la terre qui les porte, restent en arrière relativement au corps attirant; or, pour elles, rester en arrière, c'est être plus distantes du centre de la terre ou être soulevées. La marée a donc lieu en même temps aux deux extrémités du diamètre terrestre.

1382. *En la supposant* SPHÉRIQUE, QUELLE FORME

l'action du corps attirant fait-elle prendre à la masse des eaux de l'Océan? — La forme d'un ellipsoïde allongé dans le sens de l'action exercée par le corps attirant.

1383. *Des* DEUX *actions du* SOLEIL *et de la* LUNE, *quelle est la plus puissante?* — L'action de la lune, parce que sa petite distance à la terre compense et au delà la petitesse de sa masse.

1384. *Pourquoi les* MARÉES *sont-elles les plus* FORTES *à l'époque de la* PLEINE *lune ou de l'opposition, et à celle de la* NOUVELLE *lune ou de la conjonction?* — Parce que l'attraction du soleil et celle de la lune agissent alors concurremment sur les eaux de la mer pour les soulever. En effet, lorsqu'ils sont en conjonction ou en opposition, c'est-à-dire placés sur une même ligne droite ou à peu près, les deux astres attirants tendent à la fois à donner à la masse des eaux de l'Océan la forme d'un ellipsoïde allongé dans le même sens ou dans le sens de la droite qui unit les deux astres; leurs actions s'ajoutent donc et donnent un ellipsoïde plus allongé, une vague ou une marée plus grande, quoique, dans le cas de l'opposition, ils semblent agir en sens contraire.

1385. *Pourquoi les marées sont-elles plus* FAIBLES *à l'époque des* QUADRATURES *de la lune?* — Parce que l'action du soleil contrarie alors l'action de la lune. Si la lune tend à donner à la masse des eaux la forme d'un ellipsoïde allongé dans le sens vertical, le soleil, situé à 90 degrés, tend à lui donner une forme allongée dans le sens horizontal; la première forme l'emportera, les eaux obéiront toujours à l'action de la lune, mais l'ellipsoïde sera moins allongé que si la lune était seule, la vague et la marée seront moins grandes.

1386. *A quelle* ÉPOQUE *de l'*ANNÉE *les* MARÉES *sont-elles les plus* HAUTES? — Aux équinoxes de printemps et d'automne, parce qu'alors le soleil et la lune sont à peu près dans un même plan, le plan de l'équateur, et presque sur une même ligne droite. Si, en outre, la lune, à l'époque des équinoxes, est près de son périgée ou de sa plus petite distance à la terre, la hauteur de la marée atteindra son maximum ou sera la plus grande possible. La marée, au contraire, sera minimum ou la plus petite possible, lorsque à l'époque des solstices d'été ou d'hiver la lune sera près de son apogée ou de sa plus grande distance à la terre.

1387. *Le phénomène des marées est-il aussi* SIMPLE *qu'on vient de le dire?* — Non; il se complique d'une foule de circonstances perturbatrices. Les plus grandes marées n'arrivent qu'un jour et demi après le passage au méridien de la nouvelle ou de la pleine lune; la mer ne recouvre pas toute la surface de la terre; les déclinaisons du soleil et de la lune sont tantôt grandes, tantôt petites, tantôt australes, tantôt boréales; et, par conséquent, leurs actions s'accordent ou se contrarient plus ou moins; les eaux de la mer, continuellement en mouvement, sont animées de vitesses acquises dans une certaine direction et ne peuvent pas suivre la route que l'attraction tend à leur faire prendre; les diverses mers, de forme et d'étendue différentes, communiquent entre elles par des courants ou détroits plus ou moins larges; les frottements sur les fonds des mers et l'action des vents peuvent exercer une influence notable sur le flux et le reflux en chaque point des côtes maritimes, etc., etc.

1388. *Expliquez la cause des* VAGUES *de la mer.* — Le vent *presse inégalement* sur la surface de la mer, il en *déprime* une partie plus que les autres ; cet abaissement cause une *élévation correspondante,* bientôt suivie d'un abaissement ; ces ondulations constituent les *vagues.* Les vagues, en faisant abstraction de l'impulsion des vents, ne sont qu'un mouvement ondulatoire dans le sens vertical, de bas en haut et de haut en bas ; elles n'avancent ni ne reculent, comme les bouées installées à la surface des mers.

1389. *Si les* VAGUES *restent* STATIONNAIRES, *pourquoi paraissent-elles avancer et reculer ?* — C'est une *illusion des yeux.* Lorsqu'on fait tourner un tire-bouchon autour de son axe, l'hélice paraît se mouvoir et avancer, quoiqu'elle reste immobile ; la marche apparente des vagues est une illusion semblable. La vague n'est qu'une forme curviligne qui change, tandis que l'eau qui reçoit ces formes successives reste en place dans le sens horizontal.

1390. *D'où viennent les* BRISANTS *de la mer ?* — Du choc de la mer contre les *rochers* ou contre les *bancs de sable,* de l'élévation de la côte, qui interrompt la forme régulière de la vague : celle-ci alors s'élance avec plus ou moins d'impétuosité.

1391. *D'où vient l'*ÉCUME *de la mer ?* — De la division excessive de l'eau sous l'action du vent au sommet des vagues ; les molécules d'eau divisées emportent avec elles de l'air ; le mélange d'eau et d'air constitue l'écume.

§ 7. — VENTILATION.

1392. *Qu'est-ce que la* VENTILATION? — Le *renouvellement de l'air* dans les lieux fermés, tels que les salles de réunion ou de spectacle, les églises, les salles d'hôpital, les prisons, les voitures, les vaisseaux, etc.

1393. *L'air d'un appartement est-il toujours en* MOUVEMENT? — Oui : il y a toujours deux courants d'air dans un appartement occupé : l'un d'*air chaud*, qui se dirige au dehors, et l'autre d'*air froid*, qui se précipite dans la chambre.

1394. *Comment peut-on* PROUVER L'EXISTENCE *de ces deux courants d'air?* — Au moyen de deux bougies allumées, placées *l'une au bas et l'autre au haut de la porte* de l'appartement; la direction des flammes fera voir qu'il y a un *courant inférieur* d'air froid qui *entre dans la chambre* et un *courant supérieur* d'air chaud *qui en sort.*

1395. *Pourquoi la flamme de la bougie placée au* HAUT *de la porte aura-t-elle une direction qui l'entraîne vers l'*EXTÉRIEUR *de la chambre?* — Parce que l'*air chaud de la chambre* monte et est chassé à travers la *fente supérieure* de la porte par l'air inférieur, qui est plus dense.

1396. *Pourquoi la flamme de la bougie placée au* BAS *de la porte sera-t-elle dirigée vers l'*INTÉRIEUR *de la chambre?* — Parce que l'*air froid extérieur* se dirige dans la chambre à travers la *fente inférieure* de la porte, pour remplir le vide laissé par l'air chaud qui s'échappe.

1397. *Pourquoi un appartement, même sans feu, est-il en général plus* CHAUD *que l'air extérieur?* — Parce que le renouvellement de l'air y est plus lent; par conséquent, il s'établit en peu de temps un *équilibre de température entre notre corps et l'appartement*, qui alors ne paraît plus froid.

1398. *Pourquoi un* VENT COULIS *se glisse-t-il à travers le trou des* SERRURES, LES FENTES INFÉRIEURES ET LATÉRALES DES PORTES ET DES FENÊTRES ? — Parce que l'air de l'appartement occupé, étant *plus chaud* que celui du dehors, *s'élève* ou *sort*, tandis que des courants d'air frais entrent avec force à travers les trous des serrures et les fentes des portes et des fenêtres pour *remplir le vide* causé par l'ascension de l'air chaud de l'appartement.

1399. *Pourquoi les* GALERIES *des amphithéâtres, etc., sont-elles plus* CHAUDES *que le parterre?* — Parce que l'air chaud d'une salle de spectacle *s'élève*, et tout l'air frais qui peut y entrer reste dans les *parties inférieures* jusqu'à ce qu'il soit échauffé.

1400. *Pourquoi les* POÊLES *sont-ils* NUISIBLES *à la* SANTÉ, *et donnent-ils presque toujours mal à la tête lorsqu'on s'en sert dans un appartement fermé?* — Parce que, à moins que le poêle ne soit alimenté par un courant d'air froid pris au dehors, l'air de l'appartement est à la fois chaud, brûlé en partie, c'est-à-dire plus ou moins dépouillé de son oxygène, et très-sec ; la respiration alors est difficile, il y a tendance à la congestion ;

la peau se dessèche et cause une sensation désagréable.

1401. *Comment* REMÉDIER *à cet inconvénient grave de* L'AIR BRULÉ? — En plaçant au sein du poêle, comme dans le calorifère français de MM. Genest et Herscher un réservoir d'eau que l'air chaud vienne lécher pour se saturer d'humidité, non pas à l'état de gouttes d'eau, mais à l'état de vapeur complétement dissoute. La respiration alors est facile et bienfaisante. De cette manière l'air de l'appartement devient comparable à l'atmosphère des climats doux et marins, comme par exemple le climat de Nice.

1402. *A quelle condition le poêle ou la cheminée assureront-ils la* VENTILATION DE L'APPARTEMENT? — A la condition que l'air qui alimente le feu viendra du dehors par un canal ménagé sous le plancher.

1403. *Pourquoi les* PETITS APPARTEMENTS *sont-ils quelquefois si difficiles à chauffer?* — Parce que la masse d'air intérieur suffit à peine à alimenter le feu. Elle est sans cesse entraînée par l'appel de la cheminée avant d'avoir le temps de s'échauffer, et elle est sans cesse remplacée par de l'air froid venu du dehors à travers les fentes. Au contraire, les appartements vastes et hauts de plafond sont très-faciles à chauffer, parce que, à peine échauffé par la radiation du feu, l'air du bas monte au plafond. L'atmosphère entière de la chambre s'échauffe ainsi rapidement par convection.

1404. *De quelle manière effectue-t-on la* VENTILATION *des* MINES? — On creuse deux puits, c'est-à-dire que lon met le fond de la mine en communication avec l'air extérieur par deux tuyaux cylindriques plus ou moins larges. L'un, le puits d'alimentation d'air, donne accès à l'air froid et pur du dehors; l'autre, le tuyau de ventilation, donne issue à l'air chaud et vicié des galeries.

1405. *Comment* DÉTERMINE *t-on l'*ASCENSION *de l'air* CHAUD *et* VICIÉ *dans le tuyau de ventilation?* — En faisant le vide à son orifice supérieur, ou en allumant à son orifice inférieur un bon feu qui raréfie l'air et produit le tirage.

1406. *Ou la ventilation est-elle surtout* NÉCESSAIRE *et comment* L'Y PRATIQUER ÉCONOMIQUEMENT? — Au sein des paquebots transatlantiques et des navires destinés au transport des passagers et des émigrants. Le renouvellement de l'air des navires est absolument nécessaire et pour la santé des hommes ou des animaux à bord, et même pour la conservation de la coque du navire en bois ou en fer. On pourra désormais obtenir cette ventilation sans peine et à bon marché, à l'aide de l'excellent appareil, inventé par M. Thiers de la Nouvelle-Orléans, et importé en France par un jeune ingénieur, M. R. B. Hoffmann, appareil que les seuls mouvements de roulis ou de tangage mettent en action, et qui, tout à la fois, renouvelle l'air de la carène, épuise l'eau des cales, et donne des signaux d'alarme en temps de brume. C'est une des plus heureuses applications des forces perdues dans la nature.

1407. *Quel effet la* RESPIRATION *produit-elle sur l'*AIR *d'une chambre?* — Elle *diminue la proportion d'oxygène* et augmente celle d'*acide carbonique* et d'*azote*.

Un homme consomme par heure 63 décimètres cubes ou litres

d'oxygène, et rend irrespriables plus de 4 mètres cubes d'air par jour.

1408. *Comment peut-on* DIMINUER *les* FACHEUX *effets d'un air* VICIÉ *dans un appartement où l'on est obligé de demeurer pendant une grande partie du jour?* — En disposant dans toutes les chambres *un bon système de ventilation;* c'est-à-dire en donnant accès, sans production de courants ou coulis d'air, à l'air frais du dehors, et donnant issue à l'air chaud et vicié du dedans.

1409. *Pourquoi les personnes qui séjournent dans les grandes* VILLES *et dans les* ATELIERS *sont-elles* PALES *et* BLÊMES? — Parce qu'elles respirent une atmosphère *sombre* et *impure*, qui *manque d'oxygène et de lumière.* C'est l'oxygène de l'air qui donne au sang sa couleur rouge vermeille, et la lumière est tout à fait nécessaire pour que les fonctions vitales s'exercent parfaitement.

1410. *Pourquoi les personnes qui séjournent pendant une grande partie de la journée, en* PLEIN AIR, *dans la campagne, ont-elles en général un teint* FRAIS *et* COLORÉ? — C'est surtout parce qu'elles respirent une atmosphère *fraîche, pure et très-éclairée,* où abondent l'oxygène et la lumière.

CHAPITRE II

Météores aqueux.

1411. *Que comprend-on sous le nom générique de* MÉTÉORES AQUEUX? — Tous les phénomènes de l'atmosphère dans lesquels l'eau joue un rôle quelconque, à quelque état d'ailleurs qu'elle soit, solide, liquide, gazeux. Les principaux météores aqueux sont les nuages, la pluie, la neige, la grêle, le givre, etc., etc.

§ 1. — NUAGES.

1412. *Que sont les* NUAGES? — Dans l'hypothèse généralement admise, les nuages sont des amas de vapeur vésiculaire; et l'on entend par vapeur vésiculaire de petits globules d'air entourés d'eau, des sortes de petits ballons d'air dont l'enveloppe est une couche mince d'eau. L'hypothèse des vapeurs vésiculaires est complétement inadmissible, et elle doit être désormais bannie de la science : on ne peut comprendre ni comment ces petits ballons peuvent prendre naissance dans l'air, ni comment ils pourraient s'y maintenir, ni comment ils se condenseraient en pluie. Les nuages sont simplement un amas de molécules d'eau à l'état liquide ou solide, mais excessivement divisées, ou petites.

1413. *Comment les* NUAGES *se* FORMENT-*ils?* — Si, lorsque la vapeur répandue dans une certaine masse d'air est arrivée au plus haut degré de saturation ou de tension qu'elle peut avoir à la température actuelle, cette température vient à baisser, les molécules de vapeur d'eau passent à l'état de globules d'eau liquide infiniment petits; elles passeraient même à l'état de globules solides si le refroidissement était assez considérable. Ces amas de globules d'eau ou de glace nageant dans la masse d'air primitive sont ce qu'on appelle un nuage.

1414. *Comment expliquez-vous que les nuages* FLOTTENT DANS L'AIR *sans tomber?* — On répond communément : Parce qu'ils sont formés de vapeur vésiculaire ou de petits ballons, et qu'on peut, par conséquent, les comparer à une vaste mongolfière ou à une collection de bulles de savon. Mais la vapeur vésiculaire n'est pas une mongolfière, puisque le gaz qu'elle renferme est l'air, et non un gaz plus léger que l'air, et qu'elle reste toujours plus lourde que l'air. Pour que son poids différât très-peu de celui d'un globule égal d'air, il faudrait donner à la couche d'eau extérieure une minceur qui la rendrait complétement invisible ainsi que le nuage, qui, de fait, n'existerait plus. L'explication commune n'explique donc rien. Les nuages flottent dans l'atmosphère, ou descendent si lentement, qu'on peut les considérer comme immobiles, parce que l'état de division extrême des globules d'eau ou de glace mêlés à la masse d'air donne à leur ensemble une surface relativement énorme qui oppose à leur chute une résistance très-considérable. M. l'abbé Raillard a prouvé par un calcul très-simple que, si on divise une goutte d'eau en fines gouttelettes dont le diamètre soit mille fois plus petit, sa surface devient beaucoup plus grande, tandis que son poids est resté le même; la goutte, divisée, opposera donc beaucoup de fois plus de résistance à la chute dans l'air. Si la goutte d'eau avait été divisée en un million de gouttelettes, sa résistance à la chute serait devenue cent fois plus grande. Si donc les molécules d'eau qui forment le nuage sont d'une petitesse excessive, et c'est ce qui a lieu certainement, la tendance du nuage à la chute sera elle-même excessivement petite; il restera à peu près suspendu dans l'air, et semblera ne pas tomber. On trouve dans la nature une foule d'exemples de corps solides, extrêmement divisés, auxquels le milieu fluide oppose une résistance si grande, qu'ils flottent presque indéfiniment. Il faut des heures entières pour que la poussière d'un appartement fermé s'abatte complétement, et le rayon de lumière qui pénètre dans l'appartement rend visibles les atomes solides qui nagent dans l'air; il faut des heures, de longs jours quelquefois, pour qu'un liquide troublé se clarifie, etc., etc.

Rien n'empêche aussi, d'admettre que les courants d'air chaud qui s'élèvent de la terre, la chaleur solaire absorbée par les nuages et leur état électrique, etc., contribuent dans une proportion plus ou moins considérable au phénomène si remarquable de la suspension des nuages. En réalité, les nuages tombent lentement, et, à mesure qu'ils tombent, leur partie inférieure se dissipe dans les couches plus chaudes qu'elle traverse, tandis que leur partie supérieure s'accroît sans cesse par l'addition de nouvelles vapeurs condensées; c'est ce qui explique leur immobilité apparente.

1415. *Quelles sont les principales* CAUSES *qui* DONNENT NAISSANCE *aux nuages?* — La cause immédiate de la formation d'un nuage est le refroidissement, qui condense en petites gouttes d'eau ou en petits globules de glace les molécules de vapeur de la masse d'air changée en nuage; ce refroidissement, à son tour, peut être déterminé par diverses causes secondaires : la radiation vers les espaces célestes, les vents, le contact des flancs froids d'une montagne, etc.

1416. *Indiquez quelques-unes des circonstances dans lesquelles les vents peuvent ou faire naître des nuages ou les faire disparaître.* — 1° Si un courant d'air *froid* souffle tout à coup sur un pays, il *condense* la vapeur invisible de l'air en nuages; 2° si un vent *chaud* chargé de vapeur d'eau *rencontre un vent froid*, il se formera aussi un nuage; 3° si, au contraire, un courant d'air chaud passe sur la surface des nuages, il les *dissipe* en absorbant leur vapeur.

1417. *Pourquoi les* NUAGES *se forment-ils très-souvent à l'entour des* MONTAGNES? — Parce que les vapeurs de l'atmosphère humide des vallons ou des vents chauds se condensent très-facilement et très-énergiquement au contact froid des flancs des montagnes.

1418. *Dans quelles* CONTRÉES *le ciel est-il plus parsemé de* NUAGES? — Dans les contrées où la température et la direction des vents sont le plus variables.

1419. *Dans quelles* CONTRÉES, *au contraire, les nuages sont-ils* RARES? — Dans les contrées où la température varie peu, et où les vents soufflent presque constamment dans la même direction, comme en Égypte, par exemple.

1420. *Quelle est la* DISTANCE *des nuages à la terre?* — Cette distance est extrêmement variable : quelques nuages rasent la terre, tandis que d'autres sont bien au-dessus du sommet des plus hautes montagnes; en affirmant que la distance de certains nuages à la terre peut dépasser 50 000 mètres, on n'exagérerait rien, alors même qu'il s'agirait de nuages électriques d'où part la foudre.

1421. *L'électricité peut-elle exercer quelque* INFLUENCE *sur la distance des nuages à la terre?* — Évidemment, s'ils sont électrisés positivement, ils sont attirés par la terre, qui est électrisée négativement, et s'en approchent alors très-près; c'est le cas ordinaire des nuages orageux donnant naissance à des charges électriques entre la terre et eux. Si les nuages sont électrisés négativement, ils sont repoussés par la terre et peuvent s'élever à de plus grandes hauteurs.

1422. *Quelle est la* GRANDEUR *des nuages?* — Quelques nuages ont des dimensions énormes, de 30 kilomètres carrés et plus, de 1 000 mètres d'épaisseur et au delà, tandis que d'autres n'ont que quelques mètres.

1423. *Comment peut-on* DÉTERMINER *l'épaisseur et les autres dimensions des nuages?* — On peut, à la rigueur, déterminer les dimensions des nuages ainsi que leurs distances par des observations simultanées et des opérations analogues aux triangulations topographiques.

1524. *Qu'est-ce qui produit la grande* VARIÉTÉ *de formes dans les nuages?* — 1° La cause même si variable qui leur donne naissance; 2° leur condition électrique; 3° leur rapport avec les courants d'air.

1425. *Comment l'*ÉLECTRICITÉ *peut-elle exercer de*

l'influence sur la forme des nuages? — Par sa force mécanique, son pouvoir de condensation ou de vaporisation, les attractions et les répulsions qu'elle exerce, les rencontres et les fusions qu'elle détermine, etc., etc. Les nuages fortement électrisés sont dans un état de mobilité très-grande, et prennent souvent des formes fantastiques.

1426. *Quelles sont les* COULEURS *générales des nuages?* — Ils sont *blancs* et *gris plus ou moins noir* quand le soleil est au-dessus de l'horizon; *rouge orangé* et *jaunes* au lever et au coucher du soleil.

1427. *Pourquoi les nuages sont-ils, en général,* ROUGES *le soir ou le matin, lorsqu'ils sont vus par transparence, éclairés par les rayons directs du soleil levant ou couchant?* — Parce que les rayons autres que le rouge dont se compose la lumière solaire sont arrêtés par l'opacité du nuage. C'est une propriété particulière aux rayons rouges, en raison de leurs vibrations plus courtes et plus nombreuses, d'être moins arrêtés par les masses de vapeurs ou de nuages qu'ils traversent. Après les rayons rouges, ce sont les rayons orangés et jaunes qui s'éteignent le moins, à épaisseur et à opacité égales du milieu traversé.

1428. *Pourquoi la* COULEUR *des nuages* VARIE-*t-elle?* — Parce que leur *épaisseur*, leur *densité* et leur *position à l'égard du soleil* varient continuellement et modifient la couleur de la lumière transmise ou réfléchie.

1429. *A quoi doit-on attribuer le* MOUVEMENT *et le* DÉPLACEMENT *des nuages dans le ciel?* — Aux vents, qui les poussent ou les entraînent; à l'électricité, qui fait qu'ils s'attirent ou se repoussent, qu'ils sont attirés ou repoussés par la terre, etc.

1430. *Quelles sont les principales formes ou variétés de nuages, et à quels caractères les reconnaît-on? Qu'annoncent-elles?* — Les principales formes ou variétés de nuages sont les *cirrus*, les *cumulus*, les *stratus* et les *nimbus*.

Les *cirrus*, mot latin qui signifie touffe, frisure, sont de petits nuages blanchâtres offrant l'aspect de filaments déliés assez semblables à des touffes de laine cardée. Ce sont les plus élevés de tous, et, en raison de la température très-basse des régions qu'ils occupent, on peut croire qu'ils sont formés de particules glacées; ils sont souvent orientés dans le ciel, c'est-à-dire rangés parallèlement, suivant une direction en rapport avec le méridien magnétique. Ils ont certains rapports avec les aurores boréales; leur apparition précède et annonce un changement de temps, et, en général, l'approche du beau temps.

Les *cumulus*, mot latin qui signifie *amas*, sont des nuages arrondis, souvent entassés les uns sur les autres, plus fréquents en été qu'en hiver. Ils apparaissent ordinairement le matin, et se dissipent le soir. S'ils persistent après le coucher du soleil et deviennent plus nombreux, avec des cirrus situés au-dessus d'eux, on doit s'attendre à de la pluie ou à un orage.

Les *stratus*, mot latin qui signifie *couches*, sont des couches nuageuses horizontales qui se forment au coucher du soleil, sous l'influence du refroidissement de la terre et de l'atmosphère; ils disparaissent au lever du soleil. Ils sont fréquents en automne et rares en été. Leur hauteur est beaucoup moindre que celle des cumulus, et, à plus forte raison, des cirrus.

Les *nimbus*, mot latin qui signifie *pluie*, n'affectent aucune forme caractéristique; ils sont larges, lourds, d'un gris uniforme plus ou moins foncé, passant quelquefois au noir; leurs bords sont frangés. Ils sont quelquefois très-bas. Leur nom indique suffisamment qu'ils annoncent de la pluie ou même qu'ils donnent actuellement de la pluie.

En outre de ces quatre variétés principales, on a donné des noms particuliers à des nuages qui ont quelque chose de commun, par leur apparence et leur position, avec deux des formes que nous venons de décrire, et qui sont comme le passage de l'une à l'autre.

Les *cirro-cumulus* sont des nuages arrondis d'où partent quelquefois des traînées lumineuses semblables à une chevelure épaisse; lorsqu'ils sont nombreux, on dit que le ciel est moutonné. Leur présence alors annonce un prochain changement de temps, suivant ces deux proverbes : *Ciel moutonné n'est pas de longue durée; Brebis qui paraissent ès cieux font temps venteux et pluvieux.*

Les *cirro stratus* sont formés de bandes ou filaments plus compactes, plus épais que ceux des cirrus, superposés en couches horizontales; ils se dissipent promptement et pronostiquent le beau temps.

Les *cumulo-stratus* sont des cumulus entassés les uns sur les autres; ils se montrent surtout à l'horizon ouest dans les beaux jours de l'été; ils ont de grandes dimensions et prennent des formes fantastiques d'hommes, d'animaux, d'arbres, de montagnes, de tours, etc. S'ils se forment par un ciel couvert, ils annoncent la pluie.

1431. *Quel est le* RÔLE *providentiel des* NUAGES *dans la nature?* — Ils tempèrent l'ardeur du soleil; s'opposent au refroidissement par le rayonnement nocturne du sol vers les espaces célestes; ils sont les grands réservoirs de la pluie; ils servent à découvrir la direction des vents supérieurs, qui plus tard deviendront des vents inférieurs. Leur étude attentive permet de prévoir le temps avec une certitude presque absolue.

1432. *Pourquoi dit-on quelquefois que le vent* AMÈNE *les nuages?* — 1° Parce qu'il les amène réellement lorsqu'il les entraîne avec lui comme masse se déplaçant dans l'espace; 2° parce qu'il les fait naître sur place, soit lorsqu'il est chaud et humide, en cédant sa vapeur condensée aux masses d'air plus froides qu'il rencontre, soit lorsqu'il est froid, en condensant les vapeurs des masses d'air chaud qu'il traverse.

1433. *Pourquoi dit-on quelquefois que le vent* CHASSE *les nuages?* — 1° Parce qu'il les chasse réellement ou les dissout, en quelque sorte, lorsqu'il est chaud, en vaporisant les gouttes aqueuses qui forment les nuages qu'il rencontre sur sa route.

1434. *Est-il certain que l'eau dans les nuages est quelquefois à l'état de* GLOBULES SOLIDES *ou de* GLAÇONS ? — Oui, très-certainement; dans les ascensions en ballon les aéronautes ont souvent traversé des nuages uniquement formés de cristaux de glace. Il est, d'ailleurs, un grand nombre de phénomènes naturels que l'on ne peut expliquer qu'en mettant en jeu la réflexion, la réfraction, la dispersion de la lumière par les cristaux de glace existants dans les nuages : on a défini, décrit et expliqué, autant qu'on le peut, d'une manière élémentaire, ces phénomènes connus sous les noms de *halos*, de *parhélies*, de *cercles parhéliques*, de *couronnes de gloire*, etc., lorsqu'il était question d'optique météorologique.

1435. *Comment expliquez-vous la* PRÉSENCE *de* GLAÇONS *au* SEIN *des nuages*, MÊME *en* ÉTÉ ? — Par la plus grande élévation de ces nuages dans l'atmosphère, par le froid qui règne à ces grandes hauteurs, en raison de la température si basse des espaces célestes, qui est de 52 degrés au-dessous de zéro.

1436. *Pourquoi se sent-on plus* ACCABLÉ *et plus* ÉTOUFFÉ *en été, pendant les nuits chaudes, lorsque le ciel est chargé de* NUAGES? — Parce que la chaleur de la terre, arrêtée par les nuages et comme refoulée vers le sol, ne peut pas se dissiper par rayonnement dans les espaces célestes.

1437. *Pourquoi nous sentons-nous à notre* AISE *quand la* NUIT *est* BELLE *ou le ciel pur ?* — Parce que, la chaleur pouvant s'élancer librement vers les régions supérieures de l'atmosphère, le sol se rafraîchit, et l'air qu'on respire redevient frais.

1438. *Pourquoi nous sentons-nous* ABATTUS *et tristes quand l'air est* HUMIDE *et le ciel couvert de* NUAGES? — Parce que : 1° l'air humide ramollit les tissus et ne suffit pas à une respiration active; 2° la lumière et l'espace, c'est-à-dire un ciel sans limites et pur, sont un stimulant nécessaire à la vie physique et morale. Le spleen, maladie comme endémique dans les climats pluvieux, où le ciel est presque toujours gris et couvert de nuages, est presque inconnu dans les climats secs, où le ciel est presque toujours bleu d'azur.

§ 2. — ROSÉE.

1° Rosée proprement dite.

1439. *Qu'est-ce que la* ROSÉE? — On pourrait désigner sous le nom générique de *rosée* la vapeur aqueuse condensée en gouttelettes liquides à la surface d'un corps froid; mais, dans son acception propre, le mot *rosée* signifie la vapeur aqueuse déposée, pendant la nuit, en plein air, à la surface des corps.

1440. *Donnez un exemple de* CONDENSATION *des vapeurs en eau.* — Si l'on remplit de glace un vase quelconque, ses parois se couvriront en peu d'instants de *rosée* provenant de la *vapeur de l'air qui est condensée par le froid.*

1441. *Pourquoi le* SOL *se recouvre-t il quelquefois de* ROSÉE? — Parce que la surface de la terre, après le coucher du soleil, *se refroidit* et condense par conséquent les vapeurs aqueuses de l'air en contact avec elle.

1442. *Pourquoi le* SOL *se refroidit-il après le* COUCHER *du soleil?* — Parce que, par rayonnement, il cède à l'air et aux espaces célestes plus de chaleur qu'il n'en reçoit.

1443. *Pourquoi le* SOL *se refroidit-il* DAVANTAGE *et se couvre-il plus de rosée par un* CIEL PUR *que par un ciel* CHARGÉ DE NUAGES? — Parce que, lorsque le ciel est pur, rien n'arrête le rayonnement vers les espaces célestes, tandis que les nuages forment une espèce d'écran qui empêche le rayonnement et rend au sol presque autant de chaleur qu'il en reçoit. Le refroidissement est donc plus sensible par un ciel pur, et la rosée par conséquent plus abondante, toutes choses égales d'ailleurs.

1444. *Pourquoi la* ROSÉE *est-elle plus abondante dans les lieux les plus* DÉCOUVERTS? — Parce que, le rayonnement s'exerçant plus librement et avec plus d'intensité dans les lieux découverts, le refroidissement, par conséquent, est plus considérable.

1445. *Pourquoi n'y a-t-il que fort* PEU *de* ROSÉE *sous les arbres* FEUILLUS? — Parce que les arbres sont aussi des écrans qui arrêtent le rayonnement et rendent au sol presque autant de chaleur qu'ils en reçoivent.

1446. *Pourquoi la* ROSÉE *ne se dépose-t-elle pas au pied d'une* HAIE *ou d'une* MURAILLE? — Parce que le rayonnement de la haie ou de la muraille rend à la terre ce qu'elle perd, et l'empêche de se refroidir assez pour condenser les vapeurs.

1447. *Pourquoi la* ROSÉE *ne se forme-t-elle pas sous un* AUVENT *dont on couvre les fleurs, quoiqu'il soit ouvert de tous côtés?* — Toujours par la même raison.

1448. *Comment une enveloppe légère de* TOILE *ou un paillasson peuvent-ils défendre les plantes de la* GELÉE? — Parce qu'ils les défendent du contact des vents froids et empêchent qu'elles ne se refroidissent par rayonnement vers les espaces célestes.

1449. *Pourquoi la toile et le paillasson qui couvrent et protégent les plantes sont-ils souvent* TREMPÉS *de* ROSÉE ? — Parce qu'ils se refroidissent par rayonnement *vers le ciel et vers le sol*, et que, refroidis, ils condensent promptement la vapeur de l'air en contact avec leur surface.

1450. *Pourquoi la* ROSÉE *ne se forme-t-elle jamais pendant la nuit, lorsqu'il fait du* VENT ? — Parce que : 1° le vent amène continuellement sur le sol ou sur les corps de nouvelles couches chaudes, et empêche ainsi le refroidissement, cause immédiate de la rosée ; 2° la vapeur aqueuse de l'air ne reste pas alors assez longtemps en contact avec le corps refroidi pour se condenser à sa surface ; 3° le vent peut en outre réduire de nouveau en vapeur la rosée qui s'était précipitée ; 4° le mouvement est à lui seul une source de chaleur. Cependant une légère agitation de l'air favorise plutôt qu'elle ne contrarie la formation de la rosée ; elle est même quelquefois nécessaire pour amener les vapeurs humides, sans lesquelles il n'y aurait pas de rosée. Généralement parlant, la rosée est d'autant plus abondante que la nuit est plus calme et plus sereine.

1451. *La rosée peut-elle se former au* FOND *des* VALLÉES *et des* EXCAVATIONS *du sol?* — Oui : parce que le calme de l'air supplée à l'intensité un peu moins grande du rayonnement.

1452. *Pourquoi la* ROSÉE *se forme-t-elle plus* ABONDAMMENT *sur certains corps que sur d'autres?* — Parce que la *température* de certains corps *s'abaisse plus notablement*, pendant la nuit, par le rayonnement.

Appréciée au thermomètre, la température de l'herbe

est beaucoup plus basse pendant la nuit que celle des métaux ; aussi l'herbe et les feuilles des plantes se recouvrent-elles d'une rosée abondante alors que les métaux restent presque secs.

1453. *Quelles sont les substances qui* PERDENT *le plus promptement leur* CHALEUR *par le rayonnement?* — L'herbe, le bois et les feuilles des plantes. Au contraire, le métal poli, les pierres unies, les étoffes de laine de toutes sortes, *rayonnent lentement*.

La substance qui rayonne et se refroidit le plus, et qui aussi, de fait, se charge le plus de rosée, est le duvet de cygne.

1454. *Le rayonnement de toutes les feuilles des plantes est-il égal?* — Non : le rayonnement, et par conséquent le refroidissement des feuilles les plus *laineuses*, comme celles de la passe-rose, est beaucoup plus intense que celui des feuilles polies et brillantes du laurier commun et d'autres arbres.

1455. *Montrez la* BONTÉ *et la* SAGESSE *du Créateur qui a donné à l'herbe, aux feuilles des plantes et à toutes les espèces de végétaux ce* POUVOIR RAYONNANT. — Comme les végétaux exigent une grande quantité d'humidité, ils périraient souvent sans un dépôt abondant de rosée à leur surface; le Créateur leur a donné le pouvoir d'abandonner de leur chaleur par le rayonnement, afin qu'ils puissent *condenser la vapeur aqueuse* de l'air qui les touche.

1456. *Pourquoi une allée de* GRAVIER *est-elle presque* SÈCHE, *lorsqu'un* GAZON *est couvert d'une nappe épaisse de rosée?* — Parce que le gravier se refroidit moins par rayonnement.

1457. *Pourquoi la rosée apparaît-elle à peine à la surface des* ROCHES DURES *et des* SOLS COMPACTES? — Parce que les roches et les sols compactes rayonnent très-peu, et que leur température s'abaisse difficilement.

La rosée est inconnue dans les déserts de l'Asie et de l'Afrique.

1458. *Pourquoi se forme-t-il plus de rosée sur les sols* CULTIVÉS *que sur les terres* INCULTES? — Parce que les sols cultivés, plus meubles et plus divisés, cèdent plus facilement leur chaleur.

1459. *Montrez la* BONTÉ *et la* SAGESSE *du Créateur dans cet arrangement.* — Chaque plante et chaque terrain qui *exigent l'humidité de la rosée* sont aptes à *la recueillir;* mais cette rosée n'est pas prodiguée aux substances qui *n'ont pas besoin de son humidité rafraîchissante.*

1460. *Montrez la* BONTÉ *et la* SAGESSE *du Créateur, qui a privé les métaux du pouvoir rayonnant.* — Si les métaux pouvaient recueillir la rosée comme l'herbe, il ne serait pas possible de les *conserver polis et sans rouille.*

1461. *En quoi consistait le* MIRACLE *de Gédéon rapporté dans le livre des Juges,* VI, *37, 38?* — Le miracle opéré par Dieu, à la demande de Gédéon, consiste : 1° en ce que, la première nuit, la toison était seule imbibée de rosée, tandis que tout le sol était resté sec; 2° en ce que, la seconde nuit, au contraire, la toison était restée sèche, tandis que tout le sol était couvert de rosée.

1462. *En quoi ces phénomènes sont-ils* SURNATURELS *et constituent-ils un* MIRACLE? — Dans l'ordre naturel, et, comme le prouve l'expérience de tous les jours, l'herbe et la toison auraient dû se recouvrir à la fois de rosée; le contraire, c'est-à-dire l'absence de rosée sur le sol, la première nuit, l'absence de rosée sur la toison, la seconde nuit, n'a donc pas pu avoir lieu sans une dérogation aux lois de la nature, toujours possible à Dieu. Suivant la grande et belle expression de S. Augustin, le miracle est le langage de Dieu, la seule voie par laquelle il puisse manifester ostensiblement ses volontés à ses créatures intelligentes. Nier la *possibilité* du miracle, c'est faire de Dieu une idole muette et impuissante; nier la *réalité* du miracle, c'est nier la révélation, la mission divine de Moïse et de Jésus-Christ.

1463. *Pourquoi nos* VÊTEMENTS *sont-ils souvent* HUMIDES *après une promenade par un beau soir de fin de printemps ou de commencement d'automne?* — Parce que *le serein se dépose à leur surface.*

1464. *Comment la vapeur de l'air peut-elle se liquéfier* SANS *le contact d'un corps froid?* — Parce que l'air a son rayonnement et son refroidissement propres; s'il est saturé de vapeur, cette vapeur se précipitera sous forme de gouttelettes ou de pluie très-fine, distincte de la rosée, qui se dépose au contact des corps refroidis. La première précipitation se désigne sous le nom de *serein*, la seconde est la *rosée* proprement dite.

1465. QUAND *la rosée se forme-t-elle le plus abondamment?* — Après un jour chaud d'été ou d'automne, surtout si le vent vient de l'*ouest.*

1466. *Pourquoi la rosée se dépose-t-elle le plus abondamment après un jour* CHAUD? — Parce que l'air chaud est, en général, plus chargé de vapeurs.

1467. *Pourquoi y a-t-il* MOINS *de rosée quand le vent vient de l'*EST *que lorsqu'il souffle de l'ouest?* — Parce que l'air est plus chargé d'humidité, dans nos climats du moins, lorsque le vent souffle de l'ouest que lorsqu'il souffle de l'est. Dans l'Égypte, placée au sud de la Méditerranée, on ne voit de rosée que lorsque le vent souffle du nord. Un vent humide, mais peu intense, favorise donc la rosée et peut devenir une condition nécessaire de sa formation.

1468. *Pourquoi le serein est-il* MALSAIN? — Parce que, 1° il refroidit le corps et suspend la transpiration cutanée; 2° dans le voisinage surtout des eaux stagnantes et des marais, il entraîne, en se précipitant, les miasmes et autres exhalaisons insalubres.

1469. *Le liquide* VISQUEUX *et* SUCRÉ *que l'on voit apparaître, sous forme de goutte ou de vernis uniformément étendu à la surface des feuilles de certains arbres, a-t-il quelque* ANALOGIE *avec la rosée?* — Non; ce liquide est le produit de la sécrétion d'insectes ou pucerons très-petits. On le trouve surtout sur les feuilles du tilleul.

1470. *Cette sécrétion est-elle* UTILE *ou* NUISIBLE *aux feuilles?* — Elle est nuisible, parce qu'elle empêche leur respiration, l'absorption de l'acide carbonique et l'émission de l'oxygène.

1471. *Quelle* APPARENCE *prennent les feuilles quel-*

ques jours après que cette manne s'y est déposée? — Elles deviennent, en peu de temps, d'une couleur *brun jaunâtre*, faute d'air et d'alimentation.

1472. *Quels insectes* AIMENT *beaucoup cette manne sucrée?* — Les *fourmis,* qui montent au sommet des arbres, tiennent en captivité et élèvent, dit-on, les pucerons pour leur faire produire à leur profit la manne dont elles sont si friandes.

1473. *Pourquoi les gouttes de* ROSÉE *sont-elles* RONDES? — Elles sont rondes lorsqu'elles ne mouillent pas les corps sur lesquels elles se déposent, parce que la forme sphérique est la forme naturelle d'équilibre des gouttes liquides, lorsque les molécules qui les composent obéissent librement à leurs attractions mutuelles.

1474. *Pourquoi les* GROSSES *gouttes de rosée ne sont-elles plus* RONDES, *mais* APLATIES? — Parce que le poids des grosses gouttes contre-balance l'attraction mutuelle des molécules; elles cessent alors de prendre la forme sphérique d'équilibre naturel; et peuvent même mouiller une surface qu'elles ne mouilleraient pas si elles étaient plus petites.

1475. *Pourquoi les gouttes de* ROSÉE ROULENT-*elles sur une feuille de* CHOU, *de* PAVOT, *etc., sans la* MOUILLER? — Parce que ces feuilles sont couvertes d'une *poussière très-fine,* analogue à la *cire,* et qui n'a aucune affinité pour l'eau.

1476. *Pourquoi la* ROSÉE *ne* MOUILLE-*t-elle pas les* FEUILLES *ou les pétales de certaines plantes?* — Parce que ces feuilles et ces pétales sont recouvertes, ou d'un duvet très-fin, ou d'une poussière très-ténue, ou d'une huile essentielle subtile, qui empêchent qu'ils ne puissent être mouillés par l'eau. On voit souvent les gouttes de pluie, mises en contact avec des poussières excessivement fines, s'arrondir en boules sans les mouiller, et parce qu'elles ne les mouillent pas. On voit les oiseaux aquatiques plonger dans l'eau et remonter à sa surface sans être mouillés, parce que leur plumage est comme défendu de l'eau par une sécrétion huileuse.

On peut agiter du noir de fumée dans l'eau sans que le noir soit mouillé et sans que l'eau devienne noire.

2° Phénomènes analogues à la rosée.

1477. *Pourquoi les* VITRES *des fenêtres se couvrent-elles quelquefois d'*EAU, *qui coule à leur surface?* — Parce que, 1° l'air extérieur s'est refroidi et a refroidi les vitres; 2° qu'au contact des vitres refroidies les vapeurs humides de l'appartement se sont condensées à leur surface en gouttelettes très-fines; ces gouttelettes, en descendant par leur propre poids, s'unissent et arrivent à former des gouttes plus grosses ou des filets d'eau qui coulent à la surface des vitres.

1478. *D'où proviennent les* VAPEURS HUMIDES *de l'*INTÉRIEUR *des appartements?* — De la respiration, de la transpiration cutanée sensible ou insensible des personnes qui y ont séjourné, de tous les liquides qui s'y sont vaporisés, etc., etc.

1479. *Quelle est la cause de ces arborescences qui apparaissent quelquefois, pendant l'hiver, à la* SURFACE

INTÉRIEURE *des* VITRES *des chambres à coucher, et qui sont dessinées par de l'eau congelée sous forme de givre?* — La congélation, par suite d'un refroidissement plus intense à l'extérieur, des gouttes d'eau ou de la couche liquide résultant de la condensation des vapeurs humides de l'intérieur. Ces arborescences forment souvent des dessins très-variés et très-élégants.

1480. *Que veut dire la* TRANSPIRATION CUTANÉE INSENSIBLE? — L'exhalation *insensible et invisible* des liquides intérieurs qui s'opère incessamment à la surface de la peau.

1481. *Si cette transpiration est* INSENSIBLE *et* INVISIBLE, *comment peut-on savoir qu'elle existe?* — Si l'on met son bras nu dans un cylindre de verre bien essuyé, bien sec et frais, on verra les exhalations de la peau se condenser sur les parois du cylindre et les couvrir de gouttelettes de sueur.

1482. *Pourquoi les* GLACES *d'une* VOITURE *se couvrent-elles quelquefois de gouttelettes d'eau?* — Parce que les *vapeurs humides et chaudes* de l'intérieur de la voiture se condensent sur les glaces et les couvrent d'une sorte de rosée.

1483. *Quand les* GLACES *des voitures* CONDENSENT-*elles cette vapeur à leur surface?* — Lorsqu'elles se sont refroidies au contact de l'air extérieur, devenu plus froid.

1484. *D'où provient la* VAPEUR *d'eau dans une* VOITURE? — De la respiration et de la transpiration cutanée sensible ou insensible.

1485. *Pourquoi les* VITRES *sont-elles plus* FROIDES *que les* MURALLES *d'un appartement?* — Parce que, plus immédiatement en contact avec l'air extérieur, et plus minces, elles cèdent plus facilement et plus promptement leur chaleur par rayonnement et par conductibilité.

1486. *Pourquoi les* CARAFES *et les* VERRES *remplis d'eau froide se couvrent-ils bientôt d'une nappe de* ROSÉE *lorsqu'on les apporte, pendant l'hiver, dans un lieu chaud contenant plusieurs personnes?* — Parce que les vapeurs humides de l'appartement se condensent sur le verre froid et se changent en rosée visible.

1487. *Pourquoi les* BOUTEILLES *qu'on remonte de la* CAVE *pendant l'été se couvrent-elles d'une couche épaisse de* ROSÉE? — Parce que les bouteilles sorties d'une cave fraîche et dont la *température est au-dessous de celle de l'air* environnant condensent les vapeurs humides sur leurs parois.

1488. *Pourquoi les verres des* LUNETTES *se* VOILENT-*ils tout à coup lorsqu'on entre, pendant l'hiver, dans un endroit chaud?* — Parce que les *vapeurs de l'appartement se condensent sur les verres froids*, et les couvrent d'une couche épaisse de rosée.

1489. *Pourquoi un* VERRE FROID *se* VOILE-*t-il si l'on y pose la* MAIN? — Parce que la *transpiration invisible* de la main se condense sur la surface froide du verre et le couvre d'une nappe de vapeur visible.

1490. *Pourquoi les* VERRES *qui se sont voilés, lorsqu'on les apporte dans un lieu chaud, s'*ÉCLAIRCISSENT-*ils* *de nouveau en peu de temps?* — Parce que le verre *prend bientôt la même température* que l'air de l'appartement, et qu'alors l'eau condensée à sa surface s'évapore.

1491. *Pourquoi un* VERRE *se voile-t-il lorsqu'on* SOUFFLE *dessus ?* — Parce que l'haleine chaude *se condense* aussitôt qu'elle touche la surface plus froide du verre.

1492. *Pourquoi les* MURAILLES *d'une maison se couvrent-elles souvent d'*HUMIDITÉ *lorsqu'un jour chaud succède à un temps froid?* — Parce que les murailles *ne peuvent pas changer de température* aussi promptement que l'air atmosphérique ; elles restent froides après le changement de temps, et la vapeur d'eau contenue dans l'air se condense sur leur surface froide, aussitôt qu'elle la touche.

1493. *Pourquoi les murailles d'un* VESTIBULE *se couvrent-elles d'une* HUMIDITÉ *qui tombe goutte à goutte sur le pavé quand le temps se met subitement au dégel?* — Parce que les murailles ne peuvent pas changer promptement de température ; l'air chaud et humide, entrant dans le vestibule, se condense à la surface froide des murailles et tombe goutte à goutte sur le pavé.

1494. *Pourquoi une maison en pierre est-elle plus sujette à cet inconvénient qu'une construction légère?* — Parce que les murailles en pierres sont *épaisses*, et qu'il se passe beaucoup plus de temps avant que leur température puisse se mettre en équilibre avec celle de l'atmosphère extérieure.

1495. *Pourquoi les* RAMPES *de bois sont-elles* HUMIDES *lorsqu'il dégèle?* — Pour la même raison : elles s'échauffent lentement, et les vapeurs apportées par l'air plus chaud se condensent à leur surface encore froide.

1496. *Pourquoi notre* HALEINE *est-elle* VISIBLE *en* HIVER *et non pas en été?* — Parce que le froid intense de l'hiver *condense l'haleine* humide et la rend visible, sous forme de petit nuage.

1497. *Pourquoi nos* CHEVEUX *et les bords de notre* CHAPEAU *sont-ils souvent couverts de petites gouttes d'eau, quand nous nous promenons pendant l'hiver?* — Parce que notre *haleine* s'élève et se condense au contact des cheveux et des bords plus froids du chapeau, sous forme de gouttelettes.

1498. *Pourquoi la vapeur sortie des cheminées des locomotives forme-t-elle en l'air des* NUAGES, *ou même se* CONDENSE *en pluie fine?* — Parce qu'elle se refroidit subitement au contact de l'air plus froid ou plus frais, et que cette condensation a pour effet naturel la formation d'un nuage, ou même la précipitation sous forme de pluie, si le refroidissement est assez subit et assez intense.

§ 3. BROUILLARD.

1499. *Qu'est-ce qu'un* BROUILLARD? — Le brouillard ordinaire n'est pas autre chose qu'un nuage formé à la surface de la terre ou à une très-petite hauteur au-dessus du sol par la condensation des vapeurs humides.

1500. *En quelles circonstances se forment les brouillards qu'on voit sur les* RIVIÈRES, *les* ÉTANGS, *etc.?* — La théorie et l'expérience prouvent que par un ciel serein, et lorsque le refroidissement nocturne a produit son effet, toute masse d'eau qui le jour était à la température de l'atmosphère, sera sensiblement plus chaude à sa surface que le sol environnant; l'air qui repose sur l'eau est donc plus chaud que l'air au contact du sol, et il se charge d'une plus grande quantité d'humidité ou de vapeur, d'abord dissoute et invisible. Cela posé, si un léger souffle de vent amène l'air de la terre à se mêler à l'air saturé qui repose sur l'eau de l'étang ou de la rivière, celui-ci se refroidira, une partie des vapeurs qu'il contenait se précipitera sous forme de gouttelettes excessivement petites, qui finiront par troubler sa transparence, par le transformer en véritable nuage, et il en résultera un brouillard plus ou moins épais. Le brouillard commence à se former quand la température de la terre est de 2 à 4 degrés au-dessous de celle de l'eau. Il peut naître aussi lorsqu'au contraire la température de l'eau est plus basse que celle du sol, et que l'air plus saturé de la terre vient à se mêler à l'air plus froid qui repose sur l'eau. La cause générale du brouillard est le mélange de deux airs saturés d'humidité et à des températures inégales.

1501. *En quelles circonstances se forment les* BROUILLARDS *sur le* SOL? — Lorsque le sol humide est plus chaud que l'air. On voit souvent dans les Alpes les vapeurs humides qui sortent d'un sol récemment labouré se condenser dans l'air plus froid, et donner naissance sur place à un brouillard ou nuage qui rampe le long de la montagne en grossissant à vue d'œil, et finit quelquefois par devenir un nuage chargé de foudres. Rien de plus commun que de voir des brouillards arrondis en nuages adhérer aux flancs des montagnes très-élevées. Une masse d'air humide et chaud, en se refroidissant par sa simple ascension dans l'air, peut se transformer en nuage, et l'électricité peut jouer un certain rôle dans l'action que les montagnes semblent exercer sur lui.

1502. *Quelle est la cause des brouillards qui précèdent et accompagnent le* DÉGEL? — Un *vent tiède* qui amène l'air humide dans une atmosphère froide contre un sol ou contre des édifices depuis *longtemps refroidis.*

1503. *Les brouillards peuvent-ils* DESCENDRE *comme tout* FORMÉS *des régions plus élevées de l'atmosphère?* Oui, les nuages peuvent s'abaisser assez pour devenir de véritables brouillards qui seront très-épais, si les nuages rabattent en même temps avec eux la fumée saturée de molécules de charbon. C'est ainsi que s'expliqueraient les brouillards si intenses de la ville de Londres quand ils ne sont pas engendrés par la Tamise.

1504. *Qu'appelle-t-on* BRUINE? — La *petite pluie très-fine* qui résulte de la précipitation d'un brouillard.

1505. QUAND *le brouillard est-il* SOMBRE, *et qu'*ANNONCE-*t-il?* — Le brouillard est sombre lorsque le ciel au-dessus est couvert d'épais nuages; ce qui annonce en général le mauvais temps.

1506. QUAND *le brouillard est-il transparent et que fait-il espérer?* — Il est transparent quand le ciel au-dessus est serein; ce qui permet de pronostiquer un beau temps.

1507. *Pourquoi les brouillards ne se convertissent-ils pas en* ROSÉE? — Parce que le brouillard empêche le sol de *rayonner;* sa surface reste chaude, et le brouillard ne peut pas se condenser en rosée.

1508. *Pourquoi le nuage épais qui constitue le brouillard paraît-il s'*ÉLEVER *de plus en plus, tandis que sa partie inférieure reste en contact avec la terre?* — Parce que le refroidissement qui a déterminé la formation du nuage se propage de plus en plus et que de nouvelles couches de vapeurs, précipitées en eau, viennent s'ajouter à chaque instant à la surface supérieure du brouillard ; celui-ci semble alors s'élever, quoiqu'il ne fasse qu'augmenter d'épaisseur.

1509. QUAND *et comment se dissipent les brouillards formés au-dessus des rivières et des étangs?* — Dès que la température de l'air sur la terre surpasse celle de la rivière, ce qui a lieu plus ou moins longtemps après le lever du soleil.

1510. *Pourquoi les brouillards s'*ÉVANOUISSENT-*ils, en général, au* LEVER *du soleil?* — Parce que l'air devient alors *plus chaud,* et que les gouttelettes qui constituent le brouillard passent de nouveau à l'état de vapeur.

1511. *Pourquoi* CHAQUE NUIT *n'amène-t-elle pas un* BROUILLARD ? — Parce qu'il peut arriver et qu'il arrive assez souvent, même par un ciel serein, que l'eau, le sol et l'air soient à des températures assez peu dissemblables pour que le mélange des deux atmosphères ne donne pas naissance à la précipitation des vapeurs.

1512. *Quand les* BROUILLARDS *sont-ils le plus* FRÉQUENTS? — Lorsque les circonstances atmosphériques sont telles que l'eau, le sol et l'air puissent être à des températures suffisamment dissemblables sur des points différents.

1513. *Pourquoi les brouillards sont-ils très-communs dans les pays voisins de la* MER *et dans les* MARAIS? — Parce que l'on y trouve réunies toutes les conditions d'inégalités de température nécessaires pour la formation sur place d'un brouillard, sans qu'il doive venir d'ailleurs.

1514. *Pourquoi les* COLLINES *paraissent-elles plus* GRANDES, *lorsqu'on les voit à travers un brouillard épais?*— Peut-être parce que la masse nuagueuse fait quelque peu l'effet de lentilles grossissantes; mais surtout parce que la présence du brouillard ne permettant pas de comparaison entre les divers objets, ceux qu'on voit prennent dans leur isolement des proportions plus grandes.

1515. *Pourquoi les* ARBRES *paraissent-ils plus* ÉLOIGNÉS *quand le temps est* HUMIDE *ou obscurci par un* BROUILLARD? — Parce que le brouillard *diminue la lumière* émise par les objets, qui, devenant moins visibles, paraissent plus éloignés.

1516. *Pourquoi le* SOLEIL *paraît-il* ROUGE *pendant un* BROUILLARD? — Parce que les rayons rouges ont seuls assez de puissance pour percer le brouillard et devenir visibles à travers son épaisseur.

1517. *Si le* FROID *produit les brouillards, pourquoi ne s'en forme-t-il jamais quand il* GÈLE *le matin?* — Parce que : 1° l'évaporation est très-faible lorsqu'il fait froid; 2° le sol et la surface de l'eau se refroidissent en même temps; 3° la vapeur condensée ne peut pas se maintenir à l'état de gouttelettes, elle passe à l'état solide et se précipite sous forme de gelée blanche.

1518. *Pourquoi les brouillards sont-ils plus* FRÉQUENTS *en* AUTOMNE *qu'au printemps?* — Parce que, en automne, le sol est plus chaud qu'au printemps, tandis que dans les deux saisons la température de l'air est sensiblement la même; une des causes des brouillards, la différence de température entre le sol et l'air, est donc plus active en automne qu'au printemps.

1519. *Pourquoi les brouillards se forment-ils rarement sur les* HAUTES MONTAGNES? — Parce que l'air y est en général sec et froid. Il est cependant certaines gorges ou certains passages sur les montagnes que les courants d'air humides venus des vallées ne peuvent pas traverser sans perdre leur transparence, sans se changer en brouillard ou en nuage.

1520. *Pourquoi les brouillards se forment-ils souvent dans les* VALLÉES? — Parce que l'air, dans les vallées, est souvent *voisin du point de saturation;* il suffit alors que la température s'abaisse de quelques degrés pour que cette vapeur passe à l'état liquide.

1521. *Comment les* VENTS DISSIPENT-*ils les brouil-*

lards? — Soit en les déplaçant, soit en les dissolvant.

1522. *Existe-t-il des brouillards* SECS, *et comment les explique-t-on?* — Oui, il existe des brouillards secs, soit locaux ou occupant une espace très-limité, soit indéfinis et qui s'étendent sur de vastes régions, quelquefois sur la plus grande partie de la surface de la terre; qui se déplacent ou se propagent avec une vitesse plus ou moins grande; qui répandent quelquefois une odeur désagréable et des lueurs phosphorescentes, etc. On les a quelquefois attribués au passage de la queue d'une comète, et cette opinion est assez probable depuis que l'on sait que certaines comètes du moins sont formées de petits corps d'étoiles filantes, de poussière météorique; ce sont peut-être des émanations gazeuses sorties des entrailles de la terre par ses fissures, une fumée vomie par les volcans et qui séjourne sur la terre, ou le résultat de la combustion d'aérolithes ou de bolides, ou de l'incendie de forêts lointaines. Les brouillards secs de 1783 et 1831 ont été surtout remarquables.

§ 4. — GELÉE BLANCHE.

1523. *Qu'est-ce que la* GELÉE BLANCHE? — Il y a trois espèces de gelée blanche : 1° la *rosée gelée*, qui forme la véritable gelée blanche; 2° le *brouillard gelé*, connu sous le nom de givre; 3° le *verglas*, ou les petites gouttes de pluie gelées en touchant le sol.

1524. *Quelle est la cause qui fait* GELER *la* ROSÉE? — Le sol dont la température *s'abaisse* au-dessous de zéro congèle la rosée qui se dépose à sa surface et y forme une nappe blanche.

1525. *Pourquoi la gelée blanche ne se forme-t-elle que pendant une* NUIT *très*-CLAIRE? — Parce qu'il faut que la température de la terre descende *au-dessous de zéro* pour que la rosée se forme d'abord, se congèle ensuite.

1526. *Pourquoi la* GELÉE BLANCHE *couvre-t-elle très-souvent le* SOL *et les* ARBRES, *tandis que l'eau des rivières n'est pas gelée?* — Parce que l'eau des rivières se refroidit moins que le sol et les plantes; celles-ci peuvent être descendues au-dessous de zéro, s'être couvertes de rosée et de gelée blanche, quand la surface de l'eau est encore à un ou deux degrés au-dessus de zéro.

1527. *Pourquoi la gelée blanche forme-t-elle une couche beaucoup plus épaisse sur l'*HERBE *et sur les plantes* PEU ÉLEVÉES *que sur les grands arbres?* — Parce que l'herbe et les arbustes se refroidissent plus par rayonnement et occupent les régions basses de l'atmosphère.

1528. *Pourquoi la gelée blanche se forme-t-elle à peine au-dessous des* ARBUSTES *et des arbres* TOUFFUS? — Parce que la rosée ne s'y forme pas et que la gelée blanche qui n'est que de la rosée gelée, suppose avant tout la formation de la rosée.

1529. *Pourquoi la gelée blanche reste-t-elle plus longtemps au* PIED *d'une* HAIE, *à l'ombre, qu'en rase campagne?* — Parce qu'à l'abri des rayons directs du soleil et du souffle du vent elle est moins exposée à fondre ou à être dissipée.

1530. *Qu'est-ce qui cause le* GIVRE *ou brouillard gelé?* — Le passage de l'état liquide à l'état solide des gouttelettes d'eau en suspension dans le brouillard. Le brouillard épais qui s'est formé pendant la nuit *est condensé par le froid du matin* et se convertit en petits cristaux de glace qui hérissent tous les corps froids.

1531. *Comment peut-on* PRÉSERVER *les* VÉGÉTAUX *des effets funestes du* GIVRE *et des gelées blanches?* — En les couvrant d'une toile, de paille, de jonc, etc. Un abri quelconque, suffisant à arrêter le rayonnement, empêchera les plantes de geler. Le moyen le plus sûr est d'engendrer de grand matin en plein air, par la combustion, au sein de vases appropriés, et convenablement espacés, d'huile lourde ou de pétrole, des nuages artificiels qui couvrent la vallée ou la plaine, et empêchent la radiation avec le refroidissement qu'elle amène.

1532. *Pourquoi le givre annonce-t-il souvent un* DÉGEL *et l'approche de la* PLUIE ? — Parce qu'il suppose en général une atmosphère très-chargée d'humidité, amenée par un vent relativement chaud, ce qui est une condition favorable à la pluie.

§ 5. — PLUIE.

1533. *Qu'est-ce que la* PLUIE? — La pluie n'est que la *liquéfaction des nuages*, c'est-à-dire la précipitation ou l'abandon par les nuages de l'eau qu'ils tenaient en suspension; l'agglomération en gouttes plus grosses et plus pesantes, qui tombent par leur propre poids, des gouttelettes infiniment petites qui nageaient dans l'air.

1534. *Quelle est la* CAUSE GÉNÉRALE *de la pluie?* — Le refroidissement de la masse nuageuse ayant pour effet d'augmenter considérablement le nombre des gouttelettes, et de faire qu'elles soient assez voisines pour se réunir en gouttes plus grosses qui ne peuvent plus rester suspendues dans l'air.

1535. *Mentionnez les* CAUSES *principales qui favorisent la formation de la pluie?* — 1° L'accumulation des vapeurs condensées; 2° l'agitation produite par des courants d'air de directions différentes; 3° l'arrivée d'un vent humide et chaud; 4° un changement dans la température de l'air; 5° la condition électrique de l'air; 6° le rayonnement des nuages; 7° l'augmentation de la pression atmosphérique; 8° l'ascension des masses de vapeur humide visibles ou invisibles le long des flancs des montagnes, ou dans l'atmosphère, par une sorte de chevauchement, lorsque les masses d'air inférieures sont arrêtées ou retardées dans leur progression par le contact du sol.

1536. *Pourquoi tombe-t-il quelquefois une plus grande quantité de pluie sur les* MONTAGNES *que dans les plaines?* — Parce qu'il peut arriver que dans la dernière portion de leur chute un certain nombre de gouttes de pluie se vaporisent et n'arrivent pas à la plaine, tandis que toutes tombent sous forme de pluie sur la montagne.

1537. *Pourquoi la pluie tombe-t-elle quelquefois en*

MOINS *grande abondance sur les* MONTAGNES *que dans les vallées?* — Parce qu'il peut arriver, au contraire, que, dans la seconde portion de leur chute, les gouttes de pluie rencontrent de nouvelles vapeurs dont elles déterminent la condensation, en ajoutant ainsi à leur volume ou à la quantité de pluie.

1538. *Pourquoi les gouttes de pluie sont-elles beaucoup plus* GROSSES *dans certains temps que dans certains autres?* — Parce que : 1° l'air est plus ou moins chargé de vapeur dans des conditions propices à leur condensation par les gouttes venues de plus haut; 2° ce sont, en général, les pluies chaudes qui présentent les plus grosses gouttes, parce qu'un air chaud saturé contient beaucoup plus de vapeur.

1539. *Pourquoi la pluie tombe-t-elle sous forme de* GOUTTES *sphériques?* — Parce que la forme sphérique est la forme naturelle d'équilibre des liquides.

1540. *Pourquoi le froid de la* NUIT *ne condense-t-il pas toujours en* PLUIE *l'eau des nuages?* — Parce qu'il n'est pas toujours assez intense pour condenser assez de vapeur, pour multiplier assez les gouttelettes, et n'amène pas, par conséquent, leur agglomération en gouttes qui tombent nécessairement par leur propre poids.

1541. *Pourquoi un nuage donne-t-il quelquefois un* PEU *de pluie, qui* CESSE *bientôt après?* — Parce que le nuage s'est refroidi sous l'influence d'une cause qui a cessé, d'un courant d'air froid, par exemple, qui l'a traversé.

1542. *La pluie ne tombe-t-elle pas* PÉRIODIQUEMENT *dans certains pays?* — Oui; la saison des pluies coïncide, pour les pays *tropicaux*, avec la présence du *soleil au zénith*. A mesure qu'on s'éloigne de l'équateur, l'alternative régulière de la saison sèche et de la saison pluvieuse disparaît.

En Afrique, près de l'équateur, la pluie commence en avril.

Sur les bords du Sénégal, elle commence en juin, et dure jusqu'en septembre.

En Amérique, les pluies surviennent à Panama au commencement de mars; à Saint-Vélas de Californie, au milieu de juin.

Dans la presqu'île de l'Inde, la saison des pluies est, pendant la mousson du sud-ouest, sur la côte *occidentale*; pendant celle du nord-est, sur la côte *orientale*.

1543. *Dans quelles parties du globe la quantité de pluie qui tombe annuellement est-elle la plus grande?* — Dans les pays tropicaux et dans les pays voisins des tropiques. La quantité d'eau qui y tombe, pendant la *courte saison des pluies*, est très-supérieure à celle qui tombe chez nous pendant *toute l'année*.

1544. *Quelle est la quantité de pluie qui tombe en* FRANCE *pendant toute l'année?* — La quantité moyenne d'eau qui tombe annuellement est, par mètre carré, sur la *côte* de France de 67 centimètres cubes; à Paris, de 50; à Lyon, de 89.

La quantité d'eau qui tombe à Milan est de 96 centimètres, à Venise de 81, à Londres de 53, à Marseille de 47, à Pétersbourg de 46.

Le lieu le plus pluvieux de l'Angleterre est Kendal, dans le Westmoreland, où la quantité moyenne d'eau qui tombe annuellement s'élève à 156 centimètres.

Bergen, en Norvége, est la ville de l'Europe où la quantité d'eau qui tombe annuellement est la plus grande; cette quantité s'élève à 224 centimètres.

1545. *Quel* VENT *amène le plus souvent la pluie en* FRANCE? — Le vent de *sud-ouest*, puis le vent d'*ouest*; le vent du nord-est est le *moins* pluvieux.

Si 32 représente la quantité de pluie amenée par le vent de sud-ouest, 24 représentera celle amenée par le vent d'ouest, et 4 celle amenée par le vent nord-est.

1546. *Les* JOURS *de* PLUIE, *à Paris, sont-ils plus fréquents ou moins fréquents que les* BEAUX JOURS? — Les jours de pluie, en France, sont *moins* fréquents que les beaux jours. Le nombre moyen des jours de *pluie* est de 147, et celui des *beaux* jours de 218.

Le nombre moyen des jours de pluie, en Angleterre et dans la partie voisine du rivage occidental de la France, est de 152.

1547. *Comment peut-on* MESURER *la quantité de pluie qui tombe dans le cours d'une année?* — En la recevant dans un vase qu'on appelle *pluviomètre*, *udomètre* ou *ombromètre*; c'est un cylindre à double fond, dont la partie supérieure fait la fonction d'*entonnoir*, et la partie inférieure fonction de *réservoir*; un tube latéral donne la hauteur de l'eau.

1548. *Dans quelle saison de l'*ANNÉE *tombe-t-il, en France, le plus de pluie?* — Dans l'*automne*, puis en *été*; le printemps est la saison la *moins* pluvieuse.

Si nous exprimons par 100 la quantité totale de pluie qui tombe dans le cours d'une année, nous aurons pour chaque saison les proportions suivantes :

Pour l'automne.	33
— l'été.	30
— l'hiver.	23
— le printemps.	14
	100

1549. *Dans quelle période du* JOUR *pleut-il le plus en France?* — Entre le coucher et le lever du soleil, parce que la température de l'air *s'abaisse* après le coucher du soleil, et s'élève après le lever de cet astre.

1550. *En quoi les pluies d'*AUTOMNE *sont-elles avantageuses?* — En ce qu'elles préparent la terre à recevoir les semences dans toutes les conditions d'un prompt développement.

1551. *Pourquoi le proverbe dit-il : Avril pleut aux hommes, mai pleut aux bêtes?* — Parce que la pluie d'avril est propice aux *grains* qui servent à la nourriture des *hommes*, et celle de mai propice aux *fourrages*, qui servent à l'alimentation des *bestiaux*.

1552. *A part l'humidité, quelles sont les* AUTRES *propriétés fertilisantes de l'eau de pluie?* — Elle renferme un peu d'*acide carbonique;* elle contient aussi de l'*ammoniaque*, et quelquefois des traces d'*acide nitrique* en dissolution. Ce sont ces substances qui rendent l'eau de pluie plus fertilisante que l'eau de pompe.

1553. *Pourquoi une ondée de pluie sert-elle à* PURIFIER *l'atmosphère?* — Parce que : 1° l'eau *dissout les exhalaisons* délétères qui s'élèvent dans l'air; 2° l'ondée *mélange* l'air des régions supérieures et celui des couches inférieures; 3° elle *lave la surface de la terre* et entraîne les contenus stagnants des égouts, des conduits, des fossés, etc.

1554. *Pourquoi les* NUAGES TOMBENT-*ils par un temps pluvieux?* — Parce que la plus grande quantité d'eau à l'état de gouttelettes qu'ils contiennent les rend plus pesants et devient un obstacle à leur suspension.

1555. *Pourquoi une* EPONGE GROSSIT-*elle lorsqu'elle est saturée d'eau?* — Parce que les molécules d'eau pénètrent dans les pores de l'éponge par *l'attraction capillaire,* et en écartent les parties les unes des autres, ce qui en fait augmenter considérablement le volume.

1556. *Pourquoi les* CORDES *de* VIOLON *se* BRISENT-*elles dans un temps humide?* — Parce que l'*humidité* de l'air *pénètre entre les fibrilles des cordes,* elles se gonflent, *eur tension augmente,* et elles se brisent.

1557. *Pourquoi le* PAPIER *humide se* RIDE-*t-il?* — Parce qu'il absorbe inégalement l'humidité. Les parties qui sont les *plus humides se gonflent,* et, comme elles ne peuvent pas s'étendre librement, elles se *soulèvent* et forment de petites bouffissures.

1558. *Pourquoi est-il difficile de mettre des* BAS HUMIDES? — Parce que : 1° l'humidité pénètre dans les filaments, ils se gonflent, les bas se retirent et deviennent *moins larges;* 2° l'humidité fait que les bas *adhèrent à la peau* des pieds et des jambes, et détermine un frottement considérable qu'il faut vaincre pour parvenir à les mettre.

1559. *Pourquoi les* CHANDELLES *et les lampes* CRACHENT-*elles quelquefois quand la pluie est proche?* — Parce que la chaleur de la flamme convertit brusquement *en vapeur l'humidité de l'air* qui a pénétré entre les filaments de la mèche, et produit de petites crépitations.

1560. *Pourquoi les* PORTES *se* GONFLENT-*elles pendant un temps pluvieux?* — Parce que l'humidité de l'air, pénétrant *dans les pores du bois*, écarte les fibres les unes des autres, et augmente ainsi les dimensions des portes, au point que quelquefois elles ne peuvent plus se fermer.

1561. *Pourquoi les* PORTES *se* RETIRENT-*elles dans un temps sec?* — Parce que l'humidité du bois *s'évapore*; les pores se resserrent, et alors le volume de la porte diminue.

1562. *Pourquoi l'*AIR *est-il odorant et nauséabond à l'approche de la pluie?* — Parce que : 1° en temps d'orage l'atmosphère contient de l'ozone; 2° la pluie dissout et ramène sur la terre les émanations des fumiers, des égouts, des fosses, etc. ; ces émanations ne peuvent donc plus se perdre dans l'atmosphère.

1563. *Pourquoi les fleurs ont-elles une odeur plus* FORTE *et plus* DOUCE *à l'approche de la pluie?* — Parce que : 1° l'humidité de l'air dissout et retient les parties volatiles et odorantes des fleurs, qui se répandent dans les couches inférieures; 2° certaines huiles essentielles, qui produisent l'odeur des plantes, demandent la présence d'une *grande quantité d'humidité* pour se développer parfaitement.

1564. *Pourquoi les* CHEVAUX *et certains autres animaux allongent-ils le cou et* ASPIRENT-*ils l'air par leurs naseaux à l'approche de la pluie?* — Parce qu'ils prennent plaisir à respirer le parfum *des plantes et des foins*.

1565. *Pourquoi les* HIRONDELLES *volent-elles fort*

BAS *quand la pluie approche?* — Parce que les insectes qu'elles recherchent pour leur nourriture sont descendus des *régions froides de l'air supérieur* pour respirer l'air plus chaud *de la terre*, et peut-être aussi pour chercher un abri sous les haies ou les arbustes.

1566. *Le proverbe dit : Une pie au printemps amène mauvais temps. Expliquez-en la raison.* — Quand le temps est froid et pluvieux, des deux pies *une seule* quitte le nid pour aller *chercher la pâture*, tandis que l'autre reste avec les œufs ou la couvée; au contraire, par un beau temps, quand les œufs ou la couvée ne peuvent pas *souffrir du froid*, les deux pies sortent ensemble.

1567. *Pourquoi les* MOUETTES *volent-elles sur la mer pendant un* BEAU *temps?* — Parce qu'elles vivent de poissons, qu'elles trouvent à la *surface de la mer* quand le temps est beau.

1568. *Pourquoi peut-on compter sur la* PLUIE *si les* MOUETTES *s'assemblent sur la côte?* — Parce que les poissons, à l'approche du mauvais temps, *quittent* la surface de la mer, et vont hors de la portée des mouettes, qui alors sont réduites à se nourrir des *vers* et des *larves* des insectes du rivage.

1569. *Pourquoi les* PÉTRELS *volent-ils* VERS *la mer dans un temps orageux?* — Parce qu'ils se nourrissent de petits animaux qui abondent dans l'*écume des vagues* agitées.

Les pétrels sont des oiseaux palmipèdes qui ressemblent aux canards; ils vivent en pleine mer, et nagent sur la surface des vagues : on les appelle pétrels, de *petrella*, mot qui veut dire petit Pierre (*Petrus*), par allusion à S. Pierre, qui a marché sur la mer pour rejoindre Notre-Seigneur.

1570. *Pourquoi la* FUMÉE TOMBE-*t-elle à l'approche de la pluie?* — Parce que : 1° l'*air est moins dense*, et, par conséquent, la force d'ascension de la fumée devient moindre ; 2° l'*humidité* de l'air se mêle avec la fumée et la rend plus *pesante*.

1571. *Quelle est la cause des pluies de* CENDRES? — Des poussières volcaniques ou autres apportés par les vents qui ont déterminé la formation de la pluie, ou que la pluie a rencontrées flottantes dans l'atmosphère.

1572. *Quelle est la cause des pluies de* SANG? — La présence, dans l'air que la pluie a traversé, de poussières minérales, de substances végétales ou d'animalcules colorés en rouge.

1573. *Quelle est la cause des pluies de* SOUFRE? — La présence, dans l'air de poussières, par exemple de *pollen* ou poussière fécondante *jaune* des arbres en fleurs que la pluie entraîne dans sa chute. Lorsqu'une pluie se manifeste pendant la floraison des *pins* et autres arbres résineux, on remarque sur l'eau dans le voisinage des forêts *une poudre jaune* ressemblant à du soufre, et qui n'est que le pollén des pins.

1574. *Quelle est la cause des pluies de manne, de* PIERRES, *de graines*, etc.? — Les vents violents et les trombes qui, balayant la surface de la terre, emportent quelquefois à de grandes hauteurs des substances diverses qu'ils abandonnent plus tard, et qui retombent ensuite avec la pluie; quelquefois les *volcans* lancent de leur cratère, à une grande hauteur, des pierres, de la poussière, des cendres, etc., qui retombent sur la terre.

La pluie de manne qui est tombée en Perse, non loin du mont Ararat, en avril 1827, n'était qu'une chute de petits lichens.

1575. *Quelle est la cause des pluies de* GRENOUILLES, *de poissons, de vers*, etc.? — Les vents et les trombes ont pu emporter à de grandes hauteurs, ou à de grandes distances; ces animaux ou leurs germes près d'éclore, les abandonner ensuite et les laisser retomber avec la pluie.

§ 6. — NEIGE.

1576. *Quelle est la cause de la neige?* — La neige est formée par la cristallisation *tranquille* des gouttelettes d'eau des nuages, quand le temps est *calme*, l'air *pur*, et la température au-dessous de *zéro*.

Il y a quelques années, des pêcheurs passèrent l'hiver à la Nouvelle-Zemble; après avoir été longtemps renfermés dans leur cabane, ils en ouvrirent la fenêtre; l'air froid qui y entra condensa tout à coup les vapeurs chaudes contenues dans la cabane, et ces vapeurs tombèrent *en neige* sur le plancher. Un jet de vapeur ou d'air humide, qui d'abord comprimé se dilate tout à coup, laisse tomber ou dépose à l'état de neige, à la surface des corps mauvais conducteurs qu'on lui impose, l'eau qu'il entraînait avec lui.

1577. *Pourquoi la neige tombe-t-elle en* FLOCONS? — Parce que le calme de l'atmosphère permet aux molécules de glace des hautes régions de se grouper en flocons, qui retiennent ainsi de l'air emprisonné entre leurs gouttelettes gelées.

1578. *Pourquoi la neige tombe-t-elle en* HIVER *et non pas en* ÉTÉ ? — Parce que par sa nature même la neige suppose un refroidissement, une congélation que l'hiver seul peut en général déterminer; la persistance de la neige suppose en outre que le sol soit froid ou gelé.

1579. *Quels sont les* BONS EFFETS *de la* NEIGE ? — 1° Elle sert à tenir la *terre chaude* en hiver et à la fertiliser; 2° elle tempère la chaleur ardente de l'été, en refroidissant les vents qui passent sur le sommet des montagnes; 3° lorsqu'elle s'amasse dans les lieux élevés, elle sert, en fondant, à *alimenter les rivières,* qui se convertiraient en torrents dévastateurs ou en vastes lacs, si la même quantité d'eau leur arrivait sous forme de pluie, dans un temps trop court.

1580. *Comment la* NEIGE *peut-elle tenir la terre* CHAUDE? — Comme la conductibilité de la neige est très-faible, lorsqu'elle couvre d'une couche épaisse la surface du sol, la température de ce dernier ne s'abaisse pas au-dessous du point de congélation, tandis que celle de l'air est beaucoup plus basse.

1581. *Pourquoi la neige est-elle un* MAUVAIS *conducteur de la chaleur?* — Parce que : 1° elle renferme entre ses particules une *grande quantité d'air*, mauvais conducteur; 2° parce qu'elle se compose de particules très-divisées, placées à distance, et offre ainsi une grande résistance à la propagation de la chaleur.

1582. *Pourquoi la neige favorise-t-elle la* VÉGÉTATION ? — Parce qu'elle contient de l'acide carbonique, et même le plus souvent des nitrates et de l'ammoniaque, substances azotées fertilisantes qui, lorsqu'elle fond, pénètrent lentement dans le sol, et s'insinuent dans les sillons et les mottes de terre.

1583. *Pourquoi dans les pays couverts de neige les* NUITS *sont-elles si claires?* — Parce que la neige est phosphorescente, et qu'elle rend pendant la nuit la lumière qu'elle a absorbée pendant le jour. Si, dès le matin, on couvre une certaine étendue de neige d'un corps opaque qui lui ferme l'accès de la lumière, et qu'on la découvre le soir, cette portion, pendant la nuit, se détachera en noir sur la neige environnante; elle ne luira plus.

1584. *Qu'entend-on par ligne des neiges éternelles?* — Jusqu'à une certaine hauteur, la neige qui tombe sur les montagnes est *fondue par la chaleur de l'été;* mais, passé cette hauteur, la neige *ne fond plus.* Le nom de lignes des neiges éternelles est donné à la *limite inférieure* des flancs ou sommets de montagnes toujours couverts de frimas.

1585. *Qu'est-ce qui* DÉTERMINE *cette limite?* — L'altitude du lieu; la chaleur et la durée des étés; la quantité de neige tombée en hiver; la configuration des chaînes de montagnes et la direction des vents élevés.

La limite des neiges éternelles au Chili est à 5,300 mètres; — dans l'Hymalaïa, sur le versant méridional, à 3,900 mètres ; — dans les Alpes, à 2,630 mètres ; en Norvége elle varie de 1,600 à 715 mètres; — au Spitzberg, la limite des neiges éternelles est la surface même du pays.

1586. *Quelles* FORMES *les flocons de neige prennent-ils?* — Leurs formes varient suivant leur *densité;* mais la forme la plus commune est celle de cristaux *stelliformes* et *hexagonaux*.

La forme d'un flocon de neige est fréquemment celle d'une étoile à rayons formés de prismes qui s'unissent sous des angles de 60 degrés et du sommet desquels rayonnent d'autres prismes des mêmes angles.

FORMES DE LA NEIGE.

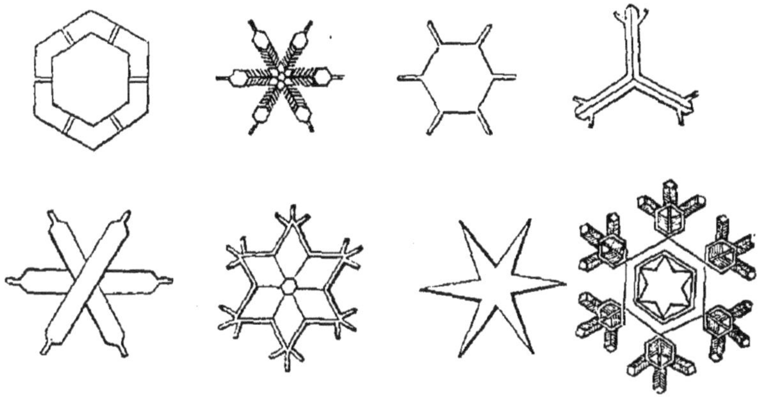

Quelquefois la neige tombe sous la forme d'une fine *poussière*, surtout lorsqu'elle prend naissance près de la surface de la terre.

1587. *Qu'est-ce qui produit la* NEIGE ROUGE? — 1° La neige rouge, qu'on trouve dans certaines localités, particulièrement sur le mont Saint-Bernard, doit sa couleur à une *plante cryptogannique* excessivement petite, à laquelle on a donné le nom de *Uredo nivalis;* 2° quelquefois cette teinte rouge est due à la présence de petits *œufs de certains infusoires* nommés PHILODINA ROSEOLA; 3° quelquefois à de petites *algues*, l'*Hematococcus nivalis*, etc.

§ 7. — GRÉSIL, GRÊLE.

1588. *Qu'est-ce que le* GRÉSIL? — Le grésil est formé de petits grains de glace, de forme en général conique ou en aiguilles, ou de petite grêle.

1589. *D'où naît le grésil?* — Des gouttes de pluie très-fines, congelées subitement dans leur passage à travers des couches d'air, dont la température est au-dessous de zéro. En général, les masses d'air ou les nuages sont superposés dans l'atmosphère suivant l'ordre de la température, les plus chauds en dessous, les plus froids au-dessus; mais il peut arriver, par suite d'un vent local, d'une dilatation plus ou moins grande produite par la chaleur, que cet ordre soit renversé, qu'une couche d'air très-froide se trouve momentanément au-dessous d'un nuage dont la température est supérieure à zéro, et que, par conséquent, la pluie formée dans le nuage plus élevé, plus chaud, venant à traverser le nuage moins élevé très-froid, se congèle et se change subitement en grésil.

1590. *Quand le grésil apparaît-il?* — En mars et en avril, en général, et pendant les coups de vents ou les rafales.

1591. *Qu'est-ce que la grêle?* — Des gouttes de pluie plus ou moins grosses qui se congèlent en traversant, pendant leur chute, des courants d'air très-froids; et qui se recouvrent ensuite de couches successives plus ou moins nombreuses, plus ou moins épaisses de givre ou de verglas, suivant l'état hygrométrique et thermométrique des couches d'air que les gouttes congelées traversent en descendant.

1592. *A quelles époques de l'année et à quelle période du jour tombe le plus souvent la grêle?* — La grêle tombe surtout en automne et en été, pendant le jour, et par les temps orageux, ou quand l'atmosphère est chargée d'électricité.

1593. *Pourquoi la grêle tombe-t-elle surtout en été?* — Parce que : 1° c'est en été surtout que l'action d'une chaleur intense et la dilatation qui en est la suite peuvent entraîner à une très-grande hauteur, et au-dessus de nuages plus froids, les nuages plus chauds qui donneront la pluie transformée en grésil; 2° c'est pendant l'été, surtout, que l'air est sursaturé de vapeur, que le grésil peut rencontrer dans sa chute de grandes masses d'air chargées d'eau, au sein desquelles il s'entourera de givre ou de glace, et se changera en grêle.

1594. *Pourquoi la grêle tombe-t-elle souvent pendant le* JOUR *et aux moments les plus chauds de la journée?* — Parce que la présence du soleil et l'action calorifique de ses rayons directs, en l'absence des autres causes, peuvent devenir nécessaires pour élever à une plus grande hauteur des masses d'air plus chaudes, et troubler l'ordre naturel de succession des couches d'air; les plus froides en haut, les plus chaudes en bas.

1595. *Pourquoi des éclairs très-fréquents accompagnent-ils souvent la formation de la grêle?* — Parce que le nuage où se forme la grêle grossit rapidement, et que de grandes masses d'air, en devenant humides, sont rendues moins isolantes; de là des décharges fréquentes d'électricité.

1596. *Est-il vrai que l'apparition de la grêle exige la superposition de deux nuages électrisés en sens contraire, et qu'on ne puisse expliquer la grosseur quelque-*

fois considérable des grains de grêle qu'en admettant qu'ils ont été longtemps ballottés entre les deux nuages, allant et revenant plusieurs fois de l'un à l'autre? — Non ; le recours à deux nuages électrisés en sens contraire et aux ballottements des grêlons n'est ni nécessaire ni admissible : si les grêlons étaient attirés successivement par les nuages, les deux nuages seraient plus attirés encore l'un par l'autre, et ils se confondraient.

1597. *Comment expliquez-vous la grosseur quelquefois énorme des grains de grêle?* — S'il s'agit de grains simples : 1° par l'énorme quantité d'eau que les courants atmosphériques peuvent amasser dans un espace limité; on a vu, à Gênes, en 1822, une seule averse donner jusqu'à 82 centimètres d'eau ; 2° par l'immense épaisseur des masses d'air saturé de vapeur et d'eau que le grêlon a pu traverser.

S'il s'agit des grêlons composés, on sait que deux morceaux de glace mis en contact se soudent; en se rencontrant donc au sein de l'atmosphère, sous l'influence du vent ou de l'électricité, un grand nombre de grêlons ont pu s'agglomérer et arriver à former des masses relativement énormes. On a vu tomber, en Hongrie, le 8 mai 1802, une masse de grêle d'un mètre carré de surface et de 7 décimètres de haut.

1598. *Quels rapports le vent a-t-il avec la grêle?* — La grêle est précédée d'un vent chaud se dirigeant vers la nue qui la fournit; elle est accompagnée ou suivie d'un vent froid et violent soufflant de la nuée qui la donne.

1599. *Comment expliquez-vous le bruit qui précède*

souvent la grêle? — Par le choc des grêlons entre eux, et contre le sol où ils se heurtent.

1600. *A quels caractères peut-on reconnaître le plus souvent les nuages qui donneront de la grêle, ceux surtout qui donneront une grêle très-abondante?* — Les nuages qui donneront une forte grêle sont toujours couronnés d'une de ces nues légères, blanchâtres, à formes indécises, appelées *cirrus*, et qui ne prennent naissance qu'à de grandes hauteurs; elles semblent s'être affaissées dans les profondeurs des nuages orageux, et deviennent la source des courants d'air très-froids qui vont glacer la pluie en glissant sous elle, et déterminer la formation du grésil d'abord, de la grêle ensuite. On a vu un même nuage orageux donner ici de la grêle, parce qu'il était accompagné de bandes de cirrus, et ne pas en donner ailleurs, parce que les cirrus manquaient.

Les idées développées dans cette section ont été émises premièrement par M. l'abbé Raillard.

CHAPITRE III

Glace.

1601. *Qu'est-ce que la* GLACE? — L'eau congelée, ou rendue *solide par le froid*. Quand l'eau est exposée, sous la pression atmosphérique ordinaire, à la température de *zéro*, elle passe de l'état liquide à l'état *solide*.

1602. *Suffit-il que l'eau soit* REFROIDIE A L'AIR; *pour qu'elle se transforme en glace?* — Non, de l'eau refroidie même à 15 ou à 30 degrés, si elle est à l'abri de tout mouvement, peut rester à l'état liquide. Pour qu'elle cristallise, il faut joidre au froid un petit mouvement qui fasse sortir les molécules de leur état d'équilibre et leur permette de s'orienter en ligne droite; cette orientation, comme nous le disons plus bas, est précisément ce qui constitue la solidification, la cristallisation de l'eau, ou la glace.

1603. *Quel* EFFET *produit le froid sur l'eau?* — L'eau exposée à l'action du froid se contracte et devient de plus en plus dense, *jusqu'à 4 degrés;* alors elle se *dilate* jusque dans l'acte de sa congélation.

L'eau à zéro augmente environ d'un dixième de son volume en se congelant. Elle présente ainsi une singulière exception à la loi générale suivant laquelle les corps acquièrent leur plus grande densité en passant à l'état solide.

1604. *L'eau ne se* DILATE-*t-elle pas lorsqu'on l'expose à l'action de la* CHALEUR? — Oui; l'eau se dilate à partir de 4 *degrés jusqu'à l'ébullition,* qui arrive à 100 degrés, sous une pression atmosphérique de 76 centimètres.

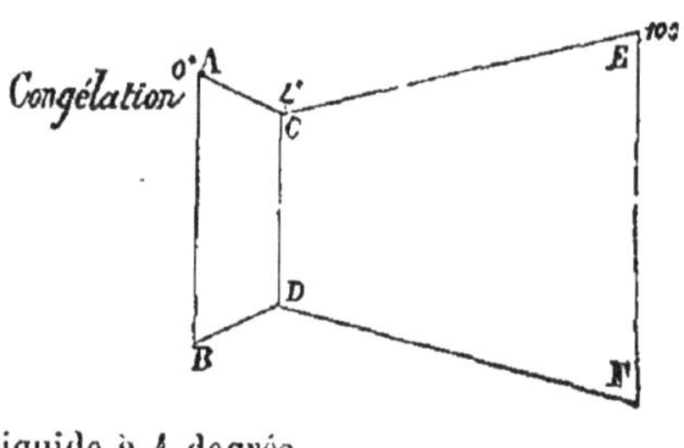

Si CD, en dimensions linéaires, mesure le volume de l'eau à 4 degrés, AB le mesure au point de congélation, et EF au point d'ébullition.

Quand l'eau arrivée au point d'ébullition se convertit en vapeur, son volume est mille sept cents fois plus grand qu'à l'état liquide à 4 degrés.

L'augmentation de densité entre la congélation et l'ébullition de l'eau est de 0,0423 à 1,25.

1605. *Pourquoi la* GLACE *est-elle plus* LÉGÈRE *que l'eau?* — Parce qu'à poids égal elle occupe un plus grand volume; le maximum de densité de l'eau, ou son plus petit volume sous un poids égal, correspond à 4 degrés au-dessus de zéro; de 4 degrés à zéro comme de 4 degrés à 100 degrés, le volume de l'eau augmente; la glace, par conséquent, comme l'eau bouillante, est plus légère que l'eau froide et peut flotter à sa surface.

Un décimètre cube (un litre) de glace ne pèse que 914 grammes, tandis que la même quantité d'eau pèse 1,000 grammes.

1606. *Pourquoi l'eau se* DILATE-*t-elle en se congelant?* — Parce que ses molécules un peu avant la congélation, s'orientent et prennent un arrangement symétrique; elles se disposent en lignes droites, et sont dans ce nouvel état plus *écartées* les unes des autres qu'à l'état liquide.

1607. *Pourquoi les* CRUCHES *se* BRISENT-*elles quelquefois pendant une nuit de gelée?* — Parce que l'eau, en se solidifiant, augmente de volume, et acquiert une force *expansive* assez considérable pour briser les parois qui l'enferment.

1608. *Pourquoi l'eau, en se congelant, ne s'*ÉPANCHE-*t-elle pas tout entière à la surface supérieure comme l'eau bouillante?* – Parce que, 1° la surface supérieure se gèle la première et devient un obstacle à l'épanchement; 2° la congélation se fait presque subitement, et la force expansive qui en résulte s'exerce au même instant dans tous les sens; il y a effort et épanchement sans doute dans le sens de la surface supérieure libre, mais il y a effort aussi contre les parois latérales de la cruche; celle-ci se brisera, à moins qu'elle ne soit très-évasée ou que son ouverture soit très-large.

1609. *Pourquoi les* PIERRES, *les* TUILES *des bâtiments, les* ROCHES *les plus dures, etc.*, ÉCLATENT-*elles quelquefois pendant les gelées d'hiver?* — Parce que l'*eau* qui s'est infiltrée dans les fissures des pierres, des roches, etc., ou interposée entre leurs molécules solides, se *congèle* et acquiert une force expansive assez considérable pour les fendre en plusieurs éclats.

1610. *La* FORCE *que l'eau acquiert en se congelant est-elle très-*GRANDE? — Oui; l'effet de cette force a été évalué à une pression de plus de 1 000 atmosphères. Des *canons de fer* très-épais, remplis d'eau et exposés à la gelée, ont souvent éclaté.

A Florence, des membres de l'Académie *del Cimento*, dans le XVIIe siècle, ont brisé une sphère de cuivre si épaisse, que Musschembroeck évalua à 13 860 kilogrammes la force nécessaire pour la rompre.

1611. *Pourquoi les pierres des* TROTTOIRS *de nos rues se* DÉTACHENT-ELLES *ou se descellent-elles à la suite de la gelée?* — Parce que l'*humidité* qui se trouve au-dessous de ces pierres *se congèle*, et, en se dilatant, les soulève. Plus tard la glace fond, et les pierres restent disjointes et tremblantes sous les pieds des passants.

Pour donner une idée de l'énorme énergie que de petites dilatations peuvent exercer, il suffit de signaler ce fait que, pour diviser une masse de granit, il suffit d'y creuser une rainure et d'enfoncer dans cette rainure de petits coins de bois, qu'on arrose d'eau. Le seul gonflement des coins de bois causé par l'absorption de l'eau suffit à faire éclater la masse de granit et à la fendre en deux.

1612. *Pourquoi les* TUYAUX *de* CONDUITE *des eaux se* BRISENT-*ils souvent par la gelée?* — Parce que l'eau qu'ils contiennent *augmente de volume* en se gelant et fait éclater les tuyaux, devenus alors trop étroits.

1613. *Pourquoi entoure-t-on de paille, de sable ou de charbon, les* TUYAUX *de conduite d'eau à l'approche des froids rigoureux?* — Afin que ces corps, qui sont peu conducteurs de la chaleur, empêchent l'*eau* de se *geler* et de briser les conduits.

1614. *Pourquoi à la fin de la saison les maçons couvrent-ils de* PAILLE *leurs* MURS INACHEVÉS? — Pour défendre de la gelée, et de la désagrégation que la gelée amène, les pierres et les mortiers encore humides.

1615. *Pourquoi les maçons, les plâtriers, etc., ne peuvent-ils pas travailler pendant qu'il gèle?* — Parce que la gelée ferait prendre ou rendrait solides trop rapidement les mortiers et les plâtres gâchés, et désagrégerait ou disloquerait les matériaux à mesure de leur mise en place.

1616. *Pourquoi le* MORTIER *et le* PLATRE *récemment appliqués* TOMBENT-*ils quelquefois en poussière après la gelée?* — Parce que l'eau qu'ils renferment encore se congèle, se dilate et écarte les unes des autres leurs particules constituantes. Lorsque la gelée cesse, l'eau redevient liquide et laisse le mortier plein de fentes et de fissures, ou dans un état de division et d'incohérence extrême.

1617. *Pourquoi le sol se* GERCE-*t-il pendant la gelée?* — Parce que l'eau qu'il contient *se dilate* en se congelant, écarte les particules de la terre les unes des autres, et laisse entre elles des fissures et des crevasses.

1618. *Montrez en ceci la* BONTÉ *et la* SAGESSE *du Créa-*

teur. — Ces crevasses et ces fissures donnent entrée dans le sol à l'air, à la rosée, à la pluie et aux gaz favorables à la végétation.

1619. *Pourquoi les* MOTTES *de terre se* BRISENT-*elles au printemps?* — Parce que les particules de terre que la gelée maintenait en bloc après les avoir dissociées, se séparent les unes des autres au dégel et tombent en poussière.

1620. *Pourquoi une* RIVIÈRE *ne se prend-elle pas tout entière et ne devient-elle pas une* MASSE UNIQUE *de glace?* — Parce que : 1° la glace forme à la surface de la rivière une *couche* plus ou moins épaisse qui empêche le froid de pénétrer et de glacer l'eau jusqu'au fond; 2° l'eau ayant à 4 degrés son maximum de densité, les glaçons ne peuvent pas tomber au fond pour la refroidir de plus en plus; ce n'est que par conductibilité que la température de la masse entière pourrait s'abaisser; or cette conductibilité est faible, et dans nos climats le froid n'est pas d'assez longue durée pour que le fond des rivières un peu profondes puisse arriver à zéro.

1621. *Montrez la* BONTÉ *et la* SAGESSE *du Créateur, qui a voulu que l'eau fasse une singulière* EXCEPTION *à la loi générale suivant laquelle les corps sont plus denses à l'état solide qu'à l'état liquide.* — Si la glace était plus *pesante* que l'eau, les rivières deviendraient, pendant l'hiver, des masses énormes de glace solide que la chaleur du printemps et de l'été ne suffirait pas toujours à fondre.

1622. *Pourquoi l'*EAU *se gèle-t-elle premièrement à*

la SURFACE? — Parce que la surface de l'eau est en *contact avec l'air,* qui lui enlève sa chaleur.

1623. *Où et* COMMENT *se forme cette immense quantité de glaçons flottants que les rivières charrient?* — Il est presque certain que ces glaçons se forment sur le lit peu profond et refroidi de la rivière, et qu'ils montent ensuite à la surface par leur plus grande légèreté.

1624. *Comment le* FOND *de la rivière peut-il se* REFROIDIR *assez pour qu'il s'y forme des glaçons?* — Dans une eau calme et profonde, ce refroidissement serait inexplicable; mais, dans une eau courante ou agitée et peu profonde, on conçoit que, par un déplacement et un mélange sans cesse renouvelés, la surface, le milieu et le fond puissent être simultanément à zéro; or, dans ce cas, la congélation doit commencer par le fond, plus garni d'aspérités qui aident à la formation des cristaux. Pour expliquer le refroidissement du fond, on pourrait peut-être aussi mettre en jeu le rayonnement et la conductibilité du sol.

1625. *Pourquoi une couche de glace devient-elle de plus en plus* ÉPAISSE *quand la gelée continue?* — Parce que l'eau qui est immédiatement sous la surface gelée se refroidit à travers la glace, qui reste un peu conductrice de la chaleur.

1626. *Pourquoi l'eau* COURANTE *ne se congèle-t-elle pas aussi promptement que l'eau tranquille?* — Parce que : 1° le *mouvement rapide* du courant empêche les cristaux de se former en une surface continue; — 2° la chaleur des couches inférieures de l'eau se *communique* sans cesse aux couches supérieures par le mouvement du courant; 3° le mouvement par lui-même engendre toujours un peu de chaleur, qui s'oppose au refroidissement de l'eau courante.

1627. *Pourquoi la* GLACE *formée sur les eaux* COURANTES *est-elle en général* RUGUEUSE? — Parce qu'il se forme d'abord de petites lames de glace, qui sont emportées par le courant jusqu'à ce qu'elles rencontrent *quelque obstacle qui les arrête;* puis il en vient d'autres qui *heurtent* contre les premières et s'y attachent irrégulièrement.

1628. *Pourquoi certaines parties d'une rivière se congèlent-elles plus* DIFFICILEMENT *que certaines autres?* — Parce qu'elles sont plus profondes, peut-être aussi parce que le bouillonnement des *sources* qui sortent de certaines parties du fond de la rivière, par l'agitation et la chaleur qu'il apporte, empêche la glace de se former.

1629. *Lorsqu'on* TOMBE *dans une* RIVIÈRE *en hiver, pourquoi l'eau paraît-elle chaude comparativement?* — Parce que l'*air*, pendant la gelée, est au moins de 4 ou 5 degrés *plus froid* que l'eau.

La température de l'eau, à l'état liquide et agitée, ne peut pas généralement descendre plus bas que zéro, tandis que celle de l'air peut s'abaisser bien davantage.

1630. *Pourquoi une rivière* BASSE *se prend-elle plus* PROMPTEMENT *qu'une rivière profonde?* — Parce que le fond de la rivière peu profonde se refroidit beaucoup plus vite; les glaçons se forment plutôt et remontent aussitôt formés à la surface qui finit par se prendre.

1631. *Pourquoi l'eau de* MER *ne se congèle-t-elle que* RAREMENT *dans les régions tempérées?* — Parce que 1° la masse d'eau est si grande, qu'elle exigerait un temps énorme pour que sa température pût se refroidir suffisamment; 2° le *flux* et le *reflux*, les mouvements des vagues, sont un obstacle à la formation de la glace; 3° l'eau salée ne se gèle que si la température de la surface s'abaisse de 2 ou 3 degrés au-dessous de zéro.

1632. *Pourquoi certains* LACS *ne gèlent-ils jamais?* — Parce que, 1° ils sont *très-profonds;* 2° leur eau provient de *sources* qui bouillonnent au fond de leur lit, et qui, venant de l'intérieur de la terre, sont relativement chaudes.

1633. *Pourquoi les empreintes des pas et les traces des roues se couvrent-elles quelquefois d'un* RÉSEAU *ou d'une* COUCHE *de glace?* — Parce que le sol foulé et compacte n'a pas le temps d'absorber l'eau qui s'y loge avant qu'elle ne soit gelée.

1634. *Pourquoi le froid est-il plus* SENSIBLE *au* DÉGEL *que pendant la* GELÉE? — Parce que, 1° la *glace* en fondant *absorbe beaucoup de chaleur* de l'air; 2° l'air humide, au dégel, est meilleur conducteur que l'air sec des temps froids, et enlève plus au corps de sa chaleur naturelle.

1635. *Comment explique-t-on que l'air se* RÉCHAUFFE *au contact de l'*EAU *qui* GÈLE, *de sorte qu'on puisse défendre des plantes de la* GELÉE *en faisant* CONGELER *de l'eau dans le voisinage?* — L'eau en se congelant, ou passant de l'état liquide à l'état solide, dégage beaucoup de chaleur qui passe de l'état latent à l'état libre : la congélation est donc une sorte de calorifère.

1636. *Pourquoi un* MÉLANGE *de sel et de* GLACE *ou de* NEIGE FOND-*il?* — Parce que le sel a une grande affinité pour l'eau, et que cette affinité l'emporte sur la cohésion qui lie, d'une part, les molécules d'eau congelées, de l'autre les molécules de sel; ces deux cohésions sont donc détruites, le sel et l'eau se liquéfient.

1637. *Le sel est-il la seule substance qui fasse fondre la glace en se mêlant à elle?* — Non; toutes les substances qui ont une affinité puissante pour l'eau, comme l'*acide sulfurique*, l'*acide nitrique*, le *vinaigre*, etc., etc., la font fondre en se mêlant à elle.

1638. *Pourquoi la température des mélanges dont il vient d'être question est-elle plus* BASSE *que celle de la glace ou de la neige seule?* — Parce que le sel et la glace, ou la neige, en passant de l'état solide à l'état liquide, absorbent de la chaleur, ou changent de la chaleur sensible en chaleur latente : le mélange sera donc plus froid que la neige ou la glace, et d'autant plus froid que la liquéfaction sera plus prompte.

1639. *L'eau* PURE *se gèle-t-elle plus promptement que l'eau impure?* — Non : plus l'eau est pure, plus elle résiste à la congélation. L'eau aérée, l'eau limoneuse, etc., se gèle plus facilement.

Certains corps, cependant, qui ont beaucoup d'affinité pour l'eau, retardent indéfiniment, lorsqu'ils y sont dissous, sa conversion en glace (*Voyez* n° 1600.)

1640. *L'eau* TRANQUILLE *se gèle-t-elle plus vite que*

l'eau agitée? — Au contraire, comme nous l'avons déjà dit, on peut faire baisser la température de l'eau, sans qu'il y ait congélation, bien au-dessous de zéro, pourvu qu'on la tienne dans un *repos complet.*

Si l'on prend, par exemple, un *matras* à moitié plein d'eau pure, si l'on couvre cette eau d'une couche d'huile, et si l'on place ensuite le vase dans un lieu tranquille, où le froid descende peu à peu jusqu'à 15 et 20 degrés, l'eau ne changera point d'état. Au contraire, si l'on excite des vibrations entre ces molécules, l'eau se solidifiera tout à coup.

1641. *Peut-on faire geler de l'eau par des moyens* ARTIFICIELS? — Oui; l'eau se congèlera si on entoure de coton imbibé d'éther, en quantité suffisante, le matras en verre mince qui la contient, ou si l'on plonge le matras dans un des mélanges suivants :

1° Mélange propre à rafraîchir le vin et à glacer les crèmes.

Eau.	10 parties.
Nitrate (*azotate*) de potasse. . . .	6
Chlorhydrate d'ammoniaque. . . .	6
Sulfate de soude cristallisé.	4 1/2

2° Mélange économique pour faire de la glace en été.

Sulfate de soude cristallisé.	4 parties.
Acide sulfurique à 41 degrés. . . .	3

3° Mélange très-froid.

Neige.	3 parties.
Acide sulfurique faible.	2

4° Mélange de 15 degrés centigrades au-dessous de zéro.

Neige.	2 parties.
Sel marin.	1

En outre de sa glacière domestique, qui met en jeu la simple vaporisation de l'ammoniaque, M. Carré fait des appareils qui, au moyen de la circulation de la vapeur d'éther ou de l'ammoniaque, tour à tour gazeux et liquide, produisent des quantités énormes de glace. De son côté, M. Toselli a construit de charmantes glacières artificielles dans lesquelles, avec un mélange de deux sels, le nitrate d'ammoniaque et le carbonate de soude, et s'aidant soit d'un mouvement facile de rotation imprimé au récipient, soit d'un mouvement de circulation intérieur imprimé à l'eau qu'il veut congeler, il obtient en quelques minutes un demi-kilogramme ou un kilogramme de glace, à volonté opaque ou transparente.

Signalons encore la machine à vide et à acide sulfurique de M. Carré, la machine à éther méthytique de M. Ch. Tellier, l'appareil générateur de la glace et du froid de MM. Armengaud et Giffard par l'air comprimé, etc.

M. Toselli, en employant nne glacière artificielle à six compartiments cylindriques, produit en même temps six cylindres de glace, qu'il insère ensuite les uns dans les autres, et qui, réunis par la propriété mystérieuse de la regélation, forment un seul bloc de glace facile à conserver et à expédier.

La regélation joue un grand rôle dans la théorie des glaciers; c'est grâce à elle que l'énorme masse de glace semble douée d'une certaine viscosité qui la fait couler sur son lit, se mouler sur la gorge des montagnes, se rétrécir, s'étendre, etc., etc. La regélation consiste essentiellement dans ce fait, que deux morceaux de glace qu'on amène en contact se soudent et ne font plus qu'un seul morceau. Grâce à elle, la glace convenablement maniée peut se courber, se mouler, recevoir les formes curvilignes les plus variées, de sphère, de coupe, etc. La regélation s'explique d'ailleurs par cette considération, que les deux morceaux de glace en contact sont à la même température, et que cette température est toujours un peu inférieure à zéro.

HUITIÈME PARTIE

CHIMIE

SECTION I. — *CHIMIE MINÉRALE* ou *INORGANIQUE.*

NOTIONS PRÉLIMINAIRES

1642. *Comment les chimistes divisent-ils les corps divers de la nature?* — En corps *simples* et en corps *composés.*

1643. *Qu'est-ce qu'un corps* SIMPLE? — Un corps qui *ne peut pas* être décomposé en d'autres principes, comme le chlore, le sodium, le potassium, l'oxygène et l'azote, etc.

1644. *Qu'est-ce qu'un corps* COMPOSÉ? — Les corps composés sont ceux qui sont formés de *plusieurs substances* simples, différentes *entre elles* par leurs propriétés, et qui ont, en général, des propriétés différentes de celles des corps composants.

1645. *Donnez des* EXEMPLES *de corps* COMPOSÉS? — 1° Notre *sel* de cuisine se compose de deux substances, du *chlore* et du *sodium;* 2° le *nitre* ou salpêtre se compose de *potasse* et d'*acide nitrique.*

La *potasse* est aussi elle-même composée de potassium et d'oxygène. L'*acide nitrique* ou azotique se compose d'azote et d'oxygène.

1646. *Combien connaît-on aujourd'hui de corps* SIMPLES? — Les corps simples connus aujourd'hui sont au nombre de soixante-quatre, que les chimistes divisent en deux classes, les *métalloïdes* et les *métaux*.

Il est très-possible que les progrès à venir de la science permettent aux chimistes d'opérer la décomposition de certains corps que nous regardons aujourd'hui comme simples, et qui alors seront rangés parmi les corps composés.

1647. *Quel est actuellement le nombre des métalloïdes et des métaux?* — Le nombre des métalloïdes est de quinze; celui des métaux, de quarante-neuf.

Les métalloïdes sont: 1° l'oxygène, 2° l'hydrogène, 3° le nitrogène ou l'azote, 4° le soufre, 5° le sélénium, 6° le tellure, 7° le chlore, 8° le brome, 9° l'iode, 10° le fluor, 11° le phosphore, 12° l'arsenic, 13° le bore, 14° le silicium, et 15° le carbone.

Les métaux sont : aluminium, antimoine, argent, barium, bismuth, cadmium, calcium, cérium, cobalt, cæsium, cuivre, didymium, erbium, étain, fer, glucinium, indium, lanthane, lithium, magnésium, manganèse, mercure, molybdène, nickel, niobium, or, osmium, palladium, pélopium, platine, plomb, potassium, rhodium, rubidium, ruthénium, sodium, strontium, tantale, thallium, terbium, thorium, titane, tungstène, urane, vanadium, yttrium, zinc, zirconium.

CHAPITRE PREMIER

L'oxygène et ses composés.

§ 1. — OXYGÈNE.

1648. *Qu'est-ce que l'*OXYGÈNE? — L'oxygène est un gaz *incolore*, sans *odeur* ni *saveur*, qui rallume les corps en ignition et les fait brûler avec flamme, qui active grandement la combustion des corps qu'on y plonge, ou sur lesquels on le fait tomber sous forme de jet. Ce corps est très-répandu dans la nature, puisqu'il est un des éléments de l'air, de l'eau, et de toutes les matières végétales ou animales.

Le moyen le *moins coûteux* de se procurer le gaz oxygène est de mettre un mélange de chlorate de potasse et de *peroxyde noir de manganèse* dans une cornue en grès ou dans une bouteille en fer au col de laquelle on adapte, au moyen d'un bouchon, le tube adducteur, dont l'extrémité recourbée plonge dans une cuve à eau. On met la cornue sur le feu jusqu'à ce qu'elle devienne *rouge*, et en quelques minutes des bulles s'élèvent de l'eau. Ces *bulles* sont le gaz oxygène.

1649. *A qui doit-on la* DÉCOUVERTE *de l'*OXYGÈNE? — Au docteur Priestley, chimiste anglais, qui l'annonça en 1774. A peu près vers la même époque, Scheele, en Suède, et Lavoisier, en France, sans connaître les expériences de Priestley, obtinrent le même gaz par des procédés différents.

Priestley appela ce gaz *air déphlogistique* ou *phlogistique*; Scheele, *air du feu*; Lavoisier lui donna le nom d'*oxygène*.

1650. *L'*OXYGÈNE *se trouve-t-il quelquefois à l'état liquide ou à l'état solide?* — L'oxygène pur n'est connu qu'à l'état *gazeux*, et n'a jamais pu, par aucun moyen, être liquéfié ou solidifié.

1651. *Quelle est l'influence du gaz oxygène sur le* SANG? — L'oxygène, qui est absorbé par la respiration, change la couleur du sang en le faisant passer d'un rouge foncé à un rouge *vermeil*.

1652. *Quelle quantité de gaz* OXYGÈNE *un* HOMME CONSOMME-*t-il en un jour?* — Le docteur Menziès estime à 850 litres ou décimètres cubes l'oxygène qu'un homme consomme en un jour; Lavoisier le porte seulement à 754.

Comme l'air devient méphitique ou irrespirable lorsqu'il contient environ dix pour cent d'acide carbonique, on peut porter à 25 mètres cubes la quantité d'air qu'*un* homme rend insalubre dans *un jour.*

1653. *Quelle est l'influence du gaz oxygène sur les* PLANTES? — Les feuilles absorbent le gaz oxygène qui passe à l'état d'acide carbonique. Pendant le jour, l'acide carbonique est décomposé, le carbone est fixé par les plantes et converti en leur substance, l'oxygène est exhalé; pendant la nuit, l'acide carbonique est exhalé sans décomposition.

1654. *Pourquoi les* PLANTES CROISSENT-*elles mieux si l'on* REMUE *le sol autour d'elles?* — Parce que : 1° les *racines* peuvent alors pénétrer plus facilement dans le sol à la recherche de leur nourriture; 2° l'oxygène et la pluie leur arrivent en *plus grande* abondance; 3° les substances organiques contenues dans le sol sont plus facilement transformées en *acide carbonique* par l'oxygène de l'air.

1655. *Pourquoi les* PLANTES *croissent-elles mieux quand leurs* RACINES *plongent dans une terre meuble?* — Parce que les racines, dans la terre meuble, trouvent plus d'*oxygène* et d'acide carbonique, sans lesquels les plantes périraient.

1656. *Pourquoi les* RACINES PIVOTANTES *croissent-elles mieux dans une terre* SÈCHE *que dans une terre humide, et mieux encore dans une terre* LÉGÈRE *que dans une terre compacte?* — Parce qu'elles s'enfoncent à une *grande profondeur* dans la terre, sans cesser de rencontrer l'oxygène de l'air, qui pénètre plus facilement dans un sol *sec et léger* que dans un sol humide et compacte.

1657. *A quoi sert principalement l'oxygène de l'*AIR *atmosphérique?* — A *entretenir la respiration*, c'est-à-dire à former la partie respirable de l'air.

1658. *Si l'oxygène entretient la respiration, pourquoi l'air n'est-il pas composé exclusivement de gaz oxygène?* — Parce que la *respiration* au sein du gaz oxygène serait *trop active*, la circulation *trop prompte*; l'excitation occasionnée dans les poumons pourrait produire une *inflammation* violente et mortelle.

Ce n'est donc pas sans une haute prévoyance que l'Auteur de la nature a modéré la trop grande action de ce gaz qui nous entoure, en le mêlant avec quatre fois son volume de gaz azote complétement inerte.

1659. *Pourquoi une* MATINÉE CLAIRE *de printemps ou une belle* GELÉE *donnent-elles du* TON *et rendent-elles le* COEUR GAI? — Parce que : 1° l'*oxygène* de l'air, qui active la vie, est *plus abondant* par une journée claire et une belle gelée que par un temps pluvieux; 2° un air frais et piquant communique au *système nerveux* une excitation salutaire.

1660. *Pourquoi voyons-nous à l'approche d'un temps pluvieux les* CHIENS *et les* CHATS *perdre leur vivacité, les* BREBIS *se coucher nonchalamment et abandonner leur* PATURE? — Parce que : 1° la proportion de l'*oxygène* aspiré est diminuée; 2° l'humidité chaude relâche le *système nerveux* de ces animaux et les rend indolents.

1661. *Pourquoi entendons-nous les* CHEVAUX *hennir, les* BOEUFS *mugir, les* MOUTONS *bêler, les* ANES *braire, lorsque le temps est à la* PLUIE? — Parce que la *diminution* de l'*oxygène* et l'*humidité chaude* de l'air leur causent de l'*inquiétude* et du *malaise*.

L'oxygène ne diminue pas réellement, mais l'air, étant raréfié par un temps humide et chaud, contient, dans un volume donné, moins d'oxygène que par un temps froid.

1662. *Citez quelques* AUTRES *animaux qui indiquent l'approche de la* PLUIE *par leurs cris.* — Les CORBEAUX par leurs croassements, les GRENOUILLES par leurs coassements, les HIBOUX par leur cri aigre, les PIVERTS par leurs plaintes, les PAONS par leur glapissement, les PERROQUETS par leur babil, les OIES et les CANARDS par leurs allures inquiètes et plus bruyantes qu'à l'ordinaire, présagent sûrement la pluie.

1663. *Pourquoi a-t-on appelé l'oxygène* SOUTIEN DE LA COMBUSTION? — Parce que ce gaz manifeste une très-grande affinité pour tous les autres éléments; et, lorsqu'il se combine avec eux, on remarque toujours que, pendant la combinaison, il s'opère un *dégagement de chaleur*.

L'*oxygène* se nomme CORPS COMBURANT ou SOUTIEN DE LA COMBUSTION. *Tous les éléments autres* que l'oxygène se nomment CORPS COMBUSTIBLES ou OXYGÉNABLES.

Lorsque l'oxygène se combine avec les corps combustibles, on appelle les composés CORPS BRULÉS ou OXYGÉNÉS.

L'*acte* de la fixation de cet élément par les autres a reçu le nom général de COMBUSTION.

1664. *Comment* PARTAGE-*t-on les corps* OXYGÉNÉS? — On les partage en deux grandes classes, en raison de leurs propriétés tout à fait opposées : l'une a reçu le nom générique d'ACIDES, l'autre celui d'OXYDES.

1665. *Quels sont les caractères les plus saillants des* ACIDES? — 1° Ils ont une saveur *aigre* plus ou moins prononcée; 2° ils font passer au *rouge* la couleur bleue du *tournesol*.

Le *tournesol* est une couleur bleue végétale qu'on retire de plusieurs plantes, le plus souvent des lichens.

1666. *Quels sont les caractères des* OXYDES? — Ils ramènent souvent au bleu le tournesol rougi par les acides et verdissent le plus souvent la teinte bleue des fleurs de violette; leur saveur est en général âpre et caustique.

1667. *Le même corps simple peut-il donner lieu à plus d'*UN *seul* ACIDE *ou d'un seul* OXYDE? — Oui; le même corps peut former *plusieurs* acides et *plusieurs* oxydes.

1668. *Comment* DÉSIGNE-*t-on les acides divers, suivant leur degré d'oxygénation?* — On désigne les acides en donnant la terminaison *eux* au moins oxygéné, et la terminaison *ique* à celui qui contient le plus d'oxygène.

1669. *Donnez un* EXEMPLE. — On appelle l'acide formé par la combinaison du soufre avec l'oxygène *acide sulfureux*, si le composé contient une petite quantité d'oxygène, et *acide sulfurique*, si le composé en contient une plus grande proportion.

La particule *hypo*, mise avant le nom d'un acide, est un diminutif. Ainsi on désigne les quatre acides formés par la combinaison du soufre avec l'oxygène de la manière suivante :

1. Hyposulfureux.	2 moléc.	soufre S,	2 moléc.	oxygène O.	S^2O^2.
2. Sulfureux.	1 —	—	2 —	—	SO^2.
3. Hyposulfurique.	2 —	—	4 —	—	S^2O^5.
4. Sulfurique.	1 —	—	3 —	—	SO^3.

Hypo (du grec ὑπὸ, *dessous*) indique un degré *inférieur*.

1670. *Comment distingue-t-on les* OXYDES, *suivant leur degré d'oxydation?* — Quand 1° le corps combustible ne produit qu'UN SEUL oxyde, on ajoute le nom de la substance oxygénée de la manière suivante : *oxyde d'argent;* — 2° s'il y a DEUX OU PLUSIEURS OXYDES du même corps, on les distingue par les épithètes suivantes : — *proto* (un atome d'oxygène); — *sesqui* (un atome et demi); — *deuto* ou *bi* (deux atomes). — La particule *per* marque le plus haut degré d'oxygénation dont un oxyde est susceptible.

Ainsi on dit :

1. Le *proto*xyde de manganèse. . . . . . . MnO.
2. Le *sesqui*oxyde de manganèse. . . . . . . Mn^2O^3.
3. Le *bi*oxyde ou *deuto*xyde de manganèse. . . MnO^2,

Ce dernier, étant l'oxyde le plus oxygéné, est ordinairement appelé *peroxyde de manganèse.*

PROTOXYDE (MnO), c'est-à-dire *un* atome d'oxygène O avec un atome de manganèse M.

SESQUIOXYDE (Mn^2O^3), c'est-à-dire *un* atome *et demi* d'oxygène avec un atome de manganèse, ou trois atomes contre deux.

BI, ou DEUTOXYDE (MnO^2), c'est-à-dire *deux* atomes d'oxygène avec un atome de manganèse.

PEROXYDE, *la plus riche en oxgyène* de toutes les combinaisons.

1671. *Qu'est-ce qu'un* SEL? — C'est un composé formé d'*un acide et d'un oxyde* qui se combinent de manière à *se neutraliser* plus ou moins.

1672. *Comment désigne-t-on les* SELS? — Par l'acide et l'oxyde qui les forment, en ajoutant au nom de l'*acide* la désinence *ite*, s'il était terminé en *eux*, la désinence *ate*, s'il était en *ique*.

1673. *Donnez un* EXEMPLE. — L'acide sulfureux, combiné avec l'oxyde de potassium, forme le *sulfite d'oxyde de potassium* ou de *potasse;* tandis que l'acide sulfurique, avec le protoxyde de plomb, produit le *sulfate de protoxyde de plomb.*

— *ite* indique le sel le *moins riche* en oxygène.

— *ate* le sel le *plus riche* en oxygène.

Dans ce cas, l'oxyde de potassium et le protoxyde de plomb jouent le rôle de *bases.*

TABLE DES ÉPITHÈTES ET DES DÉSINENCES.

— ATE,	*sel* le plus oxygéné, ou quand l'acide se termine en *ique.*
DI — ou DEUTO,	*oxyde* qui contient deux atomes d'oxygène.
— É,	combinaison *gazeuse* de deux corps combustibles. Ex. : *hydrogène carboné.*
— EUX,	*acide* peu oxygéné.
HYPO —	diminutif mis devant les *acides.*
— IQUE,	*acide* très-oxygéné.
— ITE,	*sel* peu riche en oxygène.
PER, —	*oxyde* le plus riche en oxygène.
PROTO, —	*oxyde* qui contient 1 atome d'oxygène.
SESQUI, —	*oxyde* qui contient 1 1/2 atome d'oxygène.
TRITO, —	*oxyde* qui contient 3 atomes d'oxygène.
— URE,	combinaison de deux corps combustibles lorsqu'elle *n'est pas gazeuse.* Ex. : *sulfure de carbone.*

§ 2. — OXYDES.

1° Oxydes de calcium ou chaux.

1674. *Qu'est-ce que la* CHAUX ? — La chaux, principe essentiel des mortiers employés dans les constructions, est le *protoxyde de calcium,* c'est-à-dire une combinaison à parties égales du métal calcium (Ca) et l'oxygène O (CaO).

Il y a diverses espèces de chaux : la *chaux grasse,* qui provient de la calcination des calcaires les plus purs ; la *chaux maigre* provenant des pierres calcaires impures, ou contenant des proportions assez fortes de carbonate de fer et de magnésie ; la *chaux hydraulique,* qui, en raison de l'argile qu'elle contient, durcit beaucoup sous l'eau.

Le GYPSE, ou le plâtre qu'on emploie pour couvrir les murs, les cloisons intérieures, les plafonds, etc., est le *sulfate de chaux hydraté*.

Le STUC est une composition de plâtre choisi gâché avec une dissolution de gélatine ou de colle forte.

2° Oxydes de fer.

1675. *Qu'est ce que la* ROUILLE *qui s'engendre sur le fer?* — Cette rouille est un *oxyde de fer*.

La rouille est, pour parler strictement, l'*hydrate de sesquioxyde de fer*.

1676. *De quelle manière se* ROUILLE *le* FER *abandonné à l'air humide?* — La surface du fer se combine avec l'oxygène de l'air humide et se transforme en une nouvelle substance nommée le *sesquioxyde de fer*. Cette nouvelle substance se combine, à son tour, avec l'eau répandue à l'état de vapeur dans l'atmosphère, et forme une troisième substance nommée *hydrate* de sesquioxyde de fer.

Hydrate (du grec ὕδωρ, *eau*) veut dire *contenant une portion d'eau* dans sa composition.

Sesquioxyde, *voyez* n° 1673

1677. *Le* FER *poli se rouille-t-il exposé à l'air* SEC? — Non; le fer *poli* ne subit aucun changement à l'air sec, à la *température ordinaire*.

1678. *Pourquoi l'air* SEC *ne rouille-t-il pas le fer et l'acier?* — Parce que l'*humidité* est essentielle pour mettre en action, à une température ordinaire, l'affinité de l'oxygène pour le fer.

L'air sec à une *très-haute température* oxyde le fer. Ainsi une barre de fer rougie au feu s'oxyde en se refroidissant.

1679. *Lorsqu'on laisse refroidir lentement au contact de l'air une barre de fer rougie au feu, pourquoi des* PELLICULES *se* DÉTACHENT-*elles sous le choc du* MARTEAU? — Parce que l'oxygène de l'air se combine très-promptement avec le fer échauffé de la surface, et le convertit en plusieurs couches ou écailles superposées, formant ce qu'on appelle *batitures de fer.*

1680. *De quoi sont formées les* BATITURES *de* FER? — La partie *extérieure* d'une écaille de batitures est l'*oxyde magnétique* de fer; la partie *intérieure*, ou celle qui était immédiatement en contact avec le métal, est le *protoxyde* de fer.

L'*oxyde magnétique* (Fe^3O^4) est un oxyde intermédiaire entre le protoxyde et le sesquioxyde de fer. On a donné à cette combinaison le nom d'o *magnétique*, parce qu'elle possède la propriété *magnétique* à un très-haut degré.

1681. *Pourquoi une* AIGUILLE, *un* TISONNIER *d'acier et une* BARRE *de fer* PERDENT-*ils leur* POLI, *et deviennent-ils* ROUGE-BRUN *lorsqu'on les met au feu?* — Parce que l'oxygène de l'air se combine très-promptement avec la surface échauffée du métal, et y forme un oxyde nommé le *peroxyde de fer*, qui a une couleur *rouge foncé.*

1682. *Pourquoi les poêles, les fourneaux, les étuves, etc., se* ROUILLENT-*ils dans une chambre qui n'est pas* HABITÉE? — Parce que l'*air* de la chambre, étant *humide, oxyde* la surface du fer.

1683. *Pourquoi* EMPÊCHE-*t-on le fer de se* ROUILLER *en le couvrant d'une couche de* GRAISSE *ou de* PEINTURE? — Parce que la graisse et la peinture empêchent le contact de l'*humidité de l'air* avec la surface du fer.

1684. *A quelle condition la fonte de fer pourra-t-elle être employée utilement dans les monuments publics, statues, fontaines, etc. ?* — A la condition qu'après l'avoir revêtue d'un enduit très-solide on la recouvrira de cuivre galvanoplastique ou simplement de peinture au cuivre galvanique, suivant les procédés de M. Oudry. Elle deviendra alors comparable aux meilleurs bronzes.

1685. *Pourquoi l'acier* BLEUI *se* ROUILLE-*t-il plus promptement que l'acier blanc poli?* — Parce que la teinte bleue est produite par une *oxydation* partielle de l'acier ; par conséquent, l'action qui forme la rouille a déjà *commencé.*

1686. *Qu'est-ce qui donne la couleur* VERT *foncé aux* BOUTEILLES ? — Le verre à bouteilles doit sa couleur à la présence du *protoxyde de fer*, qui colore le verre fondu en vert foncé.

1687. *A quoi est due la couleur particulière de l'*HÉMATITE *ou sanguine?* — Elle est due à l'oxyde rouge de fer, ou *peroxyde de fer anhydre*, qui est d'un rouge intense.

Le peroxyde est aussi le *sesquioxyde* de fer (Fe^2O^3).

Anhydre, du grec ἀ-ὕδωρ, *sans eau ;* c'est-à-dire sans eau dans sa composition.

1688. *Qu'est-ce que l'*AIMANT *naturel?* — Un oxyde de fer, qu'on appelle l'oxyde magnétique : c'est une combinaison intermédiaire entre le protoxyde et le peroxyde de fer (Fe^3O^4).

Cet oxyde se trouve dans les *terrains anciens.*

1689. *A quoi les* OCRES *et les* TERRES *bolaires qu'on*

emploie pour la peinture doivent-elles leur couleur BRUNE *et* ROUGE? — 1° Le *rouge de Prusse*, le *rouge d'Angleterre* et le *rouge indien*, qu'on emploie pour mettre en couleur les carreaux des appartements, les portes, les fenêtres, etc., sont dus à l'*oxyde de fer* anhydre renfermé dans les ocres et les terres bolaires; — 2° quand les argiles renferment un mélange d'*hydrates d'oxydes* de fer et de manganèse, elles constituent la *terre d'ombre*, la *terre de Sienne*, et d'autres couleurs brunes.

Le *protoxyde* de fer, en se dissolvant dans les acides, produit des sels colorés en vert *émeraude pâle;* le *peroxyde* donne avec ces mêmes acides des sels colorés en *rouge* et en *brun*.

De tous les sels de fer, le plus important est le sulfate de fer, qui porte les noms de *vitriol*, *vitriol vert*, *vitriol martial* ou *romain*, *couperose verte*, etc. Ce sel noircit la décoction de noix de galles et produit ainsi l'encre; c'est le principal ingrédient de la teinture en noir, en gris, en olive et en violet; c'est avec lui qu'on monte les cuves d'indigo à froid, qu'on prépare le bleu de Prusse, qu'on obtient l'or en poudre, nécessaire à la dorure de la porcelaine; il active la végétation.

1690. *Lorsqu'on* BÊCHE *ou* LABOURE *un sol noir, pourquoi, quelques jours après, la surface devient-elle souvent d'un* ROUGE BRUN? — Parce que le sol contient un certain composé nommé *ozyde noir de fer*, qui est un oxyde intermédiaire. Cet oxyde, en absorbant dans l'air humide plus d'oxygène, se convertit en *peroxyde* de fer *hydraté*, qui est rouge-brun.

1691. *Pourquoi un* CHAPEAU NOIR *devient-il* ROUGE *lorsqu'il est exposé à l'air humide de la* MER? — Parce que le *fer* contenu dans la *teinture* du chapeau et le *chlore* de l'air humide de la mer se combinent et forment un *chlorure de fer*, lequel peu de temps après, se décompose et forme l'*oxyde* de fer *hydraté*, qui est *rouge-brun*.

Chlore. — Le *sel mari* est aussi appelé *chlorure d sodium ;* il existe en quantité considérable dans les eaux de la mer, et c'est de celles-ci qu'on extrait la plus grande partie du sel ordinaire que l'on consomme dans la vie domestique.

Notre sel de cuisine est une combinaison de *sodium* et de *chlore*.

3° Oxydes de zinc.

1692. *Qu'est-ce que la* CROUTE BLANCHE *qui se dépose sur les parois d'un* SEAU *en* ZINC *qui contient de l'eau?* — Cette croûte est l'*oxyde de zinc*; il se forme au contact de l'eau sur les parois humides du seau.

1693. *Pourquoi le* ZINC *luisant se* TERNIT-*il à l'air humide?* — Parce que l'air humide oxyde la surface du zinc.

1694. *L'*EAU *contenue dans un seau en zinc est-elle malsaine?* — Non, parce qu'une fois que la surface est oxydée, l'oxyde formé préserve le seau de toute altération ultérieure; l'eau ne contient que des traces insignifiantes d'*hydrate* et de *carbonate* de zinc; par conséquent on peut employer sans crainte aux usages domestiques l'eau conservée dans un seau de zinc.

On ne doit jamais conserver des fruits, des viandes grasses, du sel commun, des acides, même faibles (tels que le vinaigre, le jus de citron, etc.) dans des vases *de zinc* ou *doublés de zinc*, parce que le zinc est un des métaux les plus attaquables par les acides; il se dissout dans presque tous, formant des sels doués de propriétés vomitives et purgatives.

1695. *Citez quelques applications utiles de l'oxyde de zinc.* — Il entre dans la composition des chandelles romaines, et communique à leur flamme cet éclat bleu éblouissant qu'elles répandent. L'oxyde ou blanc de zinc est très-avantageusement substitué au blanc de plomb ou céruse dans la peinture à l'huile; il n'offre pas de dangers dans sa préparation, et ne se noircit pas aussi promptement que le blanc de plomb, au contact d'un grand nombre d'agents qui peuvent infecter l'atmosphère.

4° Oxydes d'étain.

1696. *Pourquoi l'*ÉTAIN *perd-il son éclat très-promptement à l'air humide?* — Parce que la surface de l'étain s'oxyde en très-peu de temps; mais cette oxydation n'est que superficielle.

L'addition du plomb rend l'oxydation de l'étain beaucoup plus prompte, probablement à cause de l'action galvanique qui s'établit entre les deux métaux et qui rend l'étain plus oxydable.

1697. *Comment peut-on faire disparaître, en quelques minutes, les* TACHES *de* ROUILLE *qui se forment sur le* LINGE? — Ces composés ferrugineux disparaissent sur-le-champ et sans altérer aucunement le tissu par un moyen bien simple, qui consiste à imbiber l'endroit taché d'une faible dissolution acidulée de *sel d'étain*.

1698. *Pourquoi une faible dissolution acidulée de* SEL D'ÉTAIN *fait-elle disparaître les taches de rouille qui se forment sur le linge?* — Parce que le sel d'étain est très avide d'oxygène; par conséquent, sa dissolution désoxyde une certaine quantité du peroxyde de fer et le réduit à l'état de protoxyde, qui se dissout dans le sel d'étain et s'en va.

Ce sel enlève les taches formées par le peroxyde de manganèse, aussi bien que celles qui sont dues aux oxydes de fer.

1699. *Pourquoi* ÉTAME-*t-on les vases de cuisine en*

FER? — Parce que l'étain sert à garantir le fer de l'oxydation.

Les vases en fer sont mieux protégés encore par le *zingage* ou la *galvanisation* du fer. Le procédé consiste à enduire de zinc le vase en le plongeant dans un bain de ce métal en fusion.

1700. *Pourquoi les* COUVERCLES *de cuisine en* ÉTAIN *deviennent-ils* JAUNE-BRUN *à l'action du feu?* — Parce que l'étain chaud se combine avec l'oxygène de l'air, et forme un *oxyde* auquel est due cette couleur.

5° Oxydes de plomb.

1701. *Pourquoi la surface du* PLOMB *perd-elle son éclat et devient-elle d'une couleur plus foncée à l'air humide?* — Parce que l'oxygène de l'air humide se combine avec la surface du plomb, et forme un *sous-oxyde de plomb* qui se manifeste par une couleur gris mat. Si l'air peut se renouveler fréquemment, ce sous-oxyde finit pas passer à l'état de *carbonate de plomb*.

1702. *De quelle manière ce* CARBONATE *se forme-t-il?* — L'air oxyde la surface du plomb d'abord, puis cet oxyde se combine avec l'acide carbonique de l'air, et forme un *carbonate* qui recouvre le vieux plomb d'une couleur blanchâtre.

1703. *Pourquoi les* VIANDES *gardées dans des poteries grossières sont-elles toujours* MALSAINES? — Parce que les potiers se servent de *sulfure de plomb* pour vernir ces poteries grossières; ce vernis est facilement attaqué par les *graisses et les acides*, les viandes alors se chargent de sels de plomb vénéneux et deviennent malsaines.

1704. *Qu'est-ce que la* CROUTE BLANCHE *qui apparaît sur les parois des bassins et des réservoirs en* PLOMB *qui contiennent de l'eau?* — C'est du *carbonate de plomb* hydraté qui se forme sur ces parois, précisément au contact de l'eau. Comme ce carbonate est *vénéneux*, on doit éviter d'employer aux usages domestiques l'eau qui a séjourné dans des vases en plomb. Il est temps, grand temps que l'on renonce partout aux tuyaux en plomb pour la conduite des eaux.

1705. *Qu'est-ce que la* CÉRUSE *ou le blanc de plomb?* — C'est du *carbonate de plomb*. Ce carbonate est vénéneux, et toutes les personnes qui font un fréquent usage de la céruse ou la fabriquent sont exposées à la maladie cruelle appelée *colique des peintres*.

La céruse a l'avantage de se mêler parfaitement à l'huile, d'y conserver sa couleur, de s'étendre aisément sous le pinceau, de bien recouvrir les surfaces qu'on veut enduire, et de moins jaunir que les autres couleurs blanches.

1706. *Quelle substance, dans la peinture à l'huile, a été, depuis quelques années, substituée à la céruse pour remédier aux graves inconvénients de cette dernière?* — Le carbonate de zinc ou BLANC DE ZINC, plus économique, et qui, sans être vénéneux et aussi altérable, couvre presque aussi bien que le blanc de plomb.

Le *blanc de zinc*, proposé par M. Courtois à l'Académie de Dijon, en 1780, et employé dans la peinture par M. Leclaire depuis 1845, a été prescrit pour tous les travaux publics par un arrêté ministériel du 24 août 1840.

1707. *Pourquoi le* VIN *et le* VINAIGRE *conservés dans des vases en* PLOMB *donnent-ils des coliques?* — Parce qu'il se forme de l'acétate de plomb qui se dissout dans le liquide, et que les sels de plomb possèdent des propriétés vénéneuses très-prononcées.

Tous les aliments gras préparés dans des vases en plomb ou dans des poteries communes, dont le vernis est dû à l'oxyde de plomb, sont malsains. De même, le lait conservé dans un vase de plomb donne souvent des coliques sourdes.

1708. *Lorsqu'on se trouve exposé aux émanations de la* CÉRUSE, *comment peut-on* EVITER *jusqu'à un certain point ses effets malsains?* — En prenant de temps en temps une dissolution faible de *sel d'Epsom.* L'huile de castor et toute espèce de corps gras sont de bons antidotes contre la *colique des peintres.*

Le sel d'Epsom, ou *sulfate de magnésie,* tire son nom d'Epsom, ville d'Angleterre connue par ses eaux minérales.

6° Oxydes de cuivre.

1709. *Pourquoi le* CUIVRE *se ternit-il?* — Parce que l'humidité de l'air l'*oxyde* assez promptement.

1710. *Qu'est-ce que la couche* VERTE *qui couvre la surface du* CUIVRE *exposé au contact de l'air?* — Cette couche verte est du *carbonate de cuivre.*

Il ne faut pas confondre cette couche verte qui se forme à la surface des ustensiles de cuivre, des statues de bronze, etc., par la seule action de l'air humide, avec le vert-de-gris qu'on prépare en dissolvant dans du vinaigre le sous-acétate de cuivre ou le protoxyde de cuivre dans de l'acide acétique.

1711. *Pourquoi les* STATUES *de bronze, qui décorent les jardins publics, se ternissent-elles bientôt à l'air et se couvrent-elles d'une couche verte?* — Parce que l'humidité de l'air attaque le bronze et y forme cette couche verte qui est l'*hydrate* de deutoxyde de cuivre, ou le *carbonate* du même deutoxyde.

1712. *Si l'on cuit des viandes dans une casserole ou dans une marmite en* CUIVRE, *et si on les laisse s'y refroidir, pourquoi les viandes sont-elles* VÉNÉNEUSES? — Parce que sous l'influence des acides ou des matières grasses contenues dans les aliments, il se forme des sels de cuivre vénéneux qui se mêlent aux viandes.

Si l'on tombe malade après avoir mangé des viandes imprégnées d'acétate ou de carbonate de cuivre, on doit prendre une quantité abondante d'eau tiède bien sucrée pour produire des vomissements, après cela six blancs d'œufs dans un quart de litre d'eau ou un mélange d'eau et de farine.

1713. *Si les vases de cuivre communiquent une qualité nuisible aux viandes, pourquoi fait-on* CUIRE *les aliments dans des casseroles ou des marmites de cuivre?* — Parce que ces vases ne communiquent aucune qualité nuisible tant qu'on les conserve très-propres, et qu'on n'y laisse pas refroidir les aliments.

1714. *Pourquoi* ÉTAME-*t-on presque toujours les vases en* CUIVRE? — Pour diminuer les dangers de l'emploi de ces vases en substituant l'étain au cuivre.

On doit renouveler cette couche d'étain toutes les fois que le cuivre se trouve à nu.

1715. *Pourquoi voit-on quelquefois, sur les fourneaux, là où les charbons touchent les casseroles, une* FLAMME *de couleur verte?* — Parce que le cuivre, en contact avec la flamme, se brûle et lui communique une teinte verte.

1716. *Qu'est-ce qui produit les* ÉTOILES VERTES *des feux d'artifice?* — Cette belle couleur est due à l'*oxyde cuivreux*. On le produit en ajoutant à la poudre un peu de cuivre pulvérisé très-fin.

1717. *Qu'est-ce qui donne aux* VERRES *leur belle couleur* VERTE? — Le *deutoxyde de cuivre,* qu'on fond avec les matériaux du verre.

1718. *Qu'est-ce qui donne aux* VITRAUX *employés à la décoration des églises leur beau* ROUGE? — Cette couleur est due au *protoxyde de cuivre,* qu'on fond avec les matériaux du verre.

1719. *Qu'est-ce que le* VITRIOL BLEU, *ou couperose bleue?* — Le vitriol bleu est le *sulfate de cuivre,* les formé par l'union de l'acide sulfurique avec le deutoxyde.

1720. *Qu'est-ce que la* MALACHITE? — Cette substance, si recherchée dans la bijouterie, est une stalagmite cuivreuse composée de *carbonate bleu de cuivre.*

7° Oxydes et sels d'argent. Photographie.

1721. *Pourquoi le* SEL *humide* NOIRCIT*-il une cuiller d'argent?* — Parce que le *chlore* du sel humide se combine avec l'argent et forme le *chlorure d'argent,* qui se noircit très-promptement sous l'influence des rayons solaires.

Pour faire redevenir blanches les cuillers noircies, il faut les frotter avec une toile fine imbibée d'*ammoniaque liquide* pure et concentrée.

1722. *Pourquoi les taches occasionnées sur l'argent par le sel de cuisine sont-elles immédiatement* ENLEVÉES *par l'*AMMONIAQUE *liquide?* — Parce que le chlorure d'argent est très-soluble dans l'ammoniaque.

Le sel de cuisine se compose de chlore et de sodium.

1723. *Pourquoi les* OEUFS *et le* POISSON *colorent-ils les fourchettes et les cuillers d'argent en jaune doré ou en bleu foncé ?* — Parce qu'ils contiennent une petite quantité de soufre qui se combine avec l'argent, et qui noircit la surface du métal.

Le blanc et le jaune d'œuf contiennent tous deux du soufre ; il s'en trouve plus dans le jaune. L'odeur désagréable des œufs qui ne sont pas frais est due à la présence de l'hydrogène sulfuré.

1724. *Comment peut-on* ENLEVER *facilement les taches que le soufre fait sur l'argent ?* — En frottant la surface de l'argenterie avec un peu d'*huile* et de *blanc d'Espagne*, de *craie*, de *cendres de bois*, de *savon*, ou avec une toile imbibée d'*ammoniaque liquide*.

1725. *Pourquoi un peu d'huile* et *de blanc d'Espagne, de* CRAIE, *de* CENDRES *de* BOIS, *etc., rendent-ils brillante l'argenterie ternie ?* — Parce que ces substances font disparaître le sulfure noir en le détruisant complétement.

Si la teinte noire persiste, plongez les fourchettes, les cuillers, etc., dans l'acide chlorhydrique, ou dans de l'eau bouillante contenant un peu de cendres de bois.

1726. *Pourquoi les ustensiles fabriqués en* ARGENTON, *en* ARGENT ALLEMAND, *ou en* MÉTAL BRITANNIA, *deviennent-ils très-promptement d'un* JAUNE *doré ?* — Parce que ces alliages sont composés de *cuivre*, de *zinc* et de *nickel*, qui tous s'oxydent plus promptement que l'argent.

Les ustensiles de cuisine en argentan ou maillechort exigent de très-grands soins, car ils peuvent communiquer des propriétés vénéneuses aux liquides acides et aux substances grasses qu'on y laisserait séjourner. On doit nettoyer souvent les cuillers et les fourchettes avec un peu de blanc d'Espagne ou de cendres de bois, et ne pas les laisser dans les jus de viandes or de fruits, ou dans les substances salines, acides ou grasses.

1727. *Qu'est-ce que la* PIERRE INFERNALE *qu'on emploie en chirurgie pour cautériser les chairs?* — Le *nitrate* (ou azotate) *d'argent*, c'est-à-dire l'oxyde d'argent en combinaison avec l'acide nitrique (*azotique*).

1728. *Pourquoi la* PIERRE INFERNALE *produit-elle sur la peau une tache brune, qui devient complétement* NOIRE *au bout de quelques heures?* — Parce que le nitrate d'argent se *décompose* très-promptement en présence des matières organiques exposées à l'influence de la *lumière solaire;* dans l'acte de cette décomposition, une partie de l'oxyde se réduit à l'état métallique, et le métal prend une couleur brun foncé, à cause de son *extrême division.*

1729. *De quelle manière* MARQUE-*t-on le* LINGE *avec le nitrate d'argent?* — On trempe dans un peu d'empois rendu alcalin par du *carbonate de soude* la partie du linge où l'on veut mettre la marque, puis on écrit avec une dissolution de *nitrate d'argent* épaissie par un peu de gomme; bientôt, sous l'influence des rayons du soleil ou celle d'un bon feu, les caractères paraissent, et deviendront d'autant plus *noirs* que le linge sera plus souvent lavé.

Il faut dissoudre deux parties de nitrate (azotate) d'argent dans sept parties d'eau distillée, et y ajouter une partie de gomme arabique.

1730. *Pourquoi trempe-t-on la partie du linge où l'on veut poser la marque dans du* CARBONATE DE SOUDE *ou dans un peu de savon?* — Pour rendre la partie *plus ferme* et pour neutraliser l'acide nitrique, qui sans cette précaution détruirait le linge.

1731. *Pourquoi rend-on les caractères plus* NOIRS

en exposant le linge au SOLEIL *ou au feu?* — Parce que la lumière et la chaleur augmentent la réduction de l'argent ou sa précipitation à l'état de poudre métallique noire, très-divisée, et que c'est cette poudre noire qui dessine les caractères.

1732. *Comment peut-on* ENLEVER *les caractères formés avec le nitrate d'argent?* — Au moyen d'une dissolution de *cyanure de potassium.*

Le moyen le plus durable pour marquer le linge est le suivant : procurez-vous un cachet en fer portant en relief votre nom, et chauffez-le fortement. Couvrez avec un peu de sucre blanc bien pulvérisé la partie du linge où vous voulez mettre la marque ; appuyez fortement le cachet, et la marque ne pourra jamais s'enlever.

1733. *Quel est le* PRINCIPAL EMPLOI *des sels d'argent?* — Le parti vraiment étonnant qu'on en a tiré dans la photographie.

1734. *Sur quel* PRINCIPE *est basée la photographie?* — Sur le noircissement spontané des sels d'argent, principalement le chlorure et l'iodure exposés à la lumière. Très-probablement ce noircissement s'explique par la décomposition du sel d'argent avec dépôt de l'argent à l'état de division extrême : les métaux en poudre très-divisée, l'argent, l'or, le platine, etc., sont mous.

1735. *En quoi consiste essentiellement la photographie?* — On braque l'objectif d'une chambre obscure sur un objet quelconque, nature vivante ou morte, un paysage, un dessin, et l'on reçoit son image nette sur une glace dépolie : on substitue ensuite à la glace dépolie une surface plane, une plaque d'argent, ou une glace de verre, ou une feuille de papier enduite d'un sel d'argent chlorure ou iodure : les parties lumineuses de l'image noircissent le sel d'argent et impriment par conséquent sur la surface plane une image renversée de l'objet. On fait révéler cette image, on la fixe, on la lave, on la renforce au besoin; puis, par une seconde opération à peu près semblable, on convertit cette image renversée ou négative en image directe et positive dans laquelle les blancs correspondent aux lumières, et les noirs aux ombres, et l'on obtient ce qu'on appelle la photographie ou l'image exacte de l'objet, dessiné, par lui-même. On a obtenu ainsi des portraits fidèles même des objets célestes; le soleil avec ses taches, la lune avec ses cratères et ses montagnes, les planètes, etc.

1736. *Quels sont les principaux* GENRES *de photographie?*— La daguerréotypie sur plaqué d'argent; la talbotypie sur papier chloruré et sensibilisé ; la niepçotypie sur plaque de verre collodionée d'abord ou albuminée, puis chlorurée ou sensibilisée. La photographie en général a été inventée par un Français, Nicéphore Niepce, vers 1828 ; la daguerréotypie par un Français encore Daguerre, peintre de dioramas; la talbotypie par un Anglais, M. Fox Talbot ; la niepçotypie par Niepce de Saint-Victor, neveu de Nicéphore. Les photographies sur papier perdent de plus en plus de leur vigueur avec le temps, ou passent et s'effacent : on leur a substitué des impressions photographiques au charbon, aux poudres colorées ou aux encres grasses, qui ne s'altèrent plus. On est aussi parvenu à faire des émaux photographiques inaltérables. On a créé enfin la photographie microscopique, dont les merveilles sont incomparables. Sur une petite surface large comme la pointe d'une épingle on voit nettement un tableau tout entier, l'image est à la base d'un petit cylindre dont l'autre extrémité arrondie en boule fait l'office de microscope grossissant. Ce petit monde de merveilles est dû principalement à M. Dagron.

8° Oxydes de mercure, d'or, de platine.

1737. *Le* MERCURE *s'oxyde-t-il?* — Oui, mais à une température élevée, et non pas à la température ordinaire ; s'il se ternit à l'air, c'est parce qu'il contient le plus souvent d'autres métaux qui s'oxydent au contact de l'air.

1738. *Si le mercure se ternit, pourquoi conserve-t-il son éclat dans les tubes* BAROMÉTRIQUES *et* THERMOMÉTRIQUES? — Parce que l'*air en est exclu*, et que le verre empêche le contact de l'humidité avec le mercure.

1739. *L'humidité de l'air ternit-elle l'or ?* — Non ; l'humidité de l'air n'oxyde pas l'or, quoique les chimistes puissent former deux combinaisons de l'or avec l'oxygène.

1740. *Quel est le métal qui ne s'oxyde à l'air à* AUCUNE *température?* — Le *platine*. Cette propriété rend ce métal très-précieux pour la confection des *creusets* et des arcs gradués des instruments mathématiques.

Le *platine*, dont le nom est emprunté de l'espagnol PLATINA (*petit argent*), a été importé du Brésil en Europe, par M. Wood, en 1749. Il vient aujourd'hui de la Russie. Avant la découverte du platine et de ses propriétés, on faisait usage de l'or pour les instruments de précision.

1741. *Pourquoi fait-on de* PLATINE *certaines plaques*

des piles GALVANIQUES *et les creusets dans lesquels on emploie les* ACIDES ? — On l'emploie dans les piles parce qu'il est très-électro-négatif; on l'emploie en creusets parce qu'il n'est attaqué que par l'eau régale. Il faut bien se garder de faire fondre dans du platine un alcali caustique, potasse ou soude, qui le corrodorerait.

1742. *Pourquoi les* CREUSETS *de platine se* CASSENT-*ils lorsqu'on les chauffe sur un feu de* CHARBON ? — Parce que le carbone attaque le platine rouge, le rend rugueux et *cassant*. C'est pour ces raisons qu'on doit toujours éviter de chauffer les creusets de platine au *contact du charbon*.

9° Oxydes divers.

1743. *Quels sont les métaux qui manifestent la plus grande* AFFINITÉ *pour l'*OXYGÈNE ? — Le *potassium* et le *sodium*.

La potasse est un oxyde de potassium. La soude est un oxyde de sodium. Le potassium et le sodium sont deux métaux blancs et mous.

1744. *Comment le* POTASSIUM *et le* SODIUM *manifestent-ils leur affinité pour l'oxygène?* — Ils *décomposent l'eau* aussitôt qu'ils se trouvent en contact avec elle.

1745. *Quel* EFFET *produit le* POTASSIUM *sur l'*EAU ? — Il s'empare de l'oxygène de l'eau et dégage l'hydrogène, gaz qui s'enflamme par la chaleur que produit le potassium dans l'*acte de sa combinaison avec l'oxygène*.

L'eau se compose d'*oxygène* et d'*hydrogène* combinés ensemble.

1746. *Quel effet produit le* SODIUM *sur l'*EAU ? — Il

la *décompose* et subit une rapide oxygénation; néanmoins il ne produit pas toujours de la *flamme* lorsqu'on le jette dans l'eau.

1747. *Citez quelques* PIERRES PRÉCIEUSES *qui sont des oxydes?* — 1° Le *rubis*, la *topaze orientale*, l'*améthyste orientale* et le *saphir* sont de l'oxyde d'aluminium coloré. — L'*émeri* est l'oxyde d'aluminium mêlé à beaucoup d'oxyde de fer; — 2° la *topaze du Brésil;* le *rubis de Bohême*, la *calcédoine*, le *jaspe oriental*, l'*agate* et la *cornaline* sont formés de cristal de roche, ou oxyde de silicium ou silice, coloré par des oxydes métalliques; l'*opale* est de l'acide silicique hydraté.

Le *diamant* est du carbone cristallisé.

L'*hyacinthe* ou *jacinthe* est un silicate de zircone.

L'*émeraude* ou *aigue-marine* est un silicate double d'alumine et de glucyne.

L'ALUMINE, ou oxyde d'aluminium, est quelquefois appelée *argile pure.*

La ZIRCONE est un oxyde du métal zirconium.

La GLUCYNE est un oxyde du glucynium; c'est une terre molle et blanche, qu'on obtient du *béryl* et de l'émeraude.

Le SILEX est l'acide silicique impur. Le silex *pur* constitue le quartz ou cristal de roche.

1748. *Citez quelques* PIERRES *très-utiles qui se composent d'acide* SILICIQUE *mêlé de quelques autres substances, notamment d'alumine et d'oxyde de fer?* — 1° Les *pierres meulières* des environs de Paris, qu'on emploie ordinairement dans les constructions; — 2° les *silex*, les *tripolis*, les *sables*, et aussi les *grès* qui servent pour le pavage des routes.

1749. *Qu'est-ce que le* VERRE? — Le verre s'obtient par une simple fusion de *sable* avec des *oxydes alcalins.*

1750. *De quelle manière les* VERRES *sont-ils* COLORÉS? — Les verres sont colorés par des *oxydes métalliques* fondus dans la pâte des verres blancs.

On obtient le *bleu* avec l'oxyde de cobalt;

Le *pourpre*, le *violet*, le *rouge* et le *carmin* avec le pourpre de Cassius, le protoxyde de cuivre et le silicate de manganèse;

Le *vert* avec le silicate de cuivre, l'oxyde de chrome, un mélange d'oxyde de cobalt avec l'oxyde d'urane, l'oxyde de plomb, etc., etc.

Le *noir* et le *gris* avec les oxydes de manganèse, de cobalt et de fer.

1751. *Qu'appelle-t-on verres solubles?* — Des silicates de potasse ou de soude dont la découverte est due à Nicolas Fuchs de Munich, et qui reçoivent aujourd'hui industriellement de très-nombreuses applications dans la préparation de peintures ou revêtements inaltérables, dans la fabrication des ciments, des pierres et des marbres artificiels, dans la préparation d'une sorte d'écume de mer pour pipes, dans l'amélioration des savons, etc., etc. Un Français, M. Mignot, a su tirer des silicates solubles un parti vraiment admirable.

CHAPITRE II

L'hydrogène et ses composés.

§ 1. — HYDROGÈNE.

1752. *Qu'est-ce que l'*HYDROGÈNE? — L'hydrogène est un gaz beaucoup plus léger que l'air, incolore, *inflammable*, qui, comme son nom le rappelle, entre dans la *constitution de l'eau*.

Le mot *hydrogène* est dérivé de deux mots grecs (γίγνομαι et ὕδωρ, *engendrer l'eau*).

On peut obtenir très-facilement le gaz hydrogène en grand, en faisant dissoudre du *zinc* ou du *fer* dans un peu d'*acide sulfurique étendu d'eau*, de la manière suivante : mettez des morceaux de zinc ou de la limaille de fer dans un vase, versez dessus un peu d'acide sulfurique étendu dans deux fois autant d'eau ; couvrez ensuite le vase, et une infinité de petites bulles formées de gaz hydrogène se dégageront.

1753. *A quelle époque l'*HYDROGÈNE *a-t-il été* DÉCOUVERT ? — Le gaz hydrogène avait été obtenu dès la fin du XVIIe siècle ; mais c'est seulement en 1766 que *Cavendish*, célèbre physicien anglais, fit connaître ses principales propriétés.

Cavendish l'appela d'abord *air inflammable*.

1754. *Quelles sont les* PROPRIÉTÉS *physiques de l'*HYDROGÈNE ? — 1° Il est toujours *gazeux*, *invisible* comme l'air, sans *odeur* ni *saveur* ; — 2° sa pesanteur spécifique est beaucoup *moindre* que celle de l'air et de tous les autres fluides élastiques ; — 3° il jouit de la propriété de *s'enflammer* au contact de l'air, par l'approche d'une bougie allumée ; — 4° il *éteint* sur-le-champ une allumette en ignition, mais sans flamme, qu'on y plonge.

1755. *Pourquoi les* AÉROSTATS *s'élèvent-ils quand ils sont remplis de gaz* HYDROGÈNE ? — Parce que ce gaz est environ 14 fois *plus léger* que l'air atmosphérique.

1756. *Pourquoi des bulles de* SAVON, *gonflées avec du gaz hydrogène, s'*ÉLÈVENT-*elles dans l'air ?* — Parce que le gaz hydrogène est *beaucoup plus léger* que l'air atmosphérique.

1757. *Pourquoi ces bulles prennent-elles* FEU *à l'approche d'une bougie allumée?* — Parce que le gaz hydrogène qui les gonfle est *très-inflammable* au contact de l'air.

1758. *La* FLAMME *du gaz hydrogène est-elle brillante?* — Non; la flamme du gaz hydrogène pur est *très-peu brillante;* mais, de tous les corps combustibles, l'hydrogène est celui qui produit *la plus grande chaleur;* cette chaleur augmente considérablement lorsqu'on alimente la combustion avec du gaz oxygène.

La flamme du gaz hydrogène alimentée par de l'oxygène produit la plus haute température que l'on ait encore obtenue par la combustion.

1759. *Pour quel* USAGE *emploie-t-on une flamme qui produit une chaleur si intense?* — Elle est employée en chimie par ceux qui font des analyses au *chalumeau.*

1760. *Qu'est-ce que la lumière* DRUMMOND? — Le jet enflammé d'un mélange de deux volumes de gaz hydrogène et d'un volume de gaz oxygène, *projeté sur un bâton de craie.* La chaux devenue incandescente produit une lumière *excessivement vive.*

On emploie cette lumière pour le *microscope à gaz* et les projections. La découverte de cette lumière est due à Drummond, chimiste anglais.

1761. *Expliquez la construction d'un* BRIQUET *à gaz hydrogène.* — On fait arriver un jet de gaz hydrogène sur un morceau *d'éponge de platine* au *contact de l'air:* — l'éponge de platine devient incandescente, et le gaz prend feu.

1762. *Qu'est-ce que le gaz qui sert pour l'*ÉCLAIRAGE? — Le gaz qui sert pour l'éclairage s'appelle *hydrogène bicarboné;* il est produit par la décomposition des charbons de terre, au moyen de la distillation.

§ 2. — EAU OU PROTOXYDE D'HYDROGÈNE (HO).

1763. *Qu'est-ce que l'*EAU? — L'eau est un *oxyde d'hydrogène;* elle est composée des deux gaz, *oxygène* et *hydrogène.*

L'eau se forme, en *volume*, de 1 partie d'oxygène et de 2 parties d'hydrogène; mais, *en poids*, elle se forme de 1 partie d'oxygène et de 8 d'hydrogène.

Le nom scientifique de l'eau est OXYDE HYDRIQUE OU PROTOXYDE D'HYDROGÈNE.

1764. *Quel est l'état ordinaire de l'eau?* — L'eau à l'état ordinaire, ou aux températures moyennes de nos contrées, est liquide ; elle passe à l'état solide quand la température descend, et à l'état gazeux quand la température augmente au delà de certaines limites. On a appelé zéro la température de la congélation de l'eau, et 100 degrés la température de sa vaporisation à la pression de 76 centimètres, au niveau de la mer.

1765. *Qu'est-ce que l'*EAU DISTILLÉE? — L'eau qui a été *convertie en vapeur* et qui a repris l'état liquide en se refroidissant.

1766. *Pourquoi l'eau* DISTILLÉE *est-elle la plus* PURE *de toutes les eaux?* — Parce que la distillation en sépare tous les *principes salins* qu'elle tenait en dissolution : ceux-ci, n'étant pas volatils, restent au *fond de l'alambic*, tandis que la vapeur aqueuse s'élève pure, et reproduit ensuite, en se condensant, un liquide complétement dépouillé de toute *matière étrangère.*

1767. *Quelles matières* ÉTRANGÈRES *contient l'*EAU? — L'eau contient presque toujours des matières *salines*, souvent des *sels calcaires*, quelquefois des *sels ferrugineux* et du *sulfate de magnésie*, quelquefois aussi de l'*acide carbonique* et de l'hydrogène sulfuré libre ou combiné, etc.

Les carbonates sont ordinairement tenus en dissolution dans l'eau par l'acide carbonique en excès.

1768. *Pourquoi l'*EAU DISTILLÉE *n'est-elle pas bonne comme* BOISSON? — Parce qu'elle a une saveur *fade*, et qu'elle fait éprouver un sentiment de pesanteur à l'estomac.

1769. *Pourquoi l'*EAU DISTILLÉE *et l'eau qui a bouilli ont-elles une saveur* FADE *et* INSIPIDE? — Parce qu'elles ne renferment plus d'*air* en dissolution.

Il suffit d'agiter fortement au contact de l'air l'eau distillée ou bouillie pour lui faire reprendre ses qualités agréables.

1770. *A quoi les eaux doivent-elles leur qualité pétillante?* — A l'air qu'elles renferment.

1771. *Quelle est l'*EAU *la plus pure après l'eau distillée?* — L'*eau de pluie*; mais, comme elle tombe ordinairement sur les toits avant d'être recueillie, elle dissout une petite quantité de substances étrangères.

1772. *Pourquoi dit-on que l'eau de pluie est* DOUCE? — Parce que : 1° elle ne contient pas ou contient très-peu de sels calcaires; 2° elle *dissout le savon* sans produire de grumeaux et elle cuit bien les légumes; 3° enfin, évaporée jusqu'à siccité, elle ne laisse qu'un *faible résidu.*

1773. *Pourquoi l'eau de* PLUIE *n'a-t-elle pas de* SAVEUR *sensible?* — Parce qu'elle ne contient que très-peu de *sels* et d'air.

Ce sont les sels et l'air qui rendent l'eau sapide et capable d'agir sur l'économie animale.

1774. *Pourquoi l'eau de* PLUIE *a-t-elle la propriété de bien cuire les* LÉGUMES *et de dissoudre le* SAVON *sans donner lieu à des grumeaux?* — Parce qu'elle ne contient que très-peu de sels calcaires, qui privent l'eau d'une partie de son pouvoir dissolvant.

1775. *Pourquoi les eaux de* PLUIE, *des* PUITS, *des* CITERNES, *etc., deviennent-elles presque toujours, au bout d'un certain temps,* FADES *et même fétides?* — Parce que : 1° les quantités d'*air* et d'*oxygène* qu'elles contenaient diminuent; 2° les matières organiques qu'elles renfermaient entrent en putréfaction.

1776. *Pourquoi les eaux de pluie, de citerne, etc., perdent-elles leur* OXYGÈNE? — Parce qu'elles tiennent ordinairement en dissolution des *matières organiques.* La désoxygénation de l'eau est produite par ces matières végétales et animales, qui, en s'unissant à l'oxygène, se décomposent et pourrissent.

1777. *Pourquoi l'eau* PLUVIALE *qu'on recueille sur les toits, et que l'on conserve dans les tonneaux, a-t-elle presque toujours un goût de* CROUPI? — Parce que :

1° l'eau qu'on laisse séjourner dans un vase de bois perd très-promptement la totalité de *son oxygène* et devient fade ; 2° la profondeur des tonneaux empêche l'eau de reprendre à l'atmosphère, qui ne peut y circuler, l'air que le bois lui enlève ; 3° l'eau est imprégnée de diverses *matières organiques*, qu'elle tire des toits, des arbres ou des réservoirs mêmes, et qui s'y décomposent.

1778. *Pourquoi l'eau des* MARAIS, *pendant les grandes chaleurs de l'été, a-t-elle presque toujours une* ODEUR *désagréable?* — Parce qu'elle tient alors en dissolution une plus grande quantité de *matières organiques* qui, par leur décomposition incessante, donnent naissance à des gaz infects et à des émanations délétères.

Ces gaz sont notamment l'hydrogène sulfuré, l'hydrogène phosphoré, et certains produits ammoniacaux.

1779. *Pourquoi les* QUAIS *et les ports ont-ils, surtout pendant l'été, une mauvaise* ODEUR *lorsque la mer est* BASSE ? — Parce que la boue contient une forte quantité de *matières organiques*, dont la putréfaction engendre des gaz infects et délétères.

1780. *Pourquoi l'eau* STAGNANTE *se* PUTRÉFIE-*t-elle?* — Parce que les feuilles des arbres, les plantes les insectes, etc., qui se trouvent dans l'eau, s'y *décomposent* sous l'influence de l'oxygène humide.

1781. *Pourquoi l'eau* STAGNANTE *se trouve-t-elle pleine de* VERS, *d'insectes, etc.?* — Parce qu'un grand nombre d'insectes pondent leurs *œufs* sur les feuilles et sur les plantes qui flottent à la surface de l'eau ; ces œufs éclosent promptement et produisent des essaims de vers et d'insectes.

1782. *Pourquoi l'eau* VIVE *ne contient-elle pas ces impuretés?* — Parce que le courant emporte à la *mer* toutes les substances impures aussitôt qu'elles se développent; ces substances sont noyées dans une masse d'eau si grande, qu'elles ne sont pas appréciables.

1783. *Pourquoi l'*EAU *de* MER *est-elle saumâtre?* — Parce qu'elle tient en dissolution une certaine quantité de *matières salines*, dont le sel commun est la principale.

1784. *Quelles matières salines contient l'*EAU DE MER? — Des sulfures et des chlorures, des sulfates et des chlorhydrates de chaux, de soude, de magnésie, de cuivre, etc. Ces sels n'empêchent pas que le pain fait à l'eau de mer ait des qualités hygiéniques très-grandes et soit agréable au goût.

1,000 grammes d'eau de mer contiennent environ :

27 grammes de sel commun (*chlorure de sodium*),
7 grammes de sulfate de soude,
1 gramme d'autres matières solides, consistant principalement en chlorure de calcium, chlorure de magésium, iodure et bromure de magnésium,
964 grammes d'eau.

1785. *Puisque les nuages sont dus à l'évaporation de la mer, pourquoi l'eau de* PLUIE *n'est-elle pas* SALÉE? — Parce que les matières salines *ne se volatilisent pas* : par conséquent, toutes les fois que l'eau de mer se convertit en vapeur, elle abandonne ses matières salines.

MM. Wells et Davies ont inventé, en 1856, et MM. Rocher (de Nantes) ont perfectionné un appareil distillatoire pour la marine, en sorte qu'aujourd'hui les navigateurs sont à l'abri des souffrances qu'entraînait autrefois le manque d'eau douce à bord des bâtiments.

1786. *Pourquoi dit-on de l'eau de* POMPE *qu'elle est* DURE? — Parce qu'elle contient du sulfate ou du carbonate de chaux : 1° elle est de *digestion difficile;* 2° elle ne peut *cuire* les légumes ni *dissoudre* le savon; 3° elle forme une *croûte* épaisse sur les parois des vases dans lesquels on la laisse évaporer.

Le savon et les matières organiques des légumes forment des *sels insolubles* avec la chaux de l'eau de pompe.

1787. *Quelle est la cause qui rend* DURE *l'eau de* POMPE? — Lorsqu'elle filtre à travers le sol, elle s'imprègne de *sulfate et de carbonate de chaux,* aussi bien que de certaines autres matières empruntées aux terrains et aux minéraux qu'elle rencontre sur son passage.

1788. *Pourquoi est-il plus facile de* LAVER *avec l'eau* DOUCE *qu'avec l'eau* DURE? — Parce que l'eau douce s'unit librement avec le savon, et *le dissout,* au lieu de le décomposer, comme l'eau dure.

1789. *Pourquoi est-il* DIFFICILE *de laver avec l'eau* DURE? — Parce que : 1° la *soude de savon* se combine avec l'*acide sulfurique* des sels de chaux de l'eau dure; 2° l'*huile* du savon soluble se combine avec la *chaux* de l'eau pour former un savon insoluble à l'état de grumeaux qui flottent à la surface.

L'eau dure contient du *sulfate de chaux,* formé d'acide sulfurique et de chaux.

1790. *Pourquoi est-il difficile de* LAVER *avec l'eau de* MER? — Parce qu'elle contient des matières salines qui privent l'eau d'une portion de son *pouvoir dissolvant.* Les tissus mouillés d'eau de mer sèchent très-difficilement.

1791. *Pourquoi les* LÉGUMES *cuisent-ils moins bien dans de l'eau* DURE ? — Parce que l'eau dure cède aux légumes qu'on y cuit sa *chaux*, qui durcit considérablement le tissu végétal en se combinant avec lui.

1792. *Pourquoi l'eau* DURE BOUT-*elle plus lentement que l'eau douce?* — Parce que la présence de substances étrangères, et surtout du *sel marin*, retarde l'ébullition.

1793. *Quelles eaux sont les plus agréables comme* BOISSON ? — L'eau de source, l'eau des puits artésiens, et, dans certaines localités, l'eau de pompe.

1794. *Pourquoi l'eau de* SOURCE, *etc., est-elle plus agréable comme* BOISSON *que l'eau de pluie et l'eau de rivière?* — Parce que : 1° l'eau de source contient plus d'*air* et d'*acide carbonique* que l'eau douce; 2° sa *température* étant moins affectée par les variations atmosphériques, elle est plus fraîche en été, moins froide en hiver; 3° elle contient une moindre quantité de *matières organiques* que l'eau de rivière ou l'eau de citerne.

1795. *Quelles eaux sont les meilleures pour la* CUISINE, *la* TOILETTE *et le* BLANCHISSAGE? — Les eaux de *pluie* ou de *citerne* et de *rivière*, parce qu'elles ne renferment que très-peu de *sels terreux.*

1796. *Pourquoi les eaux qui ne renferment que très-peu de sels terreux sont-elles les meilleures pour la* CUISINE, *la* TOILETTE *et le* BLANCHISSAGE? — Parce qu'elles *cuisent bien les légumes* et *dissolvent le savon* sans former de grumeaux.

1797. *Comment peut-on rendre l'eau* DURE *propre à la* CUISINE, *à la* TOILETTE *et au* BLANCHISSAGE? — En y ajoutant, quelque temps avant d'en faire usage, un peu de *carbonate de soude* ou de *cendres de bois*.

1798. *Pourquoi un peu de* CARBONATE *de* SOUDE *ou de* POTASSE *rend-il l'eau pure propre aux besoins domestiques?* — Parce que le *carbonate de soude* ou de *potasse*, se combinant avec l'acide sulfurique du *sulfate de chaux* que l'eau dure contient, forme : 1° du carbonate de chaux qui se dépose; 2° du sulfate de soude ou de potasse qui reste en dissolution dans l'eau, à laquelle il ne communique aucune fâcheuse propriété.

1799. *Pourquoi un peu de* CENDRES DE BOIS *adoucissent-elles et épurent-elles les eaux?* — Parce qu'elles agissent comme le carbonate de soude ou de potasse par la potasse qui entre dans leur composition.

1800. *Pourquoi doit-on exposer au* GRAND AIR L'EAU *dont on se sert pour le* BLANCHISSAGE? — Pour laisser *s'échapper l'acide carbonique* que l'eau contient quelquefois; l'eau devient alors plus douce.

L'eau dure retient souvent en dissolution un peu de bicarbonate de chaux. Exposé à l'air, l'acide carbonique de ce bicarbonate s'échappe; la chaux, n'étant plus dissoute, se précipite, et l'eau devient moins calcaire.

Le bicarbonate contient deux fois plus d'acide carbonique que le carbonate.

1801. *Pourquoi l'*EAU DURE *devient-elle plus* DOUCE *lorsqu'on la fait bouillir?* — Parce que l'*acide carbonique* en excès qu'elle contient en est chassé, et que les *carbonates de chaux et de magnésie* qui y étaient en dissolution sont précipités.

1802. *Quelle est la cause des* CROUTES CALCAIRES *qui s'attachent aux parois des chaudières, des machines à vapeur, des bouilloires, etc.?* — Ces croûtes calcaires sont un dépôt de *carbonate* et de *sulfate de chaux*.

Ces incrustations contiennent pour 100 parties :

Sulfate de chaux.	46,29
Carbonate de chaux.	52,56
Substances diverses.	1,24
	100.

1803. *Quels* INCONVÉNIENTS *présentent ces incrustations?* — 1° Elles *retardent la transmission de la chaleur*, et obligent ainsi à *consommer plus de combustible* pour porter l'eau à l'ébullition; — 2° elles exposent aux *explosions;* — 3° elles communiquent à l'eau une *saveur désagréable*.

1804. *Comment les croûtes calcaires* RETARDENT-*elles l'*ÉBULLITION *de l'eau?* — Elles retardent l'ébullition en empêchant le *contact immédiat du liquide* avec le *métal*.

M. le professeur Faraday a enregistré le cas d'un paquebot frété pour Trieste (Italie) dont le générateur à vapeur était tellement encroûté, que les ingénieurs ne pouvaient pas y faire bouillir l'eau. Il fut nécessaire d'employer pour combustible, non-seulement tout le charbon, mais aussi les vergues, les agrès, les cloisons, les câbles, une partie de la cargaison, etc., avant de pouvoir faire entrer le paquebot dans le port.

1805. *Comment ces croûtes calcaires formées sur les parois d'une chaudière ou d'une machine à vapeur peuvent-elles* CAUSER *une* EXPLOSION? — Lorsque les croûtes épaisses formées au fond des chaudières se rompent, l'eau est tout à coup mise en *contact avec le métal chauffé*, et forme subitement une *masse de vapeur* telle, qu'elle agit sur la chaudière comme le ferait un *violent coup de marteau,* et peut en déterminer l'explosion.

1806. *Pourquoi ces incrustations se* ROMPENT-*elles?* — Parce qu'elles ne sont pas élastiques, et que le métal se *dilatant* plus qu'elles par la chaleur du feu, cette dilatation *déchire* la croûte épaisse adhérente aux *parois de la chaudière.*

1807. *Comment peut-on* ATTAQUER *et* ÔTER *ces croûtes calcaires?* — Au moyen de l'*hydrochlorate d'ammoniaque,* qui dissout tout le carbonate et détache la croûte adhérente aux parois des chaudières.

L'hydrochlorate d'ammoniaque, c'est le *sel ammoniac.*

1808. *Pourquoi l'hydrochlorate* D'AMMONIAQUE *détache-t-il les croûtes calcaires adhérentes aux parois des chaudières et des bouilloires?* — Parce que : 1° l'acide chlorhydrique se combine avec le carbonate des croûtes calcaires et les convertit en *chlorure de calcium,* qui se dissout dans l'eau ; — 2° l'acide carbonique de ces croûtes se combine avec l'ammoniaque, et forme du *carbonate d'ammoniaque,* qu'on peut enlever facilement des chaudières.

1809. *Comment peut-on* EMPÊCHER *ces incrustations de se former sur les parois des bouilloires?* — En ajoutant à l'eau un peu de *carbonate de soude.* Si une bouilloire se trouve encroûtée, il faut y faire bouillir un peu de *sel ammoniac* dans de l'eau.

1810. *Quelle est la cause des* PÉTRIFICATIONS? — Certains sels de l'eau, comme le *carbonate de chaux,* etc., sont tenus en dissolution à la faveur d'un excès d'acide carbonique, tant que l'eau coule *sous le sol;* mais, aussitôt que la source arrive en plein air, l'*acide carbonique s'échappe*, et alors les sels se précipitent sur les substances diverses qui se trouvent dans le courant. D'autres eaux, comme celles de la fontaine d'Allyre près Clermont-Ferrand, sont très-chargées de sulfate de chaux qui se dépose sur les objets qu'elles arrosent.

1811. *Qu'est-ce qu'une* PÉTRIFICATION? — Une infiltration de *matières siliceuses*, ou de *chaux*, en combinaison avec du *fer* ou avec des *pyrites ferrugineuses*, dans les pores d'un corps organisé, de manière qu'en très-peu de temps ce dernier présente tout à fait l'apparence de la pierre.

1812. *Quelle est la cause des* STALACTITES *et des* STALAGMITES? — Lorsque les eaux saturées de *carbonate de chaux* s'infiltrent dans les fissures de pierres situées à la voûte d'une cavité souterraine, elles laissent, par leur évaporation, des *molécules de sel calcaire* à sec. Celles-ci se recouvrent incessamment de nouvelles molécules, et bientôt cette agglomération forme des tubes, etc., qu'on appelle stalactites et stalagmites.

1813. *En quoi une* STALACTITE *diffère-t-elle d'une* STALAGMITE? — On appelle *stalactites* les concrétions qui se forment à la *voûte* des cavernes; et *stalagmites* celles dont la formation est due à la chute du liquide sur le *sol*.

Stalactite, du grec σταλάζειν (*dégoutter*).
Stalagmite, du grec σταλαγμός (*une goutte*).

1814. *Quelle est la cause des propriétés particulières*

des EAUX MINÉRALES? — Quand l'eau s'infiltre à travers les diverses *couches minérales du sol,* elle se charge de substances salines, etc., et acquiert ainsi des propriétés médicinales et des saveurs variables, suivant la diversité des terrains qu'elle parcourt.

Les matières principales qui se trouvent dans les eaux minérales sont les sulfates, les carbonates et les hydrochlorates de soude, de chaux et de magnésie; quelquefois des traces de carbonate et de peroxyde de fer, quelquefois aussi des traces de silice et d'arsénic qui donnent souvent aux eaux leur efficacité.

1815. *Pourquoi certaines* EAUX MINÉRALES *sont-elles* THERMALES, *c'est-à-dire chaudes et quelquefois bouillantes?* — La *chaleur* des eaux minérales dépend de la *profondeur* et de la *nature* des terrains qu'elles parcourent. Comme la chaleur souterraine augmente progressivement avec la profondeur, les eaux qui jaillissent d'une *plus grande profondeur* sont *plus chaudes.*

1816. *Pourquoi l'*EAU NETTOIE*-t-elle le* LINGE *sale?* — Parce qu'elle pénètre les substances qui forment les taches de linge sale, en désagrége les différentes parties et les *dissout* comme elle dissout le sel, etc.

1817. *Pourquoi le* SAVON *augmente-t-il le pouvoir détersif de l'eau?* — Parce qu'un grand nombre des taches du linge sont de nature *grasse*, et que l'alcali, en excès dans le savon, s'unissant avec ces matières, les convertit en savons solubles dans l'eau.

1818. *Pourquoi un peu de* CENDRES DE BOIS *ou de* CARBONATE DE SOUDE *aident-ils le pouvoir détersif de l'eau?* — Parce que la potasse des cendres ou la soude du carbonate, dissoutes par l'eau, sont aptes à former avec les corps gras des savons solubles que le lavage emporte: le nettoyage est alors plus parfait.

1819. *Pourquoi l'*EAU DISSOUT-*elle le* SUCRE *et le sel?* — Parce que les molécules de l'eau s'insinuent dans les pores du sucre et du sel par la *capillarité*, et se combinent d'une certaine manière avec les atomes de ces corps.

1820. *Pourquoi le* SUCRE *et le sel donnent-ils un* GOUT *à l'eau?* — Parce qu'ils se divisent en *particules très-ténues*, qui flottent dans l'eau et se combinent avec elle.

1821. *Pourquoi l'eau* CHAUDE *dissout-elle le sucre et le sel plus promptement que l'eau froide?* — Parce que l'affinité ou le pouvoir dissolvant de l'eau pour le sucre et le sel est plus grande à chaud qu'à froid; dans d'autres cas, au contraire, la dissolution est plus active à froid qu'à chaud.

CHAPITRE III

Le nitrogène ou azote et ses composés.

§ 1. — AZOTE.

1822. *Qu'est-ce que le* NITROGÈNE *ou l'azote?* — Un gaz incolore, sans odeur ni saveur, qui est très-répandu dans l'air atmosphérique, qui entre aussi dans la composition de plusieurs *matières végétales* et de la plupart des *matières animales*.

1823. *Quels sont les* CARACTÈRES *distinctifs du gaz* NITROGÈNE *ou azote?* — 1° Il ne brûle point; — 2° il ne peut entretenir seul ni la *respiration* ni la *combustion;* — 3° il éteint les corps en combustion; — 4° il forme à peu près les quatre cinquièmes de l'air atmosphérique.

1824. *Pourquoi a-t-on appelé ce gaz* NITROGÈNE? — Parce qu'il forme, avec l'oxygène, l'*acide nitrique*, acide qui, en se combinant avec la potasse, produit le *nitrate de potasse*, appelé communément nitre ou *salpêtre.*

L'acide nitrique s'appelle aussi *acide azotique.* Le nitrate de potasse s'appelle *azotate de potasse.*

1825. *Pourquoi l'a-t-on appelé aussi* AZOTE? — Parce qu'il prive de la vie ou qu'il n'entretient pas la vie. Un oiseau, par exemple, plongé dans une cloche pleine de ce gaz, tombe *asphyxié* en moins d'une minute.

1826. *Le gaz* AZOTE *est-il véritablement* DÉLÉTÈRE? — Non; il donne la mort seulement parce qu'il prive le sang veineux du *contact de l'oxygène*, et s'oppose, par conséquent, à la transformation du sang *veineux* en sang *artériel.*

Si on retire l'oiseau de la cloche presque aussitôt après que l'asphyxie a eu lieu, et qu'on l'expose à l'air, il reprend bientôt ses forces premières.

Plusieurs chimistes ont osé respirer une assez grande quantité d'azote pour prouver qu'il n'est pas véritablement délétère ou *a-zotique*, comme le gaz hydrogène sulfuré, etc., etc.

1827. *A qui doit-on la* DÉCOUVERTE *du gaz* AZOTE? — Au docteur Rutherford, physicien d'Édimbourg, qui l'annonça en 1772.

On peut facilement obtenir le gaz azote de la manière suivante : on place sur la surface de l'eau d'une cuve un large bouchon de liége sur lequel on dispose une petite capsule de porcelaine. On introduit dans cette capsule un morceau de *phosphore* auquel on met le feu, et l'on recouvre immédiatement la capsule d'une grande cloche, dont on enfonce le bord dans l'eau. En peu de temps, l'*oxygène* de l'air contenu sous la cloche disparaîtra *par suite de sa combinaison avec le phosphore*, et l'azote y restera seul.

La fumée blanche qui monte dans la cloche pendant cette expérience est l'*acide phosphorique*, c'est-à-dire le phosphore en combinaison avec l'oxygène de l'air. Ce gaz se dissout bientôt dans l'eau.

§ 2. — COMPOSITION DE L'AIR ATMOSPHÉRIQUE.

1828. *Quels sont les éléments de l'*AIR ATMOSPHÉRIQUE? — L'air atmosphérique consiste essentiellement en un mélange d'*oxygène* et d'*azote,* dans des proportions que l'on trouve sensiblement les mêmes sur tous les points du globe, c'est-à-dire d'un cinquième de son volume d'oxygène et de quatre cinquièmes d'azote.

Il renferme de plus une très-petite quantité d'acide carbonique et une quantité variable de vapeur d'eau. Il contient, en outre, mais en quantités à peine appréciables, quelques autres gaz ou vapeurs qui proviennent de la décomposition des matières végétales et animales.

1829. *Pourquoi y a-t-il* TANT *de gaz* AZOTE *dans l'air atmosphérique?* — Pour *diluer* l'oxygène, car si l'oxygène de l'air n'était pas fort mélangé, les *feux brûleraient trop vite*, et la *vie* même s'*épuiserait très-rapidement;* mais aussi pour entretenir la vie du règne végétal. L'azote est nécessaire à la vie, au développement, à la fructification des plantes; il est l'élément essentiel des engrais. Un des plus grands problèmes à l'ordre du jour est l'extraction de l'azote de l'air et sa transformation économique en ammoniaque. M. le comte de Douhet demande qu'on propose dans ce but un prix de 1,500,000 fr. L'azote sous forme d'ammoniaque est contenu en très-grande quantité dans les déjections des hommes et des animaux, dont on pourrait, dont on devrait par conséquent tirer un bien plus grand parti dans l'engraissement des terres.

1830. *Pourquoi ne peut-on pas* VOIR *l'*AIR *ambiant?* — Parce qu'il est parfaitement *transparent*, c'est-à-dire qu'il se laisse traverser par les rayons de lumière blanche sans la décomposer sensiblement.

1831. *L'air est-il* INCOLORE? — L'air est transparent, mais non absolument incolore. Il a une teinte *bleue* lorsqu'il est vu en *grande masse*.

1832. *Comment sait-on que l'*AIR *n'est pas* INCOLORE? — Si l'air était complétement incolore, le ciel serait comme une *voûte noire*, sans éclat ni couleur.

1833. *Si l'*AIR *a une teinte* BLEUE, *pourquoi celui qui nous entoure paraît-il parfaitement* INCOLORE? — Parce que les couleurs plus fortes des objets terrestres ou des nuages *éclipsent* la teinte faible de l'air qui les entoure.

1834. *Pourquoi le* CIEL *est-il quelquefois d'une couleur* BLEUE FONCÉE? — Parce que : 1° il n'y a pas alors dans l'atmosphère de *nuages* qui puissent *diluer* sa couleur; 2° quand le ciel est sans nuages, on voit l'air en *grande masse*. Tout récemment M. John Tyndall a démontré que le bleu des espaces célestes est dû à la suspension dans l'atmosphère d'une matière très-ténue, très-diffusée, qu'il désigne du nom de matière firmamentaire.

1835. *Pourquoi l'air n'est-il pas bleu quand le ciel est* COUVERT? — Parce que : 1° nous ne voyons qu'une *petite portion* de l'atmosphère; 2° la couleur plus forte des nuages *éclipse* la teinte plus faible de l'air.

1836. *Pourquoi le* CIEL *est-il toujours d'un* BLEU *très-foncé au sommet d'une haute* MONTAGNE? — Parce que les *nuages* sont au-*dessous* de l'observateur, qui ne voit que l'*atmosphère pure*, dont la teinte est azurée.

1837. *Pourquoi le* BLEU *du ciel est-il plus* FONCÉ *pendant l'*ÉTÉ, *surtout dans les climats chauds?* — Parce que : 1° les vapeurs ne forment pas de nuages, par conséquent on voit alors une très-grande masse d'air atmosphérique ; 2° une grande quantité de *vapeur aqueuse* est répandue dans l'air par l'évaporation, et cette vapeur augmente beaucoup l'intensité de sa couleur bleue.

De même, la mer aux endroits profonds paraît d'un bleu foncé, tandis qu'une petite quantité d'eau est parfaitement incolore.

1838. *Pourquoi le* CIEL *est-il* BLEU SOMBRE *pendant un beau clair de* LUNE? — Parce que : 1° nous voyons une *grande masse* d'air atmosphérique; 2° l'*ombre* de la nuit fait paraître la teinte bleue plus foncée.

1839. *Quel est l'effet de l'*AIR *atmosphérique sur la* LUMIÈRE? — Il transmet la lumière en la rendant diffuse; il la réfléchit, il la réfracte, etc.

CHAPITRE IV

Le carbone et ses composés.

§ 1. — CARBONE.

1840. *Qu'est-ce que le* CARBONE? — Un corps simple et solide, sans odeur ni saveur, le plus souvent d'une couleur noire; il brûle au feu, et constitue presque en totalité le *charbon* dont on se sert dans l'économie domestique.

1841. *Trouve-t-on dans la nature le* CARBONE *parfaitement* PUR? — Oui; il existe pur et cristallisé à l'état de *diamant*.

1842. *Où se rencontre le* DIAMANT? — Dans les terrains d'alluvion provenant de la destruction de roches anciennes, dont les débris ont été transportés par les eaux et se sont amoncelés dans des vallées et des plaines. M. Claude Collas a fait cette remarque très-curieuse que la série des gîtes diamantifères formait à la surface du globe une vaste ellipse qui, partant de la Russie, va au cap de Bonne-Espérance, de là en Californie et au Brésil; on dirait qu'un aérolithe dans sa course a semé les diamants sur cette zone très-limitée. M. le comte de Douhet est seul en possession d'un diamant noir plus léger que le diamant noir ordinaire, très-dur, capable d'un très-beau poli et de beaucoup de feux.

Les diamants sont fort rares au milieu de ces débris, et, pour les trouver, il faut laver et trier minutieusement de grandes masses de sable.

1843. *Citez certaines autres sortes de* CARBONE? — Le charbon de cornue et le graphite ou la plombagine.

1844. *Qu'est-ce que le* CHARBON DE CORNUE? — Une variété de *carbone*, qu'on désigne quelquefois sous le nom de *carbure de fer;* il s'engendre pendant la fabrication de la fonte et du gaz d'éclairage. C'est du charbon volatilisé qui s'est condensé à la voûte ou dans les coudes des appareils; il est très-dur, et rend de grands services dans la construction de la pile de Bunsen.

1845. *Comment la* FONTE *peut-elle produire le* GRAPHITE? — Lorsque la fonte est *liquide*, à une très-haute température, elle peut dissoudre une *proportion de carbone plus grande* que celle qu'elle peut retenir à une température plus basse; par conséquent, elle en abandonne, pendant le refroidissement, une portion qui prend une *forme quasi-cristalline* et qu'on appelle *graphite.*

1846. *Qu'est-ce que la* PLOMBAGINE *ou le* GRAPHITE NATUREL? — Une variété de *carbone* qu'on trouve à Borowdale, dans le Cumberland (en Angleterre), en Sibérie et dans quelques autres terrains d'ancienne formation.

La plombagine, appelée improprement *mine de plomb*, est la substance avec laquelle on fait les crayons.

1847. *En quoi la* PLOMBAGINE *diffère-t-elle du* DIAMANT? — Ces corps sont tous deux formés de *carbone;* mais, tandis que la plombagine se présente sous la forme de masses d'un brillant métallique, d'un *gris noirâtre*, faciles à *rayer* et à *couper*, le diamant offre une *transparence*, un *éclat* et une *dureté* incomparables.

1848. *Qu'est-ce que la* HOUILLE *ou charbon de terre?* — Une substance qu'on trouve en quantité considérable dans le sein de la terre, et qui est composée essentiellement de *carbone* et de *bitume*.

La houille est la substance qui produit le gaz de l'éclairage.

1849. *Pourquoi la* HOUILLE *est-elle un* COMBUSTIBLE *si excellent pour le chauffage domestique?* — Parce que : 1° elle contient une grande quantité de *carbone* et de gaz *hydrogène*, sous une forme très-*compacte et commode*; 2° elle répand en brûlant une *flamme agréable;* 3° elle n'est pas d'une *combustion difficile* comme le coke; 4° son *pouvoir rayonnant* étant bien *supérieur*, elle renvoie dans les appartements une *plus grande quantité de chaleur* que les autres combustibles.

1850. *Qu'est-ce que le* COKE? — La houille dépouillée par la calcination en vase clos de son bitume et de ses gaz.

1851. *Qu'est-ce que le pétrole?* — Une sorte de bitume ou de schiste, d'origine analogue à la houille, dont on a trouvé en Amérique des quantités considérables, que l'on extrait en creusant les puits, mais que l'on avait trouvés déjà sur beaucoup de points de la surface du globe : ces liquides purifiés par la distillation et séparés par ordre de densité sont devenus d'une grande ressource dans le chauffage, l'eclairage, la fabrication du gaz, etc., comme ils sont très-inflammables leur emploi exige des précautions minutieuses.

1852. *Qu'est-ce que le* MACHEFER? — Les scories vitreuses et ferrugineuses qui restent avec les cendres comme *résidu* de la combustion du coke ou du charbon de terre dans les industries du verre ou du fer.

1853. *Pourquoi le* MACHEFER NE BRULE-*t-il pas?* — Parce que la plus grande partie du *carbone* et de l'*hydrogène* qu'il contenait a été *consumée*, et que le résidu qui forme le mâchefer n'est pas *combustible*.

1854. *Pourquoi les* PIERRES *ne sont-elles pas* COMBUSTIBLES *aussi bien que le charbon de terre?* — Parce que: 1° elles ne contiennent ni *carbone* ni *hydrogène* comme le charbon de terre; 2° les éléments des pierres sont déjà en *combinaison avec l'oxygène*, et ne peuvent se combiner de nouveau avec ce gaz pour produire la combustion.

Les pierres sont, pour la plupart, des combinaisons naturelles de divers oxydes. Presque toutes sont formées :

De silex (*silicium et oxygène*;

D'alumine (*aluminium et oxygène*);

De chaux (*calcium et oxygène*);

De magnésie (*magnésium et oxygène*);

D'oxyde de fer et d'oxyde de manganèse unis 2 à 2, 3 à 3, 4 à 4, etc.;

De potasse (*potassium et oxygène*);

De soude (*sodium et oxygène*).

Elles contiennent plus rarement :

De la zircone (*zirconium et oxygène*);

De la glucyne (*glucynium et oxygène*).

La SILICE *est* un acide. *On doit regarder la plupart des pierres comme des silicates simples, doubles ou triples.*

La silice *et* l'alumine *sont les substances qui entrent le plus souvent et le plus abondamment dans leur composition.*

Certaines roches, comme les pyrites de fer, qui contiennent du soufre *et un peu de* carbone, *brûlent facilement. C'est à la combustion des pyrites qu'on demande actuellement avec de grands avantages le soufre de la fabrication de l'acide sulfurique.*

1855. *Qu'est-ce que le* NOIR DE FUMÉE? — C'est la fumée des résines ou du goudron, lorsqu'on les brûle dans une chambre fermée.

On obtient un dépôt de cette espèce lorsqu'on place une plaque de verre sur la partie supérieure de la flamme d'une chandelle. Le noir de fumée est un *carbone* mêlé de *matières huileuses*.

1856. *Qu'est-ce que le* CHARBON DE BOIS? — Le bois qu'on a soumis en vase clos ou à l'abri de l'air à une haute température, jusqu'à ce qu'on en ait expulsé *tous les gaz* et les *matières volatiles*.

1857. *Si l'on met des* CHARBONS *poreux réduits en poudre dans un vase qui contient du* VIN ROUGE, *et qu'on agite le vase, pourquoi le vin perd-il sa* COULEUR? — Parce que le carbone s'empare des *matières colorantes* du vin et le rend clair et incolore.

Tous les sucs des plantes, les vinaigres, les bières, les sirops bruns, etc., agités pendant quelques instants avec de la poudre de charbon, perdent aussi leur couleur.

1858. *Pourquoi* CARBONISE-*t-on les parois* INTÉRIEURES *d'une* POMPE *en bois et des* TONNEAUX *dans lesquels on conserve l'eau?* — Parce que : 1° le *charbon absorbe les matières putrides* qui pourraient donner à l'eau de l'odeur et du goût, et la conserve fraîche et salubre; 2° il empêche l'eau de pourrir le bois.

1859. *Comment peut-on* ENLEVER *l'*ODEUR *et la* SAVEUR *désagréable du poisson, du gibier et des viandes qui commencent à se* PUTRÉFIER? — Il faut les *entourer* de *charbon en poudre* ou de braise, les faire bouillir pendant quelques minutes, et les laver ensuite dans de l'eau fraîche; on s'apercevra bientôt que les viandes auront *perdu toute odeur* et pourront être employées comme *aliments*.

Si l'on fait bouillir de la viande trop avancée dans de l'eau à laquelle on ajoute du charbon, elle perdra sa mauvaise odeur.

1860. *Pourquoi le* CHARBON DÉSINFECTE-*t-il les* VIANDES *qui ont commencé à se putréfier?* — Parce qu'il *absorbe les gaz odorants*, et arrête les progrès de la décomposition.

1861. *Pourquoi le* CHARBON *absorbe-t-il les gaz* ODORANTS *des* VIANDES *avancées et de l'*EAU *stagnante?* — Parce qu'il est très-poreux; et que tous les corps *poreux* absorbent les gaz en plus ou moins grande quantité.

M. Fontaine rapporte que, pendant le mois d'août 1829, le poisson qui se trouvait dans une pièce d'eau perdit toute sa force et toute son activité. Il en mourait tous les jours par centaines; ceux qui avaient résisté aux effets de la maladie étaient couverts d'une sorte de mucus blanchâtre. Le propriétaire eut l'heureuse idée de jeter, à plusieurs reprises, du charbon de bois dans ce bourbier, et il fut agréablement surpris de la rapidité avec laquelle le poisson malade recouvra la fraîcheur et la santé.

1862. *Comment peut-on* CONSERVER *fort longtemps les viandes sans qu'elles se* PUTRÉFIENT, *même pendant les fortes chaleurs et les temps orageux?* — En les *couvrant de charbon de bois* pulvérisé; on peut alors les transporter au loin, ou les conserver longtemps sans qu'elles se corrompent. Lorsqu'il s'agit de les faire cuire, on les débarrasse aisément de cette poussière en les arrosant d'eau fraîche.

1863. *Pourquoi la poudre de* CHARBON *empêche-t-elle les viandes de se* PUTRÉFIER? — Parce que : 1° elle *empêche le contact de l'air;* 2° elle *absorbe l'humidité;*

3° elle absorbe aussi les *produits de la putréfaction* qui peut avoir commencé.

Le charbon de bois absorbe très-rapidement et très-abondamment l'humidité de l'air.

1864. *Pourquoi* CARBONISE-*t-on les bois des* PILOTIS *ou les* PIEUX *qui sont exposés à l'humidité?* — Parce que l'air et l'eau n'ont pas sur le *charbon* l'action qu'ils ont sur le bois; aussi les pieux carbonisés durent-ils plus longtemps.

1865. *Pourquoi doit-on* CARBONISER *un pieu plus* HAUT *que la partie qu'on plonge sous* TERRE? — De peur que la partie du pieu qui s'élève au-dessus de la terre ne *pourrisse* par l'action de la *pluie* et de l'humidité qui règne à la surface du sol.

On doit carboniser un pieu jusqu'à 30 centimètres environ au-dessus de la partie qu'on plonge sous terre.

1866. *Pourquoi certaines personnes se servent-elles de poudre de* CHARBON *de bois pour se nettoyer les* DENTS? — Parce que ce corps est tout à la fois *désinfectant* et *antiputride;* par conséquent, il *retarde la carie* des dents, il fait disparaître la *fétidité de l'haleine,* et entretient les dents propres et belles.

1867. *Pourquoi l'*EAU *la plus corrompue et la plus sale devient-elle potable lorsqu'on la filtre à travers du* CHARBON *de bois?* — Parce que le carbone se *combine avec les matières sapides et odorantes* de l'eau, et la rend fraîche et potable.

1868. *Comment peut-on* PURIFIER *par le* CHARBON *calciné les* MINES, *les puits et autres excavations souter-*

raines? — Il faut descendre, à deux ou trois reprises, un *chaudron rempli de charbon allumé*, et le laisser à chaque fois pendant une heure ou deux au fond du puits.

1869. *Pourquoi ces* CHARBONS *allumés* PURIFIENT-*ils les* PUITS *des gaz irrespirables?* — Parce qu'après s'être éteint, ce qui arrive bientôt, le charbon *absorbe* rapidement et abondamment les *gaz* méphitiques, acide carbonique ou autres; les mines et les puits redeviennent alors praticables aux ouvriers.

1870. *Pourquoi l'addition à l'eau d'un morceau de* PAIN RÔTI *la rend-elle plus* SALUBRE *pour les malades?* — Parce que la surface carbonisée du pain absorbe les *impuretés de l'eau* et la rend plus saine; le pain enlève à l'eau sa crudité, et lui communique un faible pouvoir alimentaire.

1871. *Comment construire un* EXCELLENT FILTRE? — Prenez un tonneau ouvert par le haut, percé de trous à son fond et dressé sur un bassin muni d'un robinet. Étendez tour à tour sur le fond du tonneau une couche de gros gravier, une couche de charbon de bois concassé, une couche de gros gravier, une couche de gravier fin; une seconde couche de charbon et une couche de gros gravier. Recouvrez le tout d'une nappe de drap ou d'une couverture de laine : l'eau versée sur le drap sortira parfaitement limpide, fraîche et saine.

§ 2. — ACIDE CARBONIQUE.

1872. *Qu'est-ce que l'*ACIDE CARBONIQUE? — Un gaz

formé d'*oxygène et de carbone*. Le docteur Black, chimiste anglais, désigna ce gaz, en 1755, sous le nom d'*air fixe*.

Bewdly appela ce gaz *air méphitique*, parce qu'il ne peut servir à la respiration. Ce fut Lavoisier qui lui donna le nom d'*acide carbonique*.

Le carbone forme avec l'oxygène plusieurs combinaisons. Les trois plus importants sont :

L'acide carbonique.	CO^2
L'oxyde de carbone.	CO
L'acide oxalique.	C^2O^3,HO.

Le procédé le plus simple pour obtenir le gaz acide carbonique consiste à attaquer avec un acide fort le carbonate de chaux, comme les pierres calcaires, la craie, le marbre, etc. Dans l'industrie des eaux de Seltz on emploie le carbonate de soude.

1873. *Quelles sont les* SOURCES *principales du gaz acide* CARBONIQUE? — L'acide carbonique existe dans l'air en très-petite quantité, il est vrai, mais en proportion constante; 2° il est un des résultats constants de la *combustion* des substances qu'on emploie à la production de la chaleur et de la lumière; 3° il s'en développe de grandes quantités par la *respiration* des animaux; 4° c'est l'un des principaux produits de la *décomposition* des matières organiques; 5° les *volcans* en activité lancent dans l'atmosphère des torrents de ce gaz; 6° il existe à l'état de combinaison solide dans toutes les variétés de *pierres calcaires*, aussi bien que dans les marbres, les craies, les marnes, etc.

1874. *Quel gaz est engendré par la* FLAMME *d'une bougie ou celle du feu?* — L'*acide carbonique*, qui se forme par la combinaison du *carbone de la cire* ou des combustibles avec l'*oxygène de l'air*.

1875. *En quelles circonstances le carbone se combine-t-il plus* PROMPTEMENT *avec l'oxygène?* — 1° Quand la *température* en est *très-haute;* ainsi, lorsque le carbone se trouve *rougi au feu*, l'oxygène se combine avec lui très-promptement; 2° lorsqu'il est comme dissous dans le *sang fluide :* dans l'acte de la respiration des animaux, l'oxygène de l'air se combine avec le carbone du sang veineux pour former de l'*acide carbonique* et du *sang artériel.*

1876. *Quel* EFFET *produit l'acide carbonique sur les* ORGANES *des animaux?* — Il agit d'une *manière négative*, en suspendant la respiration par défaut d'oxygène. En peu d'instants l'animal qui le respire est *asphyxié;* 2° il a une action *directe* sur les nerfs et le cerveau, en y produisant tous les symptômes de l'apoplexie; 3° l'acide carbonique est un véritable agent anesthésique qui endort les animaux auxquels on le fait respirer et les rend insensibles.

Asphyxie, privation subite du pouls, de la respiration et du mouvement (du grec ἀ-σφύξια, *sans pouls*).

1877. *Pourquoi éprouve-t-on parfois un* MAL DE TÊTE *pendant les* SOIRÉES *d'hiver?* — Parce que le feu, les bougies, et les personnes assemblées consument peu à peu l'*oxygène du salon*, remplacé par de l'*acide carbonique*, gaz qui a une action pernicieuse sur les nerfs et le cerveau, et produit un commencement d'asphyxie.

1878. *Pourquoi s'*ASSOUPIT-*on et sent-on du* MALAISE *dans les lieux de réunion, les églises, les amphithéâtres, les spectacles et les salles d'*ASSEMBLÉES *nombreuses?* — Parce que l'air ne peut se renouveler que très-imparfaitement, et qu'on ne respire qu'une *atmosphère viciée.*

1879. *Pourquoi l'air des lieux de* RÉUNION *est-il vicié?*

— 1° Par la présence d'une plus grande quantité d'*acide carbonique*, produit de la respiration; 2° par les *émanations impures* de la transpiration cutanée; 3° par la température plus élevée de l'air et son état hygrométrique.

1880. *Pourquoi sentons-nous parfois des* PICOTEMENTS *dans les* PIEDS *ou dans les* MAINS, *si notre appartement est trop hermétiquement fermé et trop chauffé?* — Parce que l'air de l'appartement ne se renouvelle pas; — l'*acide carbonique* qui remplace l'oxygène a une action directe *sur les nerfs* et nous cause un fourmillement incommode.

1881. *Pourquoi s'*ÉVANOUIT-*on quelquefois si un salon est très-chaud et trop plein de monde?* — Parce que l'acide carbonique du salon exerce une action pernicieuse sur le *système nerveux;* il cause tantôt des *spasmes* violents et tantôt une *suffocation;* tantôt il plonge les facultés cérébrales dans une *atonie complète*.

1882. *Mentionnez les faits historiques bien connus qui se sont passés dans le* CACHOT *de* CALCUTTA, *en* 1757. — Le rajah, ou roi du Bengale, voulant chasser des Indes les Anglais, marcha tout à coup sur Calcutta. Cette attaque si imprévue réduisit ceux-ci à se soumettre; le rajah alors incarcéra cent quarante-six d'entre eux dans un petit souterrain appelé en anglais THE BLACK HOLE OF CALCUTTA (*la caverne noire de Calcutta*.)

Ce cachot avait environ 6 mètres carrés d'étendue et 5 de hauteur. Il n'avait que deux petites fenêtres grillées près de la voûte.

1883. *Qu'arriva-t-il à ces prisonniers?* — Cent vingt-trois *moururent* de suffocation pendant une seule nuit, et tous les autres *tombèrent malades* de fièvres putrides après leur délivrance.

1884. *Pourquoi ces cent vingt-trois prisonniers* MOURURENT-*ils de suffocation?* — Parce que, l'oxygène du cachot étant presque entièrement consommé, l'atmosphère n'était plus formée que d'*azote* et d'*acide carbonique*, dans lesquels les hommes ne peuvent vivre.

1885. *Quel* EFFET *produisait cette atmosphère sur les captifs?* — Toutes les fois qu'ils essayaient de respirer, une *suffocation* violente les en empêchait; leur visage devenait ensuite d'un *bleu pourpre*, leurs membres étaient *affaiblis*, et, en peu d'instants, les victimes mouraient *asphyxiées*.

1886. *Mentionnez certaines* GROTTES *célèbres qui renferment habituellement du gaz acide* CARBONIQUE. — La grotta del Cane (*grotte du Chien*), dans les environs de Naples, est la plus célèbre; mais on trouve sur le territoire de Naples, en France, et dans d'autres pays, plusieurs autres grottes qui contiennent ce gaz.

1887. *Pourquoi cette grotte sur le bord du lac d'Agnano s'appelle-t-elle la* GROTTE DU CHIEN? — Parce que les habitants, pour faire voir l'influence mortelle du gaz acide carbonique, qui y forme une couche de 20 ou 30 centimètres d'épaisseur, y font entrer un *chien*, qui perd bientôt l'usage de ses sens, et meurt si l'on ne le remet promptement à l'air libre.

1888. *Pourquoi un* CHIEN *qui entre dans la* GROTTA DEL CANE MEURT-*il, tandis qu'un* HOMME *peut s'y promener* SANS DANGER? — Parce que le gaz acide carbonique a une densité deux fois plus grande que celle de l'air atmosphérique; par conséquent, il n'occupe jamais que la *partie inférieure* de cette caverne, où il forme une couche délétère dans laquelle un *chien* se trouve plongé tout entier, mais au-dessus de laquelle s'élève la tête de l'*homme*.

Le lac Averne, que Virgile regarde comme l'entrée des régions infernales, a la forme d'un puits profond d'où il sortait autrefois une énorme quantité de gaz acide carbonique funeste aux oiseaux qui venaient chercher leur nourriture sur ses bords. Le lac se nommait à cause de cela *A-verno* (du grec ἀ-ὄρνις, c'est-à-dire *sans oiseaux qui le fuient*). Il n'exhale maintenant que très-peu de vapeurs méphitiques.

Il paraît probable que c'est au moyen du gaz acide carbonique que les prêtres de l'antiquité déterminaient les convulsions des Pythonisses, chargées de faire connaître la volonté d'Apollon.

1889. *Pourquoi les fourrés épais de* JAVA *et de l'*HINDOUSTAN *sont-ils* FUNESTES *à ceux qui y entrent?* — Parce qu'une énorme quantité d'*acide carbonique* s'y dégage continuellement des *végétaux pourris;* et, comme le vent ne peut pas pénétrer les bois fourrés pour renouveler l'air, le gaz carbonique forme une couche épaisse dans laquelle périssent les hommes et les animaux qui s'y aventurent.

La *Vallée de mort*, à Java, est couverte de squelettes d'animaux et d'êtres humains qui y ont été asphyxiés.

1890. *Pourquoi est-il* DANGEREUX *de pénétrer sans précaution dans les* MINES, *les* CARRIÈRES, *les* MARNIÈRES, *et dans les* PUITS *profonds?* — Parce que le gaz *acide carbonique* existe très-souvent au *fond* des puits, dans l'*intérieur* des mines et des carrières, dans toutes les *cavités* des terrains calcaires et les excavations d'où l'on tire la *marne*.

Les mineurs nomment ce gaz *mofette asphyxiante*, en anglais *choke-damp*.

1891. *Pourquoi les* MATELOTS *périssent-ils quelquefois lorsqu'ils pénètrent dans l'*ARCHIPOMPE *ou dans la* CALE *d'un vaisseau pour les examiner?* — Parce que ces lieux contiennent une quantité notable d'*acide carbonique*, qui sort probablement de certaines parties de la *cargaison en fermentation*, et occupe le fond du vaisseau.

Les cargaisons de riz et de café deviennent quelquefois *humides*; ces substances fermentent, et exhalent alors une grande quantité d'acide carbonique.

En 1817, quatre hommes moururent asphyxiés dans le *Grab-Hawoody*, vaisseau faisant voile vers Calcutta. On les avait envoyés pour examiner l'archipompe, alors rempli d'acide carbonique, dégagé d'une grande quantité de *riz humide*.

1892. *Pourquoi les personnes qui se* PENCHENT *imprudemment sur une* CUVE *de* BRASSEUR *sont-elles quelquefois asphyxiées?* — Parce que les cuves à bières contiennent une grande quantité d'*acide carbonique*, dégagé par la fermentation; par conséquent, lorsqu'on se penche sur la cuve, on respire ce gaz et l'on peut être asphyxié.

1893. *Pourquoi les personnes qui entrent dans les* CUVES *de* BRASSEUR *pour les* NETTOYER *sont-elles encore plus exposées à la mort?* — Parce que l'acide carbonique, qui est *plus pesant que l'air atmosphérique*, occupe *toute* la partie inférieure de ces cuves; lors donc qu'on y entre et qu'on *se baisse* pour en nettoyer le fond, on se trouve plongé au milieu de ce gaz délétère.

1894. *Pourquoi les* VIGNERONS *sont-ils quelquefois asphyxiés, lorsqu'ils descendent dans les cuves pour presser le marc du raisin et ranimer la fermentation?* — Parce que la fermentation vineuse des raisins dégage une grande quantité d'*acide carbonique*, que les vignerons sont exposés à *respirer* lorsqu'ils foulent le raisin avec leurs pieds.

1895. *Pourquoi, lorsqu'on découvre ce danger, ne se* RETIRE-*t-on pas sur-le-champ avant d'être asphyxié?* — Parce que l'effort à produire, pour escalader la cuve d'où l'on veut sortir, amène à *respirer plus fortement*, et, comme le gaz qu'on respire est de l'acide carbonique, la suffocation et l'asphyxie augmentent, et l'on se trouve dans une impuissance absolue de remonter.

1896. *Pourquoi les* ÉGOUTS *fermés ont-ils une odeur très-désagréable?* — Parce que la grande quantité de *matières organiques en putréfaction* qui y sont accumulées dégagent beaucoup d'*acide carbonique*, de *sels ammoniacaux* et d'*hydrogène sulfuré*, gaz très-délétères.

1897. *Pourquoi un* FEU *de* BRAISE *dans une chambre à coucher peut-il donner la* MORT? — Parce que le carbone de la braise ardente, se combinant avec l'oxygène de l'air de la chambre, le convertit en *acide carbonique*, en *oxyde de carbone* et en *azote*.

Les asphyxies de ce genre sont très-fréquentes.

Pour sauver une personne asphyxiées par le charbon, il faut se hâter de la retirer de l'endroit où l'accident a eu lieu, et lui faire respirer le grand air.

1898. *Si le gaz acide carbonique est plus* PESANT *que l'air atmosphérique, et occupe la partie inférieure de la chambre, comment peut-il asphyxier une personne couchée sur un lit élevé de plusieurs centimètres au-dessus du plancher?* — Par le fait de la diffusion des gaz : tous les gaz *se mêlent ensemble*, comme une goutte d'encre avec l'eau dans laquelle elle est versée; par conséquent, dans l'espace de six ou huit heures, le gaz fatal se sera assez répandu pour asphyxier le dormeur.

La chaleur du feu aide aussi à la diffusion du gaz.

1899. *Commment peut-on* SAVOIR *si une mine, un puits, une cuve, etc., contiennent du gaz acide carbonique?* — En s'y faisant précéder par une *chandelle allumée.* Si la *flamme brûle tranquillement,* il n'y a aucun *danger;* mais, si elle se *rétrécit* ou s'*éteint,* l'endroit contient plus ou moins d'acide carbonique.

1900. *Pourquoi un ouvrier fait-il descendre une* CHANDELLE ALLUMÉE *dans un puits avant d'y descendre lui-même?* — Parce qu'un *homme peut vivre* là où une *chandelle brûle tranquillement;* au contraire, le gaz qui éteint la flamme d'une chandelle est mortel pour l'homme.

1901. *Pourquoi les ouvriers versent-ils quelquefois une certaine quantité de* CHAUX *dans un puits avant d'y descendre?* — Parce que la chaux *absorbe le gaz acide carbonique,* et le convertit en carbonate de chaux.

1902. *Si l'on a besoin de pénétrer dans une cuve ou un puits pour en retirer une personne asphyxiée, qu'est-ce qu'on a de mieux à faire?* — Il faut y verser, dissoute dans l'eau, une certaine quantité de *sel ammoniac,* ou de *potasse,* ou de *soude caustique,* ou de la *chaux* vive, ou bien plusieurs seaux d'*eau.*

1903. *Quelle action l'*AMMONIAQUE, *la* POTASSE *et la* SOUDE *caustique ont-elles sur l'acide carbonique?* — Ces substances se *combinent* avec l'acide carbonique et forment un *carbonate* d'ammoniaque, de potasse ou de soude.

1904. *Pourquoi la* CHAUX *vive* ABSORBE-*t-elle l'acide carbonique?* — Parce que les pierres calcaires privées de tout leur acide carbonique par la *calcination* et amenées à l'état de chaux vive sont aptes à se combiner de nouveau avec ce même gaz.

1905. *Quelle* PRÉCAUTION PRENDRE *avant de* PÉNÉTRER DANS UN LIEU *envahi par l'acide carbonique?* — Il faut se munir de l'appareil respirateur de M. A. Galibert, qui consiste essentiellement dans un sac en caoutchouc ou en toile que l'on porte sur le dos, et de deux tubes qui partant du haut du sac aboutissent à une embouchure fixée sur la bouche et par laquelle on respire librement l'air du sac, en même temps qu'une pince placée sur le nez empêche la respiration nasale. On peut ainsi séjourner une demi-heure et plus dans les atmosphères les plus méphitiques.

1906. *Quelle est l'action de l'*EAU *sur l'acide carbonique?* — Elle l'*absorbe* et le *dissout*.

1907. *Pourquoi projette-t-on souvent de la* CHAUX *dans les réceptacles d'ordures, et sur les ordures mêmes?* — Parce que la chaux se *combine avec les gaz* des ordures et neutralise leur odeur désagréable et malsaine.

1908. *Pourquoi l'*AIR *des grandes* VILLES *est-il beaucoup moins salubre que l'air de la campagne?* — Parce que : 1° il y a dans les grandes villes un nombre bien plus considérable d'*habitants*; — 2° les égouts fermés, les ordures, les cloaques, aussi bien que les foyers, les lumières, et les émanations fréquentes de vapeurs pestilentielles d'une grande ville, vicient beaucoup l'*atmosphère*; — 3° les rues *étroites* et *tortueuses*, ainsi que les bâtiments *élevés* et *agglomérés*, empêchent le renouvellement de l'air; — 4e les arbres et les plantes d'une ville sont en trop petit nombre pour décomposer l'acide carbonique et pour rendre à l'air la quantité équivalente d'oxygène absorbée par les êtres vivants.

1909. *Cette diffusion continuelle d'acide carbonique ne détruit-elle pas la* CONSTITUTION NORMALE *de l'air?* — Non; parce que : 1° les *végétaux*, absorbant une partie de ce gaz, qui est pour eux un véritable aliment, gardent le carbone et dégagent l'oxygène qu'il contient; — 2° les *vents* en dispersent une autre partie dans l'atmosphère.

1910. *Pourquoi les ouvriers employés dans les* FABRIQUES *ont-ils très-souvent l'air* PALE ET MALADIF? — Parce qu'ils respirent une atmosphère imprégnée *d'acide carbonique* et *manquant d'oxygène*.

1911. *Pourquoi l'air de la* CAMPAGNE *est-il plus* PUR *que celui des grandes villes?* — Parce que : 1° dans les campagnes, l'*agglomération* des habitants est moindre; — 2° il y a une plus grande quantité d'arbres et de *plantes*; — 3° la *circulation de l'air* est plus libre.

1912. *Pourquoi l'air est-il plus pur là où il n'y a qu'un* PETIT *nombre d'*HABITANTS? — Parce que : 1° la consommation de l'*oxygène de l'air* est moindre; — 2° l'oxygène absorbé n'y est pas remplacé par l'*acide carbonique* et les *miasmes putrides*, comme lorsque l'air est renfermé dans les rues étroites d'une grande ville.

1913. *Pourquoi les plantes et les* ARBRES PURIFIENT-*ils l'air?* — Parce que 1° ils décomposent l'*acide car-*

bonique et l'enlèvent à l'air; 2° ils *exhalent*, sous l'influence de la lumière solaire, une quantité d'*oxygène* qui contre-balance celle qui est absorbée par les êtres vivants.

1914. *Comment les plantes et les* ARBRES *peuvent-ils décomposer l'acide* CARBONIQUE *de l'air?* — Les parties *vertes* des végétaux ont la propriété d'absorber et de décomposer l'acide carbonique sous l'influence *de la lumière solaire*. Elles s'emparent du carbone de ce gaz, et rejettent de nouveau dans l'atmosphère la plus grande partie de l'oxygène qui en provient.

1915. *Montrez en ceci la* BONTÉ *et la* SAGESSE *du Créateur.* — Les *végétaux* reproduisent constamment les matières nécessaires à l'alimentation des animaux; et les *animaux* exhalent dans l'atmosphère le gaz même qui est nécessaire à l'existence des végétaux.

1916. *Pourquoi l'*EAU *de* POMPE *fraîche* ÉTINCELLE-*t-elle plus que l'eau que l'on a exposée longtemps à l'air?* — Parce qu'elle contient de l'*acide carbonique* qui, en s'échappant et se répandant dans l'air, forme de petits globules brillants.

1917. *Pourquoi l'*EAU *de* POMPE, *l'*ALE, *la* BIÈRE, *etc.*, PÉTILLENT-*elles lorsqu'on les transvase vivement?* — Parce que : 1° ces liquides contiennent de l'*acide carbonique* qui leur donne cette saveur piquante; — 2° lorsqu'on transvase vivement un liquide, il s'y mêle une certaine quantité d'*air* qui augmente la mousse du liquide.

1918. *Pourquoi l'*ALE *et la* BIÈRE *deviennent-elles*

*fades, si on les expose longtemps à l'*AIR? — Parce qu'il s'échappe dans l'air beaucoup de leur *acide carbonique*, gaz produit par la fermentation et auquel elles doivent leur saveur.

1919. *Pourquoi se sert-on de* CARBONATE *de* POTASSE *dissous dans du* LAIT AIGRE, *pour faire des gâteaux légers?* — Parce que l'*acide lactique* du lait aigre dégage l'*acide carbonique* du sel de soude ; ce gaz, par son dégagement, produit beaucoup de vides dans la pâte et lui donne ainsi une grande légèreté.

1920. *Pourquoi le* BOIS *se* POURRIT-IL *surtout dans une atmosphère humide?* — Parce que: 1° l'oxygène humide s'empare d'une partie du carbone et de l'hydrogène du bois, et le convertit peu à peu en acide carbonique, en eau et en humus; 2° cette destruction est accélérée par les alternatives d'air sec et d'air humide, en ce sens que l'air sec ouvre les pores du bois à de nouvel oxygène dont l'humidité subséquente fait un agent destructeur; 3° les *piqûres des insectes* y font un grand nombre d'ouvertures, par où entrent l'air et la pluie; 4° certaines plantes de la famille des *cryptogames* croissent à la surface, et pénètrent quelquefois dans l'intérieur du bois. La putréfaction ou la fermentation putride n'est au fond qu'une combustion lente dont l'agent est l'oxygène humide.

La matière azotée contenue dans le tissu ligneux sert à la fois de *nourriture* aux insectes et d'*engrais* aux champignons qui croissent sur le bois.

Les cryptogames sont des plantes dont les organes sexuels sont cachés, comme les champignons, les fougères, les algues, les mousses, etc.; ce nom se compose de deux mots grecs (κρυπτὸς γάμος, *mariage caché*).

1921. *Comment la* CHALEUR *intense d'un four à*

chaux peut-elle convertir les pierres calcaires en CHAUX VIVE? — Parce que la chaleur du four fait dégager l'*acide carbonique* et l'*eau;* la chaux alors n'est plus neutralisée, elle devient apte à s'emparer de nouvelle eau et à se combiner avec de nouvel acide carbonique, ce qui la constitue à l'état de chaux vive. Elle happe fortement à la langue, et dégage beaucoup de chaleur et de vapeur lorsqu'on la met subitement en contact avec une quantité d'eau qui n'est pas trop grande.

1922. *Qu'est-ce que le* MORTIER? — Un mélange de sable, d'eau et d'hydrate de chaux.

Les proportions varient : on mêle quelquefois une *partie et demie* de sable avec une partie de chaux, et quelquefois *quatre ou cinq* parties de sable avec une partie de chaux. Quand les pierres à chaux contiennent beaucoup de silice et d'alumine, elles forment la *chaux hydraulique :* on fait un usage considérable de cette chaux, unie au *ciment romain*, pour le maçonnage des fondations, des caves, des citernes, des aqueducs, des môles, etc.

1923. *Pourquoi le* MORTIER *se* DURCIT-*il lorsqu'il se sèche?* — Le durcissement du mortier est un effet complexe de l'*évaporation* de l'*eau*, de l'absorption de l'*acide carbonique,* de la combinaison chimique de la *silice avec la chaux*, et d'une cristallisation lente. Le mortier, à la longue, se transforme en une masse pierreuse et compacte.

1924. *Expliquez de quelle manière le* MORTIER *est* ADHÉSIF. — Lorsque l'acide carbonique se dégage de la chaux, les pierres calcaires se convertissent en une poudre qui, mêlée avec l'eau et le sable, forme une substance adhésive et molle. Plus tard, cette substance *absorbe* de nouveau à l'air *beaucoup d'acide carbonique*, se durcit et reforme une pierre calcaire qui soude entre eux les matériaux de la construction.

1925. *Qu'est-ce que l'*EFFLORESCENCE *qu'on voit parfois sur la surface des* MURAILLES *récemment bâties?* — Une exsudation de carbonate et de nitrate de potasse de soude et de chaux, quelquefois mêlés à d'autres sels provenant du mortier, qui n'est jamais pur.

1926. *Pourquoi les* FEUILLES POURRIES *sont-elles toujours* CHAUDES? — Parce que le carbone des feuilles pourries, se combinant avec l'oxygène de l'air, forme de l'*acide carbonique;* et que ces changements chimiques dégagent de la chaleur.

1927. *Pourquoi les* FEUILLES *pourries sont-elles toujours* HUMIDES? — Parce que l'une des phases de la combustion lente, qui constitue la putréfaction, est la combinaison de l'oxygène de l'air avec l'hydrogène des feuilles, et que cette combinaison engendre de l'eau.

1928. *D'où viennent la* CHALEUR *et l'*HUMIDTIÉ *d'un tas de* FUMIER? — Le fumier, produit d'une fermentation putride, est par là même le produit d'une combustion lente du carbone et de l'hydrogène des pailles par l'oxygène humide; or il est de la nature des combustions et des fermentations d'engendrer de la chaleur.

1929. *Quelle* SAVEUR *a le gaz acide* CARBONIQUE? — Il a une saveur *aigrelette*, qu'il communique à l'eau dans laquelle on le dissout.

1930. *Pourquoi les eaux gazeuses de* SELTZ, *de* SPA, *etc., ont-elles une saveur* AIGRELETTE, *et la propriété de* MOUSSER *fortement?* — Parce qu'elles tiennent en dissolution une grande quantité de gaz *acide carbonique.*

1931. *Comment peut-on faire* ABSORBER *par l'*EAU *une grande quantité d'acide* CARBONIQUE? — Au moyen de la *compression.* L'eau ne se charge, dans les circonstances ordinaires, que d'un volume de ce gaz *égal au sien;* mais on peut lui faire absorber jusqu'à huit ou dix fois son propre volume de gaz au moyen de la *compression.*

C'est ainsi qu'on parvient à imiter les eaux naturellement gazeuses acidulées, comme celles de Seltz, de Spa, etc. M. Hermann Lachapelle par les excellents appareils qu'il fabrique et met en jeu sur une grande échelle a donné une très-vive impulsion à l'industrie des eaux gazeuses.

1932. *Qu'est-ce qui fait* PETILLER *et* MOUSSER *le vin de* CHAMPAGNE, *le* CIDRE, *l'eau de* SELTZ *(soda-water), et l'eau gazeuse lorsqu'on débouche la bouteille?* — C'est l'*excès* de gaz *acide carbonique*, dont ces liquides sont saturés, qui s'*échappe* avec promptitude, dès que cesse la pression qui le maintenait dans leur sein.

Si l'eau a été saturée sous la pression de dix atmosphères, elle renferme une quantité d'acide carbonique dix fois plus grande que dans les circonstances ordinaires.

1933. *Pourquoi les* BOUCHONS *qui ferment les bouteilles d'eau gazeuse, etc.,* SAUTENT-*ils avec* BRUIT *lorsqu'on coupe les ficelles qui les retenaient?* — Parce que l'*excès* d'acide carbonique, introduit artificiellement dans le liquide, tend à s'échapper, presse le *bouchon* et le fait sauter avec violence lorsque les ficelles ne le retiennent plus.

1934. *Si on laisse l'eau gazeuse, etc.,* SÉJOURNER *à l'*AIR, *pourquoi* PERD-*elle sa mousse et repasse-t elle à* *l'état d'eau ordinaire?*— Parce que la plus grande partie du gaz acide carbonique se *dégage* et se *répand dans l'air.*

1935. *Pourquoi l'*EFFERVESCENCE *du vin de Champagne etc.* RECOMMENCE-*t-elle lorsqu'on laisse tomber dans le liquide une croûte de* PAIN? — Parce que : 1° le vin, *même lorsque la mousse a disparu*, conserve encore environ 2 volumes d'acide carbonique de plus qu'il n'en doit retenir sous la *pression atmosphérique;* 2° l'attraction capillaire exercée sur le liquide par la croûte de pain contre-balance l'affinité de dissolution exercée par ce même liquide sur le gaz acide carbonique; celui-ci est donc moins retenu qu'il ne l'était avant l'introduction de la croûte de pain, et il peut se dégager de nouveau.

1936. *Pourquoi les* BULLES *de gaz partent-elles toujours des* PAROIS *du verre ou du corps étranger qu'on introduit dans le liquide?* — Parce que l'attraction capillaire exercée sur ce liquide par les parois ou le corps étranger doit intervenir pour contre-balancer le pouvoir dissolvant du liquide et rendre le gaz à la liberté. Dans les verres à champagne de forme conique très-allongée, c'est vers la pointe ou fond qu'il se dégage le plus de gaz, parce que c'est là que l'action des parois est la plus intense.

1937. *Pourquoi les molécules de gaz sont-elles dans l'*INTÉRIEUR *du liquide moins* LIBRES *que celles contigues au morceau de* PAIN *ou aux parois du verre?*—Parce que, dans l'intérieur du liquide, rien ne contre-balance ou n'affaiblit le pouvoir dissolvant et coercitif du liquide.

1938. *A quoi reconnaît-on les* BONS *vins de Cham-*

pagne ou les distingue-t-on des vins blancs qu'on a chargés simplement de gaz par la compression? — A la finesse des bulles et à la continuité du dégagement. Si les bulles sont très-grosses et le dégagement subit, on dit que le vin est fou; c'est une imitation de champagne, et non un champagne fabriqué suivant les règles de l'art; le gaz alors n'est pas le résultat de réactions chimiques lentes, mais d'une compression brusque.

1939. *Qu'est-ce que le* GINGER-BEER? — Une boisson anglaise très-recherchée en été, mélange d'eau *sucrée* aromatisée avec de la *crème de tartre* et du *gingembre*, auquel on ajoute un peu de levûre pour le faire *fermenter*.

La levûre est l'écume de la bière nouvelle.

1940. *Pourquoi l'*ALE *en* BOUTEILLE *mousse-t-elle plus que l'ale en tonneau?* — 1° Parce qu'en bouteille la fermentation arrive plus vite à son dernier terme, et que le dégagement d'acide carbonique est plus abondant; 2° parce que dans la bouteille mieux bouchée la pression du gaz est plus grande.

1941. *Qu'est-ce qui produit l'*ACIDITÉ *agréable de l'eau gazeuse, du ginger-beer, du champagne, du cidre etc.?* — L'*acide carbonique* engendré par la fermentation vineuse de ces liquides. Ce gaz a une saveur aigrelette qu'il communique au liquide dans lequel on le dissout. Plusieurs de nos boissons contiennent en outre de petites quantités d'acide malique, citrique, acétique, formique, tartrique, tannique, etc., qui contribuent à les rendre agréables par la légère acidité qu'ils y développent.

1942. *Si l'on verse sur de la* CRAIE, *du* MARBRE, *de l'*ALBATRE, *etc., quelques gouttes de* VINAIGRE, *ou de tout autre liquide acide, pourquoi se produit-il une effervescence?* — Parce que : 1° l'acide liquide, en raison de sa plus grande énergie, enlève l'acide carbonique à la chaux et prend sa place ; 2° les bulles d'acide carbonique, devenues libres, s'entourent d'une pellicule liquide, et moussent ou font effervescence.

1943. *Lorsqu'on laisse tomber par mégarde de l'*ACIDE *sur le* MARBRE *d'une cheminée, pourquoi s'y fait-il aussitôt une* TACHE? — Parce que l'acide, en se combinant avec le marbre, détruit la partie qu'il a touchée ; le poli de la surface disparaît donc.

On ne peut enlever cette tache qu'en faisant repolir le marbre.

1944. *Pourquoi un peu de carbonate d'*AMMONIAQUE, *ou d'alcali volatil, dissous dans l'eau,* REND-*il aux étoffes leur couleur mangée par un acide?* — Parce que l'alcali du carbonate, se combinant avec l'acide répandu sur l'étoffe, le neutralise et fait disparaître la couleur rouge de la tache.

Le carbonate d'ammoniaque dissous dans l'eau enlève aussi les taches grasses des vêtements, parce que l'ammoniaque se combine avec les acides du corps gras et forme avec eux un savon soluble.

L'acide carbonique du sel est mis en liberté pendant cette combinaison.

§ 3. — HYDROGÈNE CARBONÉ.

1945. *Qu'est-ce que le gaz* HYDROGÈNE PROTOCARBONÉ? — Une combinaison de 200 parties d'*hydrogène* avec 50 parties de *carbone* (C^2H^4). Il brûle avec une lumière bleuâtre.

1946. *Qu'est-ce que le gaz hydrogène* BICARBONÉ ? — Un gaz très-combustible, formé de 200 parties d'hydrogène et de 100 parties de carbone (C^2H^4). Il brûle avec une flamme *très-lumineuse*, et forme la partie brillante du *gaz de l'éclairage*, qu'on extrait de la houille.

1947. *Quel est le* GAZ *qui remplit les galeries des* MINES *de* HOUILLE? — C'est le gaz *hydrogène protocarboné*, presque toujours mêlé à un peu d'*azote* et d'*acide carbonique.*

Ce gaz est connu des mineurs sous les noms de *grisou* ou *mofette.*

1948. *Quel est le gaz qu'on rencontre dans la* VASE *des* MARAIS? — Le gaz *hydrogène protocarboné*, mêlé d'*azote*, d'*acide carbonique* et d'*acide sulfhydrique.*

Les Français le nomment gaz des marais.

1949. *Quelle est la cause des* EXPLOSIONS *fréquentes dans les* MINES *de* HOUILLE? — Elles viennent de ce qu'on *introduit une lumière* dans une galerie où le grisou s'est accumulé; le gaz alors prend feu et détermine une explosion.

1950. *Comment les* MINEURS *peuvent-ils* VOIR *dans les galeries sans s'exposer à mettre le feu au grisou?* — Avec la *lampe de sûreté* de sir Humphry Davy.

1951. *Quelle est la* CONSTRUCTION *particulière de la* LAMPE *de* SURETÉ ? — C'est une lanterne couverte d'une *enveloppe en gaze* ou *toile métallique*, au lieu de verre.

Cette gaze doit contenir cent quarante-quatre mailles ou ouvertures rectangulaires par centimètre carré de surface.

1952. *Pourquoi cette* TOILE MÉTALLIQUE *empêche-t-*

elle l'inflammation du gaz? — Parce que, en sa qualité de métal bon conducteur, elle absorbe assez de chaleur et refroidit assez la flamme pour qu'elle ne puisse plus enflammer le grisou extérieur. Lorsqu'une semblable toile est interposée entre un feu de cheminée et la main, le feu ne brûle plus la main, même lorsqu'elle touche la toile.

1953. *Une petite quantité de* GRISOU *de la mine peut-elle* PÉNÉTRER A TRAVERS *l'enveloppe de la lampe?* — Oui, le gaz *s'enflamme* souvent en dedans de l'enveloppe, et cette combustion intérieure peut indiquer au mineur l'état de l'atmosphère de la galerie.

1954. *Comment la* FLAMME *du gaz qui brûle au dedans de l'enveloppe de la lampe peut-elle* INDIQUER *au mineur l'*ÉTAT *de l'*AIR *de la galerie?* — Si le grisou se mêle à l'air dans de petites proportions, le *volume seul de la flamme augmente;* mais quand le gaz forme le douzième du volume de l'air, alors le cylindre se *remplit d'une flamme pâle*, et le mineur doit sortir sur-le-champ.

1955. *Pourquoi le* MINEUR *doit-il* SORTIR *sur-le-champ, quand l'enveloppe métallique de la lampe se remplit d'une flamme pâle?* — Parce que : 1° la flamme échaufferait au rouge l'enveloppe métallique avec laquelle elle est alors en contact; l'enveloppe rougie enflammerait le gaz de la galerie, et causerait une explosion; 2° la chaleur de la flamme pourrait, à la longue, *détruire la toile métallique.*

1956. *Lorsque le gaz d'une mine s'*ENFLAMME, *quel danger courent les* MINEURS? — Ils peuvent être ou *as-*

phyxiés par l'acide carbonique qui se forme alors dans la mine, ou renversés et tués par la *violence mécanique* de l'explosion.

CHAPITRE V

Le phosphore et ses composés.

§ I. — PHOSPHORE.

1957. *Qu'est-ce que le* PHOSPHORE? — Un corps simple qui, à l'état de pureté et sous sa forme ordinaire, a toutes les apparences de la *cire blanche*.

Le nom du phosphore se compose de deux mots grecs (φῶς, φέρειν, *porte-lumière*).

1958. *Pourquoi a-t-on donné à cette substance le nom de* PHOSPHORE ou *porte-lumière?* — Parce qu'elle est toujours *lumineuse* quand on la place dans l'obscurité, au *contact de l'air*.

1959. *Lorsque, dans l'obscurité, on* TRACE *sur un* MUR *des traits ou des caractères avec un bâton de* PHOSPHORE, *ou lorsqu'on* FROTTE *une* ALLUMETTE *chimique sur une surface rugueuse, pourquoi aperçoit-on alors une* LUEUR *blafarde?* — Cette lueur est la *fumée blanche d'une combustion lente* dans laquelle le phosphore se combine avec l'*oxygène de l'air*.

Le produit de cette combinaison *lente* est l'*acide phosphoreux ;* quand le phosphore brûle à une température voisine de son point de *fusion*, il produit l'acide *phosphorique*, qui est un degré supérieur d'oxydation.

1960. *Pourquoi un bâton de* PHOSPHORE, *exposé à l'air, est-il toujours enveloppé d'une* FUMÉE *légère?* — Parce que le phosphore a une grande *affinité pour l'oxygène,* et subit au contact de l'air une *combustion lente.*

1961. *Comment doit-on* CONSERVER *un bâton de* PHOSPHORE? — Il faut le conserver dans un flacon *rempli d'eau* pour le mettre à l'abri du contact de l'air, placer le flacon dans un *lieu obscur* pour que l'action de la lumière ne le noircisse pas en modifiant son état moléculaire, ou l'envelopper d'un morceau de *laine.*

1962. *Comment peut-on* OBTENIR *le* PHOSPHORE? — Le phosphore s'extrait des os des animaux, par la distillation en vase clos à une température élevée et au contact du charbon.

Les os des animaux sont en très-grande partie formés de phosphate de chaux, combinaison d'acide phosphorique avec la chaux. L'acide phosphorique est un composé de phosphore et d'oxygène. Sous l'influence de la chaleur, le charbon s'empare de l'oxygène, et le phosphore, devenu libre, se dégage à l'état de vapeurs que l'on condense.

1963. *Comment* UTILISE-*t-on cette facile combustibilité du phosphore?* — On l'utilise dans la fabrication des *allumettes chimiques.*

1964. *Pourquoi ces* ALLUMETTES PHOSPHORIQUES *s'enflamment-elles par une simple* FRICTION *contre un corps dur et rugueux?* — Parce que la friction dégage assez de chaleur pour déterminer la combinaison du phosphore avec l'oxygène de l'air et l'enflammer; le phosphore, en brûlant, enflamme le *soufre,* et celui-ci met le feu au *bois* de l'allumette, aidé de l'oxygène dégagé du chlorate ou du nitrate de potasse qui entre dans la composition de l'allumette.

On consomme, à Londres seule, plus de 150,000 kilogrammes de phosphore pour la fabrication des allumettes nommées *lucifer matches*.

1965. *Pourquoi* CERTAINES ALLUMETTES *s'enflamment-elles avec* BRUIT, *tandis que certaines autres s'enflamment* SANS *détonation?* — Les allumettes *détonantes* contiennent du *chlorate de potasse*, qui s'enflamme avec bruit, tandis que les allumettes *non* détonantes contiennent, au lieu de ce sel, une certaine quantité de *nitrate de potasse* ou *salpêtre raffiné*, que la chaleur décompose en oxygène qui active la combustion.

1966. *Les allumettes chimiques sont-elles un* DANGER *qu'il faille* CONJURER *en empêchant leur fabrication?* — Le danger existe; les allumettes chimiques ont souvent servi à des empoisonnements et à des incendies; mais il n'est pas tellement grave qu'il faille nécessairement anéantir cette précieuse industrie.

1967. *Comment peut-on* REMÉDIER, *en très-grande partie, aux dangers des allumettes chimiques?* — 1° En substituant au phosphore ordinaire le phosphore sous une autre forme, le phosphore rouge ou amorphe, qui n'est pas vénéneux; 2° en séparant le phosphore de l'allumette, ne mettant sur le bois que le chlorate de potasse et le soufre; étendant le phosphore rouge sur le fond de la boîte ou sur un carton.

1968. *Qu'appelle-t-on* PHOSPHATES *naturels, et quel emploi peut-on en tirer?* — Les phosphates qu'on trouve en abondance dans les Ardennes, dans l'Ain, aux environs de Bellegarde, dans le Lot-et-Garonne, etc., sont des nodosites formées en grande partie de phosphate de chaux d'origine animale, qui pulvérisé et converti en superphosphate soluble par un traitement à l'acide sulfurique, fait un excellent engrais minéral, approprié à un grand nombre de cultures, particulièrement à la culture du froment.

§ 2. — HYDROGÈNE PHOSPHORÉ.

1969. *Qu'est-ce que le gaz* HYDROGÈNE PHOSPHORÉ ? — Une combinaison gazeuse de *phosphore* et d'*hydrogène* répandant une odeur fétide, *spontanément inflammable* à l'air à la température ordinaire, et brûlant avec une flamme blanche très-vive.

1970. *Quelle est la cause de l'*ODEUR *fétide des* CIMETIÈRES? — Le dégagement d'un mélange de gaz *hydrogène phosphoré*, *hydrogène sulfuré* et *ammoniac*, produit de la décomposition des cadavres.

1971. *Pourquoi les* VIANDES *et le poisson à l'état de décomposition ont-ils une odeur extrêmement désagréable?* — Parce que les matières animales en putréfaction engendrent des gaz *hydrogène phosphoré*, *hydrogène sulfuré* et *ammoniac*, qui donnent une odeur fétide.

1972. *Quelle est la cause des* FEUX FOLLETS, *qui apparaissent fréquemment en été dans les marais et dans les grandes fondrières?* — Ces vapeurs lumineuses sont dues probablement à du gaz *hydrogène phosphoré*, qui sort du corps des animaux et des poissons à l'état de décomposition, et s'enflamme au contact de l'air.

1973. *Pourquoi les feux follets n'apparaissent-ils, en général, que la nuit?* — Peut-être : 1° parce que le gaz dégagé se décompose ou perd son inflammabilité sous l'influence de la chaleur et de la lumière solaire ; 2° probablement parce que la flamme qu'il donne en brûlant n'est pas visible à la clarté du jour.

1974. *Pourquoi les* FEUX FOLLETS FUIENT-*ils la personne qui les approche?* — Parce qu'en marchant la personne produit dans la même direction un *courant d'air* qui suffit pour pousser en avant le gaz léger.

1975. *Pourquoi les* FEUX FOLLETS POURSUIVENT-*ils la personne qui les fuit?* — Parce qu'elle laisse *derrière elle* une sorte de vide, ou espace rempli d'air moins dense, qui suffit pour attirer le gaz dans la même direction.

1976. *Où les feux follets se* MONTRENT *ils le plus souvent?* — Dans les marais *sillonnés de crevasse* et renfermant des *débris organiques* enfouis depuis longtemps.

1977. *Pourquoi le* POISSON *pourri est-il* LUMINEUX? — La phosphorescence des poissons morts est due très-probablement à l'émission lente de l'*hydrogène phosphoré* qui provient de la putréfaction de leur *laitance*, matière très-riche en phosphore.

1978. *Pourquoi la* MER *est-elle quelquefois* LUMINEUSE? — Cette phosphorescence est due à des myriades de *petits animaux*, mollusques et autres, qui *émettent de la lumière*, comme les vers luisants.

Il est probable que la décomposition de ces animaux morts produit très-souvent ces lueurs.

Ces animaux sont : 1° les acalèphes (*orties marines*), de la famille des méduses et des cyanies ; 2° quelques mollusques ; 3° un nombre infini d'infusoires.

1979. *Pourquoi le* SILLAGE *d'un navire est-il quelquefois* LUMINEUX? — Parce que le navire, dans sa course, déplace les mollusques qui flottent à la surface de la mer; ceux-ci émettent de la lumière lorsqu'ils sont troublés ou effrayés par les vents, par les navires ou par d'autres causes.

SECTION II. — *CHIMIE ORGANIQUE*,

avec des applications à la physiologie.

1980. *Quels sont les* ÉLÉMENTS *des substances* ORGANIQUES? — 1° Le plus grand nombre des substances du règne *végétal* se composent seulement de *carbone*, d'*hydrogène* et d'*oxygène;* 2° la plupart des substances *animales* et un petit nombre de substances végétales renferment en outre de l'azote.

CHAPITRE PREMIER

Le sucre.

1981. *Qu'appelle-t-on sucres?* — Les substances organiques dont la propriété principale est d'éprouver la fermentation alcoolique, ou de se transformer, sous l'influence d'un ferment, en alcool et en acide carbonique.

1982. *Qu'est-ce que l'*ALCOOL? — Un liquide spiritueux, inflammable et volatil, ordinairement extrait du vin ou des autres boissons fermentées, appelé pour cette raison *esprit de vin*, et l'un des produits de la fermentation des sucres ou des matières sucrées.

1983. *Tous les* SUCRES *qui existent dans les organes des végétaux sont-ils* IDENTIQUES? — Non; et l'on distingue quatre espèces principales de sucres : 1° le sucre du raisin et de tous les fruits acides, appelé *glucose;* 2° le sucre de la canne à sucre, de la betterave, de l'érable, etc., appelé *sucre cristallisable;* 3° le sucre de lait ou *lactine;* 4° le *sucre incristallisable* du miel et de la mélasse.

1984. *Quels sont les éléments du* SUCRE *ordinaire ou de canne?* — Les éléments du sucre ordinaire sont le *carbone*, l'*oxygène* et l'*hydrogène* dans les proportions suivantes : 12 atomes de carbone, 11 d'hydrogène et 11 d'oxygène ($C^{12}H^{11}O^{11}$).

1985. *Quels sont les éléments de l'*ALCOOL *(esprit de vin)?* — Les éléments de l'alcool sont aussi le *carbone*, l'*oxygène* et l'*hydrogène*, mais combinés dans des proportions différentes : 4 atomes de carbone, 6 d'hydrogène et 2 d'oxygène ($C^4H^6O^2$).

CHAPITRE II

La fermentation alcoolique.

1986. *Qu'est-ce que la* FERMENTATION ALCOOLIQUE? — La décomposition d'un sucre ou d'une substance organique formée de carbone, d'hydrogène et d'oxygène, *sans azote,* avec production d'alcool et d'acide carbonique.

1987. *Que* DEVIENNENT *l'alcool et l'acide carbonique qui s'engendrent pendant la fermentation des moûts de vin ou de bière?* — *L'alcool,* resté en dissolution dans le liquide, forme la partie *enivrante* du vin et de la bière ; l'*acide carbonique s'est échappé* et s'est répandu dans l'air..

1988. *Quelle est la cause la plus commune qui fait* TOURNER *ou* AIGRIR *le vin, la bière, et les autres liqueurs fermentées?* — L'*air atmosphérique qui pénètre* dans le vase qui les contient : l'oxygène de cet air se combine avec l'alcool et convertit la liqueur en vinaigre. La théorie de M. Pasteur qui donne pour principe à la fermentation quelle qu'elle soit un ferment vivant, de nature végétale ou animale, est aujourd'hui presque universellement adoptée.

Si le *sucre* est exposé à l'air pendant la fermentation, il passe tout à coup à l'état de vinaigre.

1989. *Pourquoi convertit-on d'abord en* MALT *ou*

fait-on germer l'orge dont on veut faire de l'ale ou de la BIÈRE? — Afin de faire naître dans l'orge le principe végétal ou ferment appelé DIASTASE, et qui est un des éléments constituant des germes ou des pousses des céréales.

1990. *De quelle manière convertit-on l'*ORGE *en* MALT ? — On *amoncelle* l'orge et on la *mouille* de temps en temps, afin de produire assez de chaleur et d'humidité pour la faire *germer*. On continue ainsi jusqu'à ce que les pousses aient acquis à peu près la longueur du grain.

1991. *Comment* ARRÊTE-*t-on la germination de l'orge?* — En la *desséchant* au moyen d'air chaud.

L'orge ainsi préparée prend le nom de *drèche*.

1992. *Pourquoi* ARRÊTE-*t-on la* GERMINATION *de l'orge lorsque les pousses ont acquis à peu près la longueur du grain?* — Parce que les plantes, au moment de la naissance des premières pousses, contiennent le *maximum de leur sucre*; aussitôt que les premières pousses commencent à *donner des jets*, le sucre de la plante est employé à les nourrir et disparaît.

1993. *Qu'est-ce que la* DIASTASE? — Un principe ou ferment particulier qui opère très-énergiquement la conversion de l'amidon en *dextrine* d'abord, en *sucre* ou en *glucose* ensuite.

La diastase n'existe pas dans les graines avant leur germination; son rôle est de rendre soluble la fécule des graines pour qu'elle puisse servir à la nutrition des organes.

1994. *Que désigne-t-on sous les noms d'*AMIDON *et*

de FÉCULE? — L'*amidon* est la substance amylacée ou farine extraite des céréales. La *fécule* est la substance blanche que dépose l'eau qui tient en suspension des pommes de terre râpées; la fécule et l'amidon ont la même composition chimique : carbone 12 atomes, hydrogène 9 atomes, oxygène 9 atomes, eau une molécule d'eau ($C^{12}H^{9}O^{9},HO$).

1995. *Qu'est-ce que la* DEXTRINE? — Une sorte de gomme artificielle, solide, soluble dans l'eau, incristallisable, qui a la même composition chimique que l'amidon ou fécule, et que l'on obtient en traitant la fécule par la diastase. Dissoute dans l'eau, la dextrine donne un liquide visqueux qui remplace les dissolutions de gomme dans presque toutes leurs applications.

1996. *Quand la diastase opère-t-elle la conversion de l'amidon du malt en* DEXTRINE? — Lorsqu'on prépare le moût, en traitant par l'eau chaude le malt broyé, la diastase dissout l'amidon et le transforme en dextrine; il suffit d'une partie de diastase pour dissoudre 2,000 parties d'amidon. Si l'on n'arrêtait pas l'action de la diastase, en portant le moût à 100 degrés, elle continuerait son action et convertirait la dextrine en glucose ou sucre de raisin.

1997. *Dans quel but ajoute-t-on au* MOUT *refroidi une petite quantité de* LEVURE? — Pour déterminer la *fermentation* et la conversion du *glucose en alcool.*

1998. *Qu'est-ce que la* LEVURE? — La levûre est l'*écume* que produit la *bière en fermentation.* On conserve cette écume pour la fabrication du pain, et pour opérer la fermentation du moût.

1999. *Comment comprenez-vous que la levûre ou écume de bière puisse faire fermenter le moût?* — La levûre de bière est le résultat d'une première fermentation; on peut la considérer, soit comme un mouvement moléculaire emmagasiné, soit comme une végétation commencée; or il est de la nature d'un mouvement de se communiquer, de la nature d'une végétation de se continuer au sein d'un milieu approprié.

L'action puissante d'une petite quantité de substance primitivement altérée ou transformée se montre dans une foule de circonstances; c'est ainsi que le lait aigre agit sur le lait doux, le vaccin sur le sang, le venin sur l'organisme entier.

La *levûre*, vue au microscope, se montre composée de globules transparents accolés les uns aux autres, et contenant des granules. Ces globules, qui sont en réalité une plante inférieure, se reproduisent avec une étonnante rapidité. — Quelqués botanistes classent la *levûre* dans la famille des champignons, d'autres dans la famille des algues. Il en existe certainement plusieurs espèces.

2000. *Comment agit la levûre sur le moût?* — Elle opère la conversion du *glucose* du moût en *alcool* et en *acide carbonique*, et celle du *gluten* en nouvelle *levûre*.

2001. *Qu'est-ce que le* GLUTEN? — Une substance filante et élastique, qui se compose de carbone, d'hydrogène, d'oxygène et d'azote. C'est à ce *dernier* élément que la levûre doit sa propriété de propager dans le moût la fermentation.

2002. *Quelles sont les principales espèces de bière connues?*

La *petite bière*, ou un moût faiblement fermenté; elle contient $1\frac{1}{2}$ pour cent d'alcool.

L'*ale*, bière forte blanche, contenant 7 pour cent d'alcool.

Le *porter*, bière forte et colorée par la carbonisation du malt, contenant 4 $\frac{1}{2}$ pour cent d'alcool.

Le *brown-stout*, espèce de *porter* contenant 6 $\frac{3}{4}$ pour cent d'alcool.

L'*ale de Burton*, double *ale*, 8 $\frac{1}{2}$ pour cent d'alcool.

Les bières dites de Vienne, de Strasbourg, de Louvun, etc., qui ont une constitution et un goût propice.

2003. *Pourquoi mêle-t-on un peu de* LEVAIN, *ou de levûre, avec la pâte de* FARINE? — Pour déterminer la fermentation d'une partie du sucre de la farine, et faire naître ainsi de l'acide carbonique qui, retenu par la viscosité du gluten, s'interpose entre les molécules de la pâte, la soulève, la divise et la rend plus légère.

2004. *Pourquoi met-on la* PATE, *avant sa cuisson, près d'un bon* FEU, *ou dans un endroit chaud?* — Parce que : 1° la chaleur *développe le ferment;* 2° elle fait *dilater les gaz* retenus dans les petites bulles de la pâte. Plus ces bulles se boursouflent, plus le pain est léger.

2005. *Pourquoi le* PAIN *est-il toujours* LOURD *et compacte, si on laisse* REFROIDIR *la pâte chauffée avant de la cuire?* — Parce que les gaz se sont dégagés, ou se sont dissous dans la masse et ont perdu leur élasticité; ils ne peuvent plus soulever la pâte; elle reste compacte et lourde.

2006. *Pourquoi le* PAIN *s'*AIGRIT-*il si l'on* PROLONGE *trop la fermentation?* — Parce que la fermentation *panaire* continue jusqu'à la fermentation acétique, c'est-à-dire que l'alcool produit par la première devient vinaigre.

2007. *L'*ADDITION *de levûre, ou la fermentation, dans le but de soulever la pâte par le dégagement de l'acide carbonique, est-elle une* BONNE OPÉRATION? — La fermentation détruit une partie de la farine ou fécule; elle donne des produits secondaires, de l'alcool, de l'ammoniaque, de l'acide acétique, et ce sont autant d'inconvénients plus ou moins graves. Il serait beaucoup plus rationnel d'introduire mécaniquement l'acide carbonique dans la pâte, ou bien de l'y faire naître, en ajoutant à la farine du bicarbonate de soude, à l'eau de pétrissage de l'acide chlorhydrique; cet acide, par son action sur le bicarbonate, donnerait du gaz carbonique qui soulèverait la pâte, et du chlorure de sodium, ou du sel marin, qui relèverait le goût du pain.

2008. *Pourquoi le* PAIN *frais et* CHAUD *est-il d'une digestion difficile?* — Parce qu'il contient encore beaucoup d'eau, qu'il se divise moins dans l'acte de la mastication, et qu'on l'avale en trop gros morceaux; tous les aliments, à l'état pâteux, sont plus ou moins indigestes.

2009. *Quel effet produit l'*ENFOURNEMENT *de la pâte de farine?* — La chaleur du four dilate les gaz, arrête la fermentation, vaporise une partie de l'eau, et donne par la cuisson une certaine consistance au gluten et à la matière amylacée.

2010. *Pourquoi l'*INTÉRIEUR *du pain est-il* BLANC *et* MOU, *tandis que l'*EXTÉRIEUR *en est* DUR *et* BRUN? — La *mie* du pain a subi l'action d'une température de 100 degrés à peine, à cause du *dégagement continuel de la vapeur*, tandis que la croûte a été cuite à 200 degrés.

2011. *A quel caractère reconnaît on que le pain a été bien fabriqué?* — A la présence, dans son intérieur, d'un grand nombre d'yeux ou petites cavités qui ont été remplies par le gaz acide carbonique dans l'acte de la fermentation; le pain alors est léger, plus divisé et d'une digestion plus facile.

CHAPITRE III

La putréfaction.

2012. *Quelle est la différence entre la* FERMENTATION *et la* PUTRÉFACTION? — La FERMENTATION est la décomposition chimique d'une substance organique composée de carbone, d'oxygène et d'hydrogène, sans *azote*. La PUTRÉFACTION est la décomposition chimique d'une substance organique composée de carbone, d'oxygène, d'hydrogène et d'azote.

2013. *Quels* NOUVEAUX PRODUITS *fournit la putréfaction?* — Le carbone, l'hydrogène, l'oxygène et l'azote de la substance se séparent et se réunissent de nouveau de la manière suivante : 1° une partie de l'oxygène, se combinant avec le *carbone*, le convertit en *acide carbonique;* 2° une autre partie de l'oxygène, se combinant avec une première partie de l'*hydrogène*, le convertit en eau; 3° une seconde partie de l'hydrogène, se combinant avec l'*azote*, le convertit en gaz *ammoniac*.

Quand la substance qui se décompose contient du soufre ou du phosphore, le soufre et le phosphore se combinent avec une partie de l'hydrogène, en donnant naissance à de l'*hydrogène phosphoré* ou *sulfuré*.

2014. *Que* DEVIENNENT *ces produits divers d'un corps à l'état de décomposition?* — Comme ce sont des gaz, ils se perdent dans l'air.

2015. *Pourquoi l'*HUMIDITÉ *accélère-t-elle la* PUTRÉFACTION? — Parce que l'eau *ramollit les fibres* des matières organiques, *détruit leur cohésion*, et fournit à la putréfaction de nouveaux éléments par l'oxygène et l'hydrogène qu'elle apporte.

La putréfaction n'est pas autre chose, comme l'a si bien établi M. Édouard Robin, qu'une combustion lente, par l'oxygène humide, du carbone, de l'hydrogène et des autres éléments oxydables de la substance végétale ou animale.

2016. *Quelle est la cause de l'*ODEUR *fétide qu'exhalent les* VÉGÉTAUX POURRIS? — Elle est due à des produits gazeux ammoniacaux et sulfurés dont on ne connaît pas bien la nature.

2017. *Pourquoi l'*ODEUR *des matières* ANIMALES *ou plus généralement des matières* AZOTÉES *en décomposition est-elle beaucoup plus* REPOUSSANTE *que celle des matières non azotées?* — Parce que les matières animales ou *azotées*, en se décomposant, donnent de l'*ammoniac*, de l'*hydrogène sulfuré* et de l'*hydrogène phosphoré*, dont l'odeur est désagréable, tandis que les matières non azotées, en se décomposant, donnent de l'acide carbonique, de l'alcool, de l'acide acétique, et autres produits sans odeur prononcée ou désagréable.

2018. *Pourquoi les matières* ANIMALES *se* DÉTRUISENT-*elles plus facilement que les substances végétales?* — Parce que : 1° leur composition est plus complexe et partant plus instable ; 2° l'azote qu'elles contiennent, et qui a une certaine tendance à s'unir à l'hydrogène pour produire de l'ammoniaque, joue le rôle de ferment et hâte la décomposition ; 3° les matières organiques contiennent en outre plus de ferments vivaces, ayant de la fermentation et de la putréfaction.

2019. *Quelle est la cause de l'*ODEUR *repoussante des* FOSSES *d'*AISANCE ? — L'exhalaison d'*ammoniaque*, d'*hydrogène sulfuré*, d'*hydrogène phosphoré*, produits de la fermentation putride des matières animales.

2020. *Quelle est la cause de l'*ODEUR *désagréable des* ŒUFS *qui ne sont pas frais?* — La présence d'*hydrogène sulfuré*, et peut-être aussi d'*hydrogène phosphoré*, né de la combinaison avec l'hydrogène des petites quantités de *soufre* et de *phosphore* qui entrent dans la composition de l'œuf.

2021. *Pourquoi les* VIANDES *se* PUTRÉFIENT-*elles plus promptement lorsque le temps est* CHAUD *et* HUMIDE ? — Parce que la chaleur et l'humidité aident à la combustion qui constitue la fermentation putride, ou sont à la fois des agents destructeurs des combinaisons préexistantes et des agents excitateurs des combinaisons nouvelles qui la constituent.

2022. *Comment peut-on* ENLEVER *l'odeur désagréable d'une viande* AVANCÉE *et la rendre bonne à* MANGER ? — 1° En la lavant avec un peu d'acide pyroligneux ou *vinaigre de bois ;* — 2° en la couvrant, pendant deux ou trois heures, de charbon pulvérisé ; 3° ou bien en mettant quelques morceaux de charbon dans l'eau dans laquelle on la fait cuire.

2023. *Pourquoi les* OISEAUX *morts se conservent-ils mieux lorsqu'on ne les* DÉPLUME *pas?* — Parce que les plumes empêchent, jusqu'à un certain point, l'accès de l'*air* et de l'*humidité*.

2024. *Pourquoi les substances* PUTRIDES *se remplissent-elles de* VERS ? — Parce que les éléments des substances en putréfaction favorisent beaucoup le *développement des animaux inférieurs*, dont les œufs sont répandus partout.

Les vers de la viande proviennent le plus souvent des œufs d'insectes, surtout de la *mouche à viande* (*musca carnaria* L.).

2025. *Pourquoi les végétaux, lorsqu'ils pourrissent, sont-ils d'abord* BRUNATRES, *et plus tard presque* NOIRS ? — Parce que l'*oxygène* et l'*hydrogène* des végétaux se dégagent peu à peu, et que la proportion du *carbone* prédomine à mesure que la putréfaction fait des progrès.

2026. *Comment l'oxygène et l'hydrogène des végétaux pourris disparaissent-ils en partie?* — *L'oxygène* se combine avec une petite quantité de carbone et donne naissance à de l'*acide carboniq e;* l'*hydrogène* se combine avec l'oxygène de l'air et se transforme en *eau*.

2027. *Pourquoi l'exhalaison d'un* TAS *de* FUMIER *provoque-t-elle un accès de* TOUX ? — Parce que la fermentation putride du fumier produit beaucoup d'*acide carbonique* et de *carbonate d'ammoniaque*, qui excitent la *toux* et l'*éternuement* lorsqu'on les respire.

2028. *Pourquoi un* TAS *de* FUMIER *est-il toujours*

HUMIDE? — Parce que l'eau est un des produits de la putréfaction.

2029. *Pourquoi l'*AIR HUMIDE *fait-il pourrir le* BOIS? — Parce que le bois subit au contact de l'air humide une *combustion lente*, pendant laquelle : 1° l'*oxygène de l'air* enlève peu à peu l'*hydrogène* au bois pour former de l'*eau;* — 2° l'oxygène du *bois* s'unit au carbone de cette même substance et se sépare sous forme d'*acide carbonique;* — 3° le résidu est une masse pulvérulente, connue sous le nom de *terreau* ou d'*humus*.

2030. *Pourquoi le* BOIS *neuf et* VERT *pourrit-il plus promptement que le bois sec?* — Parce que l'*humidité* favorise presque toutes les réactions chimiques qui constituent la fermentation et la putréfaction.

2031. *Si l'humidité est un agent de décomposition, pourquoi met-on des planches et des poutres de bois dans l'eau pour les conserver?* — L'humidité n'est dangereuse qu'en présence de l'oxygène, agent principal de la putréfaction; en laissant les bois plongés dans l'eau, on les met en grande partie à l'abri de l'oxygène de l'air, et de plus l'eau exclut la séve, dont la présence serait plus nuisible.

2032. *Pourquoi l'introduction de substances* SALINES *dans l'intérieur du* BOIS *contribue-t-elle à sa conservation?* — Parce que ces dissolutions salines *absorbent* ou *déplacent la séve*, et possèdent en outre la propriété d'empêcher que l'oxygène se porte sur les parties ligneuses pour opérer la combustion lente qui ferait naître la putréfaction.

On introduit dans les vaisseaux de la séve, au moyen de l'absorption, du pyrolignite de fer, du sulfate de cuivre, de chlorures terreux, etc., pour la conservation des bois; ces sels préservent les planches, et même les rendent en quelque sorte incombustibles ou du moins ininflammables.

Avec un sel de fer et du tannin, du prussiate de potasse, de l'acétate de plomb, du chromate de potasse, etc., on rend les bois à peu près incorruptibles, et on leur donne de très-belles teintes.

2033. *Quels sont les véritables conservateurs des substances animales et végétales?*— En général, les agents qui défendent ces substances de l'humidité et du contact ou de l'action de l'oxygène, et par conséquent: 1° les agents qui, comme le sel, l'alcool, le froid, la dessiccation, etc., déshydratent la substance ou lui enlèvent une partie de son eau; 2° les agents qui, comme l'huile de houille, le sulfure de carbone, l'éther, etc., ne contenant pas eux-mêmes d'oxygène, ferment accès à l'oxygène; 3° les substances qui, comme les hyposulfites de soude et de zinc, jouent, par rapport à l'oxygène, le rôle d'absorbant; 4° les substances qui, comme les sels de fer ou de mercure, et en général les sels métalliques, se combinent avec les substances animales ou végétales, et empêchent ainsi leur combinaison ultérieure avec l'oxygène; 5° enfin les substances qui, comme l'acide phénique et le chloroforme, sont toxiques à haute dose et anesthésiques à dose plus faible; elles tuent ou rendent insensibles, pendant la vie, mais elles conservent après la mort. M. Édouard Robin a démontré par des expériences très-nombreuses l'efficacité de tous ces agents divers.

2034. *Comment expliquez-vous l'efficacité des procédés de conservation connus sous le nom de méthode Appert?* — 1° En portant à la température de l'ébullition, ou un peu au delà, la substance à conserver, on coagule son albumine, on la rend moins altérable, on exclut tout l'air mêlé à la substance, et par conséquent l'oxygène que l'air renferme et qui est le grand agent de putréfaction; 2° en enfermant la substance, ainsi privée d'air, dans des vases hermétiquement clos par une bonne soudure, on ferme tout accès à l'oxygène, et la décomposition devient presque impossible.

CHAPITRE IV

La combustion spontanée.

2035. *Qu'est-ce que la* COMBUSTION SPONTANÉE? — Une. combustion produite *sans l'application de la flamme.*

2036. *Donnez un* EXEMPLE *de combustion spontanée.* — Du charbon de terre entassé à fond de cale dans un vaisseau s'enflamme souvent par sa propre chaleur; de même que des marchandises rangées dans un magasin, surtout des balles de coton, de lin, de chanvre, ou de grands amas de café, de riz, etc.

2037. *Pourquoi le* CHARBON *de terre, entassé à fond de cale dans un vaisseau, prend-il* FEU *quelquefois* SPONTANÉMENT? — Parce qu'il contient du *fer sulfuré* nommé PYRITE SULFUREUSE.

Pyrite, ainsi nommée du grec πυρίτης (de πῦρ, *feu*), parce qu'elle est jaune et luisante comme le feu. Cette substance, frappée avec un briquet, donne de nombreuses étincelles bleues et puantes.

2038. *Comment le* FER SULFURÉ (*pyrite sulfureuse*)

agit-il pour faire ENFLAMMER *le charbon?* — Sous l'action de l'humidité, le soufre et le fer se combinent avec l'oxygène et produisent du sulfate de fer; or la chaleur dégagée par cette réaction est quelquefois assez grande pour mettre le feu aux charbons.

2039. *Dans quelles circonstances des objets, tels que des balles de coton, de soie, de lin, de chanvre, etc., prennent-elles feu quelquefois* SPONTANÉMENT? — Lorsqu'elles étaient encore humides ou grasses quand on les a entassées, ou qu'on les a accumulées dans un lieu humide; la masse alors fermente dans des proportions considérables, et la fermentation peut, dans ces circonstances exceptionnelles, dégager assez de chaleur pour que la combustion, ordinairement lente, devienne une combustion active avec flamme. Déjà, au sein d'une masse de fumier, la température est quelquefois très-élevée.

2040. *Une* MEULE *de* FOIN *prend-elle feu quelquefois d'elle-même?* — Oui; et cela arrive, en général, lorsque le foin a été entassé humide, ou que le tas vient à être mouillé accidentellement. La fermentation devient alors très-active, et la chaleur dégagée assez grande pour que la masse prenne feu.

2041. *Pourquoi le foin est-il* DÉTÉRIORÉ *par l'échauffement, quoique la meule n'ait pas pris feu?* — Parce qu'en fermentant il s'est carbonisé en partie, et a pris un goût et une odeur désagréables.

2042. *Si une meule de foin vient à fumer par le dégagement de chaleur, que doit-on faire pour l'*EMPÊCHER *de prendre feu et pour* CONSERVER *le foin?* — Il faut que la meule soit *abattue*, et qu'on la *refasse* après que le foin aura été mieux séché; ou bien il faut introduire dans le milieu de la meule un tuyau ou conduit par lequel puissent s'échapper la chaleur et les gaz de la fermentation.

2043. *Pourquoi les* COTONS GRAS *ou les laines grasses prennent-ils feu très-facilement d'eux-mêmes?* — Parce que l'huile absorbe beaucoup d'oxygène, qui, venant à agir sur les fibres très-divisées, les décompose, les fait fermenter avec élévation considérable de température.

Une combustion spontanée se produit quelquefois dans les magasins d'huiles, à cause de l'absorption de l'oxygène par ces matières. M. Phipson a trouvé que dans ces cas l'oxygène est transformé en *ozone*, ou oxygène allotropique, dont l'action est bien plus puissante que celle de l'oxygène ordinaire.

2044. *Est-il des exemples bien avérés de combustions humaines spontanées?* — Oui ; et la réalité de ce genre de combustion ne peut pas être révoquée en doute. On l'explique par une décomposition ou une fermentation active intérieure.

2045. *Quelles sont les circonstances qui déterminent la combustion* HUMAINE *spontanée?* — 1° L'usage habituel et excessif des liqueurs *alcooliques;* 2° l'*obésité*, ou une *maigreur* extrême; 3° un *froid* rigoureux qui empêche la transpiration insensible du corps.

CHAPITRE V

Composition du sang et de la chair des animaux.

2046. *Quelle est la* COULEUR *du* SANG *des animaux?* — Chez l'*homme* et chez tous les animaux mammifères, le sang *artériel* est *rouge vermeil*, et le sang *veineux rouge brun*. Cependant M. Claude Bernard a démontré récemment que, lorsqu'un organe fonctionne ou sécrète le liquide qu'il a pour fonction de sécréter, le sang qui sort des veines qui le traversent est rouge comme le sang artériel.

Chez tous les animaux qui, par leur organisation, se rapprochent le plus de l'homme, tels que les mammifères, les oiseaux, les reptiles, les poissons, et même chez la plupart des vers de la classe des annélides, le sang est d'une couleur *rouge intense*; mais, chez presque tous les animaux inférieurs, le sang est un *liquide aqueux*, tantôt complétement incolore, tantôt légèrement teinté en *jaune*, en *vert*, en *rose* ou en *lilas* : — par exemple, il est jaune dans le ver à soie, orangé dans la chenille du saule, brunâtre dans la plupart des coléoptères, etc.

2047. *Qu'est-ce qui donne au* SANG *sa couleur* ROUGE? — Des corpuscules ou *globules* tenus en suspension dans un fluide incolore appelé *sérum*.

L'oxygène absorbé dans la respiration change la couleur du sang, et le fait passer du rouge foncé au rouge vermeil ; ce changement porte principalement sur l'*enveloppe extérieure* des globules du sang, seule partie qui soit colorée.

2048. *Qu'est-ce que le sérum?* — Il se compose

d'eau, d'albumine, de fibrine, de matières grasses et de sels.

L'*albumine* est une substance ressemblant au blanc d'œuf, qui se coagule ou devient solide par la chaleur.

La *fibrine* est une substance animale blanche, de même composition chimique que l'albumine, insipide et incolore, qui constitue particulièrement la fibre musculaire.

2049. *Quelle est la composition des* GLOBULES *du* SANG? — Ils sont formés d'une enveloppe extérieure, d'un *noyau*, et d'une matière *colorante* appelée *hématosine* entraînant avec elle une assez grande proportion de fer. Le nombre et la coloration intense des globules font la richesse du sang et la santé. L'appauvrissement en globules colorés constitue les maladies très-communes aujourd'hui et que l'on désigne du nom de *chlorose* ou *pâles couleurs* et l'anémie que l'on combat par l'introduction dans l'organisme du fer ou des sels de fer et du phosphate de chaux.

2050. *Lorsque le sang a été extrait des vaisseaux vivants, et qu'on le laisse en repos, quel* CHANGEMENT *subit-il?* — Il se sépare en un *liquide limpide, jaune verdâtre*, formé du sérum, et en une *masse* ou caillot *solide rougeâtre*, formée des globules et de la fibrine du sang.

2051. *Qu'est-ce que la* CHAIR *des animaux, connue sous le nom de* VIANDE ? — Les *muscles,* qui sont placés immédiatement au-dessous de la peau et qui recouvrent les os.

2052. *Quelles substances composent les* MUSCLES, *ou la* CHAIR *des animaux?* — Les muscles ont pour base la *fibrine*, associée à de petites quantités d'albumine, de tissu cellulaire, de graisse, de matières sapides, et de différents sels, notamment des phosphates et du sel marin.

La fibrine est la substance qui constitue la fibre musculaire.

2053. *Pourquoi la viande est-elle* PLUS FACILE *à cuire, si on la place dans de l'eau froide dont on élève peu à peu la température que si on l'avait plongée tout à coup dans de l'eau bouillante ou très-chaude?* — Parce que : 1° au contact de l'eau très-chaude, l'albumine de la viande se coagule ou devient solide ; 2° l'albumine coagulée conduit mal la chaleur; 3° la viande, par conséquent, cuit bien moins ou plus lentement lorsqu'elle a été saisie par la chaleur. Lorsqu'un œuf saisi par l'eau bouillante est à l'état que nous désignons sous le nom d'*œuf mollet,* l'extérieur solide, l'intérieur liquide, il est presque impossibe, le lendemain, de le transformer en œuf dur, parce que la chaleur ne traverse que très-difficilement la couche d'albumine coagulée. Lorsqu'au contraire on a mis d'abord la viande dans l'eau froide, elle cède à l'eau une partie de son albumine, il n'y a plus coagulation à la surface, et la cuisson se fait mieux; mais la viande aussi est plus épuisée de ses sucs, plus réduite à l'état de fibrine.

2054. *Pourquoi la viande qui a* BOUILLI *trop* LONGTEMPS *est-elle toujours* DURE *et insipide?* — Parce qu'une cuisson prolongée enlève à la chair la plus grande partie de son *albumine* et des principes, créatine, graisse, sels ou autres, qui lui donnaient sa sapidité; réduite presque à l'état de fibrine, elle n'a plus de goût.

La meilleure méthode de cuire les viandes est la suivante : mettez la viande dans l'eau bouillante; lorsqu'elle y a été un peu de temps, et quand l'albumine s'est fixée, ajoutez-y une petite quantité d'eau froide.

La fixation de l'albumine par l'eau chaude empêche l'eau de pénétrer la viande, les sucs de sortir; les fibres se contractent et se dessèchent moins.

2055. *A quel état les viandes sont-elles surtout sapides et saines?* — A l'état de viandes rôties à la broche en présence d'un feu vif. L'albumine est ainsi coagulée à la surface; l'intérieur cuit lentement, sans perdre ses sucs, sans se dessécher ni s'épuiser de ses principes sapides. Rien, en réalité, ne peut remplacer la broche et les viandes rôties à l'air; elles sont absolument nécessaires, surtout aux tempéraments lymphatiques. La cuisson au sein des fourneaux économiques modernes ne donne que des viandes délayées ou mollasses, des sauces allongées et insipides.

2056. *Quelles sont les viandes les plus sapides et les plus saines, celles des jeunes animaux, agneaux ou veaux, ou celles des animaux adultes, moutons ou bœufs?* — Incontestablement les chairs des animaux adultes. Les chairs de l'agneau et du veau sont presque de l'albumine et de la fibrine pures, sans graisse ou sels intérieurs; elles ont moins de goût et sont plus indigestes.

2057. *Pourquoi les chairs d'agneau et de veau subissent-elles plus facilement la putréfaction?* — Parce qu'elles renferment une plus grande quantité d'albumine et moins de sels.

2058. *Pourquoi la chair des* VIEUX ANIMAUX *est-elle toujours* DURE *et moins* SAPIDE? — Parce qu'elle renferme moins d'albumine, de graisse, de suif, et plus de sels, carbonates ou phosphates de chaux ou autres.

A mesure qu'un animal vieillit, la quantité de carbone et de sels terreux contenus dans ses organes devient plus grande.

2059. *Comment expliquez-vous la propriété qu'a le sel de conserver les viandes?* — 1° Il enlève aux viandes une partie de leur eau et les rend moins aqueuses ; 2° en sa qualité de chlorure, il se combine avec la chair et s'oppose à l'oxygénation ultérieure de ses principes combustibles; en d'autres termes, il joue le rôle de corps antiseptique; 3° il modifie l'albumine et la fibrine dans leur composition chimique et les rend moins altérables; 4° enfin il défend la viande de l'approche des mouches.

Le sel s'emploie sous deux formes : à l'état sec ou de cristaux, à l'état de dissolution ou de saumure. Sous la première forme, il agit principalement comme déshydratant et antiseptique ; sous la seconde, il agit chimiquement et en se combinant avec la substance animale.

2060. *Pourquoi les viandes salées, lorsqu'on en fait un usage exclusif, contribuent-elles à produire le* SCORBUT? — Le scorbut est une maladie générale ayant pour principal symptôme une sorte de décomposition ou d'altération du sang, résultant probablement de ce que le sang est plus pauvre en fibrine. L'usage trop prolongé des viandes sur lesquelles le sel a agi chimiquement, en modifiant l'albumine ou la fibrine qu'elles contiennent à l'état normal, peut contribuer à engendrer cette affection redoutable; mais d'autres influences très-nombreuses contribuent à cette altération. On assure que les légumes frais, le chou, la pomme de terre et surtout la pomme de terre crue en particulier, comme aussi la limonade ou le jus de limon, contrebalancent l'effet des viandes salées.

CHAPITRE VI

Respiration.

2061. *Quel rôle joue la* RESPIRATION? — 1° Elle donne au sang l'*oxygène* dont il a besoin ; 2° et lui enlève l'*acide carbonique* dont il est chargé.

2062. *Comment la* RESPIRATION *donne-t-elle de l'*OXYGÈNE *au sang?* — Par l'*inspiration* l'air pénètre dans les poumons, arrive en contact avec le sang très-divisé qui les traverse, agit sur lui par son oxygène, et le fait passer de l'état de sang noir ou rouge foncé à l'état de rouge vermeil.

2063. *En quoi consiste cette action de l'oxygène sur le sang et qu'en résulte-t-il?* — L'oxygène de l'air se combine, d'une part, avec les principes vitaux du sang et les suroxyde; de l'autre, avec l'excès de carbone et d'hydrogène que contenait le sang noir venu des veines, en donnant naissance à de l'acide carbonique et à de la vapeur d'eau; ainsi purifié ou revivifié, et emportant avec lui de l'oxygène, le sang entre dans les artères et passe de nouveau des artères dans les veines.

2064. *Que deviennent l'acide carbonique et la va-*

peur d'eau ainsi formés? — Ils se dégagent par l'*expiration*, qui est le second acte de la respiration.

2065. *Pourquoi la* RESPIRATION *des êtres vivants ne* DÉTRUIT-*elle pas les* PROPORTIONS *normales des gaz de l'atmosphère?* — Parce que l'effet de la respiration des *végétaux* sur l'atmosphère est *précisément l'inverse* de l'effet de la respiration des *animaux*, c'est-à-dire que les plantes *enlèvent* à l'air son acide carbonique, et, sous l'influence de la *lumière solaire*, *dégagent de l'oxygène.*

2066. *Si les plantes absorbent l'acide carbonique et dégagent l'*OXYGÈNE, *que devient le* CARBONE *de ce gaz?* Les plantes retiennent le carbone pour le transformer en leur substance.

Elles fixent aussi une certaine quantité d'azote, qui entre dans la constitution de leurs fruits et de leurs graines.

2067. *Montrez de quelle manière le Créateur a mis dans une dépendance mutuelle les* ANIMAUX *et les* VÉGÉTAUX. — 1° Les animaux, pour l'entretien de leur vie, ont besoin d'oxygène qui leur est fourni par les feuilles des plantes, dont la surface inférieure en dégage une grande quantité; 2° les plantes trouvent leur nourriture dans l'acide carbonique, que les animaux exhalent de leurs poumons. C'est donc un échange continuel entre le règne animal et le règne végétal.

CHAPITRE VII

La chaleur animale.

2068. *Quelle est la cause de la* CHALEUR ANIMALE? — La chaleur animale résulte : 1° de la *circulation du sang;* 2° de la *combustion de l'hydrogène et du carbone* dans les poumons et dans les vaisseaux capillaires.

2069. *Que sont les* VAISSEAUX CAPILLAIRES? — Les vaisseaux capillaires sont de très-petits tubes, ou veines, qui se ramifient dans toutes les parties du corps des animaux. On les appelle *capillaires* à raison de leur très-petit diamètre, qui n'est pas plus grand que celui d'un cheveu.

Capillaris veut dire, en latin, ressemblant à un cheveu.

2070. *Comment* SAIT-*on que ces petits vaisseaux se ramifient dans toutes les parties du corps humain?* — Parce que la piqûre d'une aiguille suffit pour *faire sortir du sang* de toutes les parties du corps; or, toutes les fois que le sang jaillit, c'est qu'un *vaisseau sanguin a dû être percé.*

2071. *D'où viennent cet hydrogène et ce carbone des vaisseaux capillaires ou des veines?* — Du chyle ou du produit dernier de la digestion, fourni en partie par les vaisseaux chylifères, qui le puisent dans le canal thoracique, et le font passer du canal thoracique dans le système veineux, en partie par les veines des intestins, qui l'ont puisé directement dans l'appareil digestif.

2072. *Quelle est la cause de la* COMBUSTION *de ces éléments?* — L'oxygène de l'air fourni par la respiration et emporté par le sang dans sa circulation.

2073. *La chaleur* ANIMALE *est-elle identique à la chaleur d'un* FEU *ordinaire?* — Oui, l'une et l'autre résultent de la combustion de l'hydrogène et du carbone par l'oxygène de l'air. Notre corps est une véritable locomobile à laquelle le combustible est fourni par l'alimentation et la digestion, le comburant ou l'oxygène fourni par la respiration, dans laquelle la chaleur, née de la combustion et transformée en force mécanique et électrique, produit le mouvement des organes et l'assimilation.

2074. *Faites ressortir l'excellence et la perfection de la locomobile humaine?* — Sans bruit, sans secousse, par une série d'actions lentes et presque insensibles, elle est alimentée, ellé se débarrasse des résidus de la combustion, elle développe une force mécanique considérable, elle entretient dans tout le corps une chaleur relativement très-élevée de 37 degrés. Pour échauffer un cadavre et le maintenir, même dans une chambre fermée, à la température du corps humain, il faudrait brûler une masse énorme de combustible; tandis que, par la combustion lente, dans les poumons et les vaisseaux capillaires, des éléments fournis par la digestion, le corps entier reste chaud, même dans une atmosphère glacée, etc.

2075. *Si le corps est le siége d'une véritable combus-*

tion, comment n'est-il pas brûlé? — La combustion dans l'organisme des êtres vivants se fait à une température relativement basse; mais il n'en est pas moins brûlé peu à peu. Chaque organe perd incessamment de sa substance, et à chaque instant il cède des molécules infiniment petites, qui sont converties en gaz ou en cendres, qui s'échappent par l'expiration, la transpiration et les sécrétions diverses. Cette déperdition toutefois n'est pas sensible, parce qu'elle est réparée à chaque instant par l'alimentation et l'assimilation d'éléments nouveaux apportés par le sang. Il arrive un terme cependant où les poumons s'engorgent de carbone ou de carbonates terreux, où les artères et les veines perdent leur élasticité; la respiration et la circulation se font alors difficilement, la combustion se ralentit, l'assimilation se fait mal, la vie s'éteint peu à peu : ce terme s'appelle la *mort*.

2076. *Comment expliquez-vous que le carbone, qui partout ailleurs exige pour brûler une température très-élevée, brûle au sein des organismes vivants à une température relativement basse de* 37 *degrés?* — Par l'excessive division des molécules de carbone charriées par le sang.

2077. *Pourquoi* TOUTES *les parties du corps humain sont-elles* CHAUDES? — Parce que les *vaisseaux capillaires* se ramifient par *toutes les parties* du corps, et que la combustion du carbone et de l'hydrogène a lieu dans chacun de ces petits tubes. La circulation du sang chaud, venu du cœur jusque dans les plus petits vaisseaux, suffirait à expliquer comment tout le corps est chaud, alors même qu'on n'admettrait pas, ce qui est démontré aujourd'hui, que la combustion se continue jusque dans les vaisseaux capillaires par l'oxygène que le sang absorbe dans les poumons. Quelques physiologistes veulent que le frottement du sang contre les parois des artères et des veines produise sa part de la chaleur animale : cela peut être, mais, en dernière analyse, la chaleur animale n'a pas d'autre source que la combustion, par l'oxygène de la respiration, des éléments fournis par l'alimentation ; et la force mécanique qui, éteinte par ce frottement, se transformerait en chaleur, aurait elle-même sa force et sa raison d'être dans la combustion.

2078. *Pourquoi s'échauffe-t-on en courant?* — Pour courir, il faut développer et dépenser un surcroît de force mécanique ou musculaire, et cette force dépensée se transforme nécessairement en chaleur.

2079. *D'où peut venir le surcroît de force moléculaire dépensée dans la course, ou que suppose-t-il?* — Une plus grande activité de la respiration et de la circulation. Les personnes chez lesquelles la respiration et la circulation se font mal, parce qu'elles sont atteintes d'affections des voies respiratoires ou du cœur, ont beaucoup de peine même à monter ou à courir, parce que, pour gravir un escalier ou une pente rapide et pour courir, il faut une dépense de force, et partant une respiration et une circulation plus actives.

2080. *Pourquoi transpire-t-on en courant?* — Parce que l'excédant de chaleur dégagée dans la course dilate et vaporise naturellement les fluides animaux. C'est en même temps une sorte de réaction, par laquelle l'organisme donne issue à la chaleur excédante et détermine un refroidissement salutaire.

2081. *Comment la* TRANSPIRATION *peut-elle* REFROIDIR *le corps?* — La sueur, en s'évaporant, enlève à la peau beaucoup de chaleur.

2082. *Pourquoi la température des petits* ENFANTS *est-elle toujours plus* ÉLEVÉE *que celle des personnes âgées?* — Parce que chez les enfants la respiration et la circulation sont plus actives; ils respirent plus souvent et leur pouls bat plus vite.

Le nombre des pulsations d'un jeune enfant est souvent de 140 par minute, tandis que chez les personnes plus âgées il n'est que de 70.

2083. *Quels sont les animaux à sang chaud?* — Ceux chez lesquels la respiration et par conséquent la combustion est très-active; les oiseaux sont dans ce cas. Chez les animaux à sang chaud, la chaleur animale est en outre presque constante, quand ils n'appartiennent pas à la classe des animaux *hibernants*, ou qui dorment l'hiver.

2084. *Quels sont les animaux à sang froid?* — Ceux chez lesquels la respiration est très-lente et très-peu intense. Les animaux qui, comme les poissons et les grenouilles, vivent dans l'eau, laquelle ne contient qu'une très-petite quantité d'air et d'oxygène, sont des animaux à sang froid. Il en est de même des reptiles en général, des lézards, etc., etc. Chez les animaux à sang froid la chaleur animale est en outre variable; elle change avec le milieu et la saison.

2085. *Les animaux* HIBERNANTS, *comme les ours, les marmottes, les loirs, les hérissons, les chauves-souris, etc., sont-ils plus* FROIDS *pendant leur état de* TORPEUR? — Sans doute parce que leur respiration et la circulation de leur *sang cessent presque entièrement.*

Pendant l'*été*, leur température est à peu près la même que celle des animaux à sang chaud ; mais pendant la saison *froide*, ou pendant leur sommeil, elle n'est guère que 12 à 15 degrés au-dessus de la température du milieu ambiant.

2086. *Pourquoi un corps* MORT *est-il* FROID ? — Parce que les sources de la chaleur animale, la respiration et la combustion, sont taries.

2087. *Pourquoi les gens pauvres recherchent-ils en général les lieux mal aérés et sombres?* — Sans aucun doute parce que ces habitations sont moins chères ; peut-être aussi qu'ils redoutent instinctivement une trop grande circulation d'air qui augmenterait leur appétit, et rendrait plus piquant le froid dont ils ne peuvent pas se défendre, parce qu'ils sont mal vêtus. Cette appréhension instinctive, jointe à l'affaiblissement moral, expliquent la malpropreté qui accompagne ordinairement la misère.

2088. *Pourquoi a-t-on besoin d'être* PLUS COUVERT *pendant la* NUIT *que pendant le jour?* — Parce que : 1° la nuit est en général *plus froide* que le jour ; 2° on *respire plus lentement* en dormant, la combustion dans les poumons et les vaisseaux capillaires est *languissante*, et le corps tend à se refroidir. Il arrive très-souvent, si l'on s'endort pendant le jour, sans avoir soin de se couvrir la tête, que l'on se réveille avec un rhume de cerveau, dû sans aucun doute au refroidissement.

CHAPITRE VIII

Alimentation de l'homme.

2089. *Quels rôles jouent les* ALIMENTS ? — Ils fournissent les éléments nécessaires à l'assimilation qui assure le développement et l'intégrité de l'organisme, et à la combustion qui doit produire la chaleur animale.

2090. *Quelles sont les substances les plus* NUTRITIVES? — Les substances *azotées,* parce qu'elles se rapprochent le plus de la *composition de notre corps.*

2091. *Quelles sont les principales substances azotées, ou les aliments qui fournissent la matière de l'assimilation?* — La viande, ou plus généralement la chair des animaux terrestres ou aquatiques, et les légumes plus ou moins riches en fibrine, en albumine, en caséine, qui renferment de l'azote.

La *caséine* (du latin *caseus*, fromage) est une substance albumineuse qui existe dans le lait et qui ne se coagule pas spontanément comme la fibrine, ni au moyen de la chaleur comme l'albumine, mais seulement sous l'influence d'un acide. — L'albumine qu'on extrait principalement des œufs et du sang est une substance un peu jaunâtre, sans saveur ni odeur. — *La fibrine*, un des principes du sang et des chairs, est une matière incolore ou grisâtre, sans saveur ni odeur.

2092. *Quels sont les aliments qui fournissent les matériaux de la combustion?* — Les aliments non azotés, plus ou moins riches en hydrogène et en carbone :

les graisses, l'amidon, la gomme, le sucre, etc., etc.

2093. *De quelle manière la* NOURRITURE *se convertit-elle en* SANG? — Elle passe, au moyen de la déglutition, dans l'estomac, où elle est modifiée par le *suc gastrique*, et convertie en une masse molle et pulpeuse qu'on appelle CHYME.

2094. *Quel changement subit ce* CHYME? — Il passe de l'estomac dans les intestins, où la *bile* le sépare en deux : en CHYLE, dont la composition diffère à peine de celle du sang, et en matière *excrémentielle*.

2095. *Que devient ce* CHYLE? — Il est absorbé par des vaisseaux qui le transmettent aux poumons, où il se change en *sang artériel*.

2096. *Pourquoi le même individu a-t-il besoin d'une nourriture plus* ABONDANTE *dans les climats* FROIDS *que dans les climats chauds?* — Parce que, dans les pays froids, 1° le corps a besoin de plus de matière combustible pour *conserver sa température normale;* 2° l'air est plus riche en oxygène, la respiration plus active, la digestion plus rapide, et par conséquent le besoin d'alimentation se fait plus tôt sentir.

2097. *Pourquoi, dans les climats chauds, ou pendant la chaleur de l'été, l'appétit est-il, en général, moins vif, le besoin d'alimentation moins senti, la tendance à l'oisiveté ou au repos plus grande?* — Parce que, quand il fait chaud : 1° l'air est moins riche en oxygène, la respiration moins active, la digestion plus lente ; 2° le mouvement aurait pour effet une augmentation pénible de chaleur intérieure.

2098. *Pourquoi les Lapons, les Esquimaux, et les autres peuples qui habitent sous un climat très-froid, aiment-ils instinctivement les aliments gras, les huiles, les graisses, etc.?* — Parce que les huiles et les graisses sont les aliments qui, à poids égal, fournissent à l'organisme le plus de carbone, et qui contribuent plus efficacement à l'entretien de la chaleur animale.

2099. *Pourquoi, même dans les climats tempérés, les aliments gras et les viandes sont-ils plus recherchés en hiver, et les légumes en été?* — C'est toujours la même raison. On sent naturellement, en hiver, le besoin d'aliments plus substantiels, riches en azote, en carbone et en hydrogène, qui nourrissent mieux et entretiennent plus efficacement la chaleur intérieure du corps. Les légumes, qui contiennent moins d'azote, de carbone, d'hydrogène et plus d'eau, sont relativement des aliments rafraîchissants. La Providence fait naître, dans les pays chauds, une grande quantité de légumes pleins de jus, comme les melons, les pastèques, les oranges, etc., etc.

2100. *Pourquoi les habitants des pays* TROPICAUX *se nourrissent-ils principalement de* RIZ *et de* FRUITS? — Parce que dans ces climats brûlants, où la chaleur intérieure se conserve sans peine, où elle est plutôt trop forte que trop faible, les aliments trop substantiels ne sont nullement nécessaires ou seraient même dangereux; le riz, médiocrement riche en azote, mais très-riche en carbone, est un excellent aliment respiratoire et suffisamment nutritif.

2101. *Comment les animaux* HIBERNANTS, *comme es hérissons, les chauves-souris, les tortues, les loirs, etc., peuvent-ils* VIVRE *cinq ou six mois sans* NOURRITURE? — Parce qu'ils respirent à peine. La combustion intérieure est excessivement lente; les pertes que fait le sang par cette combustion si lente sont tout à fait inappréciables; il n'y a pas de dépenses, il n'est donc pas besoin d'entretien. Il est certain que des crapauds ont vécu des années, et peut-être des siècles, au sein de pierres très-dures et qui fermaient tout accès à l'air; sans être éteintes, les fonctions vitales étaient presque suspendues : on comprend dès lors qu'elles n'aient pas eu besoin d'alimentation.

2102. *Pourquoi le* FROID AIGUISE-*t-il la* FAIM? — Parce que, d'une part, au sein d'un air froid et plus riche en oxygène, la combustion intérieure est plus rapide; et parce que, de l'autre, l'organisme, dépensant plus pour se défendre du froid extérieur, sent plutôt la nécessité de réparer ses pertes.

2103. *Pourquoi la* DIGESTION *rapide éveille-t-elle l'*APPÉTIT? — Parce que, là où la dépense ou consommation d'éléments nutritifs est plus grande, il est tout naturel que le besoin d'éléments nutritifs nouveaux se fasse sentir.

2104. *Pourquoi avons-nous, en général, besoin d'*ACTIVITÉ *lorsqu'il fait* FROID? — Parce que nous savons instinctivement que le mouvement et l'activité augmentent la chaleur animale.

2105. *Pourquoi les gens occupés à des travaux rudes ont-ils, en général, un bon* APPÉTIT? — Parce que, dans leur travail, il y a dépense plus grande et perte plus rapide des éléments respiratoires et nutritifs.

2106. *Pourquoi l'action de* LIRE *à haute voix, de* CHANTER *et de* PARLER, *excite-t-elle l'*APPÉTIT? — Parce qu'elle est un travail qui ne se fait pas sans dépense d'éléments respiratoires et nutritifs.

2107. *Pourquoi l'*APPÉTIT *est-il* MOINS *excité pendant la* NUIT *que pendant le jour?* — Parce que, pendant le sommeil, la respiration, et par conséquent la dépense d'éléments combustibles, est beaucoup moins grande.

2108. *Pourquoi les hommes* SÉDENTAIRES *ont-ils, en général,* MOINS *d'*APPÉTIT *que les laboureurs?* — Parce que, dépensant ou perdant moins, ils sentent moins, naturellement, le besoin de réparer leurs pertes.

2109. *Pourquoi les personnes qui n'ont pas une* NOURRITURE SUFFISANTE *sont-elles en général* PARESSEUSES? — Parce que, se sentant moins de forces, elles sont moins disposées à les dépenser; elles résistent instinctivement à l'activité, qui amènerait des pertes qu'elles ne pourraient pas réparer.

2110. *Quels sont les êtres qui* PÉRISSENT *le plus promptement par le* DÉFAUT *de* NOURRITURE? — Les animaux à sang chaud, chez lesquels la respiration est très-active, comme les oiseaux et la plupart des mammifères. Les herbivores succombent plus tôt que les carnivores, et les jeunes animaux plus tôt que les adultes.

2111. *Pourquoi maigrit-on lorsque l'on est souvent ou longtemps condamné à la faim?* — Parce que, en l'absence d'aliments, la combustion intérieure se fait aux dépens de l'organisme lui-même; il perd sans cesse, et ses pertes ne sont pas réparées; il doit donc maigrir.

2112. *Quels sont, dans l'épuisement causé par la faim, les éléments de l'organisme qui sont consumés les premiers?* — La graisse d'abord, qui est plus combustible; les muscles ensuite, etc.

CHAPITRE IX

Le sommeil.

2113. *Qu'est-ce que le* SOMMEIL? — Le repos de l'homme causé par l'assoupissement naturel de tous ses sens.

2114. *Pourquoi la* CHALEUR *animale s'*ABAISSE*-t-elle pendant le sommeil?* — Parce que les mouvements du cœur et ceux de la respiration sont *moins fréquents.*

2115. *Que sont les rêves?* — Un produit, pendant un sommeil incomplet, de l'activité de l'imagination non réglée par la volonté. Quand l'organisme dort, l'âme veille; mais celles de ses facultés qui sont sous la dépendance du corps échappent en quelque sorte à la volonté.

2116. *Pourquoi le proverbe dit-il : « Qui dort dîne? »* — Parce que le sommeil ralentit la respiration, affaiblit l'action de tous les organes, diminue la chaleur animale, rend plus lente la digestion et moins abondantes toutes les sécrétions ; lorsqu'on dort, l'appétit n'est que très-lentement excité.

2117. *Pourquoi les* ENFANTS RÊVENT-*ils plus souvent que les personnes d'un âge mûr?* — Parce que leur imagination est plus active et leur volonté moins forte.

2118. *Pourquoi les* RÊVES *sont-ils en général* BIZARRES *et* INCOHÉRENTS? — Parce que, cessant d'être sous la dépendance de la volonté, l'imagination bat la campagne:

2119. *Qu'est-ce que le somnambulisme* NATUREL? — Une sorte de rêve en action pendant lequel on répète les actes dont on a contracté l'habitude, mais sans en avoir la conscience et sans en conserver le souvenir.

2120. *Pourquoi le sommeil du matin, celui qui précède le réveil, est-il souvent accompagné de rêves, de songes, d'une sorte de délire?* — Parce que le sommeil du matin redevient un demi-sommeil, un sommeil incomplet.

2121. *Pourquoi souvent le café, le thé et les autres excitants font-ils rêver davantage, et pourquoi les rêves sont-ils alors le plus souvent des rêves pénibles ou de véritables cauchemars?* — Parce que, sous l'influence des excitants auxquels on n'est pas habitué, le sommeil devient incomplet ; les rêves sont alors pénibles, parce que l'organisme est dans une sorte d'état de malaise; les digestions mal faites causent le plus souvent de mauvais rêves et le cauchemar.

2122. *Pourquoi s'*ÉTIRE*-t-on toujours le matin, avant de pouvoir parler, voir et se lever?* — Parce que les *muscles*, au réveil, sont encore engourdis, et que la volonté est obligée de faire un certain effort pour reprendre sur eux son empire.

2123. *Pourquoi se* FROTTE*-t-on les yeux lorsqu'on se* RÉVEILLE ? — Pour arracher l'organe de la vision à l'engourdissement.

2124. *Quelle est la cause des* PANDICULATIONS, *c'est-à-dire de l'action automatique par laquelle on porte les bras en haut, avec des bâillements et des soupirs, au moment d'un réveil incomplet?* — Un besoin instinctif de rappeler l'afflux nerveux dans les muscles, et de les ramener sous l'empire de la volonté.

2125. *Pourquoi les* ENFANTS, *les* FEMMES *et les habitants des pays chauds dorment-ils plus* LONGTEMPS *que les autres personnes?* — Chez les femmes et les enfants, le système nerveux est plus délicat et plus excité, ils ont donc besoin d'un repos ou d'un sommeil plus prolongé; leur imagination et leurs sens sont aussi moins sous l'empire de la volonté; ils doivent donc s'endormir plus facilement. Dans les pays chauds, la vie intérieure est moins active, et l'exercice de l'activité extérieure plus pénible; un plus long sommeil devient alors une sorte de nécessité, et l'on y est naturellement porté.

2126. *Pourquoi, en général, dort-on mieux dans une chambre tout à fait* SOMBRE *et* TRANQUILLE? — Parce que le sommeil s'établit d'autant mieux qu'il y a absence de *tout excitant extérieur*, comme la lumière et le bruit.

2127. *Lorsqu'un membre est placé dans une situation gênante pendant le sommeil, pourquoi souvent ne change-t-on pas de position?* — Parce qu'on n'a qu'une demi-conscience de la cause du malaise que l'on ressent, et que l'action de la volonté sur les organes est suspendue. Cette sensation pénible trouble le sommeil et cause le plus souvent des rêves pénibles ou des cauchemars ; on rêve que ce membre est garrotté ou pressé par une main étrangère.

2128. *Pourquoi, pendant le sommeil, ne voit-on pas, même alors que les yeux sont ouverts, n'entend-on pas, ne sent-on pas, etc., etc.?* — Pendant le sommeil on voit si les yeux sont ouverts ; on entend, on sent; aussi un bruit violent, une lumière vive, une odeur piquante, une saveur très-aigre ou très-amère, suffisent à réveiller ; mais on voit, on entend, on sent très-faiblement, parce que les organes sont comme engourdis ou arrêtés dans leur exercice ; et l'on n'a pas la conscience de la vision, de l'audition, de l'odeur, de la saveur, etc., parce que l'action de l'âme sur les organes est elle-même presque totalement suspendue.

CHAPITRE X

Les acides organiques.

2129. *Qu'est-ce que l'acide* PYROLIGNEUX? — Cet acide, qu'on retire de la distillation du *bois*, n'est autre chose que de l'acide acétique mélangé d'huile empyreumatique et de goudron.

Empyreumatique veut dire qui a l'odeur ou le goût d'huile brûlée.

2130. *Pourquoi l'acide* PYROLIGNEUX *empêche-t-il la* PUTRÉFACTION *des viandes, et leur enlève-t-il leur odeur et leur saveur désagréables?* — Parce qu'il renferme une petite quantité d'une substance huileuse connue sous le nom de *créosote*, complétement désoxygénée, et qui, par conséquent, s'oppose à la combustion lente qui constitue la putréfaction. C'est à cette substance que l'acide pyroligneux doit sa propriété *antiseptique*.

Créosote veut dire *conservateur de la chair* (du grec κρέας σώζω, *la chair je conserve*). Le chimiste allemand Reichenbach a donné le nom de créosote à cette huile, en raison de sa vertu antiputride très-prononcée.

Antiseptique (du grec ἀντί, *contre*, σηπτός, *pourriture*, c'est-à-dire propre à arrêter les progrès de la putréfaction.

2131. *Qu'est-ce que l'acide* PHÉNIQUE? — Un des produits de la distillation des huiles légères de houille, solide, déliquescent, pur volatif, répandant une odeur caractéristique, peu soluble dans l'eau. C'est aujourd'hui le plus efficace des antiseptiques; il coagule l'albumine, empêche les ferments de se produire sans toutefois les détruire, etc.; M. le docteur Déclat en a tiré un admirable parti dans la guérison des maladies et des plaies. Le phénol de M. Bobœuf, combinaison d'acide phénique et de soude, a la plupart des qualités de l'acide, sans en avoir les dangers, et il est devenu à juste raison très-populaire.

2132. *Enumérez à cette occasion les principales substances extraites de la houille.* — Ce sont: le *goudron* formé d'un grand nombre de carbures d'hydrogène ; les *huiles lourdes*, les *huiles légères*, qui peuvent servir à l'éclairage ou au chauffage ; des *essences* ou *naphtes ;* la *benzine* liquide incolore, d'une odeur assez forte, d'un goût sucré, un des meilleurs dissolvants des résines, des peintures ou des corps gras, la *nitrobenzine* ou essence de mirbane liquide oléagineux d'une odeur très-forte d'amandes amères, qu'elle remplace dans les savons ; l'*aniline*, liquide peu soluble, volatil et d'une odeur désagréable, qui, par son union avec les acides, donne naissance à des séries de couleurs remarquables par la variété et l'éclat de leurs nuances, mais peu solides, qui ont fait une véritable révolution dans la teinture ; l'*acide picrique* ou *carbazotique*, solide pourvu qui forme avec la potasse et la soude des poudres détonantes et brisantes; la créosote, liquide oléagineuse remarquable par ses propriétés antiputrides et conservatrices des matières animales.

2133. *Pourquoi la* SUIE *et la* FUMÉE *de bois empêchent-elles longtemps les* VIANDES *et les poissons de se putréfier?* — La suie et la fumée de bois doivent leur propriété antiseptique à la substance huileuse nommée *créosote.*

2134. *Pourquoi les pommes, les poires, les baies de sureau, les prunelles, etc., sont-elles* AIGRES, *surtout lorsqu'elles ne sont pas mûres?* — Parce qu'elles contiennent de l'*acide malique.*

Malique vient du mot *malum* (pomme).

2135. *A quel acide les oranges, les citrons, les limons et autres fruits de la même espèce doivent-ils leur agréable* ACIDITÉ? — A l'acide *citrique.*

2136. *A quels acides tous les fruits* ROUGES, *tels que les groseilles, les cerises, les fraises, les framboises, les sorbes, etc., doivent-ils leur* ACIDITÉ ? — A l'acide *citrique* mêlé à l'acide *malique.*

2137. *Pourquoi les* RAISINS *qui ne sont pas mûrs sont-ils* AIGRES? — Cette acidité est due à l'acide *tartrique* que les raisins contiennent.

Tartrique ou tartarique dérive du mot latin *tartrum*, lie de vin dont on l'extrait. L'acide tartrique est l'acide organique de la *crème de tartre;* mais c'est toujours du jus de raisin qu'on l'extrait dans la fabrication en grand.

2138. *Pourquoi l'acidité disparaît-elle en grande partie lorsque les raisins ou les autres fruits ont mûri?* — Parce que, sous l'action de la chaleur qui produit la maturité, l'acide organique des fruits verts se change en *pectine*, ou matière sucrée.

2139. *A quel acide est due la saveur aigre de l'*OSEILLE? — Cette saveur est due à l'*acide oxalique* (d'*oxalis*, oseille) que contient cette plante.

2140. *Pourquoi l'*ACIDE OXALIQUE, *ou sel d'oseille, fait-il disparaître sur le linge les taches de* ROUILLE ? — Parce qu'il se *combine avec les oxydes de fer* et forme avec eux des sels très-solubles.

Le sel d'oseille est l'oxalate, acide de potasse.

2141. *Pourquoi l'*ACIDE OXALIQUE *fait-il disparaître les taches d'*ENCRE *sur le bois, le linge, le papier, etc.?* — Parce qu'il décompose la *couperose, sulfate de fer,* et le *tannate* ou *gallate de fer* de l'encre, substances auxquelles l'encre doit sa couleur noire, en donnant naissance à des sels solubles et incolores.

La couperose verte est un *sel de fer* connu sous le nom de sulfate de protoxyde de fer.

Le tannate de fer ou le tannate de peroxyde de fer est composé d'acide tannique en combinaison avec le fer.

On peut enlever du papier l'encre à écrire en lavant la tache avec une eau chlorurée qui décompose le tannate de fer, comme le fait la dissolution d'acide oxalique.

2142. *Pourquoi l'acide oxalique ne fait-il pas disparaître du papier l'encre d'*IMPRESSION *comme l'encre ordinaire?* — Parce que l'encre d'impression doit sa couleur noire au *carbone*, sur lequel l'acide oxalique n'a aucune action.

2143. *Pourquoi l'*ENCRE *à écrire s'altère-t-elle ou pâlit-elle quelquefois?* — Parce que le papier blanchi *au chlorure de chaux* retient du chlore qui détruit la matière colorante de l'encre.

2144. *Qu'est-ce que le liquide qu'on vend chez les épiciers sous le nom d'*EAU DE CUIVRE *pour nettoyer les objets en cuivre?* – C'est une simple dissolution d'*acide oxalique*, ou de sel d'oseille, dont on fait un fréquent usage pour nettoyer les ustensiles, les harnais en cuivre poli, etc.; l'acide oxalique forme, avec les oxydes de cuivre et de fer, des sels solubles qu'un lavage enlève en rendant au métal tout son éclat.

2145. *A quel acide est due l'acidité du* VINAIGRE? — A l'acide *acétique*.

2146. *Pourquoi la* BIÈRE *et le* VIN *exposés à l'air deviennent-ils* AIGRES *en peu de temps?* — Parce qu'ils absorbent l'oxygène de l'air, qui transforme l'*alcool* en *acide acétique.*

En rapprochant la composition de l'alcool de celle de l'acide acétique on voit que 1 équivalent d'alcool peut, en absorbant 4 équivalents d'oxygène, se transformer en acide acétique et en eau.

$C^4H^6O^2$ (*alcool*) $+ O^4 = C^4H^4O^4$ (*acide acétique*) $+ H^2O^2$ (*eau*).

2147. *A quoi les vins* ROUGES *doivent-ils leur* COULEUR ? — A la matière colorante *bleue* qui réside dans les pellicules du fruit, et que les *acides* libres ont fait virer au *rouge.*

2148. *Pourquoi les* VINS *s'*AMÉLIORENT-*ils avec le temps?* — Parce que : 1° le sucre qui a échappé à la première fermentation en éprouve une seconde et se convertit peu à peu en alcool; 2° à mesure que la proportion d'alcool augmente, le tartre ou le tartrate acidulé de potasse qui donnait au vin sa verdeur, et qui est insoluble dans l'alcool, se précipite. Voilà comment, en vieillissant et se dépouillant, le vin devient moins amer, moins acide et plus chaud.

2149. *A quoi attribue-t-on le bouquet du vin et l'odeur qu'il laisse dans les tonneaux où il a longtemps séjourné?* — A un produit de la fermentation qu'on a désigné du nom d'éther œnanthique.

Œnanthique est formé de deux mots grecs (οἶνος, *vin*, et ἄνθος, *fleur*).

2150. *Quelles sont, en général, les causes des* MALADIES *des vins? les fleurs, la graisse, l'amer,* etc. — M. Pastant attribue les maladies des vins à des germes organiques de diverse nature et dont on peut empêcher le développement en soumettant les vins nouveaux à l'action momentanée d'une chaleur convenable, ou d'un froid suffisamment intense. La chaleur améliore le vin et le vieillit, le froid l'enrichit en le débarrassant d'une partie de son eau.

2151. *A quoi est due l'*ODEUR *des corps* GRAS? — Le plus souvent à un acide gras volatil que la *chaleur* décompose. Ainsi le beurre ordinaire doit son odeur à des traces d'acide *butyrique;* les graisses de bouc et de mouton à l'acide *hircique;* les huiles de poisson à l'acide *phocénique*, etc.

Buthyrique, du mot latin *butyrum* (beurre).
Hircique, du latin *hircus* (bouc).
Phocénique, de *phocœna*, nom que Cuvier a donné au *veau marin.*

2152. *Pourquoi faut-il* TANNER *les peaux animales pour les rendre propres à la confection de nos* CHAUSSURES? — Parce que les peaux desséchées sans être tannées s'imprègnent d'*eau* facilement, se *pourrissent* et s'*usent* très-vite.

2153. *Pourquoi l'*ÉCORCE *de* CHÊNE *sert-elle à durcir les peaux d'animaux?* — Parce qu'elle contient une substance astringente, désignée sous le nom de *tannin* ou d'acide tannique.

2154. *Quel effet produit sur la peau animale le* TANNIN *en dissolution dans l'eau?* — Absorbé par la peau, il forme une combinaison insoluble de *tannin* et de *substance animale*. Quand la peau s'est combinée avec le tannin, elle devient presque imperméable et imputrescible.

2155. *Comment colore-t-on en* NOIR *les* CUIRS *tannés?* — On les colore avec de l'*acétate de fer*. On passe plusieurs couches de ce sel à la surfase du cuir; le tannin se combine avec le *protoxyde de fer*, et forme un tannate de protoxyde qui se transforme plus tard en tannate noir de sesquioxyde de fer.

On obtient l'acétate de fer en dissolvant les vieilles ferrailles dans du vinaigre de vin, de cidre, de bière, ou de bois.

2156. *Pourquoi le* LAIT TOURNE-*t-il lorsqu'on le conserve trop longtemps?* — Parce qu'il subit une *fermentation* qui opère la conversion du sucre de lait en *acide lactique*: l'acide lactique, à son tour, détermine la coagulation du caséum.

Lactique, du latin *lac* (lait).

Caséum ou caséine, du latin *caseus* (fromage), désigne la partie du lait qui est de la nature du fromage.

2157. *Qu'est-ce que le* CASÉUM *ou la* CASÉINE *du lait?* — Le caséum ou le caillé du lait est une matière azotée à laquelle sont dues les principales propriétés *nutritives* du lait. Le lait tourné se partage en *caséum* et en *sérum* ou petit lait.

2158. *Pourquoi le* LAIT TOURNE-T-IL *quand la température de l'air est élevée et dans les temps* ORAGEUX? — Parce que la chaleur et l'électricité déterminent ou hâtent la *fermentation* ou la conversion du sucre du lait en acide lactique.

2159. *Pourquoi ne peut-on jamais faire* BOUILLIR *le lait* VIEUX *sans qu'il* TOURNE? — Parce que le lait qui a été exposé longtemps à l'air subit un commencement de fermentation que la chaleur du feu achève ou précipite.

2160. *Pourquoi la* CAILLETTE DE VEAU *ou présure*

fait-elle cailler le lait? — Parce que la présure extraite du quatrième estomac du veau est une liqueur acide formée de sucs gastriques acides et de lait presque à l'état de caséum ou de fermentation commencée.

2161. *Pourquoi les* ACIDES *font-ils* TOURNER *le lait?* — Parce qu'ils s'emparent des alcalis du lait, sans lesquels le caséum ne peut pas rester dissous par la portion liquide du lait. En ajoutant au lait une petite quantité d'un sel alcalin, le carbonate de soude, les marchands de lait retardent sa fermentation ou sa décomposition par l'acide lactique spontanément formé.

2162. *Pourquoi une petite quantité de* SUBLIMÉ CORROSIF *empêche-t-elle la* COLLE *de farine de* TOURNER? — Parce qu'elle en retarde la *fermentation*. Au sublimé corrosif, qui est un poison violent, on substituerait avec avantage l'huile de houille indiquée par M. Édouard Robin, et dont on se sert depuis quelque temps pour conserver l'albumine ou les blancs d'œufs.

CHAPITRE XI

Les graisses.

2163. *Qu'appelle-t-on corps gras?* — Des substances solides ou liquides formées de carbone, d'hydrogène, d'oxygène et d'azote, tachant le papier, inflammables, insolubles dans l'eau, que les alcalis convertissent en savons.

2164. *Quels sont les principaux corps gras?* — Les huiles, les beurres, les suifs et les cires.

2165. *Quelle est la composition des huiles?* — Elles sont formées essentiellement de deux substances : l'une, liquide, appelée *oléine;* l'autre, solide, appelée *margarine.*

2166. *Quelle est la composition des suifs?* — En outre de l'oléine et de la margarine, les suifs contiennent en grande quantité une autre substance analogue à la margarine, et qu'on appelle stéarine.

Oléine vient d'*oleum*, qui en latin signifie huile.

Margarine vient de *margarita* (perle) ; on lui a donné ce nom en raison de son éclat perlé.

Stéarine vient du grec *steur*, suif. La magarine diffère surtout de la stéarine en ce qu'elle est soluble dans l'éther, qui ne dissout pas la stéarine.

2167. *Qu'est-ce que la cire?* — Une substance grasse, d'origine animale ou végétale, formée essentiellement de *cérine*, ou *acide cérotique*, de *myricine* et de *céroléine*, substances analogues à l'oléine et aux acides stéarique et margarique, mais de composition différente.

2168. *Quelle est la composition générale de l'oléine, de la stéarine, de la margarine?* — Chacune de ces substances est formée d'une base toujours la même, la glycérine, et d'un acide qui varie d'une de ces substances à l'autre. L'oléine est formée de glycérine et d'acide oléique; la margarine, de glycérine et d'acide margarique; la stéarine, de glycérine et d'acide stéarique.

2169. *Qu'est-ce que la glycérine?* — Un liquide sirupeux, transparent, presque incolore, sans odeur, et d'une saveur sucrée très-douce, composé de carbone, d'hydrogène et d'oxygène dans les proportions indiquées par la formule $C^6 H^8 O^6$. Elle a déjà reçu diverses applications dans l'industrie; en médecine on l'emploie dans le traitement de diverses maladies de la peau.

2170. *De quoi sont formées les bougies modernes analogues à celles qu'on désigne communément du nom de bougies de l'Étoile?* — D'acide stéarique, substance solide composée de carbone, d'hydrogène et d'oxygène, $C^{34} H^{33} O^3$, HO, blanche, nacrée, grasse au toucher, insoluble dans l'eau et dans l'éther, soluble dans l'alcool, fondant à 70°.

2171. *Comment prépare-t-on l'acide stéarique?* — Par la saponification du suif, obtenue en chauffant le suif avec du lait de chaux; on décompose par l'acide sulfurique le savon de chaux formé; on soumet le résidu lavé à l'action de la presse hydraulique pour en séparer l'acide oléique liquide; on obtient ainsi l'acide stéarique pur.

2172. *Pourquoi les bougies stéariques coulent-elles dès qu'on agite le flambeau dans lequel elles brûlent?* — Parce que le point de fusion de l'acide stéarique est de 70 degrés, tandis que le point de fusion du suif fondu est de 38°; l'acide stéarique fondu est très-liquide, il coule donc très-facilement, et le moindre refroidissement le solidifie. Mais il ne graisse pas comme le suif; on l'enlève sans peine par le frottement, surtout si le drap avec lequel on frotte est imbibé d'alcool.

2173. *Comment les* HUILES, *surtout l'huile d'*OLIVE, *sont-elles* CONCRÉFIÉES *par le froid?* — La *margarine*, sous l'influence du froid, se séparant de l'oléine, se précipite au *fond* sous la forme de grumeaux solides, tandis que l'*oléine* occupe le *haut* du vase.

2174. *Pourquoi les* HUILES *deviennent-elles* RANCES? — Parce qu'elles absorbent l'*oxygène* et forment, en se combinant avec ce gaz, des principes *volatils odorants* et deux ou trois acides.

2175. *Qu'est-ce qui fait qu'une graisse est plus ou moins solide?* — La plus ou moins grande proportion de stéarine et de margarine relativement à l'oléine. Le suif de mouton est plus solide que le suif de bœuf, parce qu'il contient plus des deux principes solides, et moins du principe liquide.

2176. *Pourquoi le* BEURRE *se durcit-il par le froid?* — Parce que la margarine, qui est un de ses principes constituants, n'est plus maintenue à l'état fluide par l'oléine quand la température baisse; le beurre d'hiver contient aussi plus de margarine que le beurre d'été.

2177. *Pourquoi les* HUILES *se solidifient-elles quand il fait froid?* — Par la même raison que le beurre: l'acide margarique cesse d'être dissous et se précipite en se séparant de l'oléine sous forme de grumeaux. L'huile se fige d'autant plus qu'elle est plus fine et plus pure; c'est même à ce caractère qu'on reconnaît l'huile d'olive; l'huile d'olive tout à fait franche se fige tout entière et de très-bonne heure.

2178. *Pourquoi les* HUILES *et le* BEURRE *deviennent-*

ils rances par un long contact avec l'air? — Parce qu'ils absorbent l'oxygène et s'acidifient par suite d'une sorte de fermentation des corps azotés qu'ils tiennent en dissolution; les huiles rances ont une odeur et une saveur désagréables; l'odeur du beurre rance est due à la présence de l'acide butyrique, résultat de son acidification.

2179. *Qu'est-ce que le blanc de* BALEINE? — La matière grasse que l'on extrait du cerveau de diverses espèces de cachalot, et qui est formée d'une huile et d'une substance solide appelée *cétine* ou *sperma-ceti.* La cétine fond à 49 degrés, et donne par le refroidissement une masse transparente qui sert à fabriquer les bougies diaphanes. Sous l'influence des alcalis, elle se transforme en un acide gras, l'acide *éthalique*, et un alcool solide, l'*éthal*.

2180. *Qu'est-ce que la* PARAFFINE? — Un corps gras analogue au blanc de baleine, fusible à 49 degrés, qu'on retire des huiles lourdes résultant de la distillation des bois, de la tourbe et des schistes bitumineux, avec lequel on fait aussi de très-belles bougies diaphanes, mais qui est encore rare et chère.

2181. *Qu'est-ce qu'un* SAVON? — Un véritable sel formé par la combinaison des acides gras avec les oxydes métalliques, et obtenu par l'opération appelée saponification.

2182. *Quels sont les corps gras et les oxydes qui entrent dans la composition des* SAVONS *ordinaires?* — Les savons ordinaires sont formés de potasse et de soude, combinées avec des huiles, du suif ou de l'axonge.

2183. *Quelle différence y a-t-il entre les* SAVONS *de soude et de potasse?* — Les savons de soude sont plus fermes, on les appelle savons durs ; les savons de potasse sont moins fermes, on les appelle savons mous. Le savon noir, avec excès de potasse, est mou et visqueux.

2184. *Quelle est la condition essentielle d'un bon savon?* — La neutralisation parfaite de l'alcali, et l'absorption parfaite du corps gras. La première condition s'obtient par la préparation à froid, procédé de M. Mihalle, la seconde par l'addition de silice ou d'hydrate de silice parfaitement pur, procédé de M. Mignot.

2185. *Si les* SAVONS *se composent de substances grasses, comment les emploie-t-on à dégraisser?* — Parce qu'ils contiennent un excès considérable d'alcali apte à neutraliser les matières grasses sur lesquelles on le fait agir, en formant avec elles un nouveau savon soluble dans l'eau.

2186. *Comment les* SAVONS *nettoient-ils ou blanchissent-ils le linge?* — Dissous dans l'eau, ils font à la fois l'office d'un liquide qui lave, et d'un alcali qui neutralise les corps gras en les saponifiant et les rendant solubles dans l'eau savonneuse, qui en débarrasse le linge.

2187. *Pourquoi dans les eaux calcaires le* SAVON *ne se dissout-il pas, ou donne-t-il naissance à des grumeaux non solubles dans l'eau?* — Parce que les sels solubles de potasse ou de soude qui constituent les savons se changent en sels de chaux insolubles.

2188. *Quelles sont surtout les eaux calcaires qui ne dissolvent pas les* SAVONS? — Les eaux qui contiennent la chaux à l'état de sulfate, *sélénite* ou plâtre, et que l'on appelle eaux dures ou crues; l'acide sulfurique abandonne la chaux pour se porter sur la soude ou la potasse du savon, la chaux se combine avec le corps gras pour former un sel insoluble.

2189. *A quoi est due la marbrure du* SAVON?— A l'addition d'une alumine ferrugineuse, qui, s'unissant à l'acide gras, donne un savon coloré en blanc ou en vert.

2190. *Qu'est-ce que le* SAVON *noir?* — Un savon de potasse avec grand excès d'alcali.

2191. *Qu'est-ce que le* LAIT ?— Un liquide sécrété par les glandes mammaires des femelles des animaux mammifères et destiné à nourrir leurs petits. Il est essentiellement formé d'eau, tenant en dissolution, ou à l'état d'émulsion, du beurre, du caséum et certains sels.

2192. *Qu'est-ce que la* CRÈME? — La portion du lait qui monte à sa surface par le repos dans un lieu frais et tranquille, et qui y forme une couche légèrement jaunâtre, onctueuse, plus ou moins épaisse. La crème est d'autant plus abondante que le lait est de meilleure qualité.

2193. *Qu'est-ce que le* BEURRE? — La partie grasse du lait et de la crème de vache; elle est essentiellement formée de margarine, d'oléine, de butyrine, et d'une matière colorante, plus abondante en été quand les vaches se nourrisent d'herbe fraîche, moins abondante, ou presque nulle en hiver, quand les vaches se nourrissent de fourrages secs.

2194. *Pourquoi la* CRÈME *et le* LAIT *donnent-ils du beurre quand on les agite dans la baratte?* — Parce que l'agitation brise l'enveloppe des globules de beurre en suspension dans la partie aqueuse du lait, et amène ces globules en contact ; ils s'unissent alors, s'agglomèrent et forment une masse isolée qui constitue le beurre.

2195. *Pourquoi le* BEURRE *rancit-il à l'air?* — Parce que, sous l'influence de l'oxygène de l'air, il s'acidifie en donnant naissance à de l'acide butyrique qui communique au beurre rance son odeur et sa saveur âcre et désagréable. Le beurre devient rance d'autant plus vite qu'il contient plus d'eau ou qu'il a été mal lavé.

2196. *Comment empêche-t-on le* BEURRE *de rancir aussi vite?* — En le salant ou le fondant ; en y ajoutant une petite quantité d'une substance qui, comme l'iodure de potassium, ou le bicarbonate de soude, empêche ou suspend son oxygénation ou son acidification.

2197. *Comment enlève-t-on au* BEURRE *sa rancidité?* — En le lavant et le pétrissant de nouveau dans de l'eau salée, ou mieux dans de l'eau à laquelle on a ajouté une petite quantité de carbonate de soude, qui décompose ou neutralise l'acide butyrique.

2198. *Comment empêche-t-on le* LAIT *de s'acidifier ou de tourner quand on le fait bouillir?* — Par l'addition d'une petite quantité de carbonate de soude, qui neutralise l'acide lactique à mesure de sa formation.

2199. *Comment conserve-t-on le* LAIT? — M. Mabru le met dans des bouteilles munies d'un col en plomb, élève sa température à 100 degrés au sein d'une atmosphère de vapeur d'eau, chasse ainsi tout l'air qu'il contenait, et ferme les bouteilles en pressant fortement le col en plomb, alors qu'il est encore plein de lait chaud. M. de Lignac vaporise le lait sucré de manière à l'amener à la consistance d'un sirop ou crème épaisse, qu'on garde dans des boîtes en fer-blanc fermées hermétiquement et soudées comme les boîtes de conserves alimentaires. On prépare dans le canton de Schwitz, par la concentration et la saccharification, des conserves de lait enfermées dans des vases de fer blanc, que l'on peut transporter au loin et qui peuvent rivaliser, quelquefois avec avantage, avec le lait froid, parce qu'elles sont beaucoup plus pures et plus riches en matière grasse, et qu'on donne en outre au lait préparé avec elles le degré de richesse qu'on veut.

CHAPITRE XII

Les antidotes.

MÉDICATIONS QUE POURRONT APPLIQUER PROVISOIREMENT, EN CAS D'URGENCE, LES PERSONNES ÉTRANGÈRES A L'ART DE GUÉRIR.

§ 1. — INDICATIONS GÉNÉRALES.

2200. *Lorsqu'une personne s'est* EMPOISONNÉE *par quelque breuvage, quel traitement faut-il lui administrer?* — Il faut : 1° provoquer l'*expulsion du poison* par le vomissement; 2° calmer l'irritation locale ou des entrailles.

2201. *De quelle manière peut-on déterminer le vomissement?* — 1° En donnant au malade une très-grande tasse d'*eau tiède* légèrement *miellée;* 2° en lui faisant boire un vomitif énergique, obtenu par l'addition d'une cuillerée de *moutarde* à un quart de litre d'eau tiède; ou en versant dans un saladier trois verres d'eau bouillante dans laquelle on met une égale quantité d'*huile* ou de *beurre;* on bat fortement pour mélanger le tout intimement, et l'on administre ce mélange tiède, de cinq en cinq minutes, jusqu'à ce que le vomissement ait été suffisamment provoqué; 3° si l'on ne peut pas déterminer très-promptement le vomissement, il faut le hâter par l'introduction des *doigts dans la gorge*, en supposant que le poison ne l'ait pas rendue trop douloureuse, ou par chatouillements dans le gosier avec la *barbe d'une plume*, que l'on a soin de froisser pour la rendre très-souple.

2202. *De quelle manière peut-on calmer l'irritation locale chez une personne qui a avalé un poison?* — 1° En appliquant sur le ventre des linges imbibés de décoctions émollientes; en l'humectant très-fréquemment avec une éponge trempée dans de l'eau chaude, ou en mettant le malade dans un bain d'eau tiède, et l'y laissant même plusieurs heures, à la condition de réchauffer l'eau de temps en temps; 2° si ces calmants étaient insuffisants, il serait nécessaire d'appliquer au ventre dix ou douze *sangsues* dans le voisinage des points les plus douloureux.

§ 2. — ACIDES CONCENTRÉS.

2203. *Citez les poisons les plus communs parmi les* ACIDES MINÉRAUX. — L'acide muriatique (*chlorhydrique*); l'acide nitrique (*azotique*); l'acide sulfurique (*huile de vitriol*); l'acide pyroligneux (*vinaigre de bois*); le sulfate de fer (*vitriol vert* ou *couperose verte*).

2204. *Que doit-on faire à une personne qui a avalé un* ACIDE MINÉRAL? — 1° Il faut lui faire boire soit du lait, soit un verre d'eau dans lequel on a délayé un *alcali absorbant*, de la magnésie calcinée, ou, si l'on n'en a pas sous la main, de la craie, du blanc d'Espagne, du plâtre, ou enfin du savon, qu'on fait dissoudre dans de l'eau chaude jusqu'à ce que le mélange prenne la consistance de la crème; 2° cinq minutes après, on lui donne un second verre du mélange absorbant; on lui administre ensuite un vomitif; et l'on revient au mélange absorbant après chaque vomissement.

2205. *Quel effet produisent ces* ALCALIS *sur les* ACIDES? — Ils les *neutralisent* en les convertissant en *sels*. Ainsi la soude convertit l'acide chlorhydrique en *chlorhydrate de soude*, etc.

2206. *Citez les poisons les plus communs parmi les* ACIDES VÉGÉTAUX. — L'acide oxalique et l'acide prussique.

2207. *Quel traitement faut-il opposer à l'*ACIDE OXALIQUE? — Le même traitement qu'aux acides minéraux, excepté que, pour provoquer le vomissement, il faut bien se garder de recourir à l'eau tiède, qui aggraverait le mal, en dissolvant et disséminant davantage le poison.

2208. *Dans quelles substances rencontre-t-on l'*ACIDE PRUSSIQUE? — Les amandes amères, les noyaux d'abricot, de pêche, etc., les feuilles de laurier-cerise, employées quelquefois imprudemment à aromatiser le lait, donnent facilement naissance, pendant la digestion, à de l'acide prussique; six ou huit amandes amères suffisent quelquefois pour incommoder gravement.

2209. *Quels secours faut-il donner à une personne qui a pris de l'*ACIDE PRUSSIQUE? —Il faut : 1° mettre du sel volatil ou de l'ammoniaque liquide sous le nez du malade, lui jeter de l'eau froide au visage, sur la poitrine et sur le dos; 2° exciter le vomissement. Après avoir déterminé l'expulsion du poison, on lui administrera une infusion de café avec un litre d'eau bouillante versée sur 310 grammes (10 *onces*) de café en poudre.

§ 3. — ALCALIS CAUSTIQUES.

2210. *Citez les poisons les plus communs parmi les* ALCALIS MINÉRAUX. — La potasse, la soude, l'ammoniaque liquide, la chaux vive, etc.

2211. *Quel est le remède à employer contre les* ALCALIS CAUSTIQUES? — Il faut administrer au malade une grande quantité d'eau dans laquelle on a ajouté un peu de *vinaigre* ou de jus de *citron.* L'huile et le beurre pris intérieurement, ainsi que de l'eau de gruau, produiront de bons effets. L'acide citrique forme avec les alcalis des sels et les neutralise; le beurre, l'huile ou le principe azoté du gruau, forme avec ces mêmes alcalis des savons.

On ne doit jamais donner à boire de l'ammoniaque sans avis du médecin.

§ 4. — ARSENIC.

2212. *Sous quelle forme l'*ARSENIC *est-il surtout vénéneux et devient-il souvent un poison?* — Sous forme d'oxyde blanc d'arsenic ou d'acide arsénieux communément appelé *mort aux rats.*

2213. *Comment doit-on se conduire à l'égard du malade qui a avalé de l'*ARSENIC? — 1° Il faut se hâter de déterminer le vomissement au moyen de l'introduction des doigts ou d'une plume dans la gorge (*voyez* n° 2201); 2° on administre, sans différer, *plusieurs* verres d'*eau sucrée* froide jusqu'à ce qu'on ait eu le temps d'en faire chauffer; si l'on peut se procurer de l'eau *sulfureuse*, on en fait boire quelques petits verres; 3° on met dans un vase 30 grammes (une *once*) de *chaux vive*, qu'on écrase et dissout en y ajoutant peu à peu quatre litres d'eau, ou bien 500 grammes (une *livre*) de savon dans deux litres d'eau; puis on fait prendre au malade par petits verres, de cinq en cinq minutes, l'eau ainsi *alcalinisée* et qui a la consistance du lait.

Quelquefois 8 ou 10 litres d'eau chaude ont à peine réussi.

L'eau peut être alcalinisée avec de la chaux, de la craie, du blanc d'Espagne ou de la magnésie.

2214. *Mentionnez un autre antidote célèbre de l'*ARSENIC *préconisé par le docteur Bunsen, chimiste illustre de Heidelberg.* — Une forte dose d'*hydrate de peroxyde de fer*, qui a la propriété de neutraliser l'effet du poison sur l'estomac.

2215. *Quel* EFFET *produit cet oxyde de fer sur l'arsenic?* — Il forme un *arséniate de fer*, qui est sans action sensible sur l'économie animale.

§ 5. — VERT-DE-GRIS, VITRIOL.

2216. *Quels sont les poisons les plus communs à base de cuivre?* — Le vert de Scheele, qui est l'*arsénite de cuivre;* le vert-de-gris *naturel*, qui est le *sous-carbonate* de cuivre; le vert-de-gris *artificiel*, qui est le *sous-acétate* de cuivre; le vitriol bleu ou la couperose bleue, qui est le *sulfate* de cuivre.

2217. *Quand l'empoisonnement par le cuivre est-il à redouter?* — Lorsqu'on fait cuire des aliments *acides* ou *gras* dans un vase de cuivre qui n'a pas été convenablement nettoyé ou qu'on a négligé d'entretenir bien étamé, et qu'on les y laisse *refroidir*.

Le vin, le vinaigre, l'huile, le lait et les graisses en général, par leur séjour dans des vases de cuivre, déterminent la formation du *vert-de-gris* et deviennent des poisons très-violents.

Les casseroles de cuivre ne communiquent aucune qualité nuisible aux aliments gras tant qu'elles sont très-propres et qu'on n'y laisse pas refroidir les mets qu'on y a fait cuire ; mais il est toujours dangereux d'y faire cuire des aliments acidulés.

2218. *Quel est le remède à l'empoisonnement par les sels de* CUIVRE? — Il faut, sans différer, prendre : 1° plusieurs verres d'*eau bien sucrée,* froide d'abord, jusqu'à ce qu'on ait eu le temps d'en faire chauffer ; 2° un mélange composé de six blancs d'œufs versés dans un demi-litre d'eau, et sans battre en *neige*. On peut, à défaut d'œufs, employer de la farine ou du lait coupé.

Ce remède peut combattre aussi l'empoisonnement par le *zinc* et le *mercure ;* par le *vitriol blanc* (couperose blanche), ou sulfate de zinc ; le *calomel* ou protochlorure de mercure administré à trop haute dose : par le *sublimé corrosif* ou deutochlorure de mercure, poison très-violent même à petite dose.

§ 6. — PLOMB.

2219. *Sous quelles formes principales le* PLOMB *se présente-t-il comme poison?* — Sous forme de *céruse* de sucre de plomb ou sel de Saturne, d'eau de Goulard (*eau blanche*), etc.

La céruse (*blanc de plomb*) est le carbonate du métal.

Le minium (*plomb rouge*) est un composé d'oxyde et de peroxyde de plomb.

Le sel de Saturne est l'acétate de plomb ; l'eau de Goulard est une solution de cet acétate.

Les poteries grossières sont toujours malsaines, parce que les potiers se servent de *sulfure de plomb* pour les vernir.

2220. *En outre de l'empoisonnement aigu, quels sont les principaux accidents causés par les sels de plomb?* — Les coliques appelées saturnines, et dont le siége est plus dans les muscles du ventre que dans les entrailles, que l'on guérit par l'application de l'électricité ; la paralysie des bras ou d'autres membres, que l'on soulage aussi par les courants électriques interrompus ou continus.

2221. *Quel traitement faut-il opposer à l'empoisonnement par le plomb?* — Un purgatif formé avec une dissolution de *sel d'Epsom* (sulfate de magnésie), et répété plusieurs fois. Le lait, l'huile de castor, et toute espèce de corps gras, sont de bons antidotes contre la *colique des peintres*.

Les peintres doivent éviter de porter des vêtements en *laine*, qui s'imprègnent très-facilement des émanations de la céruse, ils doivent changer très-fréquemment de linge, se couvrir la tête, et se laver très-souvent le corps.

§ 7. — VÉGÉTAUX.

2222. *Citez les* POISONS VÉGÉTAUX *les plus communs?* — La ciguë, le persil des fous (*cicutaire aquatique*), l'aconit, l'ellébore, la campanule gantelée, le trèfle d'eau ou ménianthe, la morelle, la jusquiame, le tabac et les champignons.

La ciguë et le persil des fous ressemblent au persil commun.

Quelques espèces de champignons sont bonnes à manger, le champignon de couche, l'oronge, le cèpe, la morille, mais le plus grand nombre sont *vénéneuses*.

Il paraît cependant, d'après des expériences faites par un savant français, M. Frédéric Gérard, qu'on peut, à l'aide d'une très-simple opération, rendre *innocents* et *comestibles* les champignons les plus vénéneux. Il suffit de les faire macérer pendant deux ou trois heures dans de l'eau salée ou dans une eau alcaline ou vinaigrée. On leur fait ensuite subir plusieurs lavages à l'eau chaude, et on les accommode à la manière ordinaire. (*Toxicologie*, par le docteur Flandin. Paris, 1853, t. III, p. 452.)

2223. *Quel est le remède à employer contre un poison végétal?* — 1° Déterminer tout d'abord le vomissement (*Voyez* n° 1939); 2° administrer chaque demi-heure une potion composée de vinaigre dilué dans deux fois son volume d'eau.

Si le malade est plongé dans une profonde stupeur, il faut lui jeter de l'eau froide au visage, sur la poitrine et sur le dos. Une tasse de *café très-fort* est souvent utile dans ce cas.

2224. *Quels produits végétaux sont vénéneux?* — L'alcool (*esprit de vin*), l'opium, le laudanum, etc.

§ 8. — IVRESSE.

2225. *Quel est le meilleur remède contre l'*IVRESSE? — Il faut : 1° placer le malade sur un lit, élever un peu sa tête et sa poitrine, et le déshabiller; 2° s'il n'a pas vomi, lui donner un vomitif (*Voyez* n° 2201); 3° s'il y a eu vomissement, donner de la *limonade*, ou de l'eau sucrée avec du *vinaigre*, ou bien du thé avec du *jus de citron*; 4° s'il est tout à fait insensible, lui jeter de l'eau fraîche au visage; si les extrémités sont froides, lui frotter les pieds et les jambes, ou les fomenter avec de l'eau chaude ; 5° lorsque la circulation est rétablie, le laisser *dormir*.

M. Bouchardat recommande de faire flairer de temps en temps de l'alcali volatil, ou même de faire boire de l'eau additionnée de quelques gouttes d'ammoniaque, 10 à 15 gouttes dans un verre d'eau.

§ 9. — OPIUM, LAUDANUM.

2226. *Quel est le meilleur remède contre l'empoisonnement par l'*OPIUM *ou le* LAUDANUM? — Il faut : 1° donner d'abord au malade un vomitif; 2° lui jeter de temps en temps de l'eau froide au visage ; 3° quand il a vomi abondamment, lui donner alternativement une tasse *de café fort*, et un peu d'eau légèrement acidulée avec du vinaigre ou du jus de citron.

On verse un litre d'eau bouillante sur 310 grammes de café. N'administrez que des boissons *froides*. On dit que le jus de citron est un antidote héroïque contre l'opium.

§ 10. — BRULURE.

2227. *Si l'on s'*ÉCHAUDE *ou si l'on se* BRULE, *que doit-on faire?* — Il faut : 1° percer les cloches et faire sortir le liquide ; étendre l'épiderme ; 2° couvrir la partie lésée soit d'une *couche épaisse de farine*, soit de linges trempés dans de l'huile non acide, et par-dessus de compresses d'eau fraîche.

Il peut suffire d'envelopper d'ouate ou de laine la partie lésée si la brûlure est légère. On peut aussi avoir recours à l'éther. L'essentiel, en cas de brûlure, est de mettre la plaie à l'abri de l'air ; le papier chimique ou papier Fayard est très-utile dans ce but ; on peut aussi employer le collodion étendu sur une peau mince.

§ 11. — CONVULSIONS.

2228. *Que doit-on faire pour combattre les* CONVULSIONS? — Mettre le malade sur-le-champ dans un *bain chaud* dont la température soit telle, qu'une *femme puisse y tenir le bras entier*.

§ 12. — SYNCOPE.

2229. *Qu'y a-t-il à faire pour une personne qui tombe en* SYNCOPE? — Il faut : 1° placer la personne évanouie *sur le plancher sans lui élever la tête*, et ouvrir tous ses vêtements; 2° lui jeter de l'eau froide au visage, lui mettre sous le nez un flacon contenant du *sel volatil* ou de l'ammoniaque liquide, sans l'y laisser séjourner.

La meilleure manière de jeter l'eau au visage des personnes en faiblesse consiste à plonger la main dans un vase plein d'eau, à la fermer et à l'ouvrir brusquement, en imprimant aux doigts un mouvement de projection, de manière à lancer vivement contre le visage des gouttes d'eau très-divisées.

§ 13. — APOPLEXIE.

2230. *Comment doit-on combattre l'*APOPLEXIE? — Il faut : 1° *élever* un peu la tête et les épaules du malade; mais bien se garder de lui laisser *pencher la tête sur la poitrine;* 2° lui appliquer alors à la tête des serviettes trempées d'eau froide et bien tordues. Il est souvent très-dangereux de saigner les personnes frappées d'apoplexie, parce qu'on enlève à la nature la force de réagir contre le choc reçu par l'organisme; la résorption du sang extravasé n'a pas lieu, et le malade ne se rétablit pas. Les révulsifs très-puissants, par exemple, le papier Rigolot, l'application momentanée d'un tampon trempé dans l'eau bouillante, les ventouses sont mieux indiquées et plus efficaces.

§ 14. — ASPHYXIE PAR SUBMERSION (NOYÉS).

2231. *Quels secours doit-on porter à un* NOYÉ ? — Il faut : 1° non le *suspendre par les pieds*, mais le placer sur le côté droit, *la tête un peu élevée ;* ouvrir doucement la bouche pour faciliter la sortie de l'eau ; 2° le déshabiller, en coupant avec des ciseaux ses vêtements sur toute leur longueur, l'envelopper chaudement d'une bonne couverture de laine, et le coucher sur un matelas, à terre, *près d'un grand feu*, en lui mettant sous la plante des pieds une brique chaude recouverte d'un linge ; 3° lui essuyer la bouche et le nez, et lui faire des frictions sur les diverses parties du corps avec une flanelle d'abord sèche, puis imbibée de quelque liqueur spiritueuse ; 4° introduire le *tuyau d'un soufflet* dans une de ses narines, en comprimant l'autre avec les doigts, pour pousser de l'air dans les poumons ; 5° lui tenir sous le nez du sel volatil ou de l'ammoniaque liquide, ou lui chatouiller le dedans des narines avec les *barbes d'une plume* ; 6° lui presser le bas-ventre et les deux côtés de la poitrine doucement et à diverses reprises.

On a vu des noyés n'être rappelés à la vie que *sept* ou *huit* heures après qu'ils avaient été retirés de l'eau.

Il faut traiter de la même manière les asphyxiés par strangulation, *ou les* PENDUS, *en ayant de plus recours à la saignée.*

§ 15. — ASPHYXIE PAR LE FROID.

2232. *Comment doit-on soigner une personne* ASPHYXIÉE *par le* FROID? — On doit : 1° la porter dans la maison la plus voisine, l'envelopper dans une chaude couverture, en se gardant bien de l'*approcher du feu;* 2° la déshabiller en coupant ses vêtements pour ne pas l'agiter, et la coucher dans un lit *non bassiné*; 3° la placer dans un bain à la température ordinaire des puits, dans lequel, de deux en deux minutes, on verse *un peu d'eau chaude*, jusqu'à ce qu'il atteigne, dans l'espace de *trois quarts d'heure*, 25 degrés centigrades, et 30 degrés lorsqu'on sent le pouls se ranimer ; 4° lui faire, dans le bain, de légères aspersions d'eau froide sur le visage, après le lui avoir doucement et à plusieurs reprises frotté avec un linge sec; 5° chercher à déterminer la première inspiration, soit en présentant sous le nez de l'asphyxié un flacon d'alcali volatil, soit en lui chatouillant les narines avec les barbes d'une plume, ou en y introduisant de l'air à l'aide d'un tube.

Si l'on ne peut se procurer un bain, il faut faire sur le corps des frictions avec des linges imbibés d'abord d'eau de puits, et ensuite d'eau tiède. On assure que le meilleur moyen de faire revenir les membres gelés consiste à les frotter avec de la neige, jusqu'à ce que l'on ait déterminé une réaction. L'asphyxié peut revenir à la vie même après douze ou quinze heures de mort apparente. Une dissolution légère d'acide phénique aide beaucoup à la guérison des plaies qui suivent souvent la congélation des membres.

§ 16. — ASPHYXIE PAR LA CHALEUR.

2233. *Quel remède doit-on apporter à l'asphyxie causée par l'ardeur du* SOLEIL, *par un* FEU *ardent, ou par la chaleur d'une* COURSE *rapide?* — Il faut : 1° transporter promptement la personne asphyxiée par la chaleur dans un endroit qui soit un peu frais sans être froid ; 2° lui faire sur tout le corps des aspersions d'eau froide, lui faire avaler de l'*eau acidulée* avec un peu de vinaigre ou de jus de citron, lui donner des lavements de même nature, mais *peu chargés de vinaigre.*

Des bains de pieds dans de l'eau médiocrement chaude sont utiles.

Si le malade ne se trouve pas mieux après ces soins, il faut avoir recours à l'application de sangsues à l'anus, ou à la saignée.

§ 17. — ASPHYXIE PAR L'ACIDE CARBONIQUE.

2234. *Quels sont les secours à donner à une personne asphyxiée par le gaz provenant du* VIN *ou de la* BIÈRE *en fermentation, de la combustion du* CHARBON, *des* MINES, *des lieux habités par un trop grand nombre d'hommes,* etc.? — Il faut : 1° la transporter promptement hors du lieu méphitisé et l'exposer au grand air ; 2° lui ôter ses vêtements et lui faire sur le corps des aspersions d'eau froide ; 3° lui faire avaler de l'eau légèrement acidulée ; 4° lui donner des lavements avec deux tiers d'eau froide et un tiers de vinaigre ; 5° lui mettre sous le nez un flacon d'alcali volatil ou lui chatouiller le dedans des narines avec les barbes d'une plume ; 6° lui souffler très-lentement de l'air dans les poumons à l'aide d'un tube introduit dans une narine, en lui comprimant l'autre avec les doigts ; 7° là où l'on peut, lui faire respirer de l'oxygène, et le soumettre à l'action du courant d'induction électrique, avec secousses.

§ 18. — BLESSURES.

2235. *Quels sont les secours à donner à une personne blessée?* — Il faut : 1° en cas de plaie, découvrir doucement la partie blessée et la laver avec une éponge ou du linge imbibé d'eau fraîche ; 2° s'il n'y a qu'une simple coupure, et que le sang soit arrêté, rapprocher les bords de la plaie et les maintenir en cet état, en la couvrant d'un morceau de taffetas gommé, dit taffetas d'Angleterre, ou de bandelettes de sparadrap chauffé ; 3° s'il y a contusion ou bosse, appliquer et maintenir humides des compresses imbibées d'eau salée, ou mieux d'eau additionnée d'extrait de saturne, 15 à 20 gouttes d'extrait de saturne pour un verre d'eau ; 4° s'il y a perte de sang abondante, appliquer, soit des morceaux d'amadou, soit des gâteaux de charpie, soutenus au moyen de la main, d'un mouchoir ou de tout autre bandage, qui comprime suffisamment et sans exagération ; si le sang s'échappe en un jet rouge, écarlate, saccadé, exercer de suite avec les doigts une forte compression sur l'endroit d'où part le sang ; 5° si le blessé crache ou vomit du sang, le placer sur le dos ou sur le côté correspondant à la blessure, la tête et la poitrine soulevées et doucement soutenues, et lui faire prendre par petites gorgées de l'eau fraîche, appliquer sur la poitrine ou sur le creux de l'estomac, des compresses mouillées ; 6° s'il y a foulure ou entorse, plonger, s'il est possible, la partie blessée dans un vase rempli d'eau fraîche et l'y maintenir pendant très-longtemps, en renouvelant l'eau à mesure qu'elle s'échauffe ; si la partie ne peut être plongée dans l'eau, la couvrir ou l'envelopper de compresses imbibées d'eau, que l'on entretiendra fraîches au moyen d'un arrosement continuel; 7° s'il y a luxation ou déboîtement, éviter de faire exécuter au membre malade aucun mouvement brusque et étendu, placer et soutenir ce membre dans la position qui occasionne le moins de douleur au blessé; 8° s'il y a fracture, éviter d'imprimer au membre fracturé aucun mouvement inutile; pendant le transport du blessé, le porter ou le soutenir avec la plus grande précaution; s'il s'agit du bras, de l'avant-bras ou de la main, rapprocher doucement le membre du corps et le soutenir avec une écharpe dans la position la moins pénible pour le blessé; s'il s'agit de la cuisse ou de la jambe, après avoir placé doucement le blessé sur le brancard ou sur un lit, étendre avec précaution le membre fracturé sur un oreiller, et l'y maintenir à l'aide de deux ou trois rubans, suffisamment serrés par-dessus l'oreiller; ou rapprocher le membre blessé du membre sain, et les unir ensemble dans toute leur longueur, sans trop serrer; soutenir le pied pour l'empêcher de tourner, soit en dedans, soit en dehors.

N. B. TOUS CES DIFFÉRENTS SECOURS DOIVENT ÊTRE ADMINISTRÉS AVEC LA PLUS GRANDE CÉLÉRITÉ, EN ATTENDANT L'ARRIVÉE DU MÉDECIN, OU DU CHIRURGIEN, QU'IL FAUT, DANS PRESQUE TOUS LES CAS, ENVOYER CHERCHER SUR-LE-CHAMP.

2236. *Quels sont les* PREMIERS SECOURS *à administrer* EN CAS DE CHOLÉRA ? — Le choléra est toujours ou presque toujours précédé d'embarras, gastriques, diarrhée, etc., dont on triomphe sans peine par une purgation saline, 25 ou 30 grammes de sulfate de soude ou par des lavements laudanisés. Dans l'attaque même du choléra il faut recourir aux liqueurs fortes, rhum, eau-de-vie, kirsch, administrées par petits verres successifs.

NEUVIÈME PARTIE

HISTOIRE NATURELLE

NOTIONS PRÉLIMINAIRES

2237. *Qu'est-ce que l'*HISTOIRE NATURELLE? — C'est l'étude descriptive des substances qui composent notre globe et des êtres organisés qui l'habitent.

2238. *Quelle différence y a-t-il entre les substances* INORGANIQUES *et les êtres* ORGANISÉS? — Les corps inorganiques sont des agrégats de parties simplement juxtaposées et qui n'exercent les unes par rapport aux autres aucune fonction. Dans un corps organisé, au contraire, les diverses parties sont liées entre elles par des fonctions réciproques, et, quand un corps de cette nature s'accroît, c'est par intussusception, c'est-à-dire par l'introduction dans l'organisme de substances qui y sont soumises à un travail d'assimilation.

2239. *Comment se* DIVISENT *les êtres organisés?* — En *végétaux* et *animaux;* la différence la plus frappante entre les uns et les autres, c'est le mouvement volontaire qui manque aux végétaux et dont les animaux sont doués. Une autre différence très-générale, c'est que dans l'animal se trouve un tube intestinal où les aliments sont reçus avant de passer dans l'organisme, tandis que les organes des végétaux puisent directement dans l'air, dans la terre ou dans l'eau les substances qui doivent les alimenter. Enfin on regarde la sensibilité comme le caractère le plus important de l'animal; mais il est bien difficile de déterminer ce que peut être cette faculté dans les animaux d'ordre tout à fait inférieur.

2240. *Comment* DIVISE-T-ON *l'histoire naturelle ?* — En trois parties : la *minéralogie* avec la *géologie* et la *paléontologie*, étude des corps inorganiques et des êtres fossiles, la *botanique*, étude des végétaux, et la *zoologie*, étude des animaux.

SECTION I. — *MINÉRALOGIE ET GÉOLOGIE.*

Ayant déjà étudié dans les questions de chimie ce qui concerne l'air, l'eau et les combustibles non métalliques, comme l'hydrogène, le soufre, le carbone, etc., nous n'aurons à nous occuper ici que des métaux et des pierres, après avoir donné quelques notions sur un phénomène qui joue un grand rôle dans la minéralogie, c'est-à-dire sur la *cristallisation.*

CHAPITRE PREMIER

De la cristallisation.

2241. *Qu'entend-on par le mot* CRISTAL? — Dans le langage scientifique, un cristal est un corps qui a pris naturellement des formes géométriques soumises à des lois déterminées. La plupart des corps sont susceptibles de cristalliser lorsque, de l'état liquide ou gazeux, ils passent à l'état solide sans que rien empêche leurs molécules de s'unir par leurs côtés de plus grande attraction. Mais, dans le langage ordinaire, le mot *cristal* désigne tout simplement des verres de qualité supérieure.

2242. *Comment se fait-il qu'un* MÊME *mot ait été adopté pour exprimer des idées si* DIFFÉRENTES? — Un minéral remarquable mais assez répandu, le *quartz hyalin*, reçut, à cause de sa limpidité, le nom de *cristal*, qui en grec signifie *eau congelée*. C'est ce minéral qu'on appelle communément du *cristal de roche*. Plus tard, les naturalistes, s'étant préoccupés des formes géométriques qu'il présente et ayant remarqué que beaucoup d'autres minéraux en ont pareillement, étendirent à ceux-ci la dénomination de *cristaux*; tandis que le vulgaire, uniquement frappé de la limpidité du cristal de roche, appliqua la dénomination de *cristal* à un produit artificiel doué pareillement d'une rare limpidité, mais qui ne prend jamais des formes cristallines.

2243. *Les autres cristaux qu'on rencontre dans la nature sont-ils* LIMPIDES? — Les métaux cristallisés sont toujours opaques; mais les substances non métalliques forment généralement des cristaux transparents. Citons, entre autres, les cristaux de soufre et, par-dessus tout, le carbone cristallisé, qui n'est autre chose que le *diamant*.

2244. *La propriété qu'ont les corps de cristalliser en se solidifiant n'explique-t-elle pas plusieurs* FAITS ACTUELS? — Cette propriété explique surtout l'augmentation de volume de l'eau au moment de la congélation : on conçoit en effet que ses molécules ne peuvent pas se disposer de manière à former des cristaux réguliers, sans laisser dans la masse bien des interstices. Il résulte de cette augmentation de volume que les vases ou tuyaux dans lesquels l'eau est enfermée éclatent assez souvent au moment où la congélation s'opère. C'est aussi par la cristallisation de la vapeur d'eau que s'expliquent les formes gracieuses que la loupe nous révèle dans les flocons de neige, ainsi que les dessins que présente la légère couche de glace qui, pendant une nuit très-froide, se forme sur la face intérieure des vitres. Enfin tout le monde connaît les formes cristallines du sucre candi.

CHAPITRE II

Les métaux.

Il est essentiel, en lisant ce qui va suivre, de ne pas perdre de vue les détails que nous avons déjà donnés sur plusieurs métaux et sur leurs composés, dans les questions de chimie.

§ 1. — LE FER.

2245. *Quelles sont les principales propriétés du* FER? — Une des plus précieuses, c'est celle qui fait que deux morceaux de fer, à une haute température, se soudent sans l'interposition d'aucune autre substance. Le fer possède en outre à un très-haut degré la malléabilité, la ductilité, la ténacité, la dureté; c'est-à-dire qu'il prend aisément, sous le marteau, toutes les formes; qu'il s'étend au laminoir en feuilles minces; qu'il s'étire à la filière en fils d'une extrême ténuité; qu'il supporte des poids sans aucune proportion avec son diamètre; qu'il est très-difficile à rayer, et que, par le frottement, il ne s'use qu'avec une extrême lenteur. Les avantages qui résultent de cet ensemble de propriétés se montrent assez d'eux-mêmes, et ils assurent au fer la première place parmi les métaux utiles. Une autre propriété capitale du fer, c'est d'être éminemment magnétique.

2246. *Qu'est-ce que l'*ACIER? — L'acier est du fer combiné avec une faible proportion de carbone. Il est plus dur et plus élastique que le fer, et par conséquent il lui est préférable pour la fabrication d'instruments tranchants et de ressorts. Ces propriétés de l'acier s'augmentent notablement par la trempe, qui consiste à plonger l'acier très-chaud dans un liquide très-froid. Les molécules, qui, si le refroidissement se fût opéré lentement, auraient repris peu à peu leurs positions antérieures, se trouvent forcées de rester dans la situation où le froid les a brusquement saisies. Mais, une trempe excessive ayant des inconvénients, surtout celui de rendre l'acier très-cassant, on la modifie par la *recuite*, opération qui consiste à chauffer plus ou moins la pièce trop fortement trempée.

2247. *Qu'entend-on par les mots* FONTE, TOLE, FER-BLANC? — La fonte est du fer combiné avec une quantité de carbone beaucoup plus considérable que celle qui est dans l'acier. La fonte est trop cassante pour pouvoir être forgée; mais, étant plus fusible que le fer, on lui donne, en la coulant, les formes qu'on désire. La *tôle* est du fer laminé ; on s'en sert surtout pour les tuyaux de poêles. Le *fer-blanc* est du fer en feuilles *étamées* ou qu'on a plongé dans de l'étain en fusion.

2248. *Comment obtient-on du fer-blanc* MOIRÉ? — L'étain qui s'introduit dans les pores du fer lorsqu'on fabrique du fer-blanc, forme des cristallisations, qui sont cachées par la couche extérieure d'étain. En relevant cette couche au moyen d'un acide, on met les cristallisations à nu.

2249. *Le fer a-t-il été employé* DE TOUTE ANTIQUITÉ? — Le fer ne se trouvant jamais pur dans la nature et son affinage présentant d'assez grandes difficultés, il n'a pu être employé qu'un peu tard, quelques siècles après l'expulsion du Paradis terrestre, par Tubalcaïm; on a trouvé du fer dans la pyramide de Gizeh, la plus grande et la plus ancienne de toutes. Sur plusieurs points du globe on a utilisé même anciennement le fer météorique ou tombé du ciel. Au lieu de fer, on employa d'abord l'airain, c'est-à-dire du cuivre plus ou moins pur, et puis la fonte, que l'on obtient par un affinage incomplet du minerai de fer.

§ 2. — LE CUIVRE.

2250. *Quelles sont les principales propriétés du* CUIVRE? — Le cuivre, qu'on reconnaît aisément à sa couleur rouge, se rapproche du fer par quelques-unes de ses propriétés, notamment par sa malléabilité, sa ductilité, sa ténacité, etc.; et il est beaucoup plus fusible que le fer.

2251. *Qu'appelle-t-on* BRONZE, LAITON, CHRYSOCALE, CLINQUANT, VERT-DE-GRIS? — Le *bronze* est un alliage de cuivre et d'étain; le *laiton*, ou *cuivre jaune*, un alliage de cuivre et de zinc; dans le *chrysocale* ou *similor*, la proportion de zinc est plus faible; on appelle *clinquant* des feuilles de cuivre très-minces recouvertes de vernis diversement colorés; le *vert-de-gris* est un composé vénéneux qui se forme très-aisément à la surface du cuivre. C'est pour obvier à cet inconvénient grave qu'on a recours à l'étamage à l'étain.

§ 3. — LE PLOMB.

2252. *Quelles sont les principales propriétés du* PLOMB? — Le plomb, beaucoup plus lourd que le fer et le cuivre, est très-malléable et facilement fusible; mais il a peu de ductilité, de ténacité et de dureté. On en fait des balles, de la grenaille, des plaques pour terrasses et toitures, des tuyaux; mais on doit éviter de se servir de ces tuyaux pour l'eau destinée à la consommation; car le plomb est très-vénéneux. Il entre pour une forte proportion dans l'alliage dont on fait les caractères d'imprimerie. L'autre métal qui entre dans cet alliage est l'*antimoine*, dont on fait en outre usage en médecine, notamment pour la composition de l'émétique.

§ 4. — L'ÉTAIN.

2253. *Quelles sont les principales propriétés de l'*ÉTAIN? — L'étain est d'un assez beau blanc, mais il se ternit très-vite. Sa fusibilité, jointe à une certaine ténacité et à l'avantage de n'être point attaqué par les acides végétaux, fait qu'on l'emploie pour la fabrication d'un assez grand nombre d'ustensiles. Il sert aussi pour la fabrication du fer-blanc, pour l'étamage des ustensiles de cuivre et de fer, et surtout pour un autre genre d'étamage dont nous parlerons tout à l'heure, celui des glaces.

§ 5. — LE ZINC.

2254. *Quelles sont les principales propriétés du* ZINC? — Le zinc, très-malléable à chaud, et beaucoup moins lourd que le plomb, le remplace peu à peu dans une grande partie de ses applications, et quoique ses propriétés ne soient connues que depuis assez peu de temps, il s'en fait déjà une très-grande consommation. On le préfère au plomb pour couvrir les édifices, qu'il ne surcharge pas comme cet autre métal; mais, comme il est très-dilatable, on doit le découper en fragments analogues aux ardoises, afin qu'il puisse se prêter aux variations de la température. On le substitue surtout avec succès au plomb dans la fabrication des couleurs pour la peinture en bâtiment. On l'emploie aussi fort souvent à la place de l'étain, dont le prix est plus élevé; mais les acides végétaux l'attaquent et forment avec lui des composés vénéneux;

on doit donc éviter de s'en servir pour l'étamage des ustensiles de cuisine. On peut du moins l'employer pour contenir ou pour conduire l'eau. Le zinc entre, comme nous l'avons vu, dans la composition du laiton. On tend aussi à le substituer au bronze dans la statuaire et l'ornementation, et ce sera une grande économie, mais peu profitable à l'art.

§ 6. — L'ARGENT.

2255. *Quelles sont les principales propriétés de* L'ARGENT? — L'éclatante blancheur de l'argent, le beau poli dont il est susceptible et qu'il conserve très-longtemps, étant presque inaltérable, sa malléabilité, sa grande ductilité, la facilité suffisante qu'on trouve à le fondre, enfin son assez grande rareté, expliquent le privilége qu'il a d'être, après l'or, le signe représentatif de toutes les valeurs. Son prix, à poids égaux, est environ le quinzième de celui de l'or. Comme lui, il est trop flexible et trop aisé à rayer quand il est pur; mais, allié à un peu de cuivre, il acquiert la fermeté et la dureté nécessaires. Le soufre, dans certaines conditions, attaque l'argent et forme avec lui un composé noir: voilà ce qui rend dangereux pour l'argenterie le contact des jaunes d'œuf et les émanations des fosses d'aisances. L'argent est dissous par l'acide azotique, avec lequel il forme l'*azotate d'argent* ou *pierre infernale.*

2256. *D'où vient le nom de vaisselle* PLATE, *par lequel on désigne la vaisselle d'argent?* — Du mot espagnol *plate*, qui veut dire *argent.*

§ 7. — L'OR.

2257. *Quelles sont les principales propriétés de* L'OR? — On connaît la belle couleur de l'or; sa densité, qui est plus de 19 fois celle de l'eau et qui ne le cède qu'à celle du platine; son aptitude à recevoir un poli remarquable et à le conserver indéfiniment, étant à peu près inaltérable, sa malléabilité et sa ductilité incomparables, telles qu'avec une quantité d'or insignifiante, on peut obtenir des fils d'une longueur prodigieuse, ou des feuilles suffisantes pour couvrir de très-grandes surfaces, et les rendre absolument invisibles; car, quelque mince que soit une feuille d'or, son opacité est parfaite. Du reste, l'or manquerait de fermeté et de dureté, s'il n'était allié à un peu de cuivre, dont la loi a fixé les proportions à 0,1 pour les monnaies, et un peu plus haut pour les autres emplois de l'or.

2258. *Comment peut-on s'assurer qu'un objet d'or ne contient pas un* EXCÈS D'ALLIAGE? — La vérification se fait au moyen de l'acide azotique, qui dissout le cuivre et même l'argent, et n'a point d'action sur l'or. Mais, comme l'opération demande du temps, les bijoutiers se contentent de frotter l'objet avec un silex noir, appelé *pierre de touche*. Sur la trace que conserve la pierre, on passe une goutte d'acide, qui laisse à l'or sa couleur mais verdit le cuivre, et la nuance plus ou moins verdâtre que présente alors la trace, détermine à peu près pour un œil exercé les proportions de l'alliage.

2259. *N'y a-t-il aucune substance qui attaque l'or?*

— L'or se dissout dans l'eau *régale*, mélange d'acide azotique et d'acide chlorhydrique.

2260. *Dans quel* ÉTAT *trouve-t-on l'or dans la nature?* — Presque toujours à l'état natif; c'est ce qui explique pourquoi des peuples qui n'avaient encore ni le fer ni même le cuivre, faisaient usage de l'or.

§ 8. — LE PLATINE.

2261. *Quelles sont les principales propriétés du* PLATINE? — Le platine, dont la découverte ne date que de l'année 1741, est le plus dense des métaux, le plus difficile à fondre, le plus inaltérable, et celui dont le volume se ressent le moins des variations de température. Ces propriétés le rendent précieux pour la fabrication des creusets, des instruments de précision et des pièces délicates d'horlogerie. Il a en outre l'avantage de se souder directement et d'être inaltérable. Il n'est attaqué que par l'eau régale très-concentrée. Si, très-divisé ou réduit à ce qu'on appelle de l'éponge de platine, on le met en contact avec de l'hydrogène, il se produit entre ces deux corps une action singulière d'absorption, d'où il résulte que le platine s'échauffe au point d'enflammer l'hydrogène.

§ 9. — LE MERCURE.

2262. *Quelles sont les principales propriétés du* MERCURE? — Le mercure a la propriété unique, dans la classe des métaux, d'être liquide à la température ordinaire; il se solidifie à —40°, il bout et se volatilise à + 360°; enfin il dissout plusieurs métaux, en formant avec eux des combinaisons qu'on appelle *amalgames*. Sa densité dépasse notablement celle du plomb.

2263. *Quels sont les principaux* USAGES *du mercure?* — Le mercure est le seul liquide assez dense pour rendre possible la construction du baromètre. Il est aussi très-convenable pour la construction du thermomètre, surtout à cause de l'énorme distance qui, pour lui, sépare la température de la congélation de celle de l'ébullition. Le mercure sert en outre à séparer l'or natif des matières avec lesquelles il se trouve mêlé dans les minerais. On agite dans un bain de mercure le sable aurifère ou le minerai pulvérisé; quand l'or est dissous, on passe l'amalgame; puis par l'ébullition, le mercure se dégage et l'or reste seul. Pour l'argent natif, on procède de même.

2264. *Comment se sert-on du mercure pour* L'ÉTAMAGE DES GLACES? — Sur une feuille d'étain on étend une couche très-mince de mercure, et on met la glace par-dessus, en la chargeant de poids qui l'appliquent fortement à l'amalgame d'étain. Celui-ci, liquide d'abord, se solidifie dès qu'il est complétement formé, et demeure adhérant à la glace, dont l'action se borne à préserver ce réflecteur métallique de tout ce qui pourrait le ternir. Aujourd'hui on remplace souvent l'étamage au mercure par l'étamage à l'argent précipité de ses solutions par des substances organiques, le sucre, etc.

M. Jules Meyer, de Chaulny, a découvert qu'il suffit de répandre chaque jour dans les plus grands ateliers d'étamage des glaces, un demi-litre ou un litre d'ammoniaque liquide, pour mettre les ouvriers l'abri de l'empoisonnement par le mercure.

2265. *Quels sont les principaux* COMPOSÉS *du mer-*

cure? — Un *sulfure* de mercure, moyennant certaines préparations, devient le *vermillon;* le *deutochlorure* de mercure forme le *sublimé corrosif;* le *fulmitate de mercure* est la poudre fulminante dont on charge les capsules employées pour déterminer l'explosion des armes à feu. Le minium et la litharge sont des oxydes de plomb.

§ 10. — L'ALUMINIUM.

2266. *Qu'est-ce que l'*ALUMINIUM? — C'est un métal blanc, inaltérable à l'air et à l'eau ; d'une extrême légèreté, mais dur et tenace; peu fusible, mais très-inaltérable; il se soude sans intermédiaire et peut être ciselé. Cet ensemble de propriétés ne permet pas de douter que l'aluminium ne soit appelé à rendre de grands services, et, bien qu'il ne soit connu que depuis très-peu d'années, il est déjà employé à de nombreux usages. C'est en 1854 que M. Sainte-Claire-Deville parvint à l'extraire de l'alumine. L'alliage de l'aluminium et du cuivre, ou *bronze d'aluminium,* a une très-belle couleur et une dureté très-grande qu'on utilise dans l'industrie mécanique; on en fait aussi des couverts, mais ils sont trop altérables.

CHAPITRE III

Les pierres.

2267. *Quelle différence y a-t-il entre les* PIERRES *et les* TERRES? — Les terres sont des pierres très-divisées, à travers lesquelles passent les racines des végétaux. Ordinairement une terre végétale contient comme éléments principaux de la silice, de l'alumine, du calcaire, et à ces substances, dont chacune possède des propriétés qui la rendent utile à la végétation, se trouvent mêlés des détritus organiques, qui fournissent aux plantes des substances propres à les alimenter.

§ 1. — LA SILICE.

2268. *Qu'est-ce que la* SILICE *et quelles sont ses principales* VARIÉTÉS ? — La *silice,* le plus abondant des minéraux, est de l'*oxyde de silicium*. Pure et cristallisée, elle forme le *quartz hyalin* ou *cristal de roche,* dont une variété colorée en violet porte le nom d'*améthyste*. Cristallisée en masse confuse, la silice forme le *silex*, qui nous présente dans ses variétés la pierre *à feu* ou silex *pyromaque*, la pierre *meulière*, l'*agate,* l'*opale*, etc. Les *cailloux* sont généralement des fragments de silex que les eaux ont entraînés et dont les angles se sont arrondis par l'effet du frottement. La silice divisée en grains s'appelle *sable ;* en petits grains agglutinés, elle forme le *grès*, dont la pierre à *aiguiser* est une variété. Parmi les minéraux dont la silice forme la base, nous citerons *l'amiante* ou *asbeste* et le *mica*. L'amiante se compose de filaments, qu'on prendrait pour des fils de coton et dont on peut faire des tissus. Ces tissus sont parfaitement incombustibles, et pour les nettoyer on n'a qu'à les mettre dans le feu. L'amiante sert aussi à faire des mèches de lampe, qui durent indéfiniment. Le *mica* est translucide et feuilleté ; une de ses variétés peut se découper en lames assez grandes pour servir de vitres. Du mica pulvérisé forme cette poussière brillante qui sert à sécher l'écriture. La silice fait partie d'un très-grand nombre d'autres minéraux et notamment de plusieurs pierres précieuses, que l'on rattache à l'alumine. Nous appellerons enfin l'attention sur l'hydrate de silice plus ou moins pure, ou gaize, que l'on trouve en grande quantité dans les Ardennes, l'Amérique et l'Espagne, et qui commence à recevoir de nombreuses applications dans la peinture, l'industrie du savon, des pipes, etc., etc.

2269. *L'industrie ne tire-t-elle pas un grand parti du* SABLE SILICEUX ? — Ce sable, par l'effet d'une haute température et moyennant l'addition d'un fondant (potasse, soude, plomb ou zinc), se liquéfie et, en se solidifiant ensuite, devient du verre. Quand on s'est servi de sable très-blanc et qu'on a employé pour fondant le plomb ou le zinc, on obtient du verre de qualité supérieure, qu'on appelle cristal et qui, coulé en grandes plaques, forme les glaces.

§ 2. — L'ALUMINE.

2270. *Qu'est-ce que l'*ALUMINE *et quelles sont ses principales* VARIÉTÉS ?— L'*alumine* est de l'*oxyde d'aluminium.* Plus ou moins mélangée avec la silice et d'autres matières, elle forme l'*argile* ou terre *glaise*, substance onctueuse, faisant pâte avec l'eau et servant à fabriquer les tuiles, les briques, la poterie, la faïence. L'alumine domine aussi dans le *kaolin*, ou terre à porcelaine, et dans plusieurs pierres précieuses, notamment dans le *corindon*, qui, suivant sa couleur, prend les noms de *rubis*, de *saphir*, de *grenat*, d'*émeraude d'orientale*, etc. Des corindons pulvérisés constituent l'*émeri*, qui sert à tailler et à polir les corps d'une grande dureté. Indiquons encore, parmi les minéraux à base d'alumine, le *lapis lazuli*, si recherché pour lui-même et pour la belle couleur bleue qu'on obtient en le pulvérisant, couleur appelée *outre-mer*. Citons aussi le *feldspath*, minéral fort dur et d'un aspect chatoyant, l'un des trois dont le mélange forme le *granit* ; les deux autres sont le quartz et le mica. Une roche plus essentiellement feldspathique, c'est le *porphyre*, composé d'une masse homogène, dans laquelle sont disséminés des cristaux d'une autre teinte. Dans le porphyre proprement dit, la masse et les cristaux sont deux variétés de feldspath. Une autre roche à base d'alumine, c'est l'*ardoise*, dont tout le monde connaît les usages. Enfin, parmi les composés de l'alumine, nous devons citer l'*alun*, qui est un *sulfate d'alumine et de potasse*, mais qui ne se trouve point tout formé dans la nature.

§ 3. — LA CHAUX.

2271. *Qu'est-ce que la* CHAUX *et* COMMENT *se trouve-t-elle dans la nature?* — La chaux est du *protoxyde de calcium*. On ne la trouve jamais pure, et le plus souvent elle se présente à l'état de *carbonate* ou de *sulfate*.

2272. *Quelles sont les variétés du* CARBONATE DE CHAUX? — Pur et cristallisé, il forme le *spath d'Islande*. Ses autres variétés sont la *craie*, les *marbres*, la *pierre lithographique* et le calcaire *grossier* qui, d'après sa consistance, forme le *moellon* ou la pierre de *taille*. En chassant, au moyen de la chaleur, l'acide carbonique et l'eau d'un calcaire quelconque, on obtient la chaux *vive*, qui s'empare de l'eau avec une extrême avidité, de manière à produire une grande efferves-cence, et qui sert ensuite de base aux mortiers employés dans les constructions. La chaux mélangée de silice, d'alumine et de quelques autres substances, forme la chaux *hydraulique*, avec laquelle on fait un ciment qui durcit dans l'eau.

2273. *Qu'est-ce que le* GYPSE ? — On appelle *gypse* le *sulfate de chaux hydraté* qui se présente quelquefois en cristaux translucides. Privé par la chaleur de son eau de cristallisation, il devient du *plâtre*, qui forme avec l'eau une pâte dont on connaît les différents usages. Mais elle doit être employée assez promptement après avoir été gâchée ; car l'eau, en s'unissant intimement au plâtre, ne tarde pas à former avec lui un solide qui ne peut plus être pétri.

2274. *Qu'est-ce que l'*ALBATRE ? — L'*albâtre* est une pierre translucide, quelquefois d'un beau blanc, d'autres fois tirant sur le jaune. Il est aisé à tailler et susceptible d'un très-beau poli. On en distingue deux espèces, dont l'une est du sulfate et l'autre du carbonate de chaux. Ce dernier, qui a plus de dureté, est composé de couches concentriques, qui se dessinent en veines sur les tranches du minéral, et qui proviennent de ce qu'il s'est formé par des dépôts successifs que l'eau a laissés en s'évaporant. Ces concrétions d'albâtre calcaire qui se forment dans des grottes par l'effet d'infiltrations, prennent le nom de *stalactites* lorsqu'elles sont suspendues à la voûte, et de *stalagmites* lorsqu'elles s'élèvent sur le sol par l'effet des gouttes tombées des stalactites. Souvent les stalactites et les stalagmites finissent par se joindre et former des colonnes.

2275. *Que sont les* MARNES? — On appelle *marnes* des mélanges, en proportions variables, d'alumine, de calcaire et de silice. La marne alumineuse est douce et grasse au toucher; la marne calcaire se distingue par sa blancheur et sa sécheresse; la marne siliceuse est friable. Quand une terre n'a pas en quantité suffisante quelqu'un des trois éléments que nous avons signalés comme nécessaires pour la végétation, on l'amende au moyen d'une marne convenablement choisie. La terre *à foulon* est une marne alumineuse très-soluble dans l'eau et très-savonneuse, qu'on emploie pour apprêter le drap.

§ 4. — LE SALPÊTRE.

2276. *Qu'est-ce que le* SALPÊTRE *et où le* TROUVE-T-ON? — Le *salpêtre*, appelé aussi *nitre*, est de l'*azotate* ou *nitrate de potasse*. Il se forme en manière d'efflorescence à la surface du sol dans diverses contrées, notamment en Égypte, où un territoire d'une assez grande étendue a été appelé désert de *Nitrie*. Sa formation dans ce cas semble surtout déterminée par l'azote de l'air. Il se forme aussi dans le sol par la transformation des engrais azotés, et dans les murs humides, principalement quand ils sont imprégnés de matières animales, qui contiennent de l'azote et de la potasse, comme dans les écuries, les caves, etc.

2277. *Quel* USAGE *fait-on du salpêtre?* — Le *salpêtre* est l'un des principaux ingrédients de la poudre de guerre et de chasse, et cela parce qu'il a la propriété de s'enflammer et, s'il est en vase clos, de faire explosion, l'azote, sous l'influence d'une haute température, se dégageant afin de retourner à l'état gazeux, pour lequel il a une grande tendance. (Pour les détails sur la *poudre*, voir pages 523 et suiv.).

§ 5. — LE SEL.

2278. *Qu'entend-on par le mot* SEL? — Les chimistes donnent ce nom à un grand nombre de substances, parmi lesquelles se trouve le salpêtre, que nous venons d'étudier; mais, dans le langage ordinaire, le mot *sel* désigne uniquement le *chlorure de sodium*.

2279. *Où se* TROUVE *le sel?* — Le sel se trouve en dissolution dans les eaux de la mer; on l'en retire en faisant évaporer l'eau, et il est alors appelé sel *marin*. On le trouve aussi dans la terre en masses solides; il porte alors le nom de sel gemme. La plus célèbre mine de sel gemme est celle de Wieliczka en Gallicie; exploitée depuis plus de six cents ans, elle présente l'aspect d'une grande ville souterraine. La mine de Cardona, en Catalogne, forme au contraire une montagne qui a environ 160 mètres de haut. Le sel existe aussi en dissolution dans des lacs ou des marais qui ont été autrefois en communication avec la mer, et dans des sources dont l'eau s'est trouvée en contact avec des dépôts souterrains de sel gemme.

SECTION II. — *GÉOLOGIE ET PALÉONTOLOGIE.*

2280. *Qu'est-ce que la* GÉOLOGIE ? — La géologie est la science qui traite de l'histoire générale de la terre, de la succession des terrains qui forment le globe terrestre. On pourrait la diviser en deux : la GÉOGÉNIE, qui étudie principalement les origines du globe, et la GÉOGNOSIE, qui considère plus particulièrement la structure, la situation primitive et la nature des grandes masses qui composent l'écorce solide du globe.

2281. *Quelle est en général la* SUCCESSION *des couches ou* TERRAINS *du globe terrestre ?* — On a assez généralement partagé l'écorce de la terre en quatre grandes divisions : *terrains primitifs, terrains de transition, terrains tertiaires* et *terrains quaternaires.*

LES TERRAINS PRIMITIFS dits aussi AZOÏQUES, (de ἀ sans, ζωή, vie), parce qu'ils ne présentent aucune trace de vie, et qu'ils semblent avoir été déposés à une époque où la vie n'existait pas encore à la surface de la terre, comprennent trois étages ou séries de roches granitiques ; l'étage des *gneiss,* l'étage des *micaschistes,* l'étage des *talcoschistes.*

Les TERRAINS DE TRANSITION embrassent les TERRAINS PALÉZOÏQUES avec les trois étages *cambrien, silurien* et *dévonien ;* les TERRAINS CARBONIFÈRES avec deux étages *calcaire carbonifère* et *houiller ;* le terrain PERMIEN avec deux étages, *pséphite* et *zechstein.*

Les TERRAINS SECONDAIRES comprennent : les terrains du TRIAS avec trois étages, des *grès bigarrés,* des *muschelkalk* et des *argiles brisées;* le TERRAIN JURASSIQUE avec ses quatre étages, du *lias,* de *l'oolithe inférieure, oxfordien, corallien,* de *l'oolithe supérieure;* le TERRAIN CRÉTACÉ avec ses cinq étages, *néocomien, gault, glaucomien, craie marneuse, craie supérieure.*

LES TERRAINS TERTIAIRES forment trois étages: 1° ÉOCÈNE SUPÉRIEUR (*sables blancs, marnes lacustres, sables marins inférieurs, argiles* et *lignites, sables marins supérieurs*) ; ÉOCÈNE SUPÉRIEUR (*calcaires grossiers, sables moyens, calcaires à nummulites, calcaires lacustres moyens, gypses* et *marnes gypseuses;* 2° ÉTAGE MIOCÈNE INFÉRIEUR (*marnes marines, calcaire de Brie, sables de Fontainebleau, argiles à meulières);* MIOCÈNE SUPÉRIEUR (*molasses marines, faluns de la Touraine, des Landes et de Vienne*) ; 3° ÉTAGE PLIOCÈNE (*craie d'Angleterre* et de *Belgique, marnes subalpines*).

Les TERRAINS QUATERNAIRES comprennent: des terrains de transport dont la stratification, souvent très-désordonnée, accuse une ère d'abord de *froid* ou *période glaciaire,* puis d'inondations formidables; des alluvions *anciennes, lehm* ou *loess;* les *cavernes à ossements,* les *brèches osseuses,* les *dépôts erratiques,* les *limons des pampas,* etc.

Les TERRAINS MODERNES comprennent tous les dépôts qui se sont formés depuis les grandes inondations de la période quaternaire et se poursuivent actuellement : *alluvions marines, alluvions d'eau douce, éboulis, bancs de sable, bancs de limon, amas de galets, conglomérats, tufs et travertins, stalactites* et *stalagmites; concrétions calcaires, siliceuses, gypseuses, ferrugineuses,* etc. ; *efflorescences salines ; îles et récifs madréporiques, guanos ; tourbe de marais ; humus* ou *terreau végétal; déjections volcaniques récentes.*

2282. *Par quoi sont* CARACTÉRISÉS *les divers terrains du globe ?* — Par les *fossiles* qu'ils renferment.

2283. *Qu'appelle-t-on* FOSSILES ? — Les restes ou les traces de corps organisés, végétaux et animaux, qui se rencontrent dans les dépôts sédimentaires antérieurs aux temps modernes. Ces restes ou traces sont : le *moule*, l'*empreinte*, la *contre-empreinte*, les débris d'animaux ou de plantes. Les principaux fossiles sont : les *coquilles*, les *mollusques*, les *polypiers* et les *parties dures* des animaux et des végétaux.

2284. *Qu'appelle-t-on* FLORE OU FAUNE FOSSILES ? — L'ensemble des animaux ou des végétaux qui ont existé dans une circonscription géologique à une époque quelconque.

2285. *Définissez les* PRINCIPALES ROCHES *du globe terrestre.* — *Basalte*, roche à pâte compacte et noirâtre, composée de feldspath et de pyroxène avec un peu de fer et quelquefois de péridot. — *Brèches* : roche formée de fragments anguleux, calcaires ou quartzeux liés par un ciment. — *Calcaire*, roche composée de carbonate de chaux : variétés nombreuses; *grossier*, pierre à bâtir ; *lumachelle* incrusté de débris de coquilles; *oolithique* en globules arrondis ressemblant à des œufs de poisson ; *pisolithique* en grains gros comme des pois; *craie* formée de calcaire blanchâtre précipité. — *Dolomie*, roche cristallisée, composée de chaux carbonatée et de magnésie. — *Faluns*, roche plus ou moins meuble, formée de sables calcaires et de détritus de coquilles. — *Gneiss*, roche schisteuse cristalline, formée de feldspath grenu et de mica en paillettes — *Grès*, roche formée de grains de sable ; *grès siliceux* ou *quartzeux*, s'il est pur; *grès calcarifère*, si les grains de sable sont cimentés par la chaux. — *Gypse*, sulfate de chaux à texture cristalline ou compacte. —*Lave*, roche volcanique à texture celluleuse, comprenant le *basalte, l'obsidienne* la *pierre ponce, la pouzzolane*.— *Marne*, roche terreuse, composée de calcaire et d'argile. —*Ponce*, roche formée de feldspath vitreux en grains microscopiques, à texture poreuse et fibreuse. — *Porphyre*, roche composée de feldspath compacte avec cristaux de la même substance. — *Poudingues, calcaire* ou *quartzeux*, roche formée de fragments calcaires ou siliceux. — *Pouzzolane*, argile ferrugineuse volcanique. —*Schiste*, silicate d'alumine plus ou moins mélangé de fer; *schiste ardoisier*, se présentant sous forme de masses faciles à diviser en feuillets minces, solides et droits. — *Trachyte*, roche à texture poreuse, composée de feldspath vitreux en grains microscopiques. — *Trapp*, roche dure et sonore composée de feldspath et de pyroxène. — *Travertin*, roche formée de calcaire compacte, plus ou moins cellulaire et vermiculé. — *Tuf*, roche formée de calcaire concrétionné, fréquemment spongieux et mammelonné.

2286. *Qu'existe-t-il,* EN OUTRE *de la* COUCHE OU ÉCORCE *du globe terrestre?* — On admet généralement qu'au-dessous de l'écorce solide de la terre, il existe un amas immense de matières fluides incandescentes, ou *feu central*, à l'aide duquel on explique les *eaux thermales*, les *tremblements de terre*, les *volcans*, etc.

2287. *En quoi consistent les* VOLCANS *et les* PHÉNOMÈNES VOLCANIQUES? — Les matières en fusion à l'intérieur de la terre, trouvant une issue par les crevasses du sol ébranlé, s'épanchent au dehors et donnent naissance à un monticule conique ou *volcan*, dont le sommet creusé en forme d'entonnoir s'appelle *cratère*. Le plus souvent des torrents incandescents coulent pardessus les bords du cratère et se répandent sur les flancs du cône à une distance plus ou moins grande de sa base, sous forme de *laves*. La cause efficiente des volcans est peut-être de l'eau parvenue en plus ou moins grande abondance jusqu'à la masse incandescente de l'intérieur du globe et qui se réduit spontanément en vapeur. Quelques géologues prétendent que la terre a déjà absorbé la moitié des eaux de ses mers et qu'elle est en voie de subir le sort de la lune, dont la surface est toute desséchée par absorption.

2288. *Qu'appelle-t-on* PRODUITS *madréporiques*? — Des masses calcaires résultant, au sein des océans, du travail moléculaire ou excrétionnel de myriades d'animaux microscopiques appelés *polypes;* le plus précieux de ces produits est le *corail*, *polypier* d'un beau rouge, ou d'un rose tendre, ayant la forme d'un petit arbre sans feuilles.

2289. *Qu'appelle-t-on* FAILLES, DYKES, FILONS? —Les *failles* sont des fractures larges et profondes causées par les commotions violentes de l'écorce terrestre. Les *dykes* sont des fentes ou crevasses du sol remplies de matière d'origine ignée. Les *filons* sont des fentes ou fissures remplies par des substances métalliques en *grains*, en *rognons* ou en *veines*.

2290. *Qu'est-ce que* la PALÉONTOLOGIE? —La *paléontologie* (du grec *palaios*, ancien, *onta*, êtres, *logos*, discours) est la science des êtres organisés anciens dont les dépouilles enfouies ont reçu le nom général de *fossiles*. Cette science a surtout pour objet l'examen et la répartition des êtres fossiles dans l'espace et dans le temps. Auxiliaire indispensable de la géologie, elle met à sa disposition des chronomètres qui puissent lui servir à mesurer l'âge relatif des divers dépôts sédimentaires, au moyen des formes organiques ensevelies dans leur sein.

2291. *Qu'est-ce que la* PALÉONTOLOGIE HUMAINE? — On peut appeler improprement de ce nom la science des restes humains dont les dépouilles ou les débris sont renfermés dans des dépôts ou gisements antérieurs à la période actuelle.

2292. *L'homme fossile existe-t-il ou peut-il exister ?* —Si l'on donne, avec Cuvier, au mot *fossile* sa signification nette et précise de *corps organisé enfoui dans les dépôts d'origine ancienne, dans des couches vraiment géologiques*, l'homme fossile ne saurait être admis ; car la géologie avait fini quand l'homme est apparu sur la terre. Si les terrains dans lesquels, comme à Thénay, on a trouvé des débris de l'industrie humaine, des *silex taillés*, semblent appartenir à l'époque tertiaire ou à la période pliocène ou miocène, ces terrains ont certainement été rèmaniés; ces silex d'ailleurs peuvent ne pas être l'œuvre d'un être intelligent, mais un jeu de la nature. En tout cas, rien ne prouve que cet être intelligent fût un homme; c'est tout au plus si, avec M. de Mortillet, on pourait l'appeler le *précurseur de l'homme;* et personne ne songe à le rattacher à l'espace humaine actuelle. Le plus grand nombre des géologues repousse comme non démontrée l'existence de *l'homme tertiaire, pliocène et miocène.*

2293. *Dans quels* DÉPOTS *trouve-t-on seulement des restes de l'homme ou des débris de l'industrie humaine?*— Dans les terrains d'alluvion ou de transport, comme le *lehm* ou le *loess*, ou diluvium glaciaire, et le *drift* ou *gravier des rivières ;* dans les *cavernes*, les *restes de cuisines* du Danemark, ou les *terramares* d'Italie, les *cités lacustres*, les *dolmens* et autres monuments en pierre. Les recherches les plus récentes tendent à prouver que ces dépôts, que l'on peut rattacher aux derniers temps de l'époque quaternaire, appartiennent plus strictement à l'époque moderne. M. Michel de Rossi est en voie de prouver qu'ils remontent à peine, même en Italie, à douze ou quinze cents ans avant l'ère chrétienne. En tout cas, on peut affirmer, comme le faisait déjà en 1758 le président Goguet (*Origine des lois, des arts et des sciences chez les anciens peuples*, 3 vol. in-4°), que l'homme des silex, ustensiles et armes en pierre, est partout, certainement, l'homme de la *dispersion*, postdiluvien, descendant de Noé, préhistorique, mais en même temps historique ou presque historique ; car c'est l'homme, ou ancêtre immédiat de l'homme des dolmens. Buchner, un des géologues les plus prévenus en faveur de l'antiquité démesurée de l'homme, n'hésite pas à dire que l'homme de la pierre taillée ou polie est postérieur à l'homme des pyramides, certainement postdiluvien, descendant de Mizraïm, petit-fils de Noé.

2294. *Qu'a-t-on appelé* AGES DE L'HUMANITÉ ? — Quatre périodes de l'existence de l'homme caractérisées par la matière et la forme de ses ustensiles et de ses armes : *âge de la pierre taillée, âge de la pierre polie, âge du bronze, âge du fer*. Il est certain aujourd'hui que ces quatre âges sont enchevêtrés l'un dans l'autre, qu'ils se sont succédé d'une manière insensible et non interrompue ; que l'on rencontre dans les tombeaux et ailleurs des mélanges d'instruments de pierre, de fer et de bronze ; que l'existence des hommes de la pierre polie, et par conséquent l'existence aussi des hommes de la pierre taillée, qui sont les ancêtres immédiats de ceux de la pierre polie, est presque historique et rentre pleinement dans les limites de la chronologie biblique. L'homme de la pierre polie, en Belgique, est l'homme du camp de l'Hastodon attaqué par César.

2295. *L'homme a-t-il été* CONTEMPORAIN *des espèces d'animaux éteintes ou émigrées, le mastodonte, ou éléphant, le renne, l'ours des cavernes*, etc. ? — On peut admettre cette contemporanéité, quoiqu'elle ne soit pas rigoureusement démontrée. En tout cas ce ne sont pas les races émigrées ou éteintes qui VIEILLIRAIENT l'homme, c'est l'homme ÉVIDEMMENT qui rajeunirait les races éteintes. En outre, les recherches de M. Dupont et de beaucoup d'autres géologues ont prouvé jusqu'à l'évidence que les races émigrées ou éteintes, le mastodonte, l'ours des cavernes, le renne, ont été contemporaines des races domestiques actuelles, le bœuf, le cheval, le porc, le mouton, et que par conséquent les prétendus âge *du monmouth, de l'ours des cavernes, du renne,* sont des divisions purement arbitraires ; il est enfin presque certain que le *mastodonte*, l'*ours des cavernes*, etc., vivent encore aujourd'hui comme le *renne*, l'*aurochs*, le *bœuf musqué*, etc.

2296. *L'antiquité indéfinie que la science moderne voudrait assigner à l'homme est donc un* RÊVE ? — Incontestablement.

Section III. — *BOTANIQUE.*

CHAPITRE UNIQUE.

Notions indispensables sur les végétaux.

§ 1. — PARTIES DONT SE COMPOSE LA PLANTE.

2297. *Quelles sont les principales* PARTIES *dont se composent ordinairement les* PLANTES? — Ce sont : 1° la racine ; 2° la tige ; 3° les feuilles ; 4° la fleur ; 5° le fruit.

2298. *Qu'est-ce que la* RACINE? — C'est la partie enfouie dans la terre, destinée à soutenir la plante et à pomper les sucs qui doivent la nourrir. Cette dernière fonction est remplie par un ensemble de petits tubes, qui forment le *chevelu* de la racine. Il y a des végétaux dont la racine s'implante dans l'écorce d'un autre végétal; c'est ce qui caractérise les plantes *parasites*, comme *le gui,* qui vit aux dépens du chêne et de plusieurs autres arbres. Il y a des plantes qui, bien que se tenant dans l'eau ou à sa surface, ont les extrémités de leurs racines dans la terre; mais il en est d'autres dont les racines flottent comme le reste de la plante et ne tirent rien du sol. Ajoutons qu'il y a beaucoup de plantes dont la racine n'est pas utile seulement à la plante elle-même, mais sert à l'alimentation ou à d'autres usages que nous indiquerons plus loin.

2299. *Qu'y a-t-il à remarquer relativement aux* TIGES? — Il y a des tiges *ligneuses;* d'autres tout simplement *herbacées.* Certaines tiges sont creuses, avec des nœuds de distance en distance; on les appelle *chaumes;* telles sont les tiges du *blé*, du *maïs*, du *roseau*, de la *canne à sucre*, etc. Signalons encore les tiges grimpantes, dont quelques-unes, comme celle du *lierre,* produisent de distance en distance de petites racines qui s'implantent dans l'arbre ou dans le mur qui soutient le lierre. D'autres s'attachent à leur appui au moyen de *vrilles* en *spirales*, telles sont les tiges *sarmenteuses*, comme celle de la *vigne.* Dans beaucoup de plantes, spécialement dans les arbres, la tige principale, ou *tronc,* projette des branches qui sont comme des tiges secondaires et qui à leur tour en projettent d'autres, en sorte que la ramification est quelquefois poussée très-loin.

2300. *Que sont les* FEUILLES? — Les feuilles, qui présentent des variétés sans nombre, sont les organes respiratoires des végétaux. Elles absorbent par leurs pores une partie de l'acide carbonique répandu dans l'air, et, après que la plante s'est assimilé le carbone de cet acide, elles rejettent l'oxygène. On ne saurait assez admirer ce moyen qu'a pris la Providence pour empêcher que, par l'effet de la respiration des animaux et de la combustion, nous ne venions à manquer de la quantité d'oxygène qui nous est nécessaire.

2301. *De quoi se compose la* FLEUR? — La fleur n'est pas un simple ornement pour la plante; c'est l'organe dont le Créateur l'a pourvue afin qu'elle se reproduise et que l'espèce se perpétue. Ses parties essentielles sont : 1° le *pistil*, composé d'un petit corps spongieux, qui se trouve en communication avec un dépôt de germes appelé *ovaire;* 2° l'*étamine*, présentant surtout une espèce de bourse qui, en s'ouvrant, laisse échapper une poussière appelée *pollen*. Des grains du pollen projetés sur le corps spongieux du pistil suinte une liqueur qui, bien qu'en dose inappréciable, réagit sur les germes renfermés dans l'ovaire et les féconde, en sorte qu'ils commencent dès lors à se développer. La plupart des fleurs ont plusieurs étamines, et quelques-unes plusieurs pistils. Une des fleurs sur lesquelles il est surtout aisé d'observer ces importants organes, c'est le *lis*, qui a six belles étamines, rangées autour du pistil et portant du pollen d'un jaune brillant. Autour du pistil et des étamines du lis, se trouve une partie plus remarquable encore, c'est la *corolle*, formée de six divisions d'une éclatante blancheur, appelées *pétales*. La corolle n'est du reste qu'un accessoire, une *enveloppe florale*, qui manque dans bien des plantes. Dans d'autres, au contraire, on observe une seconde enveloppe plus extérieure et ordinairement verte comme les feuilles : c'est le *calice*. Le lis n'en a pas; mais il existe dans la *rose*, l'*œillet*, la *giroflée*, etc.

2302. *Qu'appelle-t-on fleurs* DOUBLES *et fleurs* COMPOSÉES? — On dit qu'une fleur est *doublé* quand, par l'effet de la culture, le nombre de ses pétales s'est accru aux dépens des étamines. La rose *simple* n'a que cinq pétales, tandis que les roses cultivées en ont un si grand nombre qu'une variété a reçu le nom de roses *à cent feuilles*. La transformation d'étamines en pétales est quelquefois poussée si loin que la fécondation ne peut plus s'opérer; c'est ce qui a lieu, par exemple, pour certains pêchers. Quant aux fleurs *composées*, qui forment une immense famille naturelle, elles doivent leur nom à ce que chacune d'elles présente, réunies sur un *réceptacle* commun, un grand nombre de petites fleurs ayant chacune ses organes essentiels et même sa corolle. Nous pouvons citer la *camomille*, la *chicorée*, le *chardon*, etc.

2303. *Les organes* ESSENTIELS *sont-ils toujours* RÉUNIS *dans une même fleur?* — Il y a des plantes où ils sont séparés et qui ont par conséquent des fleurs à pistils et des fleurs à étamines ; exemple, le *maïs*. Il y a même des espèces où les fleurs à pistils et les fleurs à étamines se trouvent sur des individus différents : exemple, le *chanvre*.

2304. *Qu'est-ce que le* FRUIT? — Le fruit se compose essentiellement de la *graine*, qui contient en germe la nouvelle plante, et qui est protégée par le *péricarpe*. Celui-ci est formé de trois enveloppes : l'*épicarpe*, le *mésocarpe* et l'*endocarpe*. L'épicarpe n'est généralement qu'une pellicule; cependant il a une grande fermeté dans la *calebasse*. L'endocarpe prend dans certaines espèces une consistance ligneuse, et forme le noyau de la *pêche*, de la *prune*, de la *cerise*, etc., et la coque de la *noix*, de l'*amande*, etc. Le mésocarpe, placé entre les deux enveloppes précédentes, a dans certaines espèces une grande importance par le développement qu'il prend et par les qualités alimentaires de la pulpe dont il est formé : *pêche*, *poire*, *pomme*, *cerise*, etc. Dans la *noix*, le mésocarpe forme le *brou*. La graine, pour laquelle la Providence a pris des précautions qu'on oserait presque appeler minutieuses, a encore un autre tégument, qu'on nomme *épisperme*, et qui est composé de deux membranes s'enveloppant l'une l'autre. La partie enveloppée par l'épisperme forme *l'amande*, qui quelquefois n'est autre chose que *l'embryon*, comme dans le *haricot*, la graine de *courge*, etc., tandis que, dans le *ricin*, le *blé*, etc., il y a, outre l'embryon, l'*endosperme*, destiné à fournir à la petite plante son premier aliment. L'embryon peut être regardé comme le végétal à son premier degré de développement. On y distingue : dans le sens de l'axe, la *radicelle*, la *tigelle*, et la *gemmule*, rudiment de bourgeon, et latéralement une feuille rudimentaire enveloppant la tigelle, ou deux feuilles entre lesquelles la tigelle est enfermée. Ces feuilles primitives s'appellent *cotylédons* ; quand il n'y en a qu'un, comme dans le *blé*, *l'iris*, le *palmier*, la plante est dite *monocotylédone ;* quand il y en a deux, comme dans le *haricot*, le *pois*, le gland du *chêne*, la plante est *dicotylédone*. On appelle *acotylédonées* les plantes sur lesquelles on n'est point parvenu à reconnaître l'existence d'une graine.

§ 2. — CLASSIFICATION DES PLANTES.

2305. *Comment* CLASSE-*t-on les plantes?* — Après les deux classifications de Tournefort et de Linné, qui avaient beaucoup contribué, celle de Linné surtout, aux progrès de la botanique, on a adopté universellement celle que fit connaître, en 1789, Antoine-Laurent de Jussieu, et qui a été appelée avec raison *méthode des familles naturelles ;* parce que les plantes y sont groupées, non d'après une de leurs parties seulement, mais d'après tout l'ensemble de leurs caractères ; en sorte que les plantes appartenant à un même groupe ont toutes ce qu'on pourrait appeler un air de famille.

Ces familles, dont le nombre s'accroît de temps en temps, surtout par les découvertes des voyageurs, forment trois grands embranchements, établis d'après l'absence ou la présence de la graine, et d'après la présence dans celle-ci, de deux cotylédons ou d'un seul. Ces particularités relatives à la graine et aux cotylédons sont d'une grande importance, par l'influence qu'elles exercent sur tout l'ensemble de la plante. Dans l'embranchement des plantes *acotylédonées*, c'est-à-dire sans aucun cotylédon et par conséquent sans graine, nous signalerons les familles des *algues*, des *champignons*, des *lichens*, des *mousses* et des *fougères*. Dans l'embranchement des *monocotylédonées*, se trouvent, entre autres familles, celles des *graminées*, comprenant le *froment*, le *maïs*, le *riz*, la *canne à sucre*, etc. ; des *asparaginées*, comprenant *l'asperge*, le *muguet*, le *jonc*, etc. ; des *liliacées*, comprenant le *lis*, la *tulipe*, *l'ail*, *l'oignon*, *l'aloès*, etc. ; des *palmiers*, comprenant le *cocotier*, le *dattier*, le *sagoutier*, etc. Dans l'embranchement des *dicotylédonées*, le plus important de tous, nous signalerons les familles des *jasminées*, comprenant le *jasmin*, le *lilas*, *l'olivier*, etc. ; des *labiées*, ainsi nommées parce que leurs fleurs présentent l'aspect de deux lèvres, et comprenant la *sauge*, le *romarin*, la *menthe*, la *lavande*, etc. ; des *solanées*, comprenant la *pomme de terre*, le *tabac*, la *belladone*, etc. ; des *borraginées*, comprenant la *bourrache*, *l'héliotrope*, etc. ; des *campanulacées*, comprenant la *campanule*, la *lobélie*, etc. ; des *synanthérées*, ou *composées*, comprenant l'*artichaut*, le *chardon*, la *chicorée*, *l'immortelle*, le *dahlia*, etc. ; des *rubiacées*, comprenant le *café*, la *garance*, etc. ; des *ombellifères*, ainsi nommées de l'aspect que présentent leurs fleurs, et comprenant la *carotte*, le *céleri*, le *cerfeuil*, la *ciguë*, l'*anis*, l'*angé-*

lique, etc. ; des *crucifères*, comprenant le *chou*, le *cresson*, le *navet*, la *moutarde*, etc. ; des *violacées*, comprenant la *violette*, etc. ; des *caryophyllées*, comprenant l'*œillet*, etc. ; des *renonculacées*, comprenant la *renoncule*, l'*ellébore*, l'*aconit*, etc. ; des *géraniacées*, comprenant le *géranium*, la *balsamine*, la *capucine*, le *lin*, etc. ; des *malvacées*, comprenant la *mauve*, la *guimauve*, le *thé*, le *cacaoyer*, le *cotonnier*, etc. ; à cette famille se rattache la *vigne*, dont on fait quelquefois une famille à part, sous le nom d'*ampélidées*. Citons encore les *rosacées*, comprenant le *rosier*, l'*abricotier*, le *prunier*, le *pommier*, le *poirier*, l'*amandier*, le *cerisier*, le *fraisier*, etc ; les *légumineuses*, comprenant le *pois*, le *haricot*, la *lentille*, le *trèfle*, le *sainfoin*, la *luzerne*, l'*indigotier*, l'*acacia*, le *cytise*, le *baguenaudier*, etc. ; les *urticées*, comprenant l'*ortie*, le *mûrier*, le *figuier*, le *poivrier*, le *chanvre*, le *houblon*, etc. ; les *conifères*, comprenant le *pin*, le *sapin*, le *mélèze*, le *cèdre*, le *cyprès*, l'*if*, etc. ; les *amentacées*, comprenant le *saule*, le *peuplier*, le *bouleau*, l'*aulne*, le *charme*, le *châtaignier*, le *chêne*, le *noisetier*, etc. ; les *crassulacées*, comprenant la *joubarbe*, l'*orpin*, etc. ; les *juglandées*, comprenant le *noyer*, etc., etc.

Section IV. — *ZOOLOGIE*.

Nous avons donné, dans les questions de physiologie faisant partie de la *chimie organique*, d'assez nombreux détails sur les animaux, et, dans les *notions générales* placées en tête des questions d'*Histoire naturelle*, nous avons indiqué les caractères qui distinguent les animaux des végétaux ; il ne nous reste qu'à compléter ces données générales, les seules qui puissent trouver place dans un ouvrage de la nature de celui-ci.

2306. *Comment* CLASSE-T-ON *les animaux?* — Cuvier les a rangés dans quatre grandes divisions ou embranchements : les *vertébrés*, les *annelés* et les *articulés*, les *mollusques* et les *rayonnés*.

CHAPITRE PREMIER.

Les vertébrés.

2307. *Qu'appelle-t-on* VERTÈBRES ? — On appelle ainsi de petits os percés comme des anneaux et s'emboîtant les uns dans les autres, de manière à former une colonne qui sert d'axe à la charpente osseuse des animaux pourvus de ces appareils. Cette colonne, qui a assez de flexibilité pour se prêter aux mouvements de l'animal, contient dans le canal formé par les ouvertures juxtaposées des vertèbres, la moelle épinière, substance de même nature que les nerfs, qui se rattachent tous à elle, comme elle-même se rattache au cerveau. Il est aisé de comprendre par là que les animaux vertébrés ont le système nerveux bien autrement complet que les animaux invertébrés, et, par conséquent, remplissent d'une manière bien plus parfaite les fonctions animales, dans lesquelles les nerfs jouent toujours un rôle important.

2308. *N'y a-t-il pas entre les animaux vertébrés des* DIFFÉRENCES *qui méritent d'être signalés?* — Il y en a de capitales, comme l'indique la simple énumération des quatre classes qui composent l'embranchement des vertébrés; ces classes sont celles : des *mammifères*, des *oiseaux*, des *reptiles*, des *poissons*.

§ 1 — LES MAMMIFÈRES.

2309. *Qu'y a-t-il d'important à remarquer sur les* MAMMIFÈRES? — Les *mammifères* sont ainsi nommés parce qu'ils allaitent leurs petits, ce qui indique que ces petits naissent vivants, d'où la qualification de *vivipares*, qu'on applique à ces mêmes animaux. Les mammifères ont généralement deux paires de membres, les uns supérieurs ou antérieurs, les autres inférieurs ou postérieurs, et répondant, les premiers aux bras de l'homme, les autres à ses jambes. Chez les singes, ces quatre membres sont terminés par des mains; d'où la dénomination de *quadrumanes* par laquelle on désigne ces animaux ; chez la plupart des autres mammifères, les membres sont terminés par des pieds, d'où la dénomination de *quadrupèdes*. Mais on distingue en outre les *chéiroptères*, ainsi nommés de deux mots grecs signifiant, l'un *main*, et l'autre *aile*. Chez ces animaux, dont nous avons un type bien connu dans la *chauve-souris*, les quatre membres, terminés en effet par des espèces de mains, servent à ouvrir, à agiter, à replier deux membranes situées des deux côtés et remplissant à peu près l'office d'ailes. On distingue encore dans l'embranchement des vertébrés l'ordre des *cétacés*, chez qui les membres inférieurs manquent; quant aux membres supérieurs, ils ont la forme de nageoires et en remplissent l'office. On ne doit pourtant pas ranger les cétacés parmi les poissons, dont ils diffèrent essentiellement par leur organisation intérieure, notamment par leur manière de respirer. On aurait également tort, relativement aux chéiroptères, de se rendre au raisonnement de la chauve-souris, de la Fontaine :

Je suis oiseau : voyez mes ailes.

2310. *Quelles sont les principales divisions des* QUADRUPÈDES ? — On y remarque les *carnassiers*, parmi lesquelles les uns sont *insectivores*, comme le *hérisson*, la *taupe*, la *musaraigne*, etc., et d'autres, *carnivores*, comme le *chat*, genre très-étendu, dans lequel on range le *lion*, le *tigre*, le *léopard*, la *panthère*, le *jaguar*, etc. ; comme le *chien*, genre qui comprend, outre le chien proprement dit, plusieurs espèces plus ou moins voisines : le *loup*, le *chacal*, le *renard*, etc. ; comme l'*hyène*, très-voisine du genre précédent ; comme l'*ours ;* comme le *blaireau ;* comme la *civette ;* comme la *marte*, genre auquel appartiennent, soit comme espèces, soit comme variétés, la *zibeline*, le *putois*, la *fouine*, le *furet*, la *belette* etc. Un autre ordre de quadrupèdes qui présente des genres assez variés, est celui des rongeurs, ainsi nommés parce que leur système dentaire leur permet d'user et de couper du bois fort dur. Quelques-uns ont en outre des espèces de mains, dont ils se servent très-adroitement, soit pour grimper, comme les *écureuils* soit pour exécuter des travaux fort remarquables, comme les *castors*. Parmi les autres genres de l'ordre des *rongeurs*, nous citerons le *porc-épic*, la *marmotte*, la *zibeline*, le *cochon-d'Inde*, le *rat*, le *loir*, enfin le *lièvre*, genre dans lequel le *lapin* forme une espèce.

2311. *Qu'y a-t-il à remarquer sur l'ordre des* ÉDENTÉS ? — Parmi les *édentés*, nous citerons surtout le *fourmilier* et le *paresseux*. Indiquons encore l'*échidné*, dont la peau est garnie de piquants analogues à ceux du hérisson, et une famille d'animaux fort étranges, qui seuls entre tous les mammifères, sont recouverts d'une sorte de cuirasse composée de petits compartiments et s'étendant, d'un côté sur la tête jusqu'au front, de l'autre sur la queue; les animaux de cette famille sont appelés *tatous* et habitent l'Amérique méridionale.

2312. *D'où vient la dénomination de* MARSUPIAUX? — Elle vient d'un mot qui, en grec et en latin, signifie *poche*. Ces animaux ont en effet sous l'abdomen une sorte de poche formée par un repli de la peau, et servant à recevoir les petits, qui, très-imparfaitement formés lorsqu'ils naissent, demeurent là suspendus aux mamelles de la mère, jusqu'à ce qu'ils aient reçu un développement suffisant. Cette particularité a été surtout fort remarquée chez le *sarigue*. Parmi les autres animaux de cet ordre, tous étrangers à l'Europe, nous indiquerons le *kanguroo*, dont on connaît plusieurs espèces.

2313. *Qu'y a-t-il à remarquer sur les* RUMINANTS *et les* PACHYDERMES? — Ces deux ordres renferment les plus importants de tous les mammifères. Parmi les *ruminants*, nous trouvons le *bœuf*, le *mouton*, la *chèvre*, la *gazelle*, l'*antilope*, le *cerf*, le *renne*, le *lama*, le *chameau*, etc. Dans l'ordre des *pachydermes*, mot qui signifie animaux *à cuir épais*, nous trouvons l'*éléphant*, l'*hippopotame*, le *rhinocéros*, le *cheval*, l'*âne* le *zèbre*, le *sanglier*, d'où dérive le *cochon* domestique, etc.

§ 2. — LES OISEAUX.

2314. *Qu'y a-t-il à observer sur les* OISEAUX *en général?* — Cette classe de vertébrés, si remarquable par la variété qu'elle présente dans les détails accessoires, ne l'est pas moins par la fixité de certains caractères essentiels, pami lesquels nous en indiquerons deux : 1° la présence de quatre membres, dont les deux supérieurs ont des ailes, et les deux inférieurs, des pattes; 2° le vêtement que la Providence a donné à tous les oiseaux, et aux seuls oiseaux; on comprend que nous voulons parler des plumes. Ajoutons que toutes les espèces de cette classe sont ovipares. Le nombre des doigts est généralement de quatre; quelquefois de trois seulement.

2315. *Comment* DIVISE-T-ON *les oiseaux?* — A défaut de différences notables dans les organes principaux, on a trouvé un moyen de classification dans la forme des pattes, forme qui se lie aux habitudes de chaque espèce et surtout à son mode d'alimentation. C'est ainsi qu'on a établi les ordres des *rapaces*, des *grimpeurs*, des *palmipèdes*, des *échassiers* ,des *gallinacés* et des *passereaux*.

2316. *Qu'y a-t-il à remarquer sur l'ordre des* RAPACES? — Cet ordre est caractérisé par des pattes courtes et vigoureuses et par des ongles acérés, dont sont armés les doigts, placés trois en avant et un en arrière, et parfaitement disposés pour saisir et déchirer une proie. Le bec est aussi très-propre au même usage. Cet ordre se divise en deux familles : celle des rapaces *diurnes* et celle des rapaces *nocturnes*. Les rapaces diurnes, qui sont ce qu'on appelle les *oiseaux de proie*, seraient, sans l'*autruche*, les plus grands et les plus vigoureux de tous les oiseaux ; il suffira de citer l'*aigle*, le *vautour*, le *condor*, l'*autour*, l'*épervier*, le *faucon*, etc. Les rapaces nocturnes, ou *oiseaux de nuit*, sont ainsi appelés parce que, pendant le jour, ils sont obligés de demeurer dans leurs cachettes, leurs pupilles, trop grandes, recevant une quantité de lumière qui les éblouit. Parmi ces oiseaux, qui ont tous entre eux une grande ressemblance, citons le *grand-duc*, le *hibou*, la *chouette*, à laquelle se rattachent comme espèce le *chat-huant*, l'*effraie*, etc. Ces oiseaux, regardés par un préjugé ridicule comme étant de mauvais augure, sont en réalité fort utiles, parce qu'il se nourrissent de rats et d'autres petits animaux plus ou moins pernicieux.

2317. *Par quoi est caractérisé l'ordre des* GRIMPEURS?

Par l'aptitude que leur nom indique, et qui tient à ce que leurs doigts sont disposés deux en avant et les deux autres en arrière, de manière à former une sorte de pince, qui saisit les branches des arbres. Quelques-uns même se servent de leurs pattes presque comme des mains pour porter leurs aliments à leur bec; c'est ce qu'on remarque surtout chez le *perroquet*. Citons, parmi les autres genres de l'ordre des grimpeurs, la *pie*, le *coucou*, le *toucan*, etc.

2318. *Qu'y a-t-il à remarquer sur les* PALMIPÈDES ? — Les oiseaux de cet ordre ont les doigts de chaque patte unis par une membrane formant comme un éventail. Ces pattes font l'office de rames, ce qui suffit pour comprendre que ces oiseaux se nourrissent surtout de poissons. Quelques-uns, comme le *cygne*, ont le cou et le bec très-longs, afin d'atteindre plus aisément leur proie ; d'autres, comme le *plongeon*, vont la chercher au fond de l'eau. Un d'eux, le pélican, a la mandibule inférieur munie d'une sorte de poche où il peut mettre en réserve le poisson qu'il prend. Il y laisse même macérer quelque temps celui qu'il destine à ses petits, et comme, pour faire sortir ce qu'il a dans cette poche, il appuie son bec contre sa poitrine, on se figura longtemps qu'il tirait de son sein la substance avec laquelle il alimentait sa jeune famille. Outre les genres que nous avons déjà cités, l'ordre des palmipèdes renferme le *canard*, l'*oie*, le *cormoran*, le *pingoin*, le *manchot*, l'*albatros*, le *fou*, le *goëland*, etc.

2319. *Par quoi sont caractérisés les* ÉCHASSIERS ? — Par la longueur de leurs jambes, qui leur permet d'aller chercher leur nourriture en marchant à gué sur les bords des eaux. A cet ordre appartiennent *le héron*, le *flamant*, la *grue*, la *cigogne* avec le *marabout*, etc. Quant à l'*autruche*, ce géant des oiseaux, la longueur de ses jambes lui sert, non à marcher dans l'eau, mais à courir, le plus souvent à travers les sables des déserts, avec une vitesse que ne peuvent égaler les meilleurs chevaux.

2320. *Quels sont les caractères des* GALLINACÉS ? — Des jambes de longueur moyenne et des ongles assez forts, non pour saisir une proie, mais pour gratter la terre et en retirer des graines, des insectes, des larves, etc. Ces oiseaux sont charnus et ont pour la plupart le vol assez difficile; plusieurs sont tout à fait domestiques. Aucun autre ordre d'oiseaux n'est comparable à celui-là au point de vue des ressources que l'homme y trouve pour son alimentation : il suffira de citer le *coq*, le *faisan*, le *dindon*, le *paon*, la *pintade*, la *caille*, la *perdrix*, le *pigeon*, le *coq de bruyère*, etc.

2321. *Qu'y a-t-il à remarquer sur les* PASSEREAUX ? — On a remarqué que l'ordre des passereaux renferme presque les cinq septièmes des espèces ornithologiques. Un certain nombre ont une chair délicate ; plusieurs sont par leur chant ou par leur plumage les plus gracieux ornements de la nature ; mais leur principal rôle paraît être la destruction des insectes, qui sont la nourriture habituelle d'un très-grand nombre d'entre eux. Ne pouvant énumérer ici tous les genres dont se compose cet ordre, nous allons du moins indiquer ceux qui nous semblent les plus importants à connaître ; ce sont le *martin-pêcheur*, *l'alcyone*, le *corbeau*, la *pie*, le *geai*, le *loriot*, la *huppe*, la *grive*, le *merle*, *l'étourneau*, *l'hirondelle*, le *martinet*, le *bouvreuil*, la *linotte*, le *pinson*, le *moineau*, genre duquel se rapproche l'espèce du *chardonneret;* le *bruant*, auquel se rattache *l'ortolan;* la *fauvette*, à laquelle se rattachent le *rossignol* et le *rouge-gorge ;* enfin ces deux petites merveilles qu'on appelle le *colibri* et *l'oiseau-mouche*.

§ 3. — LES REPTILES.

2322. *Quels sont les caractères distinctifs des* REPTILES ? — Les reptiles sont des animaux à respiration aérienne, à tête petite, au corps allongé, en général à quatre pattes conformées pour la course ou la nage ; les pattes ou doigts sont quelquefois aplatis en une sorte de rame ; quelques-uns, les *dragons* par exemple, ont des ailes. Ils sont carnivores, recherchent en général une proie vivante, et l'avalent sans la diviser. Ils supportent longtemps l'abstinence; leur respiration est peu active, ils ne consomment que peu d'oxygène, et peuvent en être privés très-longtemps sans asphyxie. Ils sont tous à sang froid, c'est-à-dire qu'ils ne produisent pas assez de chaleur pour avoir une température sensiblement au-dessus de celle de l'atmosphère; le froid détermine souvent chez ces animaux un engourdissement analogue à celui des animaux hybernants. Ils se reproduisent par des œufs, qui quelquefois éclosent avant la ponte, comme chez la *vipère;* on dit alors qu'ils sont *ovovivipares.* A l'exception du *python*, qui couve ses œufs, et de quelques autres, les reptiles abandonnent leurs œufs aussitôt après la ponte, et l'incubation s'en fait aux dépens de la chaleur atmosphérique ou terrestre. Plusieurs reptiles, la *vipère, l'aspic,* le *crotale* ou *serpent à sonnette,* etc., sont pourvus d'un appareil venimeux; le venin est sécrété par des glandes; l'appareil venimeux qui termine le canal sécréteur du venin est tantôt un *crochet mobile,* tantôt une *dent immobile.*

Les reptiles se subdivisent en quatre ordres : 1° *chéloniens,* ou tortues de terre, de mer, de fleuve, au corps court, globuleux, revêtu d'une *carapace* ou enveloppe plus ou moins solide; la tête et les pattes sont rétractiles; la queue, conique, est plus ou moins courte; les tortues sont muettes ou n'émetent qu'un faible sifflement; les femelles sont plus grosses que les mâles; 2° *sauriens* ou *lézards,* ordinairement quadrupèdes, rarement bipèdes, quelquefois apodes ou sans pieds (*a*, sans, *pous, podos,* pied), corps allongé, couvert d'écailles ou d'une peau chagrinée; les uns habitent les eaux, les autres la terre; quelques-uns sont amphibies; l'un d'eux, le *dragon,* peut se maintenir quelques instants à l'aide de membranes qui remplacent les ailes; tous ont une queue plus ou moins longue; les principaux sauriens sont : le *lézard*, le *crocodile*, le *caïman*, le *basilic*, le *caméléon;* 3° *ophidiens* ou SERPENTS : corps allongé, dépourvu de membres, lisse ou recouvert d'écailles, tantôt petites, tantôt grandes : *couleuvres*, *vipères*, *serpents*, *pythons*, *boas*, *crotales*.

2323. *Qu'appelez-vous* BATRACIENS ? — Une classe d'animaux amphibies que l'on a longtemps confondus avec les reptiles, qui respirent d'abord par des branchies, puis par des poumons, comme tous les autres reptiles, quelquefois par des branchies et des poumons. On distingue : les *anoures*, qui subissent des métamorphoses complètes et sont toujours sans queue à l'état adulte : *grenouilles*, *crapauds*, *rainettes*, *pipas ;* 2° *urdèles*, qui, à l'état adulte, ont leur queue et quatre pattes, sans branchies : *salamandres aquatiques* ou *tritons;* 3° *perennibranches*, qui conservent leurs branchies en acquérant des poumons : *axolotls*, *protées;* 4° *cécilies*, au corps cylindrique, comme les serpents sans membres ; *lépidocérens*, ressemblant beaucoup aux poissons, avec des nageoires cylindriques à la place des pattes.

§ 4. DES POISSONS.

2324. *Quels sont les caractères* DISTINCTIFS DES POISSONS ? — Animaux aquatiques, à circulation double, dont la respiration se fait pendant toute la vie à l'aide de *branchies* (organes en forme de peignes ornés de lames, de panaches ou de houppes) ; corps terminé en avant par une tête généralement pointue, en arrière par une queue plus ou moins large, servant de gouvernail; les mouvements sont aidés par des nageoires *pectorales*, ou *ventrales*, ou *dorsales*, ou *caudales*, appareils locomoteurs qui tiennent lieu de membres. Quelques-uns nagent avec une grande vitesse, comme le *saumon* qui fait 8 mètres par seconde. La natation est encore aidée par la *vessie natatoire*, sorte de poche que le poisson remplit ou vide d'air, contracte ou dilate, de manière à rendre son poids spécifique plus lourd, plus léger, ou égal à celui de l'eau. Les poissons voient, sentent, entendent et quelquefois émettent des sons soit mécaniquement par le frottement d'écailles, soit organiquement par les voies aériennes. Chez les poissons plats les deux yeux sont placés d'un seul et même côté de la tête. Quelques poissons, le *silure*, le *mélaptérure*, la *gymnote*, la *raie*, la *torpille*, ont la singulière faculté de développer de l'électricité, et de donner des commotions très-fortes aux animaux qui les touchent. Plusieurs poissons, les *sardines*, les *maquereaux*, les *thons*, les *anchois*, les *saumons*, sont de passage; ils visitent périodiquement certaines côtes et y donnent lieu à des pêches importantes. Les poissons se multiplient au moyen d'œufs, quelquefois en nombre immense, et qui sont fécondés après la ponte; quelques poissons cependant sont ovovivipares. Cuvier divise les poissons en deux grands ordres : les POISSONS OSSEUX et les POISSONS CARTILAGINEUX. Les *poissons osseux* renferment six ordres : 1° *acanthoptérygiens* (de *acantha*, épine, *ptérygion*, nageoires) à nageoires piquantes, avec mâchoire supérieure mobile; *perches*, *gobies* ou *goujons de mer*; 2° *malacoptérygiens abdominaux*, *subbrachiens*, ou *apodes* (*malacos*, mou, *ptéryx*, nageoire), à nageoires molles, placées soit sous l'abdomen (*cyprins*, *brochets*, *saumons*), soit sous la poitrine (*gades* et *poissons plats*), *sole, turbot, morue, barbue, plie franche* ou *carrelet*, soit exclusives de nageoires ventrales (*anguilles*); 3° *lophobranches* (*lophos*, crête ou aigrette, *branchia*, branchie), dont les branchies se divisent en petites houppes rondes; leurs corps sont couverts de plaques osseuses et anguleuses; ils sont de petite taille et presque sans chair; 4° *plectognates* (de *plectos*, entrelacé, et *gnatos*, mâchoire); la mâchoire supérieure s'engrène parfois avec les os du crâne, et ne conserve aucune mobilité; *gymnodontes*. Les *poissons cartilagineux* se partagent en deux ordres : 1° *chondroptérygiens* (de *chondros*, cartilage, *ptérygion*, nageoire), à branchies libres, *esturgeon;* 2° *chondroptérygiens* à *branchies fixes : squales*, *requins*, *marteaux*, *scies*, *raies, torpilles, lamproies*.

CHAPITRE II.

Les animaux invertébrés.

§ 1. — DES ANNELÉS ET DES ARTICULÉS.

2325. *Qu'appelle-t-on* ANNELÉS? — Des animaux mous dont le corps est divisé en tronçons et semble formé d'une suite d'anneaux placés à la file les uns des autres. Chez les uns la division annulaire résulte seulement de plis tarnsversaux qui sillonnent la peau et ceignent le corps. Chez la plupart, l'animal est renfermé dans une sorte d'armure solide, composée d'une série d'anneaux soudés entre eux ou réunis de manière à permettre des mouvements. Cet embranchement se divise en *animaux articulés proprement dits*, et en *vers*.

1° Articulés proprements dits.

2326. *Pourquoi les articulés sont-ils ainsi nommés et par quoi sont-ils caractérisés?* — Ils doivent leur nom aux anneaux articulés les uns aux autres dont leur corps est formé. Ils sont caractérisés par leur système nerveux, qui se compose : 1° d'un *ganglion cervical*, situé dans la tête, ce qu'on appelle cerveau ; 2° d'un ou deux *ganglions thoraciques*, d'où partent les filets nerveux qui se rendent aux pattes ; 3° de ganglions abdominaux en nombre variable ; 4° d'un *ganglion* anal ; 5° d'une chaîne *ganglionnaire double*, qui parcourt toute la longueur du corps réunie.

2327. *Quels sont les* CARACTÈRES DISTINCTIFS *des insectes?* — La respiration aérienne s'effectue par des trachées ; le corps est composé de trois portions distinctes, tête, thorax et abdomen ; trois paires de pattes, en général des ailes. Nommons entre tous, la *sauterelle*, le *criquet*, la *courtilière*, la *lucane métallique* ou *cerf-volant*, les *papillons*, les *sphynx*, l'*abeille*, le *bourdon*, le *pou*, la *punaise*, la *puce*, la *cigale*, le *grillon*.

Les insectes sont distribués en huit ordres, d'après des caractères tirés de leurs seules ailes : 1° *coléoptères* (*koleos*, gaîne, *ptéron*, aile), à quatre ailes, dont deux, *élytres*, dures et coriaces : *hanneton*, *carabe*, *charançon*, *coccinelle* ; 2° *orthoptères* (*orthos*, droit) : *criquet*, *grillon*, *cigale* ; 3° *hémiptères* (*hémi*, demi) : *puceron*, *cochenille*, *punaise*, *cigale* ; 4° *névroptères* (de *névros*, nerf), à cause des nervures des ailes : *libellules*, *mirmyléon*, *termites* ; 5° *hyménoptères* (*hymèn*, membrane) :

fourmis, abeilles, guêpes; 6° *lépidoptères* (de *lépis*, écaille), papillons : *diurnes* ou *papillons proprement dits; crépuscularius* ou *sphynx; nocturnes* ou *phalènes;* 7° *rhipiptère* (de *ripis*, éventail), très-petits insectes à ailes grandes, membraneuses, plissées longitudinalement en forme d'éventail; 8° *diptères* (de *dis*, deux) : mouches, *cousins, taons.*

2328. *Les insectes subissent-ils des* MÉTAMOPRHOSES *ou* CHANGEMENTS D'ÉTAT ? — Oui, et ces métamorphoses sont, en général, au nombre de trois, qu'on désigne par les noms suivants : 1° *larvè* ou *chenille*; 2° *nymphe* ou *chrysalide;* 3° *insecte parfait.*

2329. *Quels sont les caractères des* MYRIAPODES ? — (*myria,* dix mille, *podos,* pied). — Respiration aérienne par des trachées; point de distinction entre le thorax et l'abdomen; vingt-quatre paires de pattes ou davantagė; jamais d'ailes. Ils vivent dans la terre humide, sous les mousses, les pierres et dans les bois pourris; ne sortent de leur trou que la nuit : *scolopendre* ou mille-pieds.

2330. *Quels sont les caractères* DISTINCTIFS *des* ARACHNIDES ? — Respiration aérienne; point de tête distincte du thorax; d'antenne (*antennes,* filets articulés mobiles, formés de petits tubes creux, placés entre les yeux des insectes et des crustacés (*araignées, scorpions, pous, teignes.*

2331. *Quels sont les* CARACTÈRES DISTINCTIFS *des* CRUSTACÉS ? — Respiration aquatique par des branchies; cinq ou sept paires de pattes; ils sont recouverts d'une croûte calcaire (*crusta,* d'où vient leur nom), qui se renouvelle à certaines époques dites *mues*, pendant toute la durée de leur croissance; leurs yeux multiples sont formés de facettes hexagonales ou carrées : *écrevisse, homard, langouste, crabe, crevette, cloporte*, etc.

2° Les vers.

2332. *Qu'appelle-t-on* VERS? — Des animaux rampants, de forme allongée, au corps mou et contractile, avec ou sans tête distincte. Le sang est blanc, la respiration quelquefois aérienne, quelquefois aquatique. Ils forment cinq classes principales : 1° *annélides, sangsues, néréides, amphinomes*; 2° *turbellaires*; 3° *planaires* vivant dans l'eau; *douves*, parasites, vivant sur le corps de divers animaux; 4° *cestoïdes* ou *ténioïdes; ténia* ou *ver solitaire*. Les cestoïdes ne peuvent exécuter leurs métamorphoses qu'en passant dans le corps d'animaux d'espèces différentes : les vers vésiculaires, ou *xysticerques* du lapin, deviennent chez le chien des ténias qui produisent des œufs; les *helminthes, vers nématoïdes* ou *intestinanx*, qui vivent le plus ordinairement en parasites dans le canal intestinal de l'homme ou des animaux.

3° Les mollusques.

2333. *Quels sont les caractères distinctifs des* MOLLUSQUES? — Les *mollusques* sont des animaux au corps mou, sans squelette extérieur ou intérieur, enveloppés d'une peau musculaire ou *manteau*, à la surface duquel se développe le plus souvent une *coquille* d'une ou deux pièces ou *valves*; quelquefois ils sont hermaphrodites ou se développant à eux seuls, comme les *planelles*; quelquefois la reproduction, comme chez les *limaces*, exige le concours de deux individus. Les mollusques sont terrestres ou aquatiques; ceux-ci habitent l'eau douce ou l'eau salée, ces derniers sont les plus nombreux. Les mollusques naissent d'œufs, tantôt dans le corps de leur mère, tantôt au dehors, et alors les petits naissent vivants. Les mollusques se divisent en six ordres : 1° *céphalopodes* (*képhalè*, tête, *podos*, pied), à tête développée : les organes de locomotion ou pieds s'insèrent soit sur la tête, soit autour de la tête et de la bouche, l'animal marche le corps en haut, la tête en bas; *poulpes*, *argonautes*, *sèches*, *calmars*, *nautiles*, *ammonites*; 2° *ptéropodes* (*ptéron*, aile, *podos*, pied), petits mollusques pourvus d'une tête distincte, conformés pour flotter sur l'eau ou y nager à l'aide de deux nageoires, placées comme des ailes des deux côtés du cou; 3° *gastéropodes* (*gaster*, ventre, *podos*, pied); ils se meuvent à l'aide d'un disque charnu ou pied placé sous le ventre, ou d'une nageoire formée par la même partie du corps; les types de cette classe sont : la *limace* et le *colimaçon*; elle se compose principalement d'animaux logés dans une coquille le plus souvent en forme de cône et roulée en spirale; la coquille est souvent fermée par un *opercule* fixé au pied et qui la ferme quand l'animal se retire. Les *tentacules* que la plupart portent sur le front semblent servir au tact, et peut-être à l'odorat. Les yeux, qui manquent quelquefois, sont très-petits, tantôt adhérents à la tête, tantôt portés par les tentacules : *volutes*, *buccins*, *porcelaines*; 4° *acéphales* (*a*, sans, *képhalè*, tête), qui comprennent les *huîtres* et les *moules*, animaux qui n'ont pas de tête apparente, mais seulement une bouche cachée sous les plis du manteau.

RAYONNÉS ET ZOOPHYTHES.

2334. *Que sont les* ZOOPHYTES? — Des animaux à organisation beaucoup moins complète, dont les divers organes, au lieu d'être disposés par paires, de chaque côté d'un plan longitudinal, se groupent autour d'un axe ou d'un point central, de manière à donner à l'ensemble du corps une forme rayonnée ou sphérique. Les zoophytes se partagent en cinq classes : 1° les *échinodermes* (*échinos*, hérisson, *derma*, peau) : animaux rayonnés dont la peau est épaisse et souvent soutenue par une sorte de squelette solide ; ils forment trois groupes : les *holothuries*, remarquables par la disposition de leur appareil respiratoire, composé de tubes membraneux ramifiés comme un arbre, et recevant l'eau dans son intérieur par l'intermédiaire d'un cloaque et de l'anus ; 2° les *acalèphes*, animaux mous d'une consistance gélatineuse, organisés pour la nage et flottant toujours sur la mer : méduses, *rhizotomes*, *beroés*, qui ressemblent à de petits ballons ; *cestes*, qui ont la forme d'un long ruban gélatineux. Les méduses produisent des œufs, mais les germes qui sortent de ces œufs ne ressemblent en rien à leur mère ; ce sont de petits corps ovoïdes armés de cils vibratoires, avec lesquels ils se fixent bientôt et se développent en constituant les *polypes* hydraires ou sertulaires qui se multiplient par bourgeonnement, de manière à former des colonies d'animaux agrégés ; ce sont les individus de ces colonnes qui, devenus libres, se développent et se métamorphosent en *méduses* ; ce mode de génération s'appelle *métagenèse* ou *génération alternante;* 3° les *coralliaires* ou *polypes proprement dits*, animaux mous, dont le corps est cylindrique et percé à l'une de ses extrémités d'une bouche centrale qu'entourent des tentacules plus ou moins nombreux et dépourvus de cils vibratiles. L'extrémité inférieure du polype est disposée de façon à adhérer aux corps étrangers sur lesquels l'animal est destiné à vivre fixé. La plupart se reproduisent non-seulement par des œufs, mais par des bourgeons qui, en se groupant, forment des masses plus ou moins considérables appelées polypiers. Les principaux coralliaires sont : les *actinies* ou *anémones de mer*, les *caryophyllées*, les *astrées*, et le *corail* ; les *vérétilles* enfoncées dans le sable par une des extrémités de leur tige commune, les *hydres* ; 4° les *infusoires*, qui ne s'aperçoivent qu'au microscope et qui se développent en abondance dans l'eau contenant des débris de corps organisés. Leur corps, tantôt arrondi, tantôt allongé, est percé d'un grand nombre de petites cavités qui semblent autant d'estomacs ; leurs formes sont très-variées : nous citerons les *enchélides* allongées, les *volvoles* globuleux, les *monades* petits points tourbillonnant dans l'eau. 5° Les *spongiaires* ; les éponges ne manifestent les caractères de l'animalité que pendant les premiers temps de la vie, et ressemblent plus tard à des végétaux informes. Lors de la naissance, leur corps est ovulaire ; elles se fixent contre quelques corps étrangers et deviennent complétement immobiles ; leur substance gélatineuse se crible de trous et de canaux sans cesse traversés par l'eau. Il se développe dans leur intérieur une multitude de filaments, ou *spicules*, tantôt calcaires, tantôt siliceux : à certaines époques de l'année il en sort des sortes de larves ou corps reproducteurs, doués de la faculté locomotive. On distingue surtout l'*éponge commune* de la Méditerranée ; et l'*éponge usuelle* des mers d'Amérique.

CHAPITRE V

Classification.

2335. *Qu'appelle-t-on* CLASSIFICATION *en histoire naturelle et partout?* — La distribution régulière de toutes les parties d'un vaste ensemble réunies par leurs *ressemblances* et séparées par leurs *différences*. La classification est dite *naturelle* quand elle est fondée sur le plus grand nombre possible de caractères communs; *artificielle*, lorsqu'elle est fondée uniquement sur la considération d'un seul organe.

2336. *Quels sont les* GROUPES GÉNÉRAUX COMMUNS *à toutes les classifications d'*HISTOIRE *naturelle?* — L'histoire naturelle se divise d'abord en *règnes : règne minéral, règne végétal, règne animal,* auquel Isidore Geoffroy Saint-Hilaire veut qu'on ajoute le *règne humain*. Le *règne* se partage en *embranchements*, les embranchements en *classes*, les classes en *ordres*, les ordres en *familles*, les familles en *tribus*, les tribus en *genres*, les genres en *espèces*, les espèces en *races et variétés*, les variétés en *individus*.

2337. *De tous les échelons de la classification quel est le* PLUS ESSENTIEL? — L'espèce.

2338. *Quelle est la* DÉFINITION OU QUELS SONT LES CARACTÈRES *de l'espèce?* — L'espèce est caractérisée par l'identité de forme, de structure tant interne qu'externe de tous les individus qui la composent; par la reproduction indéfinie d'êtres semblables et féconds entre eux.

2339. *L'espèce peut-elle se* MODIFIER *sous l'influence des agents extérieurs ?* — Oui, l'espèce peut faire naître des *races* et des *variétés*, mais les individus de ces races et de ces variétés restent féconds entre eux comme les diverses races ou variétés humaines.

2340. *Une espèce peut-elle se* TRANSFORMER *en une autre?*—Non, le fait qui domine le monde est le grand fait énoncé par la Genèse : la permanence ou la perpétuité des genres et des espèces. On a trouvé vivantes dans ces derniers temps des trilobites absolument identiques à celles des terrains siluriens. Les mammifères actuels ne diffèrent en rien de ceux qu'on trouve peints ou gravés sur les monuments de l'antiquité la plus reculée. On ne rencontre jamais ou presque jamais dans la nature des formes intermédiaires entre deux espèces. Le *transformisme* ou *darwinisme* est une brillante utopie, complétement idéale, ou en dehors de la réalité. Les prétendus principes sur lesquels on voudrait les fonder, la *variation des espèces*, la *sélection naturelle*, la *divergence des caractères*, le *conflit pour l'existence* sont autant de vains rêves.

2341. *Qu'appelle-t-on proprement* RACE ? — La race est une variété constante qui se conserve identique à elle-même et se perpétue par la génération.

2342. *Que sont les* VARIÉTÉS ? — Des modifications de l'espèce dues à l'influence du sol, du climat, de la nourriture, etc., portant en général sur la grandeur, la forme, la couleur, etc., qui peuvent durer longtemps et devenir même héréditaires, en constituant une *race*, mais qui le plus souvent ne se conservent pas par la génération et reviennent au type de l'espèce.

FIN.

INDEX ALPHABÉTIQUE

Les chiffres renvoient aux numéros des questions; le signe — tient lieu du mot qui fait le sujet de l'article.

A

C

D

F

G

H

I

J

K

L

M

O

Q

R

T

FIN.

PARIS. — IMPRIMERIE JULES LE CLERE ET Cie, RUE CASSETTE, 29.

ALBUMS

DES PEINTRES DE TOUTES LES ÉCOLES.

1° Fleurs et Paysages; — 2° Musée dans un Fauteuil; 3° Trésor de artistes et des amateurs. 3 vol. gr. in-4° jésus. Chaque vol. contient 160 pages de texte, plus de 80 gravures et se vend séparément : riche reliure toile dorée. 16 fr.

Dans ces albums se trouvent les notices et les chefs-d'œuvre de : Raphaël, Léonard de Vinci, Van Eyck, Van Huysum, Rembraudt, Rubens, Decamps, Desportes, Vélazquez, Murillo, Holbein, Vigée-Lebrun, Constable, Turner, etc., etc.

Album religieux, recueil de 36 belles planches tirées à part sur papier supérieur, représentant les chefs-d'œuvre des maîtres de toutes les écoles. 1 beau vol. gr. in-4°, riche reliure toile, doré sur tranches. 16 fr.

Album des Peintres de l'Ecole française. — 1 beau vol. gr. in-4° jésus, de 204 pages, orné de 100 gravures. Reliure toile dorée. 20 fr.

Cet Album contient les notices et les chefs-d'œuvre de H. Vernet, Prudhon, Guérin, Gros, L. Robert, Ary Scheffer, Gérard, Charlet, Paul Delaroche, etc., etc.

N. B. — **La gravure de l'hémicycle** du palais des Beaux-Arts, chef-d'œuvre de Paul Delaroche, contenu dans cet Album, mesure 90 cent. de longueur, sur 35 de hauteur ; elle est tirée à part sur papier supérieur et vaut à elle seule le prix du volume.

LE

MUSÉE EUROPÉEN DES COPIES

PAR L. AUVRAY.

Joli vol. in-8°, orné de 20 gravures

Prix : . . . . **3 fr.**

BEAUX-ARTS ET CÉRAMIQUE

Blanc (Charles), **membre de l'Institut.** — Grammaire des arts du dessin : Architecture. — Sculpture. — Peinture. — Jardins. — Gravure en pierres fines. — Gravure en médailles. — Gravure en taille-douce. — Eau-forte. — Manière noire. — Aqua-tinta. — Gravure en bois. — Camaïeu. — Gravure en couleurs. — Lithographie, 2e édit. revue et augmentée d'une table analytique. 1 vol. gr. in-8o jésus, orné de 292 gravures dans le texte. 20 fr.
Demi reliure chagrin. 24 fr.
Reliure d'amateur. 27 fr.

Ce livre qui résume les études et les travaux d'une vie entière, est destiné à inaugurer en France l'enseignement des arts. Les notions que l'auteur y expose dans une forme claire, élevée et éloquente, sont d'ailleurs élucidées par un grand nombre de gravures sur bois.

— Trésor (le) de la curiosité, tiré des catalogues de vente, de tableaux, de dessins, estampes, marbres, bronzes, terres cuites, ivoires, médailles, armes, meubles, porcelaines et autres objets d'art et de curiosité depuis 1730 jusqu'à nos jours ; ouvrage accompagné de notices sur les artistes et les amateurs, d'éclaircissements de tout genre, et suivi d'une table analytique et méthodique. 2 vol. in-8o, ornés de nombreuses gravures. 16 fr.

— Ingres, sa vie, ses ouvrages. — 1 beau vol. gr. in-8o, orné d'un portrait du maître et de 12 gravures sur acier, un fac-simile d'autographe et une gravure sur bois. 25 fr.

— Les Peintres des fêtes galantes, contenant les monographies de Watteau, Lancret, Pater, Boucher. Joli vol. in-18, avec vignettes. 1 fr.

— Le Cabinet de M. Thiers, in-8o, avec figures. 2 fr. 50

Brès (Louis). — Gustave Ricard et son œuvre à Marseille. Joli vol. in-18 anglais avec eau forte. 4 fr.

Bürger. — Salons de W. Bürger, 1861 à 1868, avec une préface par T. Thoré. 2 vol. in-18 jésus. 10 fr.

— Salons de T. Thoré, 1844 à 1848, avec une préface. 2e édit. 1 beau vol. in-18 jésus. 5 fr.

Bürger.—Musées de Hollande. I. Musées d'Amsterdam et de La Haye. II. Musée van der Hoop et musée de Rotterdam. 2 vol. in-18 jésus, papier collé. 7 fr.

— Trésor d'art en Angleterre. 3e édition. 1 vol. in-18 angl. 3 fr. 50

— Galerie Sueremondt, à Aix-la-Chapelle, avec le catalogue complet. 1 vol. in-8o. 3 fr.

— Le Musée d'Anvers. In-18. 2 fr.

Burtin. — Traité théorique et pratique des connaissances qui sont nécessaires à tout amateur de tableaux. 1 vol. gr. in-8o. 10 fr.
Ouvrage célèbre qui fait autorité pour l'appréciation des maîtres.

Chaumelin (Marius).— L'Art contemporain avec une introduction par W. Bürger. 1 beau vol. gr. in-8o. 7 fr. 50

La Peinture à l'Exposition universelle de 1867. — *Salon de* 1868, 1869, 1870. *Envoi de Rome, concours, etc.*

Crowe et **Cavalcasselle.** — Anciens Peintres flamands (les), leur vie et leurs œuvres; traduit de l'anglais, par O. Delepierre. 2 vol. in-8, ornés de gravures tirées hors texte. 15 fr.

Clément de Ris. — Musée royal de Madrid (le). 1 vol. in-18 j. 2 fr.

— Les Musées de province. 2 vol. in-8o. 15 fr.

— La même édition in-18, fort volume. 5 fr.

— La Curiosité. In-18 jésus. 3 fr.

Coindet. — Histoire de la Peinture en Italie, *Nouvelle édition.* 1 vol. in-18 jésus. 4 fr.

David (Eméric). — Histoire de la Peinture au moyen âge, suivie de l'Histoire de la gravure. 1 vol. — Histoire de la Sculpture antique et de la Sculpture française. 2 vol. — Notices historiques sur les chefs-d'œuvre de la Peinture moderne et sur les maîtres de toutes les écoles. 1 vol.— Recherches sur l'Art statuaire, considéré chez les anciens et chez les modernes. 1 vol. — Vies des Artistes anciens et modernes, architectes, sculpteurs, peintres, verriers, archéologues, etc.
6 volumes in-12. 15 francs.

Delaborde. — Etudes sur les Beaux-Arts en France et en Italie. 2 vol. in-8. 15.

— Mélanges sur l'Art contemporain. 1 vol. in-8. 7 fr. 50.

Demmin. — Guide de l'amateur de faïences et porcelaines, poteries, terres cuites, peintures sur lave, émaux, pierres précieuses artificielles, vitraux et verreries, 4e édit. Trois forts volumes in-18 jésus, de plus de 1600 p. avec le portrait de l'auteur, contenant plus de 300 reproductions de poteries, 3000 marques et monogrammes dans le texte, et trois tables de plus de 9,000 articles, dont deux des marques et monogrammes, par ordre générique et alphabétique. Prix : 24 fr.

Demi-reliure chagrin, 30 fr.

— Histoire de la Céramique, en planches phototypiques inaltérables avec texte explicatif; *l'Asie*, *l'Amérique*, *l'Afrique*, *l'Europe*, par ordre chronologique. — Poteries opaques (faïences, etc.) et kaoliniques (porcelaines). — Peintures sur lave. — Emaux sur métaux. — Vitraux et verreries. — Mosaïques. Prix de chaque livraison. 6 fr.

Cet ouvrage paraît par *livraisons bi-mensuelles*. Chaque livraison se compose de deux planches petit in-folio, sur papier de Chine, avec leur titre, et de deux feuillets de texte explicatif; le tout renfermé dans une couverture. *Les livraisons* 1 *à* 90 *sont en vente.*

— Guide des Amateurs d'armes et armures anciennes, par ordre chronologique, depuis les temps les plus reculés jusqu'à nos jours. Ouvrage contenant 1700 reproductions d'armes et armures, 200 marques et monogrammes d'armuriers et deux tables dont une analytique. 1 fort vol. in-18 jésus. 16 fr.

— Guide artistique et archéologique de la Suisse. 1 beau vol. gr. in-18, de près de 500 p. avec marques, monogrammes et reproductions d'objets d'art et d'antiquité, ainsi que deux tables, dont l'une alphabétique. 7 fr. 50.

— Souvenirs de voyage et causeries d'un collectionneur, ou Guide artistique pour l'Allemagne, 1 fort vol. in-12. 7 fr. 50.

Delestre. — Physiognomonie (de la). — Texte, dessin, gravure. 1 vol. grand in-8° orné de 539 fig. dans le texte. 10 fr.

Delestre.— Étude des passions appliquée aux Beaux-Arts.— Introduction de la Physiognomonie. 1 vol. gr. in-8. 4e édit. revue et augmentée. 7 fr. 50

— Gros. Sa vie et ses œuvres. 2e édition, revue et augmentée, avec 55 gravures dont 44 fac-similé de dessins et compositions inédits du maître. 1 vol. gr. in-8°. 10 fr.

Ducamp (M.).— Les Beaux-Arts à l'Exposition universelle et aux Salons de 1863 à 1868. 1 vol. in-18 jésus. 3 fr. 50

Duchenne (de Boulogne). — Mécanisme de la physionomie humaine, ou analyse électro-physiologique de l'expression des passions applicable à la pratique des arts plastiques. 1 vol. in-8 jésus, avec 20 pl. comprenant 155 fig. photographiées d'après nature. 20 fr.

— *Le même*, grande édition. 1 vol. de texte in-8, avec un album composé de 84 planches et 9 tableaux contenant 144 fig. photographiées. 68 fr.

— Edition de luxe, in-4. 200 fr.

Les 50 principales figures grandes comme nature 125 fr.

Dumesnil (J.). — Histoire des plus célèbres Amateurs français et de leurs relations avec les artistes. 3 vol. in-8°. 22 fr. 50

Tome I. P.-J. Mariette (1694-1774.)

Tome II. J.-B. Colbert (1625-1683.)

Tome III. J.-B.-L.-G. Seroux d'Agincourt. Thomas-Aignan Desfriches (1715-1814.)

— Histoire des plus célèbres Amateurs espagnols, anglais, flamands, hollandais et allemands, et de leurs relations avec les artistes. 1 fort vol. in-8°. 7 fr. 50

— Histoire des plus célèbres Amateurs italiens et de leurs relations avec les artistes (1478-1665). 1 fort vol. in-8°. 7 fr. 50

— Voyageurs français en Italie, depuis le XVIe siècle jusqu'à nos jours. 1 vol. in-12. 3 fr. 50

— Histoire de Jules II, sa vie et son pontificat. 1 vol. in-8°. 7 fr. 50

Dumesnil (J.) — Histoire de la vie et du pontificat de Sixte-Quint. 1 vol. in-8°. 7 fr. 50

— Le même, édition in-18 jésus. 3 fr. 50

Duplessis. — Mémoires et journal de J. G. Wille, de 1715 à 1743, et de 1759 à 1793, publiés pour la première fois et précédés d'une préface par MM. Edmond et Jules de Goncourt. 2 forts vol. in-8. 14 fr.

Fock. — Anatomie canonique ou le canon de Polyclète retrouvé, in-folio cartonné, orné de 2 belles gravures, représentant l'*Apollon du Belvédère* et la *Vénus de Milo*, plus 13 lithographies. 45 fr.

Gaboriaux. — La Peinture réduite à des principes simples et naturels, ou guide des amateurs des beaux-arts. 1 vol. in-18. 3 fr.

Gillet. — Enseignement collectif du dessin par démonstrations orales et graphiques. — Guide de la nouvelle méthode dont le manuscrit a obtenu une médaille à l'exposition universelle de 1867. 1 vol. petit in-folio, orné de 40 planches lithographiques. 15 fr.

Gruyer (**A.**) — Vierges (les) de Raphaël et l'iconographie de la Vierge, 3 vol. in-8. 30 fr.

T. I. — *Les images de la Vierge en Italie, considérées en dehors des faits évangéliques depuis les temps apostoliques jusqu'à Raphaël.*

T. II. — *La vie évangélique de la Vierge dans l'œuvre de Raphaël et dans les œuvres de ses précurseurs.*

T. III. — *Les Vierges de Raphaël.*

— **Raphaël et l'antiquité,** 2 vol. in-8. 15 fr.

Helbig. — Histoire de la Peinture au pays de Liége, depuis l'introduction du christianisme jusqu'à la révolution liégeoise et la réunion de la principauté à la France. 1 beau vol. gr. in-8°, orné de gravures et de planches hors texte. 10 fr.

Kaiser. — Curiosités (les) du musée d'Amsterdam, fac-simile d'estampes de maîtres inconnus au xve siècle, in-folio comprenant 12 pages de texte et 27 planches contenues dans un carton. 90 fr.

Lacroix (P.). — Revue universelle des arts, T. I à XXII, avril 1855 à octobre 1866. 264 fr.

Collection complète.

Lavice. — 1° Revue des musées d'Italie, — 2° d'Espagne, — 3° d'Angleterre. — 4° d'Allemagne, — 5° de France, — 6° de Belgique — de Hollande et de Russie; catalogues raisonnés des peintures et des sculptures exposées dans les galeries publiques et particulières et dans les églises, précédé d'un examen sommaire des monuments remarquables, 6 vol. in-12. 24 fr.

Chaque volume se vend séparément. 4 fr.

Lejeune (Th.) — Guide théorique et pratique de l'amateur de tableaux, étude sur les imitateurs et les copistes des maîtres de toutes les Ecoles dont les œuvres forment la base ordinaire des galeries; 3 vol. in-8 jésus, ornée de plus de 2,000 monogrammes. 45 fr.

Marionneau. — Brascassat, sa vie et son œuvre. 1 beau vol. gr. in-8°, sur papier supérieur, orné d'un portrait, de fac-simile et de dessins. 15 fr.

Marryat. — Histoire des poteries, faïences et porcelaines, ouvrage traduit de l'anglais sur la 2e édition et accompagnée de notes et additions, par MM. le comte D'ARMAILLÉ et SALVETAT, avec une préface de M. RIOCREUX, conservateur du musée de Sèvres. 2 vol. grand in-8, ornés de plus de 600 figures, dans le texte et monogrammes. 20 fr.

Maze. — Notes d'un collectionneur, recherches sur la Céramique, aperçu chronologique et historique, avec marques, monogrammes et planches photoglyptiques, d'après le procédé de la maison Goupil. 1 joli vol. in-4, contenant 29 belles planches photoglyptique. Prix : 60 fr.

Meaume. — Recherches sur la vie et les ouvrages de Jacques Callot. 2 vol. in-8. 15 fr.

Merveilles de l'art hollandais (les), exposées à Amsterdam en 1872. In-f° papier de Hollande avec planches en portefeuille. 35 fr.

Michiels. — Histoire de la Peinture flamande depuis ses débuts jusqu'en 1864. 9 vol. in-8. 45 fr.

— Voyage d'un amateur en Angleterre. 4e édit. avec une préface nouvelle et des suppléments. 1 beau vol. in-8. 7 fr. 50

Michiels — L'Architecture et la Peinture en Europe, du IVe au XVIe siècle. 1 vol. in-8. 7 fr. 50

Passavant. — Raphaël d'Urbin et son père Giovanni Santi. Edition française entièrement refondue et augmentée par l'auteur et traduite avec sa collaboration, par M. J. Lunteschutz, peintre; revue et annotée par M. Paul Lacroix. 2 forts vol. in-8, ornés du portrait de Raphaël, de la collection du prince Czartoryski, d'une vue de la maison de Raphaël à Rome, et d'un fac-simile de son écriture. 20 fr.

Perkins. — Les Sculpteurs italiens. Edition française, revue, augmentée et ornée de 35 gravures sur bois dans le texte, d'après ses dessins et des photographies, accompagné d'un atlas composé de 82 eaux-fortes gravées par l'auteur. 45 fr.

Pottier. — Histoire de la faïence de Rouen, précédée d'un index synchronique, mettant en regard les faits correspondants de l'histoire des autres fabriques, et suivie d'un catalogue descriptif des pièces datées, classées chronologiquement; ouvrage posthume de M. André Pottier, conservateur du musée céramique de Rouen; publié par les soins de MM. l'abbé Colas, Gustave Gouellain et Raymond Bordeaux. 1 vol. gr. in-4° papier vergé collé, de plus de 400 pages avec un atlas de 60 planches imprimées en couleurs par M. Silbermann de Strasbourg, d'après les dessins de Mlle Pottier. 75 fr.

Raczinski. — Histoire de l'Art moderne en Allemagne, précédée d'un résumé de cet ouvrage et suivie d'une table des matières et de la table des gravures, etc.; 3 vol. in-4, ornés d'un grand nombre de gravures. 45 fr.

— Les Arts en Portugal. Lettres adressées à la Société artistique de Berlin, et accompagnées de documents. 1 fort vol. in-8, avec planches et fac-simile. 9 fr.

— Dictionnaire historico-artistique du Portugal, pour faire suite à l'ouvrage ayant pour titre : *les Arts en Portugal.* 1 vol. in-8. 6 fr.

— Dictionnaire des artistes de l'école Allemande. 1 vol. in-8. 3 fr.

Régnier. — De la Lumière et de la couleur chez les grands maîtres anciens, démontré et développé; in-8. 3 fr.

Renouvier. — Histoire de l'art pendant la Révolution, considérée principalement dans les estampes ; ouvrage posthume. 2 vol. in-8. 15 fr.

Rio (A.). — Epilogue à l'Art chrétien, 2 vol. in-8. 15 fr.

Scheltema. — Rembrand, Discours sur sa vie et son génie, avec un grand nombre de documents historiques. 1 vol. in-8, illustré. 4 fr.

Siret. Journal des Beaux-Arts et de la littérature. 15 vol. in-4 (1859-1873). 150 fr.

Abonnement pour la France (à la librairie Renouard), 11 fr. par an.

Sutter. — Esthétique générale et appliquée, contenant les règles de la composition dans les arts plastiques. 1 beau vol. gr. in-4 jésus, orné de 85 magnifiques planches gravées, représentant les chefs-d'œuvre des écoles italienne, française, espagnole, flamande et Hollandaise. 120 fr.

Imprimé par l'Imprimerie nationale et ayant figuré parmi les chefs-d'œuvre typographiques de l'Exposition universelle de 1867.

Ouvrage approuvé par l'Institut national de France, et honoré des souscriptions de LL. EEx. le Ministre d'Etat et des Beaux-Arts, et le Ministre de de l'Instruction publique.

Ce livre absolument indispensable aux artistes, l'est encore aux gens du monde qui veulent apprendre à connaître les œuvres d'arts avec connaissance de cause.

Stirling. — Velazquez et ses œuvres, avec des notes et un catalogue des tableaux de Velazquez, par W. Bürger. 1 vol. in-8, orné d'un portrait. 6 fr.

Tambroni. — Traité de la Peinture de Cennino Cennini, mis en lumière pour la première fois avec des notes. 1 vol. in-8. 3 fr.

Thoré. — Salons de W. Bürger, 1861 à 1868, avec une préface, 2 vol. in-18 jésus. 10 fr.

Toulgoët (de). — Musées de Rome (les), *guide et memento*, précédés d'une étude sur l'histoire de la peinture en Italie, 1 vol. in-18 jésus. 3 fr. 50.

Waagen. — Manuel de l'histoire de la peinture. Ecole allemande, flamande et hollandaise, avec un grand nombre d'illustrations. 3 vol. in-18 jésus. 21 fr.

Viardot (L.). — Comment faut-il encourager les arts? 1 vol in-18 1 fr. 25

OUVRAGES DIVERS

DERNIÈRES PUBLICATIONS

LA
CLEF DE LA SCIENCE
OU
LES PHÉNOMÈNES DE LA NATURE

Par le Docteur BREWER.

5e édition revue, corrigée et augmentée par M. l'abbé MOIGNO, 1874. 1 fort vol. in-18 jésus, de 750 pages avec figures. 4 fr. 50

Extrait des analyses faites par les journaux des précédentes éditions.

« .... Voici maintenant un ouvrage auquel nous sommes heureux de donner une approbation sans réserve. C'est la troisième édition française, édition qui en a fait presque un livre tout nouveau, de l'ouvrage du docteur anglais E.-C. Brewer, intitulé : *La Clef de la science, ou les Phénomènes de la nature expliqués*.... Dépouillé de tout appareil scientifique et de toute phraséologie prétentieuse, ce livre renferme, on peut l'affirmer, la solution de bien des difficultés pour lesquelles on consulterait en vain les meilleurs et les plus vantés traités de physique et de chimie. Un mérite de plus, qu'on rencontre assez habituellement dans les livres de science populaire chez nos voisins, et qui chez nous est trop rare, c'est que l'auteur ne néglige jamais de faire apparaître le nom de Dieu dans ces pages, chaque fois que l'occasion s'en offre naturellement. *La Clef de la science* s'adresse à tous; les professeurs spécialement y trouveront de riches matériaux pour rendre les cours plus intéressants. » (J. Chantrel, *L'Univers*.)

« ..... Deux ou trois lignes du docteur Brewer font plus pour nous découvrir la cause des phénomènes familiers que d'énormes in-folio. » (*The Times*.)

« ..... Ce livre pourrait être intitulé « la Chimie popularisée », car il rend un nombre incroyable de faits les plus intéressants de la chimie et de la philosophie naturelle accessibles à l'intelligence même d'un petit enfant.... » (*The Examiner*.)

Histoire de Jules II, sa vie et son pontificat, par M. A.-J. Dumesnil, auteur de l'Histoire des plus célèbres amateurs et de celle de Sixte-Quint. 1 vol. in-8. 7 fr. 50

Après bien d'autres. Souvenirs de la Haute-Egypte et de la Nubie, par Victor Meignan. 1 beau vol. in-8, orné de planches. 7 fr. 50.

SOUVENIRS DU RÈGNE DE LOUIS XIV

Par le comte de COSNAC.

4 vol. in-8 . . . . 30 fr.

PARIS. IMP. JULES LE CLERE ET Cie, RUE CASSETTE, 29.

www.ingramcontent.com/pod-product-compliance
Ingram Content Group UK Ltd.
Pitfield, Milton Keynes, MK11 3LW, UK
UKHW031829260826
14628UKWH00001B/295